„Auf Bauer – wehr dich!“

Der Allgemeine Österreichische Bauernverband –
die Agrarrebellen der Zweiten Republik

Stocker

Walter F. Kalina

„Auf Bauer – wehr dich!“

Der Allgemeine Österreichische Bauernverband – die Agrarrebellen der Zweiten Republik

LEOPOLD STOCKER VERLAG
Graz – Stuttgart

Umschlaggestaltung: Werbeagentur | Digitalstudio Rypka GmbH, 8143 Dobl/Graz
Titelbild: Traktordemonstration, 13. Mai 1969 (Privatbesitz Matthias Salzer)
Bildnachweis: Sämtliche Abbildungen wurden vom Autor zur Verfügung gestellt.

Bibliographische Information Der Deutschen Bibliothek
Die Deutsche Bibliothek verzeichnet diese Publikation in der Deutschen Nationalbibliographie; detaillierte bibliographische Daten sind im Internet unter http://dnb.ddb.de abrufbar.

Hinweis: Dieses Buch wurde auf chlorfrei gebleichtem Papier gedruckt. Die zum Schutz vor Verschmutzung verwendete Einschweißfolie ist aus Polyethylen chlor- und schwefelfrei hergestellt. Diese umweltfreundliche Folie verhält sich grundwasserneutral, ist voll recyclingfähig und verbrennt in Müllverbrennungsanlagen völlig ungiftig.

ISBN 978-3-7020-1206-9

Layout: Werbeagentur | Digitalstudio Rypka GmbH, 8143 Dobl/Graz
Gesamtherstellung: Druckerei Theiss GmbH., A-9431 St. Stefan
Printed in Austria

Dieses Buch ist Josef Hintermayer (1931–1992) gewidmet.

Abgeordneter zum Nationalrat (1983–1989)
Abgeordneter und Klubobmann im niederösterreichischen Landtag (1989–1992)
Gemeinderat seiner Heimatgemeinde Großweikersdorf (1960–1992)
Landesverbandsobmann-Stv. NÖ im Allgemeinen Bauernverband (1965–1974)

Dieses Projekt wurde aus Mitteln des
„Sepp Hintermayer-Institutes für kulturelle und soziale Anliegen“ finanziert.

Walter F. Kalina, Dr. phil.

Der Autor ist gebürtiger Weinviertler mit bäuerlichen Wurzeln aus Niederösterreich und derzeit als freier Historiker und Publizist tätig. Bereits während des Studiums der Geschichte und Kunstgeschichte an der Universität Wien setzte sich Kalina mit der bäuerlichen Geschichte im deutschsprachigen Raum auseinander, wobei zahlreiche Arbeiten wie etwa über den Oberösterreichischen Bauernkrieg von 1626 entstanden.

Im Jahr 2004 promovierte der Autor bei Univ.-Prof. Dr. Lothar Höbelt an der Universität Wien, der mit Ing. Franz Schachinger den Kontakt zum Bauernverband herstellte und ebenfalls an diesem Buch mitwirkte. Nach mehr als zweijähriger Recherche kann dem interessierten Leser nunmehr dieses Überblickswerk über die Geschichte des Landbundes, des Allgemeinen bzw. Unabhängigen Österreichischen Bauernverbandes sowie die Agrargeschichte der Zweiten Republik vorgelegt werden.

Inhalt

10. Kreisky IV

11. Die kleine und die große Koalition, Skandale und Katastrophen – die 80er

12. Das große Bauernsterben – von den 90ern bis heute

13. Auf den Spuren des Bauernverbandes

Anhang

Prolog

Im Frühherbst des Jahres 2005 trat man mit der Frage an mich heran, ob es mir möglich sei, an der Verwirklichung eines bereits lange geplanten Buchprojektes über den Allgemeinen Österreichischen Bauernverband (AÖBV) mitzuwirken. Die zweite Frage war, ob ich mich im agrarischen Bereich ein wenig auskenne oder sonst wie bäuerliche Wurzeln hätte. Beides konnte ich bejahen: Ein solches Buchprojekt passte zu diesem Zeitpunkt bestens in mein berufliches Konzept als „freier Historiker"; weiters konnte ich vorweisen, dass mein Großvater Franz Albrecht (1919–2002) Zeit seines Lebens Landwirt in Bad Pirawarth im nördlichen Weinviertel in Niederösterreich war (Wein, Getreide- und Viehwirtschaft, später nur noch Weinbauer) und ich in meiner Kindheit und frühen Jugend die Sommerferien sowie die Wochenenden auf seinem Hof verbringen durfte. Auch konnte ich dabei seine ämterkumulative Karriere beobachten, die allerdings eng mit dem Bauernbund verknüpft war. Als ich dann noch erfuhr, dass auch mein Doktorvater, Univ.-Prof. Dr. Lothar Höbelt, mit von der Partie sein würde, begann mich das Projekt dann richtig zu interessieren.

Bei einer Veranstaltung im Parlament in Wien (20 Jahre Weingesetz) stellte mich Ing. Franz Schachinger dem eigentlichen Initiator des Buches vor, Dr. Manfred Frey. Dieser lächelte: „Junger Mann, da brauchen Sie sehr, sehr viel Zeit, Sie müssten in alten Zeitungen wühlen und kreuz und quer durch Österreich fahren, um ältere Herren auf ihren Bauernhöfen zu interviewen." Ich zeigte mich von der Idee jedoch sehr angetan und so vereinbarte man ein Treffen mit dem zu diesem Zeitpunkt amtierenden Obmann des AÖBV (nunmehr ÖUBV), ÖR Adolf Riautschnig; Prof. Höbelt, Dr. Frey und Ing. Schachinger selbst sowie Sohn und Tochter des 1992 verstorbenen und unvergessenen Bauernverbandskämpfers ÖR Sepp Hintermayer, aus dessen Stiftung, die kurz nach seinem Tod 1992 eingerichtet wurde, das Buchprojekt finanziert werden sollte. Der Zug ward also auf die Schienen gebracht und nach weiteren Treffen war auch die Autorenschaft geklärt: Auf mich sollte der allergrößte Teil des Buches zukommen, nämlich die Geschichte des nunmehr seit 55 Jahren bestehenden Allgemeinen Österreichischen Bauernverbandes.

Als historisches Grundgerüst für dieses Buch wurde vor allem die „Österreichische Bauernzeitung", das Organ des AÖBV, auf die später im Text noch ausführlich eingegangen werden wird, herangezogen. Als weitere Quellen dienten diverse Printmedien, vor allem aus der Glanzzeit des AÖBV, agrarhistorische und agrarpolitische Literatur sowie die Privatarchive einiger Bauernverbandsleute. Das wahre Erlebnis für den Historiker war es jedoch, die ehemaligen bzw. immer noch amtierenden Funktionäre des AÖBV zu besuchen und aus ihren Erinnerungen und ihrem Erfahrungsschatz zu schöpfen, was diesem Werk letztendlich das Anschauliche und die Würze verleiht.

Mein ausdrücklicher Dank gilt an erster Stelle Dr. Manfred Frey, ohne den dieses Buch nicht zustande gekommen wäre. Er hatte die Idee, gab den Anstoß und die wichtigen Hinweise, wo etwas für meine Recherchen zu holen sei, begleitete mich von Anfang bis zum Schluss und hatte dabei immer ein offenes Ohr.

Weiters bedanke ich mich herzlich bei den zahlreichen Bauernverbandskämpfern, auf deren beeindruckenden Höfen ich zu Gast war, fürstlich bewirtet und freundlich aufgenommen wurde. In Kärnten waren dies der langjährige Hauptverbandsobmann ÖR Adolf Riautschnig vulgo Esterle in Kadöll im Glantal, der mir mit viel Geduld in zahlreichen Stunden seine Erfahrungen und Erinnerungen darlegte, ÖR Sepp Ertl, Scherzer-Hof in Uggowitz-Weissenstein im unteren Drautal, dessen beeindruckende Persönlichkeit ich noch kennen lernen durfte, sowie der langjährige Kärntner Landesverbandsobmann Armin Krall aus Straß im Gurktal, bei dem ich mich hiermit auch für die Führung auf seinem großartigen Hof und der darauf befindlichen romanischen Kapelle herzlich bedanke.

In Oberösterreich durfte ich bei ÖR Gerhard Nowotny, Passauer Hof in Dörnbach/ Wilhering, zu Gast sein, einem Bauernverbandskämpfer der ersten Stunde, der mir mit zahlreichen Erinnerungen zurück bis in die früheste Zeit des AÖBV immens geholfen hat. In Salzburg war es der Hauptverbandsgeschäftsführer und Chefideologe des Bauernverbandes, Ing. Helmut Langer, der mir auf seinem eindrucksvollen Schachernhof bei Mittersill im Oberpinzgau seine wertvollen Erfahrungen berichtete und mich mit seiner einzigartigen Agrarphilosophie beeindruckte. In Niederösterreich erhielt ich ebenfalls wertvolle Informationen, wie bei Robert Wenitsch aus Stripfing, der im Land unter der Enns seinerzeit unglaubliche Aufbauarbeit leistete und einer der Hauptkampfredner des Bauernverbandes war. Josef Schmid aus Waidendorf wusste Wertvolles zu erzählen und war nach meinem Besuch in Fragen des Weinbaus immer für mich erreichbar. Auch in Wien gibt es den Bauernverband, so wusste für diesen Teil ÖR Johann Kaller aus Wien-Süßenbrunn zahlreiche Anekdoten zu berichten – herzlichen Dank auch für den Naturapfelsaft und die vielen Äpfel, die uns köstlich gemundet haben. Im Burgenland durfte ich am Ende meiner Recherchen auch Matthias Salzer, den langjährigen Landesverbandsobmann des östlichsten Bundeslandes kennen lernen, der ebenfalls noch viel Wissenswertes aus seiner langjährigen Aktivzeit im Bauernverband berichten konnte. Ihnen allen danke ich hiermit ganz herzlich, denn die vielen Erinnerungen der alten Kämpfer waren für dieses Buch immens wichtig. Mein ausdrücklicher Dank gilt aber auch den Gattinnen, den Bäuerinnen, die mich köstlich bewirteten, vor allem auch Lilly Ertl, die mich darüber hinaus auch noch mit Literatur versorgte.

Mein besonderer Dank gilt Ing. Franz Schachinger, der den Koordinationsablauf für das Buch übernommen hat, einen Beitrag über die Milchliefergemeinschaften verfasste und ebenfalls immer für mich da war. Herzlichen Dank auch an Univ.-Prof. Dr. Lothar Höbelt vom Institut für Geschichte an der Universität Wien für seine Unterstützung im Allgemeinen und die Verfassung der Einleitung über den Landbund im Besonderen sowie an Univ.-Prof. Dr. Johannes Divjak vom Institut für Klassische Philologie, Mittel- und Neulatein an der Universität Wien für seinen fachkundigen Rat. Herzlichen Dank auch an Dipl. Ing. Kurt Possegger für die Verfassung des Beitrages über die Informations- und Einkaufgemeinschaften sowie an Prof. Dr. Gerhard Poschacher für seinen Beitrag über den Allgemeinen Bauernverband aus der Sicht eines langjährigen und engen Mitarbeiters mehrerer Bundesminister für Land- und Forstwirtschaft. Bei diesem Beitrag, welcher der Chronologie des Buches angefügt ist, handelt es sich um einen Versuch im Sinne der Objektivität, auch die Sichtweise der jeweiligen Agrar-offiziellen darzustellen. Die endgültige Wertung muss dem Leser selbst vorbehalten bleiben.

Für ihre Unterstützung bei der Suche nach diversen Printmedien der sechziger und siebziger Jahre bedanke ich mich auch bei Frau Mag. Christa Bader-Reim von der Österreichischen Nationalbibliothek. Vielen Dank auch an den Zeitzeugen und Chef-redakteur des Salzburger Volksblattes, Ernst Wachalovsky, für seine präzisen Erinnerungen und das wertvolle Material, das er mir zur Verfügung gestellt hat. Für die telefonischen Auskünfte gilt mein Dank Josef und Franz Loitfellner, Sohn und Enkel des verstorbenen langjährigen Hauptverbandsobmannes ÖR Josef Loitfellner; LKR Karl Ketter; dem alten oberösterreichischen Bauernverbandskämpfer Johann Gruber aus St. Marienkirchen sowie Mag. Reinhard Teufel, der mich auf ihn hingewiesen hat. Vielen Dank auch an Franz Ruf und Erich Hutterer für ihre Ratschläge sowie an Ing. Josef Hintermayer für die Prüfung der Texte betreffend Weinbau und an Leo Steinbichler betreffend der IG-Milch.

Herzlichster Dank gilt auch meiner Familie, meiner Mutter Brigitta Kalina, die beim Korrekturlesen geholfen hat, und meiner Verlobten Ing. Katharina Maier, die meine Arbeit an diesem Buch in den letzten zwei Jahren mit bemerkenswerter Geduld ertragen hat.

Gaweinstal, im Juni 2008 — Dr. Walter F. Kalina

Die lange Vorgeschichte – Die Deutsche Agrarpartei und der Landbund für Österreich

von Lothar Höbelt

Nach einem groben, aber griffigen Schema machte die Landbevölkerung im bürgerlichen 19. Jahrhundert drei Emanzipationsschübe durch: Berühmt war der erste davon, die wirtschaftlich-soziale Emanzipation, die Aufhebung aller Feudallasten und die Ersetzung der adeligen Herrschaften durch die Gemeindeselbstverwaltung, die schon mit Kaiser Josephs „Aufhebung der Leibeigenschaft" begann und 1848 mit dem berühmten Antrag von Hans Kudlich ihren Abschluss fand. Es folgte eine Generation später – von den 1870er Jahren angefangen – die geistig-weltanschauliche, der Kampf gegen die „klerikale Bevormundung", gegen die Übermacht des politischen Katholizismus am „flachen Lande" (und mehr noch im Gebirge!), der schon nur mehr von einem Teil der Bauernschaft mitgetragen wurde. Schließlich kam es eine weitere Generation später, um die Jahrhundertwende, zur politisch-ständischen Emanzipation der Agrarier von den „Städtern" auch innerhalb des freiheitlichen, antiklerikal-nationalen Lagers.

Diese „Deutsche Agrarpartei", wie sie sich um 1900 zuerst in Böhmen formierte, war allerdings vor 1918 fast nur in den Sudetengebieten und in Kärnten wirklich präsent. In Oberösterreich z.B. erhielten ihre Kandidaten am Lande mehr Stimmen als die Deutsche Volkspartei in den Städten, vermochten aber auf Grund des Mehrheitswahlrechtes keinen einzigen Wahlkreis zu erobern. Der „Nationalverband deutschfreiheitlicher Abgeordneter", als Dachverband nach den Wahlen 1911 stärkste Fraktion im altösterreichischen Reichsrat, war einer ständischen Gliederung dabei durchaus aufgeschlossen: Die kleine Deutsche Arbeiterpartei (DAP) mit ihren bloß drei Mandaten als Untergruppierung profitierte davon genauso wie die Agrarier mit ihren zwei Dutzend Abgeordneten. Den Agrariern kam bei der Gründung des Nationalverbands 1907 sogar eine Vorreiterrolle zu – es waren ihre neu gewählten Abgeordneten, vor allem aus Mähren und Kärnten, die maßgeblich auf einen Zusammenschluss hinarbeiteten.[1]

Nach dem Zusammenbruch der österreichisch-ungarischen Monarchie 1918 hatten sich die Voraussetzungen in zweierlei Hinsicht geändert. Die Deutsche Agrarpartei verlor ihre bisherigen Hochburgen im Sudetenland. Dafür räumte das Verhältniswahlrecht den Agrariern, die sich jetzt Landbündler nannten, zum ersten Mal auch in den Alpenländern realistische Entwicklungschancen ein. Leopold Stocker und seinen Steirern kam dabei eine Vorreiterrolle zu. Vor dem Krieg hatten die Vorläufer des Landbundes allenfalls in der Obersteiermark realistische Mandatschancen gehabt; jetzt traten sie flächendeckend an und erreichten eine beachtenswerte Zahl von Stimmen, ja

1 Lothar Höbelt, Kornblume und Kaiseradler. Die deutschfreiheitlichen Parteien Altösterreichs 1882–1918 (Wien 1993), 229ff., 260.

stellten gegen Ende der zwanziger Jahre mit Karl Hartleb sogar den ersten Präsidenten der neu geschaffenen steirischen Landwirtschaftskammer.[2] Mit den protestantischen Gebieten des (Süd-) Burgenlandes erwarb Österreich 1921/22 überdies eine weitere potenzielle Hochburg des Landbundes.[3] In katholischen Gegenden machte sich dafür ein Phänomen bemerkbar, das einen faszinierenden Einblick in die ländliche Gesellschaft erlaubt: In der Diaspora, dort wo er über kein fest gefügtes Milieu verfügte, erhielt der Landbund nämlich zuweilen drei bis fünf Mal soviel Stimmen von Männern wie von Frauen (so z.B. 1920 in den Mostviertler Gerichtsbezirken Gaming und Haag).

Stocker vertrat die These, mit einer städtisch dominierten national-freiheitlichen Einheitspartei stünde man bei den Bauern von vornherein auf verlorenem Posten: „Mit Erfolg können wir die Bauern nur als Standesorganisation organisieren."[4] Mit der lokkeren Vereinigung in Form einer Listenkombination, wie sie das Wahlrecht 1919/20 noch ermöglichte, ließ sich damals auch noch leicht eine auskömmliche Lösung finden. Bäuerliche Abgeordnete stellten in der Konstituierenden Nationalversammlung immerhin elf von 26 großdeutschen Abgeordneten; Stocker und Schönbauer waren Vorstandsmitglieder der Vereinigung. Die Großdeutsche Volkspartei – die sich im Herbst 1920 bildete – bestand jedoch unter dem Einfluss der Wiener Gruppe der so genannten „Nationaldemokraten" auf einer Interpretation des Begriffs „Volksgemeinschaft", der jegliche ständische Sonderformationen ausschloss. Daraus ergaben sich Konflikte, vor allem mit Stocker, weniger in Kärnten, wo mit Arthur Lemisch und Vinzenz Schumy als Landeshauptleute innerhalb des freiheitlichen Lagers die Landbündler von Anfang an die Führung übernahmen.

Allerdings hatten seit 1907, seit der Vereinigung mit den Wiener Christlichsozialen, der städtischen „Wurstkesselpartei" des großen Populisten Lueger, auch die katholisch-konservativen Konkurrenten des Landbundes den Weg zur Integrationspartei eingeschlagen. In den zwanziger Jahren öffneten sich die Christlichsozialen unter Seipel im Sinne einer bürgerlichen Sammelpartei vermehrt für städtisch-kapitalistische Interessen. Sobald sich die „Christlichsoziale Reichspartei" jedoch zu einer Volkspartei mauserte, bot sie einer entschlossenen agrarischen Konkurrenz eine offene Flanke, freilich nur einer Konkurrenz, die sich ihrerseits von derlei Bindungen zu lösen vermochte. Für den Landbund ergab sich eine politische „Marktlücke" daher weniger im antiklerikalen, „ultrafreisinnigen" Bereich, sondern im agrarischen: sobald er seine Bindungen an die städtischen Freiheitlichen kappte – und Stocker war dazu bereit – konnte er sich dem bäuerlichen Publikum als einzige unverfälschte Interessensvertretung präsentieren.

---

2 Vgl. Alexander Haas, Die vergessene Bauernpartei. Der steirische Landbund und sein Einfluss auf die österreichische Politik 1918–34 (Graz 2000).

3 Vgl. Charlotte Heidrich, Burgenländische Politik vom Zerfall der Habsburgermonarchie bis zum Beginn des autoritären Regimes, 1918–1933 (Wien 1982).

4 Allgemeines Verwaltungsarchiv (AVA), Großdeutsche Volkspartei (GdVP) 1, Protokolle der Abgeordnetenvereinigung 14.5.1919.

Der Landbund verkörperte dabei selbst unterschiedliche Milieus: In Kärnten und in der Obersteiermark, in gewisser Weise wohl auch in Oberösterreich,[5] war er die Partei der „Sterzgrafen", der großen Höfe, in der Oststeiermark und im Burgenland der Kleinbauern. Unterschiedlich war z.B. auch der Zugang zur Frage der Landreform, die im Burgenland vielleicht populär gewesen wäre, die Schumy in Kärnten mit dem Argument wegwischte, man sei zwar gegen das Institut des Fideikommiss, der gebundenen Güter, aber die Latifundien bestünden ohnedies zumeist nur aus Wald. Außerdem sei es gefährlich, „den ohnedies schon gefährdeten Eigentumsbegriff noch mehr zu erschüttern".[6]

Die Interessenvertretung der Landwirtschaft trug in den ersten Nachkriegsjahren einen durchaus liberalen Zuschnitt – das war eine Reaktion auf Krieg und Kriegswirtschaft. Die Landwirtschaft forderte eine Liberalisierung des Handels und einen Abbau der verhassten Rohstoff- und Lebensmittel-„Zentralen". Die städtischen Konsumenten hingegen wollten die Bewirtschaftungsmaßnahmen der Kriegszeit mit ihren Höchstpreisen nicht so schnell aufgeben.[7] Daraus ergab sich auch das erste Paradoxon: Der Landbund hielt sich 1922/23 – als Seipel die erste feste Koalitionsregierung mit den Großdeutschen auf die Beine stellte – zwar noch außerhalb der Regierung, stand aber nicht unbedingt in dezidierter Opposition, sondern verharrte in der Haltung, wie sie in den letzten Jahrzehnten der Monarchie üblich gewesen war, als Partei, die über ihre Stellungnahme von Fall zu Fall entschied.

Aber der Landbund unterstützte die Seipel'sche Sanierung mit ihrem Programm der Rückkehr zur uneingeschränkten bürgerlichen Eigentumsordnung auch tatsächlich ziemlich uneingeschränkt. Der Jurist Professor Ernst Schönbauer – den man in heutiger Diktion vielleicht als den „Chefideologen" des Landbundes in seiner Frühzeit bezeichnen könnte – formulierte schon im Oktober 1924: „Dass wir eine Oppositionspartei werden, ist unmöglich."[8] Doch die Währungssanierung, die der Landbund begrüßte, hatte unerwünschte Nebenwirkungen: Der harte Schilling machte Nahrungsmittelimporte wieder konkurrenzfähig; die Mangelsituation der Blockadejahre wurde von der Preisdepression abgelöst, wie sie die Landwirtschaft weltweit schon lange vor dem Großen Börsenkrach vom Herbst 1929 erfasst hatte.

Der Landbund reagierte auf die Agrarkrise, die sich ab 1924/25 bemerkbar machte, mit einem Rechtskurs, der einerseits auf Einschränkung und Abbau der staatlichen Bürokratie und der Sozialgesetzgebung pochte und andererseits den Schutz der heimischen Produktion forderte. Wenn Schumy, der 1929/30 Hartleb als Vizekanzler ablöste, z.B. schon einige Tage vor dem großen Krach 1929 von den „unerträgli-

5 Vgl. auch Karin Fellinger, Der Landbund in Oberösterreich (Diss. Salzburg 1989).

6 Institut für Zeitgeschichte Wien (IfZ), Nachlass (Nl.) Schumy 19/1, Schumy an Mößlacher, 10.1.1927; zur Besitzgröße vgl. Johann Reif, Zwischen Standespartei und Volkspartei. Die Geschichte des Kärntner Landbundes und Bauernbundes von 1886 bis 1934 (Diss. Klagenfurt 1989), 130ff.

7 Vgl. Ulrich Kluge, Studien zu Agrarkrise und -gesellschaft der Republik Österreich (Wiesbaden 1988); Siegfried Mattl, Agrarstruktur, Bauernbewegung und Agrarpolitik in Österreich 1919–1929 (Wien 1981).

8 IfZ, Nl. Schumy, 40, Vorstandsprotokolle 31.10.1924.

chen Lasten" der Sozialversicherung sprach, die nur „durch Vereinfachung des Versicherungsapparates vermindert werden könnten",[9] klingt das sehr aktuell und entsprach der Linie, wie sie der Landbund z.B. in Oberösterreich propagierte: Pflichtversicherungen nur im lokalen, überschaubaren Bereich.

Für die Abkehr vom Freihandel im gesamten mitteleuropäischen Bereich aber gab es kein deutlicheres Signal der Trendwende als die Überwindung des nationalen Konflikts in der CSR durch die bi-nationale „Zollmehrheit", die „panska koalice", aus dem deutschen Bund der Landwirte und den tschechischen Agrariern (und ihren gewerblichen Verbündeten), die 1926 in Prag die tschechische Allparteienkoalition, die „petka", ablöste.[10] Im Herbst desselben Jahres machten 15.000 Bauern in Klagenfurt mit einem Aufmarsch gegen Steuerdruck und Preisverfall ihrem Unmut Luft. Landbundobmann Schumy, der Stocker 1924 abgelöst hatte, hielt bei dieser Gelegenheit eine Rede, von der er angab, er habe zwar „auch über Steuerstreik gesprochen, aber vernünftig".[11] Einige seiner Gefolgsleute dürften sich freilich etwas weniger diplomatisch ausgedrückt haben ...

1927 trat der Landbund selbstständig zu den Nationalratswahlen an und erreichte 6,3 % (die sich sehr ungleichmäßig über das Bundesgebiet verteilten – siehe Karte I und II).

Seipel lud den Landbund zum Eintritt in den „Bürgerblock" ein. Das Landwirtschaftsressort wollten die Christlichsozialen behalten, aber Karl Hartleb wurde Vizekanzler und Innenminister. Die Hauptstoßrichtung des Landbundes galt dennoch der Wirtschaftspolitik. Das Schlagwort war die „Eroberung des Wiener Markts", der noch aus Zeiten der Monarchie eine Domäne ungarischer und polnischer Lieferanten war: Nur ein halbes Prozent der Schweine, die 1928 im Schlachthof von St. Marx angeliefert wurden, stammten aus Österreich. Auf dem Milchsektor hingegen war die Situation offenbar befriedigend. Gerade deshalb, so argumentierten die Experten, verschärfe sich die Situation auf dem Viehsektor: Es sei durch die Molkereinebenprodukte ein Mehr an Schweinefutter vorhanden, man müsse deshalb dauerhaft mit höheren Beständen an Mastschweinen rechnen.[12]

„Ich kann mich des Eindrucks nicht erwehren, dass wir von den großen grundsätzlichen Fragen zu sehr abgekommen sind und dass wir tatsächlich nur mehr das polnische Schwein reiten", gab Schumy 1929 zu – ein Ausdruck, der über Nacht populär geworden war, als die „AZ" in einer Karikatur Vizekanzler Hartleb abgebildet hatte, triumphal auf einem Schwein gegen die polnische Grenze reitend, hinter sich als Ge-

9 Isabella Ackerl / Rudolf Neck (Hg.), Die Protokolle des Ministerrates der Ersten Republik, Abt. VI/Bd.1: Die Ministerien Streeruwitz und Schober, bearb. v. Eszter Brader-Dorner (Wien 1988), 261f. (11.10.1929).

10 Vgl. Norbert Linz, Der Bund der Landwirte in der Ersten Tschechoslowakischen Republik (München 1982); Jörg Kracik, Die Politik des deutschen Aktivismus in der Tschechoslowakei 1920–1938 (Frankfurt/M. 1999); Silke Sobieraj, Die nationale Politik des Bundes der Landwirte in der ersten tschechoslowakischen Republik (Frankfurt/M. 2002).

11 IfZ, Nl. Schumy, 40, Vorstandsprotokolle 10.9.1926.

12 Protokolle des Ministerrates, Abt. V/ Bd. 2 (1986), 326 (24.5.1928).

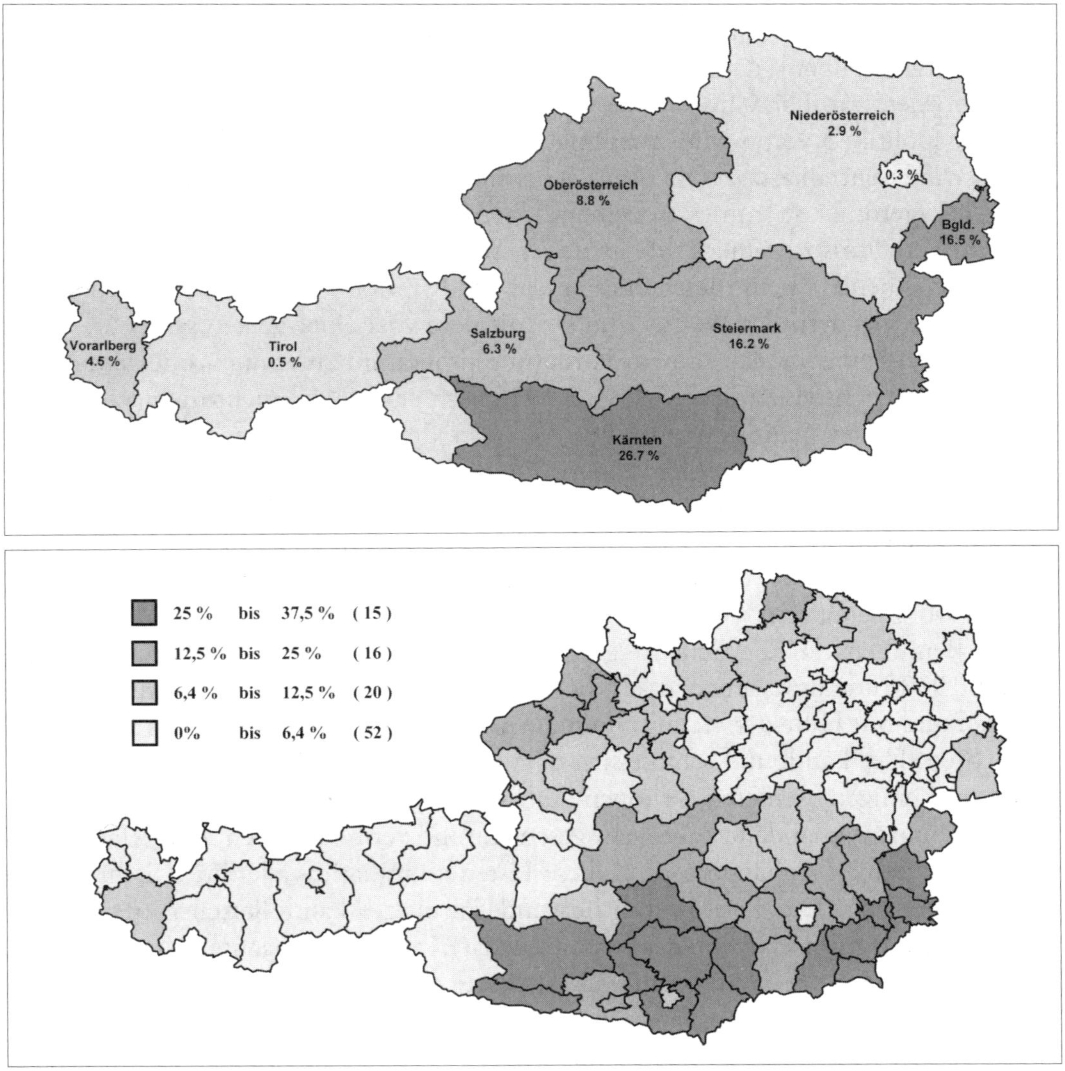

Landbundergebnisse NR-Wahl 1927 Österreich

schlagene im Stile eines altrömischen Triumphzuges die Koalitionspartner Seipel in Soutane und Wotawa mit Germanenhelm – eine Darstellung, die bei aller pflichtschuldigen Empörung über städtische Arroganz von den Landbündlern als Beweis des eigenen Erfolgs doch gerne kokett nachgedruckt wurde.[13]

Ein Dauerbrenner aller Beschwerdenkataloge der Landwirtschaft war immer schon die stiefmütterliche Behandlung auf dem Kreditsektor gewesen. Zu den ersten Fragen, die Hartleb als Vizekanzler beschäftigten, gehörte deshalb auch die Errichtung der Gi-

13 IfZ, Nl. Schumy, 21, Schumy an Winkler 12.1.1929; AZ 6.1.1929; Landbündler 26.1.1929.

rozentrale der landwirtschaftlichen Genossenschaften, wie sie nach dem Zusammenbruch der Zentralbank deutscher Sparkassen im Vorjahr umso mehr zur Notwendigkeit geworden war. Die Girozentrale war darüber hinaus auch ein Beispiel praktischer Anschlusspolitik: 3 von 5 Mio. Schilling Grundkapital übernahm die preußische Genossenschaftszentralkassa.[14] Die österreichischen Vertreter stammten aus beiden bäuerlichen Lagern: Zwar kam es zu keinem Übergewicht des Landbundes, aber doch zu einer im Verhältnis zu seiner zahlenmäßigen Stärke überproportionalen Vertretung.

Kennzeichnend war in dieser Phase nicht die Rivalität mit den „schwarzen" Standesgenossen, sondern das Werben um sie mit dem Ziel einer gemeinsamen „Grünen Front". Man bemühte sich um ein Forderungsprogramm zusammen mit dem christlichsozialen Reichsbauernbund, der seit 1926 zum ersten Mal nicht mehr von einem Niederösterreicher geführt wurde. Die Vertreter der Alpenländer – wie der Tiroler Thaler oder der Oberösterreicher Födermayr – stießen beim Landbund auf viel mehr Sympathie.[15] Vor den Wahlen 1927 hatte der Landbund zwar die Beteiligung an Seipels bürgerlicher Einheitsliste abgelehnt, aber ein offizielles Einladungsschreiben an die „Bauernorganisation der christlichsozialen Partei" gesandt, dass er zur Kooperation mit ihr sehr wohl bereit sei.[16]

Das Bemühen um die Schaffung einer einheitlichen „Grünen Front" wurde im Herbst 1930 rüde unterbrochen, als die Christlichsozialen eine Minderheitsregierung bildeten und mit Hilfe der Heimwehren die nationalen Parteien von rechts aufzurollen versuchten. Der Landbund schloss sich daraufhin für die Wahlen mit den Großdeutschen und einigen kleineren Gruppen zum so genannten Schober-Block zusammen. Der Landbund verhandelte dabei sehr geschickt und vermochte sich seine Mandate zu sichern, bei seinen Anhängern stieß diese Listenkombination allerdings nicht überall auf Zustimmung. Die Oberösterreicher und Salzburger kandidierten getrennt (und verfehlten im Innviertel knapp das Grundmandat); in Kärnten machte sich eine gewisse Wahlenthaltung bemerkbar. Dennoch scheiterte das christlichsoziale Manöver: Die Heimwehren zogen ins Parlament ein, blieben aber in der Opposition; die bürgerliche Koalition mit dem Schober-Block fand sich 1931 erneut zusammen. Als Vizekanzler in Wien, 1932 dann auch als Bundesobmann übernahm die Leitung des Landbundes jetzt der steirische Landesrat Franz Winkler.

Freilich: Nicht bloß die Koalition, auch der Schober-Block zerfiel unter dem Eindruck der Weltwirtschaftskrise, die im Juni 1931 zum drohenden Zusammenbruch der mit Abstand größten österreichischen Bank, der Creditanstalt, führte. Zur Rettung der

14 Steiermärkisches Landesarchiv, Nl. Karl Hartleb, Klubprotokolle Juli 1927.

15 Vgl. Bauern-Zeitung (BZ) 8.9.1927, wo Thaler gegen seine niederösterreichischen Parteifreunde (darunter auch den „neuen Kammeramtsdirektor Dollfuß") verteidigt wurde und der Landbund die Haltung der Präsidentenkonferenz gegen die Intrigen der Niederösterreicher lobte. Vgl. auch Mattl, Agrarstruktur, 366. Im Gegenzug habe der Landbund auf den Ausbau einer eigenen Organisation in Tirol verzichtet.

16 BZ 3.3.1927. (Das Schreiben war vom 25.2.1927 datiert und von Winkler als geschäftsführendem Vorstandsmitglied unterzeichnet.) Vgl. Mattl, Agrarstruktur, 286.

Bank übernahm der Staat eine Ausfallshaftung, die ihn teuer zu stehen kam. Winkler war skeptisch über die Bundeshaftung für die Bankschulden; vor allem aber geriet er in einen diametralen Gegensatz zu den Großdeutschen, sobald es um die Beamtengehälter ging, die von den Sparmaßnahmen betroffen waren. Die Großdeutschen als Beamtenpartei lehnten die Kürzung des 13. Monatsgehalts ab; Winkler argumentierte, wenn die gesamte Bevölkerung von massiven Einkommensverlusten betroffen sei, könne man die Beamten davon doch nicht ausnehmen. Das Ergebnis war: Die Großdeutschen erklärten sich außerstande, die Reformen mit zu tragen und traten 1931/32 den Rückzug aus dem „Bürgerblock" an, der in Österreich zehn Jahre lang eine parlamentarische Regierung ermöglicht hatte. Zurück blieb unter Dollfuß ab Frühjahr 1932 eine Regierung, die agrarischen Anliegen sehr offen gegenüberstand – die aber freilich den Schönheitsfehler aufwies, dass sie über keine Mehrheit im Nationalrat mehr verfügte bzw. auf die Unterstützung der Heimwehr angewiesen war, der die Landbündler nicht ganz zu Unrecht misstrauten.

Unter dem Eindruck der Weltwirtschaftskrise erfolgte auch das Abgehen von manchen bisherigen Positionen: „Lieber das monopolistische System mit dem Bureaucratismus als der freie Verkehr mit dem Wucher."[17] Hatte man bisher auf traditionelle Aushilfen wie Schutzzölle gesetzt, so gesellte sich jetzt zunehmend eine radikale Systemkritik hinzu. Das Viehverkehrsgesetz vom November 1931 rationierte die Belieferung der städtischen Märkte, der Milchausgleichsfond hob den „Milchgroschen" ein, um damit die Veredlungsprodukte Butter und Käse zu unterstützen.[18] 1933 trat man mit dem Aufkauf eines Teils der Roggenernte in eine Phase ein, die Schumy später ein wenig euphemistisch als „marktmäßige Lenkung des Angebots" umschrieb.[19] Gewisse Unterschiede zu den Christlichsozialen wurden freilich weiterhin deutlich: Man wollte die Autarkie nach außen mit einem freien Markt im Inneren kombinieren und hatte weniger Zutrauen zu Subventionen. Getreide hatte geringere Priorität als Vieh. Auf seinem Reichsparteitag in Wels Mai 1931 wandte sich der Landbund gegen das Notopfer (das nach langen Debatten um Mehlabgabe und Getreidemonopol im Sommer 1930 als kleinster gemeinsamer Nenner beschlossen worden war) und gegen den Missbrauch der Subventionspolitik.

Die Bauern sollten nicht zu Bettlern degradiert werden,[20] sondern Produzenten bleiben, die auf dem Markt agierten, freilich auf einem geschützten: Daher „Sicherung der Inlandsmärkte", aber Abwehr aller Eingriffe in das Privateigentum.[21] Die „planmäßige Bewirtschaftung", die mit „Wirtschaftsfreiheit im Inland" einherging, „ohne

17 IfZ, Nl. Schumy 36/1, Vollzugsausschuß 27.8.1931.

18 Klubvorstand 2.7.1931; BZ 19.11.1931.

19 Vinzenz Schumy, Drei Jahrzehnte österreichischer Agrarpolitik (Wien 1951), 11.

20 Landbündler 12. u. 26.7.1930.

21 BZ 7.5.1931, 13.5.1931; vgl. James W. Miller, Engelbert Dollfuss als Agrarfachmann (Wien 1989), 117ff. bzw. 101 für die Verteilungskämpfe beim „Notopfer".

dass der Erzeuger gestört" werde, stellte freilich einen Drahtseilakt dar.[22] Schumy umschrieb diese Quadratur des Kreises: Man müsse den „bäuerlichen Standpunkt genau umschreiben, ohne einerseits kapitalistische Missstände zu decken und andererseits in kommunistische Anwandlungen zu verfallen."[23] Wie sollte man sich da verhalten, wenn es um die zwangsweise Exekution von Schulden oder Gebühren ging? Um die Jahreswende 1932/33 häuften sich da die Zwischenfälle: Im steirischen Vorau kam es bei Exekutionen zu Unruhen, im kärntnerischen Niedertrixen war ein Todesopfer zu beklagen. Schumy selbst sprach im Frühjahr 1933 schließlich schon davon, dass die Kosten für eine Umschuldung der Landwirtschaft die Öffentlichkeit zu tragen haben werde, die schließlich auch von den nicht kostendeckenden Preisen profitiere.[24]

Inzwischen hatte die NSDAP im Frühjahr 1932 ihre ersten großen Wahlerfolge in Österreich gefeiert – allerdings in Ländern, wo der Landbund nur schwach vertreten war.[25] Die NSDAP wurde vom Landbund bis zuletzt in erster Linie nach ihrem sozialpolitischen Selbstverständnis beurteilt – als nationale Arbeiterpartei. Man zollte ihr Anerkennung, weil man „in der Zusammenfassung der von gleichen Standesinteressen beseelten Volksgenossen"[26] ein richtiges Prinzip erblickte – und gerade nicht, weil sie von den Nationaldemokraten das Prinzip der „Volksgemeinschaft" übernommen hatte. Als Standespartei hätte die NSDAP ihre Berechtigung – und könne so auch den Sozialdemokraten gefährlich werden – doch für eine Bauernpartei war sie gerade deshalb Anathema, ein Postulat, das seit Hitlers Machtübernahme in der Partei nach Bedarf durch Hinweise auf die Ablehnung agrarischer Forderungen im Reich und gemeinsame Aktionen und Abstimmungen der NSDAP zusammen mit den Kommunisten unterstrichen wurde.

Die Landbündler standen ab 1933 zwischen den Fronten der beiden autoritären Systeme. Eine Zeitlang hatte Schumy 1933 noch mit dem Vorstellung geliebäugelt, zwischen Christlichsozialen und Nationalsozialisten aus den Trümmern aller anderen Gruppierungen eine „dritte Kraft" aufbauen zu können, doch die Polarisierung überrollte all diese Projekte. Schumy trat daraufhin 1933 in das Kabinett Dollfuß ein; Winkler schied im Herbst aus und näherte sich der „nationalen Opposition". Die Entscheidungen für das jeweils kleinere Übel, die damals getroffen wurden, hatten ihre Auswirkungen auch auf die politische Struktur der 2. Republik, als ÖVP und VdU (später FPÖ) um das Erbe des Landbundes rangen, mit Schumy und Thoma als Galionsfiguren der einen, Hartleb und Scheuch der anderen Seite.[27]

22 BZ 24.9.1931 (Rede Winklers vor oö. Vertrauensmännern am 19. September).

23 IfZ, Nl. Schumy, 65/1, Brief an Bachinger 19.8.1931.

24 Allgemeine Bauern-Zeitung (ABZ) 20.1.1933 (Hans Urbas – ein Märtyrer des Bauernstandes); 2.6.1933 über den Prozess in Vorau wegen eines Zwischenfalls am 27.12.1932.

25 Vgl. Dirk Hänisch, Die österreichischen NSDAP-Wähler. Eine empirische Analyse ihrer politischen Herkunft und ihres Sozialprofils (Wien 1998).

26 BZ 21.10.1930.

27 Lothar Höbelt, Von der vierten Partei zur dritten Kraft. Die Geschichte des VdU (Graz 1999). Im Rahmen der ÖVP waren von den prominenten Landbündlern auch noch Ferlitsch (Kärnten) und Ober (Salzburg) tätig; für VdU/FPÖ der Neffe Bachingers und der Sohn Neumanns in Oberösterreich; Raser (NÖ) war beim VdU, ab 1954 bei der ÖVP.

Die unabhängige bzw. freiheitliche Bauernschaft, wie sie ab 1949/50 hieß, konnte nicht in allen Teilen des Bundesgebietes an ihre Vorläufer im Landbund anknüpfen: Vor allem in der russischen Besatzungszone, in Niederösterreich und im Burgenland, vermochte sie nicht mehr Fuß zu fassen. Innerhalb des bäuerlichen Bereichs, der sich der Vereinnahmung durch die Sammelpartei ÖVP entzog, machten sich aber binnen kurzem auch wieder die zwei unterschiedlichen strategischen Zielsetzungen bemerkbar, die in der Geschichte des Landbundes eine Rolle gespielt hatten, wenn man so will: die blaue" und die „grüne" Orientierung. Die Betonung des national-freiheitlichen Charakters der Bewegung oder die Betonung der ständisch-wirtschaftlichen Interessen, die in einer Sammelpartei (unabhängig von der Weltanschauung) keine entsprechende Berücksichtigung fanden.

Der Allgemeine Bauernverband, wie er 1952 aus der Taufe gehoben wurde,[28] stand ganz eindeutig in der Tradition dieser „grünen", nur-bäuerlichen Richtung. Sein Einzugsbereich überschnitt sich mit den Freiheitlichen vielfach, aber er legte Wert darauf, von allen städtischen Integrationsparteien unabhängig zu sein, von der FPÖ genauso wie von der ÖVP. Mit der freiheitlichen Bauernschaft ergab sich daraus ein Muster von Konflikt und Kooperation, wie es sich aus den Kammerwahlergebnissen ablesen lässt: Zuweilen hatte dabei auch die SPÖ ihre Hand im Spiel. Aber das ist eine andere Geschichte – wie sie auf den folgenden Seiten von Walter Kalina mit viel Engagement abgehandelt wird.

Exkurs: Der Sonderfall Niederösterreich

Einen Sonderstatus nahm bei all diesen Entwicklungen das Kron- bzw. Bundesland Niederösterreich ein, und hier wiederum das Waldviertel. Niederösterreich gilt als das „schwarze" Kernland. Zum Unterschied von Oberösterreich – oder Tirol – war das jedoch erst eine Entwicklung des zwanzigsten Jahrhunderts. Den Wechsel von einem Politikmuster, wie es die Sudetenländer auszeichnete, mit einer bäuerlichen Bewegung, die in der Tradition Kudlichs den linken Flügel der altliberalen „Verfassungstreuen" bildete, zum alpinen Muster, oder vielleicht besser: zum Muster des Alpenvorlands, wo die Bauern den Heerbann des politischen Katholizismus bildeten, brachte in Niederösterreich erst Lueger zustande. War es in der Steiermark oder in Oberösterreich der Kulturkampf, der zwischen Bauern und liberale Städter einen Keil trieb, so entstand in Niederösterreich erst in den achtziger und neunziger Jahren eine antiliberale Bewegung, die anfangs mehr auf Schönerer als auf Lueger blickte und erst nach der Jahrhundertwende mit den Katholisch-Konservativen zur Christlichsozialen Reichspartei verschmolz.

Ökonomische Gesichtspunkte spielten dabei eine größere Rolle: Nicht katholische Volksvereine, sondern der Bauernbund bildete die Machtbasis der Christlichsozialen auf dem Lande. Entgegen manchen Legenden waren die Bauern nicht mit der Grundentlastung in Schulden verfallen, im Gegenteil: Die Industrialisierung brachte Absatzmärkte; erst ab Mitte der achtziger Jahre setzte weltweit die Agrarkrise ein, die mit fallenden Preisen auch eine politische Mobilisierung der Bauernschaft nach sich zog. Die liberale Partei, keine Partei, sondern ein Verbund von Vereinen und Persönlichkeiten, die für

28 Höbelt, Geschichte des VdU, 134ff.

die Verfassung und gegen das Konkordat waren, zerfiel in einander heftig befehdende Bestandteile, so sie nicht vom Außendruck zusammengehalten wurde – und in Niederösterreich, wo es bis dahin immer bloß ein oder zwei „klerikale" Vertreter im Landtag gegeben hatte, war das nicht der Fall.

Die Verteilung der Reichsratsmandate der niederösterreichischen Landgemeinden spricht hier eine deutliche Sprache: Noch 1879 waren alle bis auf eines in liberalen Händen; 1897 war das Ergebnis schon spiegelverkehrt: nur mehr ein einziger Liberaler wurde hier gewählt. Ein Teil der Deutschnationalen ging mit Lueger und wurde allmählich von den Christlichsozialen aufgesogen, die 1902 im Landtag eine Zwei-Drittel-Mehrheit gewannen. Das Mehrheitswahlrecht war Minderheiten nicht günstig. Die einzige Region, wo eine Kandidatur gegen die Christlichsozialen nach der Jahrhundertwende nicht von vornherein aussichtslos war, stellte die Gegend um den Manhartsberg dar, an der Grenze vom Wald- zum Weinviertel, der Wahlkreis Gföhl-Langenlois-Eggenburg, wo sich der christlichsoziale Kandidat, der spätere Bundespräsident Miklas 1907 nur verhältnismäßig knapp durchsetzte. Auch der alte Wahlkreis Schönerers war „tiefschwarz", ein Ergebnis, das sich 1911 – trotz der Niederlage der Christlichsozialen in der Stadt Wien – bloß noch verstärkte.

In den achtziger Jahren war zwar der „Österreichische Bauernbund" entstanden, der sich an Schönerer orientierte. Er wurde abwechselnd geführt von seinem Gefolgsmann Heinrich Fürnkranz (1828–1896), dem Bürgermeister von Langenlois, und dem Abgeordneten Franz Riegler (1839–1914) aus Ziersdorf, der sich im Reichsrat einer gemäßigteren Gruppe um Otto Steinwender anschloss. Der „Österreichische Bauernbund" vertrat am anschaulichsten das rebellische Prinzip des „dritten Weges" von „weder liberal noch klerikal"; denselben Ansatz schon im Namen verkörperte der Verein „Mittelstraße" um den Herausgeber der gleichnamigen Zeitschrift, Steininger, der sich vom „Bauernbund" lossagte und weniger Berührungsängste mit den Klerikalen hatte als Schönerer, ja 1890 sogar eine Verbindung zu den tschechischen Agrariern herzustellen versuchte.[29] Doch während es in Oberösterreich eine Kontinuität gab zum Bauernverein der achtziger Jahre, der nahtlos in den Landbund der Zwischenkriegszeit überging, wurden die Gründungen der achtziger Jahre im Unterennsischen von Luegers starken Bataillonen allesamt überrollt und aufgesaugt. Zurück blieb allein der Hauer- und Bauernbund, der schon im Namen erkennen ließ, dass er sich in erster Linie um die Weinbauern kümmern wollte. (Auch schon der „Österreichische Bauernbund" der achtziger Jahre war mit Fürnkranz aus Langenlois und Kern aus Guntramsdorf vor allem in Weinbaugegenden verankert.)

Umso erstaunlicher waren die Ergebnisse in Niederösterreich 1919, bei den ersten Wahlen nach dem Zusammenbruch der Monarchie. Die nationalen Parteien verdoppelten ihren Stimmenanteil – und das in einer Situation, wo überall anderswo Chaos herrschte, ihr Establishment durch den verlorenen Krieg kompromittiert war und die revolutionäre Gefahr viele bei den Christlichsozialen Zuflucht suchen ließ. Dabei war die Deutschnationale Partei, die im Februar 1919 so erfolgreich war, keine Neuschöpfung, sondern ein bloßer Zweckverband der 1911 gewählten städtischen Abgeordneten, ohne zündende Ideen oder gut eingespielte Organisation. (Daneben gab es am linken – betont republikanischen und sozialen – Flügel die Nationaldemokraten, eine Wiener Gründung, die außerhalb der Hauptstadt anfangs nur in Krems über einigen Rückhalt verfügte.)[30]

Herausragend war das Ergebnis im Waldviertel, wo die Deutschnationalen mit ihrer so genannten „Waidhofener Liste" allein über 30 % erzielten, die Nationaldemokraten weitere 10 % (siehe Karte III). In keiner anderen Region der neuen Republik waren im Vergleich der Jahre 1911–1919–1923/27 (siehe

29 Hermann F. Riepl, Die propagandistische Tätigkeit des Bauernorganisators Josef Steininger (Diss. Wien 1962), 111ff., 197ff.

30 Für das Folgende vgl. Lothar Höbelt, Deutschnationale – Nationaldemokraten – Großdeutsche – Bauernpartei. Das „nationale Lager" 1918–1922. In: Willibald Rosner / Reinelde Motz-Linhart (Hg.), Niederösterreich 1918 bis 1922. Studien und Forschungen aus dem niederösterreichischen Institut für Landeskunde 39 (St. Pölten 2007), 101-135.

Karte IV) derartig massive Ausschläge des Pendels zu verzeichnen. Im Gerichtsbezirk Gföhl, wo sich die Einzugsbereiche beider Listen überlappten, erzielten die beiden nationalen Listen zusammen sogar eine Zwei-Drittel-Mehrheit! Die Basis dieses Erfolges war der Deutsche Hauer- und Bauernbund, der in der Vorkriegszeit über eine Nischenexistenz nie hinausgekommen war; sein führender Kopf zweifelsohne Ernst Schönbauer. Nach der Wahl wandelte sich der Hauer- und Bauernbund am 18. März 1919 in seinem traditionellen Versammlungsort, dem Bahnknotenpunkt Sigmundsherberg, in den Deutschen Bauernbund für Niederösterreich um und passte sich damit bewusst der Gründung von Schönbauers Schulkollegen Leopold Stocker in der Steiermark an.

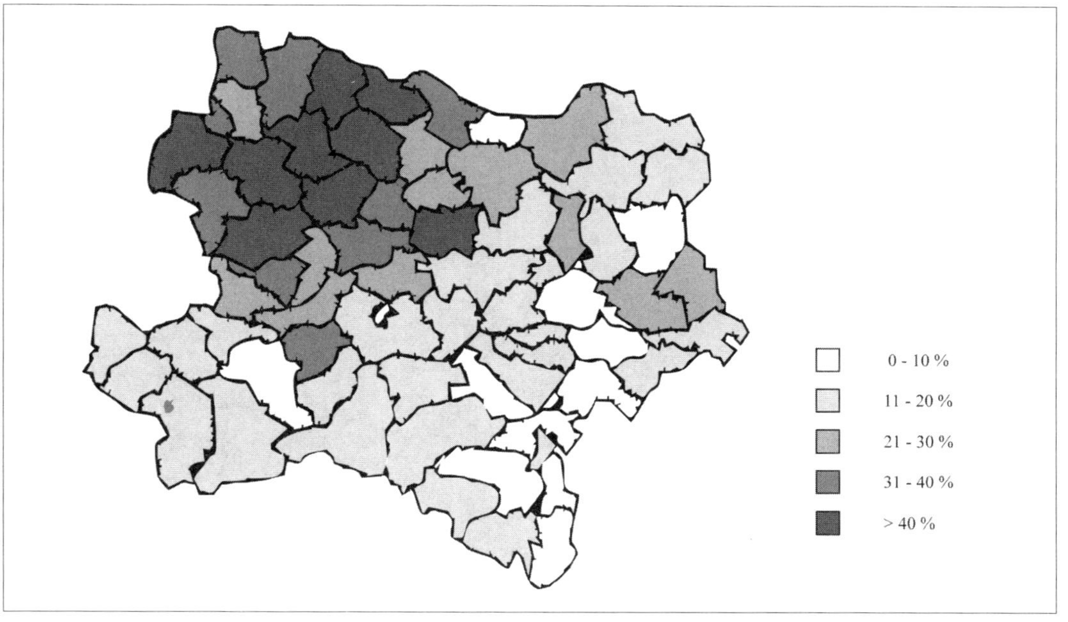

Die Wahlerfolge der nationalen Listen bei den Wahlen zur konstituierenden Nationalversammlung 1919 in Niederösterreich

Doch der antizyklische Überraschungserfolg, der bei den Wahlen zur Konstituierenden Nationalversammlung Deutsch-Österreichs das Waldviertel für die nationalen Parteien zum absoluten Spitzenreiter aller Wahlkreise machte, erwies sich als unwiederholbar. Für die Landtagswahlen im Mai 1919 wurde eine gemeinsame Liste erstellt: Doch der Erfolg vom Februar ließ sich nicht wiederholen. Die einheitliche Liste erzielte im Waldviertel nur mehr 28 %. In den Hochburgen vom Februar 1919 war ein besonders starkes Absinken der Wahlbeteiligung zu bemerken. Bei den nächsten Landtagswahlen im Frühjahr 1921 waren es dann sogar nur mehr knapp 20 % im Waldviertel.

Daran war nicht zuletzt die Entwicklung in Wien schuld, ohne dass sie allein schon eine ausreichende Erklärung bieten könnte. Denn dort setzten sich gegenüber den „alten" Parlamentariern der DNP die „neuen" Nationaldemokraten durch, die keine Unterverbände dulden wollten, die Standes- oder Klasseninteressen vertraten, sondern eine straff geführte Mitgliederpartei aufbauen, die sich in dieser Beziehung ganz am Beispiel der Sozialdemokratie orientierte. Eine bündische Struktur des „Getrennt Marschierens, vereint Schlagens", wie sie z.B. auch in Böhmen immer praktiziert worden war, wo Wolfs Deutschradikale Wahlkreise an die Agrarier (oder die Deutsche Arbeiterpartei) „abtraten", kam für sie nicht in Frage.

Landbund-Mehrheitsgemeinden im Waldviertel NRW 1927

Die Unterordnung unter eine (haupt-)städtische Führung war wiederum für die Bauern nicht sehr attraktiv. Mit den alten Anhängern Wolfs, die von den Nationaldemokraten ins Abseits gedrängt wurden, stand auch ein Kader zur Verfügung. Im nördlichen Waldviertel waren die Beziehungen zu Böhmen enger, hatte vielleicht auch die deutschböhmische Führungsgarnitur des alten Nationalverbandes immer noch einen besseren Ruf als in Wien oder im Westen Österreichs. Die beiden Persönlichkeiten, die dem niederösterreichischen Landbund das Gepräge geben sollten, und dieses Milieu noch bis in die fünfziger Jahren repräsentierten, kamen beide aus dem „DnV“ Wolfs, dem „Deutschnationalen Verein“: Schönbauer und Gasselich. Ein „schöner Bauer“ höhnten die Gegner über den Universitätsprofessor, der doch immerhin ein Anwesen in Eichberg geerbt hatte; auch Gasselich war – wie viele andere niederösterreichische Freiheitliche – Lehrer, aber immerhin Landwirtschaftslehrer.

1921 kam es noch einmal zu einem Kompromiss zwischen Städtern und Bauern: Ein „Bund deutschösterreichischer Bauern“ unter Koppensteiner und Gasselich sollte eine Scharnierfunktion zwischen der Großdeutschen Volkspartei und dem Landbund wahrnehmen. Doch Ende 1923 schloss sich auch diese Gruppe endgültig dem Landbund Stockers und Schumys an.[31] Bei den Großdeutschen verblieb nur der neu gegründete „Hauer- und Bauernbund“ unter dem Klosterneuburger Viktor Reich und dem Hohenwarther Bürgermeister Josef Trauner, der aber nur in den Weinbaugebieten um Krems und Baden präsent war.

Auch der Landbund konnte auf sich allein gestellt in Niederösterreich keine großen Erfolge mehr erringen. 1927 gewann er im Land 2,9 %, im Waldviertel immerhin noch 8 %. Auffallend ist, dass es auch damals noch eine Reihe von niederösterreichischen Gemeinden gab, die eine Landbundmehrheit auswiesen – alle bis auf zwei davon lagen im Waldviertel, in einem Halbkreis angeordnet, der sich von Waidhofen über die Umgebung von Geras und Horn bis in die Bezirke Gföhl und Ottenschlag zog (siehe Karte 3). Eine Mikrostudie, was diese Orte von ihren Nachbargemeinden unterschied, die eine ganz andere politische Struktur aufwiesen, steht immer noch aus – könnte aber vielleicht aufschlussreiche Ergebnisse liefern ...[32]

31 Nach einem Konflikt mit Gasselich schloss sich Koppensteiner im März 1929 jedoch den Christlichsozialen an. Bauernbündler, 31.8. u. 16.11.1929.

32 Zu den Bauernkammernwahlen vgl. Nadja Sedlacek, Eine Geschichte des Landbundes mit besonderer Berücksichtigung der Landesorganisation Niederösterreich (Diplomarbeit Wien 1996), 107ff.

„Auf Bauer, wehr dich!" – Der Allgemeine Österreichische Bauernverband – die Agrarrebellen der Zweiten Republik

von Walter F. Kalina

1. Die Situation der Bauern nach dem Zweiten Weltkrieg

„Echte Bauern überstanden so ziemlich alle Krisen, sogar den Dreißigjährigen Krieg und den letzten Weltkrieg."[33]

Mit Kriegsende 1945 wurde Österreich als eigener Staat wiederhergestellt. Bereits am 27. April trat eine provisorische Staatsregierung mit Karl Renner als Staatskanzler zusammen und proklamierte die Wiedererrichtung der Republik. Auf dem Land sah es traurig aus, insgesamt sollen in Österreich 12.600 Bauernhöfe zerstört worden sein.[34] Als Beispiel für die furchtbare Situation der Bauern sei hier die Steiermark angeführt: „Straßen- und Eisenbahnbrücken waren gesprengt, Kraftwagen, Traktoren und Treibstoff Mangelware, Pferde getötet, Wagen ruiniert. Dieses triste Bild bot sich in weiten Gebieten der Ost- und Mittelsteiermark am Ende des Krieges. In den dicht besiedelten und fruchtbaren Bezirken Radkersburg, Feldbach, Fürstenfeld, Hartberg und Weiz wogte das Kriegsgeschehen im Frühjahr 1945 hin und her. 1.024 getötete Männer, Frauen und Kinder, 377 Vermisste und 929 Verletzte wurden gezählt. 5.200 landwirtschaftliche Betriebe waren mehr oder weniger schwer beschädigt, 2.771 Bauernhöfe lagen ganz oder zumindest größtenteils in Schutt und Asche. Tausende Bauernfamilien waren unterstandslos geworden. Sie hausten inmitten von Brandruinen oder suchten in Erdlöchern Unterschlupf. Viele wurden von verschont gebliebenen Nachbarn aufgenommen. Fast die Hälfte aller landwirtschaftlichen Betriebe der Steiermark wurde so durch die Kriegshandlungen in Mitleidenschaft gezogen. Der Verlust an Anlage- und Betriebskapital belief sich – nach Berechnungen in den fünfziger Jahren – auf mehr als eineinhalb Milliarden Schilling.

Ganze Getreidefelder mit ihren Wintersaaten und große Grasflächen wurden jetzt noch von den Pferden der zurückflutenden bzw. vorrückenden Armeen abgeweidet. Der Mangel war groß. Es fehlten wichtige Dinge des täglichen Lebens: Salz, Zucker, Gewürze usw. Es fehlten aber auch Gegenstände des häuslichen Bedarfs und landwirtschaftliche Betriebsmittel: Ackerwagen und Sägen, Treibriemen und Elektromotoren, Saatgut und Schädlingsbekämpfungsmittel, Futtermittel und Handelsdünger, Treibstoffe und Eisen. Große Ackerflächen blieben unbebaut. Stellungsbauten und Minenfelder entzogen riesige Flächen der Kultivierung. So konnte der Kartoffelanbau erst ab dem 9. Mai 1945 vorgenommen werden. Das Wintergetreide wuchs zwar wieder nach, bildete aber nur Stumpfähren und Spitzkörner, sodass es nicht schüttete. Was

33 Roland Girtler, Echte Bauern. Der Zauber einer alten Kultur (Wien 2002), 24f.

34 Therese Kraus, Bauern zwischen gestern und morgen. Österreichs Land- und Forstwirtschaft in ökonomischer und soziologischer Sicht (Wien 1958), 4.

die Kriegsereignisse übrig ließen, wurde in den Wirren der letzten Kriegstage und der unmittelbaren Nachkriegszeit geraubt, geplündert oder requiriert. So erreichte Mitte 1945 das Ernährungsproblem etwa in der Obersteiermark – vor allem im gesamten Ennstal – seinen Höhepunkt, da die Bevölkerungszahl hier wegen der Flüchtlinge um das Achtfache gestiegen war. Menschen rissen junge Kartoffeln aus, wobei sie mit Lkws über die Anbauflächen fuhren. Andere kauften als „Rucksackhamsterer" Obst auf und lieferten es an „Großhamsterer". Da der Bauer am Schwarzmarkt für seine Produkte einen Preis erzielte, der fünf- bis hundertmal höher war als der amtliche, offizielle Preis, konnte so mancher der Versuchung nicht widerstehen. Er umging die Ablieferungspflicht und lieferte seine Erzeugnisse „schwarz" an die Kunden. So bekam der Bauer im Frühjahr 1947 am amtlichen Markt für ein Kilo Kartoffeln zwischen 12 und 18 Groschen, während er bei illegalem Verkauf 80 Groschen bis 1 Schilling erhielt. Für die im April 1945 gebildete provisorische Regierung war der Kampf gegen den Hunger daher eine zentrale Aufgabe. Aufgrund des ausgeprägten Schleichhandels sah sich die Regierung sogar veranlasst, ein „Rucksackverbot" zu erlassen.[35]

In den restlichen Bundesländern sah es nicht viel anders aus, wie etwa in Salzburg, wo der Bevölkerung 1945 eine Tagesration von nur 800 Kalorien zugeteilt wurde.[36] Noch neun Jahre zuvor, 1936, hatte der durchschnittliche Kalorienverbrauch 3.113 Kalorien betragen, also noch über der vom Völkerbund empfohlenen Norm von 3.000 Kalorien pro Tag.[37] Die Ernährungslage der Bevölkerung spitzte sich damit enorm zu. Die Viehbestände waren stark reduziert und die gesamte Landwirtschaft zu Beginn der Nachkriegszeit wenig leistungsfähig. Hinzu kam noch, dass die Ernte während der Jahre 1946 und 1947 wegen Dürreschäden gering ausfiel.[38] Auch in Niederösterreich, das durch die Aufteilung Österreichs in vier alliierte Zonen völlig von der Sowjetunion besetzt war, regierte der Hunger. Besonders dort verlief der Wiederaufbau der Landwirtschaft wesentlich schwieriger als in den restlichen Bundesländern, denn die niederösterreichischen Bauern hatten nicht nur die Repressalien der Roten Armee zu erleiden, wie Diebstahl von Pferden und Vorräten, sondern auch das ganze Land samt der mit Flüchtlingen – vor allem aus Südmähren und aus dem Grenzland im Norden Niederösterreichs – vollgestopften Bundeshauptstadt Wien zu versorgen.[39]

Unmittelbar nach Kriegsende tat sich in Sachen Hilfe von außen zunächst wenig bis gar nichts. Die Bevölkerung war unvorstellbaren Leiden ausgesetzt, vor allem im

35 Günther R. Burkert-Dottolo, Das Land geprägt. Die Geschichte der steirischen Bauern und ihrer politischen Vertretung (Graz 1999), 141-143.

36 Josef A. Standl, … gib uns heute unser täglich Brot. Bauern in Salzburg. Die Land- und Forstwirtschaft in Salzburg. Altbauern berichten aus vergangenen Tagen – Zahlen und Fakten (Salzburg 1998), 25.

37 Vgl. Bundeszentrale für politische Bildung, http://www.bpb.de/popup/popup_druckversion.html? guid=PYOZF1 [19.09.2006].

38 Standl, 25.

39 Christine Demuth, Therese Kraus, Bauern im Aufbruch. Gegenwart und Geschichte des Niederösterreichischen Bauernbundes (St. Pölten/Wien 1996), 112.

Winter 1945/46; es gab kaum Heizmaterial, dafür aber eine Menge Hungertote. Erst ab dem 8. Februar 1946 kam endlich Hilfe von außen: Die UNRRA, United Nations Relief and Rehabilitation Administration, eine 1943 gegründete und 1945 von der UNO übernommene Organisation zur Hilfe für Flüchtlinge in den von den Alliierten eroberten Gebieten, trat auf den Plan. Österreich erhielt durch die UNRRA Lebensmittel, Kleider, Fahrzeuge, Saatgut und Düngemittel im Wert von 137 Millionen Dollar, die vorwiegend von den USA zur Verfügung gestellt wurden. Diese Hilfe war besonders im Winter 1946/47 für viele Österreicher von lebenswichtiger Bedeutung. Auch Flüchtlinge aus anderen Ländern wurden versorgt, in neue Heimatländer vermittelt oder auch zwangsweise abgeschoben. Diese Aktion war vorerst zur Erhaltung der Arbeitskraft der Bevölkerung geplant, indem sie an die Menschen Güter zur Abdeckung der dringendsten Bedürfnisse verteilte. Das langfristige Ziel war es aber, die Versorgung aus dem eigenen Land sicherzustellen. Die an Arbeitskräftemangel, Knappheit an Dünger- und Futtermitteln sowie Maschinen und Zugtieren leidende Landwirtschaft, die weitestgehend produktionsunfähig geworden war, sollte so wieder leistungsfähig gemacht werden. Trotz UNRRA fehlte es vor allem an Futtermitteln für das Vieh. So kam es in den Jahren 1947/48 zu erhöhten Schlachtungen, um den Hungertod des Viehs zu vermeiden.

Zu allem Überfluss war das Jahr 1947 wiederum ein Dürrejahr. Erst ab dem Jahr 1948 konnten schließlich durch Vermehrung der Anbauflächen, günstige Witterungsverhältnisse und gesteigerten Produktionsmitteleinsatz befriedigende Ernteerträge eingefahren werden.[40]

Die Hilfslieferungen der UNRRA endeten offiziell im März 1947, auf diese folgte der Marshall-Plan, benannt nach dem US-Außenminister und Initiator George C. Marshall. Im Rahmen dieses Planes wurden weiterhin Lebensmittel, landwirtschaftliche Maschinen und Geräte, Dünge- und Futtermittel, größtenteils aus den USA, die während des Zweiten Weltkrieges das größte Wirtschaftswachstum ihrer Geschichte verzeichneten, geliefert. Was jedoch die wenigsten wissen: Diese Güter erhielt man nicht geschenkt, sie mussten bezahlt werden, zu normalen Inlandspreisen. Dieses Geld wurde wiederum in die europäische Wirtschaft zurückgeleitet, wobei England und Frankreich die größten Nutznießer waren.[41] Wie auch immer: Der Marshall-Plan brachte für die österreichische Landwirtschaft zweifellos die entscheidende Wende zum Besseren.

40 Burkert-Dottolo, 150f.

41 Vgl. http://de.wikipedia.org/wiki/Marshallplan [19.9.2006].

2. Die Agrarpolitik der Nachkriegszeit

Der erste Landwirtschaftsminister der Zweiten Republik hieß Rudolf Buchinger (ÖVP), welcher allerdings nur fünf Monate im Amt war (27. April bis 26. September 1945). Auf ihn folgte Josef Kraus, stellvertretender Bauernbundobmann, der das Ministeramt bis 1952 bekleidete, also bis zur Gründung des AÖBV. Kraus' erste Aufgaben waren die Erfassung und Ablieferung der landwirtschaftlichen Produktion, weiters musste er den Besatzungsmächten wöchentlich einen „Ernährungsplan" vorlegen. „Aber was da vorgelegt werden konnte, war den Besatzungsmächten immer zu wenig. Kraus musste deswegen viele Demütigungen hinnehmen, konnte aber trotz ständiger Ablieferungsaufrufe nie ausreichende Mengen zusammenbekommen, weil sie einfach nicht vorhanden oder nicht über die Zonengrenze zu bekommen waren. Schließlich gelang es im Zusammenwirken mit Niederösterreichs Ernährungsreferenten Steinböck doch immer wieder, aus den Beständen der Besatzungsmächte Ernährungsgüter für die hungernde Bevölkerung zu erhalten."[42] Kraus hatte auch die Ehre, den ersten Auftritt eines österreichischen Regierungsmitglieds im Ausland zu tätigen. Bei einer internationalen Notstandskonferenz im März 1946 in London erklärte er: „Das österreichische Volk hungert, aber es arbeitet. Es will nicht bemitleidet, sondern in seinem Kampf um seine Selbstständigkeit verstanden und unterstützt werden."[43]

Am 22. Februar 1922 war per Landesgesetz in Niederösterreich die erste Landwirtschaftskammer errichtet worden. Innerhalb von zehn Jahren folgten die anderen Bundesländer nach (1929 die Steiermark und Wien erst im Jahre 1957). Der Grundgedanke des Landwirtschaftskammersystems war der Zusammenschluss der gesamten Land- und Forstwirtschaft eines Landes in direkter Urwahl zu einer autonomen Interessenvertretung mit Umlagerecht und Unterorganisationen, wobei den Kammern neben der unmittelbaren Interessenvertretung auch die öffentlich-rechtlichen Agenden der Landeskulturförderung oblagen. 1923 bildeten die landwirtschaftlichen Interessenvertretungen der Bundesländer eine gemeinsame Bundesorganisation, die „Präsidentenkonferenz der landwirtschaftlichen Körperschaften Österreichs". 1938 wurde die Präsidentenkonferenz aufgelöst und durch den Reichsnährstand ersetzt. Nach Wiederherstellung der Republik nahmen die Landwirtschaftskammern nach dem Stand der Gesetzgebung vom 5. März 1933 ihre Tätigkeit wieder auf. Die zentrale land- und forstwirtschaftliche Berufsvertretung wurde in der ersten gemeinsamen Tagung der Kammern am 10. Jänner 1946 wieder als Präsidentenkonferenz der Landwirtschaftskammern Österreichs errichtet. Damit gehörte der Reichsnährstand der Geschichte an und die Kammern

42 Demuth, Kraus, 115.
43 Ebd., 115f.

hatten wieder das Sagen. Was geschah weiter? Das „große Modernisieren und Schrumpfen", wie es der Kärntner Bauernjournalist und -historiker Konrad Erker in seinem monumentalen Werk treffend beschreibt:[44]

> Im Ständestaat am Ende der Ersten Republik stand als Leitmotiv über der Politik der Gedanke, dass Österreich „wie ein Bauernhof" geführt werden solle. Wenn auch das Wort von Bundeskanzler Dollfuß nur symbolisch gemeint war, so hatte doch die Agrarpolitik deutlichen Vorrang innerhalb der Wirtschaftspolitik. Die Zweite Republik nahm von Anfang an Kurs auf die Entwicklung Österreichs zu einem Industrieexportland. Für die Arbeitsmarktpolitik galt das Dogma der Vollbeschäftigung. Die Landwirtschaft aber geriet, sobald der Lebensmittelmangel nach dem Krieg behoben war, auf der ganzen Linie in die Defensive. Die Agrarpolitik bekam die Punze des „Konservativen" und musste unter dem neuen, von vornherein Abwehr signalisierenden Leitmotiv der „Erhaltung des bäuerlichen Familienbetriebes" Verteidigungsstrategien entwickeln. Dabei blieb nach wie vor die Gebirgslandwirtschaft das schwächste Glied in der Kette. In der Ersten Republik war dies noch nicht so offensichtlich, denn man glaubte bei aller Schärfe der herrschenden Agrarkrise es doch mit einer vorübergehenden Erscheinung zu tun zu haben. Während die Dollfuß'sche Marktordnung die Ausgangsposition für ein erwartetes Prosperieren der Agrarwirtschaft festigen sollte, stellte es sich in der Zweiten Republik nach wenigen Jahren heraus, dass an eine Erhaltung der familienhaften Agrarstruktur ohne eine Marktordnung nicht zu denken war.[45]

Eine solche Marktordnung existierte bereits in der Ersten Republik und zwar in Form des damals geltenden agrarischen Gesetzeswerkes. Nach dem Auslaufen des Lebensmittel-Bewirtschaftungsgesetzes 1950, nach der Absicherung der Lebensmittelversorgung der Bevölkerung, wurde diese Marktordnung in der Form des Milchwirtschafts-, des Getreidewirtschafts- und des Viehverkehrsgesetzes übernommen, weiterentwickelt und 1958 schließlich zum „Landwirtschaftlichen Marktordnungsgesetz" zusammengefasst. Die Wirtschaftsverbände der Kriegszeit wurden in „Ausgleichsfonds" umgewandelt: in den Milch-, den Getreide- und den Viehwirtschaftsfonds.

In der Ersten Republik hatten jene Milchbauern, die durch entsprechende Infrastruktur marktnah waren, ihren Vorteil gegenüber den marktfernen Bergbauern verteidigt. Nach dem Krieg kam es bald zu einer Überproduktion von Milch, Ziel war nun ein einheitlicher Milchpreis, auch für die abgelegensten Bergbauern, plus einer Abnahmegarantie im Rahmen eines Molkereizwanges. Den Molkereien waren bereits im Reichsnährstand genau abgegrenzte Einzugs- und Versorgungsgebiete zugewiesen

44 Konrad Erker, Von Maria Theresia zur EU. Geschichte und Wirken der landwirtschaftlichen Berufskörperschaft Kärntens im Spiegel der eigenen Presse (Klagenfurt 2003), 629.

45 Ebd.

worden, was einer Ausschaltung der jeweiligen Konkurrenz gleichkam. Transportkosten und nachteilige Produktionsbedingungen einzelner Molkereien wurden durch den Milchwirtschaftsfonds ausgeglichen. In einem langfristigen bundesweiten Entwicklungskonzept nahm dieser Milchwirtschaftsfonds Einfluss auf das Produktions- und Investitionsprogramm der beispielsweise in Kärnten durchwegs, in ganz Österreich zum größten Teil als Raiffeisen-Genossenschaften statuierten Betriebe.[46]

Auf Landwirtschaftsminister Kraus folgte am 23. Jänner 1952 der Steirer Franz Thoma (bis 15. Juli 1959), ein ehemaliger Landbündler, der – wie viele andere aus dem Dritten Lager auch – von der ÖVP abgeworben wurde. Seine Entscheidungen lösten die Gründung des AÖBV mit aus; z.B. gab es 1955 Absatzprobleme bei Milch. Thoma führte daraufhin den so genannten „Krisengroschen" ein, einen Beitrag, der dem Milchbauern bei Lieferung abgezogen wurde, also eine Einkommenskürzung und damit eine Belastung darstellte. Der Krisengroschen stieg, sobald „Milchseen" und „Butterberge" abzubauen waren, also im Falle einer Überproduktion. Vergleichbar ist dies etwa damit: Wenn es der Firma eines Arbeitnehmers temporär schlecht geht, so soll dieser für diese Zeit eine Gehaltskürzung in Kauf nehmen. Der Unterschied lag nur darin, dass der Krisengroschen für viele Milchbauern lebensbedrohend war – eine weitere Zutat zur Landflucht –, und dass diese Abgabe keine temporäre war, sondern lange erhalten blieb und zu einer Dauerbelastung wurde. Der Milchpreis an sich war immer ein Anliegen des AÖBV; die Konzepte dazu, der Kampf zur Abschaffung des Krisengroschens und die Einführung eines kostendeckenden Produktionspreises ziehen sich wie ein roter Faden durch das gesamte vorliegende Werk.

46 Ebd., 630.

3. Die Gründung des AÖBV

„Nicht trennen, einigen wollen wir!"

So lautete das Gründungsmotto des AÖBV (Allgemeiner Österreichischer Bauernverband) bei der Gründungsversammlung am 12. Oktober 1952 in Linz. Zu diesem Zeitpunkt waren auch schon die Themen jener Säulen klar, auf denen der AÖBV gebaut werden sollte: die Überparteilichkeit und der kostendeckende Preis um dem Bauernstand die Zukunft zu sichern, dazu später ausführlicher. Aus vier Wurzeln wuchs der AÖBV zusammen: Die erste entstand in Oberösterreich, es folgten Niederösterreich, Salzburg und Kärnten. Man gründete den AÖBV also vorerst als oberösterreichische Landesgruppe und so lautet auch heute noch der genaue Name im Vereinsregister: Österreichischer Unabhängiger Bauernverband, Landesverband Oberösterreich.[47] Die Hauptakteure in der Gründungsphase des AÖBV waren Fritz Feitzlmayr vulgo Zeilmayr aus Hörsching; Josef Zangel aus Urfahr; Franz Mayr, Bauer in Oberhof; Wilhelm Mayr vulgo Unterreisinger, Aistental; Franz Fischer vulgo Bachmayr, Neukematen und der noch sehr junge Gerhard Nowotny, Passauer Hof, Wilhering. Die Initiatoren der Gründung und jene, die den AÖBV dann lange Zeit ideologisiert und geprägt haben waren Josef Zangel und Fritz Feitzlmayr.

Exkurs: Biographien von Josef Zangel und Fritz Feitzlmayr

Josef Zangel

Josef Zangel wurde am 12. Oktober 1883 in Laibach geboren. Er war Lehrer, Genossenschaftsdirektor, Landes- und Reichsparteisekretär des Landbundes sowie Nationalratsabgeordneter (18. Mai 1927 bis 1. Oktober 1930) und Bundesrat (4. Dezember 1930 bis 21. Februar 1932).[48]

Zum Zeitpunkt der Geburt Josef Zangels war Laibach die Hauptstadt des Herzogtums Krain. Dort hielt es ihn nicht lange: In Wels besuchte er die Volksschule, in Steyr die Mittelschule, worauf er nach Abschluss der Studien und nach Ablegung der „Lehrbefähigungsprüfung aus Landwirtschaft" und „Lehrer der Bienenzucht" nach Weißenbach bei Liezen kam. Von 1914 bis 1916 versah Zangel Kriegsdienst beim Infanterie-Regiment Nr. 47. Nach der Heimkehr aus dem Krieg wurde er Lehrer im Ennstal. Bald wurden Landbundpolitiker auf den guten Redner und Organisator aufmerksam. Von Landesrat Winkler wurde er 1920 nach Graz geholt, wo er zunächst noch an dessen Seite im Landbundsekretariat tätig war. Im Bericht über den Landesparteitag im März 1922, auf dem Zangel referierte, wird er bereits als „Hauptsekretär" angesprochen. 1923 scheint er als

47 Vereinsregisterauszug der Bezirkshauptmannschaft Linz-Land, Stichtag 21. Juni 2006. Dort ist als „Entstehungsdatum" der 28. März 1953 vermerkt. Es kann angenommen werden, dass das Gründungsdatum mit 12. Oktober 1952 intern stimmt, der ABV aber erst am 28. März 1953 bei der Behörde in das Vereinsregister eingetragen wurde. In der ersten Ausgabe der „Mitteilungen der Hauptverbandsleitung", Jahrgang 1, Folge 1 (Linz, 15. Mai 1953) wird als Gründungsdatum der 10. Mai 1953 angegeben, damit ist aber wahrscheinlich die erste Jahreshauptversammlung gemeint.

48 Vgl. http://www.parlinkom.gv.at/portal/page?_pageid=907,629988&_dad=portal&_schema=PORTAL&P_PAD=B [22.09.2006].

„Genossenschaftsdirektor in Eggenberg" auf, und auch auf der Kandidatenliste für die Wahlen im Herbst 1923 wird er unter dieser Berufsbezeichnung angeführt. Im selben Jahr wurde Zangel in den Landwirteverband in Eggenberg berufen. Trotzdem gestaltete Zangel weiterhin aktiv die Landbundorganisation, wie dies Presse- und Parteitagsberichte bescheinigen, und war nach einem kurzen Zwischenspiel eines Generalsekretärs Zwetti ab 1925 wieder voll für die Landbund-Landesorganisation zuständig. Auf seine Wahl in den Nationalrat im April 1927 folgte noch im gleichen Jahr seine Übersieldung als Reichsparteisekretär des Landbundes. Mit Geschick und Erfolg baute der fähige Organisator eine gut funktionierende Bundesstabsstelle aus und hatte vor allem unter Obmann Winkler volle Unterstützung beim Aufbau einer umfassenden Bundesorganisation, die allerdings mit Finanzierungsproblemen zu kämpfen hatte. Als Parlamentarier trat Zangel vor allem in Verfassungs-, Schul- und Bildungsfragen in Erscheinung. Elf Reden im Plenum und 14 Anträge von ihm sind in den Protokollen des Nationalrates festgehalten.

Im Endstadium des Landbundes – da er auch die Leitung der Bauernwehren übernommen hatte – zeichnete Zangel Weisungen und Schriftstücke an die Landesparteileitungen (ab Februar 1934) mit „Reichsleiter", gemeinsam mit Obmann-Stellvertreter Bachinger. Er blieb Winkler jedoch als Mitstreiter bis zuletzt treu, flüchtete wie dieser 1934 nach dem Dollfuß-Putsch nach Deutschland. Dort brachte er sich als „Bienenzucht-Wanderlehrer irgendwo ganz im Norden" sowie als freier Schriftsteller weiter. Ab 1937 war Zangel als Fachlehrer und Wirtschaftsberater im Reichsnährstand in Schlesien tätig und wurde 1938 zum Direktor der Landwirtschaftsschule in Freistadt bestellt. Unvergessene und bleibende Verdienste erwarb sich Zangel als Leiter der Aufbaugemeinschaft Liebenau und um die Existenzsicherung der Liebenauer Bauern. 1945 wurde er von der Oberösterreichischen Landwirtschaftskammer nicht übernommen, da er auf der am 4. Dezember 1945 herausgegebenen Liste der österreichischen Kriegsverbrecher aufschien. Es ist anzunehmen, dass Zangel später amnestiert wurde, denn er fand als über Sechzigjähriger noch eine Anstellung im landwirtschaftlichen Schuldienst in Oberösterreich. In den frühen fünfziger Jahren war er als Leiter der Landwirtschaftlichen Fachschule Otterbach im Innviertel tätig.[49] Fast 70-jährig, vital und redegewandt, erfahren in der Politik und kenntnisreich auf Grund seiner 35jährigen Tätigkeit im Dienst der Bauern, setzte er sich das große Ziel des Zusammenschlusses der gesamten österreichischen Bauernschaft in einer überparteilichen Berufsvertretung, dem Allgemeinen Österreichischen Bauernverband. Vom Burgenland bis Vorarlberg durchreiste er die Bundesländer, redete, warb und überzeugte. Als er nicht mehr in der Lage war, selbst Versammlungen zu halten, widmete er sich vornehmlich dem Aufbau und der Verbreitung der „Österreichischen Bauernzeitung". Nach längerer Krankheit verstarb Josef Zangel am 12. Mai 1967.[50]

Fritz Feitzlmayr

Der zweite Hauptinitiator und Motor der Anfangsjahre neben Josef Zangel war Fritz Feitzlmayr. War Zangel doch eher Politiker, blieb Feitzlmayr „Vollblutbauer von altem Schrot und Korn, tüchtig, selbstbewusst und von jenem echten Bauernstolz, der nur den alteingesessenen Bauernfamilien angeboren, für sie ganz natürlich und selbst-

49 Alexander Haas, Die vergessene Bauernpartei. Der steirische Landbund und sein Einfluss auf die österreichische Politik 1918–1934 (Graz 2000), 385f.

50 ÖBZ, Jg. 8, Folge 6, 1.

verständlich ist",[51] wie Gerhard Nowotny in dem von ihm verfassten Nachruf 1976 schreibt. Feitzlmayr wurde am 27. November 1901 in eine Bauernfamilie geboren. Er schloss sich dem Landbund an und war bereits mit 28 Jahren Vizepräsident der Landwirtschaftsgesellschaft, aus der später in der Zweiten Republik die Landwirtschaftskammern werden sollten. 1945 wurde Feitzlmayr als „Illegaler" in Glasenbach inhaftiert, was seine schlimmste Zeit darstellte, denn als ehemaliger Kreisbauernführer wurde sein Hof, das Zeilmayrgut in Aistental, nunmehr von einem kommissarischen Verwalter geführt. Feitzlmayr war einer der Chefideologen des Bauernverbandes von Anfang an, so trägt auch das Agrarprogramm des AÖBV seine Züge. Gerhard Nowotny schreibt später sogar: „Ihm verdankt der Bauernverband letztlich alles."[52] Am 24. Jänner 1976 verstarb Fritz Feitzlmayr.

Nur zwei Monate nach der Gründung des AÖBV erschien in einem Sonderdruck des „Dorfboten" das „Agrarprogramm des Allgemeinen Österreichischen Bauernverbandes – Forderungen zum kommenden Landwirtschaftsgesetz" vom 19. Dezember 1952. An dieser Stelle soll lediglich auf die zentrale Forderung des AÖBV eingegangen werden, dem gerechten Erzeugerpreis. Das restliche umfangreiche Programm kann der Leser dem Anhang entnehmen, wo es zur Gänze abgedruckt ist. Nach einer ideologischen Einleitung über den Bauernstand, der „die durch nichts zu ersetzende Lebensgrundlage eines Volkes ist"[53], wurde als erster Punkt eben diese zentrale Forderung des AÖBV festgeschrieben, die Sicherung der heimischen landwirtschaftlichen Erzeugung durch Garantie des Absatzes und eines gerechten Preises, der eine Grundforderung jeder gesunden Volkswirtschaft ist. Die Umsetzung dieser Forderung, so sah es das Programm vor, kann nur in der Zusammenarbeit zwischen Produzenten- und Konsumentenorganisationen liegen und nicht im Kampf untereinander. Als Vorschläge werden die Verkürzung der Wege vom Erzeuger zum Verbraucher und die Überprüfung und Herabsetzung der übermäßig hohen Handelsspannen angeführt. Dazu sollte eine ständige Preisparitätskommission gebildet werden, die, gestützt auf ein zu beschließendes Landwirtschaftsgesetz, die Preisparität berechnen sollte.

Als Berechnungsgrundlage sollten die durchschnittlich mehrjährigen Aufwendungen von Betrieben dienen, die rationell geführt werden und unter normalen Bedingungen produzieren. Die Kommission selbst sollte zur Hälfte aus Fachleuten der Industrie, des Handels und Gewerbes sowie Vertretern der Konsumenten und zur anderen Hälfte von Vertretern der Bauernschaft gebildet werden. „Der auf Grund der Preisparitätsfeststellung von der Paritätskommission im Einvernehmen mit der Bundesregierung festzusetzende Preis der landwirtschaftlichen Erzeugnisse ist so zu erstellen, dass er nicht nur die Erzeugungskosten voll deckt, sondern auch einen entsprechenden Lohn für die geleistete Arbeit des bäuerlichen Betriebsführers mit einschließt, um diesem eine

51 ÖBZ, Jg. 17, Folge 2/1976, 2.

52 Ebd.

53 Das Agrarprogramm des „Allgemeinen Österreichischen Bauernverbandes". Forderungen zum kommenden Landwirtschaftsgesetz, in: Dorfbote (Sonderdruck) (Linz 1952), 9.

angemessene Lebenshaltung und Schaffung einer Reserve für Investitionen, Missjahre, Seuchen und andere Unglücksfälle zu ermöglichen.“[54] Zur Erhaltung der Preisparität wurde die Bundesregierung aufgefordert, einerseits die Einfuhren an landwirtschaftlichen Produkten stark einzuschränken und andererseits die Ausfuhr heimischer Produkte zu fördern. Eine weitere zentrale und nicht gerade unwichtige Forderung in der Preispolitik: „Kann der Erzeuger seine konsumfähige Ware um den Mindestpreis auf dem Markt nicht absetzen, so ist der Staat verpflichtet, wenn ihm die Ware angeboten wird, diese dem Erzeuger um den Mindestpreis abzunehmen.“[55]

Am 15. Mai 1953 gab der AÖBV erstmalig eine „Zeitung“ heraus, die so genannten „Mitteilungen der Hauptverbandsleitung“, es handelte sich um sieben zusammengeheftete, maschinengeschriebene DIN A4-Blätter. Aber ein Anfang war gemacht, und man hatte auch schon ein Logo:

Die Mitteilungen sollten, entsprechend einem Beschluss der Jahreshauptversammlung, je nach Bedarf, mindestens aber einmal im Monat erscheinen. Sie sollten kein Zeitungsersatz sein, sondern „haben vor allem die Aufgabe, eine engere Verbindung zwischen den Mitgliedern und der Verbandsleitung herzustellen, sowie die Verlautbarungen zu bringen, die zur geregelten Fortführung der Organisationstätigkeit und Verbandsarbeit nötig sind. Darüber hinaus werden sie aber auch das geistige Rüstzeug zur Verbandsarbeit vermitteln und wenn nötig, die rasche und unabhängige Information der Verbandsmitglieder ermöglichen.“[56]

Jene Mitteilungen, von denen hier die Rede ist, gab es zwischen 1953 und 1960, dann erschien die ÖBZ, die „Österreichische Bauernzeitung“, die noch viel von sich reden machen sollte. Die Mitteilungen selbst gab es bei keinem der vom Autor besuchten Bauern, zum Glück jedoch in der Österreichischen Nationalbibliothek, der ja gemäß Pressegesetz immer ein Exemplar jedes periodisch erscheinenden Druckwerkes zu übergeben ist. Zum Glück deshalb, da die Mitteilungen, neben den bedingt durch die große zeitliche Distanz oftmals nur fragmentarisch vorhandenen Erinnerungen, beinahe die einzige Quelle zu den frühesten Anfängen des Bauernverbandes darstellen.

54 Ebd., 10.
55 Ebd.
56 AÖBV (Hg.), Mitteilungen der Hauptverbandsleitung, Jg. 1, Folge 1, 15. Mai 1953 (Linz).

Die bei der Gründungshauptversammlung des Landesverbandes Oberösterreich erstmalig gewählte Landesverbandsleitung setzte sich wie folgt zusammen:

Obmann:	Fritz Feitzlmayr, Zeilmayr, Aistental 9, Hörsching
Obmannstv:	Franz Mayr, Bauer in Oberhof, Wallern
Schriftführer:	Wilhelm Mayr, Unterreisinger, Aistental 15, Hörsching
Kassier:	Franz Fischer, Bachmayr, Neukematen, Kematen
Beisitzer:	Josef Fuchs, Maier in Pötting, Andrichsfurt bei Ried im Innkreis
	Rudolf Haberfellner, Simöck, Simbach/Fraham bei Eferding
	Josef Köswang, Klausmair, Kickendorf 8, Grieskirchen
	Franz Ebner, Grasser, Pießling 11, Windischgarsten
	Johann Bernhard, Daniel, Hiesendorf 2, Enns
	Max Preuning, Maringer, Lessigen, Frankenburg
	Karl Postlbauer, Dietachdorf, Gleink
	Alois Haslgruber, Ramler, Untergrünau, Öpping i. M.
Rechnungsprüfer:	Gerhard Nowotny, Leonharting, Thening bei Linz
	Matthias Hauswirth, Maier in Winkl, Rohrbach bei St. Florian
Ersatzmänner:	Josef Hellwanger, Asenham 3, Mehrnbach
	Alois Ziegler, Helmling, Neumarkt
	Matthias Neubacher, Berghofer, Bergerndorf bei Wels
Geschäftsführer:	Josef Zangel, Urfahr

Anschließend an die Gründungsversammlung des Landesverbandes Oberösterreich wurde unter dem Vorsitz des Obmannes Feitzlmayr die erste ordentliche Jahreshauptversammlung abgehalten, zu der mit Ausnahme von Tirol und Vorarlberg, die sich wegen der großen Entfernung und hohen Reisekosten entschuldigt hatten, Delegierte aus sämtlichen Bundesländern erschienen waren. Zu dieser Versammlung wurden auch der Bauernbund (ÖVP), die VdU-Bauernschaft und der Arbeitsbauernbund (SPÖ) eingeladen. Die beiden letzteren nahmen die Einladung an, der Bauernbund nicht.

Nun wurde ein Hauptverband aus der Taufe gehoben, der österreichweit agieren und weitere Länderorganisationen aufbauen sollte, denn bis dato gab es ja nur den Landesverband Oberösterreich. Nach der Wahl setzt sich die Hauptverbandsleitung wie folgt zusammen:

Obmann:	Fritz Feitzlmayr, Aistental
Obmannstv:	Ludwig Schandl, Weinbauer in Rust am Neusiedler See / Bgld.
Obmannstv:	Karl Schmölz, Grabenbauer in Stößing, St. Pölten, NÖ
Schriftführer:	Karl Zittmayr, Brunner in Ental, Enns, OÖ
Kassier:	Ignaz Kloimwider, Gut Eglsee, Enns, OÖ
Beisitzer:	Wolfgang Hardt-Stremayr, Gradenegg, Moosburg / Ktn.
	Alois Fleißner, Zollfelder in Zollfeld, Maria Saal / Ktn.
	Josef Daxlberger, Hofamt, Hohenberg / NÖ
	Alois Zauner, Stadlbauer, Neuhofen / OÖ

	Johann Hutter, Wimmbauer in Kleinarl, Wagrein / Szbg.
	Franz Hauser, Schwaiger, Liezen / Stmk.
	Wilhelm Mayr, Bregenz / Vbg.
	Rudolf Kleinwächter, Söbriach / Ktn.
	Wilhelm Weiß, Primmersdorf, NÖ
	Helgi Laimer, Haindlbauer, St. Michael i. Lungau / Szbg.
	Josef Nepola, Wien
Geschäftsführer:	Josef Zangel, Urfahr
Rechnungsprüfer:	Fritz Trautenberger, Maier in Buch, Niederbuch, Thening
	Rudolf Feitzlmayr, Hochmayr in Hörsching

Nach einem Referat von Obmann Fritz Feitzlmayr, der über die Lage der österreichischen Landwirtschaft sprach, fasste die Jahreshauptversammlung folgende Entschließung, die an dieser Stelle – auch um zu zeigen, wie der AÖBV von Beginn an Missstände erkannte und anprangerte – zur Gänze wiedergegeben werden soll:

> Die vom Landwirtschaftsminister Thoma vorgeschlagene und von seinem Ministerium durchgeführte Preisregelung vom 1. Juli 1952 brachte zwar eine Erhöhung der österreichischen Getreideproduktion, dafür aber wirken sich die gleichzeitig erhöhten Kunstdüngerpreise für die österreichische Landwirtschaft nachteilig aus.
>
> Die unausbleiblichen Folgen dieser produktionshemmenden Maßnahmen werden sich im Laufe der Zeit – insbesondere aber in den Berggebieten – stark bemerkbar machen.
>
> Da auch die versprochene Preisregelung und Preisstabilisierung nicht eintrat, muß man die vom Landwirtschaftsministerium im Juli des Vorjahres eingeleiteten agrarwirtschaftlichen Maßnahmen als verfehlt und ungenügend bezeichnen.
>
> Ungeachtet der schon im Frühsommer 1952 deutlich erkennbaren Anzeichen der drohenden Krise im Rinder- und später im Schweineabsatz wurden auch in diesem Falle die zur Hintanhaltung nötigen Maßnahmen entweder zu spät oder doch in unzulänglichem Ausmaße durchgeführt.
>
> Als Folge dieses Versagens der hierfür Verantwortlichen erwachsen der österreichischen Bauernschaft – vor allem aber wieder der hievon am stärksten betroffenen Gebirgsbauernschaft – viele Millionen Schillinge Schaden, der ihre Produktions- und Kaufkraft schwächt. Dieser beklagenswerte Umstand wird nicht nur eine Verringerung des Inlandabsatzes der Industrieprodukte mit all den üblen Folgen nach sich ziehen, sondern durch die Verringerung der Eigenproduktion an landwirtschaftlichen Grundnahrungsmitteln auch die Ernährung der Konsumenten – besonders in Weltkrisenzeiten – gefährden.
>
> Ebenso unbegreiflich ist es, dass das Landwirtschaftsministerium zur Vermeidung der sich schon lange vorher ankündigenden Milchschwemme keine Vorkehrungen traf, ja sogar Maßnahmen durchführte, die dazu noch beitragen mussten, wie z.B.

die Beteiligung an einer italienischen Walfangflotte zur stärkeren Versorgung der Margarine-Industrie mit Walfett.

Dazu kommt noch, dass auch der Milchwirtschaftsfond sich seiner Aufgabe nicht gewachsen zeigte, wie das die viel zu spät angeordnete Milchauffettung und die schlecht vorbereitete Osterbutteraktion beweisen.

Um das Maß dieser Unvernunft voll zu machen, wurden – wieder ohne alle Voraussicht – mehr als 155 Millionen Schilling zur Einfuhr von Margarinerohstoffen freigegeben. Dafür aber denkt man an den Verlustexport unserer vorzüglichen Butter und importiert verdorbenes, gesundheitsschädliches Fett in großen Mengen zu überhöhten Preisen.

Die im Allgemeinen Österreichischen Bauernverband organisierte Bauernschaft protestiert energisch gegen solche, die Milchwirtschaft geradezu abwürgenden, in erster Linie die schwer um ihre Existenz kämpfenden Bergbauern zu ruinieren, sowie die Konsumenten schädigenden Maßnahmen und ruft die Berufskameraden aller Bundesländer auf, sich dem Protest anzuschließen und mit uns geschlossen gegen solche Missstände aufzutreten, um deren eheste Beseitigung zu erwirken.

All diese sträflichen Unterlassungen und unzweckmäßigen Maßnahmen haben ihre Hauptursache in dem Mangel an agrarischer Voraussicht, der fehlenden Marktordnung und vernünftigen Produktionsplanung und Lenkung, wie sie bereits in einer Reihe von fortschrittlich wirtschaftenden Staaten, wie z.B. der Schweiz, in Schweden, England und Nordamerika, vorteilhaft durchgeführt wird.

Da man aber ohne gewisse Voraussetzungen weder planen, noch lenken kann, erheben wir hiermit neuerlich die schon in unserem Agrarprogramm vom Dezember 1952 enthaltene Forderung nach Anlage und Führung eines verlässlichen Produktionskatasters nach dem Muster der Schweiz und parallel mit diesem die eines einwandfreien Bedarfkatasters.

Erst darauf gestützt wird man unsere landwirtschaftliche Produktion ohne drükkenden Zwang richtig lenken und fördern können. Als Voraussetzung und zur Erhaltung einer geregelten landwirtschaftlichen Produktion muss aber noch, damit die gleichmäßige Versorgung der Konsumenten mit einheimischen Grundnahrungsmitteln gesichert werden kann, eine vernünftige Marktordnung, verbunden mit einer möglichst weitgehenden Absatz- und Preissicherung hinzutreten. Kein Wirtschaftszweig kann auf die Dauer unter den Erzeugungskosten produzieren und von keinem arbeitenden Menschen kann man verlangen, dass er ohne angemessenen Lohn für die Allgemeinheit arbeitet.

Wir schlagen daher zur Lösung der Agrarpreisfrage vor:

1. Die einwandfreie Feststellung der jeweiligen Erzeugungskosten der landwirtschaftlichen Produkte nach folgenden Gesichtspunkten: Die Erzeugungskosten bleiben

nicht immer unabänderlich, weil sie von den Preisen der landwirtschaftlichen Betriebsartikel, dem Arbeitslohn und den sozialen Erfordernissen der landwirtschaftlichen Arbeiter und dergleichen mehr abhängen. Deshalb müssen diese so oft wie nötig, mindestens aber alljährlich, im Einvernehmen mit den Konsumentenorganisationen, die hiezu auch die industriellen und gewerblichen Unterlagen beizubringen hätten, einvernehmlich festgestellt werden. Treten beide Teile an die Lösung dieser Aufgabe loyal und mit voller Achtung der beiderseitigen Lebensnotwendigkeiten, unter starker Bedachtnahme auf die gesamtwirtschaftlichen und staatlichen Interessen heran, dann resultiert daraus von selbst die von uns als unerlässlich erkannte Preisparität, wenn auch dem folgenden Gesichtspunkt in gerechter Weise Rechnung getragen wird.

2. Sowohl das Einkommen des Arbeiters als auch das des Angestellten ist durch Kollektivverträge geschützt. Diesen Schutz verlangen wir auch für die Arbeitsleistung der Bauern in der Form, dass zu den festgestellten Erzeugungskosten jeweils ein prozentueller, einvernehmlich und kollektiv festgelegter und garantierter Zuschlag als Arbeitslohn und Riskenausgleich tritt. Dieser Zuschlag muss so bemessen werden, dass eine tragbare Relation zu den, für die Bauernschaft in Betracht kommenden Preisen den industriellen und gewerblichen Erzeugnissen hergestellt und so der gerechte Preis, bestehend aus Erzeugungskosten, Arbeitslohn und Riskenausgleich, endlich erreicht werden kann.

Damit wäre aber auch im Verein mit einer auf die besonderen Gebietsverhältnisse, vor allem auf die des Berglandes, bedachtnehmenden Produktionsplanung, Lenkung und Marktordnung, sowie der notwendigen Absatzsicherung der österreichischen Landwirtschaft eine feste Produktionsgrundlage gegeben, die sich auch für die Konsumenten in jeder Hinsicht günstig auswirken wird. Den Einwand, dass eine solche oder ähnliche Regelung wohl in der reichen Schweiz oder USA am Platze, bei uns in Österreich aber unmöglich sei, lehnen wir als nicht stichhaltig entschieden ab, denn auch in diesen Ländern müssen Arbeiter und Angestellte mit jedem Dollar bzw. Franken rechnen.

Wären sie nicht überzeugt, dass ihre Steuergelder für eine gute Sache verwendet werden, hätten sie sicher nicht für die Paritätsgesetze, Mindestpreise und Absatzsicherung gestimmt.

Der Allgemeine Österreichische Bauernverband appelliert darum an die Presse und den Rundfunk mehr als bisher ihre Leser und Hörer beim Auftreten schwieriger Fragen der landwirtschaftlichen Produktion und des Absatzes in sachlicher Art, nach dem Motto „Stadt und Land reicht euch die Hand“ aufzuklären.

Die Regelung der landwirtschaftlichen Produktion und des Absatzes zu gerechten und gesicherten Preisen lässt sich bestimmt zur Zufriedenheit der bäuerlichen Erzeuger und der Konsumenten durchführen, wenn der Weg vom Erzeuger zum

Verbraucher entsprechend abgekürzt und die heute oft unmöglichen Handelsspannen herabgesetzt werden.
Wir verlangen daher die sofortige, sorgfältige Überprüfung der Handelsspannen durch eine zweckdienlich zusammengesetzte Kommission, in der auch die Bauernschaft entsprechend vertreten ist und wirksame Maßnahmen zur Ausschaltung jedes überflüssigen Zwischenhandels.

Wir erklären offen, dass wir nicht länger gewillt sind, für solche überflüssigen Nutznießer des Lebensmittelmarktes zu arbeiten und daher fest entschlossen sind, wenn die verantwortlichen Regierungsstellen dazu keinen geeigneten Weg finden können, durch organisierte Selbsthilfe Wandel zu schaffen und sind überzeugt, dass wir dabei volle Unterstützung des Konsumenten finden werden.

Deshalb erwarten wir auch, dass der Ausbau der genossenschaftlichen Viehverwertung nach schwedischem Vorbild, bedingt durch die chaotischen Zustände auf den Viehmärkten in den letzten Monaten, von allen landwirtschaftlichen Interessensvertretungen energisch betrieben wird.

Die Gefahren, die durch das Versagen der heutigen Agrarpolitik dem gesamten Volke drohen, sind so groß, dass man nicht mehr einfach ruhig zusehen und die Hände in den Schoß legen kann. Wir erwarten daher von der Regierung, den politischen Parteien und ihren gewählten Volksvertretern, dass sie nicht mehr länger zusehen und dafür sorgen werden, dass ehestens mit einem den Erfordernissen der Zeit Rechnung tragenden umfassenden Landwirtschaftsgesetz ein großes Werk von Dauer geschaffen wird, und dass sie dabei bedenken, dass die Landwirtschaft als ein Ganzes aufgefasst und die Regelung daher alle Sparten und nicht nur Teilstücke umfassen muss.

Mit Rücksicht auf die stetig zunehmende Bevölkerungszahl in allen Erdteilen und Ländern kann es keine wirkliche landwirtschaftliche Überproduktion geben, sondern das Aufkommen gebietsweiser Überschüsse hat seine Ursache in der heute noch durch verschiedene Hindernisse beschränkten und daher unzulänglichen Verteilung der erzeugten Nahrungsmittel. Je größer das Wirtschaftsgebiet, desto leichter wird ein Ausgleich möglich sein.

Von diesem Gesichtspunkt aus beurteilen wir auch die Bemühungen zur Schaffung einer europäischen Agrarunion. Wir sind aber der Meinung, dass der Zeitpunkt einer Beteiligung Österreichs an der Agrarunion noch nicht gekommen ist. Der erste Schritt dazu kann erst nach Konsolidierung der eigenen landwirtschaftlichen Verhältnisse und nach Erreichung der Konkurrenzfähigkeit unternommen werden.

Hiezu ist aber vor allem die Lösung des Bergbauernproblems und die befriedigende Erhöhung der Leistungsfähigkeit der heute noch rückständigen Betriebe nötig. Nicht zuletzt müssen bei einem eventuellen Beitritt Österreichs zur euro-

päischen Agrarunion die besonderen Verhältnisse des österreichischen Wein- und Obstbaues weitgehend berücksichtigt werden.
Erst wenn diese Voraussetzungen erfüllt sind, kann sich Österreich mit gutem Gewissen und Hoffnung auf Erfolg an der geplanten Agrarunion beteiligen. Zur Erreichung dieses Zieles ist eine großzügige Förderung unserer Landwirtschaft notwendig. Die Mittel hierzu sind konzentriert zu verwalten, wozu wir die Errichtung eines unter der Kontrolle des obersten Rechnungshofes und der Landwirtschaft stehenden „Landwirtschaftlichen Förderungs-, Kredit- und Siedlungsfonds" – wie dies in unserem Agrarprogramm näher ausgeführt ist – vorschlagen, aus dem die Mittel jedoch ausschließlich nur als rückzahlbare Darlehen ausgegeben werden dürfen. Die bisherige, Mittel verzettelnde, demoralisierende und entwürdigende Beihilfewirtschaft lehnen wir ab.

Dem Ruf „Rettet den Wald" müssen Taten folgen. Deshalb Schach den Überschlägerungen und Bereitstellung ausreichender Mittel zur Aufforstung der von der grünen Front ermittelten 300.000 ha Wald- und Ödlandfläche.

Um die Durchführung der von uns vorgeschlagenen, im hohen Interesse des Volkes und Staates gelegenen Maßnahmen zu erreichen, muss die Bauernschaft zielbewusst, entschlossen und gemeinsam vorgehen. Schöne Worte und Versprechungen der Verantwortlichen gab es, insbesondere während der Wahlzeit schon genug. Die Bauernschaft will nun endlich einmal auch Taten sehen. Was wir uns aber nicht selbst erkämpfen, wird uns niemand freiwillig geben! Wir richten darum an alle Berufskameraden den dringenden Appell, sich eng in unserer überparteilichen, bäuerlichen Gesamtorganisation, dem Allgemeinen Österreichischen Bauernverband, zusammenzuschließen und zur Erreichung des gesteckten Zieles unverdrossen mitzuarbeiten, dann wird der Erfolg sicher nicht ausbleiben![57]

57 Ebd., 3-7.

4. Die frühen Jahre

4.1. Die junge Organisation

Landwirtschaftsminister Thoma nahm die noch sehr junge Organisation zunächst nicht wirklich wahr. Der Forderung nach dem Mindestpreis hingegen stand er positiv gegenüber, so ließ er am 12. April 1953 in Gröbming verlauten: „Der Grundsatz des Mindestpreissystems für Agrarprodukte, den ich schon längere Zeit propagiere und nun in Wien zur Debatte gestellt habe, werde ich entweder durchkämpfen oder mit ihm fallen." Weiters teilte er mit, dass er Bundeskanzler Raab ein 26 Punkte umfassendes Programm überreicht habe, dessen wichtigste Forderung, neben der Sicherung landwirtschaftlicher Investitionskredite, die Herstellung der Preisgerechtigkeit auf dem Viehsektor sei. Raab jedoch sah das völlig anders und entgegnete auf diese Forderungen in einer Rede vom 10. Mai 1953 im Waldviertel: „Es gibt keinen geschlossenen Markt landwirtschaftlicher Produkte mehr. Der Bauer muss die Preise seiner Produkte an die Weltmarktpreise angleichen, widrigenfalls man ihm seine Produkte nicht mehr abnimmt."[58] Was Raab möglicherweise nicht wusste, war, dass es in der Schweiz, in Schweden, England und USA Marktregelungen zur Sicherung von Mindestpreisen gab. Funktionäre der Landwirtschaftskammern hätten es wissen müssen, die Vollversammlung der niederösterreichischen Landwirtschaftskammer lehnte aber Anfang Mai, also zu dem Zeitpunkt als Thoma dafür eintrat, die Mindestpreise ab. Dazu kam noch, dass das Hauptorgan der zweiten Regierungspartei, die sozialistische Arbeiterzeitung, in ihrer Ausgabe vom 14. April 1953 erklärte: „So sehr die Arbeiter an einer stabilen und ausreichenden Kaufkraft der Bauern interessiert sind – Mindestpreise führen gewiss nicht zu diesem Ziel." So war also der Stand der Dinge im Frühjahr 1953: Der AÖBV fordert im Interesse der Bauernschaft Mindesterzeugerpreise, wird dabei sogar noch von Landwirtschaftsminister Thoma unterstützt, während die rote wie auch die schwarze Bauernschaft dies in seltener Einhelligkeit ablehnt. Wer war schon der Bauernverband? – Doch man sollte sich noch wundern.

Ein weiterer Missstand, gegen den der AÖBV von Anfang an auftrat, war die Margarineindustrie. So wurde beispielsweise 1952 aufgedeckt, dass sich die Warenzentrale der österreichischen Genossenschaftsverbände und die Molkereigenossenschaften an einer italienischen Walfangflotte mit ca. 25 Millionen Schilling beteiligt hatten. Auf diese Weise sollte Österreich Fett zur Margarineherstellung erhalten und dabei Devisen sparen. Thoma rief sogar die Bauern auf, in ihren Haushalten mehr Margarine zu verwenden. Das chemische Produkt Margarine, aus Walfischfett hergestellt, wurde also vom Landwirtschaftsminister höchstpersönlich und öffentlich dem bäuerlichen Naturprodukt Butter vorangestellt. Heute wäre das völlig unvorstellbar, damals mokierte sich niemand darüber,

58 Mitteilungen der Hauptverbandsleitung, Jg. 1, Folge 2, 3.

bis auf den AÖBV, der nun langsam an die Öffentlichkeit trat und seine Mitglieder in Rednerschulungen schickte, die sich dann in weiterer Folge zu regelrechten Kampfrednern entwickelten, wie dies AÖBVer, die damals schon dabei waren, heute beschreiben.

Ein Kampf gegen Windmühlen war die Idee der Überparteilichkeit. Man hätte meinen sollen, dass die Landwirtschaftskammern und landwirtschaftlichen Genossenschaften zur Interessensvertretung der Bauernschaft da sind. Das war aber kaum der Fall, denn die Kammern entwickelten sich zum politischen Exerzierfeld, auf dem verschiedene Parteigrößen ihre parteipolitischen Manöver ausführten und sich die Kammern quasi „unter den Nagel rissen“. Einige Vorfälle, die vom AÖBV aufgedeckt wurden, beweisen dies. So gab es in einem oberösterreichischen Bezirk in der Nähe von Linz einen bäuerlichen ÖVP-Nationalrat, der mit seinem Mandat alleine nicht genug hatte und unbedingt auch noch Obmann der Lagerhausgenossenschaft werden wollte. Um sein Ziel zu erreichen, spannte er seinen allmächtigen Parteigenossen, den ÖVP-Landeshauptmannstellvertreter und Genossenschaftsanwalt Felix Kern ein und erreichte dadurch, wenn auch auf sonderbare Weise, sein Ziel. Der bisherige Obmann wurde zum Rücktritt gedrängt und mitten im Sommer, ganz entgegen den Gepflogenheiten des Genossenschaftsanwaltes, die Neuwahl des Genossenschaftsvorstandes ausgeschrieben und durchgeführt. Um die Bauernschaft gefügig zu machen, erschien Kern persönlich in dieser Genossenschaftsversammlung, übernahm trotz laut gewordener Proteste den Vorsitz und setzte die Wahl des von ihm gewünschten Nationalrates zum Lagerhausgenossenschaftsobmann durch. Kern ging noch weiter: Am 18. Juli 1953 erschien er zu einer Sitzung des Bezirksbauernkammerausschusses, diesmal als Vertreter des Präsidenten der Landwirtschaftskammer von Oberösterreich. Auch dort setzte er die Wahl seines Wunschkandidaten zum Nachfolger des Obmannes einer Innviertler Bezirksbauernkammer durch. Nicht nur der AÖBV empfand diese parteipolitischen Umtriebe als Missstand. So war etwa im Tiroler Volksboten, einem katholischen Blatt, zu lesen:

> Es scheint fast so, als ob die Kammern zum Tummelplatz verschiedener Partei- und Klasseninteressen geworden wären. Die Gruppen, die den Ton in der Kammer angeben, sind nicht mehr unabhängige Bauernorganisationen wie einst, sondern haben sich zu mehr oder weniger bauernpolitischen Parteien umgebildet. Ihre Spitzenfunktionäre fühlen sich in erster Linie als Parteileute. Die eine Gruppe besorgt die Politik der Standesinteressen innerhalb dieser und die andere innerhalb jener Partei. In die Standesorganisation der Bauern darf keinesfalls die Politik hineingetragen und politische Gegensätze dort ausgefochten werden. Zweck und Ziel dieser Einrichtungen dürfen nicht Parteizielen untergeordnet werden. Jeder Missbrauch führt dazu, dass selbst rein wirtschaftliche Fragen politisch aufgefasst und so gelöst werden, wie sie den einzelnen Parteien in ihr Ziel passen.[59]

59 Zit. in: Mitteilungen der Hauptverbandsleitung, Jg. 1, Folge 3/4, 2.

Der AÖBV hatte der Auffassung dieser eindeutig schwarzen Zeitung nichts hinzuzufügen. Doch selbst die Kritik aus den eigenen Reihen kam bei den Bauernbundfunktionären nicht wirklich an, schon gar nicht bei jenen, die ganz offensichtlich Ämterkumulation betrieben. Weitere Beispiele dafür, Stand Oktober/November 1953: der Geschäftsführer der niederösterreichischen Saatbaugenossenschaft, Hans Schober, war gleichzeitig Leiter der Pflanzenbauabteilung der niederösterreichischen Landwirtschaftskammer, und der Obmann dieser Saatbaugenossenschaft, ÖVP-Nationalrat Josef Strommer war außerdem Präsident der Landwirtschaftskammer. Bäuerliche Beschwerden gegen die Saatbaugenossenschaft und deren Obmann mussten über die Landwirtschaftskammer laufen. Dort wurden sie von Schober als zuständigem Kammeramtsbeamten bearbeitet und von Nationalrat Strommer, diesmal als Kammerpräsident, entschieden. Strommer entschied also in gegen ihn als Obmann der Saatbaugenossenschaft gerichteten Beschwerden als Kammeramtspräsident selbst und endgültig.

Das kurioseste Beispiel sei nun an dieser Stelle angeführt: Der Landwirtschaftsreferent der oberösterreichischen Landesregierung, Landesrat Blöchl, übte die Oberaufsicht über die Landwirtschaftskammer aus und vertrat deshalb auch gesetzmäßig die Landesregierung in der Landwirtschaftskammer. Er war also nur von Amtswegen Mitglied dieser Körperschaft – also nicht gewählt – und hätte mit der Aufgabe seines Landesratsmandates auch die Mitgliedschaft in der Kammer verloren. Nach dem kurz zuvor verstorbenen Kammerpräsidenten Peter Mandorfer wurde nun Landesrat Johann Blöchl, trotz laut gewordener Bedenken, mit den Stimmen der ÖVP-Kammerräte zum Präsidenten der Landwirtschaftskammer für Oberösterreich gewählt und auch von Landeshauptmann Heinrich Gleißner, wenn auch „mit Vorbehalt", angelobt. Weil man aber die vorgebrachten Bedenken wenigstens nach außen hin berücksichtigen und der in der Bevölkerung über den Fall laut gewordenen Missstimmung irgendwie Rechnung tragen musste, suchte man nach einem Ausweg aus dieser verworrenen Lage. Man fand auch einen – und was dabei herauskam war Folgendes: Diejenigen Aufgaben des Landesrates (= Kammerpräsident), die mit dem Aufsichtsrecht der Landesregierung über die Landwirtschaftskammer zusammenhingen, wurden nunmehr von Landeshauptmann Gleißner persönlich erledigt.

Damit wurde alles noch komplizierter. Gleißner war nämlich Direktor der Landwirtschaftskammer für Oberösterreich, allerdings beurlaubt, weil er auch Landeshauptmann war. Es führte also der beurlaubte Kammeramtsdirektor die Aufsicht über seinen eigenen Kammerpräsidenten, der in der Kammer sein dienstlicher Vorgesetzter war. Landwirtschaftskammerpräsident Blöchl war außerdem noch Staatsbeauftragter für das Mühlviertel, Referent für Land- und Forstwirtschaft der Landesregierung, Landtagsabgeordneter, Obmann des oberösterreichischen Bauernbundes, Bürgermeister in seiner Heimatgemeinde, Vorsitzender des Aufsichtsrates der Stickstoffwerke, Obmannstellvertreter des Fleckviehzuchtverbandes Mühlviertel, Vorsitzender der Arbeitsgemeinschaft österreichischer Fleckviehzüchter, Obmann einer Molkereigenossenschaft, Obmannstellvertreter im oberösterreichischen Molkereiverband Schärding, Vorsitzender des Aufsichtsrates des Milchhofes der Stadt Linz, Obmann des Verbandes der Saatbaugenossenschaft Österreichs, dritter Genossenschaftsanwalt-Stellvertreter bei der Anwaltschaft der land- und forstwirtschaftlichen Genossenschaften, Obmann des landwirtschaftlichen Arbeitgeberverbandes, geschäftsführender Obmann des Verbandes der Fleckviehzüchter Österreichs, Obmann des Verbandes der österreichischen Saatgutzüchter etc. und nicht zuletzt Bauer in einer oberösterreichischen Gemeinde.

Der AÖBV bezog gegen Blöchl öffentlich Stellung und forderte ihn zur Zurücklegung des Landesratsmandates auf. Damit jedoch die Zurücklegung des Landratsmandates ohne Verlust der Kammermitgliedschaft möglich wurde, empfahl der AÖBV die Abänderung des Gesetzes über die Errichtung der Landwirtschaftskammer dahingehend, dass auch ein nicht gewähltes Kammermitglied zum Präsidenten gewählt werden könnte, wenn es das aktive und passive Wahlrecht zur Kammer besitzt. Die Aufdeckung dieser besonderen Ämterkumulation sorgte unter der oberösterreichischen Bauernschaft zwar kurzfristig für Aufregung, Blöchl legte dennoch keines seiner Ämter zurück.

Seit der Erholung der Agrarwirtschaft nach dem Ende des Zweiten Weltkrieges und mit dem Auftauchen der ersten Überschüsse wurde ein Landwirtschaftsgesetz geplant. Es gab bereits parlamentarische Anträge von VdU-Abgeordneten und Entwürfe des Landwirtschaftsministeriums. Sogar der Bauernbund stellte fest, dass „in Österreich das Landwirtschaftsgesetz vor der Türe stehe" und dass „seine Verwirklichung geradezu eine Existenzfrage der österreichischen Landwirtschaft geworden sei".[60] Da in dieser Angelegenheit aber kaum etwas weiterging, lud der AÖBV am 22. Mai 1954 zu einem Bauerntag nach Wels. Es war dies das erste Mal, dass die noch junge Organisation mit vollem Erfolg an die Öffentlichkeit trat. Eingeladen waren dazu alle Bauernfraktionen, es erschienen auch alle bis auf den ÖVP-Bauernbund. Die Spitzenfunktionäre hielten Referate zum kommenden Landwirtschaftsgesetz und brachten erneut ihre Forderungen vor. Wels war ein großer Erfolg, so folgten öffentliche Versammlungen in Eferding, St. Marienkirchen bei Schärding, Windischgarsten, Allhaming, Vorderstoder, Hinterstoder, Taufkirchen a. d. Pram, Ternberg, Roßleiten, St. Pankraz, Andorf, Lauterbach und Laussa. Ende 1954 konnte man auf solchen Veranstaltungen auch bereits eine Schrift verteilen. Es handelte sich um eine Erweiterung des „Agrarprogrammes" von 1952, die Forderungen zum kommenden Landwirtschaftsgesetz enthielt. Die neue Schrift, „Unsere programmatische Zielsetzung" enthält nicht nur die Forderungen, sondern stellt den AÖBV dem Bauern vor und versucht ihn davon zu überzeugen, wie wichtig eine überparteiliche Standesvertretung ist. Die Schrift ist im Anhang zur Gänze abgedruckt.

60 Mitteilungen der Hauptverbandsleitung, Jg. 2, Folge 5, 1.

4.2. Gründung der Landesverbände Salzburg, Burgenland und Steiermark

Auf jenem Bauerntag in Wels wurde aber endgültig beschlossen, den AÖBV nicht nur in Oberösterreich, sondern in ganz Österreich zu verankern. Die nächste Landesgruppe sollte 1954 in Salzburg gegründet werden, die zweite Wurzel des Verbandes. Die bestimmenden Personen waren dort Johann Hutter, Rupert Gewolf, Simon Bayerhammer, Rudolf Landschützer, Johann Lindner, Hermann Huber, Thomas Gumpolt und Simon Klausner, die fast alle aus dem Pongau stammten; und in weiterer Folge ÖR Josef Loitfellner, Altnationalrat Martin Gassner und Helmut Langer. Zum neuen Landesverband in Salzburg gesellten sich im gleichen Jahr das Burgenland und die Steiermark.

Beim Burgenland blieb es allerdings vorerst beim Versuch. Josef Loos aus Rechnitz und Ludwig Schandl aus Rust, die 1954 als Gründungsmitglieder des Landesverbandes Burgenland aufscheinen, wollten in weiterer Folge nicht mehr mitmachen und so lag es bei Matthias Salzer aus Nickelsdorf – von ihm wird noch öfter die Rede sein – den burgenländischen Landesverband zu gründen und aufzubauen.

Die steirischen Gründungsmitglieder waren Peter Mitterbacher, Michael Holzer, Franz Mayer, Fritz Probst, Josef Weinhandl und Florian Kaufmann.

4.3. Das erste Antreten bei einer Landwirtschaftskammerwahl

Nachdem der AÖBV nunmehr drei Jahre Bestand hatte, von sich reden machte, und von Oberösterreich aus drei neue Landesverbände gegründet wurden, entschied man sich, bei der oberösterreichischen Landwirtschaftskammerwahl zu kandidieren. Am Landesverbandstag Oberösterreich wurde am 19. März 1955 in Wels einstimmig beschlossen:

> Der zweite Landesverbandstag des A. Ö. Bauernverbandes nimmt den Bericht über das vorliegende Verhandlungsergebnis zur Bildung einer Wahlgemeinschaft zustimmend zur Kenntnis und beschließt, sich an der Wahlwerbung im Rahmen der „Allgemeinen Bauern- und Kleinbesitzer-Liste“[61] zu beteiligen und fordert alle Mitglieder auf, mit ihren Angehörigen für diese Liste zu stimmen und im Wahlkampf die Wahlwerbung mit allen Kräften zu unterstützen.

Diese Listengemeinschaft bestand aus den SPÖ-Bauern (O.Ö. Arbeitsbauernbund), VdU-Bauern (Unabhängige Bauernschaft) und dem AÖBV. Man wollte gemeinsam

61 Nachdem Bauernbunddirektor und Landeshauptmannstellvertreter Kern gegen diesen Namen wegen Verwechslungsgefahr Einspruch erhoben hatte, benannte man die Liste in „Überparteiliche bäuerliche Wahlgemeinschaft“ um. Gegen diese Schikane von Kern wurde in Ried/Innkreis und in Linz auf Versammlungen protestiert, was Kern begreiflicherweise wenig beeindruckte.

die Überherrschaft des VP-Bauernbundes brechen und setzte große Hoffnungen in die Listengemeinschaft, die aber letztendlich enttäuschend abschnitt (nur 2 Mandate). Am Ende kam auch der hämische Vorwurf des Bauernbundes, dass es mit der Überparteilichkeit jetzt wohl vorbei sei, wenn man sich mit den Roten bzw. den Blauen einlässt.

Dennoch schafften es einige Kandidaten in die Landwirtschaftskammer einzuziehen, auch wenn dort der Bauernbund noch immer übermächtig war. Diese Übermacht brachte der Bauernbund auch unmissverständlich zum Ausdruck:

> So wurde nicht nur die Rede- und Versammlungsfreiheit in zahlreichen Fällen – wie einwandfrei festgestellt werden konnte über Auftrag – durch Sprengungs- und sonstige verabredete Störungsversuche gröblich verletzt, sondern durch unqualifizierbare Zweckmanöver in der Hauptwahlbehörde auch die Wahlwerbung außerordentlich erschwert. Die erweiterte Landesverbandsleitung protestiert energisch gegen dieses Vorgehen, erklärt, dass sie dieses auf keinen Fall ruhig hinnehmen und zum gegebenen Zeitpunkt die sich daraus ergebenden Konsequenzen rücksichtslos ziehen wird.[62]

Soweit eine Entschließung des Landesverbandstages vom 1. Oktober 1955. Die Leitung des AÖBV musste sich auch gegen Vorwürfe aus den eigenen Reihen wehren, auch dort wurde Unmut laut, warum man entgegen der Idee der Überparteilichkeit mit den roten bzw. blauen Bauernvertretern auf eine gemeinsame Liste gesetzt hat. In den Mitteilungen, die an alle Mitglieder gingen, rechtfertigte sich die Verbandsleitung wie folgt:

> Bei diesen Wahlen ging es vor allem darum, in die vom Bauernbund allein beherrschte Kammer eine genügend starke Kontrollgruppe hineinzubringen. Eine wirksame Kontrolle kann in der Kammer nur dann ausgeübt werden, wenn die Kontrollgruppe, wie zum Beispiel in Kärnten und Steiermark, so stark ist, dass sie in jedem Ausschuss Sitz und Stimme hat. Gerade das ist es aber, was die nur aus Bauernbündlern bestehende oberösterreichische Kammerführung unter allen Umständen zu verhindern trachtete. Sie wollten eben, wie bisher, insbesondere im Hauptausschuss, auch in Hinkunft ohne Kontrolle bleiben, weil dies entschieden bequemer war. Gerade darum wurde auch der Wahlkampf von dieser Seite aus in einer Art geführt, wie sie am Balkan üblich ist, was der Bauernbundführung zur bleibenden Schande gereicht.
>
> Das weiter gesteckte, höhere, ideelle Ziel war aber, zur Zurückdrängung des parteipolitischen Einflusses in der bäuerlichen Interessensvertretung, damit zu beginnen, an Stelle der Vertreter verschiedener politischer Parteien in die Landwirtschafts-

62 Mitteilungen der Hauptverbandsleitung, Jg. 3, Folge 7, 1.

kammer Vertreter unabhängiger Bauernorganisationen zu entsenden. Dies deshalb, weil wir und mit uns auch der ÖVP nahestehende Kreise der Meinung waren, dass die Parteipolitik nicht in die Standesorganisationen hineingetragen und Zweck und Ziel dieser Einrichtungen nicht Parteizielen untergeordnet werden darf, weil sonst in den Kammern die auftauchenden Fragen nicht fachlich-wirtschaftlich, sondern parteipolitisch aufgefasst und so gelöst werden, wie dies den augenblicklichen Parteizielen entspricht. Um dieses Ziel zu erreichen, bemühten wir uns mit Rücksicht auf die oberösterreichischen Verhältnisse eine von politischen Parteien nicht gelenkte Wählergruppe zustande zu bringen. Es gelang uns auch den VdU und die SPÖ dazu zu bewegen, zur Kammerwahl keine eigenen Parteilisten aufzustellen, sondern ihre Bauernorganisationen für diese Wahl frei zu geben.

Warum das Ziel nicht voll erreicht werden konnte: Die Bauernbundführung erkannte sofort, dass uns normal durchgeführte Wahlen den gewünschten Erfolg bringen würden und dachte sich daher eine Reihe von Hinterhältigkeiten aus, die in die Tat umgesetzt uns schwer schaden mussten. Als erstes gelang es ihr, mit Rücksicht auf die knapp gewordene Zeit eine Kammergesetzänderung und eine Wahlordnung im Landtag durchzudrücken, die allein schon genügt, um dem Bauernbund das Übergewicht zu sichern. Doch darüber wird noch mehr zu reden sein und wird voraussichtlich auch der Verfassungsgerichtshof darüber noch zu urteilen haben. Als nächster Streich, der uns gespielt wurde, kam in der Hauptwahlbehörde – in der nur Bauernbündler sitzen – der Einspruch gegen die Bezeichnung der Wählergruppe als: „Allgemeine Bauern- und Kleinbesitzer-Liste" weil diese von der Bezeichnung „Oberösterreichische Bauern- und Kleinhäuslerbund" nur schwer zu unterscheiden sei. Wie man sieht, ein sehr fadenscheiniger Einwand, nur erhoben, um uns unter brutaler Ausnutzung der absoluten Mehrheit in der Hauptwahlbehörde die Wahlwerbung empfindlich zu erschweren.

Da sich ihr Zustellungsbevollmächtiger zu keiner Einigung herbeiließ, mussten wir, weil die famose Wahlordnung darüber keine Beschwerde vor der Wahl zulässt, unsere Bezeichnung in „Überparteiliche bäuerliche Wahlgemeinschaft" abändern. Nun aber erhielt die „Freiheitliche Wahlgemeinschaft" zu der sich der VdU, die Freiheitspartei und Parteilose zur Landtagswahl zusammengeschlossen hatten, am 23. Oktober eine schwere Niederlage. Von den 10 Landtagsmandaten konnten nur 4 gerettet werden. Am 30. Oktober, also am Sonntag darauf, mussten wir zur Wahl schreiten, ohne die geringste Möglichkeit zur Aufklärung zu haben. So kam es, dass sich viele einreden ließen, die „Überparteiliche bäuerliche Wahlgemeinschaft" sei dasselbe wie die „Freiheitliche Wahlgemeinschaft" – die sie nicht mehr wählen wollten – und gaben ihre Stimmen dem Bauernbund. Zu all dem kommt, dass unsere Gegner – und leider auch die Tagespresse – uns nie als eigene überparteiliche, gewerkschaftliche Wählergruppe gelten ließen, sondern mit voller Absicht nur immer von einer Koalition zwischen VdU und SPÖ sprachen. Dadurch musste überall, wo wir nicht entsprechend aufklären konnten, in den Wählern die vollkommen falsche Ansicht aufkommen, dass es sich um eine von den Sozialisten und vom VdU beherrschte Wählergruppe handelt, um so mehr, als man den Bauernverband kaum erwähnte. Ein Brief des Herrn Landwirtschaftskammerpräsidenten Blöchl, den er sicher gegen sein besseres Wissen und Gewissen an die Wähler schrieb, trug dazu nicht wenig bei. Auf keinen Fall dürfte es ihm aber bewusst gewesen sein, dass er damit eine große Idee in ihrem weiteren Vormarsch zum schweren Schaden der gesamten Bauernschaft zu hindern versuchte, denn sonst hätte er ihn kaum geschrieben. Die Bauern aber, die sich dadurch bei ihrer Stimmenabgabe für uns abhalten ließen, werden bald darauf kommen, wozu sie missbraucht und wie arg sie hinters Licht geführt wurden. Bedenkt man noch, dass zufolge eines Beschlusses der Hauptwahlbehörde Besitzer von mehreren Betrieben in verschiedenen Gemeinden, ja oft sogar Besitzer von Grundstücken allein, samt ihren Familienangehörigen in allen diesen Gemeinden ihre Stimmzettel abgeben konnten, also z.B. statt 5 Stimmzettel 10, 20 und mehr, dann wird man verstehen, wie die große Mehrheit des Bauernbundes zustande kam. Wie weit das ging, geht daraus hervor, dass in einer einzigen Gemeinde 70 Personen, die nur Grundstücke, aber keine Betriebe in dieser Gemeinde besitzen, in der Wählerliste aufscheinen. Andererseits werden durch dieses Gesetz tausende von Kleinbesitzern, die sicher für unsere Liste gestimmt hätten, um ihr Wahlrecht gebracht. Um das Maß voll zu machen, wurden noch so genannte „Wahlbenachrichtigungen“ ausgegeben, die vielfach zu glattem Wahlschwindel verwendet wurden. So erhielt z.B. ein 16jähriges Mädchen einen solchen Wahlbenachrichtigungsschein, mit dem man sie trotz des Einschreitens eines Wahlzeugen für ihre Großmutter wählen ließ. Diese aber, obwohl sie im Wählerverzeichnis aufscheint, mit der Begründung nicht wählen ließ, „dass die Enkelin für sie schon gewählt hat“. Nicht zuletzt machte es schon der Umstand für uns sehr schwer uns durchzusetzen, dass die Vorbereitung für die Landwirtschaftskammerwahl mit der für den Landtag zusammen fiel und dabei direkt unterging.

Unsere Organisation war eben noch zu schwach, um diesem Ansturm von Masse, Geld und Hinterhältigkeiten mit größerem Erfolg standhalten zu können. Ferner darf auch nicht übersehen werden, dass fast die ganze Last auf uns ruhte, weil die Partner vom Landtagswahlkampf voll in Anspruch genommen waren. Immerhin haben sich 7.500 bäuerliche Wähler zu uns bekannt, was für die Zukunft und den Ausbau der gewerkschaftlichen Organisation der Bauern das Beste hoffen lässt. Der „Oberösterreichische Bauernverband“ kann überhaupt zufrieden sein, denn er wird in der Vollversammlung der Landwirtschaftskammer durch sein Leitungsmitglied Fritz Feitzlmayr vertreten sein – mehr Mandate wären ihm auch bei einem besseren Wahlausgang nicht zugefallen – von dem wir wissen, dass er das in ihn gesetzte Vertrauen ebenso rechtfertigen wird, wie die von uns gestellten Mitglieder der Bezirksbauernkammern und der Ortsbauernausschüsse. Die Bauernschaft hat, vernebelt und betäubt von der gegnerischen Propaganda, zu einem großen Teil unsere Bestrebungen verkannt und der bisherigen Führung der Landwirtschaftskammer wieder ihre Stimmen gegeben, obwohl sie sich vorher tausendfältig damit nicht einverstanden erklärt hat. Wenn sie sich daher in Zukunft wieder zu Klagen veranlasst sieht, dann möge sie daran denken, dass sie sich in überwiegend großer Zahl für die kontrollose Aufrechterhaltung dieses Systems der Alleinherrschaft des Bauernbundes am Wahltag entschieden hat. Wir aber fragen uns, was müssen diese Leute alles zu verbergen haben, dass sie zu solch erbärmlichen Mitteln greifen mussten, um die ihnen unliebsame Kontrolle zu verhindern. Unser Misstrauen wurde dadurch nur verstärkt. Aufgeschoben ist aber nicht aufgehoben! Gehen wir darum unverdrossen an die Arbeit! Bauen wir unsere Organisation lückenlos aus, damit uns der kommende Tag der Abrechnung gerüstet findet![63]

4.4. Das Problem der Landflucht

Ein brennendes Problem sah der AÖBV von Anfang an in der Landflucht. Die Salzburger Nachrichten berichteten in der Ausgabe vom 5. August 1955, dass seit 1945 jährlich durchschnittlich 25.000 Österreicher den bäuerlichen Beruf aufgegeben hatten und abgewandert waren, also im Jahr 1955 bereits 250.000. Für den überwiegenden Teil der Bauernschaft war die landwirtschaftliche Arbeit nicht mehr lohnend. Sie lebten von der Substanz, verkauften – wenn sie es hatten – Holz oder Grundstücke, solange es ging, sperrten dann ihren Hof zu und suchten Arbeit in den Städten und Industrieorten. Um dem entgegenzuwirken, konzentrierte sich der AÖBV immer wieder auf seine Hauptforderung: Den kostendeckenden Erzeugerpreis plus einem angemessenen Gewinn.

4.5. Der Milcherzeugerpreis

Ein wichtiger Bestandteil der Forderung nach einem Mindesterzeugerpreis war die Milchpreisregelung, auch dies gehörte in den frühen Jahren zum Fragenkomplex des Landwirtschaftsgesetzes. Der Milchpreis sollte im Sinne der Gleichstellung des Einkommens in der Landwirtschaft mit dem der anderen Berufsgruppen geregelt werden. Als erster Vorschlag kam vom AÖBV, dass die Warenumsatzsteuer auf Milch und Molkereiprodukte, sowie andere Nahrungsmittel, sofort aufzuheben und dafür der Erzeugerpreis für Milch entsprechend anzuheben sei. Damit sollte auch eine sorgfältige Überprüfung der Verarbeitungsspannen Hand in Hand gehen und zwar mit dem Ziel der Feststellung der größten Einsparungsmöglichkeiten. Weiters wurde die Aufhebung aller Sonderabzüge vom Erzeugerpreis gefordert. Bei diesen Forderungen wurde beson-

63 Mitteilungen der Hauptverbandsleitung, Jg. 3, Folge 8, 1-3.

ders auf die Bergbauern Rücksicht genommen, wobei versucht wurde, deren Bedürfnisse auch dem Konsumenten begreiflich zu machen.

In der Steiermark hatte der ÖVP-Bauernbund für den 7. Februar 1956 zu einer Demonstration für eine Milchpreiserhöhung aufgerufen. Einige tausend Bauern kamen zu dieser Protestveranstaltung, sie marschierten von der Landwirtschaftskammer zur Landesregierung und entsandten eine Delegation zum Landeshauptmann. Je länger diese Aussprache dauerte, umso unruhiger wurden die wartenden Bauern, warfen in Sprechchören ihren eigenen Vertretern vor, dass sie die Interessen der Landwirtschaft nicht genügend vertreten würden und begannen sogar die Fensterscheiben einzuwerfen. Mehrere Bauernbundfunktionäre versuchten vergeblich die bedrohliche Stimmung zu dämpfen. Erst als Landeshauptmann Josef Krainer höchstpersönlich vor der Menge erschien, beruhigte man sich ein wenig. Krainer versprach den Bauern, sich für eine gerechte Lösung einzusetzen. Beim Abzug riefen die Bauern ihren Funktionären zu: „Geht's selber Kühe melken!" und demonstrierten damit gegen ihre eigenen Funktionäre und Abgeordneten. Da die Demonstration vom Bauernbund selbst organisiert wurde, konnten Redner vom AÖBV nicht zum Zuge kommen und ihre oben erwähnten Vorschläge einbringen, wie etwa die Forderung nach dem Mindestpreis von 50 Groschen pro Liter Milch und der Streichung der Warenumsatzsteuer.

Der größte Widerstand soll übrigens nicht vom Finanzminister gekommen sein, sondern von der Industriellenvereinigung, die billige Lebensmittel forderte. Da aber in den ÖVP-Riegen die Industriellenvereinigung sehr viel mächtiger war als der Bauernbund, konnte sich dieser in der Milchpreisfrage überhaupt nicht durchsetzen. Auch hier waren die Interessen der Bauern jenen der Partei untergeordnet. Die Industriellenvereinigung gab sogar in einer Rundfunksendung ganz offen zu, nicht auf die Bauern angewiesen zu sein, denn deren Konsum an Industriewaren würde höchstens 15 % ausmachen. Damit war die Sache auch in der Milchpreisfrage von Anfang an klar: Solange sich der Bauernbund in der ÖVP anderen Interessen unterzuordnen hatte, ging für die Bauern nichts weiter. Es hieß also für die Überparteilichkeit weiterzukämpfen, auch wenn es ein Kampf gegen Windmühlen war.

Um das nochmals festzulegen, beschloss der 4. Hauptverbandstag des AÖBV am 18. März 1956 im Hinblick auf die kommenden Nationalratswahlen folgende Entschließung:

> Im Hinblick auf mancherlei auftauchende, unzutreffende Meinungen und Behauptungen, stellt der 4. Hauptverbandstag hiermit neuerlich eindeutig fest, dass der AÖBV nach wie vor grundsätzlich auf streng überparteilichem Standpunkt steht und daher jede Bindung an politische Parteien und Organisationen, Unterordnung unter diese oder Beteiligung oder Unterstützung dieser, im Rahmen der Verbandsorganisation ablehnt. Die Vertretung der bäuerlichen Interessen krankt in Österreich daran, dass diese ausschließlich durch politisch abhängige Bauernorganisationen er-

> folgt, worauf auch das völlige Versagen der österreichischen Agrarpolitik zurückzuführen ist. Was daher not tut, um diesen gefährlichen Zustand ein Ende zu bereiten, ist die Zusammenfassung der gesamten Bauernschaft Österreichs in einer politisch unabhängigen, gewerkschaftsähnlichen Gesamtorganisation, wie es sich der AÖBV zum Ziel gesetzt hat. Alle Unterorganisationen und direkten Mitglieder des AÖBV haben sich deshalb für die Erreichung dieses Zieles mit aller Kraft einzusetzen und alle entgegenstehenden Bestrebungen unbedingt kompromisslos abzulehnen. Wer diesen geraden Weg nicht mit uns gehen kann oder will, hat zu erwarten, dass daraus die entsprechenden Folgerungen gezogen werden.[64]

Der AÖBV gab demnach auch seinen Mitgliedern keinerlei Wahlempfehlung für die kommende Nationalratswahl ab.

Kurz vor der Nationalratswahl, im März 1956, erklärte Bundeskanzler Raab anlässlich einer Agrartagung in Wien: „Aufgabe jeder pflichtbewussten Regierung ist es, die Landwirtschaft, wo immer möglich, zu unterstützen, denn der Bauernstand ist der erste Berufsstand eines jeden Landes. Es könnten die anderen Bevölkerungsschichten des Landes nicht arbeiten, würde die Bauernschaft nicht ihre große, schwere und oft undankbare Aufgabe erfüllen."[65] Das war nicht immer so, denn Bundeskanzler Raab hatte z.B. im Oktober 1953 in Innsbruck, nach Vorhalt des Bauernbundobmannes Kraus, dass „in keinem anderen Staat die Landwirtschaft so wenig unterstützt wird wie in Österreich", die Tagungsteilnehmer aufgefordert, die „Raunzerpolitik" zu beenden. Weiters war Raab etwa zur gleichen Zeit der Meinung, dass der Bauer die Preise seiner Produkte an die Weltmarktpreise angleichen müsse, widrigenfalls man ihm sie nicht abnehmen würde. Nun ist es ja nichts Ungewöhnliches, dass Politiker vor anstehenden Wahlen ihre Meinung ändern, vor allem im Hinblick auf das Zielpublikum, in diesem Fall das bäuerliche ÖVP-Wählervolk. Wie gingen die Wahlen aus? Die ÖVP erreichte 82 Mandate (+9), die SPÖ 74 (+/-0), FPÖ 6 (-8) und KPÖ 3 (-1). Der nächsten Regierung stand wiederum Bundeskanzler Raab vor (Kabinett Raab II, bis Juli 1959), Vizekanzler war abermals Adolf Schärf (SPÖ). Der AÖBV hoffte zu diesem Zeitpunkt wie alle anderen Bauern, dass Raab seinen Worten auch Taten folgen lassen würde, bezweifelte dies aber bereits von Beginn an, da die FPÖ stark verloren hatte und so das Zweiparteiensystem und damit der Proporz gestärkt wurde, was den Bauern eine wenig hoffnungsvolle Zukunft verhieß. Nach der Wahl drängte der AÖBV immer wieder auf das Landwirtschaftsgesetz, doch das sollte sich, wie zu lesen sein wird, in die Länge ziehen.

64 Mitteilungen der Hauptverbandsleitung, Jg. 4, Folge 2/3, 2.

65 Oberösterreichisches Mitteilungsblatt der Lagerhausgenossenschaften, zit. in: Mitteilungen der Hauptverbandsleitung, Jg. 4, Folge 4/5 1956, 1.

4.6. Gründung der Kärntner Landesgruppe und Forderung nach einem Landwirtschaftsgesetz

Am 18. Mai 1958 wurde in St. Andrä im Lavanttal der Kärntner Landesverband gegründet, die herausragendsten Proponenten waren Ing. Walter Angerer, Dipl.-Ldwt. Norbert Kanz und Armin Krall. Wie sich noch herausstellen würde, waren gerade die Kärntner AÖBVer die aktionsfreudigsten; vorerst beschränkte man sich aber, wie auch im Hauptverband, auf Verbandstage und das Abhalten von kleineren Veranstaltungen mit Referaten oder Ähnlichem. Bei diesen Veranstaltungen wurde referiert, beraten, beschlossen und in weiterer Folge drückte sich dies in Korrespondenzen mit diversen landwirtschaftlichen Funktionären aus, angefangen von Landwirtschaftsminister Thoma bis zum Obmann des Milchwirtschaftsfonds Kraus. Man forderte laufend schriftlich das Landwirtschaftsgesetz, eine gerechte Milchpreisregelung und vieles mehr. Die angeschriebenen Herren reagierten auch, teilweise sogar ausführlich, auf die schriftlichen Forderungen des AÖBV. Der Tenor dabei war fast immer derselbe: Man könne mit dem roten Koalitionspartner nun mal nichts machen, die Sozialisten hielten sich für bäuerliche Interessen völlig verschlossen. Zu der Zeit, im Herbst 1958, stimmte das auch, denn unter Vizekanzler Bruno Pittermann (SPÖ) wurde der aus langen Verhandlungen hervorgegangene Entwurf zum Landwirtschaftsgesetz gekippt. „Damit erhielt der letzte Entwurf des Landwirtschaftsministers Thoma wenigstens ein öffentliches Begräbnis, wenn auch 3. Klasse, denn die vorausgegangenen, etwa ein Dutzend Entwürfe, verschwanden sang- und klanglos in den Schreibtischladen des Ministeriums."[66] Als Ersatz für das Landwirtschaftsgesetz bekam die Bauernschaft die schon längst in Geltung stehenden, sehr umstrittenen, so genannten „Fondsgesetze" mit den bis dahin vereinbarten unbedeutenden Änderungen als „Marktordnungsgesetz" präsentiert. Dieses Gesetz sollte immer nur für ein Jahr gelten, für den Weinbau sollte ein eigenes Gesetz kommen.

Nach sechs Jahren zäher Verhandlungen war das Landwirtschaftsgesetz also vorläufig vom Tisch. Die Gegner waren aber nicht bloß die Sozialisten, sondern auch maßgebliche Kreise des ÖVP-Wirtschaftsbundes und der Bundeshandelskammer. Auch die Industrie hatte weiterhin Interesse an billigen Lebensmitteln, um selbst die Löhne niedrig halten zu können. Jene Kreise waren offensichtlich mächtiger als der Bauernbund, der dies aber nicht zugeben wollte und die Schuld zur Gänze dem roten Koalitionspartner zuschob. Von dieser Seite hatte man sich auch öffentlich gegen diesen Vorwurf verwehrt. So ließ ein sozialistischer Abgeordneter im Parlament verlauten: „Es ist falsch zu behaupten, dass die Sozialisten dieses Gesetz nicht wollten und alles getan haben, um es zu verhindern. Richtig ist, dass der Widerstand gegen das Landwirtschaftsgesetz vor allem vom Wirtschaftsbund der ÖVP kam."[67] Warf man diese Umstände dem

66 Mitteilungen der Hauptverbandsleitung, Jg. 6, Folge 7/8 1958, 2.

67 Zit. in: Mitteilungen der Hauptverbandsleitung, Jg. 6, Folge 7/8 1958, 7.

Bauernbund dann vor und drängte auf eine überparteiliche Standesvertretung, kam postwendend der Vorwurf, dass der AÖBV gar nicht überparteilich sei, sondern ein radikales Anhängsel der FPÖ.

Die Kandidatur von vier AÖBVern bei der Nationalratswahl 1959 auf der Liste der FPÖ trug dabei nicht gerade zur Entkräftung dieses Vorwurfs bei, auch wenn man seitens des Verbandes bedauerte, dass die anderen Parteien keine Bauernverbandler auf ihre Listen gesetzt hatten, obwohl Interesse bestanden hätte. Die Nationalratswahl 1959 ging wie folgt aus: ÖVP 79 Mandate (-3), SPÖ 78 (+4), FPÖ 8 (+2), KPÖ 0 (-3). Außer dass die Kommunisten von der politischen Landkarte verschwanden, hatte sich bei dieser Wahl nicht viel getan. Betreffend des Landwirtschaftsgesetzes war demnach jede Hoffnung vergebens, denn am 16. Juli 1959 wurden die gleichen Totengräber jenes Gesetzes wieder angelobt; es war das Kabinett Raab III, mit Raab als Kanzler an der Spitze und Pittermann als Vize. Aber es gab einen neuen Landwirtschaftsminister: Eduard Hartmann, 1946 bis 1962 Direktor des österreichischen Bauernbundes, gleichzeitig auch Abgeordneter (1949–1963) zum Nationalrat. Nach 1963 wurde er zum Generalanwalt des Österreichischen Raiffeisenverbandes bestellt. Im Jahr 1965 wurde er zum Landeshauptmann von Niederösterreich gewählt, starb jedoch nach nur zwei Jahren Amtszeit. Hartmann war „der erste landlose akademische Bauer in diesem Amte. Aber daran haben sich die Bauern – entgegen aller Vorhersagen – nicht gestoßen“, meint jedenfalls die Bauernbund-Historikerin Therese Kraus.[68]

Eduard Hartmann

Unter der Führung von Hauptverbandsobmann Feitzlmayr sprach am 25. September 1959 eine Abordnung der Landesobmänner des AÖBV beim neuen Landwirtschaftsminister Hartmann vor, um seine Stellungsnahme zu den ihm schon im Juli überreichten Memoranden betreffend der Vorschläge zum Landwirtschaftsgesetz, der Neuordnung des Verkehrs mit Milch und Molkereiprodukten und Schaffung eines Katastrophen-Hilfsfonds zu erfahren. Hartmann zeigte sich kooperativ, nahm Punkt für Punkt zu den Vorschlägen ausführlich Stellung und gab auch den Landesobmännern ausreichend Gelegenheit zur Erwiderung. Die Abordnung hatte aber den Eindruck, dass dem Zustandekommen des Landwirtschaftsgesetzes, trotz neuen Ministers, noch große Hindernisse entgegenstehen und daher bis zur Erledigung noch geraume Zeit vergehen würde. Hartmann verwies abermals darauf, dass man vom Koalitionspartner SPÖ entscheidungsabhängig sei und dass die Vorschläge des AÖBV generell schwer durchführbar seien. Wenigstens wollte man von Hartmann die Zusicherung, dass er sich gegen den Beitritt zur neu zu gründenden EFTA wehren würde. Doch dies war nicht der Fall, wie sich im nächsten Kapitel zeigen wird.

68 Therese Kraus, Bauern. Niederösterreichs Bauern in der Standes-, Landes- und Staatsgeschichte der letzten hundert Jahre (Wien 1981), 83.

4.7. EFTA – Gründung und Beitritt

Die Europäische Freihandelsassoziation, abgekürzt EFTA (European Free Trade Association) wurde am 4. Januar 1960 in Stockholm gegründet. Das entsprechende Übereinkommen trat am 3. Mai 1960 in Kraft. Zielsetzung war die Förderung von Wachstum und Wohlstand ihrer Mitgliedstaaten sowie die Vertiefung des Handels und der wirtschaftlichen Zusammenarbeit zwischen den westeuropäischen Ländern wie auch der Welt insgesamt. Gleichzeitig sollte sie ein Gegengewicht zur Europäischen Gemeinschaft und deren politischer Ziele bilden. Die Gründungsmitglieder der EFTA waren Dänemark, Norwegen, Österreich, Portugal, Schweden, die Schweiz und das Vereinigte Königreich. Es folgten Finnland (assoziiertes Mitglied 1961, Vollmitglied 1986), Island (1970) und Liechtenstein (1991). Nach dem Beitritt von Dänemark und dem Vereinigten Königreich (1973), Portugal (1986), Finnland, Österreich und Schweden (1995) zur Europäischen Union umfasst die EFTA heute nur noch vier Länder: Island, Norwegen, Schweiz und Liechtenstein. Mit Ausnahme der Schweiz bilden diese Länder zusammen mit den Mitgliedern der Europäischen Union den Europäischen Wirtschaftsraum (EWR).

Die Gründung der EFTA ist als Reaktion auf die Gründung der Europäischen Gemeinschaften zu verstehen und steht seit ihrer Gründung 1960 bis heute im engen Zusammenhang mit der Entwicklung der Europäischen Gemeinschaften zur heutigen EU. Die EFTA war von Anfang an als temporäre Organisation geplant, um durch Bündelung der gemeinsamen Interessen eine Annäherung an die EG zu erleichtern und die in der Präambel als primäres Ziel definierte Schaffung eines freien, alle OEEC-Länder umfassenden Marktes zu verwirklichen. Zwischenzeitlich sollte ein Abbau der Zollschranken den freien Handel zwischen den Mitgliedern erleichtern und den freien Welthandel im Sinne des GATT-Abkommens fördern. Artikel 2 der Stockholmer Konvention fordert konkret

- die Förderung von Wirtschaftswachstum, Vollbeschäftigung, Produktivitätssteigerungen und finanzielle Stabilität zur stetigen Verbesserung des Lebensstandards,
- die Gewährleistung gerechter Handels- und Wettbewerbsbedingungen,
- die Erzielung und Aufrechterhaltung eines Ausgleiches zwischen den Partnern und den verschiedenen Wirtschaftssektoren,
- einen aktiven Beitrag zur Ausweitung des Welthandels zu leisten.

Anders als die EWG, die die ökonomische Integration im Wesentlichen als einen Zwischenschritt zur angestrebten politischen Integration betrachtete, wollte die EFTA ihren Mitgliedstaaten die volle politische Handlungsfreiheit erhalten; ein wesentliches Merkmal dafür war der Verzicht auf gemeinsame Außenzölle. Aufgrund erheblicher struktureller Differenzen wurden auch Landwirtschaft und Fischerei nicht miteinbezogen, außerdem wurde von einer Harmonisierung der nationalen Steuer- und Sozialsysteme abgesehen. Im Gegensatz zu den auf unbefristete Mitgliedschaft angelegten EWG-Verträgen definiert das EFTA-Abkommen auch das Recht, nach zwölfmonatiger Kündigungsfrist aus der Assoziation auszutreten.

Das Ziel der EFTA, eine starke Verhandlungsposition gegenüber der EG zu schaffen, wurde aber nicht erreicht. Verschiedene Versuche der gemeinsamen Annäherung der EFTA-Staaten an die EG in den Jahren 1960/61 blieben erfolglos und wurden von einer bilateralen Vorgehensweise abgelöst. Insbesondere im Vereinigten Königreich hatte man erkannt, dass sich das wirtschaftliche Wachstum in den EG-Staaten schneller vollzog als in der EFTA und dass eine politische Isolation drohte. Im Juli 1961 entschloss sich daher das Vereinigte Königreich, den EG-Beitritt zu beantragen. Diesem Antrag schlossen sich auch Dänemark, Norwegen und – außerhalb der EFTA – Irland an, während die neutralen EFTA-Staaten Österreich, Schweden und Schweiz die EWG-Assoziierung beantragten.

Großbritannien, Dänemark und Irland traten zum 1. Januar 1973 aus der EFTA aus und in die EG ein, in Norwegen wurde der EWG-Beitritt per Referendum abgelehnt. Die erste EWG-Erweiterung markierte den Beginn eines neuen Abschnittes zwischen EG und EFTA, die als pragmatischer Bilateralismus bezeichnet werden kann.

Auf Initiative Großbritanniens wurden zwischen der EWG und den einzelnen EFTA-Staaten, zu denen ab 1970 auch Island gehörte, bilaterale Freihandelsverträge abgeschlossen. Innerhalb von vier Jahren, bis zum Juli 1977, konnte die größte Freihandelszone der Welt für gewerbliche und industrielle Erzeugnisse realisiert werden.

Dennoch wurde die Schaffung des EWR zum 1. Januar 1993, parallel zum Beginn des EG-Binnenmarktes, beschlossen. Das EWR-Abkommen trat am 1. Januar 1994 in Kraft. Während die norwegische Bevölkerung 1994 bereits zum zweiten Mal den EG-Beitritt ablehnte und die Schweiz auch das EWR-Abkommen nicht ratifizierte, traten Österreich, Finnland und Schweden zum Januar 1995 der Europäischen Union bei.

Seit 1995 wird die EFTA nur noch von Island, Liechtenstein, Norwegen und der Schweiz gebildet und verfügt somit über keinen geopolitischen Zusammenhang mehr. Trotz großer Heterogenität und stark differierender wirtschaftspolitischer Interessen beschlossen aber die EFTA-Minister bei ihren gemeinsamen Treffen im Dezember 1994 und Juni 1995, die EFTA als Zweckverband fortzuführen und als Pfeiler im EWR zu erhalten.

Der AÖBV nahm zu dieser zukunftsentscheidenden Frage ausführlich Stellung. Man sah in der EFTA ein Gegenstück zur EWG, das letztendlich scheitern musste. Wie sich heute zeigt, hatte man Recht. Am 26. November 1959 berichtete Bundeskanzler Raab über den Abschluss des EFTA-Vertrages und begründete den Beitritt damit, dass er eine staatspolitische Notwendigkeit gewesen sei. In der darauf folgenden Debatte nahmen die Parlamentsparteien zum Vertrag Stellung, obwohl sie mit Rücksicht auf die bereits erfolgte Vorunterzeichnung diese vollendete Tatsache nur noch zur Kenntnis nehmen konnten. In der Hauptsache ging es in der Debatte darum, warum

Österreich nicht der EWG beitrat, mit deren Ländern es so enge Handelsbeziehungen hatte, sondern ausgerechnet der EFTA, obwohl von der gesamten Ausfuhr Österreichs mehr als 50 % in die EWG-Staaten gingen, umgekehrt 53 % der Importe von dort kamen. Der damalige Außenminister, Bruno Kreisky, ging jedoch über diese Einwände hinweg, tat es mit „Zahlenjongliererei" ab. Am landwirtschaftlichen Sektor sah die Ausgangsposition noch ärger aus: 96,2 % der Viehausfuhr ging in die EWG-Staaten, nur 2,9 % in die Länder der EFTA. Bei der Holzausfuhr war es ähnlich, der Export in die EWG-Staaten lag bei 91,5 %, in die EFTA-Staaten bei 2,4 %. Die nachteilige Auswirkung für die Landwirtschaft ersah man auch daraus, dass von den EFTA-Ländern die Schweiz, Schweden und Dänemark Ausfuhrländer für Molkereiprodukte waren und sich Dänemark zu dem Zeitpunkt bereits in England und der BRD den Markt durch Sonderverträge gesichert hatte.

Von diesen Dingen war in der Parlamentsdebatte wenig zu hören, auch nicht von den Bauernbund-Abgeordneten. Landwirtschaftsminister Hartmann schwieg überhaupt. Damit war die Wertung des Bauernstandes und seiner parlamentarischen Vertretung klar: Es hätte von bäuerlicher Seite eindeutig festgestellt werden müssen, dass sich die Lage der österreichischen Bauernschaft durch den Beitritt zur EFTA keineswegs günstiger, sondern aller Voraussicht nach noch schwieriger gestalten würde, was sich durch die weiterhin ansteigende Landflucht auch beweisen ließ. Der Beitritt zur EFTA wurde vor allem von der SPÖ betrieben; als Argument wurde vorgebracht, dass man der EWG nicht betreten könne, ohne die Neutralität zu verletzen. Dem hielt die FPÖ wiederum entgegen, dass die EWG ausdrücklich bereit sei, sowohl auf den Neutralitätsstatus als auch auf wirtschaftliche Sonderwünsche Österreichs Rücksicht zu nehmen. Letztendlich setzte sich die SPÖ durch. Am 23. März 1960 stimmte der Nationalrat dem Übereinkommen zur Errichtung der EFTA zu. Für den Vertrag stimmten die beiden Regierungsparteien, dagegen die Abgeordneten der FPÖ, deren Antrag auf namentliche Abstimmung von den Regierungsparteien abgelehnt wurde. Es fehlten bei der Abstimmung 55 Abgeordnete, davon 30 von der ÖVP, darunter der Vorsitzende der Präsidentenkonferenz der Österreichischen Landwirtschaftskammern, Nationalrat Josef Strommer. Der AÖBV richtete noch einen Tag vor der Abstimmung, quasi in letzter Minute, ein Telegramm an den Bundeskanzler und den Landwirtschaftsminister mit dem Wortlaut: „Bedingungslose Zustimmung bei Ratifizierung EFTA-Vertrag gefährdet zehntausende Bauernexistenzen. Bitten um Einsetzen Ihrer ganzen Autorität, dass zumindest unverzügliche Aufnahme von Verhandlungen zur ernstlichen Prüfung der Möglichkeit zur Assoziierung Österreichs an EWG gesetzlich vorgesehen wird."[69] Damals wussten die Bauernverbandler noch nicht, was aus der EWG werden sollte, nämlich die heutige EU. Aus heutiger Sicht war der Beitritt zur EFTA vernünftig. Ein Verbleib wäre noch vernünftiger gewesen.

69 Österreichische Bauernzeitung (ÖBZ), Folge 4, 1960, 1.

5. Die frühen sechziger Jahre – der Bauernverband im Aufbau

„G'schieht euch recht, ihr dummen Hund', warum lasst ihr euch alles gefallen!"[70]

5.1. Eine neue Bauernzeitung – Gründung des bäuerlichen Pressevereins

Am Beginn des Jahres 1960 erschien die erste Ausgabe der „Österreichischen Bauernzeitung". Zum Geleit schrieb Hauptverbandsobmann Feitzlmayr:

Linz, Verlagspostamt Linz II P. b. b.

Österreichische BV Bauernzeitung

ORGAN DES ALLGEMEINEN ÖSTERREICHISCHEN BAUERNVERBANDES

Erscheint monatlich / Einzelpreis S 2.50 / halbjährig S 12.50 / ganzjährig S 25.—

Jahrgang 1 Linz, Jänner 1960 Folge 1

Zum Geleit

Von Ök.-Rat Fritz Feitzlmayr, Hauptverbandsobmann des Allgemeinen Österreichischen Bauernverbandes

„Bäuerlicher Presseverein"

Als Verleger und Herausgeber der „Österreichischen Bauernzeitung" zeichnet der Bäuerliche Presseverein, dessen Gründung zu dem Zweck erfolgte, um den Allgemeinen Österreichischen Bau-

Titel und Logo der ersten Ausgabe der Österreichischen Bauernzeitung vom Jänner 1960

Liebe Bauern, Bäuerinnen, Kleinbesitzer, Landjugend und Freunde des Bauernstandes! Mit dem Erscheinen der 1. Folge der „Österreichischen Bauernzeitung" beginnt für den Allgemeinen Österreichischen Bauernverband ein neuer Abschnitt seiner Organisationsarbeit. Mit der „Österreichischen Bauernzeitung" erhält die Organisation jene Waffe, mit der ihr möglich sein wird, den Kampf um die Rettung unseres schwerst gefährdeten Bauerntums schärfer zu führen. Unsere Mitglieder und darüber hinaus alle unsere Freunde sollen nunmehr laufend und ohne Beschönigung über die Vorgänge auf agrarpolitischem Gebiet unterrichtet werden. Wir werden alles daransetzen, um möglichst viel Licht in das Dunkel der heute so verworrenen und verlogenen Zeit zu bringen. Der Kampf um die wirtschaftliche und kulturelle Gleichstellung der Bauern mit den vergleichbaren anderen Berufsständen wird von Tag zu Tag schwerer. Schon beginnen sich die Folgen der jahrelang verfehlten Agrarpolitik abzuzeichnen. Das nun schon einsetzende Bauernsterben wird denselben Verlauf nehmen wie die Landflucht, wenn es nicht bald gelingt, das gefährliche Treiben der Gegner des Bauerntums abzustoppen und die Verantwortlichen zur Einsicht und Umkehr zu bringen. Angesichts dieses Kampfes auf Leben und Tod, der uns nun einmal aufgezwungen wurde, wird es notwendig sein, sich auch einer härteren Sprache zu bedienen und uns das Bitten und Danken langsam abzugewöhnen, was auch in der „Österreichischen Bauernzeitung" zum Ausdruck kommen muss. Nach unserer Überzeugung darf keinen Tag länger der Bauernschaft die Wahrheit darüber vorenthalten werden, in welch großer Gefahr heute schon Hunderttausende von Bauernexistenzen schweben und die auch zugrunde gehen werden, wenn nicht rasch alle Maßnahmen ergriffen werden, die nötig sind, um sie zu retten. Um aber eine Änderung zum Guten

70 ÖBZ, Jg. 1, Folge 1, 1960, 3.

> herbeizuführen, muss vor allem die Bauernschaft von dem Einfluss jener Machthaber befreit werden, die die wahre Lage nicht erkennen können oder wollen und den Dingen einfach freien Lauf lassen. Wir müssen die Plattform vorbereiten, auf der sich die gesamte Bauernschaft ohne Unterschied der politischen oder konfessionellen Einstellung zusammenschließen und gemeinsam ihr Schicksal gestalten wird.[71]

Als Verleger und Herausgeber der Österreichischen Bauernzeitung zeichnete der „Bäuerliche Presseverein", dessen Gründung zu diesem Zweck erfolgte, um den AÖBV bei der Durchführung seiner ideellen Ziele vor allem durch Schaffung des hiezu nötigen geistigen Rüstzeugs zu unterstützen. In seinen Statuten bezweckte der Verein in erster Linie eine weitestgehende ständige Aufklärung der Öffentlichkeit über die große Bedeutung der Landwirtschaft und der freien Bauernschaft für Volk und Staat, zur Hebung und Vertiefung des Verständnisses der städtischen und Industriebevölkerung für die Eigenart des bäuerlichen Lebens und dessen besonderen Bedürfnissen. Eine weitere Aufgabe stellte sich der Bäuerliche Presseverein in der Unterstützung der Bestrebungen zur Erreichung und Sicherung einer umfassenden Ausbildung der Landjugend. Sich ergebende finanzielle Überschüsse sollten dafür verwendet werden – vor allem zur Ausbildung des bäuerlichen Nachwuchses aus den Notstandsgebieten. Die Mitteilungen der Hauptverbandsleitung, kleine Konvolute bestehend aus maschinengeschriebenen A4-Seiten, die von 1953 bis 1959 herausgegeben wurden, wurden nunmehr eingestellt. Die neue Zeitung wurde anfangs jedem Mitglied zweifach zugestellt, damit neue Mitglieder geworben werden konnten.

5.2. Bauernkämpfe in Frankreich – ein Vorbild für Österreich?

Im Februar 1960 kam es in Frankreich zu schweren Bauernunruhen. In der nordfranzösischen Stadt Amiens demonstrierten 25.000 Bauern gegen die Agrarpolitik des Staatspräsidenten de Gaulle. Dabei kam es zu schweren Zusammenstößen mit der Polizei, die die Bauern nicht zur Präfektur marschieren ließ. Ursache war vor allem der Rückgang der bäuerlichen Einkünfte, die 1959 um 8 bis 10 % gesunken waren. Dies hatte zur Folge, dass die Käufe der Landwirtschaft, vor allem Maschinen und Düngemittel, um 15–30 % zurückgingen, was wiederum die Industrie schwer traf. Dazu kam noch, dass auch die Verluste durch die Trockenperiode des vergangenen Jahres 1958 sehr groß waren. Der französische Bauernverband forderte daher von der Regierung die sofortige Wiedereinführung der indexierten Preise und Drosselung der Einfuhren von Fleisch und Wein. Die französischen Bauern waren so gut organisiert, dass sie innerhalb von zwölf Stunden in ganz Frankreich Straßensperren errichten konnten. Am Ende erreichten sie wenigstens einen Kompromiss. Im AÖBV überlegte man sich

71 ÖBZ, Jg. 1, Folge 1, 1960, 1.

nunmehr, ähnliche Proteste zu organisieren. Das Wichtigste aber war für die AÖBVer, niemals die Grenzen des Gesetzes zu überschreiten und seine Mitglieder zu strafrechtlich verfolgbaren Handlungen zu verleiten. Das ist auch nie passiert. In Frankreich und auch im restlichen Europa, wie beispielsweise in Polen, wurden die Proteste jedoch – wenn auch in wesentlich späterer Zeit – immer ärger, vor allem unter den Bauernführern José Bové oder Andrzej Lepper.

5.3. Der Kampf gegen die Pflichtkrankenkasse, Teil I

Der AÖBV war von Anfang an gegen eine Pflichtversicherung für die Bauern und bestand immer auf einer Freiwilligkeit, ob und inwieweit sich ein Landwirt in Hinblick auf Krankheit versichern lassen wollte. Die Punkte wurden unmissverständlich formuliert:

1. Die Pflichtkrankenkasse für die selbstständigen Landwirte ist abzulehnen.
2. Die bereits bestehenden privaten Bauernkrankenkassen sind entsprechend auszubauen und zu fördern und wo solche fehlen, neu zu errichten.
3. Bei Aufrechterhaltung der Freiwilligkeit des Beitrittes sind den Versicherten bis zu einer bestimmten Höhe des Einheitswertes die Prämien weitgehendst herabzusetzen. Um dies zu ermöglichen, sind den Bauernkrankenkassen ausreichende Staatsbeihilfen zuzuwenden. Dem entgegenstehende, hindernde Bestimmungen sind im Wege der Gesetzgebung abzuändern.

Dieser Vorschlag wurde am 25. April 1960 dem Landwirtschaftsminister, den Parlamentsparteien, der Präsidentenkonferenz der Landwirtschaftskammern und der Presse zugeleitet. Warum war der Bauernverband gegen die Pflichtversicherung?

In Oberösterreich beispielsweise bestanden gut funktionierende freiwillige Krankenversicherungen für die Bauern und ihre Familienangehörigen. Da aber der Bauernbund sozialer sein wollte als die Sozialisten, gingen sie diesen „auf jeden Leim, den sie ihnen hinschmieren“[72]. Denn kaum hatten die Sozialisten etwas von der Notwendigkeit der Schaffung einer allgemeinen Krankenversicherungspflicht für die Bauern verlauten lassen, beeilte sich der ÖVP-Bauernbündler und Nationalratsabgeordnete Alois Scheibenreif von der Notwendigkeit der Schaffung einer gesetzlichen Krankenversicherung für die Selbstständigen in der Land- und Forstwirtschaft zu reden und zu schreiben. Um nicht zu spät zu kommen, beschloss die niederösterreichische Landwirtschaftskammer folgende Resolution: „Die Niederösterreichische Landwirtschaftskammer hat seit ihrem Bestehen den Fragen der Sozialversicherung der in der Land- und Forstwirtschaft Beschäftigten nicht nur ihr größtes Augenmerk zugewendet, sondern auch führend

72 ÖBZ, Jg. 1, Folge 1, 1960, 3.

an der Ausgestaltung der land- und forstwirtschaftlichen Sozialgesetzgebung mitwirkt. Die Vollversammlung der Kammer erachtet nunmehr den Zeitpunkt für gekommen, um den Schlussstein in diesem Schritt für Schritt aufgebauten Gesetzwerk zu setzen: Sie fordert die Einführung der obligatorischen Krankenversicherung der Selbstständigen in der Land- und Forstwirtschaft. Damit wird die soziale Sicherheit für jeden in diesem für die Ernährung des Volkes so wichtigen Berufsstand Tätigen erreicht. Die Vollversammlung beauftragt das Kammeramt, im Einvernehmen mit den an dieser Frage interessierten Stellen und Körperschaften, die entsprechenden Richtlinien auszuarbeiten."

Kurz darauf folgte die burgenländische Landwirtschaftskammer diesem Beispiel. Abgesehen davon, dass dies wiederum ein Schritt ins Kollektiv bedeutete, und damit ein Stück Bauernfreiheit verloren ging, musste vor allem hinterfragt werden, wer für die Kosten aufkommen sollte – klarerweise die Bauern selbst. Es gab aber immer noch keine Möglichkeit, soviel mehr einzunehmen, um diese neuen Ausgaben decken zu können. Das Kind wurde also von den Regierungsparteien und den Landwirtschaftskammern geboren. Es dauerte aber noch mehr als fünf Jahre bis das Gesetz und das Haus in der Wiener Ghegastrasse standen.

5.4. Die Gründung der niederösterreichischen Landesgruppe

Die zweite wichtige Wurzel des AÖBV entstand am 19. März 1959 in Niederösterreich; ein großer Wurf, bedenkt man die dortige Allmacht des ÖVP-Bauernbundes. Die Gründungsmitglieder waren Funktionäre des so genannten Ländlichen Fortbildungswerkes, eine landwirtschaftskammernahe Institution, die sich seit 1991 Landjugend nennt und heute noch in vielen Gemeinden aktiv ist. Aus dieser Jugendorganisation kamen Jungfunktionäre, die landesweit durch Hans Pinkl aus Hainburg organisiert waren. Deren Ziel war es, Schwung, Aktivität und Durchsetzungsvermögen in den ihrer Ansicht nach eher trägen ÖVP-Bauernbund zu bringen und diesen dadurch zu mobilisieren. Es fand am Bauernhof von Hans Pinkl in Hainburg ein zufälliges Treffen – welches sich später als Schlüsseltreffen entpuppen sollte – zwischen Ewald Frey, Leopold Ruf[73], Robert Wenitsch, Rudolf Abraham[74], Johann Kaller[75] und Manfred Frey[76] statt.

Jene, die für die ÖVP aktiv waren, wurden in späterer Folge wegen ihres Engagements für den Bauernverband aus der Partei ausgeschlossen, auch die Vizebürgermeister ihrer Gemeinden Ruf und Abraham – und sie sollten bei weitem nicht die einzigen

73 Leopold Ruf war zu der Zeit ÖVP-Vizebürgermeister in Gerasdorf.

74 Rudolf Abraham war zu der Zeit ÖVP-Vizebürgermeister in Zwerndorf.

75 Johann Kaller, Bauer in Wien-Süßenbrunn, seit 1983 Ökonomierat (ÖR). Er trug maßgeblich dazu bei, eine Wiener Landesorganisation aufzubauen, bei der auch der renommierte Grinzinger Weinbauer Franz Wagner aktiv war.

76 Manfred Frey entstammte einer südmährischen Bauernfamilie, beide Großväter waren Landwirte sowie Bürgermeister in Joslowitz bzw. Miezmanns; auch waren sie Mitglieder des „Bundes der Landwirte", einer Schwesterpartei des Landbundes mit gleicher Ideologie. 1945 wurde die Familie Frey auf Grund der Benesch-Dekrete vertrieben.

bleiben. Hans Pinkl jedoch wollte sein Umfeld im Bauernbund nicht verlassen und trat in weiterer Folge in den Hintergrund, die anderen genannten Akteure jenes Treffens etablierten schließlich den Bauernverband in Niederösterreich. Man nannte sich vorerst einfach „Bauernverband", ohne überhaupt Kontakte zum bereits bestehenden AÖBV in Oberösterreich zu haben – die Namensgleichheit war eine reine Zufälligkeit.

Genauso wie Pinkl sprang auch ein weiteres Mitglied dieses allerersten Bauernverbandes in Niederösterreich wieder ab, nämlich Franz Romeder, der im Februar 1960 im Alter von 21 Jahren dem AÖBV beigetreten war. Romeder war damals noch Jusstudent und wurde später niederösterreichischer Landtagspräsident sowie Bauernbundsekretär – ihm stand eine große Karriere in der ÖVP bevor. Am Ball blieb allerdings Franz Görz, Bürgermeister der Marktgemeinde Seibersdorf, der die jungen Bauernverbandler auch dahingehend informierte, welche Möglichkeiten das damals neu errichtete Atomforschungszentrum Seibersdorf bot und sie auch unterstützte. Görz war bis zu seinem Tod aktives Mitglied des Bauernverbandes.

Die erste große Veranstaltung fand in Gänserndorf vor 300 Bauern statt, in einem Wirtshaussaal, der in einer brodelnden Atmosphäre zum Bersten voll war. Das Interesse der Bauernschaft war also sogleich vorhanden. Auf Pinkl, der sich zuvor als Kampfredner einen Namen gemacht hatte, setzte man große Hoffnungen, jedoch erschien er nicht, da er sich nicht aus dem Umfeld des Bauernbundes zu lösen vermochte. Anzunehmen ist aber auch, dass er nicht wusste, in welche Richtung sich diese neue Idee entwickeln würde und erst Mal eine abwartende Haltung bezog. Jene, die für Pinkl einsprangen, waren Helmut Langer aus Mittersill und Robert Wenitsch aus Stripfing, wobei Wenitsch hier seine ersten Gehversuche als Veranstaltungsleiter am Rednerpult absolvierte. Der Haupt-Gegenredner war der spätere Staatssekretär und Bauernbundpräsident Mag. Roland Minkowitsch aus Mannersdorf, der dem Leser in diesem Buch noch sehr oft begegnen wird. Minkowitsch versuchte die junge Konkurrenz zum Bauernbund gleich im Keim zu ersticken, was ihm aber nicht gelang, da Helmut Langer, der bei dieser Veranstaltung quasi seinen Startschuss in Niederösterreich absolvierte, ihm auf seine Polemik stets Paroli bot.

Erste große Aktivitäten des Bauernverbandes in Niederösterreich fanden im Zusammenhang mit der Rübenkrise (Überproduktion, die in weiterer Folge zu Mengenkontingentierungen führte) statt. Im Rübenbauernbund, der bereits 1905 gegründet worden war, gärte es, man arbeitete auf den Sturz des damaligen Obmanns Eichinger hin, der dann auch tatsächlich durch Leopold Weiß aus Lassee ersetzt wurde. Jene Generalversammlung, bei der dieser Wechsel stattfand, wurde auf Grund des Auftretens des jungen Bauernverbandes abgebrochen und wenige Tage später wieder fortgesetzt. Einige der Bauernverbandsaktivisten wurden dann in den damals sehr mächtigen Rübenbauernbund in höchste Funktionen wie Vorstand und Aufsichtsrat gewählt, wie z.B. Franz Wald aus Deutsch Wagram und Walter Winkler aus Ebreichsdorf. Dies gab der jungen Bewegung enormen Schwung – man hatte das Gefühl, etwas verändern zu können.

Man traf sich vorerst regelmäßig in Wien-Josefstadt im Gasthaus „Zu den drei Hakkeln" (Ecke Lange Gasse/Laudongasse), in den nächsten 15 Jahren sollten dort fast alle Funktionärsbesprechungen auf Landesebene stattfinden. Dazu wurden interessierte Bauern eingeladen, einer davon war Matthias Salzer aus Nickelsdorf vom AÖBV Burgenland, der einer Einladung von Hans Pinkl folgte. Salzer hörte sich die Anliegen der Niederösterreicher eine Weile an und meinte dann: „Das, was ihr hier wollt und macht, das gibt es in Oberösterreich schon seit Jahren." Salzer, der damit den entscheidenden Anstoß gegeben hatte, lieferte nämlich damals noch mit seinem Traktor Wein aus dem Burgenland in Direktvermarktung nach Oberösterreich und kam ebendort in Kontakt mit Bauernverbandsleuten. Daraufhin organisierte sich ab 1962 der junge Bauernverband Niederösterreich als selbstständige Landesgruppe im Allgemeinen Österreichischen Bauernverband mit Robert Wenitsch als Obmann, der den Hauptteil der Aufbauarbeit des Landesverbandes Niederösterreich von der Stunde Null an leistete.

Ursprünglich aus Zwerndorf stammend übernahm Wenitsch 1945 nach dem frühen Tod seines Vaters bereits mit 13 Jahren eine 35 Hektar große Landwirtschaft in Zwerndorf. Später heiratete er nach Stripfing und übernahm den Hof seines Schwiegervaters mit dazu. Nach Kriegsende musste der Jungbauer Wenitsch seine fünfzig Stück Vieh, seine sechs Pferde und sämtliche Hühner an die Rote Armee abliefern, was ihn und seine Familie in ärgste Hungersnot brachte. Ein denkbar schlechter Start also. Doch Wenitsch ließ sich nicht unterkriegen, er setzte in weiterer Folge seine ganze Energie dafür ein, seinen Hof wieder aufzuwirtschaften, und trotz aller Widrigkeiten der sowjetischen Besatzungsmacht gelang ihm dies auch.

In weiterer Folge setzte er dabei auch und vor allem auf seine Bauernvertretung, und so trat er 1954 dem Bauernbund bei. Im Alter von 22 Jahren wurde Wenitsch bereits in die Bezirksbauernkammer Gänserndorf gewählt, er war damit der jüngste Mandatar Österreichs in einer Landwirtschaftskammer. Doch beim Bauernbund sollte Wenitsch nicht lange bleiben, denn von dieser Seite erlebte er nur Enttäuschungen und Niederträchtigkeiten, ständig wurde ihm das Dogma vor die Nase gehalten, dass nun einmal die Parteiinteressen der ÖVP wichtiger wären als die Anliegen der Bauernschaft. Dann kam er mit Hans Pinkl in Kontakt, der ihn auf den Bauernverband aufmerksam machte und ihn zu dem erwähnten Treffen in Hainburg einlud. Wenitsch konnte sich für die Idee der Überparteilichkeit sofort erwärmen, trat eben in dieser Gründungsphase des Landesverbandes Niederösterreich in den Bauernverband ein und wurde 1962 sogleich zum Obmann gewählt. In den nächsten 13 Jahren baute Wenitsch mit seinen anfänglich zwanzig Bauern den Landesverband Niederösterreich aus dem Nichts auf und trug maßgeblich dazu bei, dass der Bauernverband eine innenpolitische Größe wurde. Stets war er einer der Hauptorganisatoren und Hauptredner bei Veranstaltungen, Demonstrationen und Bauernparlamenten, meist vor mehreren tausend Bauern. Der Kurier-Redakteur Karl Steinhauser schrieb später über ihn:

Wenitsch, ein Prototyp des unbeugsamen Bauernführers, hat mir schon damals mächtig imponiert: Politisch ungemein fundiert, redegewandt, zivilcouragiert. Er hätte in der Regierung Kreisky später Staatssekretär im Landwirtschaftsministerium werden können, hat es aber abgelehnt, da er unabhängig bleiben wollte.[77]

Robert Wenitsch, Galionsfigur und erster Obmann des niederösterreichschen Landesverbandes im AÖBV

In weiterer Folge veranstaltete der junge Landesverband Niederösterreich gemäß seinen Regeln den statutarischen Verbandstag und organisierte gleich im Anschluss daran eine Kundgebung. So kam es im Dezember 1962 zu einer stürmischen Kundgebung in Stockerau, von der an späterer Stelle noch ausführlicher die Rede sein wird. Der ÖVP-Bauernbund war damals in Stockerau zahlreich vertreten, man wollte sich die jungen Spunde von der frechen Konkurrenz mal aus der Nähe ansehen und nach Möglichkeit rhetorisch kaltstellen, denn die Aufnahme von einigen dieser Aufmüpfigen in die höheren Etagen des mächtigen Rübenbauernbundes war ein regelrechter Schock. Man befürchtete, dass dem Bauernbund hier das Ruder entgleiten könnte, und so – wehret den Anfängen – gab es scharfe verbale Attacken gegen die Redner des AÖBV in Stockerau. Man sollte vielleicht an dieser Stelle festhalten, dass diese „Stürmische Veranstaltung in Stockerau" (so titelte auch die Bauernzeitung) vom Titel her relativ zu betrachten ist, denn man setzte sich zwar verbal in aller Härte auseinander, doch zu körperlichen Angriffen, von welcher Seite auch immer, kam es nie – bis heute nicht.

Anzufügen wäre noch, dass viele – wenn nicht die meisten – Bauern, die den AÖBV in den Anfängen aufbauten und prägten, aus dem ÖVP-Bauernbund kamen. So wie Martin Luther, als er 1517 seine 95 Thesen veröffentlichte, die katholische Kirche reformieren wollte und nicht zu spalten beabsichtigte, wollten viele den Bauernbund reformieren, vor allem gegen die amtierenden Regierungen durchsetzungsfähiger gestalten, um das Maximum an Möglichkeiten für agrarische Anliegen herauszuholen; schließlich ist der Bauernbund damals wie heute eine mächtige Institution. Doch genau sowenig wie die Kirche wollte sich der Bauernbund reformieren lassen. Die AÖBV-Mitglieder der ersten Stunde verließen den Bauernbund in weiterer Folge freiwillig oder wurden ausgeschlossen, wie z.B. Robert Wenitsch, Helmut Langer, Adolf Riautschnig und viele andere. Danach schwankte der Bauernbund gegenüber dem Bauernverband zwischen Totschweigen und Bekämpfung, teilweise auch „stürmischen" verbalen Auseinandersetzungen in vielen Veranstaltungen. Der niederösterreichische Landesverband sollte in

77 Karl Steinhauser, Banken & Banditen (2003), 57.

weiterer Folge in dieser Hinsicht noch viel von sich reden machen – man hatte es dort auch am schwersten, gegen die Übermacht des Bauernbundes aufzukommen. Der Verband war aber mit all seinen Aktionen im Zentrum Österreichs, der Bundeshauptstadt, tätig und damit um vieles öffentlichkeitswirksamer.

5.5. Das Landwirtschaftsgesetz von 1960

Am 13. Juli 1960 wurde vom Nationalrat jenes Bundesgesetz beschlossen, „mit dem Maßnahmen zur Sicherung der Ernährung sowie zur Erhaltung eines wirtschaftlich gesunden Bauernstandes getroffen werden (Landwirtschaftsgesetz)“. Schon der langatmige Titel reizte den AÖBV zum Widerspruch. Denn wenn von „der Erhaltung eines wirtschaftlich gesunden Bauernstandes“ die Rede war, hatte das nicht wirklich etwas Reelles an sich. Der Großteil der Bauernschaft war hoch verschuldet, vor allem bei den Raiffeisenkassen und Lagerhäusern. Das Gesetz hätte also in erster Linie dazu dienen sollen, eine wirtschaftliche Gesundung der Bauern rasch herbeizuführen. Es wurde daher vom AÖBV einer strengen Prüfung unterzogen, wobei sofort gravierende Mängel festgestellt wurden. Das gab sogar Hartmann selbst zu. Anlässlich der Tagung der Arbeitsgemeinschaft der Österreichischen Rinderzüchter sagte er: „Das Landwirtschaftsgesetz hat derart viele Schönheitsfehler, dass man am besten darüber gar nicht spricht!“[78] Es waren aber keine Schönheitsfehler, sondern schwere Mängel, von denen Hartmann sprach. So war das Gesetz auf fünf Jahre befristet, eine Maßnahme, die von der SPÖ durchgesetzt wurde. Um die Zustimmung der SPÖ und der Bundeshandelskammer zum Gesetz zu erkaufen, verzichtete man auf die Rentenerhöhung und erhielt dafür die Auflage eines „Sozialberichtes“. Weiters wurden die Bestimmungen über die Regelung der Ein- und Ausfuhr völlig gestrichen, dies wurde von der Bundeskammer für Handel und Gewerbe durchgesetzt. Sieht man sich all diese Streichungen an, konnte man ermessen, wie schwierig eine neue Ausverhandlung in Jahren wieder werden musste.

Die Streichungen erfolgten aber unter Hinweis auf das Marktordnungs- und das Außenhandelsgesetz. Da diese beiden Gesetze jährlich verlängert werden mussten, konnte man sich leicht vorstellen, was es jedes Jahr kosten würde, um einen weiteren faulen Kompromiss für ein weiteres Jahr zu erhalten. Noch bedenklicher aber war, dass ohne diese beiden Gesetze das Landwirtschaftsgesetz vollkommen wertlos war und völlig in der Luft hing. Die Begründung, dass man mit dem Gesetz in den nächsten fünf Jahren erst Erfahrungen sammeln wollte, war irreführend. Denn man änderte, wenn nötig, auch unbefristete Gesetze, was zweifellos leichter war, als Jahr für Jahr bzw. alle fünf Jahre sich wieder mit dem Koalitionspartner an den Verhandlungstisch setzen und Haare lassen zu müssen. Die Sozialisten wussten daher recht gut, warum sie auf einer

78 Zit. in: ÖBZ, Folge 8/9, 1.

Befristung bestanden und dass sie mit diesen Befristungen ein gutes Faustpfand für die Zukunft in der Hand halten würden.

Das Landwirtschaftsgesetz führte im § 2 (1) als Zweck an:

> [...] einen wirtschaftlich gesunden Bauernstand zu erhalten, der Landwirtschaft und den in der Landwirtschaft beschäftigten Personen die Teilnahme an der fortschreitenden Entwicklung der österreichischen Volkswirtschaft zu sichern, die Produktivität und Wettbewerbsfähigkeit der Landwirtschaft, insbesondere auch durch strukturelle Maßnahmen, zu erhöhen und die Landwirtschaft unter Bedachtnahme auf die Gesamtwirtschaft und die Interessen der Verbraucher zu fördern, damit sie imstande ist, naturbedingte Nachteile gegenüber anderen Wirtschaftszweigen auszugleichen, die wirtschaftliche Lage der in ihr Tätigen zu verbessern und der Bevölkerung die bestmögliche Versorgung mit Lebensmitteln zu sichern.

Das klang ja wunderbar, nur wie sollte es erreicht werden? Es bestand zwischen den bäuerlichen Einnahmen und den notwendigen Betriebsausgaben ein großes Ungleichgewicht, die berühmte Preisschere. Das Gesetz sprach demnach nicht von einer wenigstens stufenweisen Verringerung der so genannten „Preisparität" oder gar von einer Angleichung des bäuerlichen Einkommens. Selbst im Antrag, den die bäuerlichen ÖVP-Abgeordneten Grießner und andere im Dezember 1958 stellten, war über die Preisregelung noch Folgendes zu lesen:

> § 3 (1). Die Erzeugerpreise sind so festzusetzen, dass sie unter mittleren Produktionsvoraussetzungen die Gestehungskosten ordentlich geführter Betriebe mittlerer Größe decken.
> (2). Die Gestehungskosten landwirtschaftlicher Betriebe umfassen außer dem erforderlichen Personal- und Sachaufwand, einschließlich der Amortisation der Betriebsanlagen, einen angemessenen Lohnanteil für die Arbeit des Betriebsleiters und der mitarbeitenden Familienmitglieder sowie einen Zinsanteil für das investierte Kapital (landwirtschaftliches Aktivvermögen).
> (3). Als Lohnanteil des Betriebsleiters ist zumindest das durchschnittliche Arbeitseinkommen eines Wirtschafters (Meisters), zuzüglich eines Zuschlages von 33 v. H. für die selbstständige Führung des Betriebes, als Lohnanteil der mitarbeitenden Familienmitglieder zumindest das durchschnittliche Arbeitseinkommen von landwirtschaftlichen Facharbeitern und Landwirtschaftsgehilfen anzunehmen.

Diese Bestimmungen wurden ebenso wie die Absatzregelung nach Schweizer Muster fallengelassen, da sich die Bauernbundabgeordneten einmal mehr nicht durchsetzen konnten.

Wie der im § 2 angestrebte Zweck erreicht werden sollte, stand im

> § 4 (1). Das Bundesministerium für Inneres kann im Einvernehmen mit dem Bundesministerium für Land- und Forstwirtschaft für inländische landwirtschaftliche Erzeugnisse, für die Preise nach den Bestimmungen des Preisregelungsgesetzes 1957 nicht bestimmt sind, zur Gewährleistung der Produktion von solchen Erzeugnissen und zur ordnungsgemäßen Versorgung der Bevölkerung nach Anhörung der Bundeskammer der gewerblichen Wirtschaft, der Präsidentenkonferenz der Landwirtschaftskammern Österreichs, des Österreichischen Arbeiterkammertages und des Österreichischen Gewerkschaftsbundes Richtpreise bestimmen. Die Richtpreise können in Form von Preisbändern (Festsetzung einer Ober- und Untergrenze) gehalten sein. Eine Über- oder Unterschreitung der Richtpreise (der Ober- und Untergrenze) ist nicht verboten.
> (2). Das Bundesministerium für Land- und Forstwirtschaft kann bei Über- oder Unterschreitung nach Maßgabe der jeweils finanziellen Möglichkeiten Maßnahmen für eine verstärkte oder verminderte Marktbeschickung (z.B. Erhöhung oder Verminderung der Einfuhren, Vermarktung eingelagerter Waren) oder Maßnahmen zur Marktentlastung veranlassen.

Das Innenministerium konnte also Richtpreise bestimmen, z.B. in Form von Preisbändern, bei denen eine Über- oder Unterschreitung [sic!] nicht verboten ist, musste aber vorher die oben genannten Organisationen befragen. Und der Landwirtschaftsminister konnte, musste aber nicht, bei Über- oder Unterschreitung „nach Maßnahme der jeweiligen finanziellen Möglichkeiten" Maßnahmen für eine verstärkte oder verminderte Marktbeschickung veranlassen, wobei § 5 wiederum bestimmte, dass vorher die verschiedenen Kammern befragt werden müssen, in welcher Art die Marktentlastung erfolgen sollte. Wie also sollte unter diesen Umständen die bestehende Disparität verringert werden? Nach Landwirtschaftsminister Hartmann einer der vielen „Schönheitsfehler".

Wenn man schon die im Vorstehenden vorgesehene Befragung der verschiedenen Körperschaften kaum noch hinnehmen konnte, denn es stand ja auch der Bauernschaft so gut wie kein Einfluss auf die Preisbestimmung der industriellen und gewerblichen Erzeugnisse sowie Leistungskosten und Arbeitslöhne zu, so musste die Kommission, die bei der Beschaffung der notwendigen Unterlagen zum so genannten „Grünen Bericht" mitzuwirken hatte, schärfstens abgelehnt werden, denn sie setzte sich zusammen aus

- zwei Vertretern der Präsidentenkonferenz der Landwirtschaftskammern Österreichs,
- zwei Vertretern der Bundeskammer der gewerblichen Wirtschaft,
- zwei Vertretern des Österreichischen Arbeiterkammertages,
- zwei Vertretern des Österreichischen Gewerkschaftsbundes und
- vier weiteren Personen, die Landwirte oder Sachverständige der landwirtschaftlichen Betriebswirtschaft waren.

Im Jahre 1960 wurde das Landwirtschaftsgesetz vom Bauernverband heftig kritisiert, aber nicht das was wortgemäß darin enthalten war, sondern der Umstand, dass etwas beschlossen wurde, was aus damaliger Sicht der Dinge Schönfärberei und leere Versprechungen waren. Aus heutiger Sicht – Gerhard Nowotny erinnert sich – weiß man: Hätte die hohe Politik der Republik Österreich das von Eduard Hartmann eingebrachte Landwirtschaftsgesetz von 1960 wort- und sinngemäß tatsächlich umgesetzt, dann wäre ein immer stärker werdendes Zurückbleiben der landwirtschaftlichen Einkommen hinter jenen der übrigen in der Wirtschaft Tätigen verhindert worden. Dieses Gesetz war aus heutiger Sicht so gut und zeitlos, dass es in den wesentlichen Passagen auch im heute geltenden Landwirtschaftsgesetz noch immer seine Gültigkeit hat. Es wurden sogar ganz ähnliche Formulierungen in den Römischen Verträgen bzw. später in der EU zum Thema Landwirtschaft festgeschrieben. Da die Regierungen jedoch in der Umsetzung des Landwirtschaftsgesetzes immer und immer wieder säumig waren, hatte der AÖBV auch eine parlamentarische Interpretation gefordert, um allen Ausreden der Regierenden einen Riegel vorzuschieben. Da es im Parlament aber keine Lobby dafür gab, blieb es bei der Bauernverbandsforderung. Die ÖVP konnte ihre Landwirtschaftsminister schließlich nicht desavouieren, die SPÖ war an einer wirtschaftlich gesunden Bauernschaft nicht interessiert, und die Freiheitlichen meinten ein eigenes Gesetz ausarbeiten zu müssen.

5.6. Der Grüne Bericht

Die Beschaffung der Unterlagen zum „Grünen Bericht“, mit dem das Landwirtschaftsministerium die wirtschaftliche Lage der Landwirtschaft, gegliedert nach Betriebsgrößen, Betriebsformen und Produktionsgebieten, festzustellen hatte, war in den Augen des AÖBV eine rein fachliche Angelegenheit, in der mitzureden man den anderen Berufsorganisationen keineswegs zubilligen konnte, weil ja ohnehin die Allgemeinheit durch den Nationalrat dazu Stellung nehmen konnte. Wenn aber die berufsfremden Organisationen schon vorher die Möglichkeit der Einmischung hatten, was sollte dann groß dabei herauskommen, stellte man seitens des AÖBV fest. Dies bewiesen schon die Berichte über die langsamen Fortschritte bei der Erstellung des ersten „Grünen Berichtes“, wobei als Ursache der Stockung angegeben wurde, dass die Sozialisten immer neue Einwände gegen das vom Landwirtschaftsministerium zusammengestellte Material vorbrachten. Darum bestimmte auch das Landwirtschaftsgesetz der BRD ganz eindeutig:

> Zur Beratung bei der Anlage, Durchführung und Auswertung der Erhebungen und Unterlagen bedient sich der Bundesminister eines von ihm zu berufenden Beirates, der sich im wesentlichen aus Sachverständigen der landwirtschaftlichen Betriebswirtschaft einschließlich einer angemessenen Zahl praktischer Landwirte zusammensetzt.

Nach dem österreichischen Landwirtschaftsgesetz aber wurden die Bauern in allen Dingen streng unter die Kontrolle anderer Interessensvertretungen gestellt.

Auch hinsichtlich der Bereitstellung der auf Grund des „Grünen Berichtes" notwendigen Geldmittel (§ 10 des Gesetzes) war die Fassung des Gesetztextes sehr verdächtig. Es hieß dort wohl:

> Wenn zur Verfolgung der im § 2 dieses Bundesgesetzes genannten Ziele unter anderem die Bereitstellung von Bundesmitteln notwendig ist, hat die Bundesregierung diese in den Entwurf des jeweiligen Bundesfinanzgesetzes aufzunehmen.

Dies wurde allerdings gleich im folgenden Absatz (2) wesentlich abgeschwächt, denn es heißt dort:

> Soweit Maßnahmen gemäß Abs. 1 eine zusätzliche finanzielle Belastung des Bundes bewirken, hat die Bundesregierung gleichzeitig mit diesen Maßnahmen zu beantragen, wie der Mehraufwand zu decken ist.

Da es sich aber ständig um „zusätzliche Belastungen" des Bundes handeln musste, musste man ständig beantragen und verhandeln, wie der Mehraufwand zu decken sei. Nur für die Weinbauern war ein bestimmter Förderungsbetrag festgesetzt, und zwar jeweils 50 % des jeweiligen Aufkommens an Weinsteuer, welchen Betrag der Bundesminister für Land- und Forstwirtschaft für Maßnahmen zur Sicherung des Absatzes und Preises – natürlich nur nach Anhörung der Kommission (siehe oben) verwenden konnte.

Alles in allem war das Landwirtschaftsgesetz von 1960 für die Bauernschaft im Höchstmaß enttäuschend, zumal es so derartig lange verschleppt und eigentlich nie umgesetzt wurde. Dies ging auch schon aus den sehr gedämpften Äußerungen der Bauernbundführung hervor. So sagte u.a. Landwirtschaftsminister Hartmann: „Die anzustrebende Beseitigung der bestehenden Einkommensdisparität wird noch einer sehr mühsamen und jahrelangen Arbeit bedürfen." Doch genau darauf kam es an. Der Obmann der Präsidentenkonferenz, Nationalrat Strommer, hielt es angesichts des mageren Erfolges für notwendig, im Parlament darauf hinzuweisen, dass die Bauernschaft vom Landwirtschaftsgesetz keine Wunder erwarten dürfe, sondern selbst systematisch daran weiterarbeiten müsse, die Ertragsleistung der Landwirtschaft zu verbessern, denn der Beitritt Österreichs zur EFTA halte noch große agrarische Probleme offen. Wunder erwartete ohnehin niemand, aber wenigstens ein brauchbares Gesetz, das in absehbarer Zeit der Unterbewertung der Landarbeit ein Ende setzen sollte. So aber machten die Sozialisten das Geschäft. Sie bekamen die Rentenerhöhung und als Gegenstück zum „Grünen Plan" den „Sozialen Plan", und die Bauern erhielten dafür ein Landwirtschaftsgesetz, das zwar gut formuliert war, aber keine realistischen Ansätze enthielt, wie es hätte umgesetzt werden können. In dieser Form konnte sich keine wirkliche bäuerliche Standesvertretung damit zufrieden geben. Der Kampf für ein brauchbares Landwirtschaftsgesetz, das die Erreichung der Einkommensgleichheit und Preisparität sichern sollte, musste demnach mit allen Mitteln fortgesetzt werden.

Am Ende dieses Kapitels sei noch eine andere Meinung erwähnt, nämlich die der Bauernbundhistorikerin Therese Kraus:

> Das Landwirtschaftsgesetz konnte Eduard Hartmann – nach langjährigen und harten Verhandlungen, die er schon als Nationalratsabgeordneter mitgemacht hatte – im ersten Jahr seiner Ministerschaft verwirklichen. Damit schuf sich Hartmann selbst ein unverfängliches Denkmal und der österreichischen Land- und Forstwirtschaft die notwendige Voraussetzung für ihren Bestand und ihre Konkurrenzfähigkeit in einem härter werdenden Existenzkampf.[79]

Für den Bauernbund war Hartmann zweifellos ein Held, denn schließlich hatte er es geschafft, dass endlich ein Landwirtschaftsgesetz im Nationalrat verabschiedet wurde. Das Gesetz an sich wäre wie erwähnt ein sehr gutes gewesen, hätte man Instrumente zur wirksamen Umsetzung zur Verfügung gestellt. Die Realität sah eben anders aus. Noch heute hinkt man der Umsetzung hinterher; Beweise dafür sind das Bauernsterben und die Landflucht, die sich seitdem kontinuierlich fortgesetzt hat. Ein „wirtschaftlich gesunder Bauernstand in einem funktionsfähigen ländlichen Raum" ist jedenfalls nicht geschaffen worden.

5.7. Landwirtschaftskammerwahlen

In Salzburg bestand bis zum Jahr 1963 zwischen der Freiheitlichen Bauernschaft und dem AÖBV als überparteilicher Interessensvertretung eine sehr enge Kooperation. Freiheitliche Bauern, wie Alois Zillner, Zillnerbauer an der Salzburger Moosstraße, waren viele Jahre in führenden Funktionen im AÖBV tätig. Diese enge Zusammenarbeit führte dazu, dass der AÖBV für die Landwirtschaftskammerwahl am 10. April 1960 auf eine eigene Kandidatur verzichtete und gemeinsam mit den FPÖ-Bauern unter der Bezeichnung „Freiheitliche Bauernschaft" antrat und rund 10 % der Stimmen erhielt. Im Thomatal, traditionell freiheitlich, erreichte die Liste 41,4 %, in Stuhlfelden 39,2 % und in Unken 30,9 %. Das errungene Mandat in der Kammervollversammlung übernahm Josef Mösl, Mieserbauer in Seekirchen. Diese Wahlen waren durch eine relativ große Wahlenthaltung von fast 25 % der wahlberechtigten Bauern gekennzeichnet. Erstmalig wurde der von SPÖ und FPÖ gegen die Stimmen der ÖVP im Landtag beschlossene amtliche Stimmzettel verwendet.[80]

79 Kraus, Bauern, 83f.

80 Eberhard Zwink (Hg.), Die Ära Lechner. Das Land Salzburg in den sechziger und siebziger Jahren (Salzburg 1988), 301.

Anfang des Jahres 1961 beschloss der oberösterreichische Landesverband, sich an den Wahlen zur Oberösterreichischen Landwirtschaftskammer mit eigener Liste unter dem Namen: „Allgemeiner Österreichischer Bauernverband – Landesverband Oberösterreich“ zu beteiligen. Zu diesem Zweck hielt man am 30. September und 1. Oktober 1961 in Oberösterreich (Wels, Steyr und Ried), Kärnten (St. Andrä, St. Veit, Straß im Gurktal), Salzburg (Altenmarkt im Pongau, Seekirchen) und Steiermark (Neumarkt in der Steiermark) Bauernkundgebungen ab. Diese Veranstaltungen zeigten durch ihren Massenbesuch und die entschlossene Haltung der Teilnehmer deutlich, wie kritisch die Lage der Landwirtschaft bereits geworden war. Die Redner des AÖBV waren mittlerweile so sattelfest und rhetorisch gereift, dass sie es vermochten, die Hundertschaften an Bauern bei diesen Veranstaltungen völlig mitzureißen. Es waren dies vor allem in Oberösterreich Hauptverbandsobmann Fritz Feitzlmayr und Landesverbandsobmann Gerhard Nowotny, in Kärnten Landesverbandsobmann Walter Angerer und in Salzburg Josef Loitfellner und Helmut Langer.

Dennoch war die Vorherrschaft des Bauernbundes nicht zu brechen. Nach der Landwirtschaftskammerwahl in Oberösterreich entfielen von den 180 Sitzen in den Bezirksbauernkammerausschüssen auf den Bauernbund (OÖ. Bauern- und Kleinhäuslerbund) 173 Sitze (96 %), auf den AÖBV 3 Sitze, auf den Oberösterreichischen Arbeitsbauernbund 1 Sitz und auf die Freiheitliche Bauernschaft 3 Sitze. Von den 31 Mandaten der Vollversammlung der Landwirtschaftskammer Oberösterreich erhielt der Bauernbund 28 Mandate, der AÖBV, die SPÖ-Bauern und die Freiheitlichen Bauern jeweils 1 Mandat.

In Kärnten verzeichnete man zwar Versammlungserfolge, so z.B. am 26. Februar 1961 in St. Veit an der Glan – wo man den „Großen Sternsaal“ locker füllte – und in diversen anderen Städten, allesamt waren bestens besucht und jedes Mal ein Riesenerfolg. Dennoch trat man bei den Landwirtschaftskammerwahlen im Herbst 1961 noch nicht an, wahrscheinlich hielt man die Organisation in Kärnten noch nicht für sattelfest genug.

5.8. *Mater et magistra* – Unterstützung für den AÖBV von unerwarteter Seite

Das Jahr 1961 war für den Bauernverband nicht nur wegen der Landwirtschaftskammerwahlen, der vielen Veranstaltungen und Mitgliederzuwächse ein bedeutsames Jahr, sondern vor allem wegen der Veröffentlichung der Enzyklika von Papst Johannes XXIII., der *Mater et magistra* (lateinisch für „Mutter und Lehrmeisterin“). Der Mann, aus dessen Feder diese Enzyklika stammte, hieß mit bürgerlichem Namen Angelo Giuseppe Roncalli und wurde am 25. November 1881 in Sotto il Monte am Rande der Alpen in eine in ärmlichen Verhältnissen lebende bäuerliche Großfamilie geboren. Er wuchs mit zwölf weiteren Geschwistern auf; ein besonderes Verhältnis hatte der junge Angelo zu seinem Großonkel Zaverio, der bezüglich seines Glaubenslebens richtungweisend wurde. Die

Begabung des Knaben wurde durch den Gemeindepfarrer Don Rebuzzini erkannt und gefördert. Mit privatem Lateinunterricht förderte der Pfarrer seinen Schüler, doch Angelos Vater war dagegen, da er auf dessen Arbeitskraft auf dem Bauernhof nicht verzichten konnte und einem Priesterberuf seines Sohnes skeptisch gegenüberstand. Nur mühsam konnte der Vater überzeugt werden. 1892 wurde Angelo ins Vorbereitungsseminar in Bergamo aufgenommen, anschließend konnte er das theologische Seminar besuchen. 1901 leistete er eine einjährige Militärdienstzeit ab, anschließend studierte er in Rom, wo er am 18. Dezember 1903 zum Diakon geweiht wurde. Ein Jahr später schloss er sein Studium mit der Promotion zum Doktor der Theologie ab.

Am 10. August 1904 wurde er zum Priester geweiht, dabei wurde er dem damaligen Papst Pius X. vorgestellt. Er lernte auch die späteren Päpste Eugenio Pacelli und Achille Ratti früh persönlich kennen. Von 1905 bis 1914 wirkte Roncalli als Sekretär des Bischofs Graf Radini-Tedeschi von Bergamo, den er zeitlebens sehr verehrte. Mit dem Bischof unternahm Roncalli viele Auslandsreisen, u.a. 1906 ins vom Osmanischen Reich besetzte Palästina. Er blieb seinem Seminar in Bergamo weiterhin verpflichtet und lehrte dort Kirchengeschichte. Mit dem Tod seines Förderers verlor Roncalli sein Sekretärsamt.

Nach der Kriegserklärung Italiens an Österreich-Ungarn am 23. Mai 1915 wurde Roncalli eingezogen. Erst diente er als Sanitätssoldat, später wurde er Militärseelsorger. Nach dem Krieg wirkte er als Jugend- und Studentenpfarrer. Von Papst Benedikt XV. 1921 nach Rom versetzt, wurde er zum Präsidenten des Zentralrates des Päpstlichen Missionswerkes in Italien und zum Monsignore erhoben.

Am 3. März 1925 wurde Roncalli zum Apostolischen Visitator für Bulgarien ernannt. 1931 wurde er zum Apostolischen Delegaten erhoben. Er erhielt den Titel eines Titularbischofs von Aeropolis/Palästina, nach seiner Demission aus Bulgarien von Mesembria. 1934 wechselte Roncalli als Apostolischer Delegat in die Türkei und nach Griechenland. Hier wurde er vom Zweiten Weltkrieg überrascht. Im Laufe desselben half er Juden zur Flucht aus Ungarn, das von der deutschen Wehrmacht besetzt war. Am 22. Dezember 1944 wurde er als Apostolischer Nuntius nach Frankreich versetzt. Dies war eine äußerst schwierige Aufgabe, da sein Vorgänger im Amt mit dem Regime unter Pétain zusammengearbeitet hatte. Durch seine ihm eigene Art konnte Roncalli die neue Regierung trotzdem überzeugen. Es gelang ihm, die meisten seitens der französischen Republik unerwünschten Bischöfe im Amt zu halten.

Am 12. Januar 1953 wurde er von Papst Pius XII. zum Kardinal (Titelkirche S. Prisca) und zum Patriarchen von Venedig ernannt. Das gute Einvernehmen mit der französischen Regierung zeigte sich daran, dass der französische Staatspräsident Auriol, einer alten Gepflogenheit gemäß, dem neu ernannten Kardinal den roten Kardinalshut aufsetzte. Nach dem Tod des Papstes Pius XII. wurde Roncalli am 28. Oktober 1958, dem dritten Tag des Konklaves im 11. Wahlgang durch die 51 Mitglieder des Kardinalskollegiums (dem Vernehmen nach gegen Kardinal Grégoire-Pierre Agagianian) zum Papst gewählt. Er gab sich den Papstnamen Johannes, auch zu Ehren seines Vaters Giovanni und des Patrons der Kirche, in der er getauft worden war. Seit dem 15. Jahrhundert hatte sich kein Papst mehr Johannes genannt, da die letzten Träger dieses Papstnamens mit dem Avignonesischem Papsttum und mit dem Großen Abendländischen Schisma verbunden waren. Die Krönung des neuen Papstes am 4. November 1958, dem Fest des Hl. Carlo Borromeo, beeindruckte die Weltöffentlichkeit, als der Papst das Alte Testament der Bibel zitierte und sich vorstellte als „Ich bin Joseph, Euer Bruder". Auch als Papst stand Roncalli stets zu seinen bäuerlichen Wurzeln.

Nach seiner Wahl wurde Roncalli wegen seines hohen Alters und seiner konservativen Frömmigkeit in der Presse als Übergangspapst und Kompromisslösung bezeichnet, erwies sich jedoch bald als einer, der Mut zu historischen Veränderungen hatte. Als erster Papst seit der Reformation entwickelte er ein Bewusstsein für die Ökumene. Er berief zum Staunen der Welt das Zweite Vatikanische Konzil ein, das am 11. Oktober 1962 feierlich eröffnet wurde. Die Vorgänger Pius XI. und Pius XII. hatten zwar über eine Wiedereröffnung des abgebrochenen Ersten Vatikanischen Konzils nachgedacht, letztlich aber darauf verzichtet. Gegenüber dem französischen Philosophen Jean Guitton, den der Papst als ersten Laienbeobachter zum Konzil einlud, bekannte er sich dazu, schon sehr lange über die Ökumene nachgedacht zu haben. Das Konzil sollte das *Aggiornamento* (Heutigwerden) der katholischen Kirche im 20. Jahrhundert einleiten und versinnbildlichen. Historische Verdienste erwarb er sich um die Überwindung der Kubakrise und durch zahlreiche Friedensinitiativen, zum Beispiel durch seine Enzyklika *Pacem in terris*. Am 11. Mai 1963 wurde dem Papst im römischen Quirinalspalast der Balzan-Preis für Humanität, Frieden und Brüderlichkeit unter den Völkern überreicht. Dieses war auch der letzte öffentliche Auftritt des Papstes.

Den Abschluss des Konzils konnte Johannes XXIII. Konzils nicht mehr erleben, denn am 3. Juni 1963 erlag er einem Krebsleiden. Er starb um 19.50 Uhr im apostolischen Palast. Sein von ihm stark favorisierter Nachfolger, der von ihm zum Kardinal erhobene Erzbischof Montini, Paul VI. führte das Konzil 1965 zu Ende. Von Papst Johannes Paul II. wurde er im Jahr 2000 am 3. September zusammen mit dem Konzilspapst des 1. Vatikanums (1869/70), Pius IX., selig gesprochen. Sein mumifizierter Leichnam ruht seitdem in einem gläsernen Sarg im Petersdom. In dem frei gewordenen Grab wurde am 8. April 2005 Johannes Paul II. beigesetzt.

Papst Johannes XXIII

Von Johannes XXIII. existieren unzählige Anekdoten, die seine humorvolle und zugleich bodenständige Art schildern, die aus ihm einen echten Volkspapst machten. So soll er unter anderem einmal auf die Frage, wie viele Menschen im Vatikan arbeiten, geantwortet haben: „Ungefähr die Hälfte." Er ging oft in den vatikanischen Gärten spazieren, was ihm den Spitznamen „Johnny Walker" einbrachte. Als er einmal einen

Gärtner sah, sagte er zu seinem Sekretär: „Geben sie ihm ein Andachtsbildchen, mit dem er seiner Frau einen Blumenstrauß kaufen kann." Auch berühmt ist sein Ausspruch: „Papst kann jeder werden – ich selbst bin das beste Beispiel dafür." Zu Lehrdefinitionen hatte er eine eher distanzierte Einstellung. Kurz nach seiner Wahl antwortete er auf eine diesbezügliche Frage: „Ich bin zwar jetzt unfehlbar, gedenke aber nicht, davon Gebrauch zu machen."

Johannes XXIII. schrieb acht Enzykliken. Unter diesen gilt die Enzyklika *Pacem in terris* als die bedeutendste. Sie befasst sich mit den Wirren der beiden Weltkriege und ruft im Kontext des Kalten Krieges zur internationalen Zusammenarbeit für Frieden und Gerechtigkeit auf.

Die Enzyklika *Mater et magistra* wurde aus Anlass des siebzigjährigen Jubiläums der Enzyklika *Rerum novarum* am 15. Mai 1961 veröffentlicht. Mit *Mater et magistra* wurde eine Enzyklika vorgelegt, die sich von den Enzykliken ihrer Vorgänger deutlich unterscheidet. Sie ist keine sozialphilosophische Überlegung, sondern beschreibt die Schwierigkeiten und Aussichten der sozialen Entwicklung auf der Welt mit klaren Forderungen. Die Gliederung der Enzyklika unterstreicht mit ihren Rückblicken auf *Rerum novarum* und *Quadragesimo anno*, dass die katholische Soziallehre auf Fortentwicklung und Erneuerung setzt. Eine der wichtigsten dieser Fortentwicklungen ist die Anerkennung der demokratischen Staatsform als Umfeld zur Verwirklichung der sozialen Ansprüche. In *Quadragesimo anno* war noch der Ständestaat als erwünschte politische Ordnung propagiert worden. Die Reaktion auf dieses neue Sozialrundschreiben war von überschwänglichen Zustimmungen bis zur generellen Ablehnung begleitet, trotzdem wurde die Sozialenzyklika als Mitbestimmungsenzyklika bekannt.

Der Agrarjournalist Heinz Krohn, der in den sechziger Jahren einige Referate auf öffentlichen Veranstaltungen des AÖBV hielt, verfasste auch das Buch mit dem provokanten Titel: „Jagt ihn – ein Bauer!" Leidenschaftlich vergleicht der Berater des legendären deutschen Bauernverbandspräsidenten Edmund Rehwinkel die Stärken der eigenständigen bäuerlichen Landwirtschaft mit den Kolchosen in der damaligen DDR und trat damit den Forderungen der westdeutschen Industrie entgegen, die Landwirtschaft zu industrialisieren, um Subventionen zu sparen. In seinem Werk geht Krohn auch auf die Enzyklika ein und beschreibt sie wie folgt: „Man kann ohne Übertreibung sagen, dass der Kernpunkt der Enzyklika von 1961 die Sorge um die Landwirtschaft als ein darniederliegender Sektor ist. So wie in den vorausgehenden beiden Lehrschreiben die Not der Industriearbeiterschaft und die Gefahr einer Vermachtung der Wirtschaft mit Besorgnis verfolgt wird, so wird jetzt auf die ungleichgewichtige Entwicklung der Volkswirtschaften hingewiesen, unter der besonders die Landwirtschaft zu leiden hatte. Man spürt förmlich die bäuerliche Abkunft des obersten Hirten der katholischen Kirche und seine genaue und weltweite Kenntnis wirtschaftlicher und weltwirtschaftlicher Zusammenhänge."[81]

81 Heinz Krohn, Jagt ihn – ein Bauer. Wetterzone Agrarpolitik (Hannover 1965), 203.

Was aber steht nun genau in der Enzyklika und was hat dies mit den Forderungen des AÖBV zu tun? Im dritten Teil des Werkes „Neue Seiten der sozialen Frage" beginnt der Papst mit dem Abschnitt „Forderungen der Gerechtigkeit in den Beziehungen zwischen den einzelnen Wirtschaftszweigen" und beginnt mit:

> **Die Landwirtschaft, ein benachteiligter Bereich**
> 123. Zuerst wollen Wir etwas über die Landwirtschaft sagen. Wir beginnen mit der Feststellung: Der Zahl nach ist die Landbevölkerung, aufs Ganze gesehen, wohl nicht zurückgegangen; dennoch verlassen heute zweifellos nicht wenig bäuerliche Menschen den angestammten Boden und ziehen in dichter besiedelte Räume oder auch in die Großstädte. In fast allen Ländern haben wir die Erscheinung der Landflucht, die manchmal Massencharakter annimmt; daraus erwachsen für ein menschenwürdiges Leben der Bürger nicht leicht zu behebende Schwierigkeiten.
> 124. Offenbar nimmt mit dem Wachstum und Fortschritt der Wirtschaft der Anteil der landwirtschaftlich erwerbstätigen Bevölkerung ab; dafür wächst die Zahl der in der Industrie und in den übrigen Sektoren Beschäftigten. Wir meinen nun, wer aus der Landwirtschaft in die anderen Wirtschaftszweige abwandert, tut das zwar oft aus Gründen, die mit der Entwicklung der Wirtschaft zusammenhängen; nicht selten aber ist mancherlei anderes mit im Spiel. Vorzugsweise seien genannt: der Wille, aus der Enge herauszukommen, die keine Aufstiegsmöglichkeiten in Aussicht stellt; der Drang nach Erlebnissen und Abenteuern, der die heutige Generation erfasst hat; die Sucht nach rasch zu erwerbendem Reichtum; der glühende Durst nach freierem Leben und jenen Annehmlichkeiten, wie Räume dichterer Besiedlung und besonders Großstädte sie eben zu bieten haben. Ohne Zweifel verlässt aber die Landbevölkerung auch deshalb die Scholle, weil sie sich fast überall hinter der Entwicklung zurückgeblieben sieht – sowohl was die Arbeitsproduktivität als auch ihre Lebenshaltung angeht.
> 125. Bei diesem wichtigen Problem, unter dem heute fast alle Länder leiden, ist zunächst zu untersuchen, was sich tun lässt, um die Produktivitätsunterschiede zwischen Landwirtschaft, Industrie und Dienstleistungen zu verringern; um die Lebenshaltung der bäuerlichen Bevölkerung an die Lebenshaltung derer anzugleichen, die ihr Einkommen aus Industrie und Dienstleistungen beziehen; schließlich was geschehen kann, um den Minderwertigkeitskomplex der in der Landwirtschaft Beschäftigten gegenüber anderen zu überwinden, sie vielmehr zu überzeugen, dass man auch durch die Landarbeit seine Persönlichkeit entfalten und den Wechselfällen der Zukunft zuversichtlich entgegensehen kann.
> 126. Es scheint Uns deshalb angebracht, einige allgemeingültige Leitsätze aufzustellen, die allerdings voraussetzen, dass man sich bei ihrer Anwendung in der Praxis nach dem richtet, was die Umstände der Zeit und des Ortes gestatten oder nahe legen, wenn nicht gar zwingend verlangen.

Gleichstellung in Bezug auf die wesentlichen öffentlichen Dienste

127. Besonders müssen alle, vornehmlich aber die Staatsführung, darauf hinwirken, dass die Maßnahmen, die allen zugute kommen sollen, auch auf dem Land entsprechend entwickelt werden, z.B. der Wegebau, der Ausbau des Transport-, Post- und Fernmeldewesens, die Trinkwasserversorgung, der Wohnungsbau, das Gesundheitswesen, das Volks-, Berufs- und Fachschulwesen; alles, was zur seelischen Erhebung und zur Arbeitsruhe gehört; schließlich alles, was eine zeitgemäße Ausstattung und Ausrüstung des landwirtschaftlichen Betriebes ausmacht. Wo die Landbevölkerung diese für ein angemessenes Leben auf dem Lande erforderlichen Dinge entbehren muss, kommt das wirtschaftliche und soziale Leben dortselbst überhaupt nicht oder allzu langsam voran. Dann setzt eine unaufhaltsame und in ihrem Umfang schwer abschätzbare Landflucht ein.

Schrittweise und ausgeglichene Entwicklung der Gesamtwirtschaft

128. Die Wirtschaft in den einzelnen Ländern sollte sich ferner Schritt für Schritt in rechter Ausgewogenheit ihrer verschiedenen Zweige entfalten. Man muss sich also darum bemühen, zunächst die Landbestellung durch Einsatz moderner Verfahrensweisen zu rationalisieren, in der Anbautechnik, in der Auswahl der Kulturen, in der Ausstattung des landwirtschaftlichen Betriebes mit Inventar, wie es der allgemeine Stand der Wirtschaft ermöglicht, wenn nicht gar erfordert. Das alles soll nach Möglichkeit so durchgeführt werden, dass man mit der Industrie und den Dienstleistungsgewerben Schritt hält.

129. So wird einerseits die Landwirtschaft eine größere Menge industrieller Erzeugnisse aufnehmen und eine gesteigerte Nachfrage nach Dienstleistungen ausüben; umgekehrt bietet sie selbst dann den beiden anderen Sektoren und dem ganzen Volk Erzeugnisse an, die in Menge und Qualität dem Bedarf der Verbraucher entgegenkommen; im Ergebnis trägt die Landwirtschaft damit zur Erhaltung der Kaufkraft des Geldes bei, einem der wichtigsten Erfordernisse, um das wirtschaftliche Wachstum in geordneter Bahn zu halten.

130. Folgt man diesen Ratschlägen, so ergeben sich daraus neben anderen auch diese Vorteile: Man kann dann sowohl in den Abwanderungs- als in den Zuwanderungsgebieten die Wanderbewegung der durch die fortschreitende Einführung moderner Arbeitsverfahren in der Landwirtschaft freigesetzten Arbeitskräfte besser überschauen; man kann ihnen eine entsprechende fachliche Ausbildung geben und ihnen so die Umstellung auf andere Berufe erleichtern; man kann ihnen endlich materielle Unterstützung und jede Art von Hilfe zur geistigen und seelischen Vorbereitung bieten, deren es bedarf, um sich in eine neue soziale Umwelt einzugliedern.

Spezifische Wirtschaftspolitik

131. Um ein ausgeglichenes Wachstum der verschiedenen Wirtschaftszweige zu sichern, müssen die staatlichen Stellen, was die Agrarpolitik angeht, in kluger Weise Bedacht nehmen auf Steuern und Abgaben, auf das Kreditwesen, die Sozialversicherung, die Preisbildung, die Förderung weiterverarbeitender Industrien, schließlich auf bessere Ausstattung der bäuerlichen Betriebe mit Inventar.

Besteuerung

132. Was die Besteuerung angeht, so kommt es unter der Rücksicht von Gerechtigkeit und Billigkeit vor allem darauf an, die Lasten entsprechend der unterschiedlichen Steuerkraft der Bürger zu verteilen.

133. Bei der Bemessung der Steuer für die Landwirtschaft gebietet aber ein Erfordernis des Gemeinwohls Rücksichtnahme auf die Tatsache, dass ihre Erträge langsamer einkommen und größeren Wechselfällen ausgesetzt sind; dass es deshalb auch schwieriger ist für sie, das zur Leistungssteigerung notwendige Kapital aufzubringen.

Zinsgünstige Kapitalzufuhr

134. Unter diesen Umständen ist verständlich, dass die Kapitalbesitzer ihr Kapital lieber in anderen Wirtschaftszweigen anlegen als gerade in der Landwirtschaft. Aus dem gleichen Grund können die Landwirte keine hohen Zinsen, für gewöhnlich nicht einmal den Kapitalmarktzins aufbringen, um sich das für den Fortschritt und die laufende Betriebsführung benötigte Kapital zu beschaffen. Aus Gründen des Gemeinwohls müssen daher die staatlichen Stellen für die Landwirtschaft nicht nur eine eigene Kreditpolitik vorsehen; es bedarf eigener Kreditinstitute, die ihr Kapital zu einem tragbaren Zinsfuß zur Verfügung stellen.

Sozialversicherung beziehungsweise soziale Sicherheit

135. Weiterhin scheinen zwei Versicherungssysteme notwendig: eines für die landwirtschaftlichen Erzeugnisse, das andere für die Landwirte selbst und ihre Familien. Es gilt als ausgemacht, dass das Je-Kopf-Einkommen des Landwirts im allgemeinen unter demjenigen der Industriearbeiter und der im Dienstleistungsbereich Beschäftigten liegt. Darum scheint es den Maßstäben der sozialen Gerechtigkeit und Rechtsgleichheit nicht voll zu entsprechen, die landwirtschaftliche Bevölkerung in Bezug auf Sozialversicherung oder soziale Sicherheit schlechter zu stellen als die anderen Berufsgruppen. Denn die allgemeinen Maßnahmen der Sozialversicherung und Versorgung sollten keine zu großen Unterschiede aufweisen je nach dem Wirtschaftsbereich, in dem die Menschen tätig sind und aus dem sie ihr Einkommen beziehen.

136. Im übrigen können die Maßnahmen der sozialen Sicherheit und der Sozialversicherung viel dazu beitragen, dass das Volkseinkommen sich nach Recht und Bil-

ligkeit unter alle verteilt; es ist daher angezeigt, sich ihrer als Mittel zu bedienen, um übergroße Unterschiede der Lebenslagen, die zwischen verschiedenen Volksgruppen bestehen, zu mildern.

Marktordnung

137. Die Eigenart der landwirtschaftlichen Erzeugnisse erfordert, dass man ihre Preise durch Maßnahmen sichert, die im einzelnen von Fachleuten der Wirtschaft auszuarbeiten sind. Am besten sorgen die Beteiligten selber dafür, und das kann billigerweise von ihnen erwartet werden; nichtsdestoweniger darf die Staatsführung sich daran nicht völlig desinteressieren.

138. Dabei darf man eines nicht übersehen: der Preis landwirtschaftlicher Erzeugnisse ist für gewöhnlich viel mehr Entgelt für die Arbeitsmühe des Landmanns als Vergütung von Kapitaleinsatz.

139. Mit vollem Recht lehrt dazu Unser Vorgänger Pius XI. in seinem Rundschreiben „Quadragesimo Anno" im Hinblick auf das Gemeinwohl: „Hierhin gehört auch das richtige Verhältnis der Löhne untereinander", und fährt fort: „Eng hängt damit wieder zusammen das richtige Verhältnis der Preise für die Erzeugnisse der verschiedenen Wirtschaftszweige, beispielshalber für Agrar- und Industrieprodukte u. a. m."

140. Da nun die landwirtschaftlichen Erzeugnisse vor allem der Befriedigung der wichtigsten Bedürfnisse der Menschen dienen, muss ihr Preis so bemessen sein, dass alle in der Lage sind, sie zu kaufen. Anderseits wäre es offenbares Unrecht, um dessentwillen eine ganze Berufsgruppe, hier die Bauern, wirtschaftlich und sozial schlechter zu stellen, so dass ihnen die Kaufkraft mangeln würde, das zu einer ehrbaren Lebenshaltung Benötigte zu erwerben. Das widerspräche offensichtlich auch dem Gemeinwohl.

Ergänzung des Einkommens aus Landwirtschaft

141. Es erscheint angebracht, auf dem Lande jene Industrien und Dienstleistungsgewerbe zu fördern, die der Lagerung, Verarbeitung und dem Transport der landwirtschaftlichen Erzeugnisse dienen. Unternehmen weiterer Wirtschafts- und Berufszweige sollten hinzutreten. Auf diese Weise fänden die bäuerlichen Familien Gelegenheit, zusätzliches Einkommen zu erwerben, und dies in der gewohnten Umwelt ihres Lebens und Wirkens.

Strukturelle Agrarpolitik

142. Niemand kann sich vermessen, allgemeingültig die beste Gestaltung der Landwirtschaft (des landwirtschaftlichen Betriebes) festzulegen. Schon innerhalb ein und desselben Landes sind die Verhältnisse dafür viel zu verschieden, noch mehr in den verschiedenen Weltteilen. Wer jedoch die Würde des Menschen und der Familie schon ihrer Natur entsprechend und darüber hinaus im Sinne der christlichen Lehre

wertet, dem schwebt hier ein bäuerlicher Betrieb als erstrebenswert vor, der eine echte Personengemeinschaft darstellt, wo die wechselseitigen Beziehungen der Glieder und die ganze Gestaltung des Betriebs den Maßstäben der Gerechtigkeit und der christlichen Lehre entsprechen, dies gilt in besonderer Weise vom bäuerlichen Familienbetrieb. Daher wird man sich mit aller Kraft dafür einsetzen, dass diese begrüßenswerte Betriebsform in der Landwirtschaft in zeitgemäßer Gestalt endlich Wirklichkeit wird.

143. Der Familienbetrieb ist aber nur dann auf die Dauer lebensfähig, wenn er so viel abwirft, wie für eine menschenwürdige und dem Stand der Kultur entsprechende Lebenshaltung der Familie benötigt wird. Um das zu erreichen, müssen die Landwirte über eine gründliche Ausbildung in ihrem Beruf verfügen, sich über den technischen Fortschritt auf dem laufenden halten und eine von Fachleuten ausgeübte Berufsberatung haben. Sie müssen ferner Hilfs- und Förderungswirtschaften genossenschaftlichen Charakters aufbauen, müssen Organisationen beruflicher Interessenvertretung schaffen, müssen sich wirksam ins öffentliche Leben einschalten, sowohl in die Verwaltungsstellen des Landes als auch in die eigentliche Politik.

Die Landwirte als Vorkämpfer ihres eigenen Aufstiegs

144. Bahnbrecher des wirtschaftlichen Aufstiegs, des kulturellen Fortschritts und der sozialen Hebung der Landwirtschaft sollten Unserer Meinung nach diejenigen sein, die es zunächst angeht, die Bauern selbst. Sie müssten von der Überzeugung durchdrungen sein: die Arbeit, die sie tun, hat ihre besondere Ehre; sie vollzieht sich im weiten Raum von Gottes freier Natur; sie gilt vorzugsweise Pflanze und Tier, deren Leben, unerschöpflich in seinen Ausdrucksformen und doch festen Gesetzen gehorchend, immer wieder auf Gott, den Schöpfer, und seine Vorsehung hinweist. Die Arbeit des Bauern versorgt nicht nur die Menschheit mit Nahrungsmitteln aller Art; sie beliefert auch die Industrie mit einer wachsenden Fülle von Rohstoffen.

145. Diese Arbeit ist ausgezeichnet durch die Vielfalt der Leistungen der Physik, Chemie und Biologie, die in ihr zur Anwendung kommen; angesichts der Bedeutung, die deren Anwendung für die Landwirtschaft besitzt, müssen diese unablässig den wechselnden Zeitbedürfnissen angepasst werden. Nicht genug damit: diese Arbeit hat ihren eigenen Adel, fordert sie doch vom Bauern klare Übersicht über den Gang der Zeit und bereitwilliges Mitgehen mit ihr: ruhigen Blick in die Zukunft, Wissen um die Bedeutung und Verantwortung des eigenen Standes, entschlossenen und aufgeschlossenen unternehmerischen Sinn.

Solidarität und Zusammenarbeit

146. Hier darf der Hinweis nicht fehlen, dass sich die Landwirte, wie das in jedem andern Wirtschaftszweig geschieht, organisieren müssen. Das gilt besonders für die

landwirtschaftlichen Familienbetriebe. Die Landwirte müssen sich untereinander solidarisch verbunden fühlen und zusammenarbeiten, um genossenschaftliche Unternehmungen, Berufsverbände oder Gewerkschaften ins Leben zu rufen. Diese sind dringend notwendig, um die Bauern in den Genuss der wirtschaftlichen und technischen Fortschritte zu bringen, wie auch um auf die Preisbildung ihrer Erzeugnisse Einfluss zu nehmen. Hinzu kommt, dass durch diese Einrichtungen die Bauern die Gleichstellung mit den übrigen Berufszweigen, die gewöhnlich schon organisiert sind, erreichen. Schließlich können sie, wenn sie all das schaffen, den ihrer Bedeutung entsprechenden Einfluss und Gewicht bei der staatlichen Verwaltung gewinnen. Eine Stimme allein verliert sich in unserer Zeit ja, wie man mit Recht sagt, im Wind.

Verantwortung gegenüber dem Gemeinwohl

147. Wenn die Bauern das Gewicht und den Einfluss ihrer Organisation geltend machen wollen, so dürfen sie das, genauso wie die übrigen arbeitenden Schichten, niemals im Widerspruch zur sittlichen Ordnung und zum staatlichen Gesetz tun. Sie müssen vielmehr bestrebt sein, ihre Rechte mit den Rechten und Interessen der übrigen Gruppen im Rahmen des gesamtstaatlichen Gemeinwohls in Einklang zu bringen. Arbeiten die Landwirte selbst nach Kräften an der Erhöhung des Ertrages der Landwirtschaft, dann können sie anderseits mit Fug und Recht verlangen, dass ihre eigenen Anstrengungen seitens des Staates gefördert und ergänzt werden, vorausgesetzt dass sie selbst den rechten Sinn für das Gemeinwohl zeigen und ihrerseits zu dessen Verwirklichung beitragen.

148. An dieser Stelle möchten Wir Unsere Anerkennung all denen unter Unsern Söhnen aussprechen, die sich wo immer in der Welt um die Gründung oder Ausbreitung von Selbsthilfeorganisationen und Genossenschaften der verschiedensten Art bemühen, mit dem Ziel, dass die Landwirtschaft in jedem Lande sich wirtschaftlichen Wohlstands wie auch eines Lebens in Gerechtigkeit und Ehre erfreuen kann.

Berufung und Sendung

149. In der Arbeit des Bauern findet sich alles vereint, was der Würde, der Entfaltung und vollkommenen Bildung der menschlichen Person dient. Darum muss sie als eine gottgegebene Sendung und Berufung aufgefasst werden, die den Menschen über sich selbst hinausweist. Der Mensch muss diese Arbeit Gott weihen, der in seiner Vorsehung alle Zeiten zum Heil der Menschen lenkt. Endlich muss der Bauer es gewissermaßen zu seiner Aufgabe machen, durch seine Arbeit sein eigenes Menschtum und das seiner Umgebung zu immer höherer Stufe zu erheben.

Ausgleichs- und Förderungsmaßnahmen innerhalb eines Staates

150. Manchmal haben die Bewohner ein und desselben Landes am wirtschaftlichen und gesellschaftlichen Aufschwung in sehr ungleicher Weise teil; vor allem deswegen,

weil der Raum, in dem sie wohnen und arbeiten, wirtschaftlich weiter oder weniger weit entwickelt ist als andere. In solchen Fällen gebieten Gerechtigkeit und Billigkeit der staatlichen Führung, dafür zu sorgen, dass solche Ungleichheiten behoben oder doch gemildert werden. Zu diesem Zweck muss man sich angelegen sein lassen, die wirtschaftlich zurückgebliebenen Gebiete mit jenen öffentlichen Diensten auszustatten, die den zeitlichen und örtlichen Bedürfnissen entsprechen und, soweit möglich, mit dem allgemein herrschenden Lebensstand Schritt halten. Des weiteren bedarf es wohlüberlegter Maßnahmen, die sich vor allem zu befassen haben mit Arbeitsbeschaffung, mit Lenkung des Wanderungsstroms, mit Lohnbildung, mit Steuer- und Kreditwesen, mit der Finanzierung von Investitionen in denjenigen Gewerbezweigen, die geeignet sind, wieder andere Zweige zu befruchten. Alles das wird dazu beitragen, nicht nur die Arbeiter produktiv zu beschäftigen und die unternehmerische Initiative anzuregen, sondern auch dazu, die örtlichen Hilfsquellen zu erschließen.
151. Aber die staatliche Führung darf nur das anordnen, was dem Gemeinwohl dient. Ihr Bemühen muss sich im Hinblick auf das Gemeinwohl immer darauf richten, Landwirtschaft, Industrie und Dienstleistungsgewerbe sich möglichst im Gleichschritt und in wechselseitiger Abstimmung entwickeln zu lassen. Dabei sollte sie so vorangehen, dass die Bewohner der weniger entwickelten Gebiete, wenn sie sich über den erzielten Fortschritt ihrer wirtschaftlichen, sozialen und kulturellen Verhältnisse Rechenschaft ablegen, darin ihr eigenes Werk erblicken können. Denn es gehört zur Würde des Staatsbürgers, sich vor allem durch eigene Leistung emporzuarbeiten.
152. So müssen alle diejenigen, die über eigene Mittel und Unternehmungsgeist verfügen, nach Kräften zu diesem Wohlstandsausgleich innerhalb des Landes mitwirken. Nach dem Subsidiaritätsprinzip sollte die öffentliche Hand die Privatinitiative in der Weise fördern und unterstützen, dass sie die von ihr selbst in die Wege geleiteten Unternehmungen sobald als möglich privaten Händen zur Weiterführung überlässt.

Missverhältnis zwischen Bevölkerung und Boden

153. An dieser Stelle scheint es angebracht, darauf hinzuweisen, welch großes Missverhältnis in nicht wenigen Ländern zwischen dem Umfang des bebaubaren Landes und der Zahl der Bewohner besteht. Manche Länder sind schwach besiedelt und haben dafür Überfluss an anbaufähigem Land; andere hingegen sind dicht bevölkert und leiden dafür Mangel an anbaufähigem Boden.
154. Daneben finden sich Länder, in denen der Boden zwar einen reichen Ertrag bieten könnte, wo aber die Bauern so primitive und rückständige Methoden der Feldbestellung anwenden, dass der Ertrag nicht ausreicht, um auch nur den lebensnotwendigen Bedarf der Bevölkerung zu decken. Umgekehrt ist in einigen Ländern die Landwirtschaft zu solcher Höchstleistung entwickelt, dass die Übererzeugung an landwirtschaftlichen Erzeugnissen geradezu zu einer wirtschaftlichen Last wird.
155. Unter diesen Umständen verlangt schon die Solidarität aller Menschen und erst

recht die christliche Brüderlichkeit dringend vielfache praktische Hilfen zwischen den Völkern. Aus einer solchen Hilfe erwächst nicht nur ein reger Austausch an Gütern, an Kapital und Menschen; sie vermindert auch die Ungleichheiten zwischen den verschiedenen Ländern. Darauf kommen wir noch ausführlich zurück.

156. Es liegt Uns viel daran, offen zu bekunden, wie sehr Wir die Arbeit der Organisation für Ernährung und Landwirtschaft (FAO) begrüßen, die sich vor allem die Aufgabe stellt, die Zusammenarbeit zwischen den Völkern zu fördern, um den Landbau in den wirtschaftlich unterentwickelten Ländern zu modernisieren und jenen Völkern zu helfen, denen es an Nahrungsmitteln fehlt."[82]

Soweit Papst Johannes XXIII. in seiner Sozialenzyklika. Für den AÖBV war das ein enormer Rückenwind, da nun sogar vom Oberhaupt der katholischen Kirche die Forderung nach agrarischen Mindestpreisen und gewerkschaftsähnlichen Bauernorganisationen erhoben wurde – und zwar so formuliert, dass man fast annehmen könnte, der Papst hätte sie aus dem „Agrarwirtschaftlichen Aktionsprogramm" des AÖBV übernommen. Dem Bauernverband war schon klar, dass landwirtschaftliche Erzeugnisse vor allem dazu bestimmt sind, den menschlichen Grundbedarf zu befriedigen. Darum musste auch deren Preis so gehalten sein, dass sie der Gesamtheit der Verbraucher zugänglich bleiben würden. „Anderseits wäre es offenbares Unrecht, um dessentwillen eine ganze Berufsgruppe, hier die Bauern, wirtschaftlich und sozial schlechter zu stellen, so dass ihnen die Kaufkraft mangeln würde, das zu einer ehrbaren Lebenshaltung Benötigte zu erwerben. Das widerspräche offensichtlich auch dem Gemeinwohl."[83]

Jener Mann, der die ideologische Leitlinie im Bauernverband vorgab, war Helmut Langer, er hatte die Bedeutung der päpstlichen Enzyklika für den Bauernstand und als Stütze für den AÖBV sofort erkannt und hatte auch die Aufgabe, der Enzyklika zum agrarpolitischen Durchbruch zu verhelfen. Auf die Frage, wie man sie nutzen konnte, erklärte er dem Autor bei seinen Recherchen, dass man zunächst Unterstützung durch den Erzbischof von Salzburg, Andreas Rohracher[84], erhielt, welcher der argumentativen Nutzung der Enzyklika durch den AÖBV seinen offiziellen Segen gab. Von der obersten kirchlichen Autorität in Österreich, Kardinal Franz König,

82 Johannes Hirschmann SJ (Hg.), Mater et Magistra (Wien 1963), 73-91.

83 Ebd., 83.

84 Andreas Rohracher, DDDres., (geb. 31. Mai 1892 in Lienz, Osttirol, Österreich; gest. 6. August 1976 in Altötting, Oberbayern, Deutschland) war von 1943 bis 1969 Erzbischof von Salzburg und Primas Germaniae. Die Familie Rohracher war eine sehr angesehene Familie und stellte in Lienz auch den damaligen Bürgermeister. Rohracher widmete sich verdienstvoll dem Wiederaufbau des durch Bombenangriffe im Zweiten Weltkrieg schwer beschädigten Salzburger Doms und förderte die katholische Universität als wichtiges geistliches und geistiges Forum. In den Nachkriegsjahren trug Rohracher besonders viel zur Linderung der Nöte der in Salzburg gestrandeten Flüchtlinge bei und zeigte dabei hohen persönlichen Einsatz. Im Jahre 1951 verzichtete er auf den Titel „Fürsterzbischof". 1966 bat der Erzbischof in der evangelischen Christuskirche alle evangelischen Christen um Vergebung für die Salzburger Protestantenvertreibungen von 1684-90, 1731/32 und 1837. 1959 erhielt er in Anerkennung seiner Dienste die Ehrenbürgerschaft der Stadt Salzburg. Nach seiner Abdankung im Jahr 1969 verbrachte er seinen Lebensabend bis zu seinem Ableben im Kapuzinerkloster von Altötting.

kam hingegen keinerlei Unterstützung, auch in der Bischofskonferenz wurden die relevanten Textstellen der Enzyklika ignoriert – offensichtlich unter dem Einfluss des ÖVP-Bauernbundes bzw. der Gesamtpartei. Auf Anfrage des AÖBV entgegnete man, dass der Papst wohl die Landwirtschaft in der Dritten Welt gemeint hat. Keinesfalls könne man eine Bauerngewerkschaft unterstützen, schon gar nicht offiziell. Erzbischof Rohracher wurde dazu angehalten, keine offizielle Unterstützung mehr zu gewähren. Dies war wiederum Wasser auf die Mühlen des Bauernbundes, der eine Bauerngewerkschaft begreiflicherweise zu verhindern suchte. Man hielt den AÖBVern vor, sie hätten den Text nicht richtig übersetzt, von „Gewerkschaften" könne keine Rede sein. Nun heißt es im Originaltext: „… ut adiutrices societates et consocationes ad artes pertinentes condant"[85], wobei man „consocationes" durchaus mit „Gewerkschaften" übersetzen kann, wie man dies dem Autor auf Nachfrage am Institut für Klassische Philologie, Mittel- und Neulatein der Universität Wien bestätigte. Der Bauernbund seinerseits berief sich auf ihm nahe stehende Kirchenfunktionäre, die des Lateinischen soweit mächtig wären, zu versichern, dass es sich seitens des AÖBV um eine Falschauslegung der Enzyklika handeln würde.

Helmut Langer, der seitens des Bauernverbandes gegen diese Argumente zu kämpfen hatte, war Roncalli persönlich schon viel früher begegnet: Als Nuntius in Frankreich besuchte dieser 1947 das Kriegsgefangenenlager in Chartres, wo Helmut Langer erstmals die Persönlichkeit des künftigen Papstes erlebte und von dessen Ansprache an die Kriegsgefangenen höchst beeindruckt war.

Langer war jedenfalls nicht der Typ, der sich so schnell unterkriegen ließ. Er gründete einen Arbeitskreis „Für Fragen der christlichen Soziallehre auf dem Lande", der die Aufgabe hatte, die Enzyklika *Mater et magistra* authentisch aufzuarbeiten und eine Richtschnur für die praktische Umsetzung zu erstellen. Diesem Arbeitskreis gehörten unter anderem der Geistliche Rat Pfarrer Franz Wesenauer; der Stiftpropst von Mattsee, Joseph Norbert Unfried; der Humanist Dr. Oskar Schatz; Prof. Ernst Florian Winter vom Forschungszentrum Edmundsburg sowie Univ. Prof. Dr. Al-

Helmut Langer prägte den Bauernverband ideologisch und ist heute noch immer ein unermüdlicher, unbeugsamer Kämpfer für eine Landwirtschaft mit Zukunft. Er vertritt die gesunde Philosophie, dass der Bauer und die bäuerliche Arbeit eng mit der Natur verwoben sind. Zuwiderhandeln gegen die Natur, wie etwa künstliche Besamung und Enthornung von Rindern lehnt er strikt ab. Foto: Werner Lampert (2005).

85 Ebd., 86.

bert Auer OSB an. Der Naturrechtler Auer hielt bei einem Festgottesdienst anlässlich eines Landesverbandstages in Kuchl eine beeindruckende Predigt, bei der er zu den bäuerlichen Anliegen im Sinne einer naturrechtlichen Forderung Stellung bezog und authentisch interpretierte.

Langer war in den Jahren 1958/59 Abgeordneter der ÖVP im Salzburger Landtag sowie Bezirkskammerrat im Bezirk Zell am See und selbst Bauernbundmitglied, wurde aber wegen angeblicher Beleidigung von Funktionären aus dem Bauernbund ausgeschlossen. Heute blickt er lächelnd auf diese Zeit zurück, denn die wahren Gründe für den Ausschluss waren, so sagt er heute, die Erfolge des AÖBV – für den er zum Zeitpunkt des Hinausschmisses bereits ein Jahr aktiv war – und sein vehementer ideologischer Kampf mit Hilfe der päpstlichen Enzyklika gegen die bauernbündlerische Zurechtbiegung und Fehlinterpretation derselben. Langer war einer der ersten Kampfredner im Bauernverband und half vor allem beim Aufbau aller Landesgruppen tatkräftig mit, wurde Hauptverbandsgeschäftsführer und war aber auch immer in „seiner" Landesgruppe Salzburg neben Loitfellner, der ihn quasi rekrutierte, hochaktiv. Rückblickend kann heute zusammengefasst werden, dass es vor allem Helmut Langer war, der den Bauernverband ideologisch prägte.

Langer stammt aus Deutsch-Liebau in Nordmähren, aus jener Gegend, aus der auch der Bauernbefreier Hans Kudlich kam. Langer sieht in Kudlich sein großes Vorbild und stand in seinem Denken immer in den Traditionen Kudlichs. Langer entwickelte als Chefideologe auch immer die strategischen Ziele des Bauernverbandes.

Mit der Neuorientierung des Bauernverbandes über die ursprüngliche Traditionsschiene des Landbundes und der freiheitlichen Ideologie hinaus auch zu christlichen Themen – und hier vor allem der Enzyklika – wurden durch Loitfellner und Langer ganz neue bäuerliche Schichten angesprochen, die sich nunmehr vermehrt dem Bauernverband zuwandten. Genau dieser Umstand war für den Bauernbund eine ultimative Kampfansage. Durch die Enzyklika und den vehementen Versuch, diese in die Praxis umzusetzen, trat der AÖBV in ein neues Licht und war damit für den christlich-katholischen Bauernbund eine noch größere Gefahr.

Helmut Langer, der sich heute auf seinem wunderschön bei Mittersill im Oberpinzgau gelegenen Schachernhof, auf dem immer noch bewusst reinrassige Pinzgauer Rinder gezüchtet werden, im wohlverdienten Ruhestand befindet, ist ein Vertreter des Naturrechts und sieht die Ursachen für den Rinderwahn nicht nur in der Verfütterung von Tiermehl, sondern auch in der permanent stattfindenden Inzucht durch Blutlinienverengung im Wege der künstlichen Besamung bei der Rinderzucht. Natur und Schöpfung sind seiner Philosophie nach identisch. Vor allem gegen die künstliche Besamung (KB) setzt sich Langer vehement ein, zumal es in unserer Zeit bereits selbst ernannte „Experten" gibt, die meinen, dass die KB ohnehin schon passé sei, denn die Zukunft der Rinderzucht wäre das Klonen. Es erübrigt sich wohl zu erwähnen, dass diese „Experten" vornehmlich in Brüssel sitzen.

Aus einer industrialisierten Landwirtschaft wie der heutigen kommen keine gesunden Nahrungsmittel mehr, sondern „Lebensmittelattrappen", wie Langer diese bezeichnet. „Auf einer Alm gibt es über hundert Kräuter, die Lebensstoffe enthalten. Der Wiederkäuermagen ist dabei das entscheidende, eine Kuh hat vier Mägen, einer davon ist der Blättermagen und dieser filtert die Lebensstoffe aus. Wenn dieser Verdauungsvorgang eingeschränkt wird, ist es mit den gesunden Nahrungsmitteln zu Ende", ist Langer überzeugt.
Helmut Langers Kenntnisse über das Bauernwesen, die Natur und die Ernährung sind einzigartig, sein Schachernhof am Sonnberg bei Mittersill im Oberpinzgau hoch beeindruckend. Dem Leser kann an dieser Stelle nur ein Urlaub bzw. Besuch am Schachernhof und ein Gespräch mit dem großartigen Agrarphilosophen Helmut Langer ans Herz gelegt werden.

5.9. Innovationen durch Bauernverbandler

Die Haltung des ÖVP-Bauernbundes gegenüber dem AÖBV schwankte jeweils zwischen Ignoranz und Kampf. Zweitgenanntes äußerte sich auch darin, dass deklarierten AÖBVern sogar in der eigenen Landwirtschaft Prügel zwischen die Füße geworfen wurden. So wollte Sepp Ertl vom Scherzerhof in Uggowitz bei Weißenstein in Kärnten zwölf schwarzbunte Zuchtkühe aus Schleswig-Holstein einführen. Seine Frau, Lilly Ertl, stammt aus Schleswig-Holstein, und ihr Vater wollte ihr ein Stück ihrer alten Heimat zur bleibenden Erinnerung im bäuerlichen Sinn mitgeben. Daher richtete Sepp Ertl im November 1959 ein entsprechendes Ansuchen an das Bundesministerium für Land- und Forstwirtschaft und an die Kärntner Landwirtschaftskammer, das erstmal wenig bis gar nicht behandelt wurde. Ertl schrieb im Juli 1960 einen weiteren Brief an die Landwirtschaftskammer: „Da bisher eine aufrechte Erledigung meines Antrages noch nicht erfolgte, bitte ich den Tierzuchtausschuss der Landwirtschaftskammer, hierzu um eine positive Einstellung und Befürwortung. Dem in Abschrift beiliegenden Antrag füge ich hiermit als weitere Begründung an: Der Vater meiner Frau hat den dringenden Wunsch, seiner Tochter noch ein Stück ihrer alten Heimat Schleswig-Holstein in ihre neue Heimat Kärnten zu bleibender Erinnerung im bäuerlichen Sinn mitzugeben. Ich bitte die dem Tierzuchtausschuss angehörigen Herrn Landeskammerräte diesem Wunsch des hochbetagten Vaters meiner Frau verständnisvoll zu begegnen und den vorliegenden Antrag zu befürworten. Im übrigen wiederhole ich gegenüber dem Tierzuchtausschuss meine im Antrag von 2.2.1960 ausgesprochene Erklärung: Im Sinne der für die Kärntner Tierzuchtförderung maßgebenden Richtlinien erkläre ich mich verbindlich bereit, im Falle der Genehmigung der Einfuhr, aus meinem Betrieb kein weibliches bzw. männliches Vieh der eingeführten Schwarzbunten Rinderrasse in Kärnten an andere Landwirte zu verkaufen."[86]

86 Schreiben von Sepp Ertl an den Tierzuchtausschuß der Landwirtschaftskammer in Kärnten, 14. Juli 1960, abgebildet und zitiert in: Lilly Ertl, Streifzug durch 30 Jahre Schwarzbunt-Holstein-Friesian-Zucht in Kärnten. Dokumentation einer Bewährung (Weißenstein 1996), 18.

Sepp Ertl

Familie Ertl wandte sich mit ihrem Anliegen auch schriftlich an Bundeskanzler Gorbach, der jedoch die Angelegenheit wiederum an das Landwirtschaftsministerium weiterleitete. Die Genehmigung zur Einfuhr wurde nicht erteilt, was völlig unverständlich war, da es die schwarzbunte Rinderrasse in Oberösterreich bereits gab. Von dort bezog Sepp Ertl schließlich einige Rinder, es waren aber so wenige, dass bald eine Blutauffrischung notwendig wurde, so versuchte Familie Ertl 1964 erneut, wenigstens einen Zuchtstier aus Norddeutschland einzuführen. Die Einfuhr des Zuchtstieres wurde zwar genehmigt, aber nur mit der Auflage, dass der Stier nur zur Deckung des eigenen Viehbestandes verwendet werden dürfe:

> Ferner wird bekanntgegeben, dass eine Zollbefreiung nicht in Betracht gezogen werden kann. In diesem Zusammenhang möchte das Bundesministerium für Land- und Forstwirtschaft abschließend darauf hinweisen, dass Zuchtviehimporte von Niederungsrassen, die unseren Verhältnissen in Österreich keineswegs angepasst sind und sich auch in den bisherigen, sehr kleinen Verbreitungsgebieten in Oberösterreich im steten Rückgang befinden, dem Ansehen und der Geltung unserer bewährten heimischen Rinderrassen sowie den schwer um die Existenz ringenden Bergzuchtgebieten in Österreich keineswegs förderlich sind.

Dieser Bescheid des Ministeriums bzw. der Landwirtschaftskammer war nicht gerade ermutigend, Sepp Ertl ließ sich aber nicht entmutigen. Ein weiterer Kärntner Bauer, der die schwarzbunte Rasse etablieren wollte, war Leo Kulterer. Er stellte im Juli 1965 das Ansuchen auf die Einfuhr von 180 Schwarzbuntkälbern, welches von der Landwirtschaftskammer, genauer vom Tierzuchtausschuss, abgelehnt wurde. Nun trat man gemeinsam die Flucht nach vorne an: Am 26. September gründeten Sepp Ertl und Leo Kulterer mit einigen anderen ambitionierten Bauern in Villach die „Genossenschaft der Züchter des Schwarzbunten Rindes in Kärnten". An die 50 Landwirte hatten zu diesem Zeitpunkt bereits schwarzbunte Kühe und Kalbinnen aus Oberösterreich, der BRD und den Niederlanden eingestellt. Die Tiere hatten sich betreffend Leistung und Anpassung an Kärntner Haltungsbedingungen, auch auf den Hochalmen, voll bewährt.

Mit der Gründung der Genossenschaft waren diese Landwirte nun nicht mehr verbandslos und konnten sich besser organisieren, Sepp Ertl wurde übrigens einstimmig zum Vorsitzenden gewählt. Seine 13-jährige Kuh „Sterna" war es auch, die im Jahr 1965 mit einer Leistung von 8.301 kg Milch an 305 Tagen an erster Stelle von sämtlichen Kühen in Kärnten stand.[87] Dennoch wurden Sepp Ertl und seiner jungen Zucht-

87 Ebd., 38.

genossenschaft permanent Prügel zwischen die Füße geworfen. Die so gut wie nur aus ÖVP-Bauernbündlern bestehende Kärntner Landwirtschaftskammer teilte beispielsweise am 30. Dezember 1965 in einem Schreiben mit, dass

Schwarzbunte auf der Alm in Kärnten

> das Niederungsvieh gemäß dem Kärntner Tierzuchtförderungsgesetz nicht anerkannt ist und in den nächsten Jahren auch nicht gefördert werden soll. Ferner wird darauf verwiesen, dass ein Import von Niederungsvieh und die daraus entstehenden Folgen lebenswichtige Interessen der heimischen Rinderzucht und damit die Existenz der österreichischen Bergbauernschaft schwerstens gefährden würde. Ergänzend dazu wird von der Landwirtschaftskammer darauf verwiesen, dass derzeit wegen der starken Ausbreitung der Maul- und Klauenseuche in Holland und Westdeutschland die Einfuhr von Klauentieren aus diesen Gebieten strengstens untersagt ist.[88]

Die junge Genossenschaft bemühte sich vehement, die schwarzbunte Rinderrasse als Landesrasse anerkennen zu lassen sowie um Berücksichtigung der Schwarzbuntrinder im Tierzuchtförderungsgesetz. Dies wurde von der Landwirtschaftskammer ständig verhindert, wodurch die Genossenschaft an keine Förderungsmittel herankam. Der Gipfel lag dann darin, dass der Obmann des Fleckviehverbandes, Rudolf Offner, im Frühjahr 1967 den berühmt-berüchtigten Antrag stellte: „Alle Schwarzbunten in Kärnten sind abzuschlachten, da diese Rasse nicht anerkannt ist!"

Es war also mit dem Bauernbund nicht nur nichts anzufangen, sondern man wurde vom selbigen mit existenzbedrohenden Maßnahmen bekämpft. Nun suchte man sich anderswo Verbündete. Sepp Ertl und Leo Kulterer sowie andere Spitzen der Zuchtgenossenschaft begaben sich im März 1967, quasi außerhalb der Befehlskette, gleich direkt zu SPÖ-Landeshauptmann Sima, begleitet vom Landtagspräsidenten Rudolf Tillian, Bundesobmann des SPÖ-Arbeitsbauernbundes, um die Anerkennung durchzusetzen. Doch auch hier stieß man auf taube Ohren, man musste zusehen, alleine weiterzukommen, auch wenn man wusste, dass der Weg noch sehr steinig werden würde. Sepp Ertl marschierte von Pontius zu Pilatus, führte Argumente ins Treffen, dass die Schwarzbuntrasse keine Niederungsrasse mehr sei, sondern sich bereits eindeutig als almtauglich erwiesen

88 Schreiben der Kammer für Land- und Forstwirtschaft in Kärnten an die Genossenschaft der Züchter des Schwarzbunten Rindes in Kärnten, 30.12.1965, abgebildet und zitiert in: Lilly Ertl, Streifzug durch 30 Jahre, 39.

habe; weiters wurde auch die hohe Milchproduktivität der Rasse ins Treffen geführt. Am 11. Dezember 1967 konnte man schließlich einen kleinen Durchbruch verzeichnen: Während der Sitzung des Land- und Forstwirtschaftsausschusses der Kärntner Landesregierung wurde einstimmig beschlossen, der Landesregierung zu empfehlen, den § 1 Abs. 2 lit. b der Durchführungsverordnung zum Kärntner Tierzuchtförderungsgesetz beschränkt bis Ende 1969 dahingehend abzuändern, dass die schwarzbunte Rinderrasse anerkannt wird.[89] Der Haken dabei: Die Anerkennung war eine Ausnahmebestimmung und lediglich auf zwei Jahre befristet, ein Kompromiss – ein fauler noch dazu – aber ein Schritt in die richtige Richtung. So schrieb auch Lilly Ertl in ihrem Buch: „Der Tierzuchtförderungsbeirat stimmt um des lieben Friedens willen diesem Kompromissvorschlag zu. Aufgeben? Nein!!“[90] Doch auch der Bauernbund gab nicht auf: Durch die Kärntner Landwirtschaftskammer erfolgte nach wie vor keine Anerkennung der Rasse und beim Import von weiteren schwarzbunten Zuchtrindern wurden immer wieder Probleme bereitet. Die Ansuchen wurden nicht genehmigt, es wurde immer wieder auf die Notwendigkeit von Gutachten verwiesen, deren Erstellung sich ewig in die Länge zog. Doch die Schwarzbuntzüchter ließen sich weiter nicht unterkriegen und veranstalteten am 27. September 1969 die erste Leistungsschau ihrer Rasse. Weitere folgten und so feierte die Kärntner Schwarzbuntzucht 1975 ihr 10-jähriges Jubiläum und veranstaltete wiederum eine Leistungsschau, wieder mit großem Erfolg.

Die misslungene Austreibung der Schwarzbunten aus Kärnten

Letzten Endes konnten Familie Ertl und der Kärntner Schwarzbuntzuchtverband mit viel Durchhaltevermögen die schwarzbunte Rinderrasse in Kärnten etablieren. Es war ein Kampf gegen Windmühlen und vieles wäre leichter gewesen, wenn man die Unterstützung des Bauernbundes gehabt hätte. Da aber Ertl ein AÖBVer war, warf man ihm und seinen Freunden immer wieder Steine in den Weg. Es wurden später sogar Vorwürfe laut, dass die schwarzbunten Rinder an der Milchüberproduktion der achtziger Jahre in Österreich schuld seien, obwohl deren Milchleistung nur einen verschwindend geringen Anteil an der Gesamtproduktion ausmachte. Auch die Almtauglichkeit wurde weiter angezweifelt, obwohl dies längst widerlegt worden war.[91]

89 Ebd., 97.

90 Ebd., 99.

91 Lilly Ertl, Streifzug durch 40 Jahre Schwarzbunt-Holstein-Friesian-Zucht in Kärnten. Dokumentation einer Bewährung. Band II (Weißenstein 2005), 188f.

Der Verband etablierte sich immer mehr. Bei der ersten Bundes-Schwarzbunt-Rinderschau, die anlässlich der Welser Frühjahrsmesse im April 1985 durchgeführt wurde, war sogar Bundespräsident Kirchschläger anwesend. Im Auftrag von Landwirtschaftsminister Günter Haiden verlieh Landwirtschaftskammerpräsident Valentin Deutschmann Staatsehrenpreise an die Kärntner Züchter. Damit war der Kampf zwar noch nicht vorbei, aber man war etabliert und anerkannt. Mit Zähigkeit und Siegeswillen konnte man also auch die bauernbunddominierten Kammern und sonstigen Behörden überwinden. Sepp Ertl zählte zum Zeitpunkt der Recherche für dieses Buch (Februar 2006) 84 Lenze, war topfit und konnte gemeinsam mit seiner Frau Lilly auf eine bewegte Zeit zurückblicken. 1995 legte er nach 30 Jahren Pionierarbeit seine Funktion als Obmann der österreichischen Schwarzbunt-Züchter zurück. Der Zuchtverband ist heute international anerkannt und zählt 476 Mitglieder, die über einen Viehbestand von rund 6.000 schwarzbunten Rindern verfügen. Eine Leistung, vor der man den Hut ziehen sollte. Leider ist Sepp Ertl am 26. Juni 2007 verstorben. Adolf Riautschnig hielt an seinem Grab einen bewegenden Nachruf, in dem er die Verdienste Ertls als einen der ersten Kämpfer des Bauernverbandes in Kärnten würdigte.

5.10. Unterschiede der Forderungen des ÖVP-Bauernbundes von jenen des AÖBV

> Am 30. Oktober 1961 empfing der Bundesminister für Land- und Forstwirtschaft, Dipl. Ing. Hartmann, im Beisein des Herrn Sektionschefs Dr. Leopold eine Abordnung des Allgemeinen Österreichischen Bauernverbandes unter Führung des Hauptverbandobmannes ÖR Fritz Feitzelmayr zur Entgegennahme der in den Bauernkundgebungen in Kärnten, Oberösterreich, Salzburg und Steiermark gefassten Entschließung. Nach der Begründung der einzelnen Punkte der Entschließung durch ÖR Feitzlmayr nahm Bundesminister Dipl. Ing. Hartmann hiezu eingehend Stellung, wobei er auch auf die derzeitigen politischen Verhältnisse hinwies, die in vielen Fällen die Lösung agrarwirtschaftlicher Fragen hemmen. Nach zweistündiger Dauer der Vorsprache erklärte ÖR Feitzlmayr, dass die Abordnung die Stellungsnahme des Bundesministers zur Kenntnis nimmt, die Landesverbandsobmänner davon ihren Landesleitungen berichten werden, und dankte dem Minister für den freundlichen Empfang.[92]

Dieser knappen Presseaussendung des AÖBV, die z.B. von den Oberösterreichischen Nachrichten vollinhaltlich übernommen wurde, fügten die Salzburger Nachrichten folgenden, vermutlich einer Wiener Information entnommenen Satz hinzu:

> Man erörterte die Forderungen des Bauernverbandes, die sich im großen und ganzen mit den Forderungen des ÖVP-Bauernbundes decken, die von diesem wegen der

92 Presseaussendung des AÖBV, zit. In: ÖBZ, Folge 11, 1961, 1.

herrschenden politischen Machtverteilung nicht durchgesetzt werden konnten. In diese Richtung zielte auch die Stellungnahme des Landwirtschaftsministers, die von den Führern des Bauernverbandes zu Kenntnis genommen wurde.[93]

Nun war es für den AÖBV notwendig geworden, solche Feststellungen seitens mancher Medien sofort zu dementieren bzw. zu erörtern. Medien aus ÖVP-Nähe versuchten es also erst mit Ignorieren, in weiterer Folge mit einer Art Verschleierungstaktik, die den Bauern glauben machen sollte, dass der AÖBV ohnehin nichts anderes fordern würde als der Bauernbund, es aber wegen der geringen Mitgliederzahl niemals durchsetzen könne. Dagegen musste man also seitens des AÖBV angehen. Man hielt fest, dass die Hauptforderung des AÖBV noch immer die Gleichstellung des Einkommens mit dem der anderen gleichzustellenden Berufsgruppen war und ist. Dieses Ziel sollte unter allen Umständen erreicht werden und wenn nicht anders, dann sollte es mit gewerkschaftlichen Mitteln erkämpft werden. Da dies bestenfalls stufenweise zu erreichen gewesen wäre, sollte eine Reihe von Sofortmaßnahmen durchgeführt werden. Darum forderte der AÖBV, ohne damit sein Hauptziel aufzugeben, als eine dieser dringenden Maßnahmen die Festsetzung des Produzentenmilchpreises mit ATS 2,50 je kg Milch, was, gestützt auf die Gestehungskosten und im Hinblick auf den Produzentenpreis in der Schweiz (ATS 2,64), deren Verhältnisse den österreichischen glichen, durchaus vertretbar war. Die Durchführung dieser Maßnahme hätte sich besonders in den Mittel- und Kleinbetrieben einkommensmäßig rasch ausgewirkt. Damit im Zusammenhang blieb auch die Forderung nach Einhebung einer Einfuhrabgabe auf Rohfette aus dem Ausland und der Einführung eines Beimischungszwanges einheimischer Fette und Öle zur Margarine aufrecht. Diese, vollen Erfolg versprechende Maßnahme wurde jedoch vom ÖVP-Bauernbund anlässlich der zuletzt beschlossenen Milchpreisregelung zurückgestellt, obwohl sich jede weitere Verzögerung zum Schaden nicht nur der Landwirtschaft, sondern auch der Konsumenten auswirkte.

Ebenso verhielt es sich mit der Forderung nach Befreiung von der Mineralölsteuer für landwirtschaftliche Maschinen, die der AÖBV vehement forderte; auch dies wurde vom Bauernbund nur mit dem Ziel einer bescheidenen Herabsetzung verfolgt, die noch dazu mit hohem bürokratischem Aufwand verbunden sein sollte. Wie notwendig diese Maßnahme gewesen wäre, ging schon daraus hervor, dass die österreichische Landwirtschaft den höchsten Dieselpreis in ganz Europa zahlte. Nicht anders verhielt es sich mit der Forderung nach Aufhebung der Warenumsatzsteuer auf Grundnahrungsmittel. Auch diese konnte vom Bauernbund nicht durchgesetzt werden, obwohl sich diese Maßnahme in anderen Staaten sehr bewährt hat. Aus dem Angeführten geht hervor, dass sich die Forderungen des AÖBV von denen des ÖVP-Bauernbundes vor allem dadurch unterschieden, dass sie dazu dienen sollten, eine rasche und fühlbare Entlastung

93 Ebd.

gerade in den Mittel- und Kleinbetrieben, vor allem aber in den Bergbauerngebieten herbeizuführen – auch zur Erhaltung der Qualität der landwirtschaftlichen Produkte und zur Eindämmung der Landflucht. Für die AÖBVer und die Bauern selbst war es unbegreiflich, wenn die Bauernbundfunktionäre von überspitzten Forderungen sprachen und so der Regierung die Argumente zur Begründung der Ablehnung lieferten. Selbst die volle Erfüllung aller ÖVP-Bauernbundforderungen hätte keine rasche Hilfe für die vielen bäuerlichen Betriebe bringen können, deren Besitzer voll Vertrauen auf die versprochene Hilfe warteten, die aber ausblieb. Heute weiß man, nach 63 Jahren Zweiter Republik, dass man als Interessensvertretung mit möglichst hohen Forderungen in Verhandlungen gehen soll, um das Optimum für die zu Vertretenden herauszuholen. Diese Strategie vertrat der AÖBV schon in den fünfziger und sechziger Jahren. Der Bauernbund aber ging mit Minimalforderungen an den Verhandlungstisch und holte wenig bis gar nichts für die Landwirtschaft heraus. Nicht einmal die von der Regierung versprochenen 500 Millionen Schilling des „Grünen Planes" wurden vollständig ausgeschüttet, sondern nur 400 Millionen. In solchen Fällen redete man sich immer auf den Koalitionspartner SPÖ heraus, doch wird sich später noch zeigen, dass man in der ÖVP-Alleinregierung auch nichts weiterbrachte.

5.11. Das Jahr 1962 – ein Kampfjahr

„Der Einzelne nur wenig schafft, doch in der Masse liegt die Kraft!"[94]

Die Milchpreisfrage war ein großes Thema, das vom AÖBV immer wieder in den Mittelpunkt der agrarpolitischen Auseinandersetzungen gestellt wurde. Die treibenden Kräfte waren hier Walter Angerer und in weiterer Folge Norbert Kanz, beide Mitglieder des Kärntner Landesverbandes im AÖBV. Wie sah also die Milchpreisfrage zu Anfang der sechziger Jahre aus? Von allen Agrarpreisen war der Milchpreis am stärksten ins Licht der öffentlichen Diskussion gerückt und für beide Seiten, Erzeuger und Verbraucher, in das Blickfeld der Tagespolitik gekommen. Zweimal hatten bereits die Molkereiarbeiter mit gewerkschaftlichen Kampfmitteln in das Milchpreisgefüge eingegriffen und mit Erfolg ihre Forderungen durchgesetzt. Es war daher selbstverständlich, dass der AÖBV, unter Wahrung des Gesamtforderungsprogrammes, wie es am 1. Oktober 1961 in Großkundgebungen bekannt gegeben und am 30. Oktober 1961 dem Landwirtschaftsminister Hartmann sowie dem Bundeskanzler Raab übergeben wurde, die Forderung nach einem kostendeckenden Milchpreis an erste Stelle setzte.

Für den Bauern lag die Milchpreisfrage so: Seit 1956 blieb der Milcherzeugerpreis nach oben hin unverändert, verminderte sich aber nach unten, je nach Höhe des Abzuges für den Krisenfonds, um 3 bis 15 Groschen. Nachdem festgestellt worden war, dass bei den Milchpreisverhandlungen von Seiten der Bauernvertretung keine Kalku-

94 Aufruf in ÖBZ, Folge 12, 1961, 1.

lation der Milcherzeugungskosten vorgelegt werden konnte, ging der AÖBV daran, eine eigene Milchpreiskalkulation zu erstellen. Es gab zu diesem Zeitpunkt nämlich nur eine einzige, allerdings nur halbamtliche Milchpreiskalkulation, die von der Niederösterreichischen Landwirtschaftskammer errechnet wurde, jene stammte aus dem Jahr 1955 und stellte den Erzeugerpreis mit ATS 2,56 fest. Nach mehreren Sitzungen des Milchausschusses des AÖBV wurde von Regierungsrat Ing. Dipl.-Ldw. Norbert Kanz aus Klagenfurt eine Milchpreiskalkulation aufgestellt, die vom Gesamtverband als bindend anerkannt wurde. Nach dieser Kalkulation stellte sich bei Zugrundelegung des für Kärnten ab 1. Jänner 1961 gültigen Kollektivvertrages für bäuerliche Betriebe der Milcherzeugerpreis bei einem Stalldurchschnitt von 3.000 Litern auf ATS 3,09 je Liter Milch und bei einem Stalldurchschnitt von 3.500 Litern auf ATS 2,65 je Liter Milch. Auf Grund dieses Ergebnisses hat der AÖBV die Mindestforderung von ATS 2,50 als Erzeugerpreis aufgestellt und mitgeteilt, dass er, wenn alle anderen Mittel versagen sollten, diesen Erzeugerpreis durch Anwendung gewerkschaftlicher Kampfmittel durchsetzen wolle.

Die Milchpreiskalkulation wurde am 13. Oktober 1961 der milchwirtschaftlichen Abteilung des Landwirtschaftsministeriums und Nationalrat Hermann Gruber als Obmann des Milchausschusses der Präsidentenkonferenz der Österreichischen Landwirtschaftskammern übersandt sowie an Landwirtschaftsminister Hartmann persönlich übergeben. Die Forderung nach diesem Mindestpreis wurde in zwei bäuerlichen Veranstaltungen in Kärnten von Gruber als Illusion bezeichnet, denn man könne dem Konsumenten eine solche Hinaufsetzung des Trinkmilchpreises nicht zumuten. Diese Auffassung revidierte Gruber bei einer von über 600 Bauern besuchten Vollversammlung der Unterkärntner Molkerei in Klagenfurt am 27. Dezember 1961, wo er die Forderung nach einem Milchpreis von ATS 2,50 dann plötzlich als gerechtfertigt anerkannte. Ebenso wie der AÖBV befasste sich auch der Milchausschuss der Präsidentenkonferenz mit dem Milchpreis und stellte an die Agrarpreiskommission im Landwirtschaftsministerium den Antrag auf Überprüfung des Milcherzeugerpreises. Dort dachte man aber vorerst nicht daran, sich damit zu beschäftigen. Der Bauernbund aber, obwohl einige der eigenen Spitzenfunktionäre diesen Preis als gerechtfertigt ansahen, lehnte es ab, mit der Forderung nach ATS 2,50 in kommende Verhandlungen einzutreten. Es war wohl einmalig, dass die eigene verantwortliche Berufsvertretung die Forderung derjenigen öffentlich ablehnte, die sie zu vertreten hätte, und noch dazu den Gegnern, ehe noch die Verhandlungen begonnen hatten, Argumente in die Hand gab, die diese in der ohnehin vorhandenen Absicht, die bäuerlichen Forderungen ebenfalls abzulehnen, bestärkte.

Man versuchte es auch im Parlament: Am 21. März 1962 forderte der FPÖ-Abgeordnete Scheuch die Nachziehung des Milchproduzentenpreises auf ATS 2,50 – und siehe da – der ÖVP Abgeordnete Gruber unterstützte ihn dabei, wenn auch nur „grundsätzlich“. Nun drohte man offen mit Kampfmaßnahmen. Die von über 700 Mitgliedern

besuchte Vollversammlung der Unterkärntner Molkerei fasste einstimmig eine Resolution, in der ein Milchlieferungsstreik angedroht wurde, sollte bis 1. Juli 1962 der Erzeugermilchpreis von ATS 2,50 nicht durchgesetzt werden.
Um dem Ganzen Nachdruck zu verleihen, hielt der AÖBV am 29. April 1962 unter dem Motto: „Der Einzelne nur wenig schafft – doch in der Masse liegt die Kraft!" und „Wir Bauern sind zum Kampf entschlossen!" eine große Protestveranstaltung in Klagenfurt ab.[95]

> Es war ein schöner, aber kalter Sonntagmorgen, als an diesem 29. April von allen Tälern Kärntens, besonders aber aus dem St. Veiter und Lavantalergebiet ab 5 Uhr früh die schweren, aber schnelleren Traktoren nach Klagenfurt rollten. Gegen 8 Uhr schlossen sich die Maschinen aus den näheren Gebieten um Klagenfurt an. In der Zeit von ½ 9 bis 9 Uhr herrschte auf dem Messegelände ein Treiben, wie wir es wohl noch nie sahen und wohl auch kaum erwartet haben. Hunderte Traktoren aller Typen, gefahren von Bäuerinnen und Bauern, Jungmannschaften und Traktorführern, sammelten sich in beispielhafter Ordnung zur Protestfahrt über den Klagenfurter Ring,[96]

wie die Österreichische Bauernzeitung in ihrer Maiausgabe von 1962 berichtet. Auf den Traktoren führten die Bauern Transparente mit Kampfparolen mit, so z.B.: „Wir sind die Bauerngewerkschaft!", „Heute Protest, morgen Streik!", „Hausfrauen, kämpft mit uns gegen den Zwischenhandel!", „9 S das Kilogramm Rind, 36 S das Kilogramm Fleisch!", „7 S ein Liter Bier, 2,60 S ein Liter Milch!". Ab 9:00 Uhr fuhren am Klagenfurter Ring tatsächlich über 500 Traktoren auf. Die grundsätzlichen Forderungen waren:

1. Neufestsetzung des Milcherzeugerpreises mit ATS 2,50,
2. Nachziehung der Preisbänder für Rinder und Schweine um 20 Prozent,
3. Frachtrückvergütung für Vieh- und Schweinetransporte nach Wien,
4. Befreiung von der Mineralölsteuer,
5. Anpassung der Einfuhren von Getreide, Obst und Wein an die österreichische Erzeugungslage und
6. Befreiung der Grundnahrungsmittel von der Warenumsatzsteuer.

Aufrecht blieb auch die seit 8. Juni 1958 wiederholt erhobene Forderung nach Einhebung einer Einfuhrabgabe auf Rohfette aus dem Ausland und der Einführung eines Beimischzwanges einheimischer Fette und Öle zur Margarine – diese Forderung legte der Bauernverband später sogar mittels eigenem Gesetzesentwurf der Öffentlichkeit vor.

95 ÖBZ, Folge 3, 1962, 2; ÖBZ, Folge 5, 1962, 1.
96 Ebd.

Das gesamte Forderungsprogramm wurde, wie erwähnt, dem Landwirtschaftsminister Hartmann persönlich und Bundeskanzler Gorbach schriftlich zugeleitet. Trotz der Terminisierung mit 1. Jänner 1962 nahm weder das zuständige Ministerium noch die Bundesregierung die Forderungen des AÖBV zur Kenntnis, es wurden auch keine Verhandlungen in die Wege geleitet. Von den angeführten Forderungen wurde die Nachziehung des Milcherzeugerpreises besonders dringend, da durch die Forderungen der Molkereiarbeiter einerseits und die völlige Unzulänglichkeit des bisherigen Erzeugerpreises andererseits eine vollständige Neubehandlung der gesamten Milchpreisfrage notwendig wurde. Dieser Notwendigkeit trug auch die Präsidentenkonferenz der Landwirtschaftskammern Österreichs Rechnung, indem sie Mitte Oktober 1961 bei der Agrarpreiskommission des Landwirtschaftsministeriums einen Antrag auf Überprüfung des Milcherzeugerpreises stellte. Auch die Präsidentenkonferenz erhielt keine Erledigung ihres Ansuchens bzw. wurde darüber nichts veröffentlicht. Es blieben auch alle diesbezüglichen Anfragen an den Landwirtschaftsminister, die zuständige Abteilung seines Ministeriums und an den Präsidenten Gruber als Obmann des Milchausschusses der Präsidentenkonferenz unbeantwortet.

Nun schritten die Milch liefernden Bauern Kärntens zu einem ersten Akt der Selbsthilfe, indem sie in großen Vollversammlungen der verschiedenen Kärntner Molkereien ultimativ bei Androhung gewerkschaftlicher Kampfmittel die Neufestsetzung des Milcherzeugerpreises mit ATS 2,50 verlangten. Bei diesen Molkereiversammlungen in Klagenfurt, Villach und Wolfsberg zeigte sich erstmalig die geschlossene Front der Kärntner Bauern, und zwar ohne Unterschied der Parteizugehörigkeit und der verschiedenen Besitzgrößen. Einstimmig wurden die einerseits vom AÖBV, andererseits vom Bauernbund eingebrachten Kampfentschließungen angenommen. Die bäuerliche Front war also zumindest in Kärnten, wenn auch nur vorübergehend, geschlossen: Höchste Bauernbundfunktionäre wie Sodat und Gruber setzten sich voll und ganz für diese Forderungen ein und gaben den jeweils versammelten Bauern das Versprechen, mit allen Kräften für die Durchsetzung dieser Milchpreisforderung zu kämpfen. Im gleichen Augenblick begann jedoch auch der Kampf der Agrarbürokratie bis hinauf zum Landwirtschaftsminister Hartmann gegen die Milchpreisforderung der Kärntner Bauern. Wie erwähnt wurde am 10. März in der von über 1.000 Bauern besuchten Vollversammlung der Unterkärntner Molkerei in Klagenfurt erstmalig der Kampfbeschluss auf Nachziehung des Milcherzeugerpreises einstimmig in Anwesenheit von Präsident Gruber gefasst. Bereits 48 Stunden später, am 12. März, gab ein so genanntes „Agrar-Experten-Komitee“ des Agrarischen Informationszentrums, ein dem Bauernbund nahe stehendes Institut, der gesamten österreichischen Presse Zahlenmaterial über Verbraucherpreise für Milch- und Milchprodukte bekannt, die auf Grund der Nachziehung des Erzeugerpreises auf ATS 2,50 neu festgesetzt werden müssten. Diese Zahlen waren aber unrichtig, der Berechnungsvorgang wurde auch nie bekannt gegeben: sie genügten aber, um eine mediale Hetze gegen die Bauernschaft auszulösen. Da es offensichtlich wurde, dass sich im Kampf gegen die Bauernschaft um Neufestsetzung des Milcherzeugerpreises die von den Bauern bezahlte Agrarbürokratie einschließlich des Molkereiverbandes, des Landwirtschaftsministers und nahezu die gesamte Verbraucherpresse einschließlich bäuerlicher Fachblätter zu einer Einheitsfront gegen die Bauern zusammenschlossen, war es notwendig, allen vor Augen zu führen, dass die Bauern nicht nur Forderungen aufstellten, sondern auch in der Lage waren, diese Forderungen mit den gleichen Mitteln, die allen anderen Berufsgruppen zur Verfügung standen, durchzusetzen.

Es war der Leitung des Kärntner Bauernbundes vorbehalten, diese sich anbahnende Bauernkampfgemeinschaft zu zerstören. Drei Tage vor dem 29. April begann die Gegenaktion, der Beschluss der Landesleitung des Kärntner Bauernbundes wurde sogar in der Tagespresse mit der Überschrift veröffentlicht: „Bauernbund: Traktorenauffahrt ohne uns." Am folgenden Tag erklärte Minister Hartmann, dass alle, die gegen die politische Einheit der Bauernschaft ankämpfen – gemeint war der AÖBV – „Verräter am Bauerntum" seien. Am 28. April erfolgte der schärfste Angriff gegen die geplante Protestversammlung, erschienen auf der ersten Seite der Kärntner „Volkszeitung" (die der ÖVP nahe stand), wo dem AÖBV direkt Hochverrat vorgeworfen wurde, indem man dort die Frage stellte, ob diese geplante Kundgebung überhaupt für eine Besserstellung des Bauernstandes durchgeführt werde, oder ob es sich hier nicht um einen Angriff auf das freie, selbstständige Österreich handelte. Damit stellte sich die „Volkszeitung" in die gleiche Linie mit dem „Volkswille", dem kommunistischen Blatt Kärntens. Die Antwort auf diesen Verrat an der Bauernsache war die Teilnahme vieler Bauernbündler an der Traktorendemonstration und der anschließenden Kundgebung im Konzerthaus Klagenfurt. Sie hatten erkannt, dass die Führung im entscheidenden Augenblick der Bauernsache in den Rücken gefallen war.

Nun zurück zur Protestkundgebung an sich: Die stattliche Anzahl von über 2.000 Teilnehmern war im Großen Saal und den anschließenden Räumen des Konzerthauses versammelt, zahlreiche Teilnehmer mussten wegen Platzmangels vor der Tür bleiben. Nach den Begrüßungsworten des Landesobmannes von Kärnten sprachen die Obmänner der Landesverbände Niederösterreichs, der Steiermark und Oberösterreichs und zeigten die Verbundenheit der gesamten österreichischen Bauernschaft auf.

Am 29. April beherrschten 500 Traktoren, dicht gedrängt, den Ring in Klagenfurt. Hier eine Spitzengruppe bei der Einfahrt in die Ringstrasse.

Der Salzburger Landesobmann Loitfellner hielt das Hauptreferat. Er zeigte auf, wie auch der bodenständige Bauer nicht mehr weiterkommt, weil das Missverhältnis zwischen Erzeugerkosten und Erzeugerpreisen immer divergierender wurde. „Es müssen die Drohnen weniger werden, damit die Bienen wieder leben können", so Loitfellner in seiner Ansprache.[97] Mit diesem Satz griff er mitten in das Geschehen am Agrarsektor hinein und stellte klar heraus, dass die Arbeit des AÖBV nicht Mutwillen oder böser Absicht entsprang, sondern der Notwendigkeit zur Erhaltung des Bauernstandes. Nach Loitfellner ergriff Hauptverbandsobmann Feitzlmayr das Wort und sprach damit das Leitwort der gesamten Kundgebung: „Wir Bauern sind zum Kampf entschlossen!" Unter Bezugnahme auf den eben noch über den Ring abgelaufenen Traktorenaufmarsch stellte er fest, dass die Traktoren auch auf dem Wiener Heldenplatz oder den Alpenpässen auffahren könnten, wenn die zuständigen Kreise nicht zur Vernunft kommen. Der Bauer wolle nicht mehr papierene Proteste oder mehr oder weniger gut gemeinte Ratschläge hören, sondern Taten sehen, führte Feitzlmayr weiter aus. Im Anschluss an die mit stürmischem Beifall aufgenommene Rede verlas der Kärntner Obmannstellvertreter Hans Winkler eine Entschließung, die hier wiedergegeben werden soll:

> Die heute am 29. April 1962 in Klagenfurt bei der großen Protestkundgebung versammelten Angehörigen des Kärntner Landvolkes stellen mit größter Erbitterung fest, dass die vom Allgemeinen Österreichischen Bauernverband am 1. Oktober 1961 erhobenen Forderungen, mit Ausnahme der Verhandlungen über die Treibstoffverbilligung, von der Regierung nicht zur Kenntnis genommen wurden. Diese Forderungen bezogen sich auf die Neufestsetzung des Milcherzeugerpreises von ATS 2,50, die 20 %ige Nachziehung der Preisbänder für Rinder und Schweine, die Frachtrückvergütung bei Vieh- und Schweinetransporten nach Wien, die Befreiung von der Mineralölsteuer für in der Landwirtschaft verwendeten Treibstoff und Aufhebung der Warenumsatzsteuer für die Grundnahrungsmittel. Wir erklären, dass wir an diesen Forderungen unverbrüchlich festhalten und fordern die Regierung und die für die Agrarpolitik Verantwortlichen auf, unverzüglich die notwendigen Verhandlungen zur Lösung dieser Fragen aufzunehmen. Sollten unsere Forderungen auch diesmal ungehört bleiben, so erklären wir, dass wir entschlossen sind, mit gewerkschaftlichen Kampfmitteln das zu erkämpfen, was man uns auf dem Verhandlungsweg nicht geben will, nämlich die Gleichberechtigung mit den anderen Ständen des Volkes.

Durch Erheben von den Sitzen gaben die Kundgebungsteilnehmer dieser Entschließung ihre Zustimmung, danach wurde die Protestkundgebung mit dem Kärntner Heimatlied feierlich beschlossen. Nach diesem erfolgreichen Aufschrei des Bauernstandes setzte man den Verantwortlichen einen hoffnungsvollen Termin: Man erwartete

97 ÖBZ, Folge 5, 1962, 2.

Die Bauern des Bezirkes St. Veit auf dem Weg zu einer Protestkundgebung in Friesach. Soweit das Auge reichte, Traktoren. Mit 300 Traktoren hatten die Bauern am 8. Juli 1962 die Triester Bundesstraße zwischen Friesach und Böckstein vollständig beherrscht. Diese und gleiche Protestdemonstrationen in St. Andrä i. L., Feldkirchen, Hermagor und Spittal a.d. Drau zwangen die Kärntner Landwirtschaftskammer, die Milchpreisforderung des Bauernverbandes zu übernehmen.

den Beginn von Verhandlungen bis zum 1. Juli 1962. Die andere Seite suchte zu beschwichtigen und hatte damit auch Erfolg, denn die bäuerlichen Abgeordneten im Nationalrat und die Bauernbundführung ließen sich bis 1. Jänner 1963 vertrösten, womit man seitens des AÖBV klarerweise nicht einverstanden war, da es sich ganz offensichtlich wiederum um die übliche Verzögerungstaktik handelte. Es gab nun für die Führung des AÖBV keine andere Möglichkeit mehr, als die Bauernschaft zu weiteren Protestkundgebungen aufzurufen.

Der Auftakt fand in Oberösterreich statt: Am 1. Juli 1962 versammelten sich fast 1.000 Bauern zu einer Großkundgebung in Enns. Dort traten die bereits bei vielen großen Veranstaltungen erprobten Kampfredner Nowotny, Wenitsch und Sparr auf. Sie brachten deutlich zum Ausdruck, dass die Geduld der Bauernschaft nunmehr am Ende sei. Die Bauernschaft verlange nichts anderes, wie Nowotny betonte, als die gerechte Entlohnung auf Grund der täglich erbrachten Arbeitsleistung. „Solange aber die österreichische Bauernschaft unter dem Druck der politischen Parteien steht und diesen machtlos ausgeliefert ist, kann keine Änderung in der Agrarpolitik eintreten. Die Wendung kann nur eine überparteiliche Gesamtorganisation, wie dies der AÖBV ist, herbeiführen“, so Nowotny in seiner Rede vor den Bauern in der Stadthalle in Enns.

In der Nacht vom 7. auf den 8. Juli 1962 flammten in ganz Österreich Warnfeuer auf, wie dies der bäuerlichen Tradition entsprach, wenn es um den Beginn des Kampfes um die bäuerliche Existenz ging. Allein auf den Höhen um die Stadt Salzburg herum konnten 32 Warnfeuer gezählt werden.[98] Die Idee zu den Warnfeuern stammte von Helmut Langer in Anknüpfung an historische Ereignisse, wie z.B. die Warnfeuer um Innsbruck des Jahres 1809, dem Auftaktjahr zum Widerstand gegen Napoleon Bonaparte. Auch im Jahr 1962 hatten die Warnfeuer eine durchschlagende Wirkung.

Am 8. Juli fuhren in ganz Österreich wiederum Traktoren auf, alleine in Friesach (Kärnten) waren es 1.200, darunter 200 aus der Steiermark, die über den Neumarkter Sattel kamen, sodass durch diese Massenauffahrt die Triesterstraße zwischen 10 und 13 Uhr blockiert war. Auch in Spittal an der Drau, Hermagor und Wolfsberg sammelten sich Hunderte von Traktorenlenkern, Tausende Bauern fuhren mit der Bahn, Bus oder im eigenen, voll besetzten Fahrzeug zu den Kundgebungen. Im Land Salzburg zählte man rund 1500 fahrende Traktoren auf den Strassen. Brennpunkte der Demonstration waren der Pass Thurn, der Pass Lueg, Fusch an der Glocknerstraße, Saalfelden, Lofer, Steinpass, Radstädter Tauern, Mattsee, Neumarkt und die Stadt Salzburg. Rund 400 Traktoren fuhren in der Stadt auf, der AÖBV konnte nun auch in der breiten Öffentlichkeit nicht mehr übersehen werden. Die demonstrierenden Salzburger Bauern wurden auch durch Berufskollegen aus Oberösterreich verstärkt. Erstmals kamen auch Tiroler Bauern über den Gerlospass zu den Demonstrationszügen.

Die laufende Protestaktion fortsetzend, rief der Landesverband Oberösterreich am 15. Juli 1962 wiederum zu Protestkundgebungen auf: In Antiesenhofen für das Innviertel, in Eferding für das Hausruckviertel und in Steyr für das Traunviertel. Die Teilnehmer benützten zur Anfahrt ihre eigenen Fahrzeuge, zum Großteil Traktoren, sodass die Zufahrtsstrassen zu den Versammlungspunkten ein sehr bewegtes Bild boten. Insgesamt wurden mehr als 1.200 Traktoren gezählt. An der Protestkundgebung in Steyr beteiligte sich auch die Bauernbundortsgruppe Enns mit ihren Traktoren zum Protest gegen das totale Versagen der Bauernbundführung und unterstützte damit die Ziele des AÖBV und seiner Kampfmaßnahmen. Die Versammlungslokale erwiesen sich durchwegs als zu klein. Selbst der große Saal im Eferdinger Pfarrheim und dessen Nebenräume reichten nicht aus, sodass auch hier viele Bauern nicht mehr Einlass finden konnten. Insgesamt nahmen an den Protestkundgebungen mehr als 2.500 Bauern und Bäuerinnen sowie sehr viel Landjugend teil. Die drei Protestkundgebungen fassten wiederum eine Entschließung, die der Bundesregierung und dem Bundeskanzler zugestellt wurde:

> Der Allgemeine Österreichische Bauernverband hat nunmehr alle Möglichkeiten ausgeschöpft, die verantwortlichen Stellen auf die unhaltbare Lage der österreichischen Landwirtschaft aufmerksam zu machen. Mit Unmut und Verbitterung müssen wir feststellen, dass die gerechten, lebensnotwendigen Forderungen der österreichischen Bauernschaft ständig missachtet werden. Es empört uns auf das Äußerste,

98 Vgl. Zwink, 301.

> dass der Koalitionsausschuss selbst eine Teilregelung, wie sie die Behandlung der Nachziehung des Milcherzeugerpreises darstellt, neuerlich auf 1. Jänner 1963 verschoben hat. Die heute hier versammelten Bauern fordern daher die Vorstände der Molkereien unmissverständlich auf, die Mitglieder zu ordentlichen oder außerordentlichen Vollversammlungen statutengemäß ehestens einzuberufen, damit die Genossenschafter Gelegenheit haben, zu dieser Verschleppungstaktik Stellung zu nehmen und die nötigen Beschlüsse zu fassen. Die Anwesenden begrüßen es, dass der Allgemeine Österreichische Bauernverband zur Durchsetzung der allseits als gerecht anerkannten bäuerlichen Forderungen Kampfmaßnahmen durchführt.[99]

Wie wirkte nun dieses erste große Aufflammen von Bauernprotesten in der Zweiten Republik nach? In Kärnten beherrschten die Traktoren die Straßen, wodurch es klarerweise zu gewaltigen Verkehrsbehinderungen kam und ein Großeinsatz der Gendarmerie notwendig wurde. Die Bauernbundführung distanzierte sich nicht nur von den Aktionen, auch die bäuerlichen Mandatare des Parlaments blieben den Protesten fern. Im Gegensatz zu Frankreich, wo sich die Abgeordneten an die Spitze der Demonstrationszüge stellten und auch auf den Barrikaden standen. Die nicht-bäuerliche Bevölkerung zeigte sich zu einem Teil verwundert, zu einem Teil solidarisch und zu einem weiteren Teil höchst kritisch, letztere waren begreiflicherweise vor allem Autofahrer, die wenig Verständnis dafür aufbrachten, wegen bäuerlicher Anliegen stundenlang im Stau zu stehen. Urlaubsgäste – und hier vor allem Franzosen – brachten das größte Verständnis auf, da ja in Frankreich im Jahr zuvor die Bauernunruhen zu sichtbaren Erfolgen geführt hatten.

Polizei und Gendarmerie versahen korrekt ihren Dienst, legten aber hin und wieder eine eher überflüssige Nervosität an den Tag, es handelte sich für die Beamten um Neuland. Am 8. Juli wurden beispielsweise in Salzburg die Vertreter des AÖBV darüber belehrt, dass sie im Falle der Errichtung von Barrikaden für die Schäden aufzukommen hätten. Doch die Führung des AÖBV handelte immer höchst verantwortungsvoll und stiftete ihre Mitglieder niemals zu irgendetwas Illegalem an. So gab es auch keinerlei Sachbeschädigungen oder gewalttätige Auseinandersetzungen.

Obwohl die Führungen der politischen Bauernorganisationen, mit Ausnahme der FPÖ, unverständlicherweise versuchten, ihre Mitglieder von den Protestaktionen fernzuhalten, haben sich Bauern aller parteipolitischen Lager in richtiger Erkenntnis der Notwendigkeit der Einigkeit auf Standesebene in großer Anzahl mit Begeisterung an den Aktionen beteiligt. Österreich horchte jedenfalls auf und musste zur Kenntnis nehmen, dass der AÖBV bereits zu einem Faktor geworden war, der in der Agrarpolitik ernst genommen werden musste. So gesehen waren die Kundgebungen ein voller Erfolg, Wien allerdings stellte sich jedoch weiter taub.

99 ÖBZ, Folge 7, 1962, 1.

Es war aber nur eine Frage der Zeit, bis sich parteipolitische Bauernorganisationen die Erfolge des AÖBV auf ihre Fahnen heften wollten, wozu der AÖBV auch immer sofort eine Gegenstellungnahme abgab. So hatte bei einer Bauernbundversammlung ein Bürgermeister den Wunsch geäußert, es möge doch zu einer Vereinigung des Bauernbundes mit dem AÖBV kommen. Der AÖBV erklärte dazu ausdrücklich und grundsätzlich, dass eine Vereinigung des Bauernverbandes mit einer politischen Partei oder einer politischen Zweckorganisation, wie der Bauernbund eine war und ist, undenkbar war und ist, weil die Aufgaben und Zielsetzungen einer Partei andere sind als jene eines überparteilichen Berufsverbandes wie des Bauernverbandes.

Der freiheitliche Pressedienst brachte unter der Schlagzeile: „Freiheitliche bilden mit Allgemeinen Bauernverband Kampfgemeinschaft" die Meldung:

> Die freiheitliche Bauernschaft ist bereit, den Allgemeinen Bauernverband in seiner Tätigkeit als Berufsverband zu unterstützen, soweit diese der Zielsetzung „wirtschaftliche, soziale und kulturelle Gleichstellung der österreichischen Bauernschaft mit den übrigen Berufsgruppen" entspricht sowie überparteilich und unpolitisch ist. Dementsprechend ist auch die Freiheitliche Bauernschaft bereit, auch außerordentliche Maßnahmen gewerkschaftlicher Art zu unterstützen, sofern solche im Einzelfall zur Existenzsicherung der österreichischen Bauernschaft notwendig sind.

Allgemeiner Österreichischer Bauernverband
Linz, Graben 32 b, Tel. 24 9 84

20. August 1962

Streikaufruf

Bauer, wehr Dich gegen die Ausbeutung durch die Industriegesellschaft, kauf keine Maschinen und Geräte!

Streikaufruf des AÖBV vom 20. August 1962

Dazu ist zu sagen: Der AÖBV hat an die drei politischen Bauernorganisationen Österreichs ein Schreiben gerichtet, in dem diese gefragt wurden, ob sie bereit seien, „die Aktion des AÖBV zur Durchsetzung der bäuerlichen Forderungen zu unterstützen". Diese Anfrage erfolgte im Interesse des gesamten Berufsstandes und der AÖBV bedauerte es, dass nicht alle drei parteigebundenen Bauernorganisationen bereit waren, gemeinsame Kampfaktionen durchzuführen. Von einer „Kampfgemeinschaft FPÖ-Bauernverband" war daher nie die Rede, die Parteien wollten einfach nur auf den Erfolgszug des AÖBV, der 1962 richtig ins Rollen kam, aufspringen.

5.12. Großdemonstrationen in Salzburg, 19. August, und Wels, 1. September 1962

Nachdem die Proteste wie erwähnt in Wien auf taube Ohren gestoßen waren, beschloss die Hauptverbandsleitung des AÖBV, weitere und schärfere Kampfmaßnahmen einzuleiten. In Befolgung dieses Beschlusses rief die Landesverbandsleitung Salzburg die Bauernschaft am 19. August 1962 zu einer weiteren Protestkundgebung mit Traktorenauffahrt in Salzburg auf dem Residenzplatz auf, zu der über 2.000 Bauern mit hunderten Traktoren aufmarschierten.[100]

Die Salzburger Bauernverbandler nutzten geschickt jene Zeit, in der die Salzburger Festspiele stattfanden (26. Juli bis 31. August 1962). Es war zu erwarten, dass man im Rahmen des großen Medieninteresses auf noch mehr Resonanz in der Öffentlichkeit stoßen würde und damit die Menschen noch mehr auf die Probleme der Landwirtschaft aufmerksam machen konnte, was auch gelang.

Gerade da aber Festspielzeit war, reagierte die Polizei überaus nervös und hinderte ohne rechtliche Handhabe zahlreiche Demonstranten daran, mit ihren Traktoren in das Stadtzentrum zu fahren. Viele mussten an der Stadtgrenze stehen bleiben, wogegen schärfster – aber erfolgloser – Protest eingelegt wurde.[101] Die Bauernverbandler sprachen zu Recht von polizeistaatlichen Methoden. Dennoch schafften es einige Traktoren, bis zum Residenzplatz vorzudringen. Die versammelten 2.000 demonstrierenden Bauern schlugen dann auch einen gehörigen Wirbel zur Festspielzeit, der sein Echo sogar auch in der internationalen Presse fand.

Eine der bemerkenswertesten Ansprachen hielt der ehemalige Nationalratsabgeordnete Martin Gassner, der auch Vizepräsident der Salzburger Landeslandwirtschaftskammer war. Aus Protest gegen die verfehlte Agrarpolitik der Kammer legte er sein Amt zurück. Gassner stand bei seiner Rede auf einem Traktoranhänger, das Ganze war also recht urwüchsig, aber deshalb nicht weniger effektiv und daher höchst beeindruckend.

Im Verlauf dieser Kundgebung wurde die Durchführung eines unbefristeten, auf landwirtschaftliche Maschinen und Geräte beschränkter Käuferstreik ab dem 20. August beschlossen. Diesem Beschluss schlossen sich auch die anwesenden Vertreter aller Bundesländer an und verpflichteten sich namens ihrer Organisationen zur lückenlosen Durchführung.

Nach diesem Aufruf zum Käuferstreik in Salzburg rief der Landesverband Oberösterreich in Fortsetzung der Aktionen zur Messezeit am 1. September 1962 zu einer Kundgebung auf dem Trabrennplatz in Wels auf, an der nach polizeilicher Schätzung rund 1.500 Bauern, Bäuerinnen und Landjugend teilnahmen. Obwohl der Trabrennplatz äußerst ungünstig lag, musste er dennoch als Ort der Kundgebung gewählt werden, weil weder ein anderer Platz noch ein zu diesem Zweck geeigneter großer Saal zur Verfügung stand, die Kundgebung an einem anderen Tag aber ihre Bedeutung

100 ÖBZ, Folge 8, 1962, 5.
101 Zwink, 301.

verloren hätte. Dies hatte zur Folge, dass die Kundgebungsteilnehmer auf dem Weg zum Trabrennplatz durch das ganze Messegelände gehen und dafür Eintrittsgebühr zahlen mussten. Dazu wurde noch von Bauernbundseite das böswillige Gerücht verbreitet, dass die Protestkundgebung von der Polizei verboten worden sei, was viele von der Teilnahme abhielt. Man versagte sogar entgegen getroffenen Vereinbarungen den Teilnehmern, die mit ihren eigenen Pkw ankamen, aber auch einem Teil der Traktoren, die Einfahrt auf den von der Polizei zugewiesenen und gegen Entgelt gemieteten Parkplatz. Die Lenker dieser Fahrzeuge, die lange herumsuchen mussten, bis sie die Fahrzeuge irgendwo, weitab vom Trabrennplatz abstellen konnten, kamen dann viel zu spät zur Kundgebung. Das hätte noch hingenommen werden können, wäre die Dauer der Kundgebung von der Polizei nicht auf 90 Minuten beschränkt gewesen. Man machte also dem AÖBV Schwierigkeiten aller Art, wobei hier einmal mehr die Exekutive zur Bekämpfung des Bauernverbandes eingesetzt wurde.

Die Redner waren wiederum Landesverbandsobmann Nowotny, weiters Feitzlmayr und Sparr, sie begründeten vor allem die Notwendigkeit des vorläufigen und auf landwirtschaftliche Maschinen und Geräte beschränkten Käuferstreiks, der auch hier von den Bauern einstimmig beschlossen wurde. Großes Aufsehen erregte es allgemein, als die Teilnehmer nach der Kundgebung die Ausstellung landwirtschaftlicher Maschinen besuchten und dabei auf den Rockaufschlägen weiße Blättchen mit dem grünen Aufdruck: „Wir Bauern wehren uns! – Daher Käuferstreik!“ trugen. Darüber gab es nicht nur lange Gesichter bei den Ausstellern, man konnte auch bei den prominenten Gästen, die an der Ausstellungseröffnung teilnahmen, eine gewisse Nervosität feststellen, die sich auch bei einzelnen Eröffnungsreden deutlich bemerkbar machte. Die Kundgebung machte auf die zur Landwirtschaftsmesse angereisten Spitzenpolitiker großen Eindruck und verfehlte ihre Wirkung nicht.

Der Käuferstreik selbst wurde von den Managern der Industriegesellschaft mit allen Mitteln bekämpft, man behauptete beispielsweise in den Medien, dass sich der Käuferstreik auf der Welser Messe nicht ausgewirkt hätte. Der AÖBV seinerseits stellte in einer eigenen Erhebung bei Herstellern und Firmen fest, dass sich der Streik sehr wohl im Landmaschinengeschäft auswirkte. Bei dieser Gegensteuerung des Handels wurde sogar behauptet und das Argument ins Treffen geführt, dass nach der anstehenden Nationalratswahl landwirtschaftliche Maschinen sehr viel teurer werden würden und dass man noch davor unter Außerachtlassung des Streiks preisgünstig kaufen sollte. Der Streik wirkte sich klarerweise auch auf die Bauern aus, die sich aber vor allem durch Nachbarschaftshilfe zu helfen wussten. Sehr scharf ging der AÖBV gegen Streikbrecher unter den eigenen Mitgliedern vor, „denn das sind Saboteure unseres Berufsstandes, denen unsere ganze Verachtung gilt“.[102]

102 ÖBZ, Folge 9, 1962, 1.

5.13. Kuriositäten des Wirtschaftswunders

Ein Kuriosum wurde im Sommer 1962 aus England verlautet. Dort war man eifrig bemüht, die Abhängigkeit von Vieh im Allgemeinen und der Milchkuh im Besonderen zu bekämpfen. Man bemühte sich nämlich eifrig um die Herstellung künstlicher Milch. Bei diesem Produktionsverfahren wurden Gras und Blätter in Wasser zu Brei verarbeitet und erwärmt. Dann wurden Pflanzenfette und Mineralien hinzugefügt und damit glaubte man eine „frische Kuhmilch" aus der Retorte zu haben, wovon man sich großartige wirtschaftliche Erfolge versprach. Auch von Fleischersatz aus Meerespflanzen war bereits die Rede. Gegen solche Unsitten trat der AÖBV sofort auf und ließ in der ÖBZ verlautbaren:

> Das geht uns gerade noch ab! Nach der künstlichen Butter (Margarine) die künstliche Milch. Auf was sie noch alles kommen, um Riesensummen einzustecken und die Bauern zu ruinieren. Bedauernswert sind die Konsumenten, die benebelt von der schreienden Reklame, den Großkonzernen und deren Profit zuliebe solchen Dreck kaufen und ihr schwerverdientes Geld dafür hergeben.

Nachdem die Herstellung von Fleisch aus Meerespflanzen nicht geglückt war, versuchte man es dann Anfang 1963 mit Petroleum. Den Chemikern soll es gelungen sein, vitaminreiche Eiweißstoffe fünfhundert Mal schneller und billiger zu erzeugen, als über den „Umweg des Tierkörpers". Aus sieben Millionen Tonnen Petroleum hoffte man 3 Millionen Tonnen „tierisches Eiweiß" zu gewinnen, an dem in der Welt noch großer Mangel herrsche. Ratten und Hühner, die damit gefüttert wurden, sollen das ganz gut überstanden haben. Der AÖBV dazu: „Nun kommen die Menschen dran! Arme Menschen, Kuhmilch ohne Kuh, Fleisch aus Petroleum, Wein ohne Trauben! Mein Herz, was willst du noch mehr! Und die Bauern kommen dann ins Museum!" Von der Gegenwart aus betrachtet, können solche Ansätze in der Nahrungsmittelproduktion der Wirtschaftswunderzeit aus den frühen Sechzigerjahren nur belächelt werden, da sie sich Gott sei Dank nicht durchgesetzt haben. Ein Bauer wurde damals aber ständig mit solchen für seinen Berufsstand bedrohlichen und die Berufszukunft gefährdenden Realitäten konfrontiert und musste sich dagegen zur Wehr setzen.

5.14. Die Nationalratswahl 1962

Am 18. November 1962 wurde die mit Spannung erwartete Nationalratswahl abgehalten; der nach dem Rücktritt von Bundeskanzler Julius Raab am 11. April 1961 designierte Nachfolger im Bundeskanzleramt, Alfons Gorbach, musste sich erstmals den Wählern stellen. Im Wahlkampf setzte die ÖVP auf Antikommunismus und griff in diesem Zusammenhang auch die SPÖ an. Auf den ÖVP-Plakaten war eine österreichische Landkarte zu sehen, die im Osten von Stacheldraht umgeben ist. „Land an der roten Grenze – Österreich darf nicht rot werden" war auf den Plakaten zu lesen, die somit die Sozialdemokraten politisch in die Nähe des Ostblocks rückten.

Die SPÖ warnte auf ihren Wahlplakaten vor einer „Alleinherrschaft" der ÖVP. Dominierender Wahlslogan war „Nicht blind entscheiden!", illustriert durch einen Mann, der selbigen Schriftzug auf einer weißen Augenbinde trägt.

Die FPÖ griff das Wahlkampfsujet der SPÖ auf und stellte auf ihren Wahlplakaten einen Mann mit roter Augenbinde dar. Daneben war in großen Buchstaben das Wort „Wohin?" zu lesen und darüber etwas kleiner der Schriftzug „Schwarz Rote Proporz Diktatur".

Die KPÖ warb mit Ausgleich zwischen Ost- und Westmächten. „Nicht Hetze, sondern Verständigung sichert Abrüstung und Frieden!", war als Slogan auf den Plakaten zu lesen, die mit einem Bild von John F. Kennedy und Nikita Chruschtschow, die beide im Jahr davor in Wien zusammengetroffen waren, bedruckt waren.

Nach dem Endergebnis kam die ÖVP auf 45,4 % (+1,2) der Stimmen und gewann zwei Sitze im Nationalrat hinzu. Auf einen dieser Sitze kam der Pongauer Bauernverbandsmann Josef Steiner[103] aus Salzburg.[104] Die SPÖ verlor Stimmen, kam auf 44,0 % (-0,8) und musste 2 Mandate an die ÖVP abgeben. Die FPÖ verlor nur ganz leicht und lag bei 7,0 % (-0,7). Die Kommunisten verfehlten mit 3,04 % (-0,23) den Einzug in das Hohe Haus.

Der Wahlsieg, wenn er auch etwas gering ausfiel, veranlasste Bauernbundpräsident Wallner zu salbungsvollen Worten: „Der erfreuliche Wahlausgang rechtfertigt für die Bauernschaft die Hoffnung, dass nunmehr ihre Anliegen, die infolge des bisherigen politischen Gleichgewichts nicht erfüllt werden konnten, rascher und besser verwirklicht werden können. Die Bauernschaft erwarte, dass eine für Österreich mögliche Form der wirtschaftlichen Zusammenarbeit mit dem westeuropäischen Wirtschaftsraum gefunden werde." Dass diese Worte nur warme Luft waren, sollte sich für die Bauern bald herausstellen; der AÖBV jedenfalls kämpfte weiter gegen Windmühlen und hielt der ganzen schwarzen Bauernführung ständig vor Augen, wie viel geredet wurde und wie wenig aber für die Bauern dabei heraussprang.

5.15. Die Landesverbände Tirol und Vorarlberg

Bereits eine Woche nach der Nationalratswahl, nämlich am 25. November 1962, konstituierte sich in Wörgl der Landesverband Tirol. Die Gründung ging maßgeblich von Salzburg aus, dies ist schon daran zu erkennen, dass bei der Gründungsversammlung, zu der mehr als 300 Bauern kamen, Josef Loitfellner und Helmut Langer die Hauptredner waren.

103 Josef Steiner war anschließend 19 Jahre (bis zum 15.4.1982) Nationalratsabgeordneter der ÖVP und wechselte im Zuge dieser parlamentarischen Karriere vom Bauernverband wieder zum ÖVP-Bauernbund.

104 Zwink (Hg.), 192.

Die maßgeblichen Kämpfer im heiligen Land Tirol, vor allem der ersten Jahre, waren Johann Angerer aus Terfens, Adolf Bucher aus Kematen, Anton Laucher aus Kitzbühel, Alois Rainer aus Straß, Max Fischbacher aus Walchsee und Jakob Klinger aus Oberndorf, um nur einige zu nennen.

Dem neuen Landesverbandsobmann, Hans Angerer, blies auch gleich gehöriger Gegenwind ins Gesicht. Er, der selbst Bauernbündler war, sah sich, wie zu erwarten war, sofort nach der Gründung des Landesverbandes Tirol einer verleumderischen Hetze des Bauernbundes ausgesetzt. Angerer wurden von Bauernbunddirektor Brugger unlautere Methoden und Bauernfängerei unterstellt. Da aber Angerer nicht der Mann war, der sich solche Anwürfe einfach so gefallen ließ, trat er sofort aus dem Bauernbund aus und führte einen Prozess gegen Brugger, der dann auch verurteilt wurde.

Im Jahr 1963 ging es in Tirol dann richtig los. Bei zahlreichen, von Angerer organisierten Bauernversammlungen, die immer gut besucht waren, konnten viele neue Mitglieder zur Mitarbeit gewonnen werden; viele neue Ortsstellen des Bauernverbandes wurden gegründet. Unterstützt wurde der junge Tiroler Landesverband dabei immer wieder vom unermüdlichen Helmut Langer, der im ganzen Land auf Versammlungen sprach und in Kampfreden zur Mobilisierung der bäuerlichen Kraft auftrat.

Gegen Ende der sechziger Jahre stießen zum Landesverband Tirol noch weitere bekannte Bauern hinzu, wie Josef Resch aus Ellmau, Peter Lechner aus Unterangersberg, Josef Fellner aus Kitzbühel, Franz Höger aus Söll und Georg Rendl aus Wörgl. Weiterhin wurden viele Bauernversammlungen in Tirol abgehalten, wie z.B. am 10. November 1968 in St. Johann, zu der sogar Robert Wenitsch aus Niederösterreich anreiste und die Tiroler Verbandskameraden bei ihrer Arbeit unterstützte. Einer der geographischen Schwerpunkte des Bauernverbandes in Tirol aber war Kitzbühel, wo Anton Laucher und Josef Fellner herstammten. Fast alle Bauern aus Kitzbühel und Umgebung waren zur Zeit der Hochblüte Mitglied beim Bauernverband.

Am 21. Dezember 1963 wurde im Vereinshaus in Dornbirn der Landesverband Vorarlberg gegründet. Die maßgeblichen Männer der ersten Stunde im westlichsten Bundesland Österreich waren Albert Schneider aus Höchst, Franz Nessler aus Bludenz, Leo Simma aus Bludesch, Josef Meusburger aus Schwarzach, Willi Meyer und Martin Bilgeri aus Bregenz. Unterstützt wurde die Gründung einmal mehr von Josef Loitfellner und Helmut Langer. Bald nach der Gründung ging es in Vorarlberg auch gleich zur Sache: In der Gemeinde Hörbranz kam es Ende Juni 1964 zu einem Akt der solidarischen Selbsthilfe, der bemerkenswert war. Die Ursache dazu war, dass die Gemeindevertretung einen Flächenwidmungsplan beschließen wollte, mit dessen Durchführung eine Anzahl arrondierter Nutzflächen wieder zerstückelt werden sollten. Damit waren die betroffenen Bauern nicht einverstanden und erhoben Einspruch. Das hätte ihnen wohl kaum genützt, wenn sich nicht auch die davon nicht Betroffenen mit ihnen solidarisch erklärt und in 100 schriftlichen Einsprüchen ebenfalls dagegen ausgesprochen hätten.

Um nun diesen Einsprüchen entsprechenden Nachdruck zu verleihen, fuhren vor dem Gasthof, in dem die Gemeindevertretung über den Flächenwidmungsplan verhandelte, 100 Bauern mit ihren Traktoren auf und erreichten damit, dass der Flächenwidmungsplan mit 18 gegen 7 Stimmen abgelehnt wurde. Die Solidarisierungsaktion ging von den jungen Vorarlberger Bauernverbandlern aus, und damit hatte auch Vorarlberg seine erste Traktorendemonstration, die ihre Wirkung im Lande nicht verfehlt hatte und eine erste Bewährungsprobe war.

Die Landesverbände Tirol und Vorarlberg und die vielen Bauern, die dort im Bauernverband tätig waren, haben in weiterer Folge in den westlichsten Bundesländern Österreich eine Menge bewegt und viel weitergebracht. Großdemonstrationen wie in Wien, Salzburg oder Klagenfurt konnte man dort freilich keine veranstalten, was maßgeblich mit der alpinen Gebietsstruktur zu tun hatte. Doch zu den erwähnten Großkundgebungen des Bauernverbandes in den Großstädten fanden sich die Bauernverbandler auch aus Tirol und Vorarlberg ein, wenn auch der Weg ein weiter war. In ihren eigenen Gebieten hatten sie wie überall auch den Kampf gegen den Bauernbund auszufechten, dem sie in zahllosen Bauernversammlungen und Bauernparlamenten stets die Stirn boten.

Es waren vor allem die Bergbauern, die dem Bauernverband zugetan waren, da sie sich von ihren Bauernvertretern am meisten im Stich gelassen fühlten. Redner wie Langer und Loitfellner, die die beiden kleineren Landesverbände stets unterstützten, hinterließen einen tiefen Eindruck auf die Bauern im Hochgebirge. Aber auch die ansässigen Funktionäre liefen sich die Füße wund, um den Bauernverband auch im äußersten Westen zu etablieren. So hat dort auch heute die überparteiliche bäuerliche Berufsvertretung einen klingenden Namen.

5.16. Jahresrückblick und Statistik 1962

Am Ende des Jahres 1962 blickte man auf ein bewegtes und ereignisreiches Jahr zurück: Es brachte einen stattlichen Zuwachs an Mitgliedern und Funktionären und was noch viel wichtiger war, war die Tatsache, dass der AÖBV zu einem Faktor im öffentlichen Leben wurde, mit dem auch die Bundespolitik rechnen musste. Wesentlich dazu beigetragen haben auch der Aufbau der Landesverbände Tirol und Burgenland, sowie der Umstand, dass der Niederösterreichische Bauernverband, mit dem bisher nur ein Freundschaftsverhältnis bestand, nunmehr seine Statuten änderte und als Landesverband Niederösterreich des Allgemeinen Bauernverbandes in den Gesamtverband integriert wurde und „den Kampf für die endgültige Befreiung des Bauernstandes“[105] mitführte. Ebenfalls in die Wege geleitet wurde die Gründung der Vorarlberger Landesgruppe, sodass es nun in jedem Bundesland eine eigene aktive Landesgruppe des AÖBV gab.

105 ÖBZ, Folge 12, 1962, 1.

Bahnbrechend waren zweifellos die Kärntner Ereignisse zur Anfang des Jahres 1962, mit denen die Regelung des Produzentenmilchpreises in den Vordergrund gestellt und dieser mit ATS 2,50 festgelegt wurde. Die große Protestkundgebung in Klagenfurt am 29. April, verbunden mit der ersten Traktorenauffahrt in Österreich, der dann die großen Protestkundgebungen mit Tausenden von Traktoren in Salzburg, Steiermark und Oberösterreich folgten, bedeuteten einen Wendepunkt in der Geschichte des österreichischen Bauernstandes, denn damit trat auch die österreichische Bauernschaft aus ihrer Passivität heraus und stellte sich, aktiv werdend durch Anwendung gewerkschaftlicher Mittel, in das Rampenlicht der Öffentlichkeit. Die Wirkung blieb nicht aus, Österreich horchte auf, die Zeitungen begannen „von den rebellischen Bauern" zu schreiben. Der Bann war gebrochen, aber nicht über Initiative des Bauernbundes, sondern durch die des AÖBV – mitunter auch im Kampf mit dem Bauernbund. Die den Bauern gegebenen Versprechen wurden nicht eingehalten. Dies trug dazu bei, dass die politischen Wellen hochzugehen begannen und schließlich die Auflösung des Nationalrates erfolgte.

Im darauf folgenden Wahlkampf wurde verschiedentlich versucht, den AÖBV ins parteipolitische Fahrwasser hineinzudrängen, was jedoch nicht gelang, die Überparteilichkeit blieb stets gewahrt. Am Ende des Jahres spielte sich ein zäher Kampf um die Ministerposten ab. Merkwürdig war, dass der Bauernbund den Generalanwalt des bäuerlichen Genossenschaftswesens in Österreich, Hartmann, nominiert hatte, wieder das Landwirtschaftsministerium zu übernehmen. Der AÖBV hielt diese beiden Ämter für so wichtig, dass die Erfüllung der damit verbundenen Pflichten jeweils einen ganzen Mann forderte. Seltsam mutete es auch an, dass die ÖVP-Vertreter bei den Verhandlungen über die Regierungsbildung die Volksabstimmung oder freie Abstimmungen im Nationalrat vorschlugen, während im Kontaktkomitee, das an Stelle des bisherigen Koalitionsausschusses treten sollte, innerhalb von fünf Monaten keine Einigung über Sachfragen erzielt werden konnte, davor aber agrarpolitische Themen, wie etwa die Preisstützungen, von der freien Mehrheitsbildung ausgenommen werden sollten.

Die Hauptverbandsleitung des AÖBV fasste in einer Sitzung am 4. Dezember 1962 in Salzburg nach eingehender Beratung über die Lage der österreichischen Landwirtschaft eine Entschließung, die der neuen Bundesregierung eindringlich die Probleme und Forderungen des Bauernstandes vor Augen führen sollte:

> Zufolge der vorzeitigen Auflösung des Nationalrates bleiben auch Fragen ungelöst, deren rasche Behandlung und aufrechte Erledigung für die Bauernschaft lebenswichtig ist, die nicht mehr länger hinausgeschoben und vor allem nicht wieder als Tauschobjekt einer opportunistischen Koalitionspolitik missbraucht werden darf. Die besondere Dringlichkeit betonend, erwartet der AÖBV, dass bei den laufenden Verhandlungen über die Regierungsbildung dieser Fragenkomplex mit einbezogen und in der Regierungserklärung dazu positiv Stellung genommen wird. Dazu gehören:

1. Gründliche Regelung der Agrarpreise im Sinne des stufenweisen Abbaues der landwirtschaftlichen Disparität. Wie dringend diese Maßnahme ist, geht daraus hervor, dass die Agrarpreise schon mehr als zehn Jahre fast gleich geblieben, dafür aber die Produktionskosten unerträglich hoch gestiegen sind, weshalb die Einleitung von Maßnahmen zur Herbeiführung einer entsprechenden Steigerung der Pro-Kopf-Einnahmen in der Landwirtschaft sofort dringendst notwendig ist.

Maßnahmen, die derzeit stark in den Vordergrund geschoben werden, die aber eine weitgehende Auflassung der bäuerlichen Betriebe, insbesondere im Bergland, zur Folge hätten, lehnt der AÖBV jedoch entschiedendst ab.

Die Behandlung aller die Ernährung und Landwirtschaft betreffenden Angelegenheiten, darunter insbesonders die des Absatzes landwirtschaftlicher Produkte und deren Preise, im Bundesministerium für Landwirtschaft und im Innenministerium, hat sich als großes Hindernis für die Erledigung der damit zusammenhängenden Fragen erwiesen. Wir halten daher eine Rückführung dieser Agenden aus dem Innenministerium zur Gänze in das Landwirtschaftsministerium für dringend notwenig.

2. Als eine der wichtigsten, zielführenden Maßnahmen sehen wir die Erhöhung des Milchproduzentenpreises auf S 2,50, und eine Abgabe auf importierte Rohfette an, wofür wir nach wie vor mit aller Entschiedenheit eintreten werden.

3. Der Export landwirtschaftlicher Produkte ist durch die hinhaltende Behandlung der Frage der Assoziierung mit der EWG äußerst gefährdet. Der AÖBV warnt daher vor jeder neuen Verzögerung, die nur die Lage zum Schaden der Bauernschaft verschlechtern würde.

4. Im Zusammenhang damit muss auch die Frage des Viehexportes und der Erhöhung der Preisbänder für Vieh und Schweine um 20 % sowie der Hartweizenproduktion und des Futterweizens gelöst werden.

5. Hinsichtlich der angekündigten Verbilligung des Treibstoffes für landwirtschaftliche Maschinen stellt der AÖBV fest, dass, abgesehen davon, dass die vorgesehene Art der Handhabung viel zu kompliziert ist, durch diese als Beihilfe bezeichnete Aktion keine allgemeine Einkommenserhöhung erzielt wird, weil sie einem beachtlichen Teil der Bauern, nämlich gerade den kleinen, wenig oder gar nichts einbringt. Wir wiederholen daher unsere bereits mehrmals erhobene Forderung nach vollkommener Aufhebung der Treibstoffsteuer für landwirtschaftliche Maschinen und treten abermals für die Aufhebung der Warenumsatzsteuer auf Grundnahrungsmittel in allen Phasen ein.

6. Betreffend der bäuerlichen Pflichtkrankenversicherung gab der Präsident der Kärntner Landwirtschaftskammer, NR Gruber, bekannt, dass die Präsidentenkonferenz der Landwirtschaftskammern Österreichs bereits einen Gesetzesentwurf ausgearbeitet hat, der im Parlament sofort eingebracht werden könne. Der AÖBV lehnt jede neuerliche Belastung der Landwirtschaft vor Regelung der Agrarpreise ab. Er ist daher nicht in der Lage, zu dieser Frage endgültig Stellung zu nehmen und verwahrt

> sich dagegen, dass wieder ein Gesetz, das der Bauernschaft eine nicht unerhebliche Belastung bringt, zum Beschluss erhoben wird, ehe die Bauernschaft Gelegenheit hat, sich mit dem Für und Wider eingehend zu befassen. Wir verlangen daher, dass der Gesetzesentwurf vor Einbringung im Parlament im Wege der Gemeinden einer Urabstimmung der Bauernschaft unterzogen wird.[106]

An dieser Stelle sei noch ein wenig Statistik wiedergegeben, damit sich der Leser eine Vorstellung von der agrarischen Situation der Sechzigerjahre machen kann. Der Viehbestand in Österreich (Zählung 3. Dezember 1961) betrug:

	1961	**2005**
Pferde	135.013	82.000
Rinder	2.457.000	2.067.000
davon Milchkühe	1.136.353	589.000
Schweine	2.994.673	3.170.000
davon Mastschweine	846.767	1.224.000
davon Zuchtsauen	283.053	308.000
Hühner	9.943.000	11.900.000

Interessant ist die Tatsache, dass sich der Milchkuhbestand im Vergleich zur damaligen Zeit fast halbiert hat, während der restliche Viehbestand, v.a. bei den Schweinen, relativ konstant geblieben ist. Die Anzahl an Pferden ist nicht so stark zurückgegangen, wie man vielleicht erwarten möchte. Dies ist auf eine Änderung der Freizeitgewohnheiten der Industriegesellschaft zurückzuführen – das Reitpferd am Lande.

Zum Themenbereich Statistik zählt auch die Landflucht, vom AÖBV immer wieder schonungslos aufgezeigt. Einen Kurzbericht zu diesem Thema enthielt der Monatsbericht des Österreichischen Institutes für Wirtschaftsforschung vom Februar 1962. Demnach waren in den fünfziger Jahren etwa 230.000 Vollarbeitskräfte in gewerbliche Berufe abgewandert. Genaue Zahlen lagen jedoch nur über die krankenversicherten Beschäftigten in der Land- und Forstwirtschaft vor. Vom September 1950 bis September 1960 sank deren Zahl um 83.400 oder 36 %, darunter 43.200 Männer und 40.200 Frauen.

106 ÖBZ, Folge 12, 1962, 1f.

5.17. Die Milchpreisfrage und weitere Großkundgebungen

„Vom Neusiedler See bis zum Bodensee stehen wir geschlossen da."[107]

Die Forderung des AÖBV nach einem Erzeugermilchpreis von ATS 2,50 wurde bereits ausführlich erläutert. Wie reagierte, vor allem nach den Protestkundgebungen, die Politik darauf? Ignorieren konnte man den AÖBV und seine Forderungen nun nicht mehr, das Totschweigen war nach den Kundgebungen nicht mehr so einfach. Also ließ sich Landwirtschaftsminister Hartmann zu einer Stellungnahme herbei. In einem Brief vom 25. April 1962 schrieb er wörtlich: „In gut geführten Betrieben mit hoher durchschnittlicher Jahresmilchleistung liegen die Erzeugungskosten unter ATS 1,90 und in anderen Betrieben, mit arbeitsaufwendigerer Betriebsweise und mit einem niedrigeren Produktivitätsstand, beträgt der Kostenaufwand mehr als ATS 2,-, er erreicht aber in keinem Fall, soweit mir Unterlagen zur Verfügung stehen, den Betrag von ATS 2,50."[108]

Es war bedauerlich, dass der erste Mann der Agrarwirtschaft in Österreich über die tatsächlichen Verhältnisse in den klein- und mittelbäuerlichen Höfen – und diese stellten über 90 % der Milch liefernden Betriebe – so schlecht unterrichtet war. Der AÖBV forderte nicht blind, sondern legte auch Vorschläge auf den Tisch, wie einer Trinkmilchpreiserhöhung zu begegnen und diese zu kompensieren sei. So schlug man vor, dass eine Preiserhöhung um ATS 1,- unbedingt durch eine entsprechende Erhöhung der Kinderbeihilfe um ATS 30,- pro Monat und entsprechende Erhöhung der Kleinstrenten aufgefangen werden müsse.

Der Bauernbund, die stärkste Bauerngruppe einer politischen Partei, legte sich auf den Durchschnitt des Milcherzeugerpreises im freien Europa fest. Das aber war wiederum keine Verhandlungsgrundlage, denn einerseits war dieser Durchschnittspreis ständigen Schwankungen ausgesetzt und änderte sich daher ständig, andererseits verweigerte man den Bauern durchschnittliche Produktionskosten, besonders am Futtermittelsektor. Der europäische Durchschnittspreis änderte sich laufend, weil der Erzeugerpreis in den einzelnen europäischen Ländern ständig erhöht wurde, so wurde er in der Schweiz ab 1. November 1962 von ATS 2,70 auf ATS 2,82 erhöht, ebenso erhöhte die BRD den Erzeugerpreis um 40 Groschen. Der Öffentlichkeit teilte das Landwirtschaftsministerium mit, dass die Verhandlungen über die Neuregelung des Milchpreises auf unbestimmte Zeit verschoben werden. Vorstände von Molkereigenossenschaften weigerten sich, Vollversammlungen auf Grund ordnungsgemäß unterschriebener Anträge einzuberufen, ein anderer Vorstand erklärte gar einen ordnungsgemäß gefassten Beschluss einer Vollversammlung für ungültig. Alle diese Maßnahmen wurden durch Gutachten von Verbänden des landwirtschaftlichen Genossenschaftswesens auf Landes- und

107 Nach der Gründung von Landesverbänden in allen neun Bundesländern konnte man diesen Slogan auf die Titelseite der Österreichischen Bauernzeitung schreiben. ÖBZ, Folge 1, 1963, 2.

108 ÖBZ, Folge 1, 1963, 1.

Bundesebene unterstützt. Man hat die Genossenschaften von ihrem ursprünglichen Zweck, nämlich Selbsthilfeorganisationen für die Bauern zu sein, entfernt und sie zu Versorgungsinstrumenten der Marktordnung gemacht. Die Genossenschaften und ihre Einrichtungen standen wohl im Eigentum der Bauern, als Genossenschaftsmitglieder hatten sie dort jedoch nichts zu bestimmen. Die eigentliche Macht übte die Agrarbürokratie aus, die bereits vermehrt die Bauern unter Kontrolle hielt. Ihnen schlossen sich die Kammern an, die in Wort und Schrift versuchten, den gewerkschaftlichen Kampfwillen der Bauern zu brechen. Der AÖBV suchte neben Protestkundgebungen auch andere Wege zu gehen: So versuchte man, Kampffonds und Kampfausschüsse bei den einzelnen Molkereigenossenschaften zu schaffen, doch war dies nur eine Vorbereitung zu weiteren Kampfmaßnahmen.

5.18. Konstituierung und erste Aktivitäten des niederösterreichischen Landesverbandes

Die Anfänge des Landesverbandes Niederösterreich wurden bereits im Kapitel 5.4. angeschnitten. Der erste Landesverbandstag fand am 16. Dezember 1962 in Stockerau statt, damit wurde die Organisationsarbeit des Jahres 1962 zum erfolgreichen Abschluss gebracht, und damit stand der AÖBV nun auch wirklich „vom Neusiedler See bis zum Bodensee" geschlossen da. Die Tagung eröffnete der bisherige Landesobmann Hans Pinkl und begrüßte die Spitzen des AÖBV, Fritz Feitzlmayr (Hauptverbandsobmann), Matthias Salzer (Landesverbandsobmann Burgenland), Gerhard Nowotny (Landesverbandsobmann Oberösterreich) und Michael Holzer (Landesverbandsobmann Steiermark). Der Bauernverband für Niederösterreich wurde ja schon einige Jahre zuvor als selbstständige Landesorganisation gegründet und schloss sich nunmehr dem Bundes-AÖBV an. Im Zuge der statutenmäßigen Abwicklung der Tagesordnung wurde die Neuwahl der Landesverbandsleitung durchgeführt, die folgendes Ergebnis hatte:

Robert Wenitsch, Stripfing	Landesverbandsobmann
Emmerich Hutterer, Alberndorf	Landesverbandsobmannstellvertreter
Hermann Pöschl, Niederrußbach	Landesverbandsobmannstellvertreter
Rudolf Abraham, Zwerndorf	Schriftführer
Josef Steindl, Ebergassing	Kassier
Walter Winkler, Ebreichsdorf	Beisitzer
Albin Fuchs, Kleinwolkersdorf	Beisitzer
Franz Pind, Zissersdorf bei Geras	Beisitzer
Karl Schäfer, Wieshof	Beisitzer
Franz Grundschober, Hausleiten	Beisitzer

5.19. Die stürmische Versammlung in Stockerau

Diese Veranstaltung, in Kapitel 5.4. bereits erwähnt, wurde von Hermann Pöschl aus Niederrussbach organisiert, den später seine Heimatgemeinde auch zum Bürgermeister wählte.

Dass es der AÖBV in Niederösterreich, einer ehernen Hochburg des ÖVP-Bauernbundes, schwer haben würde, war den Initiatoren von Anfang an klar. Bei der ersten öffentlichen Veranstaltung des Landesverbandes Niederösterreich am 16. Dezember 1962, also gleich im Anschluss an die konstituierende Sitzung, ging es auch gleich tumultartig zu. Beim offensichtlichen Versuch, die Versammlung zu sprengen – und wenn dies nicht möglich war, zumindest ausgiebig zu stören – waren sogar Regierungsmitglieder und Nationalratsabgeordnete federführend. So z.B. der erst frisch in den Nationalrat eingezogene Abgeordnete Karl Fachleutner; der Organisationsleiter des niederösterreichischen Bauernbundes und Landtagsabgeordnete Josef Robl; der Landesrat und spätere Landeshauptmannstellvertreter von Niederösterreich, Rudolf Hirsch, sowie noch eine ganze Reihe von Bürgermeistern, Gemeinderäten, sonstigen Funktionären des Bauernbundes und rund 100 Bauernbündler aus der Umgebung.

Schließlich hatte man im niederösterreichischen Bauernbund genug vom AÖBV aus den Landesorganisationen gehört, und es fehlte gerade noch, dass sich die Bauernverbandler auch noch im Land unter der Enns – im Kernland des Bauernbundes – breit machten. Schon der erste Redner, Landesverbandsobmann Robert Wenitsch, der das Thema „Was ist und was will der AÖBV" sachlich und rhetorisch ausgezeichnet behandelte, wurde trotz der den Gegnern zugesicherten Redefreiheit permanent mit gehässigen Zwischenrufen unterbrochen. Nach Wenitsch sprach Feitzlmayr über die wirtschaftliche Lage des Bauernstandes, die EWG und EFTA und wies auch auf diverse Missstände im Genossenschaftswesen hin. Auch seine Rede wurde ständig gestört, besonders, als der Redner auf die zunehmende Verpolitisierung des Genossenschaftswesens zu sprechen kam, erhob sich ein wüstes Geschrei, bei dem sich besonders Landesrat Hirsch hervortat.[109]

Helmut Langer, der erprobte Redner aus Salzburg, führte im Anschluss auf ruhige und sachliche Weise seine Rede über das Vertretungssystem im Allgemeinen und die der Berufsverbände im Besonderen aus. Auch er wurde ständig unterbrochen; danach verlangten die Hauptstörer sofortige Erteilung des Wortes, das auch in demokratischer Gepflogenheit sofort eingeräumt wurde. Rudolf Hirsch machte den Anfang, wobei sich bei seinen Ausführungen bald herausstellte, dass die agrarwirtschaftlichen Kenntnisse nicht die besten waren, so wurden die Begriffe „EWG" und Bundesrepublik Deutschland erst verwechselt und dann gleichgesetzt. Hirsch war gelernter Schuster und führte ein Schuhgeschäft in Stockerau. Es dauerte nicht lange, bis die Bauern riefen: „Schuster, bleib bei deinen Leisten – und erzähl uns Bauern nix!"

109 ÖBZ, Folge 1, 1963, 3.

Nach Hirsch war jedoch der Bürgermeister von Puch und Obmann des Getreidewirtschaftsfonds, Karl Fachleutner an der Reihe, der zu diesem Zeitpunkt erst vor kurzem in den Nationalrat eingezogen war und dann später sogar von Bruno Kreisky als Landwirtschaftsminister ins Spiel gebracht wurde. Fachleutner war schon ein gröberes Geschütz als Hirsch, dennoch gelang es ihm nicht, die Bauernverbandler ins Lächerliche zu ziehen, da er gegen Kaliber wie Helmut Langer und Robert Wenitsch nicht ankam. Als aber dann Fachleutner den erstaunten Zuhörern zurief: „Wenn die Bauern nicht zufrieden sind, hätten sie eben anders wählen sollen!", regten sich sogar seine Parteifreunde auf. Damit wurde der Zweck der Veranstaltung seitens des AÖBV erfüllt: Die Redner wurden von vielen Bauern gehört, die Schwächen der Störer erkannt und die entsprechenden Schlüsse gezogen. Ein enormer Mitgliederzuwachs war die Folge.

Der Niederösterreichische Landesverband setzte seine Arbeit mit großem Fleiß und überzeugt von der Notwendigkeit, eine Wende zugunsten des Bauernstandes herbeizuführen, fort. In kleineren Kundgebungen mussten erst Mitglieder gewonnen werden. So wurde bald nach der Kundgebung in Stockerau in Strengberg eine öffentliche Versammlung abgehalten, in der auch der ÖVP-Ortsbauernobmann das Wort erhielt. Er bemühte sich, die Verdienste der Bauernbundführung herauszustreichen und die Zuhörer davon zu überzeugen, dass der Bauernbund der idealste Anwalt der Bauernschaft sei. Das gelang ihm jedoch nicht, denn in der regen Diskussion brachten die Versammlungsteilnehmer die große Unzufriedenheit der Bauernschaft mit ihrer derzeitigen Berufsvertretung deutlich zum Ausdruck. Zufolge der zahlreichen Neubeitritte zum AÖBV konnte sofort eine Ortsstelle Strengberg gegründet werden, deren Leitung der Bauer Karl Reichard aus Strengberg übernahm.

5.20. Die Steiermark zieht nach – Großkundgebung in Mooskirchen

Nach den großen Kundgebungen in Oberösterreich, Kärnten, Salzburg und Niederösterreich wollten die steirischen Bauernverbandler ihren Kollegen nicht mehr nachstehen und stellten die erste große Kundgebung in der Steiermark auf die Beine. Am 27. Mai 1963 kam es in Mooskirchen zu einer Massendemonstration, an der über 2.000 Bauern teilnahmen. Über den begeisternden Verlauf und den überwältigenden Erfolg schrieb die „Steirische Volkszeitung" am 1. Juni 1963:

> Eine Großkundgebung wie die des Allgemeinen Bauernverbandes am vergangenen Sonntag hat Mooskirchen seit dem Zweiten Weltkrieg nicht erlebt. Rund 2.000, bei vorsichtiger Schätzung, waren gekommen, um ihren Willen kundzutun, obwohl in einem Nachbarort eine Bauernehrung stattfand. Da der große Saal im Gasthof Hochstrasser nicht alle fassen konnte, wurde im Gastgarten eine Parallelversammlung abgehalten, aber auch hier war der Platz zu klein, so dass die Ansprachen mittels Lautsprecher auf den Marktplatz übertragen werden mussten.

Großkundgebung in Mooskirchen im großen Saal des Gasthofes Hochstrasser

Nach der Eröffnung und Begrüßung durch den Organisationsleiter Michael Holzer (AÖBV-Landesverbandsobmann Steiermark) sprach der Geschäftsführer des Hauptverbandes, Helmut Langer aus Salzburg, und zergliederte die wirtschaftliche Situation des Landvolkes, ohne einer politischen Partei oder anderen Berufsständen nahe zu treten, was wohlwollend anerkannt wurde. Hauptthema war wohl immer der Lohn und Preis, wobei sich ersterer immer mehr zu Ungunsten der Landbevölkerung verschob, die keine 45-Stundenwoche kennt und stundenmäßig doppelte Leistungen vollbringen muss, um allen wirtschaftlichen Anforderungen gerecht zu werden, wobei auch der Maschineneinsatz nie voll und ganz die Handarbeit ersetzen kann. Drastische Beispiele aus der Statistik erhärteten seine Ausführungen, die immer wieder von Beifall unterbrochen wurden. Als zweiter Redner schilderte Landesverbandsobmann Angerer aus Kärnten, ein Bauer aus Moosburg, in temperamentvoller Weise die wirtschaftliche Situation der Bauern in unserem Nachbarland mit besonderer Berücksichtigung der Milchpreisfrage. Aus allen seinen Worten hörte man den Praktiker, dem es um die Zukunft des Landvolkes geht. Der Bezirksstellenleiter von Wolfsberg, der Bauer Sumper, und der Bauer Oswald erweiterten den Fragenkomplex auf dem Sektor des Ackerbaues in eindringlichster und leichtverständlicher Weise. Die beiden Vorsitzenden der Versammlungen, der Landesverbandsobmann von Steiermark, Michael Holzer, und Landesverbandsobmann-Stellvertreter Peter Kohm leiteten mit Freude die gewaltigen Kundgebungen, die in äußerst disziplinierter Art und Weise verliefen und nach zweistündiger Dauer geschlossen werden konnten.[110]

110 Weststeirische Volkszeitung vom 1. Juni 1963, zit. in: ÖBZ, Folge 6, 1963, 3.

Großkundgebung in Mooskirchen, linke Gartenhälfte

Großkundgebung in Mooskirchen, rechte Gartenhälfte, am Rednerpult Helmut Langer.

Der Versuch des Bauernbundes, die Großkundgebung in Mooskirchen durch eine zur gleichen Stunde im benachbarten Söding angesetzte Bauernehrung zu beeinträchtigen, misslang vollständig, obwohl als Festredner Landeshauptmann Krainer erschienen war. Bezeichnend war, dass zwei frisch ausgezeichnete Kammerräte auf das Festessen verzichteten und zur Großkundgebung nach Mooskirchen eilten, wo sie dann nach Anhörung der Reden ihre Silbermedaillen mit dem grüngoldenen Abzeichen des AÖBV vertauschten. Nach Schluss der Kundgebung meldeten Hunderte von Versammlungsteilnehmern ihren Beitritt zum AÖBV. In Söding selbst hielt Bauernbundpräsident Wallner eine gehässige Rede gegen den AÖBV. Er verlautete, dass der österreichische Bauernstand keine Menschen brauche, die die Leute aufhetzten, die unerfüllbare Forderungen stellten und darüber hinaus unverantwortlich wären. Vielmehr brauche man Menschen, die den rechten Willen hätten, dem Bauernstand zu helfen und das, was sie vertreten, auch durchsetzen und verantworten können.

Die Reaktion des AÖBV erfolgte prompt, in der ÖBZ stand in der Juliausgabe 1963:

> Was versteht der Herr Präsident unter „aufhetzen"? Wohl das, was wir, im Gegensatz zu ihm, den Bauern offen sagen; nämlich dass sie schon die längste Zeit von ihren so genannten Vertretern zum Narren gehalten werden und es höchste Zeit ist, ihr Recht zu verlangen und unmissverständlich zum Ausdruck zu bringen, dass sie sich die ständigen Zurücksetzungen nicht mehr gefallen lassen. Die Mooskirchner Kundgebung hat das wohl deutlich genug bewiesen. Die Bauern haben von den ewigen Beschwichtigungen ebenso genug, wie von den leeren Versprechungen und ewigen Vertröstungen ihrer gewählten Vertreter. Hält Präsident Wallner vielleicht die Forderung nach Gleichstellung des bäuerlichen Einkommens mit dem der anderen, gleichwertigen Berufe für „unerfüllbar"? Sagt er das auch von den Forderungen der Beamten? Diese waren bisher noch nie unerfüllbar und wurden mit seiner Zustimmung immer raschest erfüllt. Wenn der Herr Präsident seinen geduldigen Zuhörern erklärte, dass wir Menschen brauchen, die dem Bauernstand zu helfen den rechten Willen haben, und das was sie vertreten, auch durchsetzen und verantworten können, dann geben wir ihm recht. Will er aber damit behaupten, dass nur er und seine Parteifreunde solche Leute wären, dann können wir ihm so nicht ohne weiteres zustimmen. Kann sein, dass sie den rechten Willen haben, aber leider ist das Fleisch sehr, sehr schwach! Denn mit dem „Durchsetzen" der Bauernforderungen hat es einen großen Haken. Es sitzen doch, wie Bundesminister a.D. Graf kürzlich feststellte, 34 Bauernbundabgeordnete im Parlament.
>
> Die Vertretung der bäuerlichen Forderungen durch diese Abgeordneten lässt aber viel zu wünschen übrig. Wer nur ein wenig die Möglichkeiten kennt, die einer so starken Gruppe von Abgeordneten zur Verfügung stehen, um ihren Forderungen Nachdruck zu verschaffen, muss zugeben, dass diese Bauernvertreter bisher davon wenig

Gebrauch machten. Wenn sie aber die dringendsten Forderungen der Bauernschaft im Parlament weder vertreten noch durchsetzen können oder, was wohl die Ursache ist, nicht dürfen, sind sie dort fehl am Platz und sitzen zwecklos herum. Die Erhöhung des Produzentenmilchpreises um 20 Groschen, von denen wir nicht wissen, wie viel uns davon im Lauf der Zeit wieder abgezogen wird, als ganz großen Erfolg hinzustellen, wie dies Herr NR Wallner tut, ist doch stark übertrieben. Hätte seinerzeit nicht der Bauernverband mit seinen Traktorendemonstrationen die Bauernbundführung in Bewegung gesetzt, wäre auch das Wenige nicht erreicht worden. Ein guter Teil dieses Erfolges ist daher dem entschiedenen Eingreifen des AÖBV zu verdanken.

Eines aber hätte sich der Herr Bauernbundpräsident in diesem Zusammenhang ersparen können, nämlich davon zu sprechen, dass durch die Erhöhung des Produzentenmilchpreises um 20 Groschen der EWG-Durchschnitt, der nach seinen Angaben S 1,50 beträgt, bereits erreicht sei. Das stimmt nicht und klingt geradeso, als wollte er sagen: „Seid zufrieden, was wollt ihr noch mehr!" Solche aus den eigenen Reihen kommenden Reden schaden der Bauernschaft viel mehr als die der Gegner. Warum zieht Herr Präsident Wallner nicht die Milchproduzentenpreise der Schweiz und der Bundesrepublik Deutschland heran? Da würde die Sache gleich ganz anders aussehen. Oder glaubt er vielleicht, dass sich die Schweizer Bauern und die der Bundesrepublik einen Milchproduzentenpreis von S 1,50 gefallen lassen würden? Darum halten auch wir an unserer Forderung nach einem Milchproduzentenpreis von S 2,50 absolut fest und können die bisher erreichten 20 Groschen nur als erste Etappe anerkennen. Die Forderung nach einem ausreichenden Produzentenmilchpreis ist ein Teil unseres ehrlichen Kampfes um die Erhaltung der Existenz und einer angemessenen Lebenshaltung der österreichischen Bauernschaft. Es ist daher vollkommen unangebracht, wenn sich Herr Präsident Wallner in gehässigen und unbegründeten Angriffen auf den AÖBV ergeht. Es wäre viel besser und der Bauernschaft dienlicher, wenn er sich mit der Idee des Bauernverbandes und seinem Agrarprogramm positiv befassen würde."[111]

Wallner reagierte auf diese Aussendung nicht, auch wenn die Forderungen noch so begründet waren, auch wenn noch so kluge Köpfe beim AÖBV waren: es konnte einfach nicht sein, dass dem Bauernbund sein Monopol auf die Vertretung der landwirtschaftlichen Interessen auch nur ansatzweise streitig gemacht wurde.

In der „Weststeirischen Volkszeitung" stand noch etwas anderes: Die Bezirksleitung Voitsberg des Steirischen Bauernbundes ließ in dem Blatt eine „Aufklärung" schalten, in der behauptet wurde, dass für den AÖBV durchwegs Angehörige der Freiheitlichen Partei verantwortlich zeichnen. Dies wurde vom AÖBV postwendend und energisch zurückgewiesen, auch unter Klagandrohung im Wiederholungsfall.

111 ÖBZ, Folge 7, 1963, 1f.

Die Veranstaltung in Mooskirchen war jedenfalls ein voller Erfolg für den Bauernverband. Alleine an diesem Tag traten über 400 Bauern der überparteilichen Bauernvertretung als Mitglied bei, wie sich Helmut Langer heute erinnert.

5.21. Der Kampf gegen die bäuerliche Pflichtkrankenkasse – Teil II

„Die Freiheit ist ein Gut, das weder schätzbar noch wägbar ist. Den Wert dieses Gutes erkennt der einzelne leider erst dann, wenn er dieses Gut verloren hat."[112]

Die Sozialversicherungsanstalt der Bauern, die sich Anfang der siebziger Jahre in der Ghegastraße im 3. Wiener Gemeindebezirk einen ansehnlichen Palast gebaut hat, schreibt zu ihrer eigenen Geschichte im Internet auf höchst selbstbeweihräuchernde Weise:

> Die Vorsorge gegen Krankheit ist der jüngste Zweig innerhalb der bäuerlichen Sozialversicherung. Dies nicht zuletzt deshalb, weil es für Bauern seit jeher selbstverständlich war mit den Wechselfällen des Lebens selbst zurande zu kommen. Ein Arzt wurde erst in Notfällen aufgesucht und natürlich selbst bezahlt. Die extrem gestiegenen Gesundheitskosten lassen dies heute undenkbar erscheinen. So war es der Weitsicht der damals politisch Verantwortlichen zu verdanken, dass im Jahr 1965 mit Wirksamkeit ab 01.04.1966 alle selbstständigen Bauern in der Krankenversicherung nach dem Bauernkrankenversicherungsgesetz (B-KVG – 1965) einbezogen wurden.[113]

Es war jedoch weniger „die Weitsicht der damals politisch Verantwortlichen", die zur Pflichtkrankenkasse für die Bauern geführt hat, sondern viel mehr die Gier und das Bedürfnis, eine weitere Institution zur Gängelung des Bauernstandes und damit ein Instrument der Machtausübung zu errichten.

Die treibende Kraft ging auch hier wieder von einem Ämtersammler aus, nämlich Alois Scheibenreif, seines Zeichens Abgeordneter zum Nationalrat, Präsident der niederösterreichischen Landwirtschaftskammer, Obmann der Landwirtschafts-Krankenkasse, Obmannstellvertreter des Niederösterreichischen Bauernbundes etc. In Anbetracht der Landflucht meinte man im AÖBV dazu:

> Ob das nur in Sorge um die bäuerliche Gesundheit geschieht, ist nicht ganz sicher, denn Herr NR Scheibenreif weiß ganz genau, dass die Pflichtkrankenkasse für die Landarbeiter nach und nach überflüssig wird, weil der Stand der Landarbeiter von

112 ÖBZ, Folge 2, 1964, 2.

113 http://www.svb.at/esvapps/page/page.jsp?p_pageid=127&p_menuid=2681&p_id=6 [download 11.05.2007].

> Monat zu Monat abnimmt, weshalb es nahe liegt, dass man versucht, für diesen Schwund Ersatz zu schaffen, da sonst vielleicht doch Dutzende von Schreibtischen und Direktoren überflüssig werden könnten.[114]

Zweifellos lag ein Körnchen Wahrheit darin, wenn man den Gesundheitszustand der bäuerlichen Bevölkerung zu Beginn der sechziger Jahre allgemein als schlecht einstufte. Die Hauptursache dafür war jedoch nicht das Nichtvorhandensein einer bäuerlichen Pflichtkrankenkasse, denn es bestanden bereits gut geführte Krankenversicherungsanstalten auf privater und freiwilliger Grundlage, die auch den Bauern zugänglich waren. Schuld war vielmehr die krasse Unterbewertung der bäuerlichen Arbeit und der damit zusammenhängende Mangel an Arbeitskräften, sprich Landflucht. Hätte man damals schon dafür gesorgt, dass der Bauer für seine Produkte und Arbeitsleistung entsprechend entlohnt wird, dann hätte er sich auch eine Versicherung bzw. einen Arzt seiner Wahl und die Medikamente leisten können und damit auf die von Scheibenreif zugedachten „Wohltaten" verzichten können.

Da der AÖBV immer die Freiheit und Unabhängigkeit der Bauern im Auge behielt, sah man sich gezwungen, gegen diese weitere Zwangsmaßnahme mit allen Mitteln anzukämpfen. Wie sich in späteren Kapiteln noch herausstellen wird, war auch dies wiederum ein Kampf gegen Windmühlen. Eines sei schon jetzt vorweg gesagt: Bis heute zahlen die Bauern unter Pflicht gewaltige Beiträge in das System, um Posten und Palast in der Ghegastrasse zu erhalten, durften aber dennoch bis in die jüngste Vergangenheit bei jedem Arztbesuch einen hohen Selbstbehalt drauflegen. Zurück zur Geschichte: Scheibenreif erklärte im Frühjahr 1963, er werde im Parlament einen Initiativantrag einbringen, auf dass die Pflichtkrankenkasse noch bis 1. Jänner 1964 beschlossen werden könne. Die erste Kampfmaßnahme seitens des AÖBV bestand darin, die Bauern aufzuklären, was die geplante Pflichtkrankenkasse kosten würde und das dies das Doppelte bis Dreifache dessen ausmachen würde, was sie wert sei. So wurde im AÖBV gerechnet und eine Gegenüberstellung des Versicherungswerts einer Pflichtkrankenkasse mit den tatsächlichen Kosten veröffentlicht.

Und so sah es 1963 vor der Einführung der Pflichtkrankenkasse für die Bauern aus:

Zunächst wurde festgestellt, wie sich die Verhältnisse in den bereits bestehenden Landwirtschafts-Krankenkassen für Arbeiter und Angestellte im Lauf der Zeit verändert hatten. So betrug z.B. der Versicherungsstand einer bestimmten Landwirtschafts-Krankenkasse im Jahr 1950 noch 49.861 Personen, im Jahr 1961 aber nur noch 30.133. Es verringerte sich also der Versicherungsstand in zehn Jahren um 19.728 Personen, das waren etwa 40 Prozent.

114 ÖBZ, Folge 7, 1963, 2.

Die Verwaltungskosten betrugen:

1957 ATS 4.887.000,-
1958 ATS 4.919.000,-
1959 ATS 6.509.000,-
1960 ATS 6.921.000,-
1961 ATS 7.251.640,-

Bei einem Rückgang des Versichertenstandes um 40 % hatten sich die Verwaltungskosten trotzdem erhöht, und zwar um satte 48 %. Schon allein dieser Umstand sprach gegen die Errichtung einer Pflichtkrankenkasse, wie sie geplant war.

Manche Bauern ließen sich von den künftigen Nutznießern einer solchen Zwangskrankenkasse einreden, dass die Beiträge ja ganz gering seien und von der Bauernschaft leicht zu tragen wären. Der Besitzer eines Betriebes mit einem Einheitswert von ATS 30.000,- hätte monatlich ATS 30,- (jährlich also ATS 360,-) zu zahlen gehabt. Die Beiträge erhöhten sich jedoch nach Einheitswert:

Einheitswert		ATS 50.000,-	monatlich ATS 90,-	jährlich ATS 1.080,-
Einheitswert		ATS 100.000,-	monatlich ATS 120,-	jährlich ATS 1.440,-
Einheitswert		ATS 200.000,-	monatlich ATS 150,-	jährlich ATS 1.800,-
Einheitswert	über	ATS 200.000,-	monatlich ATS 180,-	jährlich ATS 2.160,-

Das war aber noch nicht alles. Für Krankenhausverpflegung, Medikamente, Arzt und Zahnarzt musste der Bauer bis vor kurzem noch 20 % der Kosten drauflegen, da die Versicherung nur 80 % der Leistungen ersetzte. Für Zahnprothesen, Brillen und ärztliche Hausbesuche leistete die Versicherung überhaupt nur einen Bruchteil der Kosten, und dies ist bis heute noch der Fall. Damit war der Versicherungsbeitrag für die Bauern doch nicht so unbedeutend, wie man ihnen einredete. Der Vorteil für die Bauern war ein geringer, die Belastung jedoch eine große, dies wurde von der Bauernschaft auch erkannt und so ging eine Abstimmung über die Einführung der Pflichtkrankenkasse in der steirischen Landwirtschaftskammer vom Sommer 1963 mit 27 % dafür und 72 % der Stimmen dagegen aus.[115] Der AÖBV ließ nie einen Zweifel daran, dass eine Vorsorge, besonders für schwere Krankheitsfälle im Bauernhaus, notwendig war. Im Gegensatz zur Zwangskrankenkasse hätte es aber eine Reihe andere und billigere Alternativen gegeben; bestehende private Institute für Kranken- und Krankenzusatzversicherungen haben bestens funktioniert, zumal auch unter den Versicherungsgesellschaften ein gesunder Konkurrenzdruck da war und der Bauer bei Unzufriedenheit der Leistungsabdeckung die Versicherung wechseln konnte.

115 ÖBZ, Folge 9, 1963, 1

Diese bestehenden privatwirtschaftlichen Einrichtungen, so forderte der AÖBV, sollten entsprechend gefördert und ausgebaut werden, etwa durch einen obligaten, eventuell gestaffelten Staatszuschuss, damit sich auch der kleinste Bauer eine Versicherung leisten kann. Doch seitens der Mächtigen wurde der Zug bereits in Bewegung gesetzt, die Fahrt wurde nur noch durch die parteiinternen Querelen in der ÖVP (Gorbach vs. Klaus) verzögert, aufhalten konnte ihn der AÖBV nicht mehr – trotz aller Bemühungen des damals jungen Juristen Dr. Manfred Frey, der als Geschäftsführer des Landesverbandes Niederösterreich maßgeblich eingeschaltet war. Immer wieder betonte er in der ÖBZ und weiteren Medien, bei Tagungen und Reden, dass der Staat den Bauern wiederum ein Stück Freiheit abzwacken wolle. Dabei verwies Frey immer wieder darauf, dass die Freiheit ein Gut sei, das weder schätzbar, messbar noch wägbar wäre. „Den Wert dieses Gutes erkennt der einzelne leider erst dann, wenn er dieses Gut verloren hat. Die Freiheit ist ein Gut, das man im ständigen Kampf gegen die Angriffe der Kollektivisten verteidigen muss“[116], so Frey in der ÖBZ. Er war derjenige, der bereits mit Versicherungsgesellschaften in Verhandlungen stand, noch rechtzeitig vor geplanten Gesetzesbeschluss mit 1. Jänner 1965 ein richtungsweisendes privatwirtschaftliches Alternativmodell zur Zwangskrankenkasse auszuarbeiten. Er war auch der Verfasser jener Resolution, welche die Forderungen des AÖBV zur bäuerlichen Krankenversicherung auf den Punkt brachte, am 8. März 1964 in Wels beschlossen und an Bundeskanzler und Landwirtschaftsminister übermittelt wurde:

> Die im Allgemeinen Österreichischen Bauernverband zusammengeschlossenen Bauern lehnen die geplante Krankenversicherung ab. Sie vertreten die Ansicht, dass die persönliche Freiheit ein nicht hoch genug zu bewertendes Gut ist und dass jede Einschränkung derselben durch Verstärkung des Abhängigkeitsverhältnisses vom Staat die Gefahr des Kollektivismus in sich birgt. Wir bejahen jedoch die Maßnahmen, die es den Bauern ermöglichen, unter Wahrung der persönlichen Freiheit durch eine freiwillige Mitgliedschaft und freier Wahl des Institutes eine ausreichende Vorsorge für Krankheitsfälle zu treffen. Mit Rücksicht auf die derzeitigen ungerechten und unsozialen Einkommensverhältnisse der österreichischen Landwirtschaft erheben wir die Forderung auf eine Mitleistung des Staates in Form entsprechender Prämienrückvergütung, ähnlich dem System der Hagelversicherung. Auf jeden Fall verlangen wir bei Gesetzesvorlagen von so weitreichender Bedeutung vor deren Einbringung im Parlament eingehende Aufklärung der Bauernschaft und das Recht als Berufsstand, in Form einer Urabstimmung darüber entscheiden zu können.

Was die Forderung nach einer Urabstimmung betrifft, wurde diese klarerweise abgelehnt, da sich die Regierungsparteien damals wie heute für die direkte Demokratie in Form von Volksabstimmungen noch nie so recht erwärmen konnten.

116 ÖBZ, Folge 2, 1964, 3f.

Manfred Frey und Helmut Langer schafften es in weiterer Folge sogar, die Ärzteschaft auf ihre Seite zu ziehen. So hielt am 25. März 1964 der Präsident der Wiener Ärztekammer und Vizepräsident der Bundesärztekammer, Dr. Fritz Daume, auf einer Pressekonferenz des AÖBV zur Pflichtkrankenkassenfrage eine Rede, die aufhorchen ließ. Daume hielt in seiner Rede fest, dass er nicht verstehen könne, warum man dem AÖBV seine Haltung in dieser Frage zum Vorwurf mache und ihm das Recht absprechen wolle, als Minderheit eine solche Abwehrstellung einzunehmen. Aber gerade deshalb, weil der Bauernverband so entschieden und mutig seine Meinung vertritt, bringe er dem Bauernverband Hochachtung entgegen und freue sich über die Gemeinsamkeit der Ansichten. Er selbst, sagte Daume, wünsche dem Bauernverband Erfolg auf seinem Weg, den er unbeirrt weiter verfolgen möge, bis er sein Ziel, eine schlagkräftige bäuerliche Berufsvertretung, erreicht habe. Diese Stellungnahme Daumes war kein Wunder: In einer kurz davor stattgefundenen geheimen Abstimmung der österreichischen Ärzteschaft stimmten von 10.885 Ärzten 10.072, das waren 96 %, gegen die Pflichtversicherung der Bauern. Auch erklärte sich die Ärzteschaft bereit, entsprechende Gegenmaßnahmen durchzuführen, sollte das Gesetz trotzdem im vorliegenden Entwurf beschlossen werden. Daume sollte sich in weiterer Folge – wie noch berichtet wird – nicht nur bei einer Pressekonferenz zu Wort melden, sondern auch bei Protestveranstaltungen des AÖBV selbst, dazu an späterer Stelle mehr. Doch nicht nur Daume meldete sich seitens der Ärzteschaft zu Wort, sondern auch der Präsident der Tiroler Ärztekammer, DDr. Newessely, der ebenfalls auf einer Protestkundgebung des AÖBV in Thiersee mit recht markigen Wortmeldungen aufhorchen ließ. So wies er auf die Gefahren staatlicher Gesundheitspolitik hin und zitierte den Ausspruch Lenins, „wenn man das Volk in die Hand bekommen wolle, dann müsse man es über die Gesundheit in die Hand bekommen". Interessant waren aber vor allem die Eindrücke Newesselys von den Verhandlungen der Ärzteschaft mit den Funktionären des ÖVP-Bauernbundes, deren Zeuge er wurde. So schilderte er den versammelten Bauern und stellte ironisch fest, dass im Bauernrat, mit dem die Ärzte verhandelten, nur Hofräte und Direktoren zugegen waren und fügte wörtlich hinzu: „Richtige Bauern habe ich dabei überhaupt nicht gesehen, wenn ich nicht Herrn NR Scheibenreif als solchen bezeichnen will."[117] Der angesehene Tiroler Arzt sprach sich ausdrücklich für eine Bauernkrankenkasse auf freiwilliger Grundlage aus. Seiner Ansicht folgten auch die Vertreter der burgenländischen und oberösterreichischen Ärztekammern.

Mittlerweile stimmte der Delegiertentag des ÖVP-Bauernbundes, trotz dieser so unmissverständlichen Haltung der Ärzte, der Einführung der Zwangskrankenkasse nach dem dritten Entwurf des Sozialministers Anton Proksch zu. Wie überheblich der Bauernbund agierte, zeigt sich schon daran, dass man der Meinung war, diese Zustimmung des Delegiertentages würde die geforderte Urabstimmung der Bauernschaft

117 ÖBZ, Folge 8, 1964, 3.

zur Krankenkasse ersetzen. Dies wurde vom AÖBV auf das Heftigste bestritten, da von den Delegierten die meisten entweder bezahlte Funktionäre oder Abgeordnete waren, die unter dem Druck der Parteileitung standen und daher keineswegs den Willen der Gesamtbauernschaft zum Ausdruck bringen konnten. Ihren Unmut machten die Bauernverbandler auch in Protestkundgebungen Luft, so z.B. am 12. April 1964 in Eferding (500 Teilnehmer), am 14. April in Ried im Innkreis (250) und am 19. April in Steyr (270).

Der AÖBV, vornehmlich Manfred Frey, Robert Wenitsch und Helmut Langer, entwickelte noch rechtzeitig vor dem Beschluss des Bauern-Krankenversicherungsgesetzes vom 07.07.1965 (Bundesgesetzblatt Nr. 219/1965) ein Modell einer Großgruppenversicherung, die inhaltlich den Versicherungsschutz gewährleistet, ohne sich in die Pflicht nehmen zu lassen. Der AÖBV führte Verhandlungen mit den Versicherungsverbänden; von dort kam sogar Geld, für dieses Modell zu werben, österreichweite Postwurfsendungen wurden finanziert. Enge Kontakte gab es zur Ärzteschaft; der Präsident der Ärztekammer Daume trat sogar als Redner bei AÖBV-Veranstaltungen auf, wie z.B. auf einer Großkundgebung in Horn. Das AÖBV-Modell wäre für Österreich ein völlig neuer Weg gewesen, wie man einem ganzen Berufsstand Versicherungsschutz gewährt, ohne ihn in den Topf einer Pflichtversicherung zu werfen. Alle hätten davon profitiert: Der Bauer, der selbst hätte entscheiden können, inwieweit er wo versichert ist; die Versicherungen, die erstmals einen ganzen Berufsstand krankenversichern hätten können und die Ärzteschaft, die keinen Vertrag mit einer staatliche Krankenkasse benötigt hätte, um Landwirte behandeln zu können. Der AÖBV wollte den Bauern aus der Abhängigkeit herausführen – die Pflichtkrankenkasse war ein weiterer Schritt in Richtung totaler Abhängigkeit. Der Bauer war schon abhängig genug – von der Landwirtschaftskammer, von Raiffeisen, vom Bauernbund – alles fest in schwarzer Hand – nun kam dazu noch eine Pflichtkrankenkasse.

Der AÖBV hingegen wollte den Bauern zum wirklich freien Bauern machen, zu einem Berufsstand, der unternehmerisch denkt, der frei entscheidet und frei denkt – eines der Leitbilder des AÖBV. Bekanntermaßen blieben die ÖVP und der Bauernbund jedoch knallhart und beschlossen gegen die Meinung der Bauernschaft am 7. Juli 1965

Anton Kornfell und Manfred Frey im Jahr 2000

das Bauern-Krankenversicherungsgesetz. Eine weitere schwarze Bastion des Zwanges und der Macht war damit erbaut worden, wieder auf dem Rücken der Bauern.

Das Hauptgebäude der Sozialversicherungsanstalt der Bauern in der Wiener Ghegastrasse – eine schwarze Bastion

Kaum war das Gesetz beschlossen, wurden den Bauern drakonische Strafmaßnahmen für den Fall angedroht, dass sie das Gesetz ignorierten und die Anmeldepflicht verletzen würden (ATS 3.000,- Geldstrafe oder 14 Tage Arrest). Gleich darauf entbrannte der Kampf um die neu geschaffenen und fett dotierten Leitungsposten in der Krankenkasse. Die schönsten davon in Aufsichtsrat und Vorstand holten sich, wie zu erwarten war, jene Proponenten, welche sich am eifrigsten bemüht hatten, der Landwirtschaft dieses Gesetz aufzuzwingen.

5.22. Die Tagespolitik 1964 und der Beginn der Ära Schleinzer

Am 25. Februar 1964 hielt Bundeskanzler Gorbach dem parteiinternen Druck nicht mehr stand und trat zurück, was eigentlich eine Regierungsneubildung notwendig gemacht hätte. Dazu kam es aber nicht, da die SPÖ einfach erklärte, sie wäre mit ihren Ministern sehr zufrieden, weshalb diese auch nicht zurücktreten müssten. Durch diesen politischen Schachzug wurde es den Sozialisten möglich, sich eine Reihe von Vorteilen zu verschaffen und damit die ÖVP unter Druck zu setzen. So bestanden sie darauf, dass das mit Gorbach seinerzeit beschlossene Koalitionsabkommen weiter zu gelten habe, weil es sich ja nur um eine Umbildung der Regierung handeln würde, und verlangten die Unterschriften von Josef Klaus und Hermann Withalm, die beide ihre Unterschrift seinerzeit verweigert hatten und diese nun zähneknirschend leisten mussten.

Mit 2. April 1964 bekam die Republik Österreich auch einen neuen Landwirtschaftsminister, nämlich Karl Schleinzer (ÖVP), der Eduard Hartmann nach fast fünfjähriger Amtszeit ablöste. Mit Schleinzer sollte der AÖBV noch heftige Sträuße ausfechten, er wird dem Leser in diesem Text noch sehr oft begegnen. Im Gegensatz zu Hartmann, der als „landloser akademischer Bauer" galt, hatte Schleinzer selbst einen ansehnlichen Hof im Kärntner Lavanttal, wo er 1924 geboren wurde und politisch fest verankert war.

Die politische Werdegang Schleinzers war eine Bilderbuchkarriere in der ÖVP: Ab 1952 war er Bezirksobmann der ÖVP in Wolfsberg und nur vier Jahre später wurde Schleinzer 32-jährig als Abgeordneter in den Kärntner Landtag gewählt. 1959 avancierte er zum Landesparteiobmann der Kärntner ÖVP und war dann 1960/61 Landesrat für Land- und Forstwirtschaft sowie Geschäftsführer des Kärntner Bauernbundes.

Karl Schleinzer

Zu Beginn des Jahres 1961 wurde Schleinzer von Gorbach nach Wien gerufen, wo er das Amt des Verteidigungsministers im „zarten Alter“ von 37 übernahm.

Politisch gewann Schleinzer rasch an Gewicht. 1962 wurde ihm für den Parteitag des Jahres 1963 der Vorsitz im politischen Ausschuss in der Bundespartei übertragen, der Vorschläge für eine persönlichkeitsorientierte Wahlrechtsreform erarbeitete. Gemeinsam mit Klaus und Withalm war Karl Schleinzer damals ein Hoffnungsträger der ÖVP. Ab 2. April 1964 war Schleinzer Bundesminister für Land- und Forstwirtschaft. Innerhalb seiner Partei hatte er sich so profiliert, dass man ihm nach der Wahlniederlage des Jahres 1970 das Generalsekretariat anvertraute. Am 4. Juni 1971 trat er dann die Nachfolge Withalms als Bundesparteiobmann an. Er übernahm damit ein schweres Amt. Die ÖVP war innerlich zerstritten und hatte ihren Standort in der Opposition noch nicht gefunden. Das Gesetz des Handelns lag bei der SPÖ und ihrem Vorsitzenden Bruno Kreisky, der es meisterhaft verstand, seine Politik medienwirksam zu präsentieren. 1971 erlangte die SPÖ die absolute Mehrheit, die ÖVP musste für viele Jahre in die Opposition.

Karl Schleinzer verstarb durch einen tragischen Unfall. Nach einer Urlaubswoche in der Ägäis kehrte er am Morgen des 19. Juli 1975 per Flugzeug nach Wien zurück. Dann setzte er sich ans Steuer seines Autos, um zu seiner Familie nach Kärnten zu fahren. Auf der Bundesstraße 17 geriet das Fahrzeug bei der Umfahrung von Bruck an Mur auf die linke Fahrbahnseite und stieß frontal mit einem entgegenkommenden Sattelschlepper zusammen. Karl Schleinzer war auf der Stelle tot, er verstarb 51-jährig.

Doch zurück zum Jahr 1964: Hermann Withalm, auch bekannt als „der eiserne Hermann“, Notar aus Wolkersdorf im Weinviertel und später Vizekanzler der ÖVP-Alleinregierung unter Klaus, hielt als Generalsekretär der ÖVP beim Regierungsantritt am 2. April 1964 im Parlament eine für die Bauernschaft interessante Rede, die hier auszugsweise wiedergegeben werden soll:

> Es ist erkennbar, welch unschätzbaren Beitrag eine freie und leistungsfähige Bauernschaft für das Wohl des österreichischen Volkes leisten kann. Seit Jahrzehnten gibt die österreichische Landwirtschaft Arbeitskräfte ab, steigert trotzdem aber darüber hinaus noch ihre Produktion bis an die Grenze der Selbstversorgung unseres Landes mit Grundnahrungsmitteln und exportiert sogar namhafte Mengen. Seit 1937 hat die österreichische Land- und Forstwirtschaft bis zum vergangenen Jahr 326.000 Arbeitskräfte abgegeben, die Arbeitsproduktivität jedoch um 205 Prozent gegenüber 1937 gesteigert. Die agrarische Produktion kann nicht mit einer elastischen Nachfrage nach ihren Erzeugnissen rechnen. Bei wachsendem Wohlstand ist die Nach-

> frage nach einzelnen Grundnahrungsmitteln geringer geworden. Das hat zur Folge, dass die Leistungen der Landwirtschaft umso weniger gewertet werden, je größer sie tatsächlich sind. Weil der Bauernstand für den Staat, das Volk und die übrige Wirtschaft Leistungen erbringt, die nicht direkt honoriert werden, hat er einen moralischen Anspruch auf die indirekte Hilfe durch Förderungsmaßnahmen.

Zum Problem der Landflucht meinte Withalm in seiner Rede weiter:

> Wenn auf dem Lande nicht nur die Arbeit härter, das Leben einschichtiger, das Wohnen weniger angenehm, der Schulbesuch beschwerlicher, jede Erkrankung kostspieliger ist, sondern dazu auch noch das Einkommen geringer anfällt, dann könnte es sehr leicht sein, dass wir eines Tages weniger Bauern finden, als wir brauchen und in Kriegszeiten auch weniger Brot als Hunger haben.

Lobende und schmeichelnde Worte für die Bauernschaft seitens der Parlamentarier, vor allem der schwarzen Reichshälfte, war und ist man bis heute hinlänglich gewohnt. Dass jemand die Probleme der Bauernschaft jedoch so direkt beim Namen nannte wie Withalm, war hingegen neu. Was er aber ausließ, war die uralte Forderung des AÖBV zur dringend zu bereinigenden Frage der Angleichung des bäuerlichen Einkommens an andere Berufsgruppen. Withalm wies lediglich darauf hin, dass „der gesunde, selbsterhaltungsfähige bäuerliche Familienbetrieb ein Einkommen erwirtschaften kann, das der harten und risikoreichen bäuerlichen Arbeit entspricht".[118]

In Kärnten wurde währenddessen Propaganda der Marke „unterste Schublade" gegen den AÖBV gemacht. Da der Landesverband Kärnten von Beginn an sehr erfolgreich war und vor allem bei den Protestkundgebungen Hundertschaften von Bauern in Bewegung setzte, wurde dem Bauernbund mittlerweile bange, und man versuchte den Bauern einzureden, dass der AÖBV nichts anderes sei als eine bitterböse Maßnahme der noch böseren Sozialisten, die Bauern der ÖVP zu entfremden. So wurden Behauptungen aufgestellt, dass der AÖBV Zuschüsse vom sozialistischen Finanzreferenten des Landes Kärnten erhält, denn ohne diese Zuschüsse könne der Bauernverband keine so rege Tätigkeit entfalten. Auch in der Steiermark behauptete der Bauernbund, der AÖBV werde finanziell vom Österreichischen Gewerkschaftsbund (ÖGB) unterstützt. Solche Lügen ließen sich die Bauernverbandler aber nie lange gefallen, sondern gaben sofort öffentliche Gegendarstellungen ab, wie z.B.: „Die Arbeit des Allgemeinen Österreichischen Bauernverbandes finanzieren ausschließlich seine Mitglieder durch ihre Beiträge und Spenden. Er steht darum nicht in fremden Solde, ist frei und nur seinen Bauern verpflichtet. Die Gerüchtemacher aber mögen zu Kenntnis nehmen, dass wir sie, wenn sie damit nicht aufhören, zur Verantwortung ziehen werden."

118 Stenographische Protokolle des Nationalrates, 2. April 1964.

Da der Bauernverband bereits in einigen Gerichtsverhandlungen betreffend Verleumdung etc. gegen den Bauernbund den Sieg davongetragen hatte, wurden die Gerüchte bald stumm. Es wurde aber immer wieder seitens des Bauernbundes versucht, den AÖBV in die Nähe einer politischen Partei zu drängen und zwar auf immer perfidere Weise. Die Bandbreite reichte dabei von der Nähe zur KPÖ bis zur Faschismuskeule.

5.23. Eine Panne, die keine war: die Wiener Eierschlacht

Die Vorgeschichte: dem von der steirischen Landwirtschaftskammer ins Leben gerufenen „Steirischen Frischeierdienst" schlossen sich viele Bauern, fast ausschließlich Kleinbesitzer, unter der Voraussetzung an, das die von der Landwirtschaftskammer zugesicherten Eierpreise ab Sammelstelle gehalten werden, und zwar: vom 16. Jänner bis 15. März ATS 1,03; 16. März bis 15. Juni ATS 0,85; 16. Juni bis 15. Oktober ATS 1,03; 16. Oktober bis 15. Jänner ATS 1,20. Deshalb stellten viele Bauern unter großen finanziellen Opfern bzw. Aufnahme von Krediten ihre Wirtschaften darauf ein. Besonders für die Mittel- und Weststeiermark war die Eierproduktion und deren gesicherter Absatz bei kostendeckenden Preisen ein lebenswichtiger Betriebszweig der Kleinbesitzer. Ende Februar 1964 verlängerte der Ministerrat zunächst die freie Einfuhr von Eiern bis 8. März 1964. Damit setzte aber eine Überschwemmung mit ausländischen, besonders niederländischen Eiern ein. Vom 9. März ab wurde ein Gleitzoll für Eierimporte festgesetzt, womit der Ministerrat einen österreichischen Produzentenpreis zwischen 65 und 80 Groschen sichern wollte. Dies bedeutete aber für die Kleinbauern eine Katastrophe, denn unter einem Verkaufspreis ab Hof von mindestens neunzig Groschen konnte man in Österreich keine frischen Konsumeier liefern. Dies bewiesen auch unbestrittene Kalkulationen wir z.B. die von Dkfm. Oberhummer, veröffentlicht in der Februarausgabe 1964 der Fachzeitschrift „Der land- und forstwirtschaftliche Betrieb".

Vorbereitungen zur Wiener Eierschlacht 1964, ganz rechts der Landesverbandsobmann des AÖBV-Steiermark, Max Kraxner aus Stainz

Ende März 1964 kam es dann zur Katastrophe. Der steirische Frischeierdienst brach zusammen, denn nicht nur die Händler stellten die Abnahme der Eier bei den bäuerlichen Produzenten ein, sondern auch die Genossenschaften, die anstatt das einheimische Produkt abzunehmen, wozu sie eigentlich verpflichtet gewesen wären, die Eier aus dem Ausland bezogen. Verbittert über das neuerliche Versagen der Bauernbundführung wandten sich die Mitglieder des „Steirischen Frischeierdienstes“ an die Landesverbandsleitung des AÖBV. Diese beschloss daraufhin, die Öffentlichkeit durch eine Protestaktion auf die unhaltbaren Zustände auf diesem landwirtschaftlichen Spezialgebiet aufmerksam zu machen. Die steiermärkische Landesleitung setzte sich mit der niederösterreichischen und burgenländischen in Verbindung und vereinbarte die Protestaktion für den 25. März 1964.

Das Ziel der Aktion war das Landwirtschaftsministerium in Wien. Die Steirer hatten die unanbringlichen Frischeier, an die 15.000 Stück, unentgeltlich zur Verfügung gestellt und brachten sie mittels Pkw nach Wien Leopoldau – in den Bauernhof der Familie Frey. Dort wurden die Eier mit Hilfe von niederösterreichischen Verbandsmitgliedern auf einen Traktor des Matthias Salzer, der als einziger den Mut aufbrachte, seinen Traktor plus Anhänger für diese spektakuläre Aktion zur Verfügung zu stellen, umgeladen. Ursprünglich war beabsichtigt, diesen Eierberg vor dem Landwirtschaftsministerium abzuladen. Das war zumindest die offizielle Version. Das Ganze wurde jedoch strategisch anders geplant: Vor dem Landwirtschaftsministerium war ein massiver Polizeieinsatz zu erwarten, kein Wunder, versuchte man doch verständlicherweise zu verhindern, dass der Bauernverband 15000 Eier vor Schleinzers Haustür ablud. Auch wäre das Ganze wenig spektakulär gewesen, da sich vor dem Ministerium eher wenige Passanten befanden. So entschloss man sich, das AEZ in Wien Landstraße, wo sich tausende Passanten bewegten, als Ziel zu wählen.

Um ungestraft dort stehen bleiben zu können – ein Verkehrschaos begann sich sehr rasch anzubahnen – täuschte Matthias Salzer eine Reifenpanne vor. Am linken Vorderrad des Traktors entfernte er das Ventil und anschließend den ganzen Reifen. Bis das Vorderrad repariert war, verging jene wertvolle Stunde, in welcher in einem nahe gelegenen Lokal eine „spontane“ Pressekonferenz (die klarerweise pünktlich eingeladen und vorbereitet war) abgehalten werden konnte. In dieser Zeit konnten die Bauernverbandler ihre beabsichtigte Verteilaktion durchführen. Jeder Passant erhielt ein Ei mit einem Flugzettel.

Ein Transparent am Anhänger ließ aus seiner Aufschrift: „Wir protestieren gegen die Agrarpolitik unserer Bauernvertretung“ das Ziel des Protestes erkennen. Der Inhalt der Flugblätter kennzeichnete dies noch deutlicher:

> Wir protestieren gegen die Einfuhr der aus dem Ausland mit hoher staatlicher Stützung importierten Eier, wodurch der einheimische Eierpreis weit unter die Gestehungskosten herabgedrückt wird. Konsumenten! Hausfrauen! Kämpft mit uns gegen den übermäßigen Zwischenhandel! Am 13. Mai kosteten die Frischeier in Innsbruck S 1,40, für die der Landwirt zur selben Zeit nur S 0,70 bekam. Es geht um die Erhaltung der Bauern! Es geht um die Sicherung der Neutralität! Es geht um den Arbeitsplatz!

Wie groß das Aufsehen war, das durch diese Protestaktion in Wien erregt wurde, geht daraus hervor, dass ein Rauschen im Wiener Blätterwald einsetzte. Die Schlagzeilen lauteten z.B.: „Bauern schenken den Hausfrauen Wiens 15.000 Eier als Protest gegen die Importe ausländischer Eier." – „Frei-Ei! Als Protest gegen den niedrigen Produzentenpreis!" – „Gratis-Ostereier gab es in Wien!" – „Bauern gegen das Dumping. Die Eierschlacht tobt!". Selbst die sozialistische AZ („Arbeiter-Zeitung") brachte einen vierspaltigen Artikel unter der Überschrift: „15.000 Eier vor die Tür des Ministers!"

rz 1964 AZ – Information

15.000 Eier vor die Tür des Ministers

Aus Protest gegen Importe wurde in Wien von steirischen Bauern eine Wagenladung Eier an Passanten verschenkt

AZ-EIGENBERICHT

Hunderte Hausfrauen und andere Passanten vor dem AEZ glaubten Mittwoch, daß sich der Osterhase im Kalender geirrt habe. Sie erhielten nämlich ausgezeichnete steirische Frischeier von Bauern geschenkt. Ursprünglich hatten es sich die Bauern ja anders gedacht. Sie wollten rund 15.000 Eier aus Protest gegen die ihrer Meinung nach zu hohen Importe und gegen die Verdienstspannen des Zwischenhandels dem Landwirtschaftsminister vor die Amtstür leeren. Jedoch hatte der Traktor eine Reifenpanne, und die Überraschung mißlang.

An Stelle der gigantischen Eierspeise vor dem Regierungsgebäude am Stubenring gab es eine vorösterliche Eierbescherung vor dem AEZ auf der Landstraße. Steirische Eierbauern, die sich offenbar das Verhalten ihrer französischen, holländischen und westdeutschen Kollegen zum Vorbild genommen hatten, konnten sich darauf des Andranges gar nicht erwehren. Die Polizei hatte alle Mühe, den Verkehr aufrechtzuerhalten. Hunderte Hände versuchten, Eier für den österlichen Tisch zu der günstigsten Bedingung, die es gibt, zu erhaschen. Am heftigsten gegen diese Aktion protestierte eine Lebensmittelhändlerin, die ihr Geschäft in unmittelbarer Nähe hat und mit Erbitterung zusehen mußte, wie ihre Kunden den Bedarf bei der unlauteren Konkurrenz deckten, während sie selbst auf ihren Frischeiern sitzenblieb.

ES GEHT UM DEN PREIS

Die Aktion wurde vom Allgemeinen Österreichischen Bauernverband, einem Konkurrenzverband zum Österreichischen Bauernbund der ÖVP, der sich sehr überparteilich gibt, inszeniert. Die Bauernverbändler sind mit der österreichischen Landwirtschaftspolitik nicht recht einverstanden. Sie sähen es viel lieber, wenn ein Bauernführer die Autarkie Österreichs verkündete und sie selbst die Landwirtschaftspreise bestimmen könnten. Sie forderten daher in einem Flugblatt, das jedem Eierinteressenten in die Hand gedrückt wurde, Schutz gegen Dumpingimporte, da nur dann die Neutralität wirklich gesichert ist, wenn Österreich seinen Lebensmittelbedarf aus eigener Produktion decken kann.

Worum es wirklich geht, das sind die Preise. Der derzeitige Produzentenpreis, der zwischen 60 und 80 Groschen pro Ei liegt, ist ihnen zu niedrig. Sie wollen bei Lieferung an die Sammelstelle zwischen 85 Groschen und 1,30 Schilling für ein Ei bekommen.

FRISCHEIERDIENST BRACH VERSPRECHEN

Diese jedem Marktkenner utopische Preisangabe verdanken die Bauern dem Österreichischen Frischeierdienst. Werber dieses Unternehmens, von dem die steirischen Bauern behaupten, daß es der Landwirtschaftskammer nahestehen soll, zogen von Hof zu Hof und erzählten den Bauern, wie gewinnbringend heutzutage die Hühnerhaltung ist. Bei kleineren Investitionen, der Frischeierdienst ist bereit, die Investition sogar zu 20 Prozent zu subventionieren, können 100 bis 200 Hybridhühner gehalten werden, die jährlich 250 Eier pro Huhn legen. Der Frischeierdienst verpflichtet sich gleichzeitig, alle Eier abzunehmen, und zwar zu einem Preis, der jedes Bauernherz höher schlagen ließ: In den ersten drei Monaten jeden Jahres soll ein Ei dem Bauern 1,03 Schilling einbringen, im zweiten Vierteljahr 85 Groschen, im dritten Vierteljahr wieder 1,03 Schilling und im vierten Vierteljahr sogar 1,20 Schilling.

Da die Hybridhühner bei vorschriftsmäßiger Behandlung jedoch während des ganzen Jahres gleichmäßig Eier legen und sich bei dieser Tätigkeit von keiner Saison abhalten lassen, schien den Bauern das Ganze ein vortreffliches Geschäft zu werden. Viele stiegen daher ein und schlossen sich dem Frischeierdienst an. Sie bedachten dabei nicht, daß dadurch naturgemäß die Produktion ungemein ansteigen mußte. Es störte sie auch nicht, daß der Frischeierdienst Saisonpreise verrechnen wollte, obwohl die Hühner gleichmäßig legen. Offensichtlich waren sie der Meinung, daß es durchaus gerecht ist, daß die Städter im Winter die Eier eben teurer zahlen sollen als im Sommer. Anstatt eine marktgerechte Politik zu betreiben, versuchte der Frischeierdienst, den Bauern nach dem Mund zu reden.

Das große Geschäft an den Eiern machen, das zeigt bereits diese Kalkulation, nicht die Bauern, sondern die Hühnerzüchter, die Hybridhühner verkaufen, und die Futtermittelwerke, die das Spezialfutter liefern.

Das große Angebot in den letzten Jahren führte zu einer scharfen Konkurrenz im In- und Ausland. Es entstanden die Frischeierringe, wie etwa auch der Österreichische Frischeierdienst, die durch Schnelligkeit und gute Qualität den Konkurrenzkampf für sich entscheiden wollten. Da aber das Eierproblem international ist, werden auch die Landesgrenzen von Exporteuren, die direkt mit Hühnerfarmen zusammenarbeiten, überschritten. Der Konsument kann heute mit der gleichen Chance, ein tadellos frisches Ei zu erwischen, zwischen in- und ausländischen Eiern wählen. Es dauert

Statt vor der Ministertür endeten die Eier vor dem AEZ in Passantenhänden

Das Presseecho der „Wiener Eierschlacht" am Beispiel der Arbeiterzeitung. AZ vom 26. März 1964

In der Kronen-Zeitung schaffte es die „Wiener Eierschlacht" sogar auf die Titelseite und zeigt Matthias Salzer beim Verteilen der Eier. Kronen-Zeitung vom 26. März 1964.

Auch in den Bundesländern berichteten die Zeitungen je nach ihrer politischen Richtung mehr oder weniger ausführlich über die Eierschlacht von Wien. Diese öffentliche Protestaktion des AÖBV in Wien war ein voller Erfolg und bewies einmal mehr deutlich, dass nur eine überparteiliche Berufsvertretung derartige Kampfmaßnahmen durchführen konnte, da sie unter keinem Parteieneinfluss stand. Den politischen Bauernorganisationen war dies nicht möglich, da ihnen die Parteipolitik die Hände band. Wie sich noch herausstellen würde, war das bei weitem nicht die letzte Aktion des AÖBV in Wien.

Aber nicht nur in der Presse löste die Wiener Eierschlacht Reaktionen aus. Durch anonyme Zuschriften, aber auch oft ganz offen, wurden von der Bauernbundführung immer wieder Drohungen ausgesprochen, wie die nächste Abbildung zeigt. Solche Drohgebärden waren die hartgesottenen Bauernverbandler allerdings schon längst gewöhnt.

Anonymer Drohbrief vom 26. März 1964 mit einem brennenden Haus und einem fetten Bauern. Solchen Anwürfen sahen sich die Funktionäre des Bauernverbandes gelegentlich ausgesetzt.

5.24. Das Rundfunk-Volksbegehren von 1964

Das erfolgreichste Volksbegehren, das nicht durch politische Parteien unterstützt wurde, war das Rundfunkvolksbegehren zur Reform des öffentlich-rechtlichen Österreichischen Rundfunks (ORF), das von der Tageszeitung Kurier unter dem Chefredakteur Hugo Portisch initiiert und von zahlreichen Zeitungen unterstützt wurde. Es war dies das erste Volksbegehren in der Zweiten Republik (5. bis 12. Oktober 1964), wurde von mehr als 800.000 Menschen unterzeichnet und führte auch tatsächlich zum Rundfunkgesetz.

Grund für das Volksbegehren war ein brutal agierendes Proporzsystem im ORF, welcher für die Regierungsparteien nur noch ein billiges und damit hochwirksames Propagandamittel darstellte. Der öffentliche Druck für eine Reform des ORF wurde immer größer, und so versprachen die Regierungsparteien, bis 30. Juni 1964 ein neues Rundfunkgesetz auszuarbeiten. Wenn es jedoch um so etwas Wichtiges wie das Staatsfernsehen ging, konnten sich die Großparteien naturgemäß nicht einigen; jede der Parteien wollte in diesem neuen Gesetz den ORF größtmöglich für sich vereinnahmen, also noch mehr ver- statt entpolitisieren.

Um diesem fruchtlosen Streit ein Ende zu bereiten, entschloss sich eine Mehrheit der parteiunabhängigen Zeitungen, das österreichische Volk selbst zur Entscheidung durch ein Volksbegehren aufzurufen. Als Initiator Feder führend war Hugo Portisch: Bei einem Vortrag anlässlich der Jahrestagung der Österreichsektion des deutschen Studienkreises für Rundfunk und Geschichte am 14. November 1998 blickte er im ORF-Zentrum Wien auf die Ereignisse zurück:

> [...] zum Schluss hatten wir 832.000 Stimmen und das war für lange, lange Jahre das höchste Ergebnis, das ein Volksbegehren überhaupt gehabt hatte. Man muss sich vorstellen, unter welchen Umständen: Hörfunk und Fernsehen hatten nicht berichtet, beide Großparteien waren energisch dagegen, haben gedroht, ja haben sogar ihren Anhängern gedroht. Jeder der dort hingegangen ist, musste mit einem Ausweis hingehen

> und musste sagen, „Ich bin der und der, ich wohne dort und dort, und ich unterschreibe hier etwas, womit die beiden Regierungsparteien nicht einverstanden sind." Das war auch ein großer Akt der Zivilcourage für sehr, sehr viele Leute. Also unter solchen Umständen, in einer solchen Atmosphäre ein solches Resultat zu Stande zu bringen, war kolossal [...][119]

Der AÖBV brachte sich ebenfalls ein und schloss sich dem Rundfunkvolksbegehren vollinhaltlich an. Bei Kundgebungen einerseits und durch die Österreichische Bauernzeitung andererseits rief der AÖBV die Bauern, seine Mitglieder und die Leser der ÖBZ dazu auf, das Volksbegehren zu unterschreiben, da man der Meinung war, dass ein gut geführter Rund- und Fernsehfunk für das Volk und den Staat von hohem Wert sei. Der Bauernverband erwartete eine objektive Berichterstattung über die bäuerlichen Probleme und nicht von der Agrarbürokratie gesteuerte Zweckmeldungen.

Das Volksbegehren hatte aber für den AÖBV noch eine andere Bedeutung. Von dem Recht des Volksbegehrens nämlich, das in der Verfassung verankert war und ist, konnte zum damaligen Zeitpunkt seit über vier Jahrzehnten kein Gebrauch gemacht werden, da aus Angst vor dem direkten Eingreifen des Volkes die Erlassung der Durchführungsverordnung bis 1963 aufgeschoben worden war. Nun, da Volksbegehren endlich auch in der Realität möglich waren, sollte das erste ein umfassender Erfolg sein, wodurch die Österreicher erkannten, dass sie hier ein Werkzeug der direkten Demokratie in die Hand bekamen.

Volksbegehren gab es mittlerweile in der Zweiten Republik zweiunddreißig an der Zahl. Da, wie der Name schon sagt, es sich um ein „Volksbegehren" und keine Volksabstimmung handelt, muss ein solches ab einer Zahl von 100.000 Unterschriften im Parlament lediglich „behandelt" werden – und nicht zwingend zu einem Gesetz führen. Daher blieben die Volksbegehren als Werkzeug des Volkes zum größten Teil ohne Wirkung.

Beim Rundfunkvolksbegehren war der mediale Druck auf die Politik jedoch so groß, dass die Verantwortlichen handeln mussten. So wurde am 8. Juli 1966 das Rundfunkgesetz beschlossen, das am 1. Jänner 1967 seine Gültigkeit erlangte und den ORF zwar nicht entpolitisierte, aber eine weitere Verpolitisierung eindämmte. Durch das neue Rundfunkgesetz wurde der ORF eine der wenigen europäischen Rundfunkanstalten mit voller Programm-, Personal- und Finanzautonomie (Monopolrundfunk). Eine wesentliche Neuerung der Organisationsstruktur des Österreichischen Rundfunks war das Intendanturprinzip. Die Wahl fiel auf Gerd Bacher, mit dem das Zeitalter eines zumindest im Vergleich zu früheren Zeiten „objektiveren" ORF begann, obwohl Teile des Proporzes wieder eingeführt wurden und bis heute – auch bei den Personalbesetzungen – zu finden sind.[120]

119 Vgl. http://www.demokratiezentrum.org/de/startseite/wissen/wissensstationen/das_volk_begehrt.html [02.08.2007].

120 Vgl. http://gonline.univie.ac.at/htdocs/site/browse.php?a=3203&arttyp=k&PHPSESSID=368f991655e78534b3b00c8814d810da [download 13.08.2007].

Im Zuge der Recherchen für dieses Buch, genauer bei einem Interview mit Manfred Frey, wusste dieser von einer Anekdote zu berichten, die beim Autor einen Lachkrampf auslöste und die dem Leser nicht vorenthalten werden soll: Der AÖBV unterstützte das Rundfunkvolksbegehren, da er gegen die Verpolitisierung von Institutionen war, die eigentlich unabhängig sein sollten. Im Rundfunk sah es vor dem Volksbegehren noch so aus, dass der Hörfunk komplett schwarz und das Fernsehen komplett rot war. Der Grund dafür: Die ÖVP wollte unbedingt den bereits etablierten Hörfunk haben, denn „wer wird denn in des komische Kastl scho eineschaun" – wie Bundeskanzler Raab die Lage einst offensichtlich völlig falsch einschätzte. Die SPÖ konnte sich die Hände reiben, das Fernsehen gehörte ihnen – und so scheint es auch bis heute zu sein, wenn man sich so manche Berichterstattung zu Gemüte führt.

5.25. Protestaktionen in ganz Österreich – die Traktoren rollen wieder

Gegen Ende des Jahres 1964 rollten wieder in ganz Österreich die Traktoren, den Anfang machte wie (fast) immer Kärnten. Die Kärntner Bauern sahen sich zu einem Stand zweiter Klasse degradiert, da der Bauernstand durch Zwangmaßnahmen gedrückt wurde, die man gegen keinen anderen Stand anzuwenden wagte. In Kärnten war dies besonders stark zu spüren, denn durch eine beinahe vollkommene Exportsperre für Schlachtvieh nach Italien, dem traditionellen Absatzmarkt der Kärntner Bauern, wurde ein künstliches Überangebot geschaffen, durch welches die Rinderpreise auf das Niveau von 1952 gedrückt wurden. Dazu kam noch, dass viele schlachtreife Tiere auf den Höfen standen, die mangels Exportlizenzen von den Händlern und Genossenschaften nicht übernommen werden konnten.

Weiters wurde von höchster agrarpolitischer Seite der Nachziehung des Milcherzeugerpreises nach wie vor größter Widerstand entgegengesetzt.

So fuhren am 8. September 1964 in allen Bezirksstädten Kärntens insgesamt über 1.500 Traktoren auf. In den Räumen um St. Veit, Wolfsberg und Völkermarkt kam es

Totale Straßensperre in Völkermarkt am 8. September 1964. Die Traktoren erfüllten ihre Aufgabe, während die Fahrer vom Gemeindeamt, der Bezirkshauptmannschaft und der Bezirksbauernkammer aus mit den Regierungsstellen in Wien Kontakt aufnahmen.

durch die Masse der aufgefahrenen Traktoren zu totalen Verkehrssperren. Im Gegensatz zum 29. April 1962, wo die Kärntner Bauernverbandler zum ersten Mal Protestaktionen organisierten, kam es dieses Mal zu keinerlei Reibereien mit der Exekutive. Einige der Bauern wollten auch nach Beendigung des Protesttages nicht mit ihren Traktoren weichen; erst als man aus Wien zusicherte, den Forderungen der Bauern positiv gegenüberzustehen, und gleichzeitig auch eine Verhinderung der zollfreien Geflügeleinfuhr durchgesetzt werden konnte, setzten sich auch die stoischsten Bauerngemüter wieder in Bewegung, wenn auch unter der Drohung weiterer Kampfmaßnahmen, sollten sich diese Versprechen als Worthülsen erweisen.

Interessant waren die diversen Stellungnahmen der Kärntner Spitzenfunktionäre des Bauernbundes an den folgenden Tagen in den Printmedien. Eine davon sei an dieser Stelle wiedergegeben, so schrieb der Kärntner Landwirtschaftskammerpräsident Hermann Gruber in einem Kommentar in der Klagenfurter Volkszeitung: „An den Demonstrationen nahmen Bauern ohne Unterschied der sonstigen Parteizugehörigkeit teil. Vor allem waren es die Männer der jungen Generation. Caveant consules! Die Zukunft gehört dem, der die Jugend versteht!“ Ein weiterer bemerkenswerter Satz von Gruber: „Das Volk weiß besser um die Wahrheit des Lebens, als es manchem politischen Drahtzieher lieb ist“, und an anderer Stelle stellte er fest, dass er diese Demonstration der Kärntner Bauernschaft, die unter der Führung des Bauernverbandes stand, als Unterstützung mit kräftigem Nachdruck für die Bestrebungen der bäuerlichen Standesvertretung werte.[121]

Nach einer dreistündigen totalen Absperrung der Stadt Wolfsberg mit 300 Traktoren dankte Bezirksobmann Sumper den Demonstrationsteilnehmern für ihren mutigen Einsatz.

Es war also demnach so, dass der Bauernbund den AÖBV bekämpfte, wo es möglich war. Wurde aber vom AÖBV eine erfolgreiche Protestaktion veranstaltet, beeilte man sich seitens des Bauernbundes, mit der Strömung zu schwimmen oder sich den Erfolg gar auf die eigenen Fahnen zu heften. Gerne schmückte sich dann der Bauernbund mit fremden Federn, indem er folglich in der Kärntner Landwirtschaftskammer die Forderungen des AÖBV plötzlich zur Forderung der Gesamtkärntner Bauernschaft erhob. Für die Vertreter des Landesverbandes Kärnten des AÖBV war dies zweitrangig, der Erfolg für die Bauern war für sie wichtiger als Egofütterung.

121 ÖBZ, Folge 9, 1964, 1f.

Nach den Protestkundgebungen am 8. September 1964 in Kärnten folgten solche am 4. Oktober in Niederösterreich, am 8. Oktober in Oberösterreich und Salzburg, wodurch die volle Solidarität mit den Kärntner Bauern zum Ausdruck gebracht wurde. Die Redner wendeten sich gegen die Viehexportsperre, die weitere Verschleppung der Milchpreisregelung und die Einführung der Zwangskrankenkasse. Die Kundgebungen verfolgten vor allem das Ziel, Regierung und Volksvertretung, besonders aber die Öffentlichkeit auf die Gefahren aufmerksam zu machen, die der Gesamtwirtschaft durch die Ausbeutung der bäuerlichen Arbeitskraft und den Ruin der bäuerlichen Gesundheit und Existenz erwuchsen. Einmal mehr wurde die volle Entlohnung der bäuerlichen Arbeitsleistung durch echte, auf Kalkulation basierende Produzentenpreise gefordert.

In Ried im Innkreis, wo 200 Traktoren aufgefahren waren, referierte Landesverbandsobmann Gerhard Nowotny unter dem Motto: „Bauer, erst Bauer und nicht Parteimann!" Auf der Kundgebung in Steyr brachte Kurt Sparr in seiner Rede vor rund 250 Bauern die Notwendigkeit der Erhaltung eines gesunden Bauernstandes so eindringlich zum Ausdruck, dass auch anwesende nichtbäuerliche Kreise ihr volles Verständnis bekundeten.

Etwa zwei Jahre nach der Gründung des Landesverbandes getraute man sich auch in der Bauernbund-Hochburg Niederösterreich mit Traktoren aufzufahren. Die erste Protestkundgebung dieser Art fand im Land unter der Enns am 4. Oktober 1964 in Horn statt, vorzüglich organisiert von Emmerich Hutterer. Konrad Sparr, ein Kampfredner aus Oberösterreich, war einer der Hauptredner. Der Bauernbund war wiederum stark vertreten, darunter eine Reihe von Nationalräten und Abgeordneten zum Niederösterreichischen Landtag, die in der Diskussion ihr politisches Gewicht gegen den Bauernverband einbrachten, wie z.B. Johann Haider, langjähriger Nationalrat (1962–1983) und Staatssekretär im Innenministerium (1966–1968).

Bei dieser ersten Protestkundgebung konnte man sogar mit einem „Stargast" aufwarten, nämlich Dr. Fritz Daume. Wie schon erwähnt, hatte sich der Vizepräsident der österreichischen Ärztekammer bereits in einer Pressekonferenz mit dem AÖBV der geplanten Pflichtkrankenkasse gegenüber ablehnend gezeigt. Nun konnte man ihn dazu bewegen, vor 400 Bauern in Horn zu sprechen, was in der breiten Öffentlichkeit ziemlichen Eindruck hinterließ, zumal man sich in der Festung des Bauernbundes Niederösterreich zu Anfang noch ziemlich schwer tat. Daume brachte es in seiner Rede auf den Punkt:

> Die Bauern haben daher sehr recht, wenn sie kostendeckende Preise verlangen, denn da bekommen sie die nötigen Mittel in die Hand, um sich selbst helfen zu können. Sie können Aufwendungen aus dem Ertrag ihrer Arbeit direkt decken und sind dann nicht auf den Umweg über Subventionen angewiesen. [...] Wir Ärzte unterstützen daher eine freiwillige Krankenversicherung, deren Ausgestaltung den Bauern über-

lassen bleiben muss, und zwar entweder für zu versichernde bestimmte Krankheiten oder für eine Mischung, z.B. Spitalsaufenthalt und chronische Erkrankungen.[122]

Jene beiden Spitzenleute des AÖBV aus Niederösterreich, die am 8. Oktober Daume nach Horn holten und die dortige Protestkundgebung organisierten, Frey und Wenitsch, standen drei Tage später, am 11. Oktober, bereits bei der nächsten Protestveranstaltung in Zell am See wieder am Rednerpult. Frey ging auf die jüngsten, den Bauernstand betreffenden politischen Ereignisse ein und geißelte die Haltung der parteipolitisch gebundenen Bauernvertreter, die nicht auf die Freiheit, sondern die Unfreiheit der Bauern abzielte, indem sie die Einführung der von einem Großteil der Bauernschaft abgelehnten Pflichtkrankenkasse verlangten. Wenitsch wandte sich scharf gegen berufsfremde Parteimanager und Parteisekretäre, die sich in Fragen des Berufsstandes einmischen und entscheiden wollten. Wenitsch wies auch darauf hin, dass die Selbsthilfeaktionen des Bauernverbandes den verteuernden Zwischenhandel ausgeschaltet und die Solidarität zwischen Flachland- und Bergbauern unter Beweis gestellt haben.

Ebenfalls in Zell am See war Helmut Langer, der den Bauern vom kurz zuvor abgehaltenen, vierwöchigen Milchlieferstreik der Bauern in Frankreich berichtete. Loitfellner folgte ihm aufs Rednerpult und referierte abschließend über die grundsätzlichen Ziele des Bauernverbandes und das berufsständische Selbstbestimmungsrecht. Am Ende der Kundgebung wurde als Ausdruck der Solidarität mit den französischen Bauern ein Telegramm an den französischen Bauernverband gerichtet, indem man den Berufskameraden Mut zusprach und sie aufforderte, weiter für die Erhöhung des Milcherzeugerpreises in Frankreich zu kämpfen.

Im Burgenland und in der Steiermark kam es zu Flugzettelaktionen des AÖBV. In Frankreich streikten die Milchlieferbauern und in den USA die Viehzuchtbauern, da durch unmäßige Fleischeinfuhren der Rindfleischpreis gedrückt wurde. In der Schweiz, wo es bereits seit geraumer Zeit ebenfalls durch zügellose Einfuhr einen Gemüsepreisverfall gab, kam es zu völlig krassen Maßnahmen der Bauern. Die Schweizer Gemüsebauern kippten als Reaktion einige hundert Tonnen überschüssige Tomaten und Karfiol in die Rhône, die völlige Entrophierung des Genfer Sees war die Folge. Da auch dort die Politik wenig bis gar nichts unternahm, sprengten Schweizer Bauern eine Telefonzelle in die Luft und ließen vor den Fenstern des Walliser Obstverwertungsverbandes eine Plastiksprengstoffladung explodieren. Es wurde gedroht, sämtliche Lkw-Züge mit Früchten aus Italien in die Luft zu jagen, sobald diese die Schweizer Grenze passiert hätten.

Zu solchen eklatanten Protestaktionen seitens der Bauernschaft kam es dank der Besonnenheit und dem Verantwortungsbewusstsein der Spitzenfunktionäre des AÖBV in Österreich zum Glück nicht. Doch es lag in der österreichischen und auch in der eu-

122 Auszüge aus der Rede von Dr. Fritz Daume in Horn am 4. Oktober 1964. ÖBZ, Folge 10, 1964, 3f.

ropäischen Bauernschaft eine gewisse Stimmung in der Luft, man witterte die Chance, etwas bewegen zu können. Die Kampfjahre des Bauernverbandes begannen nun erst richtig – sie sollten noch über weitere zehn Jahre anhalten.

Der Ausgangspunkt der vom AÖBV organisierten Protestaktionen war Kärnten und die dort zuvor verhängte Viehexportsperre – und endlich führten die Aktionen auch zum gewünschten Erfolg. Am 9. Oktober 1964 abends wurde von Landwirtschaftsminister Schleinzer ein Telegramm abgeschickt. Der Empfänger war die Kärntner Landwirtschaftskammer, der Inhalt war die Exportfreigabe für Rinder aus Kärnten und der Steiermark. Gerne hätte sich der Kärntner Bauernbund diesen Erfolg auf die eigenen Fahnen geheftet. Der Kärntner Bauer wusste es besser, denn ohne den Druck der vom AÖBV initiierten Protestaktionen wäre gar nichts passiert.

Neben der Aufhebung der Viehexportsperre wurde seitens der Politik in Aussicht gestellt, dass nun der Erzeugermilchpreis angehoben werden sollte. Am 9. Dezember 1964 wurde bei der Behandlung des Budgetkapitels für 1965 die Erhöhung des Produzentenpreises diskutiert. Die SPÖ lehnte eine Erhöhung kategorisch ab, da die Lebenserhaltungskosten im Jahr 1964 um 4,5 % gestiegen waren, und dieser Umstand eine Erhöhung des Erzeugermilchpreises um 14 % nicht rechtfertigen könne. Der sozialistische Abgeordnete Winkler führte aus, dass diese Erhöhung für den Konsumenten eine Erhöhung um ATS 1,- pro Liter Trinkmilch bedeuten würde. Die Folge davon wäre ein höheres Angebot bei gleichzeitigem Sinken der Nachfrage und damit eine Vergrößerung des Überschusses. Die Sozialisten hatten damals noch immer nicht begriffen, dass die Milcherzeugung eng mit der Rinderhaltung zusammenhängt und die Niedrighaltung des Produzentenpreises unweigerlich zur Abnahme des Rinderbestandes führt. Schließlich wandte sich Winkler den ÖVP-Abgeordneten zu und rief: „Sie dürfen sich vom Bauernverband ebenso wenig treiben lassen, wie wir in den Betrieben von den Kommunisten!" Diese Feststellung, dass der Bauernbund erst vom Bauernverband angetrieben werden musste, ehe er sich zu einer entscheidenden Tat aufraffte, war sehr bemerkenswert, denn dadurch wurde einmal mehr bestätigt, dass der Bauernverband bereits die treibende Kraft in der österreichischen Agrarpolitik war. Im Dezember 1964 hatte die ÖVP jedoch wieder einmal die Ausrede parat, dass alles an den bösen und bauernfeindlichen Sozialisten scheitern würde. Aus heutiger Sicht wissen wir, dass zwei Jahre später die ÖVP-Alleinregierung begann. Was die ÖVP dann für die Bauern zustande gebracht hat, darauf darf der Leser gespannt sein.

5.26. Die Milchpreisfrage, das letzte Jahr der großen Koalition und erneute Proteste

„Auf Bauer – wehr dich! Es geht um Deine Existenz!"[123]

Seitens der Politik wurde unter den Eindrücken der bäuerlichen Proteste von 1964 endlich reagiert und die Viehexportsperre aufgehoben. Es wurde auch versprochen, den Erzeugermilchpreis zu erhöhen, es folgte eine Debatte im Parlament, die erwartungsgemäß nichts brachte. Nach dem Jahreswechsel tagte in Kärnten die Vollversammlung der Landwirtschaftskammer, wobei sich alle zur Forderung bekannten, eine Nachziehung des Milchpreises um mindestens 30 Groschen zu fordern. Das war viel zu wenig, und so legte wiederum Norbert Kanz eine neue Milchpreiskalkulation (bei 3500 Liter Jahresleistung) von ATS 2,86 vor, der AÖBV stellte gleichzeitig an die österreichische Bundesregierung sowie an Innen- und Landwirtschaftsministerium den Antrag, diese Kalkulation zu veröffentlichen.

Im Koalitionsausschuss konnte der Milchpreis nicht verhandelt werden, denn man nahm seitens der ÖVP Rücksicht auf die ablehnende Haltung der Sozialisten. Zur Vorbereitung für die Parlamentsverhandlungen wurde daher ein Milchpreiskomitee eingesetzt.[124] Nach längerem Hin und Her ergriff Minister Schleinzer endlich die sich bietende Gelegenheit und machte die Zustimmung zu parallel laufenden Gehaltsforderungen von Beamten von der Erhöhung des Erzeugermilchpreises abhängig. Leider nützte er aber diese Gelegenheit nicht so aus, wie das jeder Vertreter einer anderen Berufsgruppe getan hätte. Die Beamten hatten ihren Gehaltsforderungen nämlich mit einem 24-stündigen Streik ordentlich Nachdruck verliehen, eine Maßnahme, die Schleinzer und der ÖVP-Bauernbund niemals gewagt hätten. So haben die Beamten ihre Forderungen voll durchgesetzt, während sich die Bauernschaft mit einer Milchpreiserhöhung um 20 Groschen (mit 1. Mai 1965) abspeisen ließ, der Erzeugermilchpreis betrug damit ATS 2,20 – damit war man von der Kanz'schen Kalkulation von ATS 2,86 und der Mindestforderung des AÖBV von ATS 2,50 noch weit entfernt. Das Budget wurde durch diese Minimalerhöhung um 200 Millionen ATS mehr belastet, die Beamten holten sich aus dem Budget mit ihren Forderungen jedoch sage und schreibe 2,6 Milliarden ATS. Als Draufgabe wurde verlautet, dass die 200 Millionen obendrein aus dem Agrarressort abgezweigt werden, damit fielen auch 40 Millionen Schilling aus dem Bundeszuschuss der geplanten Zwangs-Bauernkrankenversicherung weg.

Die Bauernführung hätte es zu diesem Zeitpunkt in der Hand gehabt, den kostendeckenden Erzeugermilchpreis zu erzwingen, denn von der Stimme des Landwirtschaftsministers hing auch die Erhöhung der Beamtengehälter ab. Schleinzer ist damit umgefallen, die parteipolitischen Interessen hatten einmal mehr Vorrang gegenüber den bäuerlichen Interessen.

123 ÖBZ, Folge 8, 1964, 3.

124 Dem Milchpreiskomitee gehörten an: Schleinzer, Grießner und Brandstätter (ÖVP) sowie Czettel, Winkler und Weihs (SPÖ).

Milchproduktionskosten (Juli 1964)

von Dipl.-Landwirt N. Kanz, Geschäftsführer des milchwirtschaftlichen Ausschusses des AÖBV, unter Benützung des Kostenschemas von Dr. H. Bergmann, Braunschweig, Völkenrode.

Kalkulationsgrundlage: Bäuerlicher Betrieb. Stall mit 14 Kühen plus Kälber, ausgelasteter Melker mit Fachprüfung über 18 Jahre, Kollektivvertrag für bäuerliche Betriebe in Kärnten; gültig ab 1. Jänner 1963.

Kühe: 550 kg, sechsjährige Nutzung bei jährlicher Abkalbung.

Fütterung: 200 Winterfuttertage mit 12 kg Heu und 30 kg Silage täglich; 165 Sommerfuttertage mit Weidegang und Grünfütterung mit 80 kg Futterverzehr täglich. Gesamter Kraftfutterverbrauch: 200 kg Getreidewerte.

Preise: Preisrelation — Gras : Heu = 1 : 7. Stroh und Mist werden nicht bewertet.

Gebäude: Massivstall, gut eingerichtet, jedoch nicht hochmechanisiert.

A. Futterkosten:					
Heu, 200 Tage × 12 kg	24 dz × S 82.50		1.980.—		
Silage, 200 Tage × 30 kg	60 dz × S 20.—		1.200.—		
Stroh	S —.—				
Grünfutter, 165 Tage × 80 kg	130 dz × S 11.80		1.534.—		
Kraftfutter	2 dz × S 220.—		440.—	5.154.—	47.64%
B. Lohnkosten:					
1. Barbezüge:					
Nettobarlohn lt. Kv. f. B.	915.— × 12 =	10.980.—			
Entschädig. f. freie Tage	335.— × 12 =	4.020.—			
Url.-Zusch. u. Weihnachtsg.	915.— × 2 =	1.830.—			
Leistungszul., 2 Groschen je Liter Milch	=	840.—			
Abfertigung, 2% von 16.380.—	=	327.60			
Urlaubsvertret.,	12 T. × 77 + 2 T. × 104 =	1.132.—	19.129.60		
2. Sachbezüge:					
Freie Station	450.— × 12 =	5.400.—	5.400.—		
3. Sozialkosten u. dgl.:					
Sozialv., Dienstnehmeranteil	200.28 × 12 =	2.403.40			
Sozialv., Dienstgeberanteil	221.— × 12 =	2.652.—			
Sozialv. der Urlaubsvertretung, 14 Tage	=	194.50			
Kinderbeih.-Fondsbeitr., 6% v. 25.473.36	=	1.528.40	6.778.30		
Lohnkosten pro Jahr			31.307.90		
Lohnkosten pro Kuhjahr			: 14	2.236.30	20.67%
C. Spezielle Kosten der Kuhhaltung:					
Elektrische Energie und Wasser			35.—		
Deckgeld			65.—		
Kosten der Milchkontrolle			50.—		
Tierarzt und Medikamente			280.—	430.—	3.97%
A.—C. Haltungskosten pro Kuhjahr:				7.820.30	
D. Kapitalkosten:					
1. Gebäudemiete:					
Abschreibung (12.2%)	2% von S 15.700.—		314.—		
Reparatur	1% von S 15.700.—		157.—		
2. Gerätemiete:					
Abschreibung (10,4%)	10% von S 1.656.—		165.60		
Reparatur	5% von S 1.656.—		82.80		
3. Verzinsung:					
	6% von 17.356 : 2 = S 8.678.—		500.70		
4. Kuhkapital:					
Wertminderung	(9.900—5.500) : 6		766.70		
Verzinsung	6% von S 7.700.—		462.—		
Versicherung bzw. Verluste	3.5% von S 7.700.—		269.50	2.718.30	25.13%
E. Gemeinkosten:					
Anteilige Verwaltungskosten			200.—		
Allgem. Unkosten (Steuer u. dgl.)			80.—	280.—	2.59%
A.—E. Gesamtproduktionskosten				10.818.60	100.00%
F. Abzüge: 1 Kalb	45 kg × 18.00			810.—	
Gesamte Milchproduktionskosten				10.008.60	
	pro Liter Milch S			2.86	

Mehrkosten gegenüber 1961 = 21 Groschen pro Liter

Produktionskosten pro Liter Milch bei 3500 Liter Jahresleistung S 2.86

Milchpreiskalkulation von Norbert Kanz vom Juli 1964

Man versuchte nun, die Niederlage zu rechtfertigen, indem man Propaganda mit einem völlig falschen Milchpreis aus den EWG-Ländern betrieb und versuchte, die Bauern ganz einfach zu belügen. Schleinzer ließ verlauten, dass der österreichische Milchpreis nicht höher sein kann, weil er auch in der EWG nicht höher sein darf. Der EWG-Milchpreis sollte bis spätestens 1970 auf einen Mittelwert von ATS 2,30 bis 2,40 gebracht werden, behaupteten die ÖVP-Vertreter. Das entsprach aber nicht den Tatsachen. Der bundesdeutsche Bauernverband berichtete dazu, dass sich alle europäischen Bauernverbände in einem Ausschuss geeinigt hätten, dass der EWG-Milchpreis bereits 1967 einen Betrag von ATS 2,73 erreichen muss. Kurz zuvor hatten die französischen Bauern, die mit Hilfe aller europäischen Bauernverbände einen Streik durchgeführt hatten, einen höheren Milchpreis durchgesetzt. In Finnland, das wie Österreich zur EFTA gehörte, betrug der Milchpreis sogar ATS 3,25.

Seit mehr als drei Jahren führte der AÖBV nunmehr seinen Kampf um einen kostendeckenden Milchpreis, die größten Gegner dieser Forderung standen in den Reihen der politischen Bauernorganisationen. Im März 1962 behauptete der damalige Landwirtschaftsminister Hartmann, er sei nicht in der Lage, den von den Bauern geforderten Milchpreis zu vertreten. Das wäre ein Schritt, der dem Todesurteil für die Klein- und Mittelbetriebe gleichkommen würde. Der Bauernbundpolitiker unternahm sogar einen Aufklärungsfeldzug gegen die Milchpreisforderung des Bauernverbandes. Der Landesobmann des Salzburger Bauernbundes nannte die Milchpreisforderung des AÖBV einen „Bumerang", lediglich eine geringe Erhöhung des Milchproduzentenpreises wäre nötig.

Für die Bauernverbandler galt nicht nur Protest oder Streik als ein gangbarer Weg, sondern auch die Aussprache. So versuchte eine Spitzendelegation des Bauernverbandes bestehend aus Loitfellner, Wenitsch, Salzer, Nowotny, Angerer, Matschnig (Kärnten), Kraxner (Steiermark), Hintermayer (NÖ), Kanz und Langer einen Termin zur Aussprache bei Landwirtschaftsminister Schleinzer zu erreichen. Der Termin wurde mit 24. Juni 1965 festgesetzt. Es wurde zugesagt, dass die Delegation vom Minister persönlich empfangen werden würde, doch war Schleinzer am zugesagten Tag dann doch nicht anwesend und ließ sich von seinem Sektionschef Ott vertreten. Die Enttäuschung war zunächst groß, dennoch ging man gleich zur Sache und legte die Probleme auf den Tisch, zu den meisten meinte Ott: „Wir sind bemüht" – und weiters meinte der Sektionschef, dass man bei den Preisbändern etwas machen müsse, aber – und dieses „aber" war lang wie der Tag an Johanni. Bei der Behandlung des AÖBV-Antrages auf Neufestsetzung des Milchpreises auf Grund der Kalkulation von Kanz kam die Delegation auf die gesetzlich festgelegte Möglichkeit des Landwirtschaftsministeriums zu sprechen, eine eigene Preiskommission einzuberufen, zu der auch der Antragsteller einzuladen ist. Als Ott antwortete, trauten die AÖBVer ihren Ohren nicht. Ott teilte trocken mit, dass der Herr Landwirtschaftsminister dazu keine Zusage geben könne und wolle, weil er sich bei den letzten Milchpreisverhandlungen verpflichtet habe, für das Jahr 1965 keine Forderungen auf dem Milchsektor mehr zu stellen. Dieses Stillhalteabkommen wurde den Bauern jedoch verschwiegen.

5.27. Landwirtschaftskammerwahlen in Salzburg und Niederösterreich 1965

Angesichts der Erfolge durch die Protestaktionen versuchte der AÖBV in den Landwirtschaftskammern Fuß zu fassen, zunächst in Salzburg und Niederösterreich, wo am 11. April 1965 Wahlen stattfanden. Aus diesem Anlass rief der Obmann des Landesverbandes Salzburg, Josef Loitfellner, in der ÖBZ die Mitglieder und Freunde des AÖBV wie folgt auf:

> Liebe Freunde! Im April dieses Jahres finden die Wahlen in unsere gesetzlichen Interessenvertretungen, die Landwirtschaftskammer, die Bezirksbauernkammern und damit auch in die Ortsbauernausschüsse statt. Im Gegensatz zu Wahlen in die Gebietskörperschaften (Gemeinden, Landtag, Nationalrat) handelt es sich bei der Wahl in die Berufskörperschaft (Landwirtschaftskammer) um keine Wahl im parteipolitischen Sinn, sondern um die Entsendung von Vertretern des Berufsstandes in die Kammern. Es ist nicht gleichgültig, über welche wahlwerbende Gruppe die Vertreter bäuerlicher Interessen in die Kammern entsandt werden. Während die über politische Parteiorganisationen (Bauernbund der ÖVP, Arbeitsbauernbund der SPÖ und die Freiheitliche Bauernschaft der FPÖ) in die Kammer gewählten Vertreter sich in erster Linie ihrer Partei und deren Konzept verantwortlich fühlen und dies im konkreten Fall auch sind, haben jene Männer, welche über den Bauernverband in die Kammern gewählt werden, ausschließlich die Interessen des Berufsstandes zu vertreten und sind nur dem überparteilichen Berufsverband verantwortlich.
>
> Die politischen Parteien, deren Daseinsberechtigung und Notwendigkeit in der Parteidemokratie vom Bauernverband nie angezweifelt wurde, sind unentwegt bestrebt, ihre Machtposition in den Gebietskörperschaften zu stärken. Dazu ist allerdings erforderlich, eine Politik zu betreiben, die den Gefallen derer findet, die bei politischen Wahlen die größte Masse der Wähler stellen, und das sind die Massen der Nahrungsmittel-Konsumenten. Nachdem nun ein großer Teil der Kandidaten der politischen Bauernorganisationen, die sich um Kammermandate bewerben, bereits berufliche Parteipolitiker sind und als solche auch in vielen Fällen ganz beachtliche Einkünfte beziehen oder sich noch erwarten, ist es nicht verwunderlich, dass diese sogenannten Bauernvertreter im Ernstfall doch mehr Parteimänner als Bauern sind. Dieser und auch manch anderer Umstand tragen dazu bei, dass in vielen Fällen unsere Berufsinteressen hinter die Parteiinteressen gestellt werden. Während bei den Dienstleistungsberufen Löhne und Zulagen nach den Prinzipien sozialer Gerechtigkeit und auf der Unternehmerseite Preise nach kaufmännisch errechneten Gestehungskosten verlangt und auch meistens zugestanden werden, ist von der Einhaltung

Josef Loitfellner (1913–1997), Örgbauer in Rauris, Landesverbandsobmann Salzburg und langjähriger Hauptverbandsobmann auf Bundesebene. Loitfellner lebte die Parteifreiheit vor, so saß er z.B. als Parteiloser im Gemeinderat seiner Heimatgemeinde Rauris. Gemeinsam mit Helmut Langer prägte er zunächst den Landesverband Salzburg und später auch den Hauptverband und damit auf Bundesebene.

dieser Prinzipien beim Arbeitseinkommen der Bauernfamilie bzw. der Preisgestaltung der landwirtschaftlichen Erzeugnisse keine Rede. Ein konkreter Beweis dafür sind die von Minister Schleinzer seit dem Jahre 1958 festgestellten Einnahmen und die Unkostenentwicklung der österreichischen Landwirtschaft, wonach unsere Kosten in diesem in diesem Zeitraum um 19,3 %, die Einnahmen aber nur um rund die Hälfte, also um 10 %, angestiegen sind. Wohin ein doppelt so rasches Ansteigen der Unkosten im Vergleich zu den Einnahmen im Laufe der Zeit führt, kann jeder Bauer am eigenen Hof ermessen.

Um dieser Entwicklung mit Erfolg entgegentreten zu können, ist es notwendig, unsere Kammern wieder in die Hand des Berufsstandes zurückzuführen, damit das Selbstbestimmungsrecht des Bauernstandes mehr als bisher zur Geltung kommen kann.

Während die parteigebundenen Bauernvertreter zu einem Gutteil ihre Höfe nur aus Einkünften anderer Art als aus dem Erlös der Nahrungsmittelerzeugung über Wasser halten, predigen sie uns ständig Ergebenheit. Sie bieten uns als Ersatz für ein gerechtes Arbeitseinkommen herablassend staatliche Mildtätigkeit von zweifelhaftem Wert an, wodurch aber unsere Abhängigkeit nur vergrößert und unser Freiheitsraum immer mehr eingeschränkt wird. Mit solchen Bauernvertretern haben wir keine Freude und lehnen sie ab.

Die Landwirtschaftskammer mit ihren Mitteln, Möglichkeiten und Kräften kann, wenn sie als Instrument für Recht und Gerechtigkeit eingesetzt wird, viel zur Verbesserung unserer Situation beitragen. Stehen wir deshalb in diesen wenigen Wochen bis zur Kammerwahl in besonderer Opfer- und Einsatzbereitschaft zusammen, damit ein für das Schicksal unseres heimischen Bauernstandes günstiges Wahlergebnis erreicht wird und in die Landwirtschaftskammer statt Parteileute Bauern einziehen und dort zu unserem und letztlich zum Wohl des ganzen Volkes arbeiten und wirken können![125]

125 ÖBZ, Folge 3, 1965, 1.

Bauern, Bäuerinnen, Landjugend

Landwirtschaftskammer-Wähler

Der Allgemeine Österreichische Bauernverband ruft Euch!

Am 11. April 1965 wählen die niederösterreichischen Bauern für die nächsten 5 Jahre ihre Vertreter in die Landes- und Bezirksbauernkammern.

Diese 5 Jahre sind besonders auf wirtschaftlichem Gebiet entscheidend für die gesamte Bauernschaft Österreichs.

Überlegen wir deshalb gut, wem wir für diese 5 Jahre unser Vertrauen schenken und unsere Stimme geben!

Unsere Spitzenkandidaten für die Landes- und Bezirksbauernkammerwahl
vorne Mitte: **Robert Wenitsch,** links: **Jos. Hintermayer,** rechts: **Emmerich Hutterer**

Bauernstand wählt Bauernverband!

Aufruf des AÖBV zur Landwirtschaftskammerwahl in Niederösterreich (ÖBZ, Folge 4, 1965)

Durch den selbstlosen Einsatz der jungen Bauernverbandler in Salzburg und Niederösterreich und nicht zuletzt auch durch das offensichtliche Versagen des Bauernbundes in der Milchpreisfrage konnte der AÖBV bei den Landwirtschaftskammerwahlen einen beachtlichen Erfolg erringen. Betreffend Niederösterreich durfte nicht übersehen werden, dass der AÖBV seine Organisationstätigkeit in dieser ÖVP-Hochburg erst im Dezember 1962 begonnen hatte. In einzelnen Bezirken, z.B. in Kirchberg am Wagram (Gerichtsbezirk Kirchberg am Wagram, heute Bezirk Tulln), wurde der größte Teil der Ortsstellen sogar erst im Sommer 1964 gegründet. In wenigen Monaten eine Organisation aufzubauen und eine Wahl vorzubereiten, war eine Leistung, die nicht hoch genug eingeschätzt werden konnte. Im Fels am Wagram (als Beispiel) standen

111 Bauernbundstimmen doppelt so viele, also 222 Bauernverbandsstimmen gegenüber – und das war kein Einzelfall.

Dennoch war es der Landesverbandsleitung aus organisatorischen Gründen nicht möglich, in allen Wahlbezirken zu kandidieren, es wurden daher nur in einem Sechstel der Wahlbezirke Wahlvorschläge eingereicht. Trotzdem ging aus dem Wahlergebnis eindeutig hervor, dass überall dort, wo AÖBV-Ortsstellen bestanden, erwartungsgemäß große Erfolge erzielt wurden. In Gesamtniederösterreich erhielt der AÖBV rund 5.000 Stimmen, dieser Erfolg schlug sich vor allem in den Bezirksbauernkammern wieder. So erreichte man (Bezirk/Mandate): Kirchberg am Wagram 3, Geras 3, Gänserndorf 1, Marchegg 1, Raabs 1, Dobersberg 1, Horn 1, Kirchschlag 1, Guttenstein 1, also insgesamt 13 Mandate. Eine sehr deutliche Sprache sprachen die Ergebnisse in den Gemeinden, in denen der AÖBV Versammlungen bzw. Protestkundgebungen abhielt. Dort konnte der Bauernverband durchschnittlich 30 bis 40 % der Stimmen erreichen, in einzelnen Gemeinden sogar den Bauernbund überrunden. Im Bezirk Kirchberg am Wagram, wo Sepp Hintermayer aktiv war, konnte die Organisation in einigen Monaten so ausgebaut werden, dass 818 Stimmen und drei Bezirksbauernkammermandate errungen werden konnten. In Großweikersdorf, der Heimatgemeinde Hintermayers, erhielt der AÖBV 42 % der gültigen Stimmen. In Zwerndorf 40 %, in Deutsch-Wagram 32 % und in Stripfing, der Heimatgemeinde von Robert Wenitsch, 34 %. In Kenntnis dessen, dass der ÖVP-Bauernbund in Niederösterreich eine Allmacht darstellte, war dies ein viel versprechender Anfang der noch jungen Landesorganisation.

In Salzburg, wo der Landesverband schon länger fest verankert war, konnte man ebenfalls einen Erfolg einfahren. Man erreichte 4.000 Stimmen und damit vier Sitze in der Landwirtschaftskammer, und zwar je ein Grundmandat in den Wahlkreisen Flachgau, Pongau und Pinzgau sowie ein Reststimmenmandat. Mit je einem Mandat in den Bezirksbauernkammern Flachgau, Tennengau und Lungau und zwei Sitzen in der Bezirksbauernkammer Pongau sowie drei in der Bezirksbauernkammer Pinzgau war der AÖBV in allen Salzburger Bezirksbauernkammern vertreten. Im Lungau fehlten dem Verband nur acht Stimmen auf das zweite Mandat. Von den Bezirksbauernkammermandaten konnte sich der SPÖ-Arbeitsbauernbund ein Mandat (Pongau) sichern, die Freiheitliche Bauernschaft war in keiner Bezirksbauernkammer vertreten. Damit rückte der AÖBV zum gefährlichsten Gegner des Bauernbundes auf. In einer Gemeinde, Plainfeld, konnte sogar der Ortsbauernobmann des Bauernbundes mit 43:35 Stimmen gestürzt werden.

Eine Angelegenheit jedoch warf einen Schatten auf den Wahlerfolg in Salzburg und führte sogar zum Ausschluss eines Gründungsmitgliedes des Landesverbandes Salzburg des AÖBV, wodurch der AÖBV jedoch nichts anderes als seine harte Haltung zur Überparteilichkeit zum Ausdruck brachte. Wie bereits mehrfach erwähnt wurde, stellte der AÖBV seinen Mitgliedern frei, für eine Partei zu Gebietskörperschaftwahlen anzutreten. Anders verhält es sich jedoch bei Berufskörperschaftswahlen, wie eben die Landwirtschaftskammerwahl eine war, noch dazu wenn der AÖBV mit einer eigenen, überparteilichen Liste kandidiert. So kam es, dass der FPÖ-Landtagsabgeordnete Alois Zillner plötzlich auf der Liste der Freiheitlichen Bauernschaft kandidierte. Dies führte statutengemäß zu seinem Ausschluss. Von dem Recht, binnen 14 Tagen dagegen Einspruch zu erheben, machte Zillner keinen Gebrauch. Für den Bauernbund war dies einmal mehr ein willkommener Anlass, dem AÖBV die Überparteilichkeit abzusprechen und ihn in Ecke der FPÖ zu drängen. Durch den schnellen und richtigen Ausschluss Zillners wurde diesen Argumenten das Wasser jedoch abgegraben.

5.28 Bauerntag in Großweikersdorf

Angesichts des Erfolges bei den Landwirtschaftskammerwahlen ging die Aufbauarbeit in Niederösterreich weiter. So wurde unter dem Leitgedanken: „Auf Bauer, wehr dich!" im Juni ein Bauerntag in Großweikersdorf veranstaltet. Das Transparent mit dem Leitgedanken war über die Saalbühne gespannt und brachte die Erkenntnis zum Ausdruck, dass der Bauer im modernen Industriestaat nur dann bestehen kann, wenn er bereit ist, sich zu wehren, und nicht wenn er um Verständnis bettelt. Man brachte bei dieser Versammlung vor über 400 Teilnehmern zum Ausdruck, dass der Bauernverband ein Wehr- und Kampfverband sei, der den Bauern helfe, sich vor der Vernichtung durch die Industriegesellschaft zu schützen.

Der erste Referent der Veranstaltung, es war sein erster großer Auftritt für den Bauernverband, war Josef Hintermayer, ein Weinbauer, der selbst aus Großweikersdorf stammte. Er brandmarkte die Saumseligkeit der Bezirksbauernkammer in Kirchberg am Wagram (heute Bezirksbauernkammer Tulln), die ihre Zeit mit Exkursionen, internen Wahlen und Ehrungen vertrödelte und so die Interessen der Weinbauern schwer vernachlässigte. „Unsere Aufgabe ist es, dafür zu sorgen, dass man Wein nicht wieder zur Unzeit importiert. Als die Weinlese 1964 im Gang war, lagerten in Österreich noch 500.000 Hektoliter unverkaufte Importweine. Die im Weinbauprogramm des AÖBV geforderte Einfuhrsteuerung darf daher nicht länger sabotiert werden, denn nur so kann der berechtigte Anspruch des Weinhauers auf kostendeckende Preise erfüllt werden. Bei den derzeitigen Weinpreisen lehnen wir auch jede weitere Belastung ab!", führte Hintermayer aus.

Der niederösterreichische Landesverbandsobmann Robert Wenitsch erklärte, man müsse den vielen unberufenen Bauernvertretern unserer Zeit zurufen: „Erst von der Scholle und nur von der Scholle leben und dann erst die Bauern beraten!" Die Preisgestaltung der Agrarprodukte müsse künftighin den Interessen der Konsumenten und der Produzenten dienen, so Wenitsch weiter:

> Preisbänder z.B. sollen zum Schutz sowohl der Erzeuger als auch der Verbraucher angewendet werden. Wenn sie aber bereits zwölf Jahre auf der gleichen Höhe gehalten werden, dann sind sie nur noch Schutz für den Konsumenten und nicht mehr für die Bauern. Bei Import- und Exportproblemen verlangen wir, dass man uns Bauern ein Mitspracherecht einräumt, da es unverantwortlich ist, zu Beratungen solcher Fragen nur die in den verschiedensten landwirtschaftlichen Vertretungskörpern tätigen Konsumenten heranzuziehen.

Der oberösterreichische Landesverbandsobmann Gerhard Nowotny, der in Vertretung des durch die großen Unwetterschäden in seiner Heimat am Erscheinen verhinderten Hauptverbandsobmann Loitfellner das Hauptreferat des Bauerntages hielt, rief die Bauern mit überzeugenden Argumenten auf, die Gefahren zu sehen. Das Niedrighalten der bäuerlichen Produzentenpreise und der versuchte Ausgleich auf dem Sozialsektor brächte die Bauern in eine besorgniserregende Abhängigkeit.

> Die historischen Unterschiede zwischen Nichtselbstständigen und Selbstständigen sind zu beseitigen, heißt es wörtlich im SPÖ-Programm für Österreich. Leider gibt es bäuerliche Handlanger, die auf dieses Ziel bewusst oder unbewusst hinarbeiten, wie etwa die Befürworter der Zwangskrankenkasse. Deshalb sind Selbstbesinnung und Selbsthilfe die Gebote dieser Zeit, die bemüht ist, unser Recht auf Selbstbestimmung und freie Willensentscheidung systematisch zu untergraben. Darum: Auf Bauer, wehr dich – es geht um deine Existenz!

schmetterte Nowotny unter großem Beifall am Ende seiner Rede in den Saal.[126]

Motiviert durch den Wahlerfolg der noch jungen Niederösterreicher und wohl wissend, dass es die Niederösterreicher ohne Hilfe von den bereits etablierten Landesverbänden schwer haben würden, war man stets gerne bereit, den weiten Weg aus Salzburg, Kärnten und Oberösterreich auf sich zu nehmen und die ortsansässigen Bauernverbandler in ihrem Kampf gegen die Übermacht des ÖVP-Bauernbundes in Niederösterreich zu unterstützen. So fanden sich immer wieder auf den Rednerlisten der niederösterreichischen Veranstaltungen die Namen Nowotny, Langer, Loitfellner und Kanz.

5.29 Trotz Erntezeit erneute Proteste gegen die Agrarpolitik im August 1965

Die Vernachlässigung der Preisfrage in der österreichischen Agrarpolitik und der damit verbundene Kaufkraftschwund bei den Agrarprodukten hatte in der Bauernschaft beträchtliche Unruhe ausgelöst. Diese wurde insbesondere durch ein Interview Schlein-

126 ÖBZ, Folge 8, 1965, 3.

zers in der Presse mit verursacht. In seinen Ausführungen sprach aus Schleinzer wie immer mehr der Parteipolitiker als der Agrarfachmann. Der AÖBV, der schon seit seiner Gründung aufzeigte, weshalb es zur Verelendung und Dezimierung des österreichischen Bauernstandes kommen musste, fasste nun einmal mehr den Beschluss, durch eine Reihe von Protestaktionen, die unter der Devise: „Auf Bauer, wehr dich!" gestellt wurden, aufzuzeigen, dass die Bauernschaft nicht länger gewillt war, sich widerstandslos zugrunde richten zu lassen.

Der Auftakt fand wieder in Kärnten statt, wo sich mehr als 1.000 Bauern unter Mitnahme von hunderten Traktoren am 5. August 1965 beim Klagenfurter Landhaus einfanden. Landesverbandsobmann Hans Winkler kritisierte Schleinzer wegen seiner Pressemeldung scharf und hielt fest, dass der Bauernschaft nichts anderes übrig bleibe, als auf die Strasse zu gehen, wenn sie bei ihrem eigenen Minister kein Gehör mehr fände. Winkler forderte lautstark nach einer Bauerngewerkschaft, da sich der ÖVP-Bauernbund als unfähig erwiesen habe, die Situation der Bauernschaft zu verbessern. Als unumstößliche Forderungen zählte er weiter auf:

1. Hinaufsetzung der Preisbänder um 30 Prozent
2. Nachziehung des Milcherzeugerpreises ab 1. Jänner 1966
3. Verbot oder Beschränkung der gewerblichen Schweinemast, durch die bisher der Schweinepreis in unerträglicher Art gedrückt wurde.

Der Referent der Klagenfurter Protestkundgebung erklärte, dass die Bauernschaft dann, wenn Minister Schleinzer der Forderung nach Einberufung der Milchpreiskommission unter Beiziehung des Bauernverbandes und der Forderung nach Aufnahme von Verhandlungen mit dem Innenministerium über die Nachziehung der Preisbänder nicht entspreche, in größerer Stärke und unter Einsatz härterer Mittel erneut zum gewerkschaftlichen Kampf antreten werde.

Die imposante Protestkundgebung in der Lindwurm-Stadt, an der sich sehr viele Jungbauern beteiligten, verlief, obwohl Schleinzer wenige Tage vorher durch seine sture Ablehnung aller bäuerlichen Forderungen noch Öl ins Feuer gegossen hatte, in vollster Ruhe und wurde mit dem Kärntner Heimatlied abgeschlossen.

Nach diesen Erfolgen im Sommer 1965 erfolgte im Winter für den Landesverband Kärnten ein schwerer Schlag. Am 18. Dezember verstarb der amtierende Landesverbandsobmann von Kärnten, Walter Angerer, relativ jung im Alter von 63 Jahren an einem Herzleiden. Angerer war nicht nur Gründungsmitglied des Kärntner Verbandes, sondern auch eine wahre Verkörperung des Bauernverbandsgedankens. An seinem Begräbnis nahmen über 1.000 Menschen teil, darunter auch Josef Loitfellner und Hans Winkler, die Angerer als Pionier und Bauer sowie seine großen Verdienste um den Aufbau des AÖBV würdigten.

In Niederösterreich folgte man wiederum dem Kärntner Beispiel der Sommerproteste und rief in den Kammerbezirken Geras, Raabs und Horn, wo der AÖBV v.a. durch Emmerich Hutterer bereits sehr gut organisiert war, zur Traktorenauffahrt nach Geras auf, um den Forderungen des Bauernverbandes Nachdruck zu verleihen. Es waren über 100 Traktoren, gesteuert von Bauern verschiedenen Alters, Besitzes und politischer Zugehörigkeit. Auf der Protestkundgebung wurde von den Rednern Wenitsch und Sparr vor allem die allgemeine Situationen des Bauernstandes aufgezeigt, aber auch darauf hingewiesen, dass „Hand angelegt" werden müsse, um aus der Preisspirale, die zu einer Todesspirale für den Bauernstand geworden war, herauszukommen.

Josef Hintermayer fasste die Forderungen zusammen. Hauptforderung war nach wie vor die Erlangung kostendeckender Preise. Diese Forderung war aber nicht nur ein moralisches Recht, sondern stützte sich auch auf das Landwirtschaftsgesetz, in dessen § 3 es wörtlich hieß: „Die Gestehungskosten rationell geführter landwirtschaftlicher Betriebe in maßgebenden Produktionsgebieten sind bei den Preisfestsetzungen zu untersuchen." Für die juristischen Belange im AÖBV im Allgemeinen, im niederösterreichischen Landesverband im Besonderen, war Manfred Frey zuständig.

Unter den über 300 Kundgebungsteilnehmern waren auch viele Bauern, die von den parteipolitischen Bauernorganisationen hinbeordert wurden, darunter zwei Nationalräte und vier Landtagsabgeordnete. Viele von ihnen applaudierten, sobald sie sich von ihren „Absendern" unbeobachtet fühlten. Die Mandatare mussten sich auch anschließend an die Kundgebung von den Bauern belehren lassen, dass es nicht üblich war, dass an Protestkundgebungen Debatten angeschlossen werden. Nach jeder Versammlung des Bauernverbandes war jedoch immer Gelegenheit zur Diskussion. Jeder einzelne Mandatar musste das auch zugeben, da schon jeder einzelne von ihnen bei den verschiedensten Verbandsversammlungen als Gegenredner aufgetreten war.

Alles in allem ging es auch in Niederösterreich immer mehr aufwärts. An die 100 Traktoren klingen vielleicht nicht viel, der Leser möge sie sich jedoch im Geiste bildlich vorstellen, wenn solche Gefährte in dieser Anzahl geschlossen auf der Strasse rollen. Es machte gehörigen Eindruck, machte die anwesenden Bauernbundfunktionäre nachdenklich und stärkte das Selbstbewusstsein der Bauernverbandler.

5.30 Das Hochwasser von 1965

Mehrmalige schwerste Unwetter und Hochwasser gab es in den Monaten Juni bis September 1965 in ganz Österreich; die Donau erreichte den Rekordwasserstand von acht Metern. Insgesamt ca. 84.000 Hektar landwirtschaftliche Nutzfläche wurden mehrmals überflutet, unterm Strich entstanden zwei Milliarden Schilling Ernteverluste. Die Hauptgeschädigten waren kleine Siedler, Gewerbetreibende und Bauern. Da vom Staat keinerlei Vorsorge getroffen worden war, fehlte das Geld für die Schadensdeckung vollkommen. Die Glücklichen, die von den Katastrophen verschont geblieben waren, schimpften lautstark über hohe Nahrungsmittelpreise, ohne daran zu denken, dass die Fluten und Muren viele Bauern um ihre Ernte und um den Ertrag ihrer Arbeit sowie viele Familien um ihre Existenzgrundlage gebracht hatten.

Die von der Bundesregierung eingeleitete erste Spendenaktion ergab mit Ende August 1965 14 Millionen Schillinge. Allein die steirische gewerbliche Wirtschaft hatte jedoch einen Schaden von 16,5 Millionen Schilling zu beklagen.

Noch kurz vor (!) der eintretenden Katastrophe machte der AÖBV am 14. Jänner 1965 in der Erkenntnis der gefährlichen Situation auf die Dringlichkeit der Schaffung einer Katastrophenhilfe auf breitester Basis aufmerksam. Ohne den nötigen Ernst, zum Teil sogar spöttisch, hat man damals die Notwendigkeit für Österreich bezweifelt. Nach vielen verlorenen Jahren – der AÖBV unterbreitete diesen Vorschlag bereits 1957 zum ersten Mal – haben die Verantwortlichen, gemahnt durch die Natur selbst, erstmals Verhandlungen über die Schaffung einer Katastrophenhilfe auf gesetzlicher Basis aufgenommen.

Zusätzlich zur Flutkatastrophe brach auch noch in großen Gebieten Niederösterreichs die Maul- und Klauenseuche aus, wobei die Bezirke Mistelbach, Gänserndorf und Bruck a. d. Leitha, aber auch Wien und Umgebung besonders betroffen waren. Nachdem die Seuche im Herbst 1965 von Ungarn in die Bundesländer Niederösterreich und Burgenland eingeschleppt worden war und nach einer ersten Impfaktion über den Winter bereits erloschen schien, flackerte die Epidemie im Frühjahr 1966 in vereinzelten Ställen in Niederösterreich erneut auf. Dem nicht genug, brach die Maul- und Klauenseuche auch in Vorarlberg aus, eingeschleppt aus der Schweiz.

Die Bauern der betroffenen Gebiete wurden aufgefordert, auf Versammlungen, Tagungen und Exkursionen zu verzichten und auch ihre Höfe nach Möglichkeit nicht zu verlassen. Kleider und Schuhe, die im Stall verwendet wurden, durften auf der Straße nicht getragen werden. Für die Verbandstätigkeit der Landesverbände Niederösterreich, Burgenland und Vorarlberg war die Maul- und Klauenseuche phasenweise ein großes Hemmnis in der Aufbauarbeit der Landesorganisationen.

Die Maul- und Klauenseuche war und ist die am schwierigsten zu bekämpfende Seuche bei Haus- und Nutztieren; sehr leicht übertragbar durch Futter, Milch, Kot, Blut oder andere Tiere. Die betroffenen Höfe wurden jeweils sofort gesperrt, der Viehbestand wurde gekeult. Die schlimmste Epidemie in Österreich sollte jedoch erst 1973 folgen.

6. Die ÖVP Alleinregierung – der AÖBV wird zur Institution

6.1. Das Scheitern der großen Koalition – angeblich durch den Milchpreis

Ab 1966 begann eine der Glanzzeiten des ABV, denn nun konnte der Bauernbund beweisen, was er unter einer ÖVP-Alleinregierung zustande bringen würde. Ausreden auf den roten Koalitionspartner waren nun nicht mehr möglich. Jetzt also konnte der Bauernbund zeigen, was machbar war – und das war herzlich wenig – und dies wurde vom AÖBV wiederum schonungslos angeprangert. In dieser Phase erhielt der AÖBV seine stärkste Resonanz, und es begann sich auch langsam die politische Unterstützung durch die oppositionelle SPÖ anzubahnen.

Begonnen hat alles mit dem Scheitern der Budgetverhandlungen zum Budget für das Jahr 1966. Als eine der Ursachen wurde von sozialistischer Seite die Frage der Milchpreiserhöhung angeführt. In weitesten Kreisen wurde so der Anschein erweckt, die Bauern hätten in jüngster Zeit eine die Konsumenten belastende Milchpreiserhöhung gefordert und viele Presseorgane ließen sich dadurch irreführen. Diese aus wahltaktischen Überlegungen geübte Stimmungsmache gegen die Bauern verstärkte Innenminister Hans Czettel durch seine kurz zuvor an die zuständigen Amtsstellen erteilte Weisung, eventuell einlangenden Anträgen auf Erhöhung des Milchpreises die Zustimmung zu versagen.

Wie falsch die sozialistische Behauptung war, der Budgetkrach hänge nicht zuletzt mit dem Milchpreis zusammen, bewies die am 27. Oktober 1965 von Landwirtschaftsminister Schleinzer abgegebene Erklärung:

> Im Mai 1965 ist der Erzeugermilchpreis um 20 Groschen pro Liter erhöht worden. Diese Preiserhöhung wurde aber nur teilweise auf den Verbraucherpreis überwälzt. Der Finanzminister erklärte sich damals bereit, den Betrag von 7,62 Groschen pro Liter bis Ende des Jahres 1965 aus öffentlichen Mitteln zu bezahlen. Es wurde von den Regierungsparteien ausdrücklich vereinbart, diesen Restbetrag am 1. Jänner 1966 voll auf den Konsumentenpreis aufzuschlagen. Gleichzeitig sollten sozial bedürftige Bevölkerungsgruppen eine entsprechende Abgeltung dafür erhalten. Da nun rund ein Viertel der gesamten Milchproduktion als Trinkmilch abgesetzt wird, hätte sich – sollen die 7,62 Groschen zu Gänze bei der Trinkmilch hereingebracht werden – eine Konsumentenpreiserhöhung von 30 Groschen pro Liter Milch ergeben.“[127]

Diese unkluge Vereinbarung zeigte, dass sie für die ÖVP einmal mehr ein Hineinleger war. Mit großem Geschrei wurde von allen Seiten eine bevorstehende Milchpreiserhö-

127 ÖBZ, Folge 12, 1965, 5.

hung kommentiert und als Argument gegen die „unverschämt fordernde Bauernschaft" benutzt, die in Wirklichkeit aber nicht einen einzigen Groschen davon hatte. Da es nun seitens der SPÖ abgelehnt wurde, sich an die seinerzeit getroffene Vereinbarung zu halten, sah sich der Finanzminister gezwungen, die zur Bedeckung notwendigen Beträge weiterhin aus öffentlichen Mitteln aufzubringen, was im provisorischen Budget auch geschehen war und Vizekanzler Pittermann dazu veranlasste, das Hinausschieben der notwendigen Regelung als einen großen Verhandlungserfolg der SPÖ darzustellen.

Dieser Bruch der gemeinsam vereinbarten Milchpreisregelung war ein Beweis dafür, dass mit politischem Kuhhandel Wirtschaftsfragen nicht gelöst werden konnten. Durch diese unkluge Haltung der Agrarpolitiker wurde auch der Kampf des AÖBV für einen wirklich kostendeckenden Milchpreis nicht leichter, dennoch ließ man sich nicht entmutigen und wollte weiterkämpfen. Dies zumal Schleinzer in der gleichen Aussendung mitteilte, der Erzeugerpreis, der für die vorwiegend klein-, mittel- und bergbäuerlichen Milchproduzenten Österreichs einen wesentlichen Teil ihres Einkommens darstellte, hätte unter keinen Umständen gefährdet werden dürfen. Damit sprach Schleinzer praktisch aus, dass der Bauer nicht nur keine Aussicht gehabt hätte, zu einem gerechten, die Eigenkosten deckenden und einen bescheidenen Arbeitslohn abwerfenden Milchpreis zu kommen, sondern dass er froh sein musste, wenn man ihm weiterhin den höchst unzulänglichen gegenwärtigen Erzeugerpreis bezahle. Dies kam einer Bankrotterklärung der österreichischen Agrarpolitik gleich.

Der Milchpreis war also einer der Gründe, weswegen die SPÖ die Budgetverhandlungen für das Jahr 1966 platzen ließ. Seitens der ÖVP sah man sich im Aufwind und unternahm relativ wenig, um eine Neuwahl zu verhindern.

6.2. Alter und neuer Landwirtschaftsminister – Karl Schleinzer

Bei der Nationalratswahl am 6. März 1966 gewann die ÖVP mit 85 Mandaten (+4) erstmals seit 1945 wieder die absolute Mehrheit. Die SPÖ ließ vor der Wahl offen, allenfalls mit der KPÖ zu koalieren, was viele Wähler verunsichert hatte, die SPÖ erhielt 74 Mandate (-2), die FPÖ 6 (-2). Die ÖVP versprach, vom unproduktiven Regierungsstil der sich immer schwieriger gestaltenden ÖVP-SPÖ-Koalition abzugehen. Zu diesem Zweck wurde die „Orientierung 66" gegründet, in der sich zehntausende Jugendliche an Kursen, Diskussionen und Workshops über Innen- und Sachpolitik beteiligten.

Nach 6-wöchigen Verhandlungen wurde die ÖVP-Alleinregierung Klaus II gebildet. Fritz Bock wurde Vizekanzler, 1968 wurde er von Hermann Withalm abgelöst, und Landwirtschaftsminister blieb Karl Schleinzer. Da seitens des Bauernbundes immer wieder die Faschismuskeule gegenüber dem AÖBV geschwungen wurde, konnte man nunmehr zurückschlagen: Schleinzer war im Dritten Reich Napola-Schüler[128] und noch dazu wurde ihm nachgesagt, aus der Kirche ausgetreten zu sein, was die Bauernverbandler nunmehr den österreichischen Landwirten, die zum allergrößten Teil tiefkatholisch waren, näher brachten. Als Schleinzer also bei der Rieder Messe wieder einmal den AÖBV als Sammelbecken „Ehemaliger" bezeichnete (obwohl der Großteil der AÖBVer viel zu jung dafür war), sprach ihn ein Bauer auf seinen Kirchenaustritt im Dritten Reich an, woraufhin Schleinzer sichtlich erblasste. Er rechtfertigte sich, indem er erklärte, er habe bis 1945 einer anderen, heute verpönten Weltanschauung gehuldigt und bis 1948 keiner anerkannten Religionsgemeinschaft angehört, weil er verhetzt gewesen sei. Nun, so genau wollte man es eigentlich gar nicht wissen, doch wendete Schleinzer persönlich die Faschismuskeule nie wieder gegen Bauernverbandler an.

Das Argument, dass die SPÖ sämtliche Initiativen von bäuerlichen Interessen seitens der ÖVP bzw. des Bauernbundes aufgrund des bisherigen nahezu Mandatsgleichstandes verhindert hatte, fiel nunmehr endgültig weg. Damit erhielt die ÖVP einen Wählerauftrag, der sie zu aktivem Handeln verpflichtete. Die Bauernschaft, deren überwiegende Mehrheit zu den treuesten Wählern der ÖVP gehörte und auch heute noch immer gehört, erwartete sich nun unendlich viel von der eigenen Partei. Nun sollte sich zeigen, ob die „Schwarzen" etwas für die Bauern bewegten oder ob es nur bei Lippenbekenntnissen blieb.

Eine erste Gelegenheit hätte sich für den alten und neuen Landwirtschaftsminister Schleinzer bereits in der Regierungserklärung vom 20. April 1966 zum Kapitel „Landwirtschaft" ergeben können. Was darin zu lesen war, bedeutete die erste Enttäuschung für die Bauern – es sollte nicht die letzte sein. Schleinzer verlautete zwar, man werde bestrebt sein, die bäuerlichen Familienbetriebe zu fördern, den Bergbauern unter die Arme zu greifen sowie Wildbachverbauung und Lawinenschutz voranzutreiben. Das Hauptaugenmerk wäre aber dem Bildungsnotstand auf dem Lande zuzuwenden. Im Übrigen gedenke man, so Schleinzer in der Regierungserklärung weiter, die Agrarpolitik der letzten Jahre fortzusetzen. Diese nebulosen Versprechungen wurden ohnehin noch von jeder Regierung abgegeben; von neuen Wegen in der Agrarpolitik und wie man dem bestehenden Notstand der Bauernschaft materiell abzuhelfen gedenke, stand kein Wort zu lesen. Während man allen Schichten der Bevölkerung in der Regierungserklärung versprach, dafür Sorge zu tragen, dass ihr Einkommen dem wachsenden Wohlstand angepasst werde, vergaß man gänzlich darauf, dass auch die Bauernschaft dasselbe Anrecht auf ein gerechtes Arbeitseinkommen hatte. Von kostendeckenden Erzeugerpreisen war wieder einmal keine Rede.

128 Napola (Nationalpolitische Lehranstalt bzw. Erziehungsanstalten) wurden 1933 nach der Machtergreifung der Nationalsozialisten gegründet. Hauptaufgabe der Napola war die „Erziehung zu Nationalsozialisten, tüchtig an Leib und Seele für den Sieg an Volk und Staat", http://de.wikipedia.org/wiki/Napola [12. 9.2006].

6.3. Forderung nach verbilligtem Treibstoff für die Landwirtschaft

Eine der Urforderungen des AÖBV war jene nach einem verbilligten Treibstoff für die Landwirtschaft. Der Regierungsantritt der Alleinregierung Klaus war eine gute Gelegenheit zu prüfen, wie wichtig der neuen Regierung konkrete bäuerliche Anliegen waren. Bis dahin gab es für die Bauern nämlich nur eine relativ geringe und komplizierte Mineralölsteuerrückvergütung.

Während in den EWG-Ländern darauf Rücksicht genommen wurde, dass die Landwirtschaft Treibstoff für andere Zwecke als zum Befahren der öffentlichen Straßen benötigte und ihr durch die Befreiung von der Mineralölsteuer für den Treibstoff ihrer Maschinen und Geräte die Möglichkeit einer teilweisen Betriebskostensenkung gegeben wurde, erfuhr die österreichische Landwirtschaft auf Grund der Treibstoffpreiserhöhung vom 1. Juni 1966 eine wesentliche Mehrbelastung und wurde einer zusätzlichen Benachteiligung gegenüber anderen europäischen Ländern ausgesetzt. Im Hinblick auf die ÖVP-Alleinregierung hätte die Bauernschaft erwartet, dass die bäuerlichen Nationalräte als gewählte Vertreter der Bauernschaft wie ein Mann aufstehen und die Befreiung der Landwirtschaft von dieser Belastung verlangten. Das Gegenteil war der Fall, sämtliche Bauernbund-Nationalräte stimmten der Erhöhung zu, obwohl ihnen eigentlich klar sein musste, dass dadurch die Schere zwischen Gestehungskosten und Einkommen für die Bauern noch weiter aufklaffte.
Der AÖBV beschloss daraufhin am 19. Juni 1966 folgende Resolution:

> Mit 1. Juni 1966 wurde die Mineralölsteuer erhöht. Diese Erhöhung soll ausschließlich dem Ausbau des Bundesstraßennetzes dienen. Obwohl die Landwirtschaft nur fünf Prozent ihres Kraftstoffes auf den Bundesstraßen verwendet und den Hauptteil zum Betrieb der Arbeits- und Erntemaschinen verbraucht, wurde dies bei der Beschlussfassung über dieses Gesetz überhaupt nicht berücksichtigt. Die Bauernbundmandatare haben damit neuerlich ihre Abhängigkeit vom Parteiapparat bewiesen und die lebenswichtigen Bauerninteressen rücksichtslos übergangen. Und dies, obwohl es in der Regierungserklärung vom April 1966 heißt: „Vor allem den bäuerlichen Familienbetrieb zu erhalten und zu stärken wird das wichtigste Anliegen der österreichischen Bundesregierung sein.“
>
> Den Heizölverbrauchern wurde zugesagt, dass für sie bis zu Beginn der Heizperiode eine günstige Regelung getroffen wird. Was aber haben die politischen Bauernvertreter für die österreichische Bauernschaft gegen diese neuerliche Erhöhung der Betriebskosten unternommen?
>
> Der Allgemeine Österreichische Bauernverband protestiert schärfstens gegen die für die Landwirtschaft ungerechtfertigte Dieselölverteuerung durch die Mineralölsteuererhöhung, weil die österreichische Landwirtschaft ohnehin das teuerste Dieselöl von Westeuropa zu bezahlen hat. Im Hinblick darauf und auf das nachgewiesene Ansteigen

der Disparität in der österreichischen Landwirtschaft fordert der Allgemeine Österreichische Bauernverband die Landwirtschaft generell von der Treibstoffsteuer für Geräte und Maschinen zu befreien, wie dies in anderen Staaten schon längst der Fall ist. Die Erfüllung dieser Forderung würde der Bauernschaft beweisen, dass obiger Satz in der Regierungserklärung der neuen Bundesregierung kein leeres Versprechen war.[129]

Im AÖBV wurde einerseits kritisiert, andererseits aber auch recherchiert und die Bauernschaft aufgeklärt – dies war vor allem Norbert Kanz und seinen Milchpreiskalkulationen zu verdanken. Die Bauernschaft wurde vom AÖBV auch über die Dieselölpreisproblematik informiert.

So wurde noch vor dem Sommer 1966 an die Bezirksbauernkammer Geras eine Anfrage nach einem Kaufkraftvergleich auf Dieselölbasis zwischen den maßgeblichen EWG-Ländern BRD, Frankreich, Italien einerseits und Österreich andererseits gerichtet. Das Ergebnis war niederschmetternd und wurde im Bezirk Geras mit der Überschrift: „Bauern – seht her!" veröffentlicht. Das Ergebnis im Detail, auch veröffentlicht in der ÖBZ (Preise in ATS):

Land	Dieselöl-normalpreis	Preis für die Landwirtschaft	Weizen-preis	Erlös für 1 kg Weizen in Liter Dieselöl
BRD	3,45	1,10	2,89	2,62
Frankreich	3,50	1,00	2,08	2,08
Italien	3,20	0,90	2,81	3,12
Österreich	2,30	1,70	2,48	1,55

Der Dieselölpreis war in dieser Tabelle noch mit ATS 2,30 angegeben, das Verhältnis wurde aber bei Durchrechnung mit ATS 2,50 nicht besser für die Landwirtschaft, da die Punkteberechnung bei Ermittlung der Treibstoffsteuer-Rückvergütung nicht im Budget 1966 bzw. 1967 erhöht worden war. Daher wurde auch der Einstandspreis für die Landwirtschaft höher und somit der Kaufkraftvergleich, bezogen auf das Dieselöl für die österreichischen Landwirte ungünstiger. Mit Verbitterung stellten die Bauern Österreichs fest, dass die Heizölverbraucher ohne weiteres eine Befreiung von der Mineralölsteuer erreicht hatten, während man den Bauern, die eine ähnliche Regelung angestrebt hatten, nach wie vor die gleiche Begünstigung verweigerte.

Es war daraus einmal mehr ersichtlich, wie einflussreich die so genannte „offizielle Agrarpolitik" wirklich war. Es hatte ganz den Anschein und der Verdacht drängte sich geradezu auf, dass die Abhängigkeit der Bauernschaft bewusst gefördert wurde, indem

129 ÖBZ, Folge 7, 1966, 1.

man ihr nicht den ermäßigten Preis zuerkannte, sondern der Umweg über die Rückvergütung gemacht wurde, um damit die Abhängigkeit der Bauern zu kaufen. Es wurde allmählich Zeit, dass die Bauernschaft diese Almosengeber abschüttelte und wieder zu sich selbst fand.

Schon lange vor der Einführung der umständlichen Treibstoffrückvergütung schlug der AÖBV eine Färbung von direkt verbilligtem Treibstoff für die Landwirtschaft vor, was mit großer Entrüstung als undurchführbar zurückgewiesen wurde. Für die Heizölkonsumenten war diese ohne Schwierigkeiten möglich – nicht aber für die Landwirtschaft. Die Veröffentlichung obenstehender Tabelle unterstrich die Notwendigkeit, die bäuerlichen Dieselölbezieher wenigstens den Verbrauchern von Ofenheizöl gleichzustellen.

Zu Ende des Jahres 1966 wachte dann auch endlich die Präsidentenkonferenz der österreichischen Landwirtschaftskammern auf und forderte die Einbeziehung der landwirtschaftlichen Treibstoffverbilligung in ein neues Gesetz über die Verbilligung von Öl für Heizzwecke. In dem Begehren der Präsidentenkonferenz hieß es: „Für die Land- und Forstwirtschaft hätte eine gesicherte und automatische Kostensenkung besondere Bedeutung, da über die Agrarpreise kein Ausgleich für die steigenden Betriebsmittelausgaben gefunden werden kann." Dieser Passus wurde fast 1:1 vom AÖBV übernommen, man schmückte sich wieder einmal mit den Federn des Bauernverbandes. Viel wichtiger war aber der weitere Weg dieser Eingabe, denn nun sollten den Worten auch Taten folgen. Da das Anheben der Agrarpreise nach den Aussagen des Bauernbundes und seiner Stillhalte-Funktionäre nicht möglich war – worüber der Bauernverband anderer Meinung war – musste nun darauf gedrängt werden, dass über eine Betriebskostensenkung Ausgleich gefunden wurde. Was dabei herauskam, ist in einem späteren Kapitel zu finden.

6.4. Die Situation auf dem Fleischsektor

Nicht nur der Treibstoff wurde unter der neuen Regierung teurer, sondern auch Fleisch, insbesondere Schweinefleisch. Hervorgerufen wurde die Verteuerung durch den Mangel an etwa 450.000 schlachtfähigen Schweinen, die auch im Ausland nicht zu bekommen waren, doch auch Rind- und Kalbfleisch wurde teuer, letzteres aber gänzlich unmotiviert. Die von der Landwirtschaft ab dieser Verteuerung erzielten höheren Preise standen aber in keinem Verhältnis zur Verteuerung für den Konsumenten, sondern ergaben für den Bauern nur einen annähernd kostendeckenden Preis – und dies auch nur kurzfristig. Seit 1952 wurden die Preisbänder für Schweinefleisch nicht nachgezogen, damit konnte ein ausreichendes Inlandsangebot nicht mehr sichergestellt werden. Der AÖBV wurde nicht müde, die Konsumenten über diese Umstände aufzuklären und die Bauern in Schutz zu nehmen, in welchen die Konsumenten zuallererst den Schuldigen vermuteten. Der AÖBV wies auch immer wieder darauf hin, dass von seiner Seite immer und immer wieder eine Nachziehung der Preisbänder gefordert worden war und erinnerte auch an die Aussprache mit Sektionschef Ott im Landwirtschaftsministerium, der sagte: „Ja, auf die Preisbänder müssen wir mehr Wert legen." Der Minister hatte nur nichts unternommen.

Der katastrophale Preisverfall bei Schweinen im Frühjahr 1965, der aber keine wesentlichen Auswirkungen auf die Konsumentenpreise zeigte, schien Grund genug, die Forderungen des Bauernverbandes in den Wind zu schlagen. Durch den Preisverfall entstanden aber schwere finanzielle Schäden, wodurch viele Bauern die Schweinemast einstellten. Ein Jahr darauf kam es zum erwähnten Engpass und dem damit verbundenen Preisanstieg. Damals wie heute weiß man, wie Herr und Frau Österreicher reagieren, wenn das Schnitzel teurer wird – nämlich ziemlich allergisch.

In geradezu hektischer Weise trieben Rundfunk und Fernsehen das Fleisch- und Preisproblem zur Siedehitze. Schuld tragend waren natürlich die bösen Bauern, denn es kamen ja 1966 viel zu wenige Schweine auf den Markt, und dadurch mussten die armen Konsumenten gleich um ein Viertel höhere Preise bezahlen. Soweit die antibäuerliche Propaganda in den Medien und dann weiter mit der einhelligen Forderung: Herunter mit den Preisen auf den Stand des Jahres 1965, egal ob die Schnitzel aus Kolchosen oder die Gänse aus China kamen.

Von so genannter „berufener" Seite wurde auch immer wieder betont, dass es ohnehin zu viele Bauern gäbe. Das österreichische Wirtschaftsinstitut hatte in einer wissenschaftlichen Vorschau errechnet, dass bis zum Jahr 1980 nur mehr die Hälfte der landwirtschaftlichen Bevölkerung in ihrem Beruf überleben werde (die Wirtschaftsforscher ahnten damals noch gar nicht, wie recht sie behalten sollten) und darum: Wenn's den Bauern nicht passt, dann können sie ja raschest „gesundschrumpfen".

Politisch spielte die Bauernschaft Mitte der sechziger Jahre mit ihren 16 Prozent Bevölkerungsanteil ohnehin nur mehr eine untergeordnete Rolle – der Kampf der politischen Parteien ging immer mehr um die Wählermassen der Konsumenten. Das Aufkommen einer überparteilichen, gewerkschaftsähnlichen bäuerlichen Standesorganisation, wie jene der Arbeiter, wurde von den Parteien auf das heftigste bekämpft, da damit den Bauern das hätte gelingen können, was den Arbeitern schon längst gelungen war, nämlich die Sicherung des Einkommens und die stetige Verbesserung ihrer Lebenssituation. Und wie sich die Lebenssituation für die Konsumenten im Lauf der Zeit verbesserte, beweisen die nackten Zahlen: Nach einer Studie der AMA (Agrar Markt Austria) basierend auf Zahlen der Statistik Austria aus dem Jahr 2007 verwendeten die Haushalte noch nie zuvor einen so geringen Teil ihres Einkommens für Ernährung. Wohn-, Freizeit- und Mobilitätsausgaben haben demnach die Ernährung längst überflügelt. Der Anteil der Ausgaben eines Haushaltes für Ernährung gemessen an den Gesamtausgaben verringerte sich von 44,7 % im Jahr 1950 auf 32 % im Jahr 1970 und schließlich auf nur 12,7 % im Jahr 2007.[130]

130 Siehe auch Bayrisches Landwirtschaftliches Wochenblatt, 20, 16.05.2008, 10.

Doch zurück zum Jahr 1964: Infolge des totalen Preisverfalls bei Schweinen kam es zu einer Einschränkung der Schweinehaltung. Viele Betriebe mussten diesen Betriebszweig auflassen, Sauenbelegungen wurden eingeschränkt. Der Bauer war gezwungen, wollte er nicht Geld draufzahlen statt zu verdienen, sich von der „Schweinerei" abzuwenden. Der Preis sank bei weit überhöhten Futter- und steigenden Betriebskosten unter dem Stand des Jahres 1952! Es wurden zwar tausende Schweine eingefroren und mit großen Verlusten exportiert, die Fehler einer niemals auf lange Sicht planenden Agrarpolitik waren nicht mehr gutzumachen. Das Resultat war unterm Strich, dass auf dem Markt über 300.000 Schweine fehlten.

Dann war der Teufel los. Das Angebot war weitaus zu gering und der Schleuderpreis von 1964 war nicht mehr zu halten. Daraufhin wurde die Einfuhr von 300.000 Schweinen aus den kommunistischen Oststaaten freigegeben. Diese waren jedoch nicht lieferfähig und wenn dann teuer und von minderer Qualität. Eine enorme Preissteigerung trat ein, die der Konsument empfindlich zu spüren bekam. Die Medien hatten schnell den Schuldigen parat, es war der Bauer – und den wollte man gleich gesundschrumpfen.

Schließlich beruhigte sich die Marktlage wieder und mit ihm auch die Medien und die Konsumenten. Da man in den sechziger Jahren von einer Kennzeichnungspflicht von Fleisch in den Marktregalen noch weit entfernt war, wusste der Konsument nicht, woher das Fleisch stammte, für das er nun wieder weniger – wenn auch nicht viel weniger – zahlte. Zum Glück wusste er es nicht, denn die Schweine kamen aus Polen, Ungarn, der DDR und Rumänien.

Tatsache blieb aber, dass die verbleibenden Schweinemastbauern trotz der gestiegenen Endverbraucherpreise für Fleisch keinen Anteil an der Endverbraucherbelastung erzielten. Tatsache war auch, dass Landwirtschaftsminister Schleinzer, das Landwirtschaftsministerium mit all seinen untergeordneten Stellen, die Kammern und Förderungsorgane weiterhin die Produktionssteigerung bei Rindfleisch, Milch, Getreide und Obst propagierten. Preis und Absatz aber, als das Fundament jeglicher Produktion, schienen einer näheren Überprüfung nicht wert und lediglich der Anlass für die sattsam bekannten und höchst faulen Ausreden: „Da kann man nichts machen, da darf man nichts machen, das erlauben die anderen nicht!" Derartige Schalmeien blasend, ließen sich die Bauern – und hier vor allem die ÖVP-Wähler – wieder auf den St. Nimmerleinstag vertrösten.

6.5. Milchbürokratie – Ein Staat im Staate

Nach der Verteuerung von Treibstoff und Fleisch geriet Schleinzer noch mehr unter Druck, denn Anfang Juni 1966 legte eines der Kontrollorgane des Parlaments, der Rechnungshof, seinen Bericht über die Gebarung des Milchwirtschaftsfonds vor. Ständig wurde der Bauernverband Lügen gestraft, wenn er verlautete, dass von den

Preisen für agrarische Produkte insbesondere Milch, die der Konsument bezahlte, der Bauer nur unzureichend partizipierte, sondern das meiste Geld in der Struktur der Molkereiwirtschaft versickerte, was durch den Bericht des Rechnungshofes eindrucksvoll bestätigt wurde.

Dem Milchwirtschaftsfonds wurden schwerwiegende Abweichungen von den allgemeinen betriebswirtschaftlichen Grundsätzen, mangelnde Kenntnis der finanziellen Gesamtsituation der einzelnen Molkereien, ungleiche Behandlung der Molkereien bei gleicher Gesamtsituation und dergleichen mehr vorgeworfen. Den Molkereien wurde im Zusammenhang mit der Gebarung „geringe Sorgfalt" vorgeworfen, und es wurde kritisiert, dass auch solchen Molkereien Zuschüsse gewährt wurden, die aus eigenem Verschulden unwirtschaftlich agierten. Zum Verhalten des Bundesministeriums für Land- und Forstwirtschaft betreffend Rechungshofbericht meinte die Presse: „Das zuständige Ministerium beantwortete die Kritik des Fonds mit einem Manöver, das – nach der Darstellung des Rechnungshofes zu schließen – den Versuch einer Täuschung darstellt."[131]

Nach dem Bericht musste sich eine landwirtschaftliche Einrichtung, nämlich der Milchwirtschaftsfond, auf welche die Bauern selbst keinerlei Einfluss mehr hatten, eine Kritik gefallen lassen, die das gespannte Verhältnis zwischen den Milchproduzenten und -konsumenten neuerlich erheblich belastete. Wie konnte erwartet werden, dass die Konsumenten für eine berechtigte Milchpreisforderung der Bauern Verständnis aufbrachten, wenn von den verantwortlichen agrarischen Stellen geduldet wurde, dass Millionenbeträge sinnlos verwirtschaftet wurden. Die vom Rechnungshof kritisierten Beträge, die hunderte Millionen Schilling ausmachten, wurden in der Konsumentenpresse und im politischen Alltag immer wieder den Bauern als Subventionen vorgeworfen, obwohl sie selbst nichts davon hatten, da jene Gelder, wie sich herausstellte, in unwirtschaftlichen Betriebsführungen im Molkereiwesen versickerten.

Nach der Gesamtsituation zu schließen, hatte die Milchbürokratie offensichtlich einen Staat im Staate aufgebaut, der sich nach allen Seiten der Kontrolle entzog. Der Rechnungshof kam nach langen Auseinandersetzungen mit dem Milchwirtschaftsfonds und dem Landwirtschaftsministerium zu der Feststellung, dass so getan wurde, als ob man auf die Gestaltung des Molkereiwesens und auf die Vorgänge zwischen dem Fonds und den Molkereien keinen Einfluss gehabt hätte. Dagegen wussten die Bauern als Genossenschafter ein Lied davon zu singen, wie sehr ihnen das genossenschaftliche Mitbestimmungsrecht in den Molkereien durch die ständigen regulatorischen Eingriffe des Milchwirtschaftsfonds beschnitten wurde.

Die Kritik des Rechnungshofes bezüglich der Struktur des Molkereiwesens kam der Kritik der Bauern selbst weitgehend entgegen. Mehr denn je gewannen jene Ar-

131 Die Presse, 11. Juni 1966.

gumente, die der AÖBV in seinem Agrarprogramm niedergelegt hatte, an Bedeutung. Dort wurde bereits 1952 bzw. 1960 wie folgt gefordert (Kapitel II/3):

> Mit dem unbedingt notwendigen, stufenweisen Abbau der staatlichen Lebensmittelpreis-Stützungen werden auch die am Marktordnungsgesetz verankerten Wirtschaftsfonds (Milchwirtschafts-, Getreidewirtschafts- und Viehverkehrsfonds) zum großen Teil ihre Daseinsberechtigung verlieren.
>
> Wir fordern daher im Zusammenhang mit dem Abbau der Lebensmittelpreis-Stützungen auch die schrittweise Auflösung der drei Wirtschaftsfonds.

Der vom Bauernverband verlangte stufenweise Abbau der Lebensmittelpreis-Stützungen mit dem Ziel eines marktkonformen Preisniveaus für landwirtschaftliche Produkte entsprach inhaltlich vollkommen jener Erklärung, die Schleinzer zum Abbau landwirtschaftlicher Subventionen kurz zuvor abgegeben hatte. Er äußerte diesbezüglich also die gleichen Ziele wie der Bauernverband – die Ansichten über den Weg dorthin waren jedoch erheblich verschieden.

6.6. Großkundgebung in Kirchschlag

In Niederösterreich ging die Aufbauarbeit des AÖBV weiter voran, verantwortlich dafür waren ambitionierte Funktionäre, deren Idealismus keine Grenzen kannte, angeführt von den „Vier-Viertel-Funktionären": Emmerich Hutterer aus Alberndorf bei Raabs für das Waldviertel, Karl Achleitner aus Schauboden für das Mostviertel, Josef Hintermayer aus Großweikersdorf für das Weinviertel, Anton Kornfell aus Pesendorf für das Industrieviertel sowie Robert Wenitsch als bewährter Landesverbandsobmann für Niederösterreich. Ihnen zur Seite stand der unermüdliche Jurist und Landesgeschäftsführer Manfred Frey.

Am 3. Juli 1966 wurde wieder zu einer Großkundgebung geladen, dieses Mal in Kirchschlag im Bezirk Wiener Neustadt. Das Programm einer solchen Veranstaltung sah folgendermaßen aus:

9 bis 10 Uhr:	Platzkonzert vor der Passionsspielhalle (Kapelle Pichler)
10 Uhr:	Festgottesdienst, zelebriert von Hochwürden Merschl
Anschließend:	Großkundgebung in der Passionshalle „Auf Bauer – wehr dich!"
Es sprechen:	Bezirksobmann Anton Kornfell LVB-Obmann Robert Wenitsch HVB-Obmann LKR Josef Loitfellner
13:30 Uhr	Landesverbandstag (Jahreshauptversammlung 1966) im Gasthaus Koglbauer in Kirchschlag

Großkundgebung des AÖBV-Landesverbandes Niederösterreich am 3. Juli 1966 in der Passionsspielhalle in Kirchschlag. Am Rednerpult LVB-Obmann Robert Wenitsch.

Bei Anton Kornfell tat sich der Bauernbund etwas schwer, die Nazikeule zu schwingen und ihn ins rechte Eck zu stellen. Kornfell war katholischer Männerbewegungsfunktionär und stark christlich geprägt, was auch immer wieder eindrucksvoll in seinen Reden Ausdruck fand.

Zurück nach Kirchschlag: Es waren über 1.000 Bauern aus Niederösterreich, dem angrenzenden Burgenland und der Steiermark, die sich in Kirchschlag eingefunden hatten. Da Kirchschlag an der Grenze zum Burgenland liegt, ging von dieser Veranstaltung ein starker Impuls zu den burgenländischen Bauern. Mit großem Beifall wurden die Ansprachen von Loitfellner, Wenitsch und Kornfell aufgenommen. Letztgenannter trat dabei ein klein wenig ins Fettnäpfchen, indem er der Versammlung mitteilte, wie seiner Ansicht nach ein Bauernverbandler auszusehen hatte, nämlich „selbstbewusst, erfolgreich, bauernbewusst – und – katholisch!" Im Burgenland gibt es jedoch, vor allem im Seewinkel, starke protestantische Gemeinden, aus denen Bauern in Kirchschlag anwesend waren und die nach dieser Beschreibung Kornfells ein wenig unruhig auf den Sitzen hin- und herzurutschen begannen. Von dieser Anekdote erzählen burgenländische Funktionäre noch heute.

Bei dieser Veranstaltung in Kirchschlag war jenen, die ihn näher kannten, besonders aufgefallen, dass der sonst eher besonnene und konziliante Hauptverbandsobmann Loitfellner sehr scharf zur Situation der Landwirtschaft Stellung nahm. Weiters wurde eine Resolution über die Forderung des AÖBV nach Befreiung des für landwirtschaftliche Maschinen und Geräte verwendeten Treibstoffes von der Mineralölsteuer angenommen. Im Rahmen des Landesverbandstages wurde die bereits bestehende Landesleitung neu gewählt, nämlich als Obmann Robert Wenitsch, als seine Obmannstellvertreter Josef Hintermayer, Anton Kornfell und Walter Riedl, Geschäftsführer blieb Manfred Frey.

6.7. Landwirtschaftskammerwahl Kärnten 1966

Aus der Sicht anderer Bundesländer muss auffallen, dass sich in Kärnten in Fragen der bäuerlichen Interessenvertretung ein gewisser Hang zur Radikalität viel deutlicher Geltung verschaffte als anderswo – etwa im heute noch fast restlos vom Bauernbund der ÖVP beherrschten Agrarland Niederösterreich. Dort hat man es immer

> nur schwer verstanden, wie sich hierzulande neben dem ÖVP-Bauernbund seit dem Beginn der 1960er Jahre der Ruf nach einer so genannten „überparteilichen Bauerngewerkschaft" erheben konnte, der schließlich in der Konstituierung eines „Allgemeinen Bauernverbandes – ABV" als wahlwerbende Gruppe in den Kammerwahlen seine Verwirklichung fand [...][132],

so der Agrarpublizist und -journalist Konrad Erker über den AÖBV und die Kärntner Landwirtschaftskammerwahlen. In weiterer Folge relativiert Erker stark das Wesen und Wirken des AÖBV, spricht dem Verband die Überparteilichkeit ab und stellt ihn in die Nähe der FPÖ, was den Leser hier nicht weiter wundern sollte, war Erker doch Leiter der „Allgemeinen Bauernzeitung" des Kärntner Bauernbundes.

Nach den erfolgreichen Protestkundgebungen 1962, 1964 und 1965, die nirgends in Österreich seitens der Bauernschaft so flächendeckend angenommen wurden wie in Kärnten, wagte man sich seitens des Kärntner Landesverbandes erstmals an eine Kandidatur bei Landwirtschaftskammerwahlen heran.

Die AÖBV-Landesverbandsleitung Kärnten mit den Kandidaten zur Landwirtschaftskammerwahl 1966

Der ÖVP-Bauernbund sah im AÖBV nunmehr doch eine ernst zu nehmende Konkurrenz und wurde nicht müde zu betonen, dass der Bauernbund kein Exponent einer politischen Partei, sondern der von den Bauern ersehnte Berufsverband sei. Der Bauernbund war und ist aber ein untrennbarer Bestandteil der Volkspartei. Hätte er sich von ihr gelöst, wäre die Volkspartei zerfallen. Die führenden Leute in der ÖVP appellierten immer wieder an die drei Bünde der Partei, den Bauernbund, den Wirtschaftsbund und den Arbeiter- und Angestelltenbund, die Interessen der Bünde den Gesamtinteressen der Partei unterzuordnen.

Der Arbeitsbauernbund war zwar ein selbstständiger Verein, leugnete aber nicht, dass er der SPÖ untrennbar angeschlossen war.

Die Freiheitliche Bauernschaft hatte keinen selbstständigen Status. Sie war die Zusammenfassung der Bauern innerhalb der Freiheitlichen Partei, wurde von einem Agraraus-

132 Erker, 650f.

Die Forderungen des AÖBV zur Kärntner Landwirtschaftskammerwahl 1966

Was wir anstreben

Auch das soll in wenigen Worten gesagt sein:

WIR WOLLEN gerechten Lohn für die harte Arbeit des Bauern und seiner Mitarbeiter durch **gerechte und kostendeckende Preise.**

WIR WOLLEN, daß der Bauer seiner Aufgabe, der Produktion von Lebensmitteln und Rohstoffen, mit der Gewißheit nachgehen kann, **daß das Produkt seines Fleißes und seiner Kenntnisse auch zu einem gerechten Preis und sicher abgesetzt wird,** weil alles gebraucht wird.

WIR WOLLEN, daß die Agrarpolitik von der Parteipolitik getrennt wird und **das Wirken und Schaffen des Bauern** dann bei allen Bevölkerungsteilen **volle Anerkennung findet und belohnt wird.**

WIR WOLLEN, daß die bäuerliche Jugend wieder Freude findet an der Landarbeit, weil sie nicht mehr eine unterbezahlte Schwerarbeit ist.

WIR WOLLEN, daß die bäuerlichen Familien der Sorge entbunden werden, ob und wie lange sie den Hof als ihre Heimat und Daseinsgrundlage wird erhalten können.

WIR WOLLEN, daß die bäuerlichen Menschen durch die Besinnung auf ihre berufsständische Zusammengehörigkeit **wieder Vertrauen auf die eigene Kraft gewinnen** und neu erkennen, daß sie nicht wehrlos sind.

WIR WOLLEN eine Integration der Landwirtschaft in die moderne Industriegesellschaft, aber zu Bedingungen, die die Bauern selbst und nicht die anderen bestimmen.

WIR WOLLEN eine fortschrittliche, rationelle Landwirtschaft zum Wohle und zum Nutzen der in ihr Tätigen und nicht als Vorbedingung, um gerade noch existieren zu können.

WIR WOLLEN eine gesunde Landwirtschaft als sichere Grundlage für ein gesundes Standeswesen.

WIR sind überzeugt, daß all das möglich ist, wenn erst der Einfluß der politischen Parteien auf die Einrichtungen der landwirtschaftlichen Selbstverwaltung auf ein erträgliches Maß reduziert ist.

Der 6. November wird der erste Meilenstein auf diesem Wege sein, den die Bauern selber setzen werden.

schuss repräsentiert und trat als abgegrenzte Gruppe eigentlich nur bei den Kammerwahlen in Erscheinung, wo es ihr um den Posten des Vizepräsidenten der Kammer ging. Zum Wahltermin selbst gab es in Kärnten eine Reihe von Unwettern, die starke Schäden anrichteten und Murenabgänge auslösten. Dadurch wurde die Wahl verschoben und erst am 13. November 1966 durchgeführt. Die Zahl der Wahlberechtigten betrug 38.362 und war damit etwas höher als 1961. Abgegeben wurden 30.526 Stimmen, davon waren 1.354 ungültig. Von den 29.172 gültigen Stimmen erhielt der ÖVP-Bauernbund 15.449 (1961: 15.602) = 13 Mandate, der SPÖ-Arbeitsbauernbund 6.286 (5656) = 5 Mandate, die FPÖ-Bauernschaft 4.517 (5.989) = 4 Mandate, die Slowenische Liste 1.284 (1.821) = 1 Mandat und der erstmals kandidierende AÖBV 1.636 (0) und gewann damit 1 Mandat in der Kärntner Landwirtschaftskammer.

Vom Wahlergebnis hätte man sich mehr erwartet, doch hatte man wenigstens ein Mandat und damit ein Mitwirkungsrecht in der Kammer erreicht. Es schien freilich so, als hätte der Bauernbund bei diesen Wahlen einen großen Erfolg zu verzeichnen gehabt und der Wahlantritt des AÖBV hätte die FPÖ-Bauernschaft um einen hohen Prozentsatz ihrer bisherigen Wählerstimmen und um die Position des Kammervizepräsidenten gebracht. Dagegen zeigte sich, dass mit Ausnahme des SPÖ-Arbeitsbauernbundes sämtliche bisher in der Kammer vertretenen Gruppen Stimmenverluste hinnehmen mussten.

So verlor der Bauernbund 153 Stimmen, die Slowenische Liste 537 und die Liste der FPÖ, dem allgemeinen Trend auf parteipolitischer Ebene in Österreich folgend, 1472 Stimmen. Nach Wahlanalysen stellte sich heraus, dass ein Teil ehemals freiheitlicher Kammerwähler bei dieser Wahl seine Stimme dem Bauernbund gegeben hatte. Wie sehr diese Schützenhilfe dem Bauernbund zugute kam, bewies allein schon das Ergebnis aus dem Bezirk Wolfsberg, wo die ÖVP-Liste gegenüber 1961 201 Stimmen verlor, die der AÖBV für sich buchen konnte.

Die Kammerwahl in Kärnten bewies neuerlich die verfehlte Agrarpolitik des Bauernbundes, denn sonst wäre es unverständlich gewesen, dass in einer Zeit, in der für die Bauernschaft so viel auf dem Spiel stand, 7.836 Wähler (20,5 %) überhaupt nicht von ihrem Wahlrecht Gebrauch machten und dass von den abgegebenen Stimmen nochmals 1.354 (3,5 %) ungültig waren. Der Wahlkampf wurde seitens der Parteien mit einem hohen Aufwand an Propaganda, Geld und dem Einsatz von hohen und höchsten Spitzenfunktionären geführt. Wenn man noch die Tatsachen heranzog, dass zu diesem Zeitpunkt ein Kärntner, Karl Schleinzer, Landwirtschaftsminister war und der Bauernbund mit einem Stimmenüberhang von 1.726 Stimmen (6 %) gegenüber den anderen wahlwerbenden Gruppen und einem Gesamtanteil aller abgegeben gültigen Stimmen von nur 53 % aus der Wahl ging, hatte der Bauernbund das Recht verwirkt, sich als Alleinsprecher für die Gesamtbauernschaft zu gebärden.

Neben dem hohen Einsatz war auch noch zu bedenken, dass die bäuerlichen Wähler Kärntens von der letzten Hochwasserkatastrophe ganz besonders schwer betroffen waren, sodass sie diesem Umstand bei der Wahl Rechnung tragen mussten, da sattsam bekannt war, wer allein auf die Vergabe der Katastrophenentschädigung Einfluss nehmen konnte, quasi nach dem Motto: Wählst Du nicht den Bauernbund, gibt's auch keine Mittel aus der Katastrophenentschädigung.

Mit der scharfen Gegnerschaft des Bauernbundes war vor und bei den Wahlen ohnehin zu rechnen, von den Angriffen aus der FPÖ-Bauernschaft war man dann doch überrascht. Erker beschreibt dies so: „Dass er [der AÖBV] von vornherein weitestgehend dem ‚freiheitlichen Lager' zugehörig eingestuft wurde, dagegen verwahrte er sich. (…) Demzufolge irritierte seine Existenz am meisten die Freiheitliche Bauernschaft, da diese in ihm eine Konkurrenz im Bemühen um das gesinnungsverwandte Wählerpotential sehen musste." Dass die Erfolge des AÖBV die Freiheitliche Bauernschaft irritierten, war begreiflich – doch stand beim AÖBV nicht die Gesinnung als oberste Priorität, sondern die Vertretung der bäuerlichen Interessen im überparteilichen Sinne. Umso mehr stand man seitens des AÖBV der massiven Kritik der FPÖ-Bauern verständnislos gegenüber, was aber wiederum half, jenen Kräften, die den AÖBV immer wieder in die Nähe der FPÖ stellen wollten, den Wind aus den Segeln zu nehmen.

Die gegen den AÖBV äußerst massiv geführten gemeinsamen Angriffe von ÖVP-Bauernbund und FPÖ-Bauernschaft fügten beiden Stimmenverluste zu und beide waren auch nicht imstande zu verhindern, dass der Bauernverband in der Kärntner Landwirtschaftskammer Fuß fassen konnte. „Der AÖBV aber, dessen Wahlerfolg beweist, dass auch in Kärnten der Gedanke einer überparteilichen, gewerkschaftlichen Berufsorganisation bereits festen Boden hat und auszubauen ist, und dass sich die Bauernschaft trotz massivsten Druckes den Weg zu einer besseren Standesvertretung nicht verschließen lässt, ist in die Kärntner Landwirtschaftskammer eingezogen, was uns ermutigt, mit den besten Hoffungen in die Zukunft zu sehen."[133] So gesehen war das Wahlergebnis für den AÖBV tatsächlich ein Erfolg. Man trat zum ersten Mal an, sah sich massivem Widerstand seitens der etablierten politischen Kräfte ausgesetzt und schaffte dennoch den Einzug in die Kammer. Damit war der Bauernverband seit dem 13. November 1966 in den Landwirtschaftskammern der Bundesländer Oberösterreich, Salzburg und Kärnten vertreten.

Das Mandat des AÖBV in der Kärntner Landwirtschaftskammer wurde zunächst von Wolfgang Susitz aus Rohnsdorf (Gemeinde Liebenfels) bekleidet, ab 1967 löste ihn Ignaz Sumper ab (bis 1971). Mehr als von einem einzelnen Mandatar erwartet werden konnte, tat sich Ignaz Sumper in den Kammervollversammlungen hervor und vertrat mit Vehemenz die Anliegen der Kärntner Bauern. Er nahm jede gebotene Gelegenheit wahr und belegte mit authentischen Zahlen, wie es um die Lage der Landwirtschaft bestellt war. Bedauerlicherweise wurde der von den Kammerräten der drei politischen Parteien nicht unterstützt, die alle nach alter Gewohnheit nur bemüht waren, streng nach Fraktion getrennt, ihr eigenes parteipolitisches Süppchen zu kochen. Sein Mut, als „Einmannfraktion" wiederholt das Wort zu ergreifen, wurde vom Kärntner Landwirtschaftskammerpräsidenten Sodat ebenso anerkannt, wie seine sachlichen Argumente als „Schwarzmalerei" abgetan wurden.

Welche erbärmliche Rolle die Kammerräte der politischen Parteien in der Kärntner Kammer spielten, kam deutlich zum Ausdruck, als mit dem Budget 1967 auch eine Pension von ATS 6.000,- monatlich (klingt für heutige Verhältnisse wenig, war es aber damals nicht) für Landwirtschaftskammer-Altpräsidenten Gruber beschlossen werden sollte. Obwohl in Kopf und Herz eigentlich dagegen mussten die ÖVP und SPÖ-Kammerräte dafür stimmen. Sumper als einziger Unabhängiger sprach und stimmte dagegen. Auch Kammerrat Leitgeb von der Freiheitlichen Bauernschaft sprach sich dagegen aus und stimmte dann für die Zurückweisung an den Hauptausschuss, was Wasser auf die Räder jener Mühlen goss, die immer schon der Meinung waren, dass der AÖBV ja doch nichts anderes sei als der radikale Flügel der Freiheitlichen Bauernschaft.[134]

Grubers Pension wurde schließlich beschlossen, da maßgebliche Parteipolitiker dies so wollten und die übrigen parteipolitisch gesteuerten Kammerräte nicht dagegen sein

133 ÖBZ, Folge 13, 1966, 1.
134 Vgl. Erker, 661.

durften. Altpräsident Gruber erhielt demnach neben seiner fetten Pension als Abgeordneter zum Nationalrat und seinem Gehalt als Obmann der Bauernkrankenkasse obendrein noch die Pension als Präsident der Kärntner Landwirtschaftskammer.[135] Spätestens jetzt muss jedem Leser klar sein, dass es den Granden in der schwarzen Welt der Agrarpolitik nur am Rande um bäuerliche Anliegen ging, umso wichtiger war, möglichst viele Funktionen und Ämter zu kumulieren und dafür jede Menge an Gehalt und Pensionen zu kassieren. Wer dieses System mit einer in ihren Augen so wahnwitzigen Idee wie überparteilicher Bauerngewerkschaft aufzubrechen gedachte, war in den Augen des Bauernbundes begreiflicherweise ein Todfeind, rechtsradikal bis auf die Knochen und verdammt in alle Ewigkeit.

6.8. Der Kampf gegen Schleinzer und den Bauernbund geht weiter

Die Österreichische Bauernzeitung des Allgemeinen Österreichischen Bauernverbandes erreichte im Jahr 1966 eine Auflage von 30.000 Stück. Man war in drei Bundesländern in der Landwirtschaftskammer vertreten. Forderungen des AÖBV wurden durch den massiven Druck der vom Verband organisierten Protestkundgebungen zum Teil umgesetzt oder von den politischen Verantwortungsträgern übernommen. Einer davon war Landwirtschaftsminister Schleinzer höchstselbst: Beim Bauerntag in Linz 1966 teilte er bei einer Rede den Zuhörern mit: „Ein zentrales Problem der Landwirtschaftspolitik ist daher die Sicherung eines gerechten Einkommens für die in der Land- und Forstwirtschaft tätigen Menschen." Genau dieser Satz findet sich bereits in den ersten Statuten des AÖBV vom März 1953.

Es tat zwar weh, wenn ein Minister Forderungen übernahm und mit keinem Wort erwähnte, dass es an den ÖVP-Landwirtschaftsministern gelegen hätte, diese Forderungen in den letzten 13 Jahren durchzusetzen. Es tat auch weh, wenn man sich die Füße wund lief, den Mund fusselig redete, organisierte und disponierte, die Arbeit auch auf fruchtbaren Boden fiel, man dafür positives Echo erntete („Endlich tut mal wer was gegen die da oben!") und viele Bauern trotzdem in ihrer Rolle des braven Stimmviehs dem Bauernbund bzw. der ÖVP ihre Stimme abgaben, weil's halt der Familientradition entsprach. Aber nicht nur erbliches Wahlverhalten trieb die bäuerlichen Wähler dem Bauernbund zu, sondern oft auch Erpressung und Korruption. Dies mag zwar dem Leser als heftige Formulierung erscheinen, entsprach aber den Tatsachen. Es war nicht die Ausnahme, sondern leider die Regel, dass Bauern den AÖBV-Funktionären erklärten, dass sie gerne Mitglied beim AÖBV werden würden, aber das würde dann ja herauskommen und dann gibt's halt keine Kredite mehr auf der Raika, keine Leistungen der Landwirtschaftskammer, keinerlei Zuweisungen mehr für einen Kuraufenthalt, denn das alles gibt's halt nur für Bauernbündler! Sogar die Pfarrer in den Kirchen, vor allem

135 Die Bauerngewerkschaft. Agrarpolitische Nachrichten des Allgemeinen Österreichischen Bauernverbandes, Mitgliederinformation (Eigenes Organ des Landesverbandes Kärnten im AÖBV), 1. Jg., Folge 1, 28. April 1967, 2.

in den besonders schwarzen Gemeinden, predigten, dass es verwerflich wäre, sich für den Bauernverband zu engagieren, erinnert sich heute Gerhard Nowotny, der von Anfang an dabei war. Das ging sogar so weit, dass in ein paar Gemeinden die Pfarrer die Bäuerinnen dazu aufriefen, sich ihren Männern zu verweigern, wenn sich diese vom Bauernbund abwenden würden. Auch erinnert er sich, dass Landwirte, die bei der Raika Schulden hatten und sich als Bauernverbandler deklarierten, besondere Probleme bekamen: Kredite wurden plötzlich fällig gestellt, dabei ging es um Existenzen und deren Ruin. Dies führte dazu, dass sich in vielen Regionen nur die bäuerlichen Eliten, die noch wirtschaftlich unabhängig waren, dem Bauernverband anschlossen.

Trotz all diesen Widrigkeiten ließen sich die Bauernverbandler nicht unterkriegen und die Parole hieß ganz einfach: „Weiterkämpfen!“ – für den Existenzkampf der österreichischen Bauern.

Der Kampf selbst musste über alle Medien ausgetragen werden. So schaffte es der AÖBV am 5. Dezember 1966 nach Überwindung großer Widerstände erstmals ins österreichische Fernsehen, genauer in die so genannten „Stadtgespräche“ zu kommen. Der Titel der Sendung war „Landwirtschaft, Stiefkind oder Nutznießer“, wobei Robert Wenitsch den am Podium sitzenden Landwirtschaftsminister Schleinzer und seine Stütze, NR-Abg. Roland Minkowitsch, mit den vielen nur halb oder gar nicht gelösten Problemen der österreichischen Bauern aus der Sicht eines betroffenen Landwirtes konfrontierte. Weitere Teilnehmer waren Franz Wald, Josef Hintermayer und Burkhard List aus Niederösterreich sowie Obmannstellvertreter Kurt Sparr und Hans Lehenbauer, beide aus Oberösterreich.

Neben der Fernsehsendung kam es zu mehreren persönlichen Konfrontationen mit Landwirtschaftsminister Karl Schleinzer. Zweifellos in der Absicht, die viel versprechende Entwicklung des AÖBV im Raum der Buckligen Welt, dem Heimatland von Anton Kornfell, zu hemmen, veranstaltete der niederösterreichische Bauernbund am 26. Februar 1967 in Krumbach ein so genanntes „Bauernparlament“, zu dem etwa 800 Teilnehmer kamen, da eine offene Konfrontation Bauernbund vs. Bauernverband erwartet wurde. Wie sehr es den Organisatoren dieser Veranstaltung darauf ankam, verlorenes Vertrauen zurück zu gewinnen und den Aufstieg des AÖBV einzudämmen, zeigte schon die Auswahl der aufgebotenen Referenten, denn als Besänftiger des aufgestauten Bauernzorns waren Schleinzer, Landwirtschaftskammerpräsident Scheibenreif, Bauernbundsekretär Romeder (der, wie erwähnt, seinerzeit fast beim Bauernverband gelandet wäre) und der Obmann des Viehverkehrsfonds Müller aufgeboten worden. Kornfell, Frey, Winkler und Handler kamen seitens des AÖBV nach Krumbach, um Schleinzer agrarpolitisch zu stellen, ihn und seine Funktionäre mit der bäuerlichen Realität zu konfrontieren und damit gehörig ins Schwitzen zu bringen. Dies sehr zum Missfallen der bauernbündischen Veranstaltungsregie, welche die Bauernverbandler am liebsten wieder zur Tür hinausbefördert hätte. Da aber der Minister höchstselbst anwesend war, musste man doch zähneknirschend der Demokratie freien Lauf lassen.

So wollte Bezirksobmann Kornfell vom Minister wissen, weshalb man der Bauernschaft den gerechten Preis vorenthalte und warum der Landwirtschaftsminister die im Landwirtschaftsgesetz vorgesehenen Möglichkeiten zur Erreichung eines wenigstens kostendeckenden Preises nicht ausschöpfe. Kornfell wollte weiters Aufklärung darüber, weshalb in Schleinzers Agrarprogramm das wichtigste bäuerliche Anliegen, nämlich das Preis- und Marktproblem, an letzter Stelle aufscheine. Diese Fragen, dem ganzen Auditorium aus der Seele gesprochen, bewogen Schleinzer zu der von allen Erschienenen mit eisigem Schweigen quittierten, ebenso falschen wie provozierenden Feststellung: „Die Forderung nach kostendeckenden Preisen für landwirtschaftliche Produkte ist eine demagogische Forderung und wird nur gestellt, um die Bauernschaft aufzuhetzen." Das Raunen im Publikum, er selbst müsse sich dann als Demagoge bezeichnen, da er ja am Bauerntag in Linz 1966 eben das, nämlich ein gerechtes Einkommen für die Bauernschaft, selbst gefordert hat, quittierte Schleinzer mit über Gebühr langem Kopfschütteln und veränderter Gesichtsfarbe. Man ließ aber nicht locker, wie oft bekam man schon die Gelegenheit, den Minister selbst vor einem so großen kritischen Forum zu stellen. So wurde die Zusatzfrage gestellt, ob der Herr Minister bereit sei, auch die Preisforderungen anderer Berufsgruppen, vor allem die der gewerblichen Wirtschaft und der Industrie, als demagogische Begehren zu bezeichnen.

Schleinzer wich einer klaren Beantwortung dieser kritischen Frage aus. Er erklärte, es sei unmöglich, die Gestehungskosten landwirtschaftlicher Produkte zu verrechnen und musste deshalb von Frey an die Bestimmungen des § 3 (2) des Landwirtschaftsgesetzes erinnert werden. Diese verlangen, dass bei Erstellung der bäuerlichen Erzeugerpreise die Gestehungskosten rationell geführter landwirtschaftlicher Betriebe in maßgeblichen Produktionsgebieten zu untersuchen seien. Auf die Frage, weshalb diese Bestimmungen nicht angewendet werden, blieb der Landwirtschaftsminister die Antwort schuldig.

Frei von jeder Überzeugungskraft war Schleinzers Behauptung, die agrarische Marktpolitik habe sich im Vorjahr als erfolgreich erwiesen. Er verwies in diesem Zusammenhang darauf, dass der Preis für Rindfleisch im Schnitt um drei Groschen gestiegen sei, verschwieg aber, dass dies nur für den Wiener Markt zutraf. Bekanntlich war ja der Rindfleischpreis auf den Märkten der Bundesländer, vor allem aber im Export, um ein Mehrfaches gefallen. Er überging auch die stark gestiegenen Produktionskosten, was ihm bei der aufmerksamen Zuhörerschaft abermals ein unzufriedenes Murren einbrachte.

Trotzdem sich Schleinzer bemühte, die Wirtschaftslage der Bauernschaft günstiger darzustellen als diese in der Realität aussah, musste er, durch Anfragen und Zwischenrufe in die Enge getrieben, zugeben, dass die heimische Agrarerzeugung nicht mehr wesentlich gesteigert werden konnte und dass gewisse Produkte nicht mehr abgesetzt werden könnten. Hier schaltete sich Manfred Frey ein und erklärte: „Die Produktionskosten können der gegebenen Voraussetzungen wegen nicht gesenkt werden und werden aller Voraussicht nach noch weiter steigen. Wenn man dem Bauern also die Existenz gewährleisten will, muss man die Erzeugerpreise beeinflussen."

Schleinzer, dem mählich die Ohren gellten und der von Frage zu Frage immer gereizter reagierte, sooft die nur zu begründete Forderung nach höheren Agrarpreisen erhoben wurde, tat Freys Einwurf mit den Worten ab:

„Was nützt dem, der wenig erzeugt, der höhere Preis!"

Sichtlich nervös wurde das „Parlamentspräsidium", als Frey einen Artikel verlas, in dem Nationalratspräsident Alfred Maleta Arbeiter und Angestellte aufforderte, sich in wirtschaftlichen Fragen dem Gewerkschaftsbund anzuvertrauen. Diese innere Unruhe der Bauernbundführer erhöhte sich, als Frey die Bilanz seines Artikelzitats zog und dem Minister zurief:

„Wenn der berufliche Zusammenschluss der Arbeiter und Angestellten nach Maleta keine Illusion ist, dann sollten auch Sie, Herr Minister, den beruflichen Zusammenschluss der Bauern, für den der AÖBV eintritt, nicht als Illusion bezeichnen."

Landwirtschaftskammerpräsident Scheibenreif, der Frey, der ja einer der Hauptgegner seines eigenen „Kindes", der Bauernkrankenkasse, am liebsten wie eine Wanze zerdrückt hätte, litt offensichtlich sehr darunter, dass sich im Zuge der Diskussion die Angehörigen des AÖBV als impulsiver, standesbewusster und sachkundiger erwiesen als die Bauernbündler und so gar nicht maulfaul waren, wie dies das Podium gerne gehabt hätte. Was wurde aus den Veranstaltungen, wo im Publikum nur die braven Bauernbund-Kleinstfunktionäre saßen, die zu allem nur „Ja" und „Amen" sagten, sich nicht aufmucken getrauten und vor allem keine Fragen nach Zahnarztbohrermethodik stellten?

Der sichtlich gequälte Scheibenreif musste auf eine Anfrage, die sich auf das stete Ansteigen der Bauarbeiterlöhne bezog, zugeben, dass Bauernvertreter, entsendet von den Landwirtschaftskammern, wohl im Lohnunterausschuss der Paritätischen Kommission saßen, dort aber genauso viel Einfluss hatten wie ein kaschubischer Bauer im UNO-Sicherheitsrat. Dieses wirtschaftspolitische Armutszeugnis trug ihm den verständlichen Zwischenruf ein: „Wozu in drei Teufels Namen sitzt ihr dann dort???"

Die Diskussion setzte sich in dieser Weise fort. Am liebsten hätten die Podiumsmitglieder sämtliche Bauernverbandler nach Wöllersdorf verbannt – einem Anhaltelager des austrofaschistischen Ständestaates.

Zu einer alten Forderung des Bauernverbandes bekannte sich der Obmann des Viehverkehrsfonds, Leo Müller, als er ausführte, es sei hoch an der Zeit, die Preisbänder für Schlachtvieh anzuheben. Wenn Blicke aus Scheibenreifs bzw. Schleinzers Augen hätten töten können, so wäre Müller augenblicklich vom Hocker gefallen.

Der vierte des Referentenquartetts, Bauernbundsekretär Romeder, versuchte vergebens, die Veranstaltungsteilnehmer für die bäuerliche Zwangskrankenkasse zu erwärmen.

Man nahm ihm nicht ab, dass im Konflikt zwischen der Kasse und den Ärzten alle Schuld bei den Ärzten liege, und seine Behauptung, die Refundierung aufgelaufener Kosten liege bei 60 Prozent, löste Unruhe, Gelächter und Zwischenrufe aus.

Die Mitglieder und die Leitung des niederösterreichischen AÖBV konnten mit Verlauf, Ausgang und Auswirkung des Krumbacher Bauernparlaments zufrieden sein. Bewies diese Veranstaltung doch, dass sie im richtigen Lager standen, aufrechte und agrarpolitisch sattelfeste Funktionäre hatten, über ein hieb- und stichfestes Agrarprogramm verfügten und so den einzig richtigen, Erfolg versprechenden Weg einschlugen. Schleinzer und seine Mitstreiter waren sichtlich erleichtert, als die Veranstaltung vorüber war. Sie waren aber auch darüber verärgert, dass sich die aus ihrer Sicht rotzfrechen Bauernverbandler nun auch in ihrem Kernland Niederösterreich breit machten, und waren daher voller Vorfreude, als sie in ein weiteres schwarzes Kernland, nämlich nach Tirol fuhren, wo hoffentlich keine Konfrontation mit diesen chronischen Unruhestiftern und Neunmalklugen zu erwarten war. Doch da hatten sie sich getäuscht: Egal wo Schleinzer mit seinen Funktionären auftauchte, um ein „Bauernparlament“ dieser Art abzuhalten, ob woanders in Niederösterreich, in Oberösterreich, der Steiermark etc. und sogar in Tirol – überall bei den Veranstaltungen saßen schon Bauernverbandler in den ersten Reihen und konfrontierten sie mit der bäuerlichen Realität. Überall waren bereits Landesverbände aufgebaut, wo Funktionäre des AÖBV wirkten, die es mit Schleinzer und seinen Leuten jederzeit agrarpolitisch aufnehmen konnten. Alleine darauf war der AÖBV unendlich stolz.

In Niederösterreich blieb man unterdessen weiterhin unermüdlich: So berichtet die ÖBZ vom 13. April 1967, dass man neben ständigen Versammlungen, vor allem in der Buckligen Welt, weitere in Kautzen (Waldviertel), in Seebarn (25.2.1967), Unterstockstall (26.2.1967), in Feuersbrunn (alle im Bezirk Kirchberg), wo die Redner Hintermayer und Kornfell viel Interesse fanden und dazu beitrugen, den AÖBV bekannt zu machen und weiter auszubauen. Einen guten Verlauf nahm auch eine Versammlung in Payerbach bei Gloggnitz (Schneeberggebiet), und am 8. April 1967 fand wieder eine große Versammlung in Guntersdorf bei Hollabrunn statt. Dies soll an dieser Stelle nicht bedeuten, dass es in den Landesverbänden Oberösterreich, Salzburg und Kärnten keine rege Versammlungstätigkeit gab – das Gegenteil war der Fall, nur war dies in jenen Bundesländern bereits Usus. Es ist nur an dieser Stelle herausragend erwähnt, da in Niederösterreich, wie erwähnt, der Bauernbund eine Allmacht darstellte, was in den anderen genannten Bundesländern zwar auch der Fall war, aber sich nicht annähernd so manifestierte wie in Niederösterreich.

6.9. Der dunkle Frühling von 1967

Das Frühjahr 1967 war für den Bauernverband eine getrübte Jahreszeit. Am 23. April fanden in Tirol Landwirtschaftskammerwahlen statt. Motiviert von den Anfangserfolgen in Niederösterreich und Kärnten wagte man sich frohen Mutes an das nächste schwarze Kernland. Das Ergebnis war jedoch entmutigend: Der Bauernbund erhielt 22.873 Stimmen (94,25 %), der AÖBV 528 (3,25 %). Damit besetzte der Bauernbund alle verfügbaren Mandate in Landes- und Bezirksbauernkammern und hielt damit eine faktische Alleinherrschaft. Doch man ließ nicht die Ohren hängen, relativierte das Wahlergebnis an Hand der beträchtlichen Zahl an ungültigen bzw. nicht abgegebenen Stimmen und setzte dem Bauernbund munter weiter zu.

Der nächste Schlag erfolgte am 12. Mai 1967. Das Gründungsmitglied des AÖBV (siehe Biographie im vorderen Teil des Buches) Josef Zangel verstarb nach längerer Krankheit im Alter von 83 Jahren. Zangels nimmermüder Geist, der keine Untätigkeit kannte, sein kämpferisches Temperament, seine mitreißende Unverzagtheit und vor allem sein beispielhafter Idealismus prägten die nachfolgende Generation im AÖBV. Vom Burgenland bis Vorarlberg durchreiste er die Bundesländer, redete, warb und überzeugte. Als er, der nicht alt werden wollte, nicht mehr in der Lage war, selbst Versammlungen abzuhalten, widmete er sich vornehmlich der ÖBZ, deren Aufbau und Verbreitung. Zangel war Vorbild für alle, und sein Tod schmerzte die Organisation sehr.

Zu allem Überfluss versagte die Bauernbundpolitik in der Milchpreisfrage wieder einmal völlig. Im Frühjahr 1967 musste der Konsument für den Liter Trinkmilch ATS 1,- mehr bezahlen. Von dieser Preiserhöhung erhielten die Milchbauern – erraten – null Komma null. Für den Konsumenten, der es durch unwahre mediale Berichterstattung nicht anders wusste, war wieder der Bauer der Sündenbock. Wer sonst, woher kommt denn die Milch? Die Bauern selbst, vor allem die Milchbauern, begannen langsam zu resignieren. Viele sperrten wieder ihre Höfe zu und an den AÖBV richteten sie die enttäuschten Worte: „Ihr erreicht ja auch nichts, egal wie oft wir mit euch protestieren gehen."

Ein weiteres Ereignis trübte das Frühjahr von 1967: „Der Dorfbote", eine agrarische Zeitschrift, die relativ populär war und dem Bauernbund auch immer wieder trotzte, stellte sein Erscheinen ein, da der Herausgeber, Karl Mozina, gestorben war. Mozina selbst war Gründungsmitglied des AÖBV, schied aber später im Guten aus und ging eigene Wege. Der Dorfbote war weit etablierter als die ÖBZ und gab den Bauernverbandlern auch immer wieder die Möglichkeit, in seinem Blatt zu publizieren. Fieberhaft versuchte man seitens der ÖBZ, die Leser des Dorfboten für sich zu gewinnen, was zu einem großen Teil auch gelang.

6.10 Wie es in den Landwirtschaftskammern zuging

Der AÖBV war also in vier Bundesländern in den Landwirtschaftskammern vertreten, daher sollen hier einige Initiativen der frisch gebackenen Kammerräte des AÖBV aufgezeichnet werden. Über Ignaz Sumper in Kärnten wurde bereits berichtet, doch wie ging es in Niederösterreich, wo man mit den neuen Mandataren des AÖBV keine Freude hatte, zu?

Am 18. August 1967 fand in der Bezirksbauernkammer Kirchberg/Wagram (heute Bezirk Tulln) die zweite Kammervollversammlung im Jahr 1967 statt. Die drei Kammerräte des AÖBV brachten drei Anträge ein, die an Klarheit nichts zu wünschen übrig ließen:

> „Die Kammerräte des Allgemeinen Österreichischen Bauernverbandes schlagen vor, nachstehende Anträge auf die Tagesordnung der Kammervollversammlung am 18. August 1967 zu setzen, darüber zu beraten und die notwendigen Beschlüsse zu fassen:
> 1. Antrag
> Die niederösterreichische Landwirtschaftskammer möge das Landwirtschaftsministerium auffordern, gemäß § 3 Absatz 2 des Landwirtschaftsgesetzes die Produktionskosten für Vieh, Getreide und Milch zu untersuchen und den kostendeckenden Preis herzustellen bzw. sofort Schritte zu unternehmen, dass auch die landwirtschaftlichen Preise angeglichen werden und endlich die Disparität, die nun schon 45 Prozent beträgt, abgebaut wird.
> 2. Antrag
> Die Landwirtschaftskammer für Niederösterreich soll an das Finanzministerium herantreten und endlich die Aufhebung der Umsatzsteuer für Grundnahrungsmittel und für den Verkauf von Altmaschinen erwirken. In Anbetracht der Bemühungen Österreichs, zur EWG zu kommen, wäre die Maßnahme sehr dringlich, da in den EWG-Ländern die Landwirtschaft weitestgehend von der Umsatzsteuer befreit ist.
> 3. Antrag
> Die Landwirtschaftskammer soll Auskunft erteilen, welche gesetzliche Maßnahmen am Weinbausektor zu Unterbringung unseres Lesegutes und zur preislichen Sicherung in Ausarbeitung sind – oder ob das Aussetzverbot und die Flächenbegrenzung die einzigen Maßnahmen bleiben."

Drei Anträge also, die nur landwirtschaftliche Belange betrafen und über deren dringliche und notwendige Erledigung eigentlich keine Zweifel bestehen sollten. Was geschah in der Bezirksbauernkammer Kirchberg? Der Obmann, Kammerrat Grand verlangte von seinen Bauernbundkollegen unbedingten Gehorsam und kein einziger der politischen Bauernvertreter stimmt für die Aufnahme der Anträge auf die Tagesordnung. Diese Entscheidung zeigte, welchen Wert das erste Glied der bäuerlichen gesetzlichen

Vertretung tatsächlich hatte, solange die Kammern von politisch hörigen Vertretern besetzt waren, nämlich gar keinen. Nach dem Motto „Nach oben dienen, nach unten beschwichtigen" wurden in Kirchberg die Anträge abgeschmettert.

6.11. Landwirtschaftskammerwahlen in Oberösterreich

Am 29. Oktober 1967 fanden in Oberösterreich wiederum Wahlen in die bäuerliche Interessensvertretung, die Landwirtschaftskammer, die Bezirksbauernkammern und die Ortsbauernausschüsse statt. Die oberösterreichische Bauernschaft hatte an diesem Tag die Gelegenheit, für die nächsten sechs Jahre ihre berufsständischen Vertreter zu bestimmen.

Der AÖBV trat in seinem Gründungsland Oberösterreich mit einer selbstbewussten Selbstverständlichkeit an, die den anderen parteipolitischen Kandidaten überhaupt nicht in den Kram passte, so kam es schon im Vorfeld der Wahl zu massiven Angriffen des Bauernbundes gegen die Überparteilichkeit des Bauernverbandes.

Der Erfolg war gewaltig. Wegen Fehler bei der Durchgabe der Wahlergebnisse musste die Landeswahlbehörde das zunächst verlautbarte Wahlergebnis revidieren und dem Bauernverband ein drittes Landeskammermandat zuerkennen. Der AÖBV hielt damit:

Täglich sterben 11 Bauernhöfe

Das bäuerliche Einkommen sinkt stetig

Schuld daran ist
die verfehlte Agrarpolitik der parteigebundenen Bauernführung

Bauer, wehr dich!

Greife zur Selbsthilfe und wähle am 29. Oktober den

Allgemeinen Österreichischen
Bauernverband

Flugblatt vom 23. Oktober 1967 zur Landflucht und zur Landwirtschaftskammerwahl in Oberösterreich

3 Landeskammermandate (+2)
15 Bezirksbauernkammermandate (+12)
245 Ortsbauernausschussmandate (+168)

Insgesamt erhielt der AÖBV 11.977 Stimmen oder 9,26 %. Sämtliche hinzugewonnenen Mandate kamen vom Bauernbund. Dabei hatte Scheibenreif noch zwei Jahre zuvor betont, der AÖBV würde die kommenden zwei Jahre nicht überstehen. Dieses Ergebnis war ein eindeutiger Auftrag der bäuerlichen Wähler: „Tut was – kämpft weiter!" und die nächsten Jahre waren auch dann die Jahre des Kampfes. Die ÖVP tat sich durch die Alleinregierung zunehmend schwerer, ihre Lethargie in der Agrarpolitik zu rechtfertigen; der Bauernbund übte sich weiter in Euphemismen, um seine mangelnde bis nicht vorhandene Durchsetzungsfähigkeit zu kaschieren. Fazit: Der Allgemeine Österreichische Bauernverband wurde dadurch zu einer nicht mehr wegzudenkenden Institution in der österreichischen Agrarpolitik.

6.12. Bauernverband im Vormarsch – Versammlung in Lassee

Lassee, das landwirtschaftliche Herzstück des Marchfelds, die österreichische Kornkammer, war lange Zeit hindurch eine Hochburg des ÖVP-Bauernbundes, unantastbar und uneinnehmbar für alles, was nicht von ihm kam oder zu ihm gehörte. Als am 6. März 1966 die Nationalratswahl vorbei und am 20. April 1966 die große Koalition am Ende war, hatten die Bauernbündler den Höhepunkt der Macht erreicht, die für ewig gesichert schien. Schon nach wenigen Monaten begann diese zu bröckeln, da die Masse der Bauern einzusehen begann, dass trotz des Wahlsieges keine Besserung ihrer wirtschaftlichen Lage zu erwarten war.

Vom Minister abwärts hatten unzählige Sonntagsredner vor den Wahlen die Besserung in Wort und Schrift versprochen: „Politische Einigkeit macht stark – diese Stärke wird für der Bauern Recht und Ehre eingesetzt!", „Viele Mandate für die Regierungspartei – viele Rechte für die Bauern" usw. Die Mandate waren da – Vorteile gab es jedoch keine. Stattdessen kamen neue Belastungen, immer mehr in immer schnellerer Folge. Bahn, Post, Brot, Dieselöl, Kammerumlage, Kunstdüngerpreise – alles stieg zum Teil gewaltig an. Die Bauern fragten sich, wo die viel gepriesene Stärke denn nun blieb und warum man sie nicht einsetzte.

Eine schlechte Agrarpolitik und eine noch schlechtere Exportpolitik ließen die Mastrinderpreise verfallen. Hunderttausende Schweine aus dem kommunistischen Osten, der vor den Wahlen seitens der ÖVP recht verteufelt worden war, kamen ins Land. Der österreichische Bauer war damit schutzlos der gnadenlosen Konkurrenz der Kolchose ausgesetzt. Die Frage, wo diesmal Schutz und Wehr wohl blieben, konnte von der schwarzen Reichshälfte nicht beantwortet werden.

Als Beamte, Angestellte und Arbeiter höhere Gehälter und Löhne und der Handel höhere Preise zugestanden erhielten – zum Ausgleich für die gestiegenen Lebenshaltungskosten – erwarteten auch die Bauern Gerechtigkeit. Während die Preise für die Produktionsmittel stiegen, begannen die Preise für landwirtschaftliche Produkte zu fallen – Milch, Weizen, Rindfleisch etc. Da glaubten viele Bauern den Parteibonzen des Bauernbundes nicht mehr und hörten erstmals den Sozialisten zu, die durch das Fiasko der Schleinzer'schen Agrarpolitik ermuntert, nach Lassee kamen.

Es wurde eine gut gelungene, von vielen Bauern besuchte Veranstaltung des SPÖ-Arbeitsbauernbundes. Das Leitmotiv der SPÖ war: „Bauern, wenn es euch schlechter geht, wir sind nicht schuld, wir sind ja nicht mehr in der Regierung! 21 Jahre lang hat man sich auf uns ausgeredet. War euer Tauschwert in der Koalitionszeit nicht besser als jetzt?"

Als Lösung des Bauernproblems schlug einer der vortragenden Wissenschaftler ein „Gesundschrumpfen" bis auf ca. 6 % vor – da wussten die Bauern auch schon, woran sie waren.

Als der Bauernbund kurz nach der SPÖ-Veranstaltung in Lassee zur Beruhigung der Gemüter zu einer Ministerversammlung einlud, konnte der anwesende Landwirtschaftsminister Schleinzer in seinem Vierpunkteprogramm mit dem Verlangen nach Zuerwerb (Punkt 3) und Berufswechsel (Punkt 4) keinen anderen Vorschlag machen als der rote Wissenschaftler in der „roten" Veranstaltung davor. Kein Wunder, dass die Atmosphäre bei der „schwarzen" Versammlung einer Begräbnisstimmung glich.

Die anwesenden Bauern hatten sich in aufgeschlossener und interessierter Weise die Gesundschrumpfungstheorie angehört und schüttelten nur noch die Köpfe. Über den Punkt 4 des Ministers – den Berufswechsel – waren sie aber geradezu empört. Sie forderten vom anwesenden AÖBV-Kammerrat Leopold Gasselich, der in Lassee beheimatet war und dort die Bauernverbandsarbeit organisierte, eine Versammlung und Stellungnahme des Bauernverbandes: „Um zuzusperren, um aufzuhören, dazu brauchen wir keinen Minister und schon gar keinen riesigen Beamtenapparat. Wir wollen Bauern bleiben und unsere Söhne und Enkel sollen ebenfalls diesen Beruf ergreifen können!"

Unter dieser Devise hielt der AÖBV am 6. Jänner eine eigene Versammlung ab. Starkes Schneetreiben in der Nacht zum Dreikönigstag bereitete den Gegnern des AÖBV und der Veranstaltung eine diebische Freude, und sie sagten ein Fiasko voraus. Allerdings freuten sie sich zu früh. Gewissenhafte Vorbereitung und eifrige Werbung der Bezirks- und Ortsfunktionäre, vor allem von Leopold Gasselich, hatten Früchte getragen. Weit über 100 Bauern füllten den Saal und der Kampf um die „Hauptstadt" des Marchfelds fand seinen vorläufigen Höhepunkt.

Der Bauernbund versuchte die Bauern von der Versammlung abzuhalten. Diese Vorgangsweise war aus allen Gegenden Österreichs sattsam bekannt. Die Bauern sollten nicht die Bauernverband-Redner hören, da man berechtigte Angst davor hatte, die Bauern könnten die Wahrheit über den Stand der Dinge erfahren. Die Bauern sollten die Gründe für den bäuerlichen Niedergang nicht erfahren, sie sollten nichts von den Forderungen der Bauernbundpolitiker vom Juni 1962 hören, da man dieses „Sofortprogramm" in Vergessenheit geraten lassen wollte. Der Bauernbund verleugnete die eigenen Forderungen, die vielen Drohungen und Warnungen seitens der Bauernbundes – die aber nie an eine bestimmte Adresse gerichtet waren – wurden allmählich von den Bauern als Theaterdonner erkannt.

Die beiden Sprecher des AÖBV stellten sachlich und mit vielen Beweisen unterlegt, LVB-Obmann Wenitsch aus wirtschaftlicher Sicht gesehen und Obmann-Stellvertreter Kornfell vom Menschlichen her, die Ziele und Bestrebungen des Verbandes dar. Die Diskussion verlief sachlich, alle Anfragen wurden sachgemäß, ausführlich, vor allem aber sofort beantwortet, was die Anwesenden mit Genugtuung feststellten. Schleinzer hatte nämlich in Lassee zuvor etwa ein Dutzend Fragen zusammenkommen lassen und dann nur die beantwortet, die ihm passten. Er antwortete so ausführlich, dass für die Beantwortung der unangenehmen Fragen keine Zeit mehr blieb, wohl in der Hoffnung, dass dies vom Publikum nicht durchschaut werden würde. Die unangenehmen Fragen, vor allem durch AÖBVer, ließ er beiseite.

Den Abschluss der Versammlung bildete für viele die Unterschrift unter eine Beitrittserklärung zum AÖBV, der in der Zeit der Alleinregierung der ÖVP den größten Mitgliederzuwachs verzeichnen konnte. Auch der Bürgermeister einer benachbarten Gemeinde unterschrieb aus Überzeugung für die Idee des überparteilichen Verbandes. Alles in allem war es wieder ein schöner Erfolg in Niederösterreich, der Einsatz und Opfermut von Mitgliedern und Funktionären hatte sich wieder gelohnt.[136]

Auch in Salzburg gab es eine bemerkenswerte Begegnung mit Minister Schleinzer: Die Bauernbund-Kammerräte der Landwirtschaftskammer Salzburg luden im Rahmen einer Vollversammlung Minister Schleinzer ein, um über agrarpolitische Probleme zu sprechen, in der Hoffnung, seine Anwesenheit würde die wachsende Unzufriedenheit im Bauernbundlager besänftigen. Wahrscheinlich gab man sich auch der trügerischen Erwartung hin, die Anwesenheit des Ministers werde die Zungen der Opposition, vor allem der Vertreter des Bauernverbandes, lähmen und das Aufrollen peinlicher Probleme verhindern.

Schleinzer kam, sprach, proklamierte die bevorstehende „Wende" in der Agrarpolitik, musste aber die bittere Wahrnehmung machen, dass der Zauber seiner Persönlichkeit nicht mehr ausreichte, mit der wachsenden Unzufriedenheit seiner eigenen Parteifreunde fertig zu werden. Die Antwort auf sein Besänftigungsreferat gaben ihm siebzehn Konterredner, von denen mehr als die Hälfte aus den Reihen des eigenen Bauernbundes kamen. Das schmerzte natürlich sehr, wenn etwa der Obmann des Salzburger Milchhofes, der Bauernbündler Moosbrucker, der nicht nur die Praktiken des Milchwirtschaftsfonds, sondern auch eine Reihe ministerieller Verordnungen einer scharfen Kritik unterzog.

Überhaupt kein Blatt vor den Mund nahmen sich die Diskussionsredner und Zwischenrufer der oppositionellen Wählergruppen innerhalb der Kammer. So auch der Sprecher der Freiheitlichen Bauernschaft, Zillner, der Schleinzer zurief: „Ihr Referat hätte nicht ‚Wende' der Agrarpolitik, sondern ‚Fiasko' der Agrarpolitik lauten sollen! Sie sind nicht ein Minister für, sondern gegen die Landwirtschaft!"

Zur steigenden Nervosität Schleinzers dürften v.a. die Ausführungen der vom AÖBV entsandten Kammerräte beigetragen haben. Nach Berichten von Beteiligten fielen Schleinzer und Landwirtschaftskammerpräsident Grießner ziemlich aus der Rolle, als Josef Loitfellner die Osthandelspolitik der Regierung angriff und beantragte, die Vertreter der Präsidentenkonferenz im Viehverkehrsfonds anzuweisen, Viehimporten nur dann zuzustimmen, wenn die Inlandspreise EWG-Niveau erreichten. Gern hätte sich Schleinzer am liebsten die Ohren zugehalten, als Helmut Langer die Geheimdiplomatie um den Krisengroschen brandmarkte und dann durch den Saal gellte: „Früher waren an allem, was den Bauern wehtat, die bösen Roten schuld. Ja, ja, das waren noch Zeiten!" Langer war es auch, der des Ministers Salzburger Referat als „Schwanengesang der Agrarpolitik" deklarierte.

136 ÖBZ, Folge 1, 1968, 8.

Schleinzer versuchte in seinem Schlusswort, das eine ganze Serie von Zwischenrufen auslöste, vergeblich die erhobenen Vorwürfe zu widerlegen. Seinen Rechtfertigungsversuchen blieb jedoch die Wirkung versagt. „Die Praktiken jener Bauernführer, die sich in den Bundesländern an die grüne Klagemauer stellten und versprachen, die Wirtschaftsmisere ihrer Standesgenossen zu verbessern, in Wien aber jede Bauernforderung ablehnten, waren längst durchschaut."[137]

6.13. Die Belastungslawine rollt – der Koren-Plan

Das Wirtschaftswunder, von dem die Bauern wenig bis gar nichts spürten, kam zu Beginn der ÖVP-Alleinregierung langsam aber sicher in die Jahre. In den fünfziger Jahren lag das jährliche Wirtschaftswachstum noch bei 8 %, seit 1965 nur noch bei 2 bis 3 %. Der Ton innerhalb der Koalitionsregierung wurde schärfer – 1965 zerbrach die Regierung am Feilschen um das Budget – wie berichtet.

Zu Beginn der schwarzen Alleinregierung nützte die ÖVP den Umstand, freie Bahn im Nationalrat zu haben. In 16-stündigen Plenarsitzungen wurde eine Gesetzesmaschinerie in Gang gesetzt, um das lahmende Wachstum anzukurbeln.

Der „Koren-Bericht" des Staatssekretärs Stephan Koren analysierte 1967 die Wirtschaftslage und stellte als Hauptproblem eine zu hohe Diskrepanz zwischen Lohnsteigerungen und Wachstum fest. Abhilfe sollte ein „Lohnleitband" schaffen, das sich am erzielten Produktivitätsfortschritt und der Inflationsrate orientierte. Um die Investitionen anzukurbeln, schlug Koren die Errichtung einer Investmentbank der Großbanken vor. Um das Budgetdefizit einzudämmen, fordert er einen Subventions- und Förderungsstopp. 1968 schritt Koren als Finanzminister zur Tat und seine Maßnahmen zur Wirtschaftsbelebung wurden im so genannten „Koren-Plan" umgesetzt.

Koren wollte das Budget (Defizit 16 Milliarden Schilling) auch einnahmenseitig sanieren: Ein zehnprozentiger Zuschlag zur Lohn-, Einkommens- und Körperschaftssteuer sowie ein Vermögenssteuerzuschlag für 1969 und 1970 sollte mehr als 1,6 Milliarden Schilling zusätzlich in die Staatskasse spülen. Dazu kamen Sondersteuern auf alkoholische Getränke und Kraftfahrzeuge.

Für die Bauern brachte der Koren-Plan eine erneute Belastungswelle, die wiederum eine neuerliche Welle des Bauernsterbens auslöste. Zur Verwirklichung des „Sparprogramms", wie es die Regierung nannte, wurde eine Kommission eingesetzt, die von der Bevölkerung den Namen „Staubsaugerkommission" erhielt. Die rote Reichshälfte, die ja nun nicht mehr in der Regierung saß, hatte nunmehr absolut freie Hand für Kampfmaßnahmen. Unter Streikandrohung setzten etwa die Bauarbeitergewerkschafter für 1968 eine Lohnerhöhung um 7,5 % und für 1969 eine weitere um 6 % durch. Ohne Bauarbeiter ließ sich eben das Wirtschaftswunder nicht fortsetzen, was

137 ÖBZ, Folge 3, 1968, 3.

schließlich auch die knauserige ÖVP einsah. Der Bauernbund freilich wollte von solchen Maßnahmen nichts wissen. Erstmal soll der Koren-Plan umgesetzt werden, dann werde man schon weitersehen, tönte es von der Volkspartei.

Was von der Umsetzung zu erwarten war, konnte man sich schon ausmalen, denn Landwirtschaftsminister Schleinzer verkündete den freiwilligen Verzicht auf gewisse, der Landwirtschaft zustehende Mittel. Dies löste gleich einen Medienrummel aus, in dem verlangt wurde, die landwirtschaftlichen Stützungen abzuschaffen, da hier wohl das meiste für die Budgetkonsolidierung zu holen sei. Die landwirtschaftlichen Stützungen und die ganze Subventionsbürokratie war auch tatsächlich enorm – und der Bauernverband seit jeher dagegen. Seit Jahr und Tag forderte man gerechte Erzeugerpreise für die Bauern, weil sie dann auch keine Subventionen mehr brauchen würden. Daraufhin wurde immer entgegnet, dass man dem Konsumenten solche Preise für landwirtschaftliche Produkte nicht zumuten könnte. Doch das Geld für die Subventionen musste ja auch von irgendwoher kommen, es wurde dem Konsumenten über steuerliche Umwege abgezogen. Darüber hinaus war das Subventionssystem ein Faulbett für die Agrarbürokratie, welches das Kostensenkungspotenzial von Agrarprodukten auf dem Weg vom Produzenten zum Konsumenten nie ausschöpfen ließ.

Eine angekündigte Neuregelung der Marktordnungsgesetze, die geplante Umstrukturierung der Landwirtschaft und die verfügten Maßnahmen der Produktionsumlenkung der landwirtschaftlichen Erzeugung zeigten deutlich, dass von der Belastungswelle namens „Koren-Plan“ das Schlimmste zu erwarten war.

Und es folgte Schlag auf Schlag, denn das sah der Koren-Plan für die österreichische Landwirtschaft vor: Anhebung des Milchkrisengroschens von 5 auf 15 Groschen pro Liter Milch bei gleichzeitiger Änderung des Grundpreises von bisher 3,5 % Fetteinheiten auf 3,7 %, was eine Absenkung des Milcherzeugerpreises bedeutete; Beendigung der Treibstoffverbilligung und Anhebung des Benzin- und Dieselölpreises, restloser Abbau der Kunstdüngermittelunterstützung, Erhöhung der Einkommens- und Körperschaftssteuer um je 10 % sowie Erhöhung der Vermögenssteuer um 50 %. Der härteste Schlag für die Landwirtschaft war aber die 10 %-ige Alkoholsondersteuer, vom Bauernverband in der Folge auch „Weinsondersteuer“ genannt. Abgesehen davon, dass sich der eine oder andere Landwirt durch Schnapsbrennerei ein klein wenig dazuverdienen konnte, traf diese Sondersteuer mit voller Wucht die Weinbauern, deshalb wird an späterer Stelle darüber noch ausführlich berichtet werden.

Der AÖBV ging auch nicht, wie man erwarten möchte, gleich auf die Straße, um zu protestieren. Man versuchte es zunächst mit einer Proteststellungnahme, die in der Hauptverbandsleitung beschlossen, den betreffenden Regierungsstellen übermittelt wurde und wie folgt lautete:

1. Gegen die Agrarpolitik der Bundesregierung wird protestiert und der „Koren-Plan“ wird abgelehnt, weil beide nicht nur die Landwirtschaft durch erhebliche Steigerungen

der Produktionskosten belasten, sondern weil auch dadurch eine starke Senkung des bäuerlichen Einkommens und damit des bäuerlichen Arbeitslohnes eintritt. Der Protest des AÖBV stützt sich vor allem darauf, dass der Gewerkschaftsbund als Berufsvertretung der Arbeitnehmerschaft nicht nur jede Senkung der Reallöhne abgelehnt hat, sondern bereits auch neuerliche Lohnforderungen angemeldet und durchgesetzt hat (Bauarbeiter, Arbeiter der Brotindustrie u.a.).

2. Absolute Abweisung aller Agrarimporte, die ohne eine entsprechende Abschöpfung (vergleichsweise Zuckerimporte laut Zuckergesetz) aus Staatshandelsländern oder jenen Ländern erfolgen, die entweder ihre Exporte direkt oder aber die Produktion über das übliche Ausmaß hinaus fördern. Das heißt: Anwendung des Antidumping-Gesetzes auf alle derartigen Agrarimporte.

3. Festsetzung bzw. Neufestsetzung der Preisbänder für alle tierischen Veredelungsprodukte auf jenem Niveau, das in gut, intensiv und rationell geführten landwirtschaftlichen Betrieben den Abbau der Preis- und Einkommensdisparität gewährleistet.

4. Die Freigabe des Exportes bzw. die Aufhebung jeglicher Exportbeschränkungen für Tiere aller Art, Holz und Obst.

5. Die Beiziehung des Allgemeinen Österreichischen Bauernverbandes zu allen Verhandlungen, die die Agrarpreisgestaltung direkt oder indirekt betreffen.

6.14. Der AÖBV im Burgenland

Matthias Salzer im Jahr 1968

Wie bereits erwähnt, wurde schon relativ früh versucht, den burgenländischen Landesverband im AÖBV zu etablieren, und zwar gleichzeitig mit den Gründungen der Landesverbände Salzburg und Steiermark im Jahr 1954. Die treibende Kraft im Burgenland wurde aber Matthias Salzer, der 1962 Obmann des Landesverbandes wurde. Salzer verlor im Zweiten Weltkrieg den Vater und führte als Jugendlicher den 30 Hektar großen Hof gemeinsam mit seiner Mutter in Nickelsdorf an der Leitha weiter, bis er selbst zum Kriegsdienst eingezogen und zum Entsatz des Kessels von Stalingrad kommandiert wurde. Er überlebte seine zahlreichen Kriegseinsätze und kehrte nach zwei Jahren Kriegsgefangenschaft heim, um einen völlig ausgeplünderten Hof vorzufinden. Gemeinsam mit seiner Mutter baute er ihn wieder auf.

Vor allem beim Aufbau der Landesgruppe Burgenland wurde Salzer von Ernst Himmler, Stefan Fuhrmann und Hubert Guttmann, alle aus Weiden am See, tatkräftig unterstützt. Ebenso für das Burgenland aktiv waren die Brüder Salzl aus Ilmitz, Mathias Fanzler und Ernst Dingelmeier aus Deutsch-Jahrndorf, Josef Trittremmel aus

Kalkgruben sowie Lorenz Wendelin und LK-Rat Johann Achs[138] aus Gols, wobei den beiden letztgenannten eine besondere Rolle zufiel. In Gols fand ja alljährlich das Golser Volksfest statt, in dessen Rahmen der Bauernverband immer Großveranstaltungen abhielt, die stets von Bauern überlaufen waren. In Gols und Umgebung hatte der Bauernverband auch fast die gesamte Bauernschaft hinter sich.

Der VdU (Verband der Unabhängigen, Vorläufer der heutigen FPÖ) war bemüht, Salzer für den Aufbau einer Bezirksorganisation im Bezirk Neusiedl zu gewinnen, doch Salzer wollte unbedingt parteifrei bleiben. Als 1958 die „Aktion Qualitätsweizen" gestartet wurde und die Nachzahlung der Zuschläge ausblieb, die pro 100 kg ATS 13,- bis ATS 26,- ausmachten, erwachte in Salzer das Verantwortungsgefühl für seinen Berufsstand. Salzer schaffte es, dass binnen kürzester Zeit die Auszahlungen zu 99 Prozent funktionierten. Viele Male fuhr er damals ins Landwirtschaftsministerium und zum Getreideausgleichfonds und scheute keine Arbeit und Zeit für seine Berufskameraden, um zu erreichen, dass der Weizen als Qualitätsweizen anerkannt wurde und die Prämienzahlungen nachgezahlt wurden.

Am 19. August 1962 führte Salzer eine burgenländische Abordnung zum Traktorenaufmarsch nach Salzburg. Mit seinem Traktor und als Fahrer unterstützte Salzer gemeinsam mit burgenländischen Bauernverbandlern auch aktiv die Eierschlacht am 25. März 1964 in Wien. Als sich 1964 die gute Weinernte zu einer Katastrophe für die Weinbauern abzuzeichnen begann und die Traubenpreise unter ATS 2,- sanken, trat er als Landesobmann des AÖBV in einem Telegramm sofort an Landeshauptmannstellvertreter Reinhold Polster heran, um gemeinsame Kampfmittel gegen die brutale Ausbeutung der Bauern zu besprechen. Polster reagierte nicht und ließ es als höchster Bauernvertreter im Burgenland auch noch zu, dass 1965 Weinimporte in der Höhe eines Viertels der Ernte von 1964 durchgeführt wurden. Da beantragte Salzer für die Weinbauern im burgenländischen Landesverband beim AÖBV-Hauptverband die Durchführungserlaubnis einer Selbsthilfeaktion. Salzer baute gemeinsam mit seinen burgenländischen, niederösterreichischen und steirischen Bauernverbandskameraden mit Hilfe von Bauernverbandskollegen aus Westösterreich ein Netz von Weinverkaufsstellen auf. Trotz der Störversuche des Bauernbundes rollten daraufhin Tausende Hektoliter Wein zu neuen Absatzgebieten in die westlichen Bundesländer. Diese Kontakte bestehen bis heute und sind immer noch wirksam. Der Bauernbund wollte dies verhindern und zeigte die AÖBVer ständig bei den Behörden an und setzte sogar die Polizei gegen die eigenen Berufskameraden ein.

Es gab neben dieser Aktion noch weitere vom Bauernverband organisierte Selbsthilfeaktionen. Eine von Salzer mitorganisierte war die „Strohaktion". Für Bauern im Westen Österreichs, die das Stroh als Einstreu für die Viehbetriebe brauchten, war jenes Stroh, das vom Lagerhaus vermittelt wurde, viel zu teuer. So knüpfte der Bau-

138 Der freiheitliche Kammerrat Johann Achs aus Gols trat dem AÖBV bei und agierte als Bauernverbandler in der burgenländischen Landwirtschaftskammer.

ernverband ein eigenes, weit effizienteres und dadurch kostengünstigeres „Strohnetz" über ganz Österreich, sehr zum Missfallen des Bauernbundes und der Raiffeisengenossenschaften, welche diese Aktivitäten als Geschäftsstörung empfanden. Das wiederum war Matthias Salzer völlig egal, er kümmerte sich keinen Deut um Parteiinteressen, sondern vielmehr um die Interessen der Bauern in seiner Region. Schließlich trat Salzer zur burgenländischen Landwirtschaftskammerwahl am 31. März 1968 an, und aus dem Stand heraus schaffte er einen ansehnlichen Erfolg.

Im Burgenland gab es nur Wahlen in die Landeskammer und keine in die Bezirkskammern. Im Bezirk Neusiedl erreichte der AÖBV auf Anhieb 10 % der Stimmen. In den anderen Bezirken war der Ausgang erwartungsgemäß schlecht, da es in diesen Gebieten noch keine Organisationen des Bauernverbandes gab. In Gols konnte der AÖBV von 976 gültigen Stimmen 480 für sich verbuchen, das war der bisherige Rekord. In Nickelsdorf, der Heimatgemeinde Salzers, wurde der AÖBV stimmenstärkste Partei, obwohl noch am Vorabend ein gehässiges, gegen Salzer gerichtetes Flugblatt – natürlich anonym – verteilt wurde.

6.15. Schleinzers Schocktherapie und die seltsamen Auswüchse des Koren-Plans

Über einen offiziellen Pressedienst ließ Landwirtschaftsminister Schleinzer am 25. April 1968 öffentlich verlauten:

„Zu einer bisher in Österreich weder von Arbeitgebern noch Arbeitnehmern praktizierten Selbsthilfeaktion haben sich die Milchbauern entschlossen: Sie verzichten auf einen Teil ihrer Einnahmen, um den Absatz ihrer Produkte zu fördern und ein milchwirtschaftliches Defizit von 296 Millionen Schilling beseitigen zu helfen."

Damit schockte Schleinzer die österreichischen Milchbauern, denn von einer solchen, euphemistisch „Selbsthilfeaktion" genannten Maßnahme wusste kein einziger Milchbauer auch nur annähernd etwas.

Am 24. April 1968 hielt die Bauernbund-Exekutive unter Vorsitz ihres Obmannes NR Josef Wallner und im Beisein von Schleinzer Beratungen ab, deren Ergebnisse eine Erhöhung des Absatzförderungsbeitrages und die Qualitätsbezahlung der Milch waren. Tags darauf, am 25. April, beschloss die Präsidentenkonferenz der österreichischen Landwirtschaftskammern unter dem Vorsitz von Isidor Grießner und wiederum in Anwesenheit von Schleinzer über die Köpfe der Milchbauern hinweg:

1. Rückwirkende Erhöhung des Krisengroschens ab 1. April von bisher 5 Groschen auf 19 Groschen
2. Einführung einer Qualitätsbezahlung ab 1. Juli (Zu- bzw. Abschlag von 10 Groschen bei erster bzw. dritter Qualität)
3. Änderung der Basis für die Fettbewertung der Rohmilch von 3,5 Prozent auf 3,7 Prozent Fett ab 1. Juli

Alles in allem bedeute das für die Bauern, und hier vor allem für jene, die sich auf Milcherzeugung spezialisiert hatten, einen Einkommensverlust von sage und schreibe 35 Prozent, da bei einem Milchpreis von ATS 2,30 der Deckungsbetrag nach Abzug der Sachkosten nur 80 Groschen betrug. Das war also wirklich ein starkes und gewagtes Stück von der Volkspartei. Wie sich später herausstellte, stand die Sache jedoch auf wackeligen Beinen. Wenige Tage später, in der Sitzung der Bundesparteileitung am 7. Mai 1968 gab Landeshauptmann Gleißner zu Protokoll, dass zum ersten Mal keine Einstimmigkeit in der Präsidentenkonferenz erzielt werden konnte.[139] Aber auch wenn es kein einstimmiger Beschluss war, ist das zwar in der Nachbetrachtung interessant, doch für die bäuerlichen Zeitgenossen änderte das nicht das Geringste. Sie fühlten sich von ihren Bauernvertretern nicht nur im Stich gelassen, sondern hatten das Gefühl, dass man ihnen in den Rücken gefallen war. Eine zornige Stimmung baute sich auf: Das war also die bäuerliche Interessensvertretung der ÖVP, eingebettet in die eigene Alleinregierung.

Doch die Arroganz der verantwortlichen Herren nahm immer ärgere Auswüchse an. So bat Finanzminister Koren am 29. April 1968 die Spitzenmandatare aller Interessensvertretungen zu „eingehenden Beratungen über die wirtschaftliche Lage und über die Möglichkeit der Zusammenarbeit der Sozialpartner in wirtschaftspolitischen Fragen“ nach Wien. An der Aussprache nahmen die Präsidenten Benya (Österreichischer Gewerkschaftsbund), Sallinger (Wirtschaftskammer), Hrdlitschka (Arbeiterkammer) und Mayer-Gunthof (Industriellenvereinigung) teil.

Die Landwirtschaft war jedoch nicht vertreten, da der Vorsitzende der Präsidentenkonferenz der österreichischen Landwirtschaftskammern, Isidor Grießner, nicht teilnahm, obwohl er eingeladen war. Grießner war vor allem für die Salzburger Bauernverbandler ein rotes Tuch, da er das Paradebeispiel eines Ämterkumulierers war und darin bis heute wahrscheinlich den Rekord hält. Grießner war Obmann des Salzburger Bauernbundes, Bürgermeister der Gemeinde Fusch an der Glocknerstraße, Präsident der Salzburger Landwirtschaftskammer, Vorsitzender der Präsidentenkonferenz der Landwirtschaftskammern Österreichs, Agrarklubobmann der ÖVP, Obmann der Salzburger ÖVP und Abgeordneter zum Nationalrat, wobei hier nur die wichtigsten von insgesamt siebenundzwanzig Ämtern genannt wurden. Grießner war ein williger Vollzugsgehilfe Schleinzers und dieser war wiederum Finanzminister Koren hörig. Auf die Bauern hörte niemand. Kein Wunder, dass sich der Bauer verkauft und verraten fühlte und einmal mehr gezwungen war, auf die Straße zu gehen – oder den Hof zuzusperren. Die folgenden Jahre waren für den Bauernverband durch Protest und Kampf gezeichnet, doch er wurde dadurch zu einer nicht mehr wegzudenkenden Institution in der österreichischen Innenpolitik.

139 Lothar Höbelt, Reserverolle für die Koalition: Hermann Withalm als Vizekanzler und Parteichef 1968–71 (Manuskript).

6.16. Bauernverband in Aktion – Protestaktionen im Mai und Juni 1968

„Jeder Bauer muss es wissen – Schleinzer g'hört hinausgeschmissen"[140]

Auf Grund der geschilderten Haltung der Machthaber und der mit ihnen eng verknüpften agrarischen Interessensvertreter, die von den Bauern selbst aber nur noch als „Bauernverräter" gesehen wurden, rief der AÖBV in den Jahren 1968/69 zu mehreren aufeinander folgenden Protestaktionen auf. Zunächst trat die Hauptverbandsleitung am Pfingstmontag 1968 zu einer Sondersitzung zusammen, in der festgestellt wurde, dass es eine grobe Verallgemeinerung darstellte, die katastrophale Lage, in der sich die österreichische Landwirtschaft befand, einfach mit dem Hinweis auf weltweite Schwierigkeiten von Seiten der Bundesregierung als unabänderlich darzustellen. Der Hauptverband vertrat vielmehr die Meinung, dass eine vollkommen falsche, konzeptlose und nicht vorausschauende Agrarpolitik die Hauptursache für die schon lange währende Krise und deren existenzbedrohende Folgen für weite Teile der österreichischen Bauernschaft war. Es wurde weiters festgestellt, dass sich die Verantwortlichen für diese Agrarpolitik bei allen entscheidenden Beschlüssen nicht vom berufsständischen Denken, sondern von den parteipolitischen Erwägungen leiten ließen und damit auch die alleinige Schuld dafür trugen, dass Österreichs Agrarpolitik und die berufsständischen Belange der Bauernschaft immer tiefer in die Parteipolitik hineingezogen wurden, was eine sachliche Behandlung weitgehend unmöglich machte.

Der Startschuss erfolgte diesmal nicht in Kärnten, sondern in Niederösterreich. An die 500 Bauern waren dem Aufruf „Auf Bauer – wehr dich!" gefolgt und am 19. Mai 1968 nach Purgstall gekommen, wo sich im vollen Kinosaal viele mit einem Stehplatz begnügen mussten. Der zuerst als Versammlungsort angestrebte große Saal im Gasthaus Prinz blieb auf Grund parteipolitischen Druckes seitens des Bauernbundes für den Bauernverband geschlossen, wogegen der AÖBV-Funktionär und Organisator in Purgstall, Karl Achleitner, schärfsten Protest einlegte.

Zwei Verbandsfunktionäre – der eine, Kurt Sparr aus Ternberg, führte einen Spitzenbetrieb mit Fleckviehzucht von 15 Joch und war LK-Rat und Vorstandsmitglied des Milchhofes Steyr, und LVB-Obmann Wenitsch aus Stripfing, der eine 150 Joch große Wirtschaft betreute – sprachen zu den versammelten Bauern. Beide Referenten, der „Hörndlbauer" aus Ternberg und der „Körndlbauer" aus Stripfing, waren Landwirte wie sie und glühende Bekenner eines freien Bauerntums, wie sie Alpinspektor Schneiter in seinem Buch „Die Alpwirtschaft" als Vorbilder darstellte. Die zwei Sprecher schilderten in ungeschminkten Worten die kritische Lage der Landwirtschaft, die nicht zuletzt der parteipolitischen Bindung der Bauernvertreter entsprang. Sie verwiesen auf das sich durch Jahre ziehende Zurückbleiben der Abhof-Preise, zeigten das gleichzeitige ständige Steigern der Unkosten auf und erklärten abschließend, die Her-

140 Von einem Transparent der Kärntner Bauerndemo am 7. Juni 1968.

absetzung des Milchpreises für den Erzeuger und die gleichzeitige Erhöhung der Löhne und Gehälter der Molkereibediensteten sowie des Milchkonsumentenpreises habe das Maß des Unerträglichen erreicht. Sparr betonte, dass er von Schleinzers verkündeter „Selbsthilfeaktion" der Milchbauern nichts gewusst habe, es aber als Vorstandsmitglied des Milchhofes Steyr hätte wissen müssen, wenn der Vorstand einer derartigen Entschließung zugestimmt hätte.

Nach Niederösterreich wurde in Salzburg demonstriert. Anlässlich der Vollversammlung der Salzburger Landwirtschaftskammer wurde am 28. Mai 1968 vor dem Kammergebäude aufmarschiert. Initiator für diese Aktion war die Bezirksorganisation Flachgau des AÖBV und deren Mitglieder, vor allem aus dem Gebiet um Seekirchen. Im Zuge der Vorbereitungen schlossen sich der Aktion auch die Freiheitliche Bauernschaft und der Arbeitsbauernbund der SPÖ an, was seitens des AÖBV begrüßt wurde.

In einem Standardwerk über die Ära Lechner, herausgegeben von Eberhard Zwink, steht über diese Aktion geschrieben:

> Dem oppositionellen Allgemeinen Bauernverband gelang es im Rahmen der Landwirtschaftskammerwahlen 1965 zwar nicht, die Vormachtstellung des ÖVP-Bauernbundes entscheidend zu schwächen, allerdings konnte er auf Anhieb vier Mandate in der Kammervollversammlung erreichen. Durch den Einzug des Allgemeinen Bauernverbandes in die Kammervollversammlung wurde die Auseinandersetzung der Fraktionen durch die entschiedene Opposition des Allgemeinen Bauernverbandes gegen den „weichen Kurs" der Bauernbund-Kammerführung radikalisiert. Gegen die Bemühungen des Bauernbundes, die Opposition zu schwächen, zum Beispiel durch die Quotierung der Zuhörerzahlen bei Kammervollversammlungen nach der Mandatsstärke der Fraktionen, sammelten sich der Sozialistische Arbeitsbauernbund, der Allgemeine Bauernverband und die Freiheitliche Bauernschaft zu einer Protestaktion am 28. Mai 1968, die zum Sturm der Kammervollversammlung führte. Der Präsident der Landwirtschaftskammer Salzburg, Isidor Grießner, zugleich auch Präsident der Präsidentenkonferenz der Landwirtschaftskammern, der nationalen Dachorganisation der Landwirtschaftskammern, konnte sich bloß durch Polizeischutz den protestierenden Bauern entziehen.[141]

Der Zeitzeuge Ernst Wachalovsky, der bei der Aktion anwesend war, erinnert sich: Durch die Quotierung der Zuhörerzahlen kam es am 28. Mai 1968 vor der Salzburger Landwirtschaftskammer zu einer extrem aufgeheizten Stimmung. Die Bauern – selbstredend auch Kammermitglieder – wollten bei der Vollversammlung ihrer Landeslandwirtschaftskammer als Zuhörer teilnehmen. Die Kammerführung verfügte jedoch, dass

141 Zwink, 373.

den Bauern die Tür vor der Nase zugeschlagen wurde, was begreiflicherweise Empörung auslöste und zum Bauernzorn führte. Trotz dieser Provokation kam es dennoch zu keinen Tätlichkeiten, jedoch mussten sich die Bauern gewaltsam Zutritt verschaffen. Dies löste im Kammerpräsidium eine Panikreaktion aus und Kammerpräsident Grießner flüchtete nach einigen Verbalattacken gegen ihn durch einen Seiteneingang, eskortiert von der Polizei.[142] Kurz davor lief eine Bäuerin ans Rednerpult und schmetterte Grießner ins Gesicht: „Du bist koa guater Bauernvertreter!" Ein junger Bursche schmiss Grießner sechs Bauernbund-Mitgliedskarten vor die Nase und rief: „Wir treten aus!" Nach seiner Flucht stellte Grießner in einer Presseaussendung fest: „Die Demonstranten ließen jegliche demokratische Haltung vermissen" – und: „Schuld ist die SPÖ."

Diese Protestaktion der Bauern ging dann als der „Sturm auf die Landwirtschaftskammer" in die Bauerngeschichte ein. Seitens der Presse wurde nach der Aktion behauptet, dass die Sprengung der Vollversammlung und ein tätlicher Angriff auf Kammerpräsidenten Grießner geplant gewesen wäre, was seitens des Bauernverbandes sofort dementiert wurde.[143] Mit der Parole: „Auf Bauer – wehr dich" waren nämlich nicht – und die Bauernverbandsmitglieder wussten das – handgreifliche Attacken gemeint. In der ÖBZ wurde im Zuge der Proteste auch vermehrt darauf eingegangen, so wurde z.B. in der Ausgabe 7 des Jahres 1968 geschrieben:

> „Auf, Bauer – wehr dich!" Diese Parole des Bauernverbandes bekommt für die Bauernschaft Österreichs immer mehr und immer tieferen Sinn. Damit sind allerdings nicht handgreifliche Attacken gemeint. Das ist nicht der Weg des Bauernverbandes. Der Wehrwille und Widerstand der Bauern muss sich gegen alle jene bäuerlichen Organisationen, Institutionen und vor allem deren Führungsstab richten, die bei der Ausbeutung des Bauernstandes durch die Industriegesellschaft schamlos mithelfen. Mit einer Ohrfeige, wäre sich auch noch so verdient, ist nichts getan. Die Bauernschaft muss sich klar darüber sein, dass sie an ihrer misslichen Lage zu einem wesentlichen Teil selbst Schuld trägt, weil sie jahrelang die Warnungen des Bauernverbandes in den Wind geschlagen und nicht den Mut zu einer klaren Entscheidung für ihn, für die überparteiliche, gewerkschaftsähnliche Berufsvertretung aufgebracht hat. Deshalb können Bauernbundführer – wie z.B. der oö. Bundesrat Schreiner – immer noch sagen: „Wenn auch viele Kammerwähler in dieser oder jenen Gemeinde den Bauernverband gewählt haben, aus dem Bauernbund sind im Vergleich dazu bisher nur wenige ausgetreten. Wir haben also die Beiträge und die Mitglieder (wenn auch nur auf dem Papier!) Dadurch ist das Vertrauen der Mehrheit deklariert

142 Vgl. auch Günter R. Daghofer, Die Salzburger Bauerndemonstration und ihre Hintergründe. In: Dr.-Hans-Lechner-Forschungsgesellschaft (Hg.), Salzburg. Geschichte & Politik. Mitteilungen der Dr.-Hans-Lechner-Forschungsgesellschaft, 16. Jg. (2006), Nr. 3/4, 228-242.

143 So brachten die „Salzburger Nachrichten" am nächsten Tag auf ihrer Titelseite ein großes Bild der „Befreiungsaktion" und der dazugehörige Text trug die Überschrift „Bauernführer Grießner flüchtet – Demonstranten sprengten Sitzung" – vgl. Daghofer, 230.

> und wir haben das Recht zu bestimmen!“ Wir vom AÖBV sagen: „Das muss anders werden!“, müssen zugleich aber Österreichs Bauern fragen: „Wie stellt Ihr Euch eine Änderung der Agrarpolitik vor, wenn sich die Mehrzahl von Euch vor dieser Entscheidung drückt?“ Je rascher Ihr Euch für den Bauernverband entscheidet, desto eher ist diesem die Kraft, Stärke und Möglichkeit gegeben, sein anerkannt richtiges Ziel zum Wohle der gesamten Bauernschaft zu erreichen.“[144]

Auch in Kärnten gärte es wieder: Am Abend des 7. Juni 1968 begab sich Bundeskanzler Klaus nach St. Veit an der Glan, wo er zu einem Diskussionsabend eingeladen war. Da ein Bundeskanzler nicht alle Tage in eine der AÖBV-Hochburgen in Kärnten kam, wurde diese Gelegenheit von den Kärntner Bauern sofort genützt, um ihren Unmut über die Agrarpolitik der Bundesregierung Luft zu machen. Über 600 Bauern nahmen an der Aktion teil und 45 Traktoren hinderten den Bundeskanzler daran, mit dem Auto direkt vor das Lokal fahren zu können. Sichtlich indigniert musste Klaus das letzte Stück zum Versammlungslokal zu Fuß zurücklegen, begleitet von einem Hupkonzert der Traktoren. Vor dem Lokal stellte sich ihm noch eine Delegation des Bauernverbandes in den Weg, die dem Kanzler einen Forderungskatalog überreichte, die Klaus unter bitterbösen Blicken entgegennahm, sich dann aber doch die Zusage abringen ließ, eine Delegation des AÖBV binnen der nächsten 14 Tage in Wien zu empfangen, um den Forderungskatalog zu besprechen.

Karikatur in der „Presse“ vom 27. April 1968 über Schleinzers Milchpreispolitik

Vor dem Lokal ging die Bauernversammlung jedoch weiter. Landesobmann Winkler und Bezirksobmann Krall schilderten mit eindrucksvollen Worten die Lage der Bauernschaft und brachten auch das Forderungsprogramm unter großem Beifall der Anwesenden zur Verlesung. Unter die Demoteilnehmer mischten sich, wie fast immer bei AÖBV-Veranstaltungen, auch Bauernbundfunktionäre und ÖVP-Nationalratsabgeordnete. Jedes Mal wurde ihnen von den Veranstaltungsleitern des Bauernverbandes auf Verlangen hin das Mikrofon überreicht, von wo aus sie dann die Agrarpolitik der ÖVP zu verteidigen versuchten. Die Reaktionen waren allerdings oft dergestalt, dass sie von den wütenden Bauern „Lügner“ genannt und mit einem Pfeifkonzert verabschiedet wurden.

144 ÖBZ, Folge 7, 1968, 1.

6.17. Großdemonstration in Wien am 26. Juni 1968

„Man braucht nirgends dabei sein, um dabei gewesen zu sein. Aber wo um Entscheidungen gekämpft wird, da muss man freilich dabei sein.“[145]

Organisiert wurde die Wiener Demonstration am 26. Juni 1968 vom niederösterreichischen Landesverband. Der Grund für den Unmut war die agrarpolitische Situation im Allgemeinen, die neue 10 %-ige Weinsondersteuer (Alkoholsondersteuer) und die jüngst erfolgte Herabsetzung des Getreidepreises im Besonderen und auch die großspurigen Ankündigungen von Kampfmaßnahmen des Bauernbundes, die sich als Schall und Rauch herausstellen sollten.

Wie bereits erwähnt, hatte der ganz auf Budgetsanierung bedachte Finanzminister Koren auch für die Weinbauern ein Schmankerl vorgesehen, nämlich eine neue, 10 %-ige Weinsondersteuer. Diese neue Steuer sollte nicht nur für den verkauften Wein gelten, sondern auch für den Eigenverbrauch, wie besonders betont wurde. Damit hatten die österreichischen Weinbauern die höchste steuerliche Belastung in Europa zu tragen, da ja diese neue Alkoholsondersteuer zusätzlich zur „normalen“ Weinbesteuerung eingehoben werden sollte. Das war selbst dem niederösterreichischen Bauernbund zuviel und man wandte sich gegen die eigenen Parteileute, indem man bereits im Vorfeld der Weinsondersteuerdiskussion in Mistelbach im Weinviertel eine große Weinbauerndemonstration mit über 5.000 Teilnehmern abhielt. Der Vizepräsident der niederösterreichischen Landwirtschaftskammer, Theo Eggendorfer, erklärte den Teilnehmern, man werde mit Traktoren nach Wien fahren, wenn die Weinsondersteuer tatsächlich kommen sollte, und er werde auf dem ersten Traktor sitzen.

Eggendorfer erkannte also das Unrecht und spürte den bäuerlichen Unwillen. Dennoch wurde kurz darauf die neue Weinsondersteuer vom Ministerrat einstimmig beschlossen, obwohl bei der Demonstration in Mistelbach Schleinzer selbst und sogar der Weinbauer und Bundesobmann-Stellvertreter des Weinbauverbandes, Staatssekretär Roland Minkowitsch anwesend waren.

Was die Partei beschloss, war für den Bauernbund wie immer unantastbar, und so blieb es beim leeren Kampfgeschrei der Bauernbundfunktionäre in Mistelbach.

Der Bauernverband war zwar eine bäuerliche Kampforganisation, die Aktion selbst sollte aber nur ein letztes Mittel sein. Immer wurden auch der Weg des Gespräches und die Suche nach dem Konsens angestrebt. Oftmals wurden auch vorhandene Kontakte genutzt, wie z.B. bei Gesetzwerdung der Weinsondersteuer. Der Nationalrat hatte sie mit schwarzer Mehrheit beschlossen. Heute wie damals musste jedes Gesetz aber erst noch den Bundesrat passieren, und da waren die Mehrheitsverhältnisse äußerst knapp. Hätte ein einziger schwarzer Bundesrat dagegen gestimmt, so wäre das Gesetz zwar

145 Zitat von Rudolf Binding, das vom AÖBV für die große Bauerndemo in Wien am 26. Juni 1968 verwendet wurde, vgl. ÖBZ, Folge 8, 1968, 1.

nicht abgeschmettert worden – denn das kann der Bundesrat bis heute nicht – aber wenigstens hätte man Zeit gewonnen, um die Bundesregierung und vor allem den Finanzminister oder den Bundeskanzler vielleicht doch noch zur Vernunft zu bringen.

Josef Hintermayer und Manfred Frey suchten also den Bundesrat Leopold Mantler in Großmeiseldorf auf. Mantler war Bundesrat, Bürgermeister seiner Heimatgemeinde, Landeskammerrat der Niederösterreichischen Landes-Landwirtschaftskammer und als Weinbauer auch kein Freund der neuen Weinsondersteuer. Es gab Kontakte zu Mantler, und so versuchten ihn die Bauernverbandler in seinem Gasthaus zu überreden, einmal für die Bauern wirklich wirksam zu sein, dem Klubzwang im Interesse der Bauern zu widerstehen und im Bundesrat gegen dieses Gesetz zu stimmen. Mantler wollte es sich wenigstens überlegen, beugte sich aber dem Klubzwang seiner Partei, und so ging die Abstimmung im Bundesrat mit 26:25 Stimmen für die neue Weinsondersteuer aus. Dem AÖBV war es im Vorfeld in den Medien gelungen, das Interesse der Öffentlichkeit auf das Abstimmungsverhalten von Bundesrat Mantler zu konzentrieren. Am Abend zeigte der ORF in den Nachrichten die Zustimmung Mantlers zur Regierungsvorlage über die Weinsondersteuer, und so wurde die Weinbauernschaft Zeuge des „Verrats“ an wichtigen bäuerlichen Interessen durch diesen bäuerlichen ÖVP-Mandatars.

Wie wirksam der AÖBV innenpolitisch bereits war, zeigte sich in der Fernsehberichterstattung über diese Bundesratssitzung. Das Abstimmungsverhalten Mantlers wurde dabei mit der Fernsehkamera genau fokussiert und in den Abendnachrichten der „Zeit im Bild“ der Öffentlichkeit zugänglich gemacht.

Der Bauernverband jedoch, nur den bäuerlichen Interessen verpflichtet und an keine Partei gebunden, beschloss nach diesem missglückten Interventionsversuch sofort Kampfmaßnahmen und organisierte eine Großdemonstration am 26. Juni 1968 im Herzen von Wien vor dem niederösterreichischen Landhaus in der Herrengasse. Wie zu erwarten war, kamen Schleinzer und Minkowitsch zu der vom AÖBV aufgerufenen Demonstration nicht, auch Eggendorfer saß nicht, wie er großspurig in Mistelbach angekündigt hatte, auf dem ersten Traktor. Über 2.500 Demonstranten fanden sich in Wien vor dem niederösterreichischen Landhaus ein, wo die Kammervollversammlung der NÖ-Landwirtschaftskammer tagte. Einige hundert kamen aus dem Burgenland und eine Abordnung aus der Steiermark war ebenfalls dabei. In einer kur-

An der Spitze der Demonstranten in Wien: Hintermayer, Kornfell, Salzer, Wenitsch.

zen Ansprache auf einem Traktor-Anhänger erläuterte Robert Wenitsch den Zweck der Demonstration und wiederholte die vier Punkte des Forderungsprogrammes:

1. Rücknahme aller Maßnahmen auf dem Milchsektor und Ausbezahlung eines Milcherzeugerpreises von vorläufigen ATS 2,30 bei 3,5 % Fett.

2. Sofortige Absendung eines Telegramms an die ÖVP-Bauernnationalräte Minkowitsch, Fachleutner, Hofstetter, Krottendorfer, Tschida und Pfeifer folgenden Inhalts: „Das Präsidium der Landeslandwirtschaftskammer fordert Sie auf, zu erwirken, dass der Wein aus der geplanten Alkoholbesteuerung in der Höhe von 10 Prozent herausgenommen wird. Bekanntlich ist in Österreich der Wein ohnehin schon am höchsten – im Vergleich zu Westeuropa – versteuert.

3. Rücknahme der verfügten Absenkung des Weizenerzeugerpreises.

4. Zuziehung des AÖBV als Bauerngewerkschaft in sämtliche Institutionen wirtschaftlicher Natur, in denen auch der ÖGB als Arbeitnehmervertretung vertreten ist.

Vor dem Landhaus in Wien, dem Tagungsort der niederösterreichischen Kammervollversammlung

Im Zuge der Ansprache von Wenitsch kam es zum ersten Mal bei AÖBV-Protesten zu gröberen aktionistischen Handlungen. Aus den Fenstern im ersten Stock des niederösterreichischen Landhauses lehnten sich einige Bauernbundfunktionäre, welche die Demonstranten provokant angrinsten und mit Schmähworten bedachten. Einige Protestteilnehmer kauften daraufhin in den umliegenden Geschäften alle Eier auf, nach Presseberichten am nächsten Tag angeblich so viele, dass es daraufhin in der Wiener Innenstadt keine Eier mehr gab. Die Provokateure im Landhaus sahen sich kurz danach einem Eierhagel ausgesetzt und verschlossen nach einigen Volltreffern schleunigst die Fenster. Die Fassade des Landhauses wurde dementsprechend verunziert, diese Aktion war aber von den Organisatoren weder geplant noch gewollt.

Der Demonstrationszug bewegte sich im Anschluss vom Landhaus zur Niederösterreichischen Landwirtschaftskammer in die Löwelstraße, wo die Protestaktion endete und in der Tagespresse ein gewaltiges Echo fand.

Donnerstag, 27. Juni 1968 **LOKALES** Kronen-Zeitung Seite 7

Es sah viel wilder aus als es war. Wenn sich auch die Gemüter der Demonstranten aus Niederösterreich und dem Burgenland in der Wiener Innenstadt erhitzten, so kam es doch zu keinem besonderen Zwischenfall. Ob es den Demonstranten — es waren rund 1200 — gelingen wird, ihre Forderungen nun durchzusetzen?

Ein Demonstrant warf Politiker Ei ins Gesicht

Rund 1200 Bauern aus Niederösterreich demonstrierten Mittwoch früh vor dem Niederösterreichischen Landhaus gegen die zehnprozentige Zusatzweinsteuer, die Absenkung der Weizenpreise und verlangten außerdem eine Rückführung des Milchpreises auf den Stand vom 1. April 1968, nämlich auf 2.30 Schilling.

Obgleich die Demonstration, an deren Spitze zwei Traktoren mit Transparenten fuhren, durchaus in gesitteten Bahnen verlief, kam es doch zu einem kleinen Zwischenfall. Staatssekretär Haider, der am Gehsteig gestanden war, soll angeblich „provokant gelächelt" haben, was einen Demonstranten in Rage brachte und ihn veranlaßte, den Politiker mit einem Ei zu bewerfen.

Die Delegation unter der Führung von Robert Wenitsch aus Stritzing sprach bei Abgeordnetem Scheibenreich vor, der sich bereit erklärte, ein Telegramm an die Weinbauernvertreter im Nationalrat abzusenden.

In diesem Telegramm wurden die Abgeordneten aufgefordert, dafür zu sorgen, daß die zehnprozentige Zusatzweinsteuer nicht beschlossen wird.

Nach der Demonstration sah es aus, als hätte ein Sturm eine Plakatwand umgerissen. Die Demonstranten warfen die Tafeln, auf denen sie ihre Parolen geschrieben hatten, einfach auf die Straße und entfernten sich. Zurück blieben die Protesttafeln und zahlreiche Polizisten.

Kronen-Zeitung vom 27. Juni 1968. Manchmal wurde auch in Österreichs größter Tageszeitung schlampig recherchiert. So waren es nicht 1.200 demonstrierende Bauern, sondern mehr als doppelt so viele, auch stammt Robert Wenitsch nicht aus Stritzing, sondern aus Stripfing. Sogar der Abgeordnete, an den sich Wenitsch wandte, war falsch geschrieben, es handelte sich nicht um einen Herrn „Scheibenreich", sondern um Alois Scheibenreif.

6.18. Großdemonstration in Linz am 5. Juli 1968

Zwei Aussprachen mit dem Präsidenten der oberösterreichischen Landwirtschaftskammer Lehner über die in der AÖBV-Resolution festgehaltenen Forderungen hatten zu keinem Ergebnis geführt und bei den Delegationsteilnehmern den Eindruck erweckt, als ob die Bauernschaft einmal mehr mit Versprechungen hingehalten und vertröstet werden sollte. Daraufhin fasste die erweiterte Landesverbandsleitung den einstimmigen Beschluss, Oberösterreichs Bauern am 5. Juli 1968 zu einer Demonstration vor der Landwirtschaftskammer in Linz aufzurufen, um gegen die stetig zunehmende Existenzgefährdung des bäuerlichen Berufsstandes ein sichtbares Zeichen zu setzen.

2.950 gezählte Teilnehmer – Bauern, Bäuerinnen und bäuerliche Jugend – aus fast allen Teilen Oberösterreichs folgten dem Aufruf, das Echo war gewaltig. Manche der Abgeordneten und Kammerräte, welche die ersten Demonstranten mit mitleidigem Lächeln und hämischen Bemerkungen bedachten, waren wenig später äußerst beeindruckt, als der Hof des Kammergebäudes nicht alle Demonstrationsteilnehmer zu fassen vermochte. Die Eröffnungsansprache hielt Landesverbandsobmann Nowotny.

Fast 3.000 Bauern im Hof der Landwirtschaftskammer in Linz

Vom Inhalt her verlief die Demonstration im Großen und Ganzen wie jene in Wien. Die Landesverbandsorganisationen unterstützten sich immer gegenseitig, so lieferte auch Sepp Hintermayer in Linz als Weinbauer einen Beitrag. Eine Abordnung des AÖBV wurde in Linz von Landwirtschaftskammerpräsident Lehner im Beisein einiger Landtagsabgeordneter sowie Pressevertretern empfangen. In einer einstündigen, teilweise recht hitzigen Debatte wurde die AÖBV-Resolution behandelt und von Lehner gefordert, er möge klar und eindeutig sagen, ob er diese Forderungen unterstütze oder aber ob ihm aus parteipolitischen Gründen die Hände gebunden wären. Unter diesem Druck versprach Lehner die „volle und ganze Unterstützung" des aufgestellten Forderungspaketes.

In sengender Hitze warteten die Teilnehmer länger als eine Stunde auf das Ende der Aussprache; in den Hof zurückgekehrt, berichtete Obmann Nowotny über das Ergebnis, worauf die Bauern in Sprechchören den Präsidenten aufforderten, in aller Öffentlichkeit seine angekündigte Unterstützung zu wiederholen. Dieser Aufforderung kam Lehner nach – damit konnten 3.000 Bauern sein Versprechen bezeugen.

Lehner nutzte die Gelegenheit, selbst eine Ansprache zu halten. Er betonte das Recht der Bauern zu demonstrieren und anerkannte die volle Berechtigung der erhobenen Forderungen, schloss aber mit einer Feststellung, die den Eindruck erweckte, die als ob sich die Demonstration gegen die Konsumenten gerichtet hätte. Dies wurde sofort mit Pfuirufen und Pfiffen aus dem Hof quittiert. In seiner Antwort berichtigte Obmann Nowotny die irrige Ansicht Lehners, und betonte, dass die Aktion nur gegen die verfehlte, konzeptlose, nicht vorausschauende Agrarpolitik und jene bäuerlichen Spitzenmandatare gerichtet war, die bisher immer gegen die wirtschaftlichen, berufsständischen Interessen handelten. Nowotny forderte abschließend die anwesenden Bauern auf, für die nächste Zukunft bereit zu sein, sollten die Forderungen wieder nicht erfüllt werden.

Der Vorwurf, dass die Aktionen des AÖBV sich gegen die Konsumenten richten würden, war nicht neu, daher musste darauf eingegangen werden. In einem Flugblatt, das bei den Demonstrationen in Wien und Linz an die Bevölkerung verteilt wurde, wandte sich der Bauernverband direkt an die Konsumenten:

> An die Konsumenten!
> Die Politik der Agrarführung hämmert uns Bauern und Euch Konsumenten ein, dass wir in Österreich einen Überschuss an Agrarprodukten haben!
>
> Vor kurzem wurden aber Lebensmittelkarten an die Behörden verschickt, die bei einem Ernstfall (Stopp der Agrareinfuhren aus dem Ausland) die Rationierung der Lebensmittel regeln würden.
>
> Wisst Ihr, dass die inländische Fettversorgung nur zu 40 Prozent aus der heimischen Landwirtschaft gedeckt wird? Bei einem Stopp der Agrarimporte würde die Butter auf das Brot sehr rar werden. Macht dann nicht die Bauern verantwortlich, sondern bereits heute die Agrarpolitik, die die inländische Fettversorgung gezielt eindämmen will.
>
> Wisst Ihr, dass vor kurzem der Milchpreis für Euch Konsumenten um 20 Groschen erhöht wurde, gleichzeitig der Bauern-Milcherzeugerpreis um zwanzig Groschen gesenkt wurde und ab 1. Jänner 1969 neuerlich um ca. 15 Groschen gekürzt werden soll?
>
> Wisst Ihr, dass der Weizenpreis gesenkt und gleichzeitig der Mehl- und Brotpreis erhöht wurde?
>
> Wisst Ihr, dass die Semmel im Jahre 1953 40 Groschen gekostet hat? Und was kostet die Semmel heute? Im selben Zeitraum ist der Weizenpreis von S 2,48 auf S 2,30 gesenkt worden!
>
> Wisst Ihr, dass der Bauer für das Kilogramm Schweinefleisch im Jahre 1954 S 14,- bis S 15,- ab Hof erhalten hat und heute 1968 S 13,- bis S 14,- bekommt? Um wie viel müsst Ihr aber für das Schweinefleisch mehr bezahlen als vor 14 Jahren?

Wisst Ihr, dass Österreichs Landwirtschaft der größte Käufer auf dem Inlandsmarkt ist? Ihr sofortiger Investitionsbedarf beträgt mindestens 15 Milliarden Schilling, den sie aber nicht tätigen kann, weil das Einkommen der Bauernschaft ständig gekürzt wird. Seid Ihr Euch im klaren darüber, dass damit wirtschaftlicher Aufschwung und Vollbeschäftigung in Gefahr sind?

Wisst Ihr, dass der Wein in Österreich ohnehin schon am höchsten im Vergleich zu Westeuropa besteuert wird? Und trotzdem wurde eine neuerliche enorme Belastung für die Weinbauern im Parlament beschlossen. Und dies sogar mit den Stimmen der Weinbauernvertreter!

Wisst Ihr, dass fast alle landwirtschaftlichen Erzeugerpreise heute niedriger sind als vor zehn Jahren, wogegen unsere Betriebsausgaben um das Vielfache gestiegen sind und weiter steigen?

Das sind Dinge, gegen die wir Bauern uns wehren müssen! Und deshalb protestieren wir!

Diese Flugblätter, die bei der Demonstration verteilt wurden, weckten das Verständnis der Bevölkerung für die Probleme des Bauernstandes. Diese Informationen, die auch die Medien transportierten, waren wichtig, zumal es gleichzeitig in ganz Europa Proteste der Bauern gab, vornehmlich in der Bundesrepublik Deutschland, wo in Baden-Württemberg und Niedersachsen Tausende von Bauern auf die Straße gingen um gegen die Preis- und Einkommensentwicklung in der Landwirtschaft zu demonstrieren.

6.19. Großdemonstration in Klagenfurt am 25. Juli 1968

In mustergültiger Ordnung rollten am 25. Juli ab 7 Uhr früh gegen die Bezirksstädte Wolfsberg, St. Veit, Villach und Kötschach sowie gegen die Landeshauptstadt Klagenfurt über 1.300 Traktoren, gefolgt und begleitet von über 5.200 (!) Bauern in Pkws und anderen Fahrzeugen, die an diesem Tag, der den Bauern gehörte (so der Ausspruch eines hohen Polizeibeamten) auch dabei sein wollten.

Die Traktorkolonnen verlängerten sich von Ort zu Ort und trafen schließlich gegen 10 Uhr am Rand der Städte ein. Die längsten Kolonnen hatten sich nördlich von St. Veit (230 Traktoren), südlich von Wolfsberg (über 200 Traktoren), zwischen Feldkirchen und Klagenfurt (150 Traktoren) und zwischen Völkermarkt und Klagenfurt (120 Traktoren) gesammelt. Aus der Steiermark nahmen 50 Traktoren an der Demonstration in St. Veit und an die 100 Bauern an der Kundgebung in Wolfsberg teil.

Das Ziel der Bauern waren die Kärntner Landwirtschaftskammer in Klagenfurt und die Bezirksbauernkammern in den Bezirksstädten. Es war eine machtvolle Demonstration des Willens sich zu wehren und ein überzeugender Ausdruck der überparteilichen Solidarität der Bauernschaft. Als solche wurde sie auch von der überparteilichen

In einem breiten Kordon umstellten die Bauern mit ihren Traktoren das Gebäude der Kärntner Landwirtschaftskammer in Klagenfurt. So sah es westlich der Kammer aus.

Presse und von zahlreichen parteipolitischen Zeitungen aller Richtungen gewürdigt. Alle Zeitungen berichteten über das Ziel der Demonstration und über das vom Bauernverband ausgearbeitete und von den Delegationen den Kammern überreichte Forderungsprogramm durchaus sachlich und objektiv. Eine Herabwürdigung der Demonstration blieb lediglich der bauernbündlerischen Presse vorbehalten, die sich schützend vor Landwirtschaftskammerpräsident Sodat stellte, dem seitens des Bauernverbandes Wortbruch angelastet wurde, da er zusagte, ein Telegramm mit dem Forderungsprogramm des AÖBV nach Wien zu schicken, was er aber nicht tat.

Die Lage in Klagenfurt blieb eher ruhig, während die Bauern in Wolfsberg die Bezirksbauernkammer kurzerhand besetzten. In St. Veit an der Glan brach der Verkehr vollständig zusammen. Dort hatte Bundeskanzler Klaus ja versprochen, eine Delegation des AÖBV in Wien zu empfangen. Klaus hielt sein Wort nicht ein und so blockierten die Bauern mit ihren Traktoren sämtliche Straßen in und um St. Veit.

Dass der AÖBV kein Anhängsel der FPÖ war, zeigte sich am Rand der Kärntner Proteste dadurch, dass sich die Freiheitliche Bauernschaft von den Aktionen distanzierte und ihre Anhänger öffentlich dazu aufrief, den AÖBV-Aktionen fern zu bleiben.

Es gab mehrere Gründe, weshalb die Aktionen des Bauernverbandes in Kärnten auf ein so breites Echo stießen. Zum einen konnten und können die

1.500 Bauern am Weiherplatz in Wolfsberg

ÖVP und der Bauernbund das Land Kärnten nicht gerade zu ihren Kernländern zählen. Zum Zweiten war der AÖBV in Kärnten flächendeckend organisiert. Zum Dritten goss kurz vor der Kärntner Aktion Bauernbund-Präsident Wallner zusätzliches Öl ins Feuer, indem er den Koren-Plan verteidigte. Der Koren-Plan bringe Vollbeschäftigung und Wirtschaftswachstum, meinte Wallner, die Ziele des Landwirtschaftsgesetzes und damit der Agrarpolitik würden sich durch den Koren-Plan nicht ändern, wohl aber eine wirksame Unterstützung erfahren. Die Bauern seien an der Erhaltung ihres Berufsstandes interessiert, wünschten aber auch eine gesunde Industrie, die ihnen die technischen Betriebsmittel in der erforderlichen Güte zu angemessenen Preisen liefern könne. Diese Worte waren blanker Hohn, eine Schönrederei erster Güte und brachte die Bauern noch mehr in Rage, was der Kärntner Bauernschaft einen Grund mehr lieferte, an den Demonstrationen teilzunehmen.

6.20. Weitere Kundgebungen

Bei den Großdemonstrationen in Wien, Linz und Klagenfurt ließ es der Bauernverband für das Jahr 1968 nicht bewenden. Jede sich bietende Gelegenheit wurde genutzt, die Öffentlichkeit auf die Probleme in der Agrarpolitik aufmerksam zu machen. So veranstaltete wiederum der niederösterreichische Landesverband im Rahmen des Golser Volksfestes am 21. August 1968 einen Bauerntag, an dem Wenitsch und Frey die Ansprachen hielten, über 600 Bauern hörten ihnen zu.

Besonders schmackhaft waren für den Bauernverband Veranstaltungen, an denen Vertreter von ganz oben teilnahmen, wie z.B. Landwirtschaftsminister Schleinzer, der am 6. September zu einer Informationstagung der Kärntner Landwirtschaftskammer unterwegs war, um dort das Hauptreferat zu halten. Die Vertreter des Kärntner Landesverbandes organisierten eine Demonstration mit über 500 Teilnehmern, die als Empfangskomitee für Schleinzer fungieren sollten. Schleinzer hatte tags zuvor noch zugesichert, anlässlich des Informationstages eine Delegation des Bauernverbandes zu empfangen, Tags darauf wusste er davon jedoch nichts mehr. Schleinzer hatte vor den Demonstranten eine höllische Angst und ließ extra für sich ein 100 Mann starkes Polizeiaufgebot aufmarschieren. Über das Verhalten des Ministers empört, drängten die Bauern nach und durchbrachen – jedoch ohne die Polizei anzugreifen – den kurze Zeit offenen Polizeikordon. 60 Bauern schafften es, in den Kucherhof – so hieß das Veranstaltungsgebäude – einzudringen, wurden dann jedoch von einem eilends herbeigerufenen Polizei-Überfallskommando endgültig aufgehalten.

Die „Kleine Zeitung“ schrieb Tags darauf über die Bauernproteste: „Unter dem stärksten Polizeischutz, der jemals für einen Politiker in der Zweiten Republik aufgeboten wurde, musste gestern Vormittag Landwirtschaftsminister Dr. Schleinzer in den Sitzungssaal zu einer bäuerlichen Informationstagung in Klagenfurt geleitet werden. Einige Hundert bäuerliche Demonstranten drohten das Tagungsgebäude der landwirtschaftlichen Fachschule im Kucherhof zu stürmen, nachdem es der Minister abgelehnt hatte, eine Delegation des Allg. Bauernverbandes auf der Informationstagung der Kärntner Landwirtschaftskammer zu empfangen."

Die Lage am 6. September 1968 vor der Kärntner Landwirtschaftskammer – ein Empfangskomitee für Landwirtschaftsminister Schleinzer, der daraufhin den stärksten Polizeieinsatz bis dato in der Zweiten Republik aufmarschieren ließ.

Obwohl Schleinzer kein Haar gekrümmt wurde und dies auch niemand vorhatte, umgab er sich seit dieser Zeit ständig mit Polizeischutz, sogar in seinem Urlaub. Zu weiteren Veranstaltungen, zu denen Schleinzer vom Bauernbund eingeladen wurde, wie z.B. in Wieselburg am 14. September, traute er sich schon gar nicht mehr hin, denn er wusste, was ihn jeweils erwartete. Sobald seine Anwesenheit irgendwo angekündigt wurde, war es so sicher wie das Amen im Gebet, dass dort schon die lästigen Bauernverbandler auf ihn warteten und ihn mit seiner Agrarpolitik konfrontierten – und zwar in jedem Bundesland.

6.21. Resümee über das Jahr 1968 – voller Erfolg für den AÖBV

„Allen Gewalten
zum Trotz sich erhalten,
nimmer sich beugen
kräftig sich zeigen –
Rufet die Arme der Götter herbei!"[146]

Das Jahr 1968 war für den Allgemeinen Österreichischen Bauernverband ein höchst erfolgreiches. Neben den mehr oder weniger ideellen Werten, die darin bestanden, dass die breite Öffentlichkeit den Ernst der Lage erkannte und die Abwehrmaßnahmen des Bauernverbandes billigte, ließ sich am Ende des Jahres unschwer nachweisen, dass der Landwirtschaft durch die Protestdemonstrationen im Budget für das Jahr 1969 rund 835 Millionen Schilling zu den 220 Millionen Schilling im Jahr 1968 erhalten geblieben sind. Um dies zu erklären, muss man ein wenig weiter ausholen:

146 Zitat nach Alfred Huggenberger, Schweizer Bauerndichter.

Bei den Budgetverhandlungen im Herbst 1967 verkündete die Bundesregierung, dass beim Landwirtschaftsbudget 1968 erhebliche Beträge eingespart werden müssen, es wurden 1,2 bis 1,4 Milliarden Schilling genannt. Der Landwirtschaftsminister forderte daraufhin unter Androhung einer entsprechenden Änderung des Marktordnungsgesetzes die Bauern auf, die Milchlieferung einzuschränken. In der Folge wurde die Kunstdünger-Preisstützung um die Hälfte gekürzt, der Weizenpreis um 7 Groschen gesenkt und das Futtergetreide verteuert. Die Absichten der Bundesregierung bezüglich weiterer Einsparungen bei der Landwirtschaft wurden im Frühjahr 1968 mit dem Koren-Plan verkündet. Dieser Plan wurde von der ÖVP gebilligt. Damit erteilte der Bauernbund als Teil der ÖVP zu den vorgeschlagenen Kürzungen des Agrarbudgets für den Rest des Jahre 1968 und vor allem für 1969 um weitere 1 bis 1,2 Milliarden Schilling seine Zustimmung.

Als Folge davon beschloss die Bauernbund-Exekutive am 24. April und die Präsidentenkonferenz am 25. April die Erhöhung des Absatzförderungsbeitrages auf 19 Groschen pro kg Milch, den Werbebeitrag von 1 Groschen, die Änderung der Berechnungsgrundlage von 3,5 auf 3,7 Prozent Fettgehalt und die Einführung der Qualitätsbezahlung ab 1. Juli 1968. Die volle Verwirklichung dieser Beschlüsse hätte die Bauern ab 1. Juli zusätzlich zum Absatzförderungsbeitrag bis 31. Dezember 1968 rund 220 Millionen Schilling und im Jahr 1969 ca. 440 Millionen Schilling durch Mindereinnahmen gekostet.

Dagegen ist aber der AÖBV mit aller Schärfe aufgetreten. Durch Flugblätter und Protestversammlungen klärte der Verband die Bauernschaft und die Öffentlichkeit über diesen Anschlag auf die Existenz der bäuerlichen Familienbetriebe auf und rief die Bauernschaft zu den berichteten Protestkundgebungen auf.

Da wegen des bereits beschlossenen Koren-Planes weitere Budgetkürzungen für 1969, insbesondere die Aufhebung der Treibstoffsteuer-Rückvergütung und die Beseitigung der zweiten Hälfte der Kunstdünger-Verbilligung, drohten, trat der AÖBV zum Kampf gegen den Koren-Plan an. Als die Agrarführung mit Minister Schleinzer und Bauernbundpräsident Wallner an der Spitze sich vom Koren-Plan nicht distanzierte, wurde dem Minister in Klagenfurt vom AÖBV der berichtete heiße Empfang bereitet. Der Bauernverband forderte demonstrativ die Ablehnung jeder Budgetkürzung.

Unter dem Druck der Demonstrationen und Proteste, an denen sich insgesamt 10.000 Bauern mit 1.300 Traktoren beteiligten, beschloss zunächst die Agrarführung die Einführung der Qualitätsbezahlung auf 1. Jänner 1969 zu verschieben. Schließlich wagte die Regierung auch nicht mehr, die im Koren-Plan vorgesehenen Budgetkürzungen vorzunehmen. Auf diese Weise hatte der Bauernverband für die gesamte Bauernschaft 1,055 Milliarden Schilling erkämpft, die sich wie folgt zusammensetzten:

1.	Verzicht auf die Basisänderung bei Milch 1969	220 Mio.
2.	Verzicht auf die geplante Preissenkung durch die Qualitätsbezahlung um durchschn. 10 Groschen	220 Mio.
3.	Beibehaltung der Treibstoffsteuer-Rückvergütung	215 Mio.
4.	Beibehaltung der Düngemittelverbilligung	180 Mio.
5.	Verschiebung der Qualitätsbezahlung (1968)	220 Mio.

Für die Bauernschaft und für den Bauernverband war das ein großer Erfolg. Nach der Zustimmung des Bauernbundes und der Beschlussfassung der Präsidentenkonferenz am 24. und 25. April 1968 zu all diesen Maßnahmen hatte nämlich niemand mehr zu hoffen gewagt, dass die Belastungen abgewehrt werden könnten.

Es war ein bedeutender Abwehrerfolg, dennoch war man im AÖBV nicht zufrieden. Wegen der allgemeinen Teuerung auf der Ausgabenseite und der Preissenkungen auf der Einnahmenseite hatte sich die Situation der Landwirtschaft 1968 trotzdem erheblich verschlechtert. Da für 1969 eine weitere Verschärfung der Lage vorauszusehen war, musste der Kampf fortgesetzt werden.

6.22. Wiener Weinbauerndemonstration am 13. Jänner 1969

Im Rahmen der ersten österreichischen Weinwirtschaftstagung in den Wiener Sofiensälen sollten am 13. Jänner 1969 gleich drei für die Weinbautreibenden Österreichs außerordentlich wichtige Versammlungen abgehalten werden. Wie sehr es den Veranstaltern daran gelegen war, vor allem die beiden ersten Tagungen kurz und schmerzlos und in ihrem Sinne abzuwickeln, zeigte schon allen die knappe Zeitfolge:

8:30 Uhr:	Vollversammlung des Niederösterreichischen Weinbauverbandes mit Geschäftsbericht und Neuwahl
9:15 Uhr:	Bundesweinbautag
10:15 Uhr:	Wirtschaftstagung mit Minister Schleinzer

Dieser Zeitplan konnte aber nicht aufgehen, da die meisten Mitglieder des Weinbauverbandes weder mit der Arbeit noch der persönlichen Einstellung der Weinbauvertreter zu Weinbauernfragen zufrieden waren. Sie waren aufgebracht gegen das Gesetz eines generellen Aussetzverbots, was eine Produktionsdrosselung und damit den Tod vieler Weinbau-Familienbetriebe bedeutete. Die Wortführer, darunter viele Mitglieder des AÖBV, wollten den Verantwortlichen gehörig die Meinung geigen und eine Änderung zugunsten der bedrängten Weinwirtschaft erwirken.

Die Mitglieder waren empört, dass entgegen der Verpflichtung im Landwirtschaftsgesetz die darin vorgesehenen 50 % des Weinsteueraufkommens (50 Millionen Schilling jährlich) nicht für Absatz fördernde Maßnahmen bereitgestellt wurden.

Ganz besonders aber regte die Mitglieder des Weinbauverbandes auf, dass sich die Auswirkungen der 10 %-igen Weinsondersteuer – entgegen den Behauptungen der Erfinder derselben – eindeutig gegen die Weinproduzenten richtete.

Wie erwähnt, kündigte der niederösterreichische Bauernbund-Funktionär Eggendorfer in Mistelbach großspurig an, dass er auf dem ersten Traktor sitzen werde, der nach Wien zu einer Demonstration fährt, sollte der Finanzminister auf der 10 %-igen Weinsondersteuer beharren. Weder am 26. Juni des Vorjahres noch am 13. Jänner war von Eggendorfer etwas zu sehen oder zu hören.

Im Parlament saßen fünf Weinbauernvertreter, die vor der Abstimmung zum neuen Weingesetz genauestens von den Forderungen der Weinbauern unterrichtet worden waren. Keiner von ihnen hat in der Debatte gegen das Gesetz geredet und schon gar nicht dagegen gestimmt. Die Steuer wurde beschlossen, das Aussetzverbot blieb aufrecht und die im Stich gelassenen Weinbauern fühlten sich auf Grund der gegebenen und nicht gehaltenen Versprechungen mit Fug und Recht verkauft und verraten.

Die führenden Leute der Weinbauverbände, eben Eggendorfer und auch Staatssekretär Minkowitsch, wussten genau um die Erregung der Weinbauern und waren auf Grund der statutengemäß durchzuführenden Veranstaltungen gezwungen, sich den Weinbauern zu stellen. Sie setzten den Zeitplan so fest, dass möglichst keine Zeit für lästige Anfragen, peinliche Vorwürfe und gefährliche Diskussionen war. Dieser mehr als leicht durchschaubare organisatorische Winkelzug schlug dann dem Fass den Boden aus und provozierte einen turbulenten Verlauf der Vollversammlung.

Proteste des Bauernverbandes bei der Vollversammlung des Niederösterreichischen Weinbauverbandes. Links stehend Matthias Salzer, der sich das Wort erkämpft.

Josef Hintermayer, einer der führenden Leute des AÖBV in Niederösterreich, Weinbauer in Großweikersdorf, war Bezirkskammerrat der Bezirksbauernkammer Kirchberg am Wagram. Hintermayer kannte die Statuten des Weinbauverbandes und nutzte in der Vollversammlung die geschäftsordnungsmäßigen Möglichkeiten. So meldete sich Hintermayer wiederholt zu Wort, bombardierte die Verantwortlichen mit den Problemen der Weinwirtschaft, denen sie lieber ausgewichen wären. Sie wollten die Vollversammlung möglichst schnell hinter sich bringen und zum Bundesweinbautag übergehen. Es kam zu stürmischen Auseinandersetzungen, die schließlich in einem Tumult endeten, als Hintermayer – am Rednerpult stehend – ganz einfach der Stecker des Mikrophons herausgezogen wurde.

Bauernverbandsmänner im Rampenlicht

Josef Hintermayer, geb. 1931, Weinbauer in Großweikersdorf, NÖ., AÖBV-Bezirksbauernkammerrat.

Josef Hintermayer, Foto von 1969

Das konnte Hintermayer aber nicht abhalten, dennoch weiter zu sprechen, was die Weinverbandsvorstände, allen voran Eggendorfer und Minkowitsch zur Weißglut trieb. Sie gingen dazu über, die Proteststimmen einfach zu ignorieren und führten Neuwahlen der Weinbauverbandsvorstände, zwar mit Mühe und Not, aber doch durch. Den Veranstaltern gelang es zwar gerade noch, die Vollversammlung schlecht und recht zu beenden und den Weinwirtschaftstag abzuhalten, der Bundesweinbautag musste aber auf unbestimmte Zeit verschoben werden.

In der Absicht, den AÖBV und mit ihm Hintermayer zu diffamieren, behauptete das damalige Zentralorgan der ÖVP, das „Volksblatt", der Bauernverband sei sozialistisch orientiert und Hintermayer wäre der Obersozialist. Man unterstellte dem Bauernverband sogar, mit den Kommunisten zu sympathisieren. Die Faschismuskeule funktionierte demnach nicht mehr so richtig, also ging man zur „Sozi-Keule" über. Erfreulicherweise reagiert der neue Weinbauobmann Gindl sofort, er entschuldigte sich bei Hintermayer und brachte das „Volksblatt" dazu, die aufgestellten Behauptungen zu widerrufen.

Die Weinbauern bekamen bald wieder Gelegenheit, einen ihrer so genannten „Vertreter", diesmal Staatssekretär Roland Minkowitsch, in die Zange zu nehmen, der anlässlich einer Bauerndiskussion der ÖVP am 28. Februar 1969 nach Hohenruppersdorf im Bezirk Gänserndorf kam. Minkowitsch war bereits zweimal mit den Stimmen der Weinbauern in den Nationalrat gewählt worden, und es war zu erwarten, dass die Weinbauern die Gelegenheit nicht auslassen würden, ihn für seine Haltung im Zusammenhang mit der Weinsondersteuer zur Rechenschaft zu ziehen. Über 200 Bauern

Weinbauernaufstand gegen VP

Tumult im Messepalast — 1968 Weinernte verdoppelt

Im Wiener Messepalast kam es Montag bei der Delegiertenversammlung des niederösterreichischen Landesweinbauverbandes zu stürmischen Protesten gegen die ÖVP-Bauernbundfunktionäre in der Verbandsleitung. Die Demonstrationen waren vom Allgemeinen Österreichischen Bauernverband organisiert, es ging um die 10prozentige Sonderabgabe zur Alkoholsteuer.

Bereits vor der Sitzung demonstrierten vor dem Messepalast zahlreiche Weinbauern mit Transparenten, auf denen sie ihre Berufskollegen aufforderten, gegen die Bauernbundfunktionäre zu stimmen. Dem Präsidenten des Verbandes, Eggendorfer, wurde bei der Eröffnung der Tagung ein Spielzeugtraktor überreicht, um ihn zu erinnern, daß er vor Einführung der Sonderabgabe versprochen habe, er werde der erste sein, der bei einer Demonstration gegen die Steuer auf dem Traktor nach Wien fahren werde.

Eggendorfer verzichtete auf eine Wiederwahl. Als neuen Kandidaten stellte er seinen bisherigen Stellvertreter Georg Gindl vor. Ein Gegenvorschlag, der den Vertreter des Allgemeinen Bauernverbandes, Hintermayr, als Kandidaten nominierte, wurde aus formalen Gründen zurückgewiesen, was wieder zu lautstarken Protesten führte. Das Präsidium behauptete, Anträge hätten acht Tage vor der Sitzung eingebracht werden müssen, die Bauernverbandsvertreter stehen auf dem Standpunkt, Wahlvorschläge fielen nicht unter diese Bestimmung. Sie wollen die Wahl daher anfechten.

Als der neugewählte Präsident Gindl die Sitzung nach einer einstimmigen Resolution an die Regierung, die steuerlichen Maßnahmen zurückzunehmen oder zu mildern, schloß, kam es erneut zu wüsten Szenen. Einem Sprecher des Bauernverbandes wurde das Mikrophon abgedreht, der ÖVP-Staatssekretär Minkowitsch und andere ÖVP-Bauernbündler wurden lautstark beschimpft.

Die ursprünglich geplante Bundesweinbauversammlung konnte nicht mehr stattfinden, sondern es begann gleich die Weinwirtschaftstagung. Landwirtschaftsminister Schleinzer empfahl dabei, möglichst viel Wein auf Lager zu legen, da die Weinernte 1968 mit 2,5 Millionen Hektoliter fast doppelt so groß ist als die vorjährige, Preissenkungen aber für die Produzenten unzumutbar seien.

AZ vom 14. Jänner 1969

waren gekommen, und da bei der letzten Kammerwahl der AÖBV in dieser Gemeinde über 150 Stimmen gewonnen hatte, fuhr Minkowitsch, wie er später eingestand, schon mit gemischten Gefühlen in die Weinbaugegend.

Einleitend versuchte Minkowitsch zu beschwichtigen. Die Einführung der Weinsondersteuer habe ihn „innerlich getroffen", er habe aber den Realitäten ins Auge blicken und deshalb der Steuer zustimmen müssen. Er bemühte sich sichtlich, sein Einführungsreferat so lange wie möglich zu gestalten, um die anschließende Diskussion kurz zu halten, doch da verrechnete er sich gründlich.

Ein Bauer streute sofort Salz in die Wunden des Staatssekretärs und fragte an, wieso die Landesweinbauführung vor Beschlussfassung der zehnprozentigen Weinsondersteuer jene Demonstrationen nicht durchführte, die Eggendorfer in Mistelbach so lautstark angekündigt hatte. Wäre der AÖBV nicht in die Bresche gesprungen, dann hätten Herr und Frau Österreicher ja glauben müssen, der Bauer bezahle diese Steuer mit Leichtigkeit. Hierauf antwortete Minkowitsch, dass die „Agraroffiziellen" immer der Meinung waren – und der Gesetzgeber habe es auch geglaubt–, dass die Sondersteuer auf die Konsumenten umwälzbar sei. Dass dies nicht eingetreten ist, war die große Fehlbeurteilung der Situation.

Ein anderer Diskussionsteilnehmer zitierte das „Volksblatt" (wie erwähnt Zentralorgan der ÖVP), in welchem nach der Weinbauerndemonstration im Wiener Messepalast geschrieben stand, dass die Weinbauern keine Ursache zur Beunruhigung hätten. Minkowitsch erklärte, dass hier dem „Volksblatt" eine große Panne passiert sei und dass man eben nicht alles glauben soll, was in der Zeitung steht. Dieses Eingeständnis über das parteieigene Organ löste in der Zuhörerschaft großes Gelächter aus.

Manfred Frey, unermüdlicher Kämpfer in Niederösterreich, hielt Minkowitsch vor, dass die Bauern früher großes Vertrauen zu ihm gehabt hätten. Denn er war es doch, der 1963 in seiner Antrittsrede im Parlament der Weinbauernschaft versprochen hatte, gegen das Unrecht, den Wein mit 10 % Getränkesteuer zu besteuern, zu kämpfen. Inzwischen war Wein noch immer mit 10 % Getränkesteuer belastet und Minkowitsch habe auch noch der 10 %-Weinsondersteuer zugestimmt. Frey fragte den Staatssekretär noch, wie er eine solche Entscheidung mit seinem Gewissen als Weinbauernvertreter vereinbaren könne. Daraufhin wiederholte Minkowitsch, es gäbe eben Situationen, in denen man sich der Klubdisziplin unterwerfen müsse und sein Gewissen gehe im Übrigen nur ihn selbst etwas an. Hier also war der wunde Punkt getroffen: Ein Weinbauernvertreter, der von den Weinbauern dafür bezahlt wurde, ihre Interessen durchzusetzen, konnte dies nicht tun, da er dem parlamentarischen Klubzwang unterlag. Ein aufrechter Mensch aber hätte dagegen gestimmt oder wäre zurückgetreten, das hätte Minkowitsch mit seinem Gewissen vereinbaren können, er hatte aber offenbar keines.

Frey rieb Minkowitsch genau das unter die Nase, indem er erklärte, dass in der Vergangenheit und wohl auch in Zukunft Minister ihren Rücktritt angeboten haben, falls eine Maßnahme, für die sie nicht die Verantwortung tragen können, durchgeführt werde. Frey wörtlich: „Die Weinbauern würden ihnen heute zujubeln und alle hätten Vertrauen zu ihnen, Herr Staatssekretär, wenn sie eine solche Entscheidung getroffen hätten!" Minkowitsch, sichtlich betroffen, meinte daraufhin, dass er nicht die Kraft gehabt hätte und er auf lange Sicht vielleicht doch dem Weinbau nützlich sein könne. Na was nicht gar – welcher Kraftanstrengung bedarf es denn für einen Rücktritt? Hier manifestierte sich der schwarze Pfründensammler und Sesselkleber vor der ganzen Bauernschaft.

Ein Bauer namens Haidinger, aus Hohenruppersdorf selbst, bohrte weiter und gab zu bedenken, dass es bisher immer die „Roten" gewesen waren, die eine steuerliche Entlastung des Weines verhindert haben. Nun sei aber eine ÖVP-Alleinregierung am Ruder und der Wein sei nicht steuerlich entlastet, sondern noch mehr belastet worden. Außerdem könnte eine „rote" Regierung ohne weiteres die Verlängerung der befristeten Weinsondersteuer beschließen, zumal doch diese Steuer von der ÖVP-Regierung erfunden worden sei. Haidinger löste durch diese Wortmeldung starken Beifall aus.

Bauer Falk aus Bockfließ meinte, dass bisher immer von einer Entsteuerung des Weines gesprochen werde, tatsächlich der Wein aber immer mehr besteuert würde. Er schlug deshalb Minkowitsch vor, in Zukunft viel mehr von einer zusätzlichen Weinsteuer zu reden, vielleicht würde der Wein dann entsteuert. Er zitierte dabei aus einem „Bauernbündler" des Jahres 1956, in dem damals Eggendorfer erklärt hatte: „Wenn wir die Nationalratswahlen 1956 gewinnen, dann schaffen wir die 50-Groschen-Weinsteuer ab!" Nun, die Nationalratswahl von 1956 wurde gewonnen und in der Zwischenzeit noch andere Wahlen, aber die steuerliche Belastung für Wein sei nicht geringer, sondern größer geworden.

Dazu entgegnete Minkowitsch, man müsse froh sein, dass diesmal alle Alkoholika besteuert werden, da schon eine Konsumverlagerung von Wein auf Spirituosen zu befürchten war. Nun würde aber nicht nur Wein, sondern auch Bier und Schnaps besteuert. Dem wurde entgegengehalten, dass Bier und Schnaps industriell erzeugt würden, also Angebot und Nachfrage ohne weiteres gesteuert werden konnten. Wein sei jedoch ein Naturprodukt, das sich nicht in einem Rückbottich oder Schnapskessel erzeugen lasse, sondern in mühevoller Arbeit einer fleißigen Weinbauernschaft der Natur abgerungen werde. Ein sichtlich müder Staatssekretär wusste dem nichts mehr zu entgegnen. Am Ende zeigte er sich positiv überrascht, dass die Diskussion zwar sehr hart, aber ruhig und sachlich abgelaufen war. Nach Schluss der Diskussion meinte der Diskussionsleiter, der Bezirksparteisekretär der ÖVP Gänserndorf: „Dass es heute hart wird, darauf waren wir gefasst. Dass es jedoch so hart geworden ist, haben wir nicht erwartet." Er meinte auch noch, wir säßen alle auf einem Schiff. Daraufhin zeigte ein junger Bauer aus Bockfließ Schlagfertigkeit: „Jawohl, das stimmt! Nur seid Ihr die, die das Steuerrad haben, und wir Bauern die, die rudern müssen!"[147]

147 ÖBZ, Folge 2, 1969, 1-3.

6.23. Großdemonstration auf der Wiener Ringstraße am 13. Mai 1969

„Auf, Bauer – wehr dich!“[148]

Auf Grund des unglaublichen Echos in der Bauernschaft für den AÖBV seitens der von der ÖVP-Alleinregierung massiv enttäuschten Bauernschaft und des großen Medieninteresses für den Bauernverband in der Öffentlichkeit geriet Bundeskanzler Klaus immer mehr unter Druck. Diesen Umstand nützend wurde Anfang März ein Brief an Klaus verfasst, in dem ihm die dringlichsten Anliegen der Bauernschaft übermittelt wurden:

1. Sofortabschaffung der 10 % Sondersteuer für Wein
2. Einführung der Rohfettimportabgabe zur dauernden Regelung des Milch- und Fettmarktes
3. Beseitigung des Krisengroschens und Rückzahlung der zu Unrecht einbehaltenen Krisengroschenbeträge
4. Generelle Senkung der Einheitswerte in der Land- und Forstwirtschaft auf Grund der sinkenden Ertragslage.

Dem Bundeskanzler wurde zur Beantwortung des Schreibens bzw. Aufnahme von Verhandlungen über diese Forderungen eine Frist bis 10. April 1969 eingeräumt, widrigenfalls man den Kampf in die Bundeshauptstadt verlegen werde. Klaus ließ, wie zu erwarten war, die Frist verstreichen.

So kam es am 13. Mai 1969 zur damals größten Demonstration von Bauern in der Geschichte Österreichs und der größten Veranstaltung, die der Bauernverband jemals organisierte. Es konnten weit über 6.500 Teilnehmer gezählt werden. Der Schauplatz war das Bundeskanzleramt am Wiener Ballhausplatz. Eigentlich wäre der 6. Mai als Protesttag geplant gewesen, jedoch war an diesem Tag der Besuch von Königin Elisabeth II. von England angesetzt. Daher wurde aus staatsmännischer Rücksichtnahme die Protestaktion auf den 13. Mai verlegt. Man hatte ein gutes Einvernehmen mit dem Polizeipräsidenten von Wien, Josef Holaubek, der höflich um diese Terminverlegung gebeten hatte. Seitens des Bauernbundes war man hinterher sogar so gehässig, dass man diese Verschiebung dem Bauernverband als „fei-

Flugblatt des AÖBV zur Großdemonstration in Wien, Mai 1969

148 Das Motto der größten Demonstration des Bauernverbandes in seiner Geschichte stand auf zahlreichen Transparenten und Flugblättern, und jeder Bauer führte es am 13. Mai 1969 im Munde.

ges Nachgeben“ vorhielt. Im Vorfeld der Demonstration gab sich der Bauernbund in seiner Zeitung („Bauernbündler“) sichtlich nervös. Auf der Titelseite der Ausgabe des 10. Mai 1969 – also drei Tage vor der Demonstration – sparte der Bauernbund nicht mit Verbalattacken und versuchte die Bauern davon abzuhalten, zur Demonstration des Bauernverbandes zu kommen. Auch wurde seitenweise dem AÖBV unterstellt, den Sozialisten „Zutreiberdienste“ zu leisten.[149]

Bauernaufstand per Traktor ...

Zum Sturmangriff auf Wien bereit sind die „Bauernkrieger“. Der Allgemeine Bauernverband rechnet, daß an der großen Demonstration am Dienstag vor dem Bundeskanzleramt 5000 unzufriedene Bauern mit 400 Traktoren und Dutzenden Autobussen teilnehmen werden. Treffpunkt ist am Dienstag um 9 Uhr auf dem Parkplatz vor dem Wiener Stadion. Einige Traktorfahrer werden schon um 3 Uhr früh mit der Anreise beginnen müssen. Eine Delegation der 5000 Bauern wird bei Bundeskanzler Klaus die Sofortabschaffung der zehnprozentigen Alkoholsondersteuer fordern. Der Traktorenaufmarsch, der von der Polizeidirektion Wien genehmigt wurde, wird in Wien ein Verkehrschaos auslösen.

In der Presse wurde die Demonstration des Bauernverbandes schon im Vorfeld groß angekündigt. Auf dem Foto ist Ewald Frey, Vater des Geschäftsführers im Niederösterreichischen Landesverband im AÖBV, Manfred Frey, zu sehen (Kronen-Zeitung vom 11. Mai 1969).

Doch zurück zu dieser mächtigsten Bauernverbandsaktion überhaupt: Die Organisation, also die Verhandlungen mit der Polizei und alles was behördlich zu so einer Großaktion dazugehörte, wurde von Manfred Frey abgewickelt. Frey war allerdings zu diesem Zeitpunkt bereits in der Finanzlandesdirektion beschäftigt, deren Präsident auf Druck des Bauernbundes darauf bestand, dass Frey am Tag der Demonstration Dienst zu versehen habe und damit nicht an dieser teilnehmen konnte. Vor dem Demonstrationstag intervenierte der niederösterreichische Bauernbunddirektor und spätere Landtagspräsident Josef Robl beim Präsidenten der Finanzlandesdirektion Schönsteiner um die Versetzung Freys zum Finanzamt Zwettl, möglichst weit weg von Wien – am besten ins Pfefferland. Präsident Friedrich Schönsteiner beugte sich diesem Druck jedoch nicht, sodass es nie zu einer Versetzung kam, im Gegenteil: Frey sollte 1986 sogar Präsident dieser größten Finanzlandesdirektion Österreichs werden. Der Einfluss des Bauernbundes war also selten, aber manchmal doch enden wollend, und es war eben alles ein Politikum. Am 13. Mai 1969 jedoch konnte Frey, der alles organisiert hatte, lediglich die Traktoren vom Balkon am Amtsgebäude auf der Vorderen Zollamtsstraße mit Blick auf die Ringstraße aus vorbeifahren sehen, nur um seinen Präsidenten nicht politisch zu brüskieren.

149 Der Österreichische Bauernbündler, Jahrgang 25, Nr. 19, 10. Mai 1969, 1f.

Mit der Bundespolizeidirektion Wien wurde alles bis ins Detail abgestimmt, die Zusammenarbeit lief hervorragend. So sollten die Traktoren um 9 Uhr beim Wiener Stadionparkplatz eintreffen; von dieser zentralen Sammelstelle aus sollte die Traktorenkolonne über die Prater-Hauptallee, Praterstern, Praterstraße, Urania-Brücke, über die Ringstraße (vorbei am Landwirtschaftsministerium) durch das Burgtor bis zum Burgtheater fahren, wo die Traktoren aufgestellt werden sollten. Im Anschluss an die Traktorenauffahrt sollte eine Kundgebung stattfinden und eine Delegation bei Bundeskanzler Klaus vorsprechen. Die Abfahrt sollte über die Löwelstraße erfolgen (vorbei am Sitz der Präsidentenkonferenz der österreichischen Landwirtschaftskammern) wiederum über Ring und Franz-Josefs-Kai zurück zum Messegelände, wo dann die Auflösung erfolgen sollte.

Das „Fußvolk", wie es die Organisatoren nannten, sollte um 9:30 Uhr am Ballhausplatz eintreffen, außerdem wurden vor Wien mehrere Sammelplätze für Traktoren eingerichtet, damit man geschlossen in die Stadt – natürlich mit Polizeibegleitung – einfahren konnte. Der AÖBV stellte auch ein Ordnerteam auf, das zusätzlich für einen geordneten Ablauf sorgen sollte. Der niederösterreichische Landesverbandsobmann Robert Wenitsch richtete einen Appell an die Bauernschaft, die Demonstration entschlossen, aber diszipliniert durchzuführen und damit dem Ernst der Lage gerecht zu werden. Robert Wenitsch war es auch, der die Bauerndemonstration am 13. Mai 1969 anführte.

Es war die erste Traktorendemonstration in Wien überhaupt, für die Wiener und die gesamte österreichische Öffentlichkeit eine Sensation. Die Organisation funktionierte perfekt; es konnte geschlossen in Wien eingefahren werden, was schon allein einen gewaltigen Eindruck hinterließ, es handelte sich schließlich um über 1.000 Traktoren, die eine vier Kilometer lange Kolonne bildeten und über die Ringstraße fuhren, welche von staunenden Wienern gesäumt war. Eine der größten Befürchtungen war, dass ein Traktor aus technischen Gründen liegen bleiben würde – ein Verkehrschaos wäre die Folge gewesen – aber dieser Fall trat nicht ein.

Im Spitzenfeld der 4 km langen Traktorenkolonne. In der Mitte Matthias Salzer, dahinter links Sepp Hintermayer, weiter hinten links Rudolf Abraham aus Zwerndorf mit einem Esel, der noch an die Agrarpolitik des Ministers Schleinzer glaubte und daher besonderes Aufsehen erregte.

Als die Traktoren, sie stammten fast alle aus einem Umkreis von 60 km um Wien, am Ballhausplatz ankamen, empfing sie der Applaus von über 5.500 Demonstrationsteilnehmern. Die Transparente sprachen eine deutliche Sprache: „Wie fahren für das Bauernrecht – zu Hause bleibt nur Sklav'und Knecht!"; „Kudlich riss den Zehent nieder – Bauernbund bringt (10 Prozent) Zehent wieder!"; „Sucht man Stimmvieh auf dem Land – kommt man selbst im Bauerngewand."; „Autofahrer seid nicht sauer – die Straße braucht heut nur der Bauer."; „Städter und Bauern in Frieden vereint – Bauernverband ohne politischen Feind."; „Wer bei den Nazis Gott verleugnet – als Bauernführer ungeeignet."[150]

Transparent: „Steckbrief – moderne Raubritter" mit den Köpfen von Bundeskanzler Klaus und Finanzminister Koren, und: „10 % Wein-Sondersteuer / Einheitswert / Milchkrisengroschen / Erhöhung – Verrat an den Landwirten!!!" vom 13. Mai 1969 am Wiener Ballhausplatz.

Der Inhalt des letztgenannten Transparentes war zugegebenermaßen eine perfide Anspielung auf Schleinzers Vergangenheit in der NS-Zeit und seinen damit verbundenen Kirchenaustritt, allerdings auch eine Antwort auf die Faschismuskeule, die ständig vom Bauernbund und Schleinzer selbst wider den Bauernverband geschwungen wurde.

Was Transparente betraf, schoss jedoch Rudolf Abraham aus Zwerndorf den Vogel ab: Er brachte auf einem Traktorenanhänger einen Esel mit, über dem sich ein Schild mit der Aufschrift „Ich glaube noch an Schleinzer" befand, in Anspielung auf die leeren Versprechungen des Landwirtschaftsministers. Der Esel erregte die größte Aufmerksamkeit und den lautesten Beifall sowohl von Demoteilnehmern als auch von den Zaungästen.

Zu Beginn der Kundgebung erklärten die Landesobmänner Matthias Salzer und Robert Wenitsch als Initiatoren über Lautsprecher Ursachen und Ziel der Demonstration. Manch ein bauernbündlerischer Defätist prophezeite den Bauern vor der Demonstration in Wien: „Bauern, wenn ihr in Wien demonstriert, zerschlagen euch dort die

Rudolf Abrahams Esel, mitgebracht zur Demonstration am 13. Mai 1969.

150 ÖBZ, Folge 6, 1969, 3.

Bauernfeinde die Traktoren." Die Traktoren wurden aber nicht zerschlagen, sondern von der Bevölkerung freundlich begrüßt. Eine Gruppe von Bauarbeitern gesellte sich während der Mittagszeit zu den Demonstranten und zeigte viel Verständnis für die Forderungen der Bauern. Einige der Arbeiter stammten selbst vom Land, einer von ihnen sagte: „Bauern, wenn ihr euer Recht verlangt, so ist das richtig! Wir rühren uns auch um unsere Rechte. Wenn man aber von Parteizentralen aus die Bauern auf uns hetzen würde, dann tät's scheppern!"

Gegen die Bauern zeigten sich nur wenige gehässig. So bewiesen eine Alt-Sozialistin, eine Gruppe Kommunisten, vor allem aber Mitglieder des schwarzen ÖAAB deutlich ihre Bauernfeindlichkeit. Einem besonders bissigen Agitator gelang es nur mit Mühe, und unter dem Schutz einiger Bauernverbandsordner, einer ordentlichen Tracht Prügel zu entgehen. Dies war aber die einzige kritische Situation dieser Art.

Ein gehässiger ÖAABler stellte die hämische Frage: „Bauer, warum bleibst denn nicht auf deinem Acker?", woraufhin ein Wiener Weinbauer, der trotz seines hohen Alters demonstrierte, entgegnete: „Was glaubst du wohl, wenn dein Großvater vor 70 Jahren immer nur stur an der Werkbank geblieben wäre – würdest du heut' Rimini kennen? In diesem Fall hättest wohl keine moderne Wohnung, sondern wärst Bettgeher!"[151]

Der burgenländische Landesverbandsobmann Matthias Salzer spricht am Ballhausplatz zu den über 6.500 Demonstrationsteilnehmern.

Wie erwähnt, war geplant, eine Delegation zu Bundeskanzler Klaus zu entsenden. Es waren sechs Personen, die sich in das von der Polizei schwer bewachte und hermetisch abgeriegelte Bundeskanzleramt begaben. Klaus weigerte sich, die Bauern zu empfangen und sandte seinen Präsidial-Sektionschef Jiresch vor, um die Anliegen der Landwirte entgegenzunehmen, was wiederum Stoff für Karikaturen gab. Schleinzer, der Landwirtschaftsminister, glänzte einmal mehr durch Abwesenheit.

1.000 Polizisten mit Stahlhelm hinter dem Kanzleramt als Reserve für „Notfälle".

Bundeskanzler Klaus musste vor den Bauern eine höllische Angst gehabt haben: Wie sich Robert Wenitsch heute erinnert, standen 1.000 Mann der Polizei und Gendarmerie mit Stahlhelm hinter dem

151 Die so genannten „Bettgeher" waren schlecht bezahlte Arbeiter, meist ledig, die sich zu zweit einen Raum in einer fremden Wohnung anmieteten und teilten. Einer davon, z.B. ein Bäcker, nutzte das Bett am Tag, ein anderer, z.B. ein Mauer, in der Nacht. Der Kampf der Gewerkschaften und der Arbeiterbewegung setzten diesen Missständen ein Ende.

Kanzleramt für etwaige „Notfälle“ bereit. Zum Glück trat ein solcher nicht ein. Nicht auszudenken, was dabei hätte passieren können, schließlich erinnerten sich noch viele an das Jahr 1934, wo schon einmal ein Polizeiaufgebot in dieser Größenordnung seitens einer schwarzen Regierung gegen die eigenen Bürger eingesetzt wurde. Doch zu bürgerkriegsähnlichen Zuständen kam es 35 Jahre später Gott sei dank nicht mehr.

Karikatur aus den OÖ-Nachrichten. Klaus empfängt die Bauern nicht selbst, sondern schiebt seinen Sektionschef Jiresch vor ...

Als die Delegation den wartenden Bauern mitteilte, dass der Bundeskanzler sie nicht zu empfangen gedenke (hier ließ offensichtlich der Bauernbund wieder seinen Einfluss spielen), brach ein Sturm der Entrüstung los. Es kam zu Pfiffen, zu Buhrufen, ein Hupkonzert brandete auf, begleitet von Motorengeheul. Es gab einen ohrenbetäubenden Lärm, der nur allzu berechtigt war. Leider gab es dabei auch einige unschöne Szenen, so bewarfen eine Handvoll Demonstranten das Kanzleramt mit leeren Bier- und Weinflaschen, was begreiflicherweise die Polizei in Unruhe versetzte. Die Lage beruhigte sich aber wieder, als einige Bauernverbandsordner einschritten. Nach den Erinnerungen von Josef Schmied waren die Flaschenwerfer aber keine Leute vom Bauernverband, sondern – auch heute sattsam bekannte – Berufsdemonstrierer aus der äußersten linken Ecke. Von solchen Gruppierungen erhielt Robert Wenitsch kurz vor der Demonstration sogar per Telegramm direkte „Vorschläge“, die da lauteten: „Sagt uns es nur, und wir hauen der schwarzen Brut die Schädel ein.“ Diese Randalierer waren es dann auch, die den Bauernprotest schamlos ausnutzten und durch unschöne Aktionen auffielen; so wurden Böller und Rauchbomben geworfen, um die Stimmung zu radikalisieren.

Robert Wenitsch erinnert sich aber auch daran, dass einige bäuerliche Demonstranten durch die Arroganz des Bundeskanzlers so derartig in Wut versetzt waren, dass sie mit ihren Traktoren durch den Polizeikordon in das Kanzleramt hineinfahren, es also stürmen wollten. Doch dann stellte sich Wenitsch vor die Traktoren und sagte: „Wenn Ihr da reinfahren wollt, müsst ihr erst über mich drüberfahren!“, womit auch diese Situation entschärft war. Gottseidank kam es zu keiner Eskalation, wie sich die Beteiligten heute erinnern, doch war es knapp daran.

... und ergreift schließlich die Flucht.

Nach der Abweisung wurde seitens der Demonstrationsteilnehmer vielfach das Verlangen gestellt, die Abordnung möge es ein zweites Mal versuchen, direkt mit dem Bundeskanzler zu reden. Das war aber unmöglich, da man die Delegation wissen ließ, dass der Bundeskanzler auch dann nicht mit einer Abordnung des Bauernverbandes sprechen werde, wenn diese den Ballhausplatz tagelang besetzt hielte. Auf eine Kraftprobe wollte es der AÖBV nicht ankommen lassen und so wurde die Demonstration, nachdem Hauptverbandsobmann Loitfellner zu der Haltung des Kanzlers Stellung genommen hatte und den Slogan ausgab: „Wir kommen wieder!", durch Wenitsch offiziell beendet. In Anbetracht ihrer Größe dauerte der Abmarsch der Demonstranten und Traktoren mehrere Stunden. Scherzhaft meinte Polizeipräsident Josef Holaubek zu Manfred Frey am Telefon – Frey konnte ja aus genannten Gründen nicht an der Demonstration teilnehmen – „wenn Ihr mit euren Traktoren abfahrt, nicht dass Ihr auch noch in der Löwelstraße vorbeischaut!" Der Polizeipräsident gehörte nämlich der „roten Reichshälfte" an, und in der Löwelstraße befand sich die Parteizentrale der SPÖ.

Die Wiener Traktorendemonstration des Bauernverbandes war ein voller Erfolg, zeigte sie doch deutlich die Bereitschaft der bedrängten Bauern zur Selbsthilfe und stellte unter Beweis, dass sich eine bäuerliche Protestkundgebung auch in der Bundeshauptstadt durchführen ließ und dort sogar mit Verständnis und Sympathie gerechnet werden konnte. Die von ihr ausgelösten positiven Auswirkungen in agrarpolitischer Hinsicht, wie etwa die neuerliche Absenkung des Krisengroschens, die Verringerung der Rücknahmepflicht von Butter und Käse durch die Bauern und die prompte Inangriffnahme der Regelung der Weinwirtschaft waren ja bereits allgemein bekannt.

Diese Ankündigung – „wir kommen wieder" – und damit der Tenor der Bauern, nachdem ihnen Klaus die kalte Schulter gezeigt hatte, gab der ÖVP gehörigen Anlass zur Befürchtung, dass sich diese Angelegenheit auf die anstehenden Landtagswahlen in Niederösterreich auswirken könnte. Auf Grund dieser Befürchtungen suchte der damalige Landeshauptmann von Niederösterreich, Andreas Maurer, den Kontakt zum Bauernverband, um den Schaden für die ÖVP in der von ihm so genannten „aufgeheizten Stimmung" in Grenzen zu halten, zumal der Slogan „wir kommen wieder!" darauf schließen ließ, dass weitere Demonstrationen vor der Landtagswahl geplant waren. Nun konnte ein ÖVP-Landeshauptmann nicht einfach so bei einem Funktionär des Bauernverbandes anrufen und sagen: „Geh bitte, hört's auf zum Demonstriern, sunst könnt die Wahl für uns schlecht ausgehn." So wurden die Gespräche vom Präsidenten des Bundesrates, Univ. Prof. DDr. Herbert Schambeck, dem Schwiegersohn des ehemaligen Landwirtschaftsministers Eduard Hartmann, eingeleitet, und es gab in der Folge zwei Begegnungen, eine davon im niederösterreichischen Landhaus. Maurer versuchte zu überzeugen, dass vor den Landtagswahlen keine Demonstrationen mehr stattfinden mögen, und er staunte nicht schlecht, dass ihm dieses seitens der Funktionäre des Landesverbandes Niederösterreich im AÖBV sogar zugesagt wurde. Nun wird der erstaunte Leser ebenso sehr nach dem „Warum" fragen wie der Autor im Zuge seiner Recherchen, aber der Grund war ganz einfach: man lebte die Überparteilichkeit im Bauernverband sogar so weit, dass man keine (partei-)politischen Wahlen unmittelbar beeinflussen wollte, was mit einer weiteren mächtigen Demonstration in Wien oder Niederösterreich mit dem entsprechenden Medienecho („Der ÖVP laufen nun auch schon die Bauern davon") so knapp vor den Landtagswahlen aber eindeutig der Fall gewesen wäre. Schließlich war man seitens des Bauernverbandes agrarpolitisch bundespolitisch ausgerichtet – und nicht landespolitisch.

Die Furcht Maurers war nicht unbegründet: Die SPÖ erreichte als einzige ernstzunehmende Oppositionspartei bei den niederösterreichischen Landtagswahlen im Oktober 1969 ihren höchsten Mandatsstand seit 1945, nämlich 26 (ÖVP 30 Mandate). Dieses Ergebnis wurde nur noch einmal übertroffen, nämlich 1979 mit 27 Mandaten (ÖVP 29 Mandate). Heute hält die SPÖ (Landtagswahl 2008) bei 15 Mandaten (ÖVP 31, Grüne 4, FPÖ 6).

Auch die späte Einsicht Maurers half hier nichts mehr, zumal diese nicht an die Öffentlichkeit gelangte: Lediglich in einer Sitzung der Bundesparteileitung der ÖVP gab er zu Protokoll, dass die Bauern nicht einsehen würden, dass in einer ÖVP-Alleinregierung nichts für sie getan werde.[152]

Das Zugeständnis des Bauernverbandes an Landeshauptmann Maurer blieb jedenfalls unbedankt, wie sich in einem späteren Kapitel über das Verhalten des Bauernbundes im Vorfeld der Landwirtschaftskammerwahlen für Niederösterreich des Jahres 1970 noch herausstellen wird.

Wie erfolgreich der Bauernverband mit dieser Demonstration vom 13. Mai 1969 war, bewiesen alleine schon die Pressemeldungen der folgenden Tage. Die beiden größten Tageszeitungen beschrieben die Aktion wie folgt:

152 Lothar Höbelt, Reserverolle für die Koalition: Hermann Withalm als Vizekanzler und Parteichef 1968–71 (Manuskript).

Die Titelseite und drei volle Seiten Bericht in der Kronen-Zeitung vom 14. Mai 1969. Das Medienecho war gewaltig.

Mittwoch, 14. Mai 1969 S 1.–

UNABHÄNGIGE Kronen Zeitung

Wien 19, Muthgasse 2
Telephon: 36 52 50

Oesterreichs auflagengrößte Tageszeitung

Das war die Bauernrevolte

Heißer als erwartet ging es beim „Bauernkrieg" in Wien zu: Als Kanzler Dr. Klaus sich im Bundeskanzleramt verbarrikadierte und sich weigerte, zu verhandeln, kannte der Zorn der mit 700 Traktoren angerückten Bauern keine Grenzen. Sie warfen Rauchbomben, Flaschen und Böller gegen Fenster und Fassade. Erst nach Stunden behielt die Polizei die Oberhand. (Siehe S. 5, 6, 7)

Seite 5

Mit Lärm und Geknatter wie eine Panzerstaffel rollten die 700 Traktoren der Bauernkrieger durch die Wiener Innenstadt bis zum Bundeskanzleramt, wo es wenig später zu Tumulten kam

Mit Rauchbomben und Flaschen gegen Klaus!

Abserviert

Dienstbeflissen wie ein gelernter Ober servierte ein Staatspolizist eine auf dem Kotflügel eines Traktors abgestellte Limonadenflasche ab. Er hatte Angst, sie könnte als Wurfgeschoß gegen Klaus verwendet werden, und trug sie in das Bundeskanzleramt.

•

Bei einigen Wienern stießen die Nöte der Weinbauern auf wenig Verständnis. „Immer wenn ich ins Weinviertel fahre, sehe ich, wieviel beim Heurigen getrunken wird. So schlecht kann es den Bauern ja gar nicht gehen", sagte eine Passantin.

•

Staatsbürger, die demonstrieren anstatt untertänig zu sein, wurden von der Staatspolizei bisher nur photographiert. Gestern wurde für „Peterlungers Heimkino" sogar mit Schmalfilmkameras gearbeitet.

Schon ab zwei Uhr nachts ratterten sie von den Bauernhöfen mit ihren Traktoren Richtung Wien, um der Regierung ihre Forderungen und Wünsche vorzubringen. Als die mehr als 700 Traktoren mit den Tausenden Bauern nach einer Fahrt über die Ringstraße am Ballhausplatz eintrafen, war Kanzler Klaus nicht bereit, sie anzuhören. Die Antwort war eine der wildesten Demonstrationen seit Jahren, bei der Rauchbomben und Steine flogen.

Stundenlang mußten die Bauern in der prallen Mittagssonne auf den Traktoren vor dem verrammelten und schwerbewachten Tor des Bundeskanzleramtes warten, in dem der Kanzler die Polstertüren seines klimatisierten Büros geschlossen und sich mit dem Ministerrat verbarrikadiert hatte. Dann schickte Klaus einen Sektionschef, der der Bauerndelegation trocken mitteilte, daß an die Abschaffung der zehnprozentigen Alkoholsteuer nicht zu denken sei.

Das war für die Bauernkrieger zuviel: Während Hunderte Landwirte auf ihren Fahrzeugen mit Hupen und Motoren eine „Traktorenserenade" veranstalteten, flog ein Hagel von Eiern, Flaschen und Rauchbomben gegen das Bundeskanzleramt. Staatspolizei und Stahlhelmpolizisten hatten Alarmstufe 1, doch beruhigten sich die erbosten Bauernkrieger wieder. Vier zerschlagene Fensterscheiben, gelbe Eierflecken an der Fassade und ein Scherbenhaufen blieben auf dem Ballhausplatz zurück.

Die erbosten Bauern aber drohten mit geballten Fäusten: „Wir kommen wieder!" Eine weitere große Demonstration in Wien und Traktoraufmärsche in allen österreichischen Bundesländern werden die Antwort der Bauern auf den „Empfang" im Wiener Bundeskanzleramt sein.

Im Morgengrauen tauchten die ersten „Traktoren-Panzer" in den Wiener Vororten auf. In kilometerlangen Schlangen, gelotst von der Gendarmerie, erreichten sie die Stadtgrenze. Dann ging es zum Stadionparkplatz, wo die Bauernkrieger den lang geplanten Feldzug gegen die Alkoholsteuer und andere finanzielle Belastungen starteten.

Mehr als 700 Traktoren aus Wien, Niederösterreich und dem

Fortsetzung umseitig

Vom Bauernkrieg berichten: Hans Peter Hasenöhrl (Text), Gerhard Bartl, Harry Hofmeister (Photos)

Die Regierung verschanzte sich hinter Stahlhelmpolizisten

Erste Seite des mehrseitigen Berichtes in der Kronen-Zeitung vom 14. Mai 1969, wo sogar von „Bauernkrieg", Rauchbomben und Böller die Rede war, und dass die Polizei erst „nach Stunden die Oberhand" behalten hätte …

… im „Bauernkrieg auf dem Ballhausplatz“, wie die Krone fortsetzte. Diese Radikalität, von der die Krone berichtete, ging jedoch vornehmlich von einer kleinen Gruppe von linksradikalen Berufsdemonstrierern aus, die sich in die Demonstration des Bauernprotestes eingeschleust hatte.

drohte den „Kriegern“ mit Alkotests, dann erst zogen sie ab

naren hatten sie von der Fahrt nach Wien abgehalten.
Dann rollte die fast vier Kilometer lange Traktorenkolonne

Sprechchöre hallten durch die Innenstadt. Selbst im Zimmer, in dem der Ministerrat tagte, verstand man sein eigenes Wort

der Bauern empfangen voll: Steine, Rauchbomben er flogen in das Bundes-

Polizisten g von Stapoinger einen en Traktoren n eingekesamt.

ich die Bauhen Appellen eder. „Klaus men wieder!“ eine weitere beschloß ration. Wähben auf dem ehrt wurden, den Bauernhäusern. Die Sicherheits- Traktorendrohung von

Nicht nur Gegner des Landwirtschaftsministers waren dabei …

In höchster Not versuchte es die Polizei mit Geheimwaffe: Sie

Scherben

Scherben von Fensterscheiben und Weinflaschen blieben als Erinnerung an die „Schlacht“ vor dem Bundeskanzleramt

Zornige Bauern

Mehr als 5000 zornige Bauern standen vor dem Bundeskanzleramt, in dem sich Klaus und seine Minister verbarrikadiert hatten. Rundherum blokkierten die 700 Traktoren den Verkehr

Die Fäuste hoch

Die drohend erhobenen Bauernfäuste veranlaßten einige Minister, sich durch die Hinterausgänge zu empfehlen …

Klaus raus!

Forts. von der vorhergehenden Seite

Burgenland sowie „Fußvolk“ aus allen Bezirken und neun Autobusse aus Oberösterreich waren bereit, als knapp nach 9.30 Uhr der Marsch auf das Bundeskanzleramt begann.

Noch in letzter Minute hatten Dutzende Bauern aus dem Seewinkel ihre Teilnahme an der Demonstration abgesagt. Aktionen von Bauernbundfunktio-

Abrahams Esel im Zentrum der Öffentlichkeit

Nach den beiden größten Printmedien sollen hier noch weitere Pressestimmen festgehalten werden:

„Weil die Regierung nicht imstande war, die notwendigen Umstellungen in der Landwirtschaft zustande zu bringen, hat der Bauernverband als Sammelbewegung der Unzufriedenen in den letzten Monaten viel Zuzug bekommen.“ (Arbeiterzeitung, 15. Mai 1969).

„Die Bauern beginnen in einem die Volkspartei bedrohendem Ausmaß ihren bündischen Organisationen zu entgleiten. Das zeigte sich in Salzburg und bestätigte sich nun in Niederösterreich.“ (Die Presse, 14. Mai 1969).

MORGEN Die Massen demonstrierten vor dem Bundeskanzleramt

K KURIER

1 SCHILLING

5000 Bauern, 700 Traktoren belagerten den Ballhausplatz

DAS WETTER

SCHÖN

Der Kurier brachte die Bauerndemo auf der Titelseite …

„Während die Lebensmittelpreise für die Konsumenten steigen, erhalten die Bauern heute weniger Geld für ihre Produkte als noch vor einigen Jahren. Eine derartige Wirtschaftspolitik kann nicht gut gehen. Die Bauern wollen keine Subventionen, sondern gerechte Preise, die Abschaffung der Weinsondersteuer, den alten Milch- und Getreidepreis und eine Senkung der Grundsteuer. Heute haben die Bauern einen Stundenlohn von sechs Schilling. Durch die Regierungspolitik sind viele Bauern in ihrer Existenz gefährdet, deshalb demonstrierten 5.000 Bauern gegen die Politik von Klaus, Schleinzer und Koren.“ (Die Neue Zeitung, 14. Mai 1969).

AZ Arbeiter-Zeitung

ZENTRALORGAN DER SOZIALISTISCHEN PARTEI ÖSTERREICHS / GEGRÜNDET 1889

Bauernrevolte gegen VP

Ballhausplatz belagert

700 Traktoren legen Ringstraßenverkehr lahm

Unzufriedenheit mit Agrarpolitik der Regierung

KONSUMENTEN ZAHLEN MEHR – BAUERN BEKOMMEN WENIGER

Auch auf der Titelseite der AZ fand sich die Bauernverbands-Demonstration wieder.

„Nicht nur die Ämterkumulierung der Funktionäre, auch die Macht der Agrarbürokratie und das Gefühl des Ausgeliefertseins gegenüber dem Apparat, ob es sich nun um ein Darlehen für den Ankauf einer Maschine, Weinkontingente, Punkte für die Treibstoffsubvention oder die Qualitätseinstufung der Milch handelt, haben den einfachen Bauern dem Bauernbund entfremdet. Was die Bauernverbandsfunktionäre in Rage bringt, ist das Gefühl, von der Regierung nicht ernst genommen zu werden.

Selbst der ÖVP wohlwollend Gesinnte haben kritisiert, dass Bundeskanzler Dr. Josef Klaus am Dienstag der Vorwoche die Delegation des AÖBV mit Bundesobmann Josef Loitfellner und dem niederösterreichischen Landesobmann Robert Wenitsch an der Spitze nicht empfangen hat.“ (Wochenpresse, 21. Mai 1969).

„Die Bauernverbändler haben hunderte Resolutionen auf Orts- und Bezirksebene beschlossen und der Regierung übermittelt, ihre Landesverbandsleitungen hatten sich mit anderen Schreiben an Bundeskanzler und zuständige Ministerien gewandt, aber eine entsprechende Reaktion blieb aus. Was lag da näher, als, wie es andere Berufsstände schon vorher praktizierten, in Form einer Demonstration Aufmerksamkeit zu erregen? Das ist eine in der Demokratie durchaus gerechtfertigte Methode. Zugegeben, der Bauernverband stellt gemessen an der Zahl der Mitglieder des traditionsreichen ÖVP-Bauernbunds eine Minderheit dar. Aber auch Minderheiten gegenüber muss man taktisch richtig handeln und mit Klugheit, Mut und Selbstvertrauen die eigene Sache vertreten. Das wurde gestern am Ballhausplatz versäumt.“ (OÖ Nachrichten, 14. Mai 1969).

„Bundeskanzler Klaus war ehedem berühmt wegen seiner Kontaktfreudigkeit mit dem Volk. Er hätte es bleiben müssen, auch dann, wenn dieses Volk ihm nicht eben zujubelte. Es ist seine Sache, wie er sich mit diesem neuerlichen Aderlass seiner Popularität abfinden wird.“ (Salzburger Volksblatt, 14. Mai 1969).

„Es ist kein Zeichen souveräner Stärke, wenn man eine Delegation vorerst disziplinierter Demonstranten nicht empfängt. Man provoziert damit nur Emotionen […] Ausgerechnet vor den niederösterreichischen Landtagswahlen weigerten sich Regierungsmitglieder am Ballhausplatz, eine Delegation von Bauern zu empfangen. Dabei waren die rund 5.000 Bauern, die da aufmarschiert waren, fast alle aus Niederösterreich! Aber sie waren vom Bauernverband und nicht vom Bauernbund, der seinen Alleinvertretungsanspruch unbedingt aufrechterhalten will.“ (Salzburger Nachrichten, 14. Mai 1969).

Zum letztgenannten Artikel der Salzburger Nachrichten ist noch zu bemerken, dass es während einer schwarzen Regierung niemals zu einer vom Bauernbund organisierten Demonstration gekommen wäre. Schon vor der Beschlussfassung einer solchen in irgendeiner Kammer oder in einem sonstigen Gremium wäre eine solche Aktion bereits von oben her aus Parteiinteressen abgewürgt worden. Der beste Beweis dafür ist die Tatsache, dass auch der Bauernbund demonstrieren kann, aber eben nur gegen eine rote Regierung, wie der Leser noch sehen wird.

6.24 AÖBV deckt Skandale auf

Dem Bauernverband war es immer ein Anliegen, für das Naturprodukt Butter und gegen das industriell-chemische Produkt Margarine aufzutreten. Margarine (auch Kunstbutter genannt) ist ein Streichfett und besteht heutzutage im Wesentlichen aus gehärteten und ungehärteten Pflanzenfetten und Wasser. Oft ist sie mit Karotin eingefärbt, damit sie eine „gesündere" gelbliche Farbe hat. Ihr Kaloriengehalt ist genauso hoch wie der von Butter: rund 750 Kilokalorien pro 100 Gramm.

Wegen des Anteils gehärteter Fette ist der gesundheitliche Wert von Margarinen umstritten. Eine große Studie an über 80.000 Personen hat gezeigt, dass diejenigen, die täglich vier oder mehr Teelöffel Margarine aßen, ein um zwei Drittel höheres Infarktrisiko hatten, als diejenigen, die nur einmal im Monat Margarine oder ausschließlich Butter aßen. Für diesen Effekt werden von Physiologen vor allem die bei der unvollständigen Fetthärtung in größeren Mengen entstehenden Transfettsäuren verantwortlich gemacht.[153]

Margarine erwies sich in den beiden Weltkriegen als billig herzustellender Butterersatz als relativ nützlich; in Friedenszeiten diente sie aber offenbar nur dazu, einigen Konzernen die Taschen zu füllen. Einer dieser Konzerne war die Firma Ebhart & Herout, und diese nahmen die Bauernverbandler etwas genauer unter die Lupe. Was dabei herauskam, schokkierte die Milchbauern, die bereits seit Ende der fünfziger Jahre eine Importbelastung für Margarinerohstoffe verlangten, um die heimische Landwirtschaft vor Dumpingimporten aus ostasiatischen und afrikanischen Ländern zu schützen. Eben diese Rohstoffe zur Margarineerzeugung wurden vollkommen zoll- und ausgleichssteuerfrei eingeführt, die Margarineindustrie zog daraus Milliardengewinne.

Nach der Aufdeckung des im Folgenden beschriebenen Skandals wussten die Milchbauern endlich auch den Grund für die chronische Erfolglosigkeit ihres Kampfes gegen die Margarine, der schärfsten Konkurrenz der Butter, dem wichtigsten Molkereiprodukt.

Am 7. Juni 1962 wurde vom Bauernbund ein so genanntes „Sofortprogramm" beschlossen. Darin hieß es: „Wir fordern die Einhebung einer Abgabe bei der Einfuhr pflanzlicher und tierischer Öle und Fette nach Österreich." Diese Forderung wurde von der Bauernbundführung nie erfüllt, sondern sie wärmte sie immer nur dann auf, wenn die Milchbauern die Agrarführung bedrängten und nach deren Verwirklichung verlangten.

Noch in einem Schreiben vom 21. September 1968 versicherte Bauernbundpräsident Wallner dem AÖBV-Obmann Loitfellner: „Schon am Dienstag nach der Regierungssitzung wird das in der Vorwoche bestellte Komitee mit Verhandlungen über die Einführung einer Fettabgabe beginnen." Nahezu ein Jahr lang tat sich aber absolut nichts.

Währenddessen startete die Margarineindustrie eine neue Werbekampagne unter dem Motto: „Ebenso nahrhaft wie Butter, aber wesentlich billiger!" – was den AÖBV veranlasste, die Eigentumsverhältnisse der Firma Ebhart & Herout zu prüfen, welche die Margarinemarken „Senna" und „Milla" erzeugte und mit großem Werbeaufwand vertrieb. Und siehe da: Ebhart & Herout gehörte der ÖMOLK, dem Dachverband der landwirtschaftlichen Molkereigenossenschaften Österreichs. Aus dem Handelsregister wurde erhoben, dass Ebhard & Herout zwei Teilgesellschaftern gehörte, nämlich der Biomerx GmbH, deren Geschäftsanteile ATS 21.000,- betrugen, und der Nährmittelindustrie GmbH,

153 Vgl. http://de.wikipedia.org/wiki/Margarine [20.08.2007].

deren Geschäftsanteile sich auf ATS 2.500.000,- beliefen. Einziger Gesellschafter der Nährmittelindustrie GmbH war die ÖMOLK. Funktionäre der ÖMOLK waren u.a. der ehemalige Landwirtschaftsminister Josef Kraus, der Bauernbund-Nationalrat Hermann Zittmayr, der auch zugleich Geschäftsführer und spätere „Zentraldirektor" des Schärdinger Molkereiverbandes war.

Die personellen Verflechtungen erreichten aber bei zwei weiteren Personen die absolute Spitze: Heinrich Berger war zugleich Geschäftsführer des Milchwirtschaftsfonds und Prokurist bei Ebhart & Herout. Georg Erhart war Geschäftsführer der Biomerx GmbH und der Nährmittelindustrie GmbH, der beiden Teilgesellschafter von Ebhart & Herout, – und jetzt kommt's – Generaldirektor der ÖMOLK und außerdem ebenfalls Prokurist bei Ebhart & Herout.

Das war unfassbar, ein unvorstellbarer Vertrauensbruch. Damit wurde den Bauern einiges erklärlich, was sich in den sechziger Jahre ereignet hatte, wie etwa die stille Duldung der Absatzausweitung der Margarineprodukte zu Lasten der Milchprodukte, indem der massiven Werbung für „Senna" und „Milla" nichts entgegengesetzt wurde. Die eigenen Funktionäre verdienten ordentlich am Konkurrenzprodukt und verschleppten begreiflicherweise Maßnahmen, die sie den Milchbauern versprochen hatten, auf den St. Nimmerleinstag, um ihrer eigenen Tasche nicht zu schaden.

Aufdeckaktionen wie diese brachten dem Bauernverband eine hohe Reputation in der Bauernschaft. Die „ÖMOLK-Margarine-Affäre" schlug in weiterer Folge hohe Wellen. Bundeskanzler und Landwirtschaftsminister wurden sogar im Parlament mittels dringlicher Anfragen konfrontiert. Die Empörung in der Bauernschaft war groß. Von offizieller Seite ließ man einige Zeit Gras über die Sache wachsen und reagierte mit einer verspäteten Flucht nach vorne, indem man die darin verwickelten Funktionäre des Milchwirtschaftsfonds, Eder und Berger, mit hohen staatlichen Auszeichnungen überschüttete.

6.25. Erfolg des AÖBV: Das Weinwirtschaftsgesetz von 1969

Mit der machtvollen Wiener Demonstration vom 13. Mai 1969 konnte der Bauernverband einige Erfolge erzielen, wie z.B. die Reduzierung des Milchkrisengroschens, rückwirkend mit 1. Mai 1969. Der wichtigste Erfolg aber war das Weinwirtschaftsgesetz – und dieser wurde selbst vom Bauernbund nicht bestritten, da die Chronologie dem AÖBV eindeutig recht gab: Am 13. Mai fand die Demo statt – am 22. Mai wurde seitens der ÖVP ein Initiativantrag auf Schaffung des Weinwirtschaftsgesetzes im Parlament eingebracht und schließlich beschlossen.

In diesem neuen Weingesetz wurde nun endlich die jahrelange Forderung des AÖBV nach Durchführung von § 10 des Landwirtschaftsgesetzes realisiert. Die Bemühungen von Sepp Hintermayer und Matthias Salzer hatten endlich Früchte getragen.

Im § 10 des Landwirtschaftsgesetzes war vorgesehen, dass 50 % der Weinsteuer für weinbauliche Maßnahmen, wie Lagerungskosten, Werbemaßnahmen etc. zur Verfügung zu stellen waren. Eigentlich hätten diese Zuwendungen der Weinbauernschaft bereits seit 1960 zugestanden, zehn Jahre später kamen sie nun endlich wirklich in den Genuss des ihnen zustehenden Geldes. 50 % des Weinsteueraufkommens betrugen etwa 50 Mio. Schilling pro Jahr, damit war den Weinbauern eine halbe Milliarde Schilling in 10 Jahren vorenthalten worden, wobei mit dieser für damalige Verhältnisse Riesensumme die Probleme des Weinbaus präventiv hätten bekämpft werden können. Hintermayer schrieb dazu in Presseaussendungen: „Wir Weinbauern sind froh, dass wenigstens jetzt unter dem Druck des Allgemeinen Österreichischen Bauernverbandes etwas geschieht. Und dieser Druck der Weinbauern wird sich noch verstärken – bis auch die zehnprozentige Weinsondersteuer fällt.“[154] Hintermayer, immer schon Optimist und Idealist, konnte zu diesem Zeitpunkt noch nicht wissen, dass etwas Ähnliches tatsächlich und obendrein auch noch bald geschehen würde – allerdings unter einer anderen Regierung, einem anderen Kanzler und einem anderen Landwirtschaftsminister. Die Ära Kreisky stand vor der Tür.

6.26. Der Kampf geht weiter: Großkundgebung in Gols

Matthias Salzer am Rednerpult in Gols (19. August 1969). Links im Bild LK-Rat Matthias Achs, rechts Robert Wenitsch

Nach der Erntezeit des Jahres 1969 galt es für die Bauern, das versprochene Wort („wir kommen wieder!“) vom Ballhausplatz zu halten. Die nächste Gelegenheit dazu ergab sich auf dem Golser Volksfest am 19. August im Burgenland, in dessen Rahmen der Bauernverband eine Großkundgebung ansetzte, zu der 4.000 Bauern kamen. Die Gemeinde Gols war eine Hochburg des Bauernverbandes, bei der letzten Landwirtschaftskammerwahl waren dort 470 Stimmen erreicht – und damit die Mehrheit über den Bauernbund errungen worden. Nach Ansprachen von Matthias Salzer und Sepp Hintermayer wurde auf der Kundgebung folgende Resolution unter dem Beifall der Bauern verlesen, beschlossen und in weiterer Folge an Bundeskanzler Klaus übermittelt:

154 ÖBZ, Folge 7, 1969, 7.

Wir Weinbauern stellen mit Sorge fest, dass die Bundesregierung keine Initiativen entfaltet, um die zehn Prozent Sondersteuer für Wein abzuschaffen. Es wird zur Kenntnis genommen, dass die Demonstration vom 13. Mai 1969 uns Weinbauern immerhin das Weinwirtschaftsgesetz gebracht hat. Die Regierung soll sich aber nicht der Hoffnung hingeben, dass sie mit dieser Maßnahme die Weinbauern von dem Hauptanliegen, nämlich Entlastung des Weines von einer ruinösen Besteuerung, ablenken kann.

Es dürfte noch immer unbekannt sein, dass außer der zehnprozentigen Sondersteuer auch noch zehn Prozent Getränkesteuer und 50 Groschen Weinsteuer zusätzlich auf dem Wein als Verbrauchssteuer lasten. Die steuerliche Belastung hat daher den Wert des Grundproduktes, den wir Weinbauern erzielen, längst überschritten. Die Existenz aller Weinbaubetriebe und damit zehntausender bäuerlicher Familien ist dadurch gefährdet.

Wir Bauern beauftragen erneut den Allgemeinen Österreichischen Bauernverband, mit der Bundesregierung in Verhandlungen zu treten und allenfalls erneute Kampfmaßnahmen vorzubereiten. Falls es neuerlich zu einer Demonstration auf dem Ballhausplatz kommt, werden wir Bauern solange vor dem Bundeskanzleramt warten, bis der Herr Bundeskanzler bereit ist, auch mit uns Bauern zu reden. Dies im Sinne des Wahlversprechens, ein „Kanzler für alle Österreicher" zu sein.[155]

Bauernverband fordert Antworten von der Regierungspartei. Karikatur in der ÖBZ

Auf Bauernkundgebungen wie in Gols fanden sich, wie erwähnt, auch immer wieder hohe ÖVP- bzw. Bauernbundfunktionäre ein, welche versuchten, den AÖBV anzuschwärzen und die Bauern auf ihre Seite (zurückzu-)ziehen, vor allem dann, wenn wieder irgendwo Wahlen stattfanden. Zum Zeitpunkt des Golser Volksfestes 1969 waren es die Landtagswahlen in Niederösterreich. Einer der eifrigsten Kritiker war der Erfinder der Zwangskrankenkasse für Bauern, der bereits erwähnte Alois Scheibenreif. Der Grund für den Argwohn Scheibenreifs gegenüber dem AÖBV war eigentlich völlig logisch, wenn man sich die Ämterkumulation ansah, die dieser Mann im Lauf der Zeit zustande brachte, und jedes dieser Ämter brachte etwas ein. Kein

155 ÖBZ, Folge 8, 1969, 1, 4.

Wunder also, dass Scheibenreif im AÖBV, der ja die Allmacht des Bauernbundes seit jeher bekämpfte, eine massive Bedrohung sah, denn Scheibenreif war

1. Abgeordneter zum österreichischen Nationalrat
2. Präsident der Landwirtschaftskammer für Niederösterreich
3. Stellvertretender Vorsitzender der Präsidentenkonferenz der Landwirtschaftskammern Österreichs
4. Obmann des niederösterreichischen Bauernbundes
5. Obmann der Land- und Forstwirtschaftlichen Sozialversicherungsanstalt
6. Obmann der Landwirtschaftlichen Zuschussrentenversicherungsanstalt
7. Aufsichtsratsvorsitzender der Raiffeisen-Zentralkasse Niederösterreich-Wien
8. Aufsichtsrat der Österreichischen Elektrizitätswirtschafts AG
9. Aufsichtsrat der Tullner Zuckerfabrik AG
10. Aufsichtsrat der Wiener Messe AG
11. Aufsichtsrat der Bundesländer-Versicherungs AG
12. Aufsichtsrat der niederösterreichischen Brandschaden-Versicherungs AG
13. Aufsichtsrat der österreichischen Hagelversicherungsanstalt

Bei einer solchen Liste war es offensichtlich, dass es unmöglich war, die bäuerlichen Interessen auf Grund von Zeitmangel, aber auch wegen diversester Interessenskonflikte nicht zu vernachlässigen. Der Bauernverband machte diese Liste öffentlich, worauf Scheibenreif begreiflicherweise vor Wut schäumte, musste er sich doch, ausgerechnet vor der niederösterreichischen Landtagswahl, mehr als unangenehmen Fragen stellen lassen, auch und vor allem aus den eigenen Reihen.

Diese Anhäufung von Funktionen bestätigte, dass das Misstrauen des Bauernverbandes gegenüber den maßgeblichen Funktionären des ÖVP-Bauernbundes berechtigt war und auch kritische Fragestellungen des Fußvolkes des Bauernbundes auslöste. Die Bauern erkannten aber auch, wie wichtig die Kontrollfunktion des AÖBV war.

6.27. Der Mansholt-Plan – AÖBV-Delegation in Brüssel

Die Probleme der Überproduktion in der europäischen Landwirtschaft und der exponentiellen Steigerung der Kosten führten 1968 zu ersten Reformversuchen auf europäischer Ebene. Der damalige Vizepräsident der Kommission und Verantwortliche für die GAP (Gemeinsame Agrarpolitik), der Sozialist Sicco Mansholt, entwickelte den so genannten Mansholt-Plan, der die Verringerung der landwirtschaftlichen Erwerbsbevölkerung und die Förderung großer agrarwirtschaftlicher Betriebe vorsah. Im Kurzen gesagt lautete Mansholts Credo: „Wir brauchen keine Bauern, wir brauchen nur eine Landwirtschaft."

Einige der österreichischen Bauern, vor allem die „Großen" begrüßten den Mansholt-Plan, die meisten, also die Klein- und Mittelbetriebe, waren wegen der möglichen Auswirkungen in großer Sorge und suchten nach einem Ausweg. Da angenommen werden musste, dass die Verwirklichung des Mansholt-Planes die Agrarpolitik in Österreich maßgeblich und nachteilig beeinflussen würde, entsandte Bruno Kreisky, Vorsitzender der SPÖ und zu diesem Zeitpunkt noch Oppositionsführer, zwölf leitende Funktionäre des Arbeitsbauernbundes nach Brüssel, um mit Sicco Mansholt, dem Vizepräsidenten der EWG-Kommission, dessen Plan persönlich zu erörtern.

Während der Bauernbund den Bauernverband immer noch totschwieg, ignorierte oder bekämpfte, erkannte Bruno Kreisky bereits die tragende Rolle des AÖBV in der Agrarpolitik und lud Vertreter des AÖBV ein, an der Aussprache mit Mansholt teilzunehmen. Der Bauernverband, höchst erfreut, endlich – wenn auch von der Opposition – ernst genommen zu werden, entsandte dazu Helmut Langer, Armin Krall, Albin Susitz, Norbert Kanz und Sepp Rinder nach Brüssel, allerdings über Umwege nach Wiesbaden, Bonn, das Saarland und Stuttgart, denn es sollte eine Studienfahrt werden.

In Wiesbaden stand eine Aussprache mit dem Landwirtschaftsminister des Landes Hessen, Tassilo Tröscher, auf dem Programm. In Bonn folgte einen Tag später ein Gespräch mit dem maßgeblichsten bäuerlichen Abgeordneten der SPD, Schmidl-Gellersen, über die agrarpolitische Situation in der BRD und der EWG. Den Höhepunkt bildete schließlich die Aussprache mit Mansholt und seinen engsten Mitarbeitern am 16. Oktober 1969 in Brüssel, die zwei Stunden dauerte.

Bei dieser Aussprache, so erinnert sich Langer heute, haben alle Bauern dem Mansholt die Ohren vollgejammert. Langer hatte jedoch eine andere Taktik. Er fragte Mansholt zielsicher, welche Preise für das von Mansholt vorgesehene Modell des so genannten „Europabetriebes" konkret ermittelt wurden – und zwar unter Anwendung sämtlicher sozialer Errungenschaften. Damit packte Langer den Stier bei den Hörnern und löste eine Diskussion aus, bei der Mansholt arg in Verlegenheit gebracht wurde. Mansholt sagte Langer zu, die Kalkulation schriftlich zu übermitteln. Langer wartet mittlerweile seit 40 Jahren vergeblich darauf.

Die Delegation des AÖBV auf dem Weg nach Brüssel vor der Kennedy-Brücke in Bonn. Von links nach rechts: Kanz, Rinder, Krall, Susitz, Langer.

Die großen Agrarprobleme in der EWG waren die steigende Einkommensdisparität der Landwirte und die Überproduktion. Mansholt wollte beide durch die Schaffung von großen Produktionseinheiten und modernen landwirtschaftlichen Unternehmen in den Griff bekommen. Als Untergrenze für die Produktionseinheiten nannte Mansholt beispielsweise 50 Kühe oder 80 Hektar Getreidefläche. Voraussetzung dafür wäre gewesen, dass die Zahl der landwirtschaftlichen Betriebe bis 1980 halbiert wird. Im gleichen Zeitraum sollten fünf Millionen Hektar aus der landwirtschaftlichen Produktion genommen und die Zahl der Kühe von 22 Millionen auf 18 bis 19 Millionen reduziert werden. Die ausscheidenden Bauern sollten durch Renten, Umschulungszuschüsse, Stilllegungs- und Schlachtprämien voll entschädigt werden. Die Kosten dafür wollte aber keiner übernehmen.

Letztendlich wurde der Mansholt-Plan dann auch aufgrund einer starken politischen Opposition und wichtiger erscheinender Themen wie etwa der Währungspolitik gar nicht erst umgesetzt. In Österreich schritten die Landflucht und das Bauernsterben auch ohne Mansholt-Plan munter voran. Die Bauern gingen in den Nebenerwerb bzw. „sperrten" ihre Höfe zu, da man von Idealismus und Liebe zur Natur allein nicht leben konnte. Detail am Rande: Für seine Aussage, dass Europa eigentlich keine Bauern brauchen würde, entschuldigte sich Sicco Mansholt viele Jahre später. Er sah die Entvölkerung der ländlichen Räume und den Zusammenbruch der regionalen Strukturen vor allem in den Niederlanden, in der BRD, aber auch in Österreich. Erst dann, als es schon fast zu spät war, kam ihm die Einsicht, allerdings hatten da schon andere in der europäischen Agrarpolitik das Sagen.

6.28. Die Landwirtschaftskammern und ihre Bedeutung – Wahlen in Niederösterreich und Salzburg

Im März des Jahres 1970 standen in Salzburg und Niederösterreich wiederum Landwirtschaftskammerwahlen an. Die Landwirtschaftskammern (Landes-Landwirtschaftskammern und Bezirks-Landwirtschaftskammern) waren und sind Körperschaften öffentlichen Rechts. Auf Grund dieses besonderen Rechtscharakters sind all jene Personen, die das Kammergesetz anführt, Pflichtmitglieder, es besteht also Zwangsmitgliedschaft. Diese Behördenstellung, die den Kammern zukommt, unterscheidet sie grundsätzlich von Berufsverbänden, wie dem AÖBV (heute ÖUBV), hier erfolgt die Mitgliedschaft auf freiwilliger Basis. Dadurch kann aber die Kammer selbst nicht an Kampfmaßnahmen teilnehmen, wogegen diese den privatrechtlichen Berufsverbänden (Bauernverband, Gewerkschaftsbund, Ärzteverband etc.) auf Grund der demokratischen Verfassung (Streikrecht) und den jeweiligen Vereinsstatuten gewährleistet sind.

Die Kammern waren und sind zur Vertretung der Interessen der Landwirtschaft berufen. Sie können u.a.:

- alle Wünsche und Vorschläge über alle landwirtschaftlichen Angelegenheiten in Beratung nehmen;
- ihre Wahrnehmungen über die Bedürfnisse der Landwirtschaft auf dem Gebiet der Wirtschafts-, Handels-, Steuer und Ernährungspolitik den gesetzgebenden

Körperschaften und den Behörden aus eigenem Antrieb zur Kenntnis bringen und Vorschläge auf all diesen Gebieten erstatten;
- Gutachten abgeben über Entwürfe von Gesetzen und anderen Vorschriften, welche landwirtschaftliche Interessen berühren;
- an der Preisbestimmung für landwirtschaftliche Erzeugnisse mitwirken und teilnehmen;
- in die mit Angelegenheiten der Landwirtschaft befassten Körperschaften und Stellen Vertreter entsenden, sofern dies die Gesetze vorsehen.

Demnach entsandten die Kammern ihre Vertreter in die verschiedensten wirtschaftlichen Institutionen, wie Milchwirtschafts-, Viehverkehrs- und Getreideausgleichsfonds nach dem Marktordnungsgesetz, in die Paritätische Kommission, den Zollbeirat, den Außenhandelsbeirat, den Bewertungsbeirat (entscheidend für die Ermittlung der Einheitswerte in der Land- und Forstwirtschaft) und in die Preiskommission beim Landwirtschaftsministerium. Es war und ist also von besonderer Bedeutung, wie die Kammern geführt wurden, wer die Initiative dort in den Händen hielt – kurz gesagt, wer in der Kammer bestimmt und das Sagen hatte.

Die Mehrheit in den Landwirtschaftskammern konnte mittels Antragsrecht beispielsweise eine Überprüfung der landwirtschaftlichen Erzeugerpreise erreichen, aber auch eine Blockade der Paritätischen Kommission durchsetzen, für den Fall dass die Lohn-Preis-Welle, verursacht durch die Industrie ohne Berücksichtigung der Landwirtschaft, bäuerliche Gegenmaßnahmen erforderlich machen sollte.

Den Kammern standen demnach viele Möglichkeiten offen, die vom Bauernbund jedoch so gut wie nicht genützt wurden.

Die Aufsicht über die Landwirtschaftskammern oblag den jeweiligen Landesregierungen, diese konnten zu allen Sitzungen der Kammern Vertreter entsenden. Die Aufsicht der Landesregierung hätte von den Kammern beabsichtigte Kampfmaßnahmen unterbunden, diese blieben den Berufsverbänden vorbehalten.

Wie aber setzten sich die Landwirtschaftskammern zusammen? In Niederösterreich, als Beispiel, bestand für jeden Gerichtsbezirk eine eigene Bezirksbauernkammer, alleine für Niederösterreich demnach 66, heute sind es „nur noch“ 20. Jede dieser Bezirksbauernkammern setzte sich aus 15 Kammerräten, die gewählt wurden, und drei weiteren, welche die Landes-Landwirtschaftskammer ernannte, zusammen.

Die Landes-Landwirtschaftskammer bestand aus 36 Kammerräten, von denen 32 durch die Bauern direkt gewählt wurden. Vier entsandte die Genossenschaftszentrale und vier weitere konnten darüber hinaus noch hinzu bestimmt werden. Damit war ein Fünftel der Kammerräte der Landes-Landwirtschaftskammern überhaupt nicht gewählt, sondern ernannt worden, und diese kamen als so genannte „Virilisten“ in die Kammer. Diese „Hintertürl-Kammerräte“ hatten damit, ohne je gewählt worden zu sein, Sitz und Stimme im Gremium, was eigentlich verfassungswidrig war. Das war im eigentlichen Sinn ein Relikt aus der Kurienordnung der Monarchie, bei der die adeligen Grundbesitzer ebenfalls nicht gewählt wurden, sondern quasi als „Oberhausmitglieder" automatisch Sitz und Stimme hatten.

Das Wahlrecht unterschied sich von Bundesland zu Bundesland, so war man z.B. in Niederösterreich bereits ab 1 Hektar Grundbesitz kammerwahlberechtigt. Damit konnten auch Nichtbauern in die Kammer gewählt werden, denn einen Grundbesitz von 1 Hektar hatte bald jemand. Interessanterweise waren die Kinder von Bauern, die sogar in den Betrieben mitarbeiteten, vom Wahlrecht ausgeschlossen.

Die Sach-, Personal- und Verwaltungskosten der Landwirtschaftskammern wurden durch die Kammerumlagen, wie die Beiträge auch heute noch so schön heißen, zwangseingebracht. In Niederösterreich setzte sich die Umlage aus der Landesumlage und dem Bezirksbauernkammerbeitrag zusammen, 1970 war sie die höchste in ganz Österreich.

Anlässlich der beiden Kammerwahlen in Niederösterreich und Salzburg gab AÖBV-Hauptverbandsobmann Loitfellner den Salzburger Nachrichten ein Interview. Was Loitfellner aus diesem Anlass zur Entpolitisierung der Kammern, zur Einstellung des Bauernverbandes zu den demokratischen politischen Parteien und zur Aufgabe einer überparteilichen Berufsvertretung zu sagen hatte, war von grundsätzlicher Bedeutung und soll daher an dieser Stelle wiedergegeben werden:

Frage: Der Bauernverband hatte seit 1965 erstmals Gelegenheit, eine Fraktion in der Salzburger Landwirtschaftskammer zu stellen. Konnten sie dort sachliche Arbeit leisten und Erfolge erzielen?

Loitfellner: Wir sind der Meinung, dass durch unser entschiedenes Auftreten in der Öffentlichkeit ein vermehrtes Interesse an agrarpolitischen Fragen geweckt werden konnte. Einen Erfolg unserer Tätigkeit erblicken wir darin, dass die politischen Funktionäre gezwungen worden sind, die Interessen der Bauern ernster als bisher zu nehmen. Wir haben es der Kammermehrheit nicht mehr so leicht gemacht, weiterhin die Interessen des Bauernstandes parteipolitischer Taktik aufzuopfern. Insofern haben wir einen starken Einfluss auf die Agrarpolitik genommen. Ich nenne hier die Preisentwicklung auf den Viehmärkten und den stufenweise Abbau des Krisengroschens. Wir konnten durch unseren Einsatz Belastungen der Bauern abwehren, die noch viel größer ausgefallen wären, als es ohnehin der Fall war, denn wir dürfen nicht die Kostensteigerungen vergessen. Von einem gerechten Ausgleich in der Frage der Disparität sind wir jedoch noch weit entfernt. Unsere grundsätzlichen Forderungen sind von der ÖVP-Mehrheit in der Kammer jedes Mal abgelehnt worden. Die ÖVP-Leute konnten hier leider nicht über den parteipolitischen Schatten springen. Sie haben die Probe nicht bestanden.

Hat Sie die Entwicklung veranlasst, grundsätzlich Änderungen an Ihrem Programm für den 15. März vorzunehmen?

Loitfellner: Nein. Nach wie vor stehen wir auf dem Standpunkt, dass die Vertreter des Bauernstandes, die in die Landwirtschaftskammer entsendet werden, dort den Willen der Bauern und deren Interessen zu vertreten haben. Unser Kampf muss also so lange geführt werden, bis der autonome Berufsverband, die Standesorganisation der Bauern, die Mehrheit in der Landwirtschaftskammer hat.

Heißt das, dass der Bauernverband die Kandidatur politischer Parteien in die Landwirtschaftskammer ablehnt?

Loitfellner: Ja, weil, wie ich schon gesagt habe, in der gesetzlichen Interessensvertretung nicht die Interessen politischer Parteien, sondern die des Berufsstandes bestimmend sein müssen.

Gilt das für alle Parteien oder wollen Sie Ausnahmen dort machen, wo man Ihrem Verband augenscheinlich freundlicher entgegenkommt?

Loitfellner: Da machen wir keine Ausnahme.

Wird der Bauernverband jenen Parteien, die ihn nicht bekämpfen, Einfluss auf die Reihung seiner Kandidaten einräumen?

Loitfellner: Das kann der Bauernverband schon auf Grund seiner Satzungen nicht. Wir lassen uns auch hier nichts diktieren. Das ist den im Salzburger Landtag vertretenen Parteien schon zu Beginn des vergangenen Jahres deutlich gesagt worden, als Gespräche über eine Demokratisierung der Landwirtschaftskammer und damit eine Novellierung des Kammergesetzes geführt wurden.

Können Sie uns das Verhältnis des Bauernverbandes zu den im Salzburger Landtag vertretenen politischen Parteien kurz skizzieren?

Loitfellner: Das ist sehr einfach. Zu allen demokratischen Parteien hat der Bauernverband die gleich grundsätzliche Einstellung. Sie werden von uns als Organe der politischen Willensbildung respektiert. Entscheidend ist für uns aber auch, ob die Parteien gewillt sind, eine überparteiliche Standesorganisation der Bauern zu respektieren.

Gibt es in dieser Richtung unterschiedliche Bewertungen der einzelnen Parteien?

Loitfellner: Wir bewerten die innere demokratische Bereitschaft jeder Partei, dem Bauernstand eine eigene autonome Standesorganisation zuzubilligen, wie sie ja andere Berufsgruppen auch haben und die das klaglose Funktionieren unserer modernen demokratischen Gesellschaftsordnung gewährleisten.

Wir wollen aber doch Ihre Meinung zu den einzelnen politischen Parteien hören, hat die ÖVP in den vergangenen Jahren und in der Periode ihrer Alleinherrschaft eine solche Bereitschaft gezeigt?

Loitfellner: Die ÖVP hat leider diese Bereitschaft nicht gezeigt und sogar eine Kampfstellung gegen uns eingenommen. Für eine Partei, die vorgibt, demokratisch zu sein, ist das sehr bedauerlich. Die ÖVP will den Bauern einreden, ihre Bauernbundorganisation sei eine Standesorganisation. Wenn zum Beispiel der Herr Bundeskanzler, der ja gleichzeitig ÖVP-Parteiobmann ist, in einem noch vom vergangenen Sommer datierten Schreiben an mich die Bitte gerichtet hat, man solle die politische Geschlossenheit es Bauernstandes herstellen, so geht das an der Problematik der Landwirtschaftskammerwahl völlig vorbei. Diese Art von politischer Geschlossenheit hat keine Früchte getragen, Ich kann heute darauf nur sagen, dass wir die Geschlossenheit in einer großen Standesorganisation wünschen, wie sie alle Berufsgruppen in Österreich, in den freien Ländern und vor allem auch in der EWG haben. Wer diesen Zusammenschluss in einem Berufsverband bekämpft, kann kein Freund der Bauern sein. Parteipolitik in Berufs- und Standesfragen lehnen wir ab, denn erst durch solch künstliche Gegensätze wird Uneinigkeit von den politischen Parteien in den Bauernstand hineingetragen. Wir haben Grund anzunehmen, dass dies mit voller Absicht geschieht. Schon die alten Römer haben sich an den Grundsatz „teile und herrsche" gehalten. Das haben wir längst durchschaut.

Ist das nicht zu negativ, soweit es die ÖVP betrifft, gesehen?

Loitfellner: Wir haben ja sehr konkrete Beispiele dafür. Der Herr Bundeskanzler hat es zum Beispiel abgelehnt, eine Delegation des Bauernverbandes in Wien zu empfangen. In der Landwirtschaftskammer hat man unsere Forderungen grundsätzlicher Art, etwa die Errechnung der Gestehungskosten, negiert. Scheinresolutionen, wie sie in der Landwirtschaftskammer von der ÖVP-Mehrheit verfasst wurden, waren nur dazu da, das schlechte Gewissen vor den Bauern zu vertuschen und ein Alibi zu haben. Auch in der Periode der ÖVP-Alleinregierung hat man die Methode der Irreführung des Bauernstandes fortgesetzt. Wer vorgibt, allein die Bauern zu vertreten und schließlich allein die Regierung stellt, in Wahrheit aber den Weg östlicher Kollektivsysteme beschreitet, wird unseren schärfsten Widerspruch herausfordern. Es liegt also nicht an uns, sondern an der derzeitigen Regierungspartei.

Schätzen Sie die SPÖ besser ein?

Loitfellner: Die Fragestellung trifft nicht ganz die Sache. Wir haben beim Parteivorsitzenden der SPÖ, Bruno Kreisky, eine wesentlich loyalere Haltung gegenüber dem Bauernverband feststellen müssen, als dies bei Kanzler Klaus der Fall war. Wir haben aber auch registriert, dass verschiedene Funktionäre der SPÖ, das hat sich bei den Verhandlungen über die Novellierung des Landwirtschaftskammergesetzes im Landtag gezeigt, diesen Weg nicht mitmachen. Wir sind der Meinung, dass dies nur ein Grund mehr auch für jene Bauern sein kann, die bisher der Meinung waren, einer anderen Partei als der ÖVP ihre Stimme zu geben, sich dem Bauernverband anzuschließen. Grundsätzlich sind wir der Meinung, ich kann das nur wiederholen, dass parteipolitische Fraktionen in der Landwirtschaftskammer eine Fehlkonstruktion sind. Das gilt auch für die SPÖ.

Und wie stehen Sie zur FPÖ?

Loitfellner: Wir führen Gespräche mit allen jenen Parteien, die sich nicht unbedingt gegen unser Konzept stellen. So auch mit der FPÖ. Unsere Stellung zur FPÖ ist nicht anders als die zu jeder demokratischen Partei, die den Bauernverband respektiert. Ob

> sie ihn tatsächlich respektiert, wird sie bei der kommenden Landwirtschaftskammerwahl unter Beweis stellen können. Sollte die Freiheitliche Partei auf eine Kandidatur ohne Vorbehalte verzichten, so heißt das, dass sie den Bauernverband anerkennt. Das wird gewiss auch Auswirkungen auf die bäuerlichen Wähler haben. Glaubt die Freiheitliche Partei, sie müsse den Weg der anderen Parteien mitmachen, erste drohende Anzeichen gab es ja schon bei der Landwirtschaftskammerwahl, dann wird sich auch hier eine Frontstellung ergeben. Von unsrem Konzept der Reform des bäuerlichen Vertretungssystems werden wir keiner politischen Partei zuliebe abgehen. Unsere Aufgabe ist es, für den Bauernstand einzutreten.

Während in Salzburg der Wahlkampf in relativ fairer Atmosphäre verlief, lagen unterdessen in Niederösterreich beim Bauernbund die Nerven blank. In jenen Gebieten nämlich, in denen der AÖBV noch nicht stark genug war, übte der Bauernbund gegenüber den Bauern einen regelrechten Wahlkampfterror aus. Drohungen und Einschüchterungsversuche waren an der Tagesordnung und sollten vor allem bezwecken, dass dem Bauernverband die gesetzlich zur Kandidatur vorgeschriebene Beibringung von Unterschriften nicht gelingen sollte. Dennoch schaffte es der AÖBV in über 40 Bezirksbauernkammern, gegenüber nur 12 bei den letzten niederösterreichischen Kammerwahlen, zu kandidieren.

Hier einige Beispiele zur Einschüchterung von Bauern: In Zistersdorf wurden jene Bauern, welche die Wahlvorschläge des AÖBV unterstützten, von einem Sonderkommando des Bauernbundes aufgesucht, um eine Zurückziehung der Unterschriften zu erreichen. Ein Regierungsmitglied soll sogar Bürgermeister angewiesen haben, auch Nichtwahlberechtigte in das Wählerverzeichnis aufzunehmen. In einer Gemeinde, in der ein Abgeordneter zum niederösterreichischen Landtag Bürgermeister war, wurde ein Landwirt in das Wählerverzeichnis aufgenommen, obwohl den beiden bekannt war, dass der Landwirt nicht kammerwahlberechtigt war. Auf entsprechenden Hinweis meinte der Abgeordnete, dass bei ihnen ohnehin niemand ins Wählerverzeichnis schauen und es auch daher niemandem auffallen würde.

Kurz vor dieser Begebenheit hatte sogar ein Lagerhausverwalter in Gföhl Bauern durch „Zureden“ vor dem Versammlungslokal von der Teilnahme an einer Versammlung des Bauernverbandes abhalten wollen. Er soll sogar damit gedroht haben, Schulden, welche die Bauern im Lagerhaus hatten, sofort fällig zu stellen. In einer anderen Gemeinde hatte der Bauernbund-Bürgermeister dem Pächter des Gemeindegasthauses, in dem eine Versammlung stattfinden sollte, mit der Auflösung des Pachtvertrages gedroht, falls er nicht sofort die Lokalzusage an den Bauernverband rückgängig machen würde. Im Bezirk Ybbs ging gar ein ehemaliger Funktionär des Fortbildungswerkes von Hof zu Hof und wollte den Bauern einreden, dass eine Kandidatur auf der Liste des Bauernverbandes den Verlust des Rübenkontingents bedeuten würde. Also verstand auch bereits der Jugendfunktionär die Mittel der politischen Erpressung auf ausgezeichnete Weise.

160 Kandidaten standen auf der Landesliste und den Bezirkslisten des AÖBV für die Salzburger Landwirtschaftskammerwahlen am 15. März 1970. Das Bild zeigt eine Gruppenaufnahme der Spitzenkandidaten für die Vollversammlung und die Bezirksbauernkammern. Erstmals kandidierten zwei Bäuerinnen, Christine Trixl, Arlingbäuerin aus Rauris, und Frieda Strasser, Heuholzbäuerin aus Elixhausen.

Der Ausgang der Wahlen in Salzburg war mit erfreulichem Zuwachs verbunden. Die Unterstützung im Vorfeld war enorm und eine innenpolitische Sensation war auch dabei, denn der damals amtierende Landwirtschaftsminister der Bundesrepublik Deutschland, Josef Ertl, hielt am Bauerntag des Bauernverbandes am 8. März 1970 in Maishofen eine Ansprache an die Bauern. Der öffentliche Auftritt des deutschen Landwirtschaftsministers bei einer Veranstaltung des AÖBV löste im Wiener Landwirtschaftsministerium höchste Irritationen aus. So beschwerte sich der Salzburger Bauernbund schon im Vorfeld mittels Presseaussendung über dieses Auftreten Ertls als „Wahleinmischung".[156]

Robert Wenitsch und Josef Ertl, Bundesminister für Ernährung, Landwirtschaft und Forste der BRD (1969 bis 1983) vor dem Veranstaltungslokal

Das Resümee seitens des Bauernverbandes zum Wahlergebnis lautete: „Wir wollten mehr – und wollen weiterhin mehr." Das fünfte Mandat, das in der Landeskammer gewonnen wurde, hievte den Bauernverband mit einem Sitz in den Kammervorstand, was ein bedeutender Erfolg war. In den Kammervorstand zog Helmut Langer ein.

156 Vgl. Salzburger Nachrichten, 7. März 1970.

Das Wahlergebnis in Salzburg im Detail:
Der ÖVP-Bauernbund erhielt von 34.503 Wahlberechtigten 21.380 Stimmen und damit 22 Mandate in der Landeskammer (-3), der SPÖ-Arbeitsbauernbund erhielt 1.078 Stimmen und damit 1 Mandat in der Landeskammer (+/- 0), der Allgemeine Österreichische Bauernverband erhielt 4.659 Stimmen und damit 5 Mandate in der Landeskammer (+1).

Was wir brauchen!

Die überparteiliche Organisation des BAUERNVERBANDES allein ermöglicht es uns Bauern, uns gegen die dauernde ungerechte Behandlung unserer lebensnotwendigen Fragen zur Wehr zu setzen.
Der AÖBV muß ein Problem nach dem anderen aufrollen und mit aller Kraft auf deren Lösung hinarbeiten, um eines Tages das Ziel zu erreichen,

ein gerechtes bäuerliches Einkommen.

- Mehr Geld ins Bauernhaus durch kostengerechte Erzeugerpreise, die auch den Arbeitslohn für den Bauern und seine Mitarbeiter einschließen, und nicht noch mehr Schufterei auf Kosten unserer Gesundheit; denn keine Zwangskrankenkasse der Welt kann unseren schlechten Gesundheitszustand beheben, solange Kinder-, Greisen- und schwere Frauenarbeit durch niedriggehaltene Preise erzwungen wird.
- Bäuerinnen, die auch Zeit haben, Mütter sein zu können, und nicht überlastete Arbeitskulis als Opfer der bisherigen verfehlten Agrarpolitik.
- Das Kalkulationsrecht für Bauern, wie es im LaWi-Gesetz verankert ist Industrie und Gewerbe haben es – gleiches Recht für alle!
- Bauernvertreter, die vom Ertrag ihrer Scholle leben, und nicht vom Ertrag ihrer politischen Tätigkeit und der damit zusammenhängenden gutbezahlten Posten in der Wirtschaft.
- Bauern, die den Willen und den Mut zur Selbsthilfe haben und sich nicht auf die anderen verlassen.
- Einen starken BAUERNVERBAND, mit dem wir Bauern unsere lebensnotwendigen Fragen zur Erhaltung unserer Existenz und für ein gerechtes Einkommen durchsetzen können.

Willst Du Bauer bleiben, warte nicht bis es zu spät ist!
Greife zur Selbsthilfe!
Wähle bei Landwirtschaftskammerwahlen

Allgemeiner Österr. Bauernverband

In Salzburg am 15. März Liste 2

Flugblatt des AÖBV zur Landwirtschaftskammerwahl in Salzburg am 15. März 1970

Auch der Ausgang der Wahlen in Niederösterreich war ein Erfolg. Wie erwähnt, waren ja die demonstrierenden Bauern vom Mai des Vorjahres in Wien zum allergrößten Teil niederösterreichische Weinbauern, die von der ÖVP und der von ihr beschlossenen Sondersteuer auf Wein maßlos enttäuscht waren. Der ÖVP-Bauernbund verlor über 10.000 Stimmen, der SPÖ-Arbeitsbauernbund büßte 1.000 Stimmen ein. Der AÖBV konnte seinen Stimmenanteil von 5.000 auf fast 12.000 aufstocken, was ein Riesenerfolg war, vor allem in Anbetracht dessen, was während der Wahlen in Niederösterreich abgelaufen war. Vor der Wahl wurde nämlich noch ganz schnell die Wahlordnung umgearbeitet, so wurden aus einem einzigen Wahlkreis vier Wahlkreise gemacht und das „Grundmandat" eingeführt, womit den kleineren wahlwerbenden Gruppen, die kein Grundmandat erreichten, von vornherein die Mandatsgewinnung erschwert wurde. So konnten die „Kleinen" nur noch über das zweite Ermittlungsverfahren „stimmenteure" Restmandate gewinnen. So kam es, dass der Bauernbund nur rund 5.500 Stimmen für ein Landeskammermandat benötigte, der AÖBV aber rund 12.000 Stimmen und der Arbeitsbauernbund sogar 15.000 Stimmen.

Das war aber noch nicht alles, seitens des Bauernbundes ließ man sich noch mehr einfallen. Nach der neuen Wahlordnung war jeder wahlberechtigt, der mindestens 1 Hektar Grund besaß. Diese 1-Hektar-Regel stammte noch aus dem Jahr 1922. Damals mag wohl ein Hektar Grund als bäuerliche Lebensbasis ausreichend gewesen sein, 1970 setzten die Agraroffiziellen diese Grenze in Österreich bereits mit 30 Hektar Ackerland ohne Vorliegen von Spezialkulturen an. Trotz dieses grundlegenden Strukturwandels hielten die politischen Parteien noch immer am 1-Hektar-Wahlrecht fest, wodurch auch Berufsstandsfremde Einfluss auf die Landwirtschaftskammer und damit auch auf die Agrarpolitik gewannen.

So wurden auch viele Wiener, die in Niederösterreich ein Wochenendhäuschen mit 1 Hektar Grund besaßen, in das Wählerverzeichnis aufgenommen. So kam es, dass z.B. in der Gemeinde des Kammerbezirkes Ebreichsdorf bei nur sechs hauptberuflichen Bauern plötzlich 183 Personen wahlberechtigt waren. Damit wurde die Wahl aus berufsständischer Sicht eigentlich zur Farce.

Im Waldviertel nutzte man seitens des Bauernbundes die 1-Hektar-Regel weidlich aus. Da der AÖBV im Waldviertel besonders gut organisiert war und man mit Schaudern an die Stimmenverluste der letzten Landwirtschaftskammerwahlen zurückblickte, bediente man sich dort eines besonderen Tricks. Waldviertler Bauernbündler übertrugen ihren bis dahin besitzlosen Kindern ganz schnell je zwei Hektar Grund und verschafften ihnen so das aktive Wahlrecht. Nun könnte man meinen, dass sich das nur wenige antaten, da man hier ja zum Notar gehen musste und kostenintensive Überschreibungsaufwendungen hatte. Weit gefehlt – für die Kammerwahl à la Bauernbund reicht eine formlose, mündliche Erklärung, damit standen jede Menge neuer Wähler mit „Grundbesitz auf Widerruf" in den Wählerlisten. Alleine in einer einzigen Gemeinde im Waldviertel wurden nicht weniger als dreißig „mündliche" Besitzübertragungen festgestellt. Einsprüche gegen diesen Wahltrick wurden von den zuständigen Ortswahlbehörden wie auch von der Bezirkswahlbehörde abgelehnt.

Doch es kam noch dicker – der Bauernbund griff nun zu Mitteln weit unter der Gürtellinie. Jeder Wahlvorschlag – sowohl für die Landeskammer als auch für die 66 Bezirksbauernkammern – musste von mindestens 40 Wahlberechtigten mit deren Unterschrift unterstützt werden. Der AÖBV hatte für 44 Bezirke Wahlvorschläge – versehen mit den erforderlichen Unterschriften – eingebracht. Kurz vor der Wahl schaltete sich plötzlich die niederösterreichische Landesregierung ein. Eine Abteilung des Landesrates Matthias Bierbaum (der zugleich Präsident der niederösterreichischen Landwirtschaftskammer war) wies alle Bezirkshauptleute an, zu überprüfen, ob die Unterschriften der Wahlunterstützer freiwillig erfolgt waren. Damit stand dem Wahlterror Tür und Tor offen, denn geprüft wurden die Unterschriften für den Bauernverband und den Arbeitsbauernbund. Bei den Unterschriften für den Bauernbund jedoch stand die „Freiwilligkeit" außer Zweifel.

Nun hatten einige Bezirkshauptmänner endlich die Möglichkeit, den AÖBV mit Hilfe der Polizei, damals noch Gendarmerie, aufzumischen. Es wurden tatsächlich Gendarmen eingesetzt, um zu erheben, ob Bauern sich nicht bei der Unterstützung eines Wahlvorschlags „geirrt" oder „unter Zwang" gehandelt haben. Es wurden in den Bauernhäusern Protokolle aufgenommen, die Familienmitglieder wurden einzeln verhört. Damit mussten die Bauern regelrecht glauben, mit ihrer Unterschrift etwas verbrochen zu haben. Dadurch wurden gezielt ganze Dörfer eingeschüchtert.

Kaum waren die Gendarmen weg, wurden die Bauern noch von den örtlichen Bauernbundfunktionären bedrängt. In Pfaffstetten wurde die 70-jährige Mutter eines Bauernverbandskandidaten zwei Mal zum Bürgermeister zitiert und so lange bearbeitet, bis sie eine Erklärung unterschrieb, in der sie angab, dass sie sich bei der Wahlunterstützung für den AÖBV – und damit für den eigenen Sohn – „geirrt" hatte.

Im Bezirk Bruck an der Leitha, dem Heimatbezirk des damaligen Landeshauptmannes Maurer, konnte die Bezirkshauptmannschaft genauso wenig die Liste des Bauernverbandes dulden wie in den anderen Bezirken. Daher kam der Bezirkshauptmannstellvertreter höchstpersönlich nach Prellenkirchen, um jene Bauern zu vernehmen, die den Wahlvorschlag des AÖBV unterstützt haben. In anderen Gemeinden kamen die Bauernbund-Funktionäre in die Bauernhäuser und drohten damit, dass den Wahlunterstützern für den Bauernverband wohl nie mehr ein Kredit auf der Raiffeisenkassa bzw. kein AIK-Kredit mehr bewilligt werden würde, wenn sie nicht eine, bereits vorgefertigte und mitgebrachte Verzichtserklärung unterschreiben würden.

Nach diesem gezielten und strategisch sorgfältig geplanten Einsatz von Bezirkshauptmannschaften, Bürgermeistern und Gendarmerie sind sechs Bezirkswahlvorschläge (Amstetten, Hollabrunn, Ravelsbach, Baden, Tulln und Ottenschlag) des AÖBV zurückgewiesen worden. Schwarze Funktionäre, die selbst niemals müde wurden, den Bauernverband in die Nähe des Nationalsozialismus zu stellen, befleißigten sich selbst Einschüchterungsmethoden, die in faschistischen Regimen an der Tagesordnung waren. Nach der Wahl zeigte sich Hofrat Denk von der niederösterreichischen Landesregierung „entsetzt" darüber, welche praktischen Auswirkungen der von ihm selbst gezeichnete Erlass zum Einsatz der Gendarmerie hatte. Im Gegensatz dazu zeigte sich Staatssekretär Minkowitsch am Wahlabend freudestrahlend mit den Worten: „Wir haben es geschafft!"

Auf Grund dieser Ereignisse brachte der AÖBV durch seinen Rechtsanwalt Dieter Zessin eine Beschwerde beim Verfassungsgerichtshof ein, die vor allem auf die Zurückweisung der Wahlvorschlagslisten in den genannten Bezirken Bezug nahm.

Das Wahlergebnis in Niederösterreich im Detail:

Der ÖVP-Bauernbund erhielt von 222.165 Wahlberechtigten 165.835 Stimmen und damit 30 Mandate in der Landeskammer (+/- 0) sowie 904 Mandate in den Bezirksbauernkammern (-19). Der SPÖ-Arbeitsbauernbund erhielt 15.318 Stimmen und damit 1 Mandat in der Landeskammer (-1) sowie 53 Mandate in den Bezirksbauernkammern (-1). Der Allgemeine Österreichische Bauernverband erhielt 11.724 Stimmen und damit das Erste Mandat in der Landeskammer (+1) sowie 33 Mandate in den Bezirksbauernkammern (+20).

7. Beginn der Ära Kreisky – die Jahre 1970/71

7.1. Die SPÖ regiert

Die Nationalratswahl vom 1. März 1970 veränderte das innenpolitische Bild Österreichs mit einem Schlag. Das Mandatsverhältnis 81 SPÖ (+7), 78 ÖVP (-7), 6 FPÖ (+/- 0) war ein überraschendes Ergebnis, das erwarten ließ, dass es zu einer großen Koalition kommen würde. Doch der Obmann der Sozialistischen Partei Österreichs (SPÖ), Bruno Kreisky, der in diesem Amt Bruno Pittermann drei Jahre zuvor abgelöst hatte, führte anderes im Sinn.

Nach langwierigen Koalitionsverhandlungen mit der ÖVP bildete die SPÖ mit Duldung durch die FPÖ eine Minderheitsregierung.[157] Es wird immer noch spekuliert, Kreisky hätte von vorneherein dieses Ziel gehabt und mit der ÖVP nur zum Schein verhandelt. Der Preis für die FPÖ-Unterstützung war eine Wahlrechtsänderung, die kleinere Parteien wie damals die FPÖ weniger benachteiligt und eine damit verbundene Anhebung der Mandatszahl im Nationalrat. Bruno Kreisky wurde Bundeskanzler und sollte es bis 1983 bleiben, damit begann die „Ära Kreisky". Josef Klaus legte 1970 den ÖVP-Vorsitz zurück, ihm folgte sein bisheriger Stellvertreter Hermann Withalm.

Kaum stand in Wien die Regierung, stellte die Präsidentenkonferenz der österreichischen Landwirtschaftskammern plötzlich einen Forderungskatalog mit 10 Punkten auf:

1. Ausbau der Bildungseinrichtungen
2. Verbesserung der Einkommenslage der Land- und Forstwirtschaft durch entsprechende Maßnahmen
3. Ein modernes, zeitlich unbegrenztes Landwirtschaftsgesetz, das auch die Marktordnung umfasst
4. Ein modernes Forstrecht
5. Handelspolitische Maßnahmen zur Förderung einer offensiven agrarischen Exportpolitik
6. Verbesserte Statistik und Errichtung einer zentralen Markt- und Preisberichtsstelle für die Land- und Forstwirtschaft
7. Vermehrte Förderungsmittel für Struktur- und Marktpolitik
8. Erhaltung und Festigung bäuerlicher Betriebe durch Mittel der Steuerpolitik
9. Ausbau sozialpolitischer Einrichtungen, unter anderem Regelung der Beziehungen zwischen Ärzten und Bauernkrankenkasse, Fortentwicklung der Bauernpension und Neuregelung der Landwirtschaftlichen Unfallversicherung

157 Die Zahl der Mandate im Nationalrat betrug bis 1970 165. Eine absolute Mehrheit war mit 83 Mandaten, die Verfassungsmehrheit mit 110 Mandaten gegeben. Mit der Wahlrechtsreform 1971 wurde die Mandatszahl auf 183 angehoben. Seither liegt die absolute Mehrheit bei 92, die Zwei-Drittel-Mehrheit bei 122 Sitzen.

10. Maßnahmen auf dem Gebiet der Raumordnung, u.a. ein einheitliche Telefonanschlussgebühr, Übernahme des ländlichen Wegenetzes durch die Gebietskörperschaften; Entwicklungsplan für die Berggebiete.

Es erübrigt sich wohl an dieser Stelle festzuhalten, dass in der Präsidentenkonferenz, die sich jetzt plötzlich beeilte, Forderungen für die Bauern zu stellen, ausnahmslos nur schwarze Bauernbündler saßen. Jetzt, wo die Roten an der Regierung waren, konnte man getrost das Maul aufreißen, während man sich die letzten vier Jahre in der Alleinregierung der ÖVP wegen Bauerninteressen nicht gegen die eigene Parteispitze aufzumucken getraut hatte. Auf diese Forderungen hatte Kreisky sogleich eine Antwort parat, nämlich das Kapitel „Landwirtschaft" in seiner Regierungserklärung, dieses lautete:

> Die Bundesregierung ist der Auffassung, dass eine gesunde und leistungsfähige Land- und Forstwirtschaft ein unentbehrlicher Bestandteil der Gesamtwirtschaft ist. Der Schaffung von Erwerbsmöglichkeiten, vor allem in kleinbäuerlichen Gebieten, sowie der Schaffung neuer Zentren wirtschaftlicher Aktivität soll besonderes Augenmerk geschenkt werden. Die Bundesregierung sieht die Aufgabe einer modernen Agrarpolitik in der Verbesserung der Einkommenslage der in der Land- und Forstwirtschaft Berufstätigen durch alle mit dem wirtschaftlichen Gesamtkonzept in Einklang stehenden Maßnahmen. Sie wird die Land- und Forstwirtschaft bei ihren Anstrengungen zur Strukturverbesserung unterstützen. Grüner Plan und Besitzstrukturfonds werden weiterhin dotiert. In der Frage der Marktordnungsgesetze wird die Bundesregierung zeitgerecht angemessene Schritte unternehmen. Abänderungsvorschläge sollen zur besseren Anpassung der Produktion an den Markt erarbeitet werden. Durch Beseitigung bestehender Hemmnisse soll die überbetriebliche Zusammenarbeit gefördert werden. Sowohl für die Forst- und Holzwirtschaft als auch für die Berggebiete soll ein Entwicklungsplan erstellt werden. Als Grundsatzgesetz für ganz Österreich will man für die Landwirtschaftskammerwahlen ein einheitliches Kammerwahlgesetz einbringen.[158]

7.2. Der neue Landwirtschaftsminister: Oskar Weihs

Der Landwirtschaftsminister für die nächsten sechs Jahre sollte Oskar Weihs heißen. Da der Bauernverband auch mit ihm einige Sträuße auszufechten hatte, soll auch wie bei den vorgenannten Landwirtschaftsministern an dieser Stelle eine kurze Biographie nicht fehlen. Weihs wurde am 19. April 1911 in Wien geboren, er war Sohn eines Juristen der Finanzlandesdirektion und besuchte ab dem Schuljahr 1921/22 das

158 Aus der Regierungserklärung Dr. Bruno Kreiskys „Zum Kapitel Landwirtschaft", zit. In ÖBZ, Folge 5, 1970, 1.

Hietzinger Gymnasium in der Fichtnergasse. Oskar Weihs war nicht gerade ein hervorragender Schüler, hat aber in späteren Jahren immer sehr liebevoll seiner Jahre in der humanistischen Ausbildung gedacht. Nach seiner Matura 1929 studierte er an der Hochschule für Bodenkultur und beendete 1935 seine Ausbildung mit einer Doktorarbeit über die Rolle der Bakterien in Milch und Milchprodukten. Diese Arbeit offenbart seine große Neigung für Biologie. Im letzten Studienjahr hatte er noch eine kurze Berufspraxis auf einem ungarischen Gut absolviert.

Oskar Weihs, Landwirtschaftsminister 1970–1976

Nach seiner Promotion erhielt er eine Anstellung bei der Wiener Molkerei. Als die Nationalsozialisten die Macht übernahmen, war Weihs seinen Job in Wien los. Er übersiedelte in die Steiermark, wo er in Graz beim Reichsverband für Milch- und Fettwirtschaft eine Anstellung fand. Durch seine profunde Fachkenntnis erwarb er sich den Ruf eines agrarischen Technokraten. Zur Ausarbeitung eines Konzepts einer reichseinheitlichen Milchmarktordnung wurde er sogar nach Berlin geholt.

Im April 1940 benötigte das Dritte Reich mehr Soldaten als Agrarfachleute, Oskar Weihs wurde zum Militär eingezogen. Das Kriegsende erlebte er als Fallschirmjägerleutnant am Ostufer der Elbe. Verletzt rettete er sich schwimmend ans andere Ufer, um der russischen Gefangenschaft zu entgehen. Von schottischen Truppen in Kriegsgefangenschaft genommen, hungerte er einige Wochen in einem Lager in der Lüneburger Heide. Von dort kehrte er auf abenteuerlichen Wegen – das Eisenbahnnetz funktionierte nur streckenweise – wieder nach Graz zurück.

Seine ehemalige Dienststelle befand sich zwar in Liquidation, aber die Grazer Arbeiterkammer konnte einen Agrarexperten gut gebrauchen. Weihs war schon 1946 der Sozialistischen Partei beigetreten, wobei dafür seine Erfahrungen im Februar 1934, als er überraschend in eine Schießerei geraten war, und vor allem seine von Humanismus bestimmte Grundhaltung ausschlaggebend waren. Die steirische SPÖ nominierte ihn 1959 im Wahlkreis Graz für den Nationalrat. Bald wurde der junge steirische Agrarfachmann erster Agrarsprecher der Partei, die ja sonst auf diesem Fachgebiet nicht gerade von Spezialisten überlaufen war. Der einzige Agrarpolitiker der Sozialdemokraten war eigentlich der seinerzeitige Parteitheoretiker Otto Bauer, der immerhin 1925 ein Agrarprogramm der Sozialdemokraten geschrieben hatte, das bis 1969 unverändert im „Wiener Programm" der SPÖ Aufnahme fand.

Auf die Zeit seiner Arbeit im Parlament ging auch die Freundschaft mit Anton Benya zurück, der ihn oft als Ratgeber in agrarischen Fragen konsultierte. Es war auch Anton Benya, der Bruno Kreisky vorschlug, Weihs mit dem Landwirtschaftsressort zu betrauen, nachdem der ersternannte Hans Öllinger wegen seiner Zugehörigkeit zur SS für die Partei schon nach wenigen Wochen Ministerschaft untragbar geworden war. Der Grund dafür war Simon Wiesenthal, der auch gegen weitere drei Minister der Minderheitsregierung Kreiskys mit NS-Vergangenheit (Otto Rösch (Innenminister), Erwin Frühbauer (Verkehrsminister) und Josef Moser (Bautenminister) lautstark protestierte.

Die Position von Weihs in Kreiskys Kabinett war sicherlich keine leichte, die Sozialdemokratie erwartete von ihm, dass er die Bauernschaft für die linke Reichshälfte gewinnt, die Opposition kritisierte ihn wegen mangelnder Langzeitperspektiven zur Lösung der Probleme der Agrarwirtschaft. Einer der Hauptstreitpunkte war vor allem die Entwicklung des bäuerlichen Einkommens, das immer hinter den allgemeinen Entwicklungen nachhinkte. Während Weihs' Ministerschaft (Mai 1970 bis September 1976) wuchs das bäuerliche Einkommen um 28 %, doch die Preise für Gebrauchsgüter stiegen noch mehr. Weihs versuchte seine Agrarpolitik zwischen Scylla und Charybdis, zwischen Arbeiterkammer und Landwirtschaftskammer in einer mühevollen Gratwanderung durchzusetzen. Wenn beide gleichzeitig auf ihn böse waren, meinte er, dass er mit seinen Entscheidungen wohl richtig lag.

Mit dem bundesdeutschen Landwirtschaftsminister Josef Ertl verband ihn eine gute Freundschaft. Der FDP-Politiker meinte, dass Weihs wohl der einzige „Sozi" sei, der etwas von Agrarpolitik verstünde. Seine größte Enttäuschung war wohl Kreiskys zunächst kryptische Ankündigung, einen Staatssekretär für Bergbauernfragen zu ernennen. Es war nämlich gerade diese Frage, der er besonders viel Aufmerksamkeit schenkte. Er hatte zwar bei Kanzler Kreisky schriftlich deponiert, sehr gut auf einen Staatssekretär verzichten und allein mit den Aufgaben des Ressorts fertig werden zu können, doch Kreisky gab seine Idee nicht auf. Die Bergbauern, deren Zahl ständig sank, waren als Landschaftsbewahrer für den Tourismus wichtiger als für die Lebensmittelproduktion.

Als Kreisky mit jedoch Juli 1974 den Direktor der Bundesforste, Günter Haiden, zum Staatssekretär bestellte, empfand Weihs dies als Misstrauensbekundung. Er nahm die Erreichung seines 65. Lebensjahres im Jahre 1976 zum Anlass, um sich aus der Regierung zurückzuziehen.[159]

Seitens des AÖBV stand man dem neuen Landwirtschaftsminister zunächst skeptisch gegenüber, vor allem wegen seiner Sager wie „kein Stück Schlachtvieh wird ohne meine Unterschrift exportiert" und seinem, wenn auch distanzierten Lob über die Agrarpolitik seines Vorgängers Schleinzer. Dennoch gab man der neuen Regierung einen Vertrauensvorschuss und bekundete seitens des Bauernverbandes die „Bereitschaft zur möglichen Zusammenarbeit". Am 16. Juni 1970 wollte man sich erst einmal mit ihm treffen, um den agrarpolitischen Zielen der neuen Regierung auf den Zahn zu fühlen.

159 Vgl. http://www.alt-hietzinger.at/archiv/personen/oskarweihs.shtml [22.08.2007].

7.3. Geänderte Taktik des Bauernbundes und ein neuer Präsident der Präsidentenkonferenz – Hans Lehner

Seit Bestehen des Bauernverbandes gehörte es zur Taktik der Bauernbundführung und ihrer Repräsentanten, Vorschläge und Forderungen seitens des AÖBV auf irgendeine Weise abzutun oder, der Einfachheit halber, als „unrealistisch" darzustellen. An Beispielen mangelte es nicht, einige davon wurden bis zu dieser Stelle bereits ausführlich behandelt. Seit die Regierung Kreisky im Amt war, aufgrund der Veränderung der politischen Verhältnisse also, änderte der Bauernbund seine Taktik grundlegend.

Im Herbst 1969 trat der AÖBV an Finanzminister Koren heran und schlug vor, die agrarischen Subventionen unter der Voraussetzung kostendeckender und kalkulierter Erzeugerpreise schrittweise abzubauen. „Völlig unrealistisch", lautete der Kommentar der Bauernbundführung, wiewohl man erklärte, sich selbst seit Jahren damit zu beschäftigen. Man ging sogar soweit, in Anbetracht dieses Vorschlages – vor allem im Vorfeld von Landwirtschaftskammerwahlen – den Bauernverband als „Mörder der Familienbetriebe" und „Wegbereiter des Sozialismus" anzuschwärzen. Derselbe Bauernbunddirektor jedoch, der für diese mehr als fragwürdigen Wahlkampfmethoden verantwortlich zeichnete, erklärte am 9. April 1970 im Abendjournal des ORF, dass er nicht gegen einen Subventionsabbau sei, wenn die Auswirkungen nicht zu Lasten der Bauern gingen, wobei er freilich offen ließ, wie andere Einkünfte für die Bauern als kostendeckende Erzeugerpreise zu bezeichnen wären als „Subventionen".

Zum Zeitpunkt der 180-Grad-Wendung des Bauernbundes forderte der AÖBV bereits seit fast zwei Jahrzehnten die Durchführung einer aktiven landwirtschaftlichen Preispolitik, um damit der durch enorme Produktionskostenerhöhungen stetig steigenden Einkommensdisparität zu begegnen und dem allgemein erklärten Ziel der Einkommensangleichung näher zu kommen. Unter Anführung verschiedenster Gründe hatte man seitens der Bauernbundführung diese wesentlichste Forderung als „unrealistisch" abgetan und sogar Preisherabsetzungen zugestimmt. Dieselben Kammerpräsidenten aber, die das angeblich „Unrealistische dieser AÖBV-Forderung" in der Öffentlichkeit immer wieder betonten und sich zur Notwendigkeit jener Preisminderungen bekannten, sie sogar mit aller Vehemenz verteidigten – hatten nun den Schneid, ein Forderungsprogramm an die neue Regierung zu stellen, welches die gleichen Forderungen nach „aktiver Preispolitik" enthielt.

Bereits im Jahre 1962 übermittelte der AÖBV allen für die Agrarpolitik verantwortlichen Stellen ein Memorandum mit der Forderung nach einer nach regionalen Gegebenheiten ausgerichteten Produktionsplanung, um einseitige Agrarüberschüsse weitestgehend auszuschalten. Mit dem höchst unsachlichen Hinweis, dass dies dem demokratischen Prinzip der wirtschaftlichen Freizügigkeit widersprechen würde, wurde diese Forderung als unrealistisch abgelehnt und dem Bauernverband kommunistisches „Planwirtschaftsdenken" unterstellt. Als Ersatzlösung empfahl man der Bauernschaft je nach Bedarf die Produktion bei Milch, Schweinen, Eiern etc. einzuschränken. Daneben wurde der Slogan „Erzeugen ist leichter als vermarkten" bei jeder Gelegenheit in den Vordergrund gestellt. Nun sprach man in denselben Kreisen davon, dass man die „Erzeugung in den Griff" bekommen müsse. Nun warf sich freilich die Frage auf, wo der sachliche Unterschied zur Bauernverbandforderung war, die jedoch zeitgerecht erhoben wurde und nicht erst, als bei einigen Produktionssparten die Überproduktion bereits manifest war.

Die Taktikänderung des Bauernbundes zu Beginn der neuen SPÖ-Alleinregierung wurde auch in der Rede des neu gewählten Präsidenten der Präsidentenkonferenz der österreichischen Landwirtschaftskammern, Hans Lehner, deutlich. Bisher waren die Bauernverbandforderungen nach kostendeckenden und kalkulierten Produzentenpreisen ein „Verbrechen" und wurden mit den Worten „wer soll das bezahlen" den Bauern als Illusion hingestellt. Jetzt plötzlich erklärte Lehner, dass der Land- und Forstwirtschaft nicht zugemutet werden konnte, unter ständig konstant bleibenden Preisbedingungen zu produzieren, und dass man genau verfolgen würde, wie von Regierung und Parlament die Anliegen der Bauern behandelt und vertreten werden. Weiters erhob Lehner folgende Forderungen:

- Zugestehung des höchsten Grades an Produktivität für die Landwirtschaft als sichersten Weg der Einkommensverbesserung,
- Preisliche Anreize zur Produktionsumlenkung und Ablehnung aller einseitigen Überlegungen und Vorstellungen, die auch nur im Geringsten die agrarische Absatzpolitik hemmen,
- Ablehnung jeglicher regionaler Preisdifferenzierungen und
- Verlängerung der Marktordnung ohne politisches Tauziehen.
- Viele der Forderungen Lehners kamen den Bauernverbandlern sehr bekannt vor.

7.4. Die fragwürdigen Methoden des Bauernbundes in der Auseinandersetzung mit dem Bauernverband

Der AÖBV befasste sich nun mit den Instrumentarien, mit denen der Bauernbund die Bauern in Abhängigkeit hielt, nämlich das System der Vergabe öffentlicher Mittel, also Beihilfen und zinsbegünstigten Anschaffungskredite an die Bauern. Dabei stellte sich heraus, dass der Bauernbund ein Abhängigkeitssystem aufgebaut hatte, dem kaum ein Bauer, der öffentliche oder halböffentliche Mittel beanspruchen wollte, entkommen konnte, und dass die Kammernbürokratie, die vom Bauernbund beherrscht wurde, die Vergabe dieser Gelder als Mittel, um Abhängigkeiten zu begründen und darauf Macht auszuüben, missbrauchte. Gewisse Bauernbund-Funktionäre erkauften sich damit die politische Ergebenheit der beteiligten Bauern. Dies war vor allem in Niederösterreich im Vorfeld der Landwirtschaftskammerwahlen beobachtet worden.

Der AÖBV forderte daher eine grundsätzliche Änderung der Vergabepraxis, um die Bauernschaft aus der Abhängigkeit vom Bauernbund zu befreien und schlug vor, bei den Landeslandwirtschaftskammern und beim Landwirtschaftsministerium Kommissionen einzurichten, die eine objektive und kontrollierte Vergabe der öffentlichen Mittel gewährleisten sollte. Daneben sollten neue Richtlinien, wie z.B. die öffentliche Auflage der Subventionslisten, erarbeitet werden, damit hätte die Vergabe verrechtlicht werden sollen. Dadurch sollte die bis dahin unkontrollierbare und für die Bauernschaft undurchschaubare Praxis der Vergabe öffentlicher Mittel durch bauernbundhörige Kammerbürokraten beseitigt, die Privilegien des Bauernbundes abgebaut und der Demokratisierungsprozess auch im bäuerlichen Lebensbereich verstärkt werden.

Die Antwort von Präsident Lehner konnte man sich ausmalen: „Die Präsidentenkonferenz weist alle Bestrebungen nach einer Änderung des bewährten Systems als sachlich nicht gerechtfertig zurück.“[160]

7.5. Erste Begegnung mit Bruno Kreisky

Die erste von mehreren Begegnungen zwischen dem neuen Bundeskanzler Bruno Kreisky und Vertretern des AÖBV fand am 1. Juli 1970 statt. Eine fünfköpfige Delegation, bestehend aus Hauptverbandsobmann Loitfellner und den Landesverbandsobmännern Krall, Wenitsch und Nowotny sowie dem Milchpreiskalkulator Kanz trafen zu einer zweistündigen Aussprache mit dem Kanzler und Landwirtschaftsminister Weihs zusammen. Die Delegation informierte den Kanzler über die durch die Preis- und Einkommensdisparität charakterisierte Lage der Landwirtschaft und erklärte, dass auf Grund beweiskräftiger Zahlen eine zusätzliche Belastung der Landwirtschaft oder eine Minderung des Einkommens der in der Landwirtschaft Tätigen, durch z.B. Erhöhung des Krisengroschens – die Landwirtschaftsminister Weihs bereits angedacht hatte –, von der Bauernschaft auf keinen Fall widerstandslos hingenommen werden könnte.

Darüber hinaus pochten die Vertreter des Bauernverbandes, gestützt auf § 3 des Landwirtschaftsgesetzes, auf einen allmählichen Abbau der Disparität, die im Jahr 1969 bereits 70,5 % betrug. Auf Grund der Agrarpolitik der letzten 20 Jahre sei dies nur über eine Nachziehung der Agrarpreise möglich. Zur Objektivierung dieser Frage wurde seitens des Bauernverbandes die gemeinsame Festlegung einer Paritätsbasis vorgeschlagen. Als Zielvorstellung vertrat die Delegation die Ansicht, dass die Agrarpreise so zu gestalten wären, dass eine Arbeitskraft, die in der Landwirtschaft bei rationeller Betriebsführung, intensiver Wirtschaftsweise und angemessener Mechanisierung voll beschäftigt ist, das gleiche Einkommen erzielen müsse, wie eine Arbeitskraft in einem anderen vergleichbaren Beruf.

160 AIZ (Agrarisches Informationszentrum) Nr. 2652, 3. Juni 1970.

Kreisky und Weihs sicherten eine eingehende Prüfung der Argumente des Bauernverbandes und eine Fortführung der Gespräche in dieser Richtung und vor allem auch über konkrete Maßnahmen zu, die den Abbau der Disparität ermöglichen sollten. Auf die Frage nach dem möglichen Zeitpunkt von Verbesserungsmaßnahmen erklärte Kreisky, dass man billigerweise nicht erwarten könne, dass die sozialistische Regierung das in wenigen Monaten wieder gutmache, was in den vergangenen 25 Jahren falsch gemacht worden sei. Im Jahr 1970 sei eine Verbesserung noch nicht zu erwarten, weil die Regierung genug zu tun haben werde, um mit dem übernommenen Budgetdefizit fertig zu werden. Die Regierung und der Landwirtschaftsminister würden jedoch schon jetzt alle Mühe aufwenden, um eine Verschlechterung der Lage der Bauern zu verhindern.

7.6. Kreisky und der Bauernverband

Klarerweise tat sich Kreisky am Beginn seiner Regierung leicht, sich auf die Vorgängerregierung, die eine ÖVP-Alleinregierung gewesen war, auszureden – so wie dies immer schon praktiziert wurde und auch heute noch praktiziert wird. Allerdings – und das war der große Unterschied – fühlten sich die Bauernverbandler von Kreisky ernst genommen, sogar als politische Größe akzeptiert, mit der man zu rechnen hatte. Kreisky versuchte die Bauernschaft im Laufe seiner Regierungszeit immer wieder zu gewinnen, dass dies mit dem ÖVP-Bauernbund jedoch nicht möglich sein konnte, war dem Kanzler klar. Kreisky versuchte daher immer wieder, den Bauernverband in bäuerliche Entscheidungsprozesse einzubinden. Der Bauernverband hatte daher mehr agrarpolitischen Einfluss als der SPÖ-Arbeitsbauernbund.

Der Bauernverband selbst ließ sich jedoch seine Überparteilichkeit nicht nehmen und trotzte allen Versuchen der SPÖ, ihn für ihre Zwecke parteipolitisch einzuspannen. Alles in allem war es jedoch für den AÖBV etwas Besonderes, von der Regierung nicht mehr von Haus aus angefeindet, sondern gehört zu werden. Endlich saßen keine Bauernbündler mehr in der Regierung, die den AÖBV nur als unerwünschte Konkurrenz sahen und daher von Haus aus ignorierten, oder – wenn das Totschweigen nichts half – mit Zähnen und Klauen bekämpften. Es eröffneten sich neue Perspektiven und man war voller Hoffnung, die aber gleich darauf wieder einen Dämpfer erhielt.

Denn nicht ganz zwei Wochen nach der Besprechung bei Bundeskanzler und Landwirtschaftsminister fand eine erste Aussprache mit dem neuen Finanzminister Androsch statt. Fünf Themen standen dabei im Mittelpunkt, und zwar die geplante Erhöhung der landwirtschaftlichen Einheitswerte, die Beseitigung der Weinsondersteuer, die Befreiung der landwirtschaftlichen Urproduktion von der Umsatzsteuer, die Beseitigung der Mineralölsteuer für landwirtschaftlich genutzten Diesel sowie eine Anhebung der Einheitswertgrenze für buchführungspflichtige Betriebe. Zu allen fünf Punkten erwies sich Androsch als eine harte Nuss, nicht einmal bei der Weinsondersteuer war er zu Zugeständnissen zu bewegen, obwohl die Abgeordneten der SPÖ beim Beschluss des Gesetzes unter der ÖVP-Regierung dagegen gestimmt hatten. Das Einzige, was die Delegation erreichen konnte, war die Zusicherung Androschs, die Neufestsetzung der Einheitswerte zu verschieben.

7.7. Der land- und forstwirtschaftliche Einheitswert

Der Einheitswert war und ist die Grundlage für das landwirtschaftliche Besteuerungswesen; für die Berechnung der Grundsteuer, weiters für die Erbschafts- und Schenkungssteuer, für die Grunderwerbssteuer (in bestimmten im Grunderwerbssteuergesetz aufgezählten Fällen) und für weitere Abgaben und Beiträge, wie z.B. Bodenwertabgabe, Abgaben und Beiträge von land- und forstwirtschaftlichen Betrieben, für die Ermittlung der sozialversicherungsrechtlichen Beitragsgrundlagen bei land- und forstwirtschaftlichen Betrieben, die Kirchensteuer und mehr.

Sowohl von ÖVP als auch von SPÖ wurde Ende der sechziger Jahre immer wieder über eine Erhöhung der Einheitswerte laut nachgedacht. Mit anderen Worten: Eine weitere Belastungswelle sollte auf die Bauern zukommen, eine jener Art, die wiederum viele Bauern veranlassen sollte, ihre Höfe zuzusperren, den Bauernberuf aufzugeben, in die Stadt abzuwandern und damit auf den Arbeitsmarkt zu drängen. Da auf dem Arbeitsmarkt Anfang der siebziger Jahre ohnehin jener Mangel an Arbeitskräften herrschte, der Österreich eine Gastarbeiterflut einbrachte – deren Integration bis heute nicht gelungen ist –, war die Landflucht da und dort sogar erwünscht. Der SPÖ war begreiflicherweise ein Bauer, der zum Arbeiter wurde, lieber als anders herum.

So zeigte sich Finanzminister Androsch zwar konziliant, indem er die Neufestsetzung der Einheitswerte verschob, dem Kern der AÖBV-Forderung, nämlich einer objektiven Einheitswertfeststellung gemäß § 32 des Bewertungsgesetzes, blieb er jedoch beinhart verschlossen.

Der landwirtschaftliche Hektarhöchstsatz betrug 1970 ATS 20.000,-, im Weinbau ATS 125.000,-. Eine so genannten „Expertenkommission“ unter Sektionschef Bundy errechnete, dass sich im Jahr 1956 bereits ein Hektarhöchstsatz von ATS 24.000,- bis 30.000,- ergab, der sich durch den Strukturwandel in der Landwirtschaft bis 1970 noch beträchtlich erhöht haben soll. Hätte dies den Tatsachen entsprochen, dann hätte das bedeutet, dass alle landwirtschaftlichen Betriebe unter „gewöhnlichen Verhältnissen, bei ordnungsgemäßer, gemeinüblicher Bewirtschaftung mit entlohnten, fremden Arbeitskräften“ einen namhaften Reinertrag aufgewiesen hätten. Dass dies bei weitem nicht der Fall war, wussten nicht nur die Bauern nur zu gut, vor allem jene, die erst vor kurzem ihre Höfe mangels wirtschaftlicher Ertragskraft aufgeben mussten. Die Neufestsetzung der Einheitswerte wird uns aber nochmals später beschäftigen.

7.8. Das Golser Volksfest und die Urabstimmung über Kampfmaßnahmen

Das Golser Volksfest war immer immens wichtig für Großveranstaltungen des AÖBV; abgesehen davon, dass Gols eine AÖBV-Hochburg war, kam zum Golser Volksfest jedes Mal eine große Anzahl an Landwirten.

Bauerndiskussion in Gols, August 1970. Diskussionsleiter Sepp Hintermayer, neben ihm Bachinger von der FPÖ und ganz rechts der Verbindungsmann zwischen dem Bauernverband und Bruno Kreisky, SPÖ-Innenminister Otto Rösch.

In Gols fand am 21. August 1970 auch eine Urabstimmung statt, ob man sofort mit Demonstrationen Druck ausüben oder ob man der Regierung eine gewisse Schonfrist gewähren sollte. Einerseits gab es da Hannes Androsch, der sich wie erwähnt den Bauernverbandsforderungen unzugänglich zeigte und zu allem Überfluss auch noch mit 1. Juli 1970 den Krisengroschen gemeinsam mit Weihs erhöhte. Andererseits aber gab es den neuen Innenminister Otto Rösch, der in den Anfängen der Ära Kreisky der Verbindungsmann zwischen AÖBV und Kanzler war. Kreisky ließ dem Bauernverband über Rösch immer wieder ausrichten, dass man sich erst in der Regierung konsolidieren müsse, dem Budgetdefizit wirksam zu begegnen habe und dann aber auch bereit sei, über die Abschaffung der Weinsondersteuer und der Mineralölsteuer auf landwirtschaftlich genutzten Diesel zu reden. Kurzum: Kreisky stellte dem Bauernverband handfeste Zugeständnisse in Aussicht.

So kam es anlässlich des Golser Volksfestes zu einer Urabstimmung, die vielleicht ganz anders ausgegangen wäre, wenn nicht mittendrin eine Bombe geplatzt wäre. Zuverlässigen Quellen war nämlich zu entnehmen, dass in Wien keineswegs daran gedacht wurde, die Weinsondersteuer abzuschaffen und die Krisengroschenerhöhung nur – wie von Weihs bei einer vom AÖBV organisierten und von Manfred Frey diskussionsgeleiteten Konfrontation mit 300 Bauern am 17. Juni 1970 in Gutenstein versprochen – vorübergehend wirken zu lassen. Nein, zu allem Überfluss wurde auch noch bekannt, dass Androsch die Mineralölsteuer auf Diesel von 70 auf 75 Groschen je Liter Dieselöl erhöhen wollte – und dies in weiterer Folge auch durchsetzte.

Damit wurde nicht nur beschlossen, weitere Kampfmaßnahmen zu setzen, sondern es wurde auch sogleich ein Termin für eine neuerliche Großdemonstration in

Wien festgesetzt, nämlich der 18. September 1970. Dass der ORF mit seinen Kameras bei der Urabstimmung dabei und das Ergebnis in den Fernsehabendnachrichten behandelt wurde, ist auch ein Indiz dafür, welches innenpolitische Gewicht der Bauernverband zu dieser Zeit bereits hatte.

Als Kreisky durch Rösch von der geplanten Demonstration erfuhr, bestand er sogar darauf, dass der AÖBV weiterhin Demonstrationen in Wien organisieren sollte, da er sich den Bauern gegenüber völlig anders verhalten wollte als vor ihm Bundeskanzler Klaus, der ÖVP-Kanzler, der vor den Bauern ein Jahr zuvor aus dem Bundeskanzleramt geflüchtet war.

Auf, Bauer, wehr Dich!

Aufruf

an alle Bauern, Bäuerinnen und die Landjugend zur

Protest-Demonstration

für die beruflichen Anliegen der gesamten Bauernschaft
am 18. September 1970 in Wien.

Wir protestieren
gegen die ständige Minderung unseres Einkommens

Wir demonstrieren
für die berechtigten Forderungen unseres Berufsstandes

Treffpunkt: 9.30 Uhr, Messepalast

Warndemonstration des Allgemeinen Österreichischen Bauernverbandes anläßlich der Budgetgespräche zwischen Landwirtschaftsminister und Finanzminister.

Kammerrat Gasselich spricht mit dem Landwirtschaftsminister.

Es ist ein großer Unterschied zwischen den Kampfmaßnahmen des AÖBV und denen des ÖVP-Bauernbundes.
Der AÖBV vertritt die Interessen der Bauern.
Der ÖVP-Bauernbund macht damit Parteipropaganda.

Demonstrationsaufruf in der ÖBZ zum 18. September 1970

7.9. Weitere Großkundgebung am Ballhausplatz in Wien am 18. September 1970

Es waren dieses Mal über 200 Traktoren und etwa 4.000 bäuerliche Demonstranten, die am 18. September 1970 am Wiener Ballhausplatz aufmarschierten – und siehe da – nun war alles anders: Kreisky öffnete das Kanzleramt, im großen Regierungssitzungssaal fand eine Unterredung mit den Bauern statt, die sogar mit Lautsprechern auf den Ballhausplatz zu den aufmarschierten Bauern übertragen wurde. Kreisky wollte damit zeigen, dass er die Tore zum Kanzleramt öffnet und ein offenes, transparentes Gespräch mit den Bauern führt. Begreiflicherweise auch aus politischem Kalkül, Kreisky wollte damit den Alleinanspruch der ÖVP als Bauernvertretungspartei brechen und das zur Politik seines Vorgängers Klaus gegenteilige Signal setzen, der ja die Bauern ein Jahr zuvor nicht einmal empfangen hatte.

AÖBV-Demonstration am 18. September 1970 in Wien. Fahrt der Traktoren zum Ballhausplatz

Bei der Unterredung nahmen seitens des AÖBV Hauptverbandsobmann Loitfellner, die Landesverbandsobmänner Wenitsch (Niederösterreich), Krall (Kärnten), Nowotny (Oberösterreich), Salzer (Burgenland) und Resch (Tirol) teil; weitere Teilnehmer waren Langer, Hintermayer, Matschnigg und Kanz. Seitens der Regierung setzten sich Kreisky selbst, Landwirtschaftsminister Oskar Weihs, Finanzminister Hannes Androsch und Handelsminister Josef Staribacher mit den Forderungen der Bauern auseinander.

In einer grundsätzlichen Erklärung forderte Loitfellner dieselbe Gerechtigkeit auch für die Bauernschaft, wie man sie gegenüber den anderen Wirtschaftspartnern walten ließ. Daran schlossen sich eingehende Verhandlungen um die verschiedenen Forderungspunkte an, mit den Hauptthemen Milch, Milchkrisengroschen, Weinsondersteuer, Einheitswert-Neufestsetzung, Situation am Getreide- und Fleischsektor sowie die vorgesehene Treibstoffpreiserhöhung. Ein besonders wichtiger Punkt der Verhandlungen war einmal mehr der kostendeckende Erzeugerpreis auf Kalkulationsbasis bei gleichlaufendem Abbau der staatlichen Zuschüsse.

Robert Wenitsch charakterisierte deutlich den Ernst der Situation in der Landwirtschaft, indem er feststellte, dass die bäuerliche Bevölkerung zwar eine anerkannt enorme Arbeitsleistung erbringe, aber dafür mit ungerechten Preisen gestraft werde.

Die engeren Kontakte Kreiskys zum AÖBV reichten bis in das Jahr 1969 zurück, als er Helmut Langer und weitere Bauernverbandler in der Kreisky-Villa in der Wiener Armbrustergasse 15 im familiären Kreis empfing. Langer erinnert sich heute noch genau, es gab mehrere Treffen dieser Art, meist organisiert von Kreiskys persönlicher Sekretärin Margit Schmidt. Dabei servierte die Herrin des Hauses, Vera Kreisky (geb. Fürth), stets Kaffee

Bruno Kreisky im Wahlkampfjahr 1969 zu Besuch bei Helmut Langer in Mittersill

und einen vorzüglichen Milchrahmstrudel. Kreisky selbst saß dabei zwanglos und leger in seinem gemütlichen Ohrensessel, die Füße, an welchen er oftmals knallgelbe Socken trug, stets hochgelagert. Bei diesen Unterredungen in intimer Atmosphäre konnten sich Langer und seine Berufskameraden mit Kreisky und seiner Agrarpolitik oftmals auseinandersetzen, wobei dieser sehr viele Anregungen aufnahm, wie etwa die Förderungswürdigkeit der Schafzucht in den Hohen Tauern.

Kreisky stattete Helmut Langer im Wahlkampfjahr 1969 dann auch einen Gegenbesuch auf dessen Hof in Mittersill ab. Dabei entstand ein Foto (und auch im Fernsehen wurde breit darüber berichtet), auf dem Kreisky im Kreis der Familie Langer ganz medienwirksam unter dem Herrgottswinkel zu sehen ist. Waltraud Langer, die bekannte ORF-Journalistin, saß als kleines Mädchen neben Kreisky auf der Ofenbank, später sagte sie dazu, das wäre ihr erstes politisches Erlebnis gewesen. Kreisky wusste damals auch ohne Spin-Doktoren, wie man sich wirksam in Szene setzt. Im Wahlkampf wurde nämlich mit ÖVP-Plakaten versucht, ihm den „Echten Österreicher" Josef Klaus gegenüber zu stellen. Um dem entgegenzuwirken, setzte sich der bekennende Agnostiker Kreisky genau unter den Herrgottswinkel in Langers Stube. Dieses Bild flimmerte am Abend über den ORF in alle österreichischen Wohnzimmer, was sicherlich eine enorme Wirkung auf die Wählerschaft hatte.

Bei der Unterredung in Wien anlässlich der Demonstration vom 18. September 1970 verwies Helmut Langer als Delegationsmitglied des AÖBV auf die Unsinnigkeit, in Zeiten allgemeinen Wohlstandes die Agrarpreise staatlich herunterzustützen. Dieses überholte Prinzip verhindere ein gerechtes Einkommen für die Bauern und mache sie einseitig vom Staatsbudget abhängig. Langer betonte auch nachdrücklich, dass kostengerechte Agrarpreise den Konsumenten im Allgemeinen zumutbar seien und kinderreiche Familien und Kleinrentner über das Sozialbudget einen Teuerungsausgleich erhalten könnten.

Vehement forderte Sepp Hintermayer die Auflassung der Weinsteuer, die sich in Wirklichkeit als Einkommensminderung für die Weinbauern niederschlug. Hintermayer konnte zu dem Zeitpunkt noch nicht ahnen, wie erfolgreich er mit seiner Forderung sein würde.

Das Ergebnis der Verhandlungen mit Kreisky – die ja wie erwähnt via Lautsprecher auf den Ballhausplatz übertragen wurde – und den anderen Regierungsmitgliedern war unter dem Aspekt der Gesamtsituation der Landwirtschaft noch keineswegs befriedigend, zweifellos aber ein Anfangserfolg, da konkrete Zusagen gemacht wurden. So blieb der Einheitswert bis zumindest 1. Februar 1973 unverändert, die Mittel des Weinwirtschaftsfonds wurden aufgestockt, der Antrag des AÖBV auf Erhöhung des Milchpreises sollte behandelt werden (Weihs hatte den Milchwirtschaftsfonds bereits beauftragt, eine Gestehungskostenberechnung vorzulegen), Kreisky hatte intensive Bemühungen zur wesentlichen Ausweitung des Trinkmilchabsatzes zugesagt und die Einladung an den Bauernverband zur Mitarbeit im Praktiker-Beirat des Landwirtschaftsministers ausgesprochen. Im Vergleich zur Demonstration noch vor einem Jahr, wo man am Ballhausplatz bei Kanzler Klaus vor verschlossenen Türen stand, war dies ein Riesenerfolg. Doch was unternahm der Bauernbund?

Der Bauernbund rief zu eigenen Demonstrationen auf, quasi zu „Gegenveranstaltungen", wie z.B. einem Traktorenaufmarsch in Steyr. Bis zur Übernahme der Regierung durch die Sozialisten waren Demonstrationen in den Augen des Bauernbundes „ungehörig" und „nicht passend". Nun demonstrierte also auch der Bauernbund, aber immer streng parteipolitisch – denn mit dem AÖBV wollte man sich nicht einlassen und von bäuerlicher Solidarität wollte der Bauernbund ebenfalls nichts wissen. Seitens des Bauernverbandes ergingen selbstverständlich Einladungen zur Teilnahme an der Demonstration am 18. September, da der AÖBV nun einmal überparteilich war. Was wäre das gewesen, hätte sich der Bauernbund solidarisch erklärt und wäre mitmarschiert! Tausende von Bauern mehr hätten sich in Wien getroffen. Aber der Bauernbund mit seinen schwarzen Scheuklappen wollte mit dem Bauernverband nichts am Hut haben und blieb der vom AÖBV organisierten Demonstration in der Bundeshauptstadt Wien fern und organisierte eigene Demonstrationen in einigen Bezirksstädten.

Während dieser Demonstrationen des Bauernbundes war es Ex-Landwirtschaftsminister Schleinzer, welcher der Bauernbundführung in den Rücken fiel. Bei einer Klausurtagung am Semmering schlug er am 7. Oktober 1970 – wie weiland Martin Luther – zehn Thesen an, von denen die für die Bauernschaft wichtigste folgendermaßen lautete: „Die VP kann nur Wählerschichten gewinnen, wenn sie die fünf Millionen Konsumenten, davon über zwei Millionen Arbeitnehmer und über eine Million Pensionisten durch ihre Politik anzusprechen vermag."[161]

Damit sprach die ÖVP-Führung offen aus, was ihr vom Bauernverband schon immer vorgeworfen wurde, vom Bauernbund aber stets bestritten wurde, nämlich dass die ÖVP wie die SPÖ eine Konsumentenpartei war und von sich aus und freiwillig keine für den Bauernstand nützlichen Aktionen setzte. Wohl hätte eine Bauernorganisation von der Stärke des Bauernbundes sehr viel für die Bauern erreichen können. Der Bauernbund als Teil der ÖVP aber konnte eben nichts erreichen, da er schon dann, wenn er Forderungen stellte, die übrigen Wähler seiner Partei verärgerte und ihr damit nur schadete. Das war schon immer so und wurde nun durch Schleinzer nur bestätigt. Die Bauernbundführung erkannte auch leider in ihrem politischen Eifer nicht, dass sie der Bauernschaft großen Schaden zufügte, da sie mit ihren plötzlich aufflammenden Demonstrationen allen je-

161 Oberösterreichische Nachrichten, 8.10.1970.

Arbeiter-Zeitung
GEGRÜNDET 1889
S 2.–/Lit 100/Din 2.–
AZ
mit Beilage
Nr. 217 P. b. b.
WIEN, SAMSTAG
19. SEPTEMBER 1970

Bauernsturm mündet in Gespräch

Kreisky: Milchabsatz fördern — Weihs: Der Krisengroschen wird wieder reduziert
Demonstranten begrüßen Bauernrat — ÖVP: Bauernverband von der SPÖ gekauft

WIEN (AZ). Die Regierung wich den demonstrierenden Bauern nicht aus, sondern stellte sich: Einen ganzen Vormittag lang diskutierten Freitag Bundeskanzler Dr. Kreisky und Regierungsmitglieder mit Vertretern des Allgemeinen Bauernverbandes, der zu einer Protestdemonstration vor dem Bundeskanzleramt aufgerufen hatte. Der Bundesobmann des Bauernverbandes, Josef Loitfellner, begrüßte die Initiative des Landwirtschaftsministers zur Konstituierung eines Bauernrates.

Der ÖVP-Pressedienst griff Freitag den Bauernverband in einer Aussendung scharf an und erklärte, dieser sei eine Art gekaufte Opposition der SP-Regierung. Die manchmal harte, immer aber sachlich geführte Diskussion führte diese Polemik ad absurdum. Die Bauern, die mit 157 Traktoren und in mehreren Autobussen aus Niederösterreich, dem Burgenland, Oberösterreich und Salzburg angereist waren, liefen vor allem gegen die Erhöhung des Milchkrisengroschens, gegen die 10prozentige Alkoholsondersteuer bei Wein und gegen die geplante Preiserhöhung bei Dieseltreibstoff Sturm.

Auf Tafeln und Spruchbändern forderten sie kostendeckende Milchpreise. Als erste strukturpolitische Maßnahme wurde von den Vertretern des Bauernverbandes eine Abschaffungsprämie für jene Kleinbauern, die nicht mehr Milch produzieren, vorgeschlagen. Die Demonstranten verlangten auch eine Verbilligung des Dieseltreibstoffes für landwirtschaftliche Nutzungsfahrzeuge. Ausdrücklich begrüßt wurden die vom Ministerrat beschlossenen Ausgleichszahlungen für die Bergbauern.

KRITIK AM BAUERNBUND

Die Vertreter des Allgemeinen Bauernverbandes polemisierten in mehreren Erklärungen gegen den ÖVP-Bauernbund, der zwar jetzt — wie festgestellt wurde — die Erhöhung des Milchkrisengroschens heftig kritisiert, vor zwei Jahren aber, als ÖVP-Landwirtschaftsminister Schleinzer die gleiche Maßnahme ergriffen hatte, schwieg.

Bundeskanzler Kreisky bekräftigte das große Interesse der Regierung an den Problemen der Bauern. Er stellte eine verstärkte Absatz- [...]

kaufte Opposition" bezeichnet. Von der Haltlosigkeit dieser Beschuldigung konnte sich jeder der auf dem Ballhausplatz wartenden Bauern — die Diskussion zwischen der Delegation der Demonstranten und den Regierungsmitgliedern wurde über Lautsprecher übertragen — überzeugen.

Bundeskanzler Dr. Kreisky erklärte in einer Stellungnahme zu einem Diskussionsbeitrag der Bauern, die Regierung bemühe sich um eine totale Strukturänderung der Landwirtschaftspolitik. (Siehe Bericht auf Seite 3.)

Erfindung des VP-Pressedienstes

Der ÖVP-Pressedienst behauptete Freitag, der Allgemeine Bauernverband werde von der Wiener Städtischen Versicherung subventioniert. Der ORF übernahm diese Meldung in der ersten Sendung „Zeit im Bild" ohne Kommentar. Generaldirektor Binder von der Städtischen bezeichnete die ÖVP-Meldung als jeder Grundlage entbehrend; sie stelle eine Verleumdung und Geschäftsstörung dar und werde entsprechende rechtliche Schritte zur Folge haben.

Harte Argumente, menschliche Atmosphäre: Kreisky begrüßt die Bauernvertreter (oben). 157 Traktoren fuhren auf dem Ballhausplatz auf (unten)

Auf der Titelseite der AZ vom 19. September 1970: Bruno Kreisky begrüßt Robert Wenitsch im Bundeskanzleramt.

nen Wasser auf die Mühlen goss, für die Bauern und ÖVP dasselbe waren, also der politischen Gegner. Damit beging der Bauernbund den verhängnisvollen Fehler, alle bäuerlichen Lebensfragen auf die politische Ebene zu zerren.

Auch jetzt konnte der Bauernbund nicht über seinen parteipolitischen Schatten springen und mit dem Bauernverband gemeinsame Sache im Interesse der Bauernschaft machen. Der Bauernbund wollte für sich immer die Alleinvertretung für die Bauernschaft beanspruchen, da passten Solidarität und Zusammenarbeit mit Überparteilichen einfach nicht ins Konzept.

7.10. Der Bauernrat

Kreiskys Ziel war es, ein landwirtschaftliches Beratungsorgan für die Regierung zu schaffen, nämlich den Bauernrat. In diesem neu zu schaffenden Beirat sollte der Bauernverband gleichberechtigt mit dem ÖVP-Bauernbund Einfluss nehmen und die Agrarpolitik mitgestalten können. Diese geplante Institution wurde vom Bauernbund gleich im Ansatz bekämpft. Doch der Bauernbund war nicht der Einzige, der den von Kreisky gewünschten Bauernrat bekämpfte: Landwirtschaftsminister Weihs war als typischer Vertreter der Sozialpartnerschaft dem AÖBV nicht besonders zugetan. Er war Kammerfunktionär und hatte gute Kontakte und ein gutes Einvernehmen mit dem Präsidenten der Präsidentenkonferenz der Österreichischen Landwirtschaftskammern, Lehner, der seinerseits hohe Funktionen im Bauernbund bekleidete. Auf Wunsch Lehners hielt Weihs den AÖBV an der kurzen Leine und bremste politisch, wo es möglich war, sehr zum Wohlgefallen des Bauernbundes. So agierte Weihs gegen den von Kreisky gewünschten Bauernrat, in dem alle Bauernorganisationen gleichberechtigt gewesen wären. Die politische Dominanz des schwarzen Bauernbundes wurde also vom roten Landwirtschaftsminister Weihs nicht eingedämmt oder gar gebrochen, sondern das Gegenteil war der Fall.

Dies zeigte sich auch in anderen Facetten: Der vom Bundespräsident verliehene Titel „Ökonomierat“ (ÖR) ist in der bäuerlichen Welt eine besondere Auszeichnung und Heraushebung, welcher die Ausgezeichneten außerordentlich ehrt. Dieser Titel wurde auch nicht so inflationär verwendet wie etwa der Titel „Kommerzialrat“. Der Bauernbund hatte über Jahrzehnte sichergestellt, dass nur Bauernbund-Würdenträger damit ausgezeichnet werden. Das Antragsrecht an das Landwirtschaftsministerium hatten nur die Landwirtschaftskammern.

Auch dieses Monopol musste nach der Machtübernahme durch Kreisky durchbrochen werden. Der tüchtige, aber den Ämterkumulierern im Bauernbund äußerst kritisch gegenüber stehende Landwirt und mehrfacher Gutspächter aus Hetzmannsdorf (Bezirk Hollabrunn), Karl Amon, sollte nach dem Willen von Bundeskanzler Bruno Kreisky einer der ersten sein, mit dem das Ökonomierats-Monopol des Bauernbundes gebrochen wurde.
Die Bezirksbauernkammer Hollabrunn, der damalige Obmann NR Karl Fachleutner, hatte daraufhin eine Protestnote beschließen lassen, in der gegen die Absicht des Landwirtschaftsministeriums, Karl Amon auszuzeichnen, heftig protestiert wurde. Wörtlich wurde in der Resolution festgehalten, dass eine solche Ehrung „Unruhen in der Bauernschaft auslösen wird“. Daher nahm auch Minister Weihs die Ehrung nicht selbst vor, sondern delegierte dies an den Staatssekretär Günter Haiden. Es ist dies eine kleine, aber bezeichnende Episode, um die breit gefächerte Machtausübung des Bauernbundes auf die Bauern zu beleuchten, der ja auch mit allen Mitteln versuchte, den Bauernrat zu verhindern.

Staatssekretär Günter Haiden überreicht Karl Amon das Ökonomierats-Dekret.

Das Hickhack um den Bauernrat begann schon im Herbst 1970. Weihs stellte den Bauernrat zunächst als seine Idee dar, obwohl die Anordnung dazu von Kreisky selbst gekommen war. Die Verwirklichung des Bauernrates hätte bedeutet, dass der Bauernbund sein angemaßtes Alleinvertretungsprivileg in der Agrarpolitik verloren hätte und als Teil der Volkspartei deren Schicksal hätte teilen müssen und daher in die Oppositionsrolle gedrängt worden wäre. Die ÖVP drohte gleich daraufhin, die Arbeit der „Paritätischen Kommission für Preise und Löhne“ zu boykottieren. Daraufhin machte Weihs einen halben Rückzieher und engte die „Idee“ auf einen Beratungsbeirat zur persönlichen Information ein.

Die Idee Kreiskys war richtig und wichtig, sie entsprach einer Notwendigkeit. Für den Kanzler war es unerträglich, bei der Entscheidungsfindung immer und überall nur auf die Meinung der Oppositionspartei – der ÖVP – angewiesen zu sein. Dazu gehörte der Bauernbund und auch die Präsidentenkonferenz, zumal deren Generalsekretär Brandstätter offiziell als der Schattenlandwirtschaftsminister der ÖVP galt.

Weihs hätte keinen Grund gehabt, einen Rückzieher zu machen, wenn er die Situation richtig und voll erfasst hätte und nicht von einem Bauernrat, sondern ganz einfach nur von der strikten Einhaltung der Gesetze und von einem entsprechenden Ausbau derselben geredet hätte. Nun verlangte nämlich der Bauernbund die strikte Einhaltung der Gesetze und meinte damit, dass Weihs verpflichtet gewesen wäre, mit der Präsidentenkonferenz und nur mit dieser zu verhandeln. Das war aber eindeutig falsch, da die Präsidentenkonferenz keine gesetzliche Basis hatte, sondern nur vereinsgleich existierte. Sie war lediglich der Zusammenschluss der Landwirtschaftskammern ohne gesetzliche Grundlage.

Die Präsidentenkonferenz hatte jedoch vom Gesetzgeber insofern eine gewisse Anerkennung erfahren, als sie in der so genannten „§ 7-Kommission", in den Verwaltungskommissionen der Fonds und in der Preiskommission nach den einschlägigen Gesetzen Sitz und Stimme erhielt. Das war aber auch alles. Der Landwirtschaftsminister war verpflichtet, die Präsidentenkonferenz zu den Sitzungen der Preiskommission zur Beratung über den Milchpreis oder Getreidepreis, zu den Sitzungen der Fondskommission zur Beratung der Angelegenheiten der drei Fonds und zu den Sitzungen der § 7-Kommission zur Beratung über den „Grünen Bericht" einzuladen, er war aber nicht verpflichtet – und nicht einmal berechtigt – mit der Präsidentenkonferenz alleine zu verhandeln. Es handelte sich lediglich um eine Praxis aus der Koalitionszeit, dass die wichtigen Fragen nicht in der gesetzlichen Kommission, sondern außerhalb derselben mehr oder weniger auf parteipolitischer Ebene verhandelt wurden. Das alles war aber der Ausdruck für die totale „Verpolitisierung" der Agrarpolitik.

Weihs erkannte nun die Unhaltbarkeit der Situation, dass er nämlich nur mit parteipolitischen Gegnern verhandeln sollte, und suchte nach einem Ausweg. Dieser wurde ihm vom und durch den AÖBV angeboten, der sich einerseits als einzige freiwillige und parteiunabhängige Berufs- und Interessensvertretung der Bauern anbot und andererseits die Einhaltung der Gesetze, d. h. die Beratung aller Fragen in den zuständigen Kommissionen, verlangte.

Leider waren aber auch in diesen Kommissionen die Bauern nur mangelhaft vertreten. Das Landwirtschaftsministerium und die Präsidentenkonferenz entsandten Vertreter in die Kommissionen, die zweifellos an Weisungen ihrer politischen Auftraggeber gebunden waren. Das war auch der Grund, weshalb man auf die Einberufung der Kommissionen wenig Wert legte. Der AÖBV forderte daher nunmehr vehement, dass er als einzige überparteiliche Interessensvertretung – im Zuge der bevorstehenden Novellierung der einschlägigen Gesetze (Landwirtschaftsgesetz, Marktordnungsgesetz, Preisregelungsgesetz) – als Vollmitglied aufzunehmen ist und mit der § 7-Kommission sollte der Anfang gemacht werden.

Diese Forderung war durchaus begründet, denn in der § 7-Kommission waren die Arbeiter und Angestellten berufsständisch sowohl durch den Arbeiterkammertag als auch durch den Gewerkschaftsbund als freiwillige Interessensvertretung vertreten, die Bauern aber nur durch die Präsidentenkonferenz, deren Vertreter wiederum so schwarz waren, dass sie selbst in einem Tunnel noch einen Schatten geworfen hätten. Im Gegensatz zum Gewerkschaftsbund, zwar mehrheitlich rot, aber dennoch überparteilich; oder zur Industriellenvereinigung oder Wirtschaftskammer, zwar mehrheitlich schwarz, aber ebenfalls überparteilich. Die Bauern aber durften nur schwarz sehen, der Bauernbund wollte das Heft nicht aus der Hand geben. Eine gewerkschaftsähnliche Vertretung für Bauern sollte es nicht geben, dies stand nur Arbeitern und Angestellten zu. Der Bauernverband wollte genau das sein.

Dass sich der Bauernbund nicht einmal in der ÖVP durchzusetzen vermochte, zeigte die Abstimmung über einen Antrag des ÖVP-Abgeordneten und Bauernbündlers Minkowitsch am 30. November 1970 im Parlament. Der Antrag beinhaltete eine uralte Forderung des Bauernverbandes, welchen die Bauernbund-Abgeordneten im Nationalrat während der ÖVP-Alleinregierung nie zu stellen gewagt hätten, nämlich den Bauern verbilligtes, gefärbtes Dieselöl (Heizöl) zur Verfügung zu stellen. Von 78 ÖVP-Abgeordneten stimmten nur 45 für den Antrag, die restlichen 33 verließen den Saal um nicht mitstimmen zu müssen. Die SPÖ und die FPÖ stimmten dagegen.

Der Bauernverband versuchte dennoch immer wieder, auf den Bauernbund zuzugehen. Vom Landesverband Kärnten ging Ende des Jahres 1970 eine Initiative aus, eine gemeinsame „Bäuerliche Kampfgemeinschaft" zu bilden – vor allem um wenigstens die Bauern in Kärnten überparteilich zu vereinen und für das Jahr 1971 gemeinsame Kampfmaßnahmen zu planen. Der ÖVP-Bauernbund war der Erste, der diese Initiative ablehnte, der SPÖ-Arbeitsbauernbund lehnte ab, weil die SPÖ in der Regierung saß und die FPÖ reagierte genauso, da sie sich zur Unterstützung der roten Minderheits-

Karikatur zu den Bauernbund-Demonstrationen in der ÖBZ.

regierung verpflichtet hatte. Seitens des Bauernbundes begründete man die Ablehnung der Kampfgemeinschaft, die ein noch nie dagewesenes Fundament für überparteiliche bäuerliche Solidarität hätte werden können, damit, dass man selbst stark genug sei, um Kampfmaßnahmen durchzuführen. Der Bauernbund begann nun selbst Demonstrationen zu veranstalten, die aber in kleinem Rahmen blieben und von den Bauern kaum ernst genommen wurden, da sich ja viele die berechtigte Frage stellten, warum der Bauernbund nicht schon früher demonstriert hatte. Die Erklärung dazu liefern Karikaturen aus jener Zeit.

Bauernbund vorher und nachher

Zurück zum Thema Bauernrat: Kreiskys Absichten und Zuneigung zum AÖBV liefen sogar darauf hinaus, dass er den Bauernverbandlern anbot, den SPÖ-Arbeitsbauernbund aufzulösen, die roten Bauern hätten sich dann dem Bauernverband anschließen müssen, aber unter der Voraussetzung, die SPÖ zu stützen, was der Bauernverband aus grundsätzlichen Überlegungen ablehnte und seine Überparteilichkeit gekostet hätte. Daher ließ man sich nicht darauf ein.

Kreisky nahm auch die uralte Forderung des Bauernverbandes nach kalkulierten Erzeugerpreisen auf, so zog er in einer Sitzung von Bauernvertretern im Bundeskanzleramt den oftmals erwähnten Roland Minkowitsch auf, eine Anekdote, von der Johann Kaller von der Wiener Landesorganisation des AÖBV heute noch gerne erzählt: Zu dieser besagten Sitzung waren bei Bruno Kreisky Hannes Androsch, Oskar Weihs und die Vertreter der vier Bauernvertretungsorganisationen eingeladen. Für den Bauernverband waren es Robert Wenitsch, Robert Veit, Helmut Langer und Johann Kaller; für den Bauernbund Kammerpräsident Lehner, Nationalratsabgeordneter Minkowitsch und zwei weitere; für den Arbeitsbauernbund und die Freiheitliche Bauernschaft waren ebenfalls jeweils vier Vertreter anwesend, die den zuständigen Regierungsspitzen ihre Wünsche vortrugen.

Kaller legte dabei eine Bauernverbands-Weizenpreiskalkulation erstellt von Josef Artbauer aus Weikendorf vor, worauf Minkowitsch gleich schärfstens reagierte, indem er lautstark äußerte, dass Agrarpreise volkswirtschaftlich gerechtfertigte Preise wären und somit nicht kalkulierbar seien. Kreisky sagte daraufhin: „Geh, Herr Doktor Minkowitsch, warum soll man das denn nicht kalkulieren können? Ich versteh zwar nichts von der Landwirtschaft, aber es wird doch alles kalkuliert, also warum soll man Agrarpreise nicht kalkulieren können?" Daraufhin regte sich Minkowitsch mächtig auf und meinte, dass es nicht sein könne, dass hier Vertreter von vier Bauernorganisationen säßen, und jeder hätte seinen eigenen Weizenpreis, woraufhin Wenitsch erwiderte, jeder hätte nun mal seine eigenen Gestehungskosten, die von Betrieb zu Betrieb verschieden wären – und das man das eben alles kalkulieren könne. Robert Veit hielt sich nicht so vornehm zurück, sondern rief in Richtung Minkowitsch: „Geh Roland, du redest ja nur an Blödsinn!", woraufhin dieser sichtlich gekränkt war. Kreisky versuchte Minkowitsch wieder aufzurichten und sagte: „Geh, Herr Doktor Minkowitsch, kalkulieren muss man doch alles können ..." und da ihn Kreisky schon zuvor oftmals mit „Herr Doktor" angesprochen hatte schlug Minkowitsch auf den Tisch und rief: „Herr Bundeskanzler, ich bin kein Herr Doktor!", woraufhin Kreisky ganz gelassen, fast schon tröstend, erwiderte: „Das macht doch nix, Herr Doktor ..."

7.11. Erfolge des AÖBV – Abschaffung der Weinsteuer

Wie erwähnt, war das bäuerliche Produkt Wein durch die unter Klaus und Schleinzer 1968 eingeführte 10 %-ige Alkoholsondersteuer (Weinsondersteuer) – die ja zur „normalen" Weinsteuer zusätzlich eingehoben wurde – der am höchsten besteuerte Wein in Europa. Die offiziellen Weinbauernvertreter, wie z.B. der NR-Abgeordnete und Bauernbündler Minkowitsch schwiegen damals. Bei den großen Demonstrationen des Bauernverbandes der Jahre 1969 und 1970, vor allem in Wien, war eine der Hauptforderungen die Aufhebung dieser ungerechten Mehrbelastung für die Weinbauern. Was unter Klaus nicht möglich war, sah bei Kreisky schon ganz anders aus: Zwar wurde nicht die 10 %-ige Alkoholsondersteuer abgeschafft, aber dafür die Weinsteuer – erst sistiert und später nicht mehr eingehoben. Zähneknirschend musste Finanzminister Hannes Androsch auf diese Einkünfte aus der Weinsteuer von über 100 Millionen Schilling verzichten. Die 1968 eingeführte Alkoholsondersteuer wurde erst 1992 im Rahmen der Neuregelung der Getränkebesteuerung abgeschafft.

Die Bauern wussten genau, wer diesen Erfolg – also die Sistierung und letztendliche Abschaffung der Weinsteuer durch Hannes Androsch – erzielt hatte. In die Hauptverbandsleitung und die niederösterreichische Landesleitung des AÖBV sowie in der Redaktion der ÖBZ regnete es Dankesbriefe, einer davon soll hier wiedergegeben werden:

> Als niederösterreichischer Weinbauer fühle ich mich verpflichtet, dem Allgemeinen Bauernverband für den zähen und verantwortungsbewussten Kampf gegen die Weinbesteuerung zu danken. Ganz besonders gilt mein Dank den Weinbauern Josef Hintermayer (Großweikersdorf, NÖ) und Matthias Salzer (Nickelsdorf, Burgenland), die in diesem Kampf immer an der Spitze stehen. Auch Obmann Wenitsch hat sich immer wieder für die Weinbauern eingesetzt, obwohl er, wie bissige Bauernbündler sagen, „den Wein nur vom Trinken" kennt. Ein Weinbauer aus meinem Bezirk hat einmal zu Wenitsch gesagt: „Obwohl du kein Weinbauer bist, hast du mehr Herz für unsere Sorgen als Minkowitsch und all die anderen.
>
> *Ein Poysdorfer Weinbauer*

7.12. Landwirtschaftsminister Weihs wird „entführt" – 18. September 1970

Beflügelt vom Erfolg über die Abschaffung der Weinsteuer hakten die Bauernverbandler nach und wollten mehr. Ständig bombardierte man die Regierung – vornehmlich Kreisky, Androsch und Weihs – mit Briefen, Petitionen, Resolutionen und vielem mehr. Alleine im Jahr 1970 gab es fünf Aussprachen bei Landwirtschaftsminister Weihs in dessen Ministerium, wobei man den Eindruck gewinnen konnte, dass Weihs zwar den Wünschen der Bauern wohl Gehör schenkte, aber die Nichtverwirklichung derselben unter höchst faulen Ausreden schönredete. Weihs meinte, die Weinsteuer werde ja nun abgeschafft, über alles andere werde man schon weitersehen. Die Bauernverbandler, wobei die im Osten angesiedelten Spitzenfunktionäre wie Wenitsch, Hintermayer und Salzer fast immer dabei waren, gewannen bei den „Audienzen" beim Landwirtschaftsminister oftmals den Eindruck, dass Weihs durch sein Studium auf der Universität für Bodenkultur wohl ein guter Theoretiker war, von der bäuerlichen Praxis aber keinen Dunst hatte. So wurde – wie sich der Kurier-Redakteur Karl Steinhauser erinnert – in Sepp Hintermayers Weinkeller die Idee „ausgeheckt", den Minister zu „entführen" und ihn mit bäuerlichen Problemen direkt auf den Bauernhöfen zu kon-

Weihs bei seiner „Entführung" durch die Bauernverbandler, mit Kälbern im Stall von Anton Kornfell

Nach der Betriebsbesichtigung beim Butterbrotessen: Wenitsch, Pleschutschnig (Kabinettschef des Landwirtschaftsministers), Weihs und Kornfell.

frontieren.[162] Der spontane Entschluss fiel bei der Demonstration am 18. September 1970 in Wien: Gleich im Anschluss an die Veranstaltung „packten" einige Bauernverbandler den vor die demonstrierenden Bauern getretenen Weihs, setzten ihn ins Auto, fuhren in die Bucklige Welt in den Betrieb von Anton Kornfell und entführten so den Landwirtschaftsminister.

Die Bucklige Welt bereitete den Bauern mit ihren Streusiedlungen und Einzelgehöften viele naturbedingte Schwierigkeiten, wodurch dem Güterwegebau eine besondere Bedeutung zukam. Da der niederösterreichische Raumordnungsplan keinerlei Industrialisierung für dieses Gebiet vorsah, war die einzige Chance, eine zusätzliche Einnahmequelle zu schaffen, die Aktion „Urlaub am Bauernhof". Dazu war aber ein weiteres Vorantreiben des Güterwegeausbaus unerlässlich, hier sagte Weihs auf dem Weg zu Kornfell seine Hilfe zu.

Der Minister zeigte sich im Betrieb von Anton Kornfell beeindruckt, fühlte sich aber doch ein wenig in die Enge getrieben und wünschte sich, dass er da bald wieder herauskäme. Feste Zugeständnisse ließ er sich auch diesmal keine entlocken, nur das Übliche: „Man wird schon sehen."

Auch legte man dem Landwirtschaftsminister die Broschüre über die Budgetrede seines eigenen Parteikollegen Androsch vor, die ein Diagramm enthielt, aus dem deutlich hervorging, wie es um die Budgetmittel der Landwirtschaft im Vergleich zu anderen Bereichen des Budgets bestellt war. Weihs, der die Richtigkeit dieser Grafik kaum anzweifeln konnte, da sie ja von Androsch und seinen Mitarbeitern stammte, musste resignierend eingestehen: „Ja, die Bauern waren und sind halt die Stiefkinder des Staates."

Die „Entführung" des Landwirtschaftsministers fand auch in den Tageszeitungen ein großes Echo, so berichtete der „Kurier" tags darauf ganzseitig und ausführlich über den „Ausflug" nach Pesendorf in der Buckligen Welt. Nicht nur bei Anton Kornfell wurde „eingekehrt", die Fahrt ging dann ins niederösterreichische Weinbaugebiet weiter und endete im Weinkeller von Josef Schmid in Waidendorf.

162 Steinhauser, Banken & Banditen, 58.

Weihs war ein Minister, der wie erwähnt kein Freund des Bauernverbandes war. Kreisky jedoch mochte den AÖBV und so wurde Weihs sehr zu seinem Leidwesen immer wieder dazu vergattert, sich mit dem Bauernverband auseinanderzusetzen. So auch bei einer vom AÖBV organisierten Bauerndiskussion in Weiden am See, wo sich am 26. Februar 1971 rund 600 Bauern einfanden, um dem Landwirtschaftsminister auf den Zahn zu fühlen. Viele konnten an der Diskussion nicht teilnehmen, da die Räumlichkeiten des Seerestaurants Weiden und die Parkplätze der umliegenden Gegend völlig überfüllt waren.

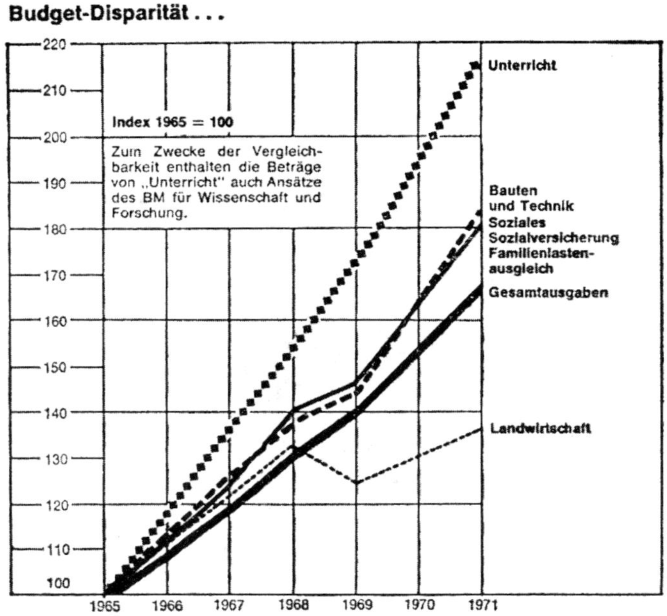

Budget-Disparität, aus der Broschüre über die Budgetrede des Finanzministers Androsch, 1971

Das Interesse der Bauernschaft war ungemein groß, da vor allem dort, mitten im Weinbaugebiet, wo die Bauern in der Hauptsache vom Weinbau lebten, erwartet wurde, dass Weinbau- und Weinabsatzprobleme zur Diskussion stehen würden. Weihs führte zunächst einmal aus, dass unter seiner Amtsführung die Weinsteuer gefallen war. Die Weinimporte, so Weihs weiter, wären von bisher fast 500.000 Hektoliter auf das mögliche Mindestmaß von 180.000 Hektoliter herabgesetzt worden. Eine Sperre von Weinimporten sei auf Grund bestehender langfristiger Handelsverträge mit dem Ausland aber nicht möglich.

MORGEN

KURIER

Samstag, 19. Sept. 1970

2 SCHILLING

Minister „erbeutet“

Bericht im „Kurier“ vom 19. September 1970 über die „Entführung“ von Landwirtschaftsminister Weihs nach Pesendorf und Waidendorf

Landwirtschaftsminister Weihs stellte sich über Einladung des Bauernverbandes den Bauern zur Diskussion (Weiden am See, 26. Februar 1971). Am Podium: Landwirtschaftsminister Weihs, Landesverbandsobmann Salzer und Diskussionsleiter Landesgeschäftsführer Frey

Zum Problem Weinbau stellte Weihs fest, dass es sich als grober Fehler der Bauernbund-Agrarpolitik erwiesen hätte, dass viel mehr Weißwein als Rotwein erzeugt wurde, obwohl Fachleute eine Verbrauchssteigerung bei Rotwein vorausgesagt hatten.

Im Mittelpunkt weiterer Anfragen stand das landwirtschaftliche Erzeugerpreisniveau. Nicht nur der Milchpreis, auch die Preise anderer bäuerlicher Erzeugnisse sollten ehebaldigst nachgezogen werden, um die jahrzehntelangen Versäumnisse der bisherigen Landwirtschaftsminister gutzumachen, soweit der Tenor der Diskussion. Betreffend der Uralt-Forderung des Bauernverbandes nach gefärbten Dieselöl entgegnete Weihs, dass dies nicht realisierbar sein würde und dass er sich aber für eine Erhöhung der Treibstoffrückvergütung einsetzen werde. Es sei ihm wohl bewusst, dass der österreichische Bauer den höchsten Dieselpreis in ganz Europa zu zahlen hatte.

Ein Diskussionsredner forderte eine Demokratisierung der Vergabe von öffentlichen Krediten und Beihilfen an die Bauern. Hier zeigte sich, dass Weihs wohl vorbereitet war. Er zog ein Plakat aus der Tasche, dass an allen Gemeindetafeln angebracht werden sollte, worauf Bedingungen für Kredite und Beihilfen öffentlich gemacht wurden. Weihs versprach, dass künftig Prüfungskommissionen über die Ansuchen befinden würden. Das war klarerweise eine Kampfansage an den Bauernbund, nämlich das Vergabewesen öffentlicher Mittel neu zu organisieren. Damit entsprach er den Intentionen Kreiskys, der die Allmacht des Bauernbundes brechen und dem Bauernverband größere Mitgestaltungsrechte einräumen wollte.

Weihs sicherte bei jener Diskussion auch zu, alle vom Bauernverband eingebrachten Preisanträge gewissenhaft zu prüfen, wie dies das Preisregelungsgesetz vorsah und „wie dies auch erwartet werden durfte“.

In seinem Schlusswort stellte Manfred Frey namens des Bauernverbandes fest, dass dieser grundsätzlich bereit sei, jeden Landwirtschaftsminister bei der Lösung der den Bauernstand betreffenden Fragen tatkräftig zu unterstützen, sofern der AÖBV den Eindruck gewänne, dass eine ehrliche Lösung angestrebt wird. Der Verband würde aber auch darauf achten, dass die von Weihs anlässlich jener Diskussion gemachten konkreten Zusagen auch tatsächlich eingehalten werden. Der AÖBV sei aber nicht gewillt, irgendeiner politischen Partei oder einer Bundesregierung als Steigbügelhalter zu dienen, sondern erachtete es als seine Aufgabe, als überparteiliche Berufsvertretung in jedem Fall die Interessen des österreichischen Bauernstandes wahrzunehmen.

7.13. Erneutes Ringen um den Milchpreis

Nach zahlreichen Vorsprachen, Protesten, Demonstrationen, Petitionen und Bauernversammlungen wurde am 1. April 1971 in Wien damit begonnen, in der Preiskommission erste Verhandlungen über einen Antrag des AÖBV vom 23.10.1970 auf Neuregelung des Milchpreises unter Berücksichtigung der vom Verband errechneten Gestehungskosten und damit kostendeckenden Milchpreis von ATS 3,41 abzuhalten. Der AÖBV stützte sich dabei einerseits auf das Landwirtschaftsgesetz (§ 3, Abs. 2), nach dem den Bauern der kostendeckende Preis zustand und andererseits auf die Gestehungskostenberechnung, die auf Grund der gleichen Gesetzesstelle bei der Festsetzung des Erzeugerpreises zugrunde zu legen war. Die Kalkulation stammte einmal mehr aus der Feder des diplomierten Landwirtes Norbert Kanz aus Kärnten.

Die Preiskommission bestand aus etwa zwanzig Mitgliedern, Vertretern des Landwirtschafts-, Innen-, Finanz-, Sozial- und des Handelsministeriums, sowie Vertretern der Präsidentenkonferenz, des Arbeiterkammertages und der Bundeshandelskammer. Vertreter des Bauernverbandes waren als Antragsteller anwesend, es waren dies Norbert Kanz als Verfasser der Kalkulation, Helmut Langer, Landesverbandsobmann von Salzburg, und Simon Klausner, Milchbauer aus Elixhausen.

Bei dieser Preiskommission hatte auch die Präsidentenkonferenz der Landwirtschaftskammern einen Milchpreisantrag eingebracht. Sie forderte die Erhöhung des Erzeugermilchpreises um 35 Groschen, hatte diesen Antrag allerdings erst im Jänner 1971 – also lange nach dem AÖBV-Antrag – eingebracht und dazu eine Gestehungskostenberechnung nachgereicht. Diese Kalkulation war jedoch im Detail falsch und entsprach auch nicht den im Landwirtschaftsgesetz festgelegten Normen. So verlangte die Kalkulation der Präsidentenkonferenz – also des Bauernbundes – eine Nachziehung um 35 Groschen, jene des AÖBV eine Nachziehung um ATS 1,11, wobei letztgenannte Forderung vom Bauernbund wiederum als „utopisch“ dargestellt wurde.

Am ersten Verhandlungstag wurde ausschließlich über die Grundsätze der Kalkulation gesprochen. Da diese als „Basis für die weitere Zukunft“ angesehen wurde, wurde sie in der Verhandlung kritisch durchleuchtet. Es ging dabei um das Modell des Betriebes; um die Frage, ob ein Stall mit 14 Kühen, mit deren Betreuung eine Arbeitskraft voll beschäftigt ist, als neuzeitlich genug und rationell anzusehen war. Es ging um Futtermengen, Futterkosten und um die Art des Futters. Bei den Lohnkosten ging es um die Frage, ob eine familieneigene Arbeitskraft gleich viel verdienen darf wie ein Landarbeiter. Es ging auch um Zinssatz und Verwaltungsaufwand – um entscheidende Fragen also, die in diesem Gremium offensichtlich vorher noch nie eingehend diskutiert wurden.

Währenddessen marschierten vor dem Ministerium Bauernverbandler mit ihren Kühen auf, um den Verhandelnden ein wenig Pfeffer zu geben. Man wollte damit auch gleichzeitig die Wiener Bevölkerung darauf aufmerksam machen, dass wohl der Konsumentenmilchpreis seit Jahren laufend stieg, der Anteil der Bauern aber geringer wurde und dass deren Arbeit im eigentlichen Sinn überhaupt nicht mehr bezahlt wurde.

Dazu schrieben die Oberösterreichischen Nachrichten: „Mit Kühen will der Allgemeine Bauernverband bei den bevorstehenden Milchpreisverhandlungen anrükken. So lustig, wie das klingen mag, ist der Demonstrationsgag gar nicht. Er zeigt nämlich, dass der Bauer entweder das Knattern von Traktoren oder das Muhen von Kühen zu Hilfe nehmen muss, um sich Gehör zu verschaffen. Der Mensch allein wird nicht beachtet.“[163]

Der zweite Verhandlungstag stand deutlich im Schatten der Bundespräsidentenwahl (Franz Jonas vs. Kurt Waldheim). Die Preiskommission war sichtlich bemüht, die Verhandlungen so schnell als möglich abzubrechen. Dennoch dauerte der zweite Tag mehr als drei Stunden und wurde auf den 11. Mai 1971 vertagt. Die Vertreter des AÖBV wurden ersucht, zur Untermauerung ihrer Kalkulation weiteres Zahlenmaterial vorzulegen; dem kam Norbert Kanz gerne nach und bewies mit seiner Kalkulation auch am 11. Mai abermals, dass seine Gestehungskostenberechnung keineswegs überhöht war.

Der Vorsitzende der Preiskommission stellte am Ende des 3. Verhandlungstages fest, dass es nicht möglich war, zu einer einheitlichen Auffassung mit dem AÖBV zu gelangen, dass aber der Zweck des Vorprüfungsverfahrens voll erfüllt sei und die Preiskommission nun allein die Entscheidung treffen müsse, wie dies immer schon gehandhabt wurde. Die Verhandlungen hätten wertvolle neue Erkenntnisse und Einsichten vermittelt, das Vorprüfungsverfahren wäre damit abgeschlossen, das Ergebnis des neuen Milchpreises werde mit der Entscheidung der Preiskommission dem Landwirtschaftsminister zur endgültigen Festsetzung des Milcherzeugerpreises vorgelegt. Kurzum: Der Bauernverband wurde ruhig gestellt, indem man ihm seine Kalkulation vorlegen ließ, bei der eigentlichen Entscheidungsfindung wurde er unter schönen Worten hinaus gebeten, oder weniger euphemistisch: einfach hinausgeschmissen. Dennoch war dies ein sensationeller Prestigeerfolg: Der Bauernverband wurde mit Kreiskys Hilfe endlich als Antragsteller in der Preiskommission akzeptiert, dies bot Möglichkeiten, die in einer ÖVP-Alleinregierung oder großen Koalition völlig undenkbar gewesen wären.

163 Oberösterreichische Nachrichten, 31.3.1971.

Nach längerem Hin und Her stand mit 1. Juni 1971 der neue Milchpreis für die Bauern fest, es gab eine Erhöhung um 25 Groschen. Das war wenigstens ein kleiner Erfolg, denn eine Erhöhung um mehr als 20 Groschen hatte es seit dem Jahr 1956 nicht mehr gegeben. Dennoch konnte der Bauernverband damit nicht zufrieden sein, denn diese Erhöhung hielt kein Bauernsterben auf, da noch immer kein kostendeckender Erzeugerpreis erreicht wurde.
Da Landwirtschaftsminister Weihs dabei nicht müde wurde, dem Finanzministerium die Schuld zu geben, da von dort einfach kein Geld für eine Stützung des Milchpreises locker gemacht wurde, reagierte man seitens des Bauernverbandes spontan und lud Hannes Androsch zu einer Bauerndiskussion nach Poysdorf ein.

7.14. Androsch beim AÖBV in Poysdorf

Wieder waren rund 600 Bauern der Einladung des AÖBV gefolgt, allerdings waren es vornehmlich Weinbauern, sodass der Milchpreis eine untergeordnete Rolle spielte. Der Veranstaltungssaal, das Kolpingheim in Poysdorf, war zum Bersten voll und diesmal waren auch einige Landeskammerräte des Bauernbundes dabei, schließlich bekam man nicht alle Tage einen roten Finanzminister vor die verbale Flinte.

Hannes Androsch beim AÖBV in Poysdorf. Von links nach rechts: Hintermayer, Androsch, Hauser, Frey und Wenitsch

Am Podium befanden sich Hintermayer, Androsch, Bezirksobmann Hauser, Frey als Diskussionsleiter und Wenitsch, wobei letztgenannter dem Finanzminister sicherheitshalber gleich eröffnete, dass Ausreden nicht akzeptiert werden die lauten, dass kein Geld für die Bauern da wäre, zumal er erst vor kurzem den Beamten Milliarden aus dem Budget zuerkannt hatte.
Androsch konterte, dass er ja die Weinsteuer sistiert hätte und diese auch nicht mehr wiederkehren würde. Allerdings stand auch die Einführung der Mehrwertsteuer für die Landwirtschaft im Raum. Der beabsichtigte Mehrwertsteuerentwurf Androschs stellte in der Betrachtung des Bauernverbandes einen völligen Bruch in der bisherigen Rechtsstellung des Bauernstandes auf umsatzsteuerlichem Gebiet dar. Während bisher der Umsatz pauschal vom Einheitswert abgeleitet wurde, sah der Entwurf die Umsatzermittlung auf Grund der tatsächlich getätigten Geschäfte vor. Der Bau-

er wäre damit sowohl zur Aufzeichnung seiner Umsätze als auch zur Belegpflicht der betrieblichen Aufwendungen verhalten worden, da er nur auf Grund einer ordnungsgemäßen Belegsammlung die Vorsteuerbelastung ermitteln konnte.

Diese buchhalterischen Aufgaben waren aber für den überwiegenden Teil der Bauernschaft eine unzumutbare zusätzliche Arbeitsbelastung, schon alleine deshalb wurde der Androsch-Entwurf vom Bauernverband abgelehnt, da die 60-Stunden-Woche des Bauern keine weitere Arbeitsbelastung mehr zuließ. Neben diesen grundsätzlichen Einwendungen wurden noch ernste Bedenken hinsichtlich der Regelung für den Weinbau angemeldet, da in dem Entwurf der Wein wie jedes andere industriell herstellbare Getränk behandelt wurde. Es musste immer wieder betont werden, dass Wein als Naturprodukt anderen Gesetzmäßigkeiten unterlag als etwa die Herstellung von Bier, Schnaps oder Limonaden.

Androsch meinte dazu, dass hier noch nicht das letzte Wort gesprochen wäre. Na hoffentlich, schallte es seitens der Bauernverbandler, da eine volle Aufzeichnungspflicht zur Ermittlung der Mehrwertsteuer und der Vorsteuerabzüge nicht akzeptabel wäre. Dabei ging es auch um die Frage, ob Wein in erster Linie ein landwirtschaftliches Produkt oder ein Getränk wäre, wonach sich dann ja auch die Höhe des Mehrwertssteuersatzes richtet.

Redaktion der ÖBZ Wien im Pressehaus eingezogen

Im Großen und Ganzen blieb es bei einer sachlichen Diskussion, bei der sich Hannes Androsch jedoch einmal mehr als aalglatter Argumentierer erwies und als knochenhart, wenn es um das liebe Geld ging. Kreisky war da schon etwas großzügiger, er wollte allen Bauernorganisationen pro Jahr eine Million Schilling zukommen lassen. Dies ermöglichte dem AÖBV, im Pressehaus in der Muthgasse ein Büro anzumieten und auch einen Sekretär anzustellen, nämlich Max Verworner.

Auch die Redaktion der ÖBZ, also der Österreichischen Bauernzeitung, wechselte ins Pressehaus. Man konnte es sich nunmehr sogar leisten, den Starkarikaturisten der Kronen-Zeitung, Hellmuth Macheck (Signatur: MAC) für die Zeitung zu gewinnen, zahlreiche Karikaturen entstanden in der Folge. Das Blatt erfreute sich immer größerer Beliebtheit und wurde auch immer umfangreicher, denn es war nicht nur ein Kampfblatt wider die Allmacht des Bauernbundes, sondern auch für die bäuerlichen Bezieher ein wichtiger Ratgeber. Es wurden Ratschläge gegeben, z.B. über die Aufzeichnungspflicht der Weinbauern, worauf bei Ärztehonorarnoten besonders zu achten war, wie man Jagd- und Wildschäden definierte, Studienmöglichkeiten für die bäuerliche Jugend, Hinweise über die Benützung von Ambulatorien der Gebietskrankenkassen und Tipps zur Bekämpfung von Pflanzenkrankheiten, um nur einige zu nennen.

Einmal rief der Landesverband Niederösterreich sogar über die Bauernzeitung dazu auf, dass „einsame Großmütter in der Stadt" doch aufs Land kommen mögen, um Urlaub am Bauernhof zu machen. Es sollte aber nicht nur Urlaub sein, es sollten auch die Bäuerinnen im Haushalt unterstützt werden, damit sich diese wieder der Feldarbeit widmen konnten. Die Aktion wurde gemeinsam mit einer Pensionistenorganisation auf die Beine gestellt und fand ein breites Echo.[164]

Bruno Kreisky erkannte das innenpolitische Potenzial des Allgemeinen Bauernverbandes.

164 Vgl. ÖBZ, Folge 9, 1971, 2.

8. Kreisky II – die absolute Mehrheit

8.1. Forderungen an den Kanzler im Wahlkampf

Nach der von SPÖ und FPÖ beschlossenen Wahlrechtsreform, in der die Abgeordnetenzahl von 165 auf 183 vergrößert und kleine Parteien den großen gegenüber gleich gestellt wurden, stand eine abermalige Nationalratswahl an.

Der Wahlkampf wurde vom AÖBV dazu genutzt, an den amtierenden Kanzler Kreisky ein Sieben-Punkte-Forderungsprogramm zu stellen. Im Begleitbrief hieß es, dass der Bauernverband nicht die Tatsache verkenne, dass die Bundesregierung bemüht war, für die Bauernschaft etwas zu tun. „Dem Paritätsspiegel ist jedoch zu entnehmen, dass die Auswirkungen dieser Maßnahmen zu keiner Verbesserung der Lage der Landwirtschaft geführt haben. Im Gegenteil wird nachgewiesen, dass sich der Unterschied zwischen den Agrar-Erzeugerpreisen innerhalb des vergangenen Jahres um über 10 Prozent erhöht hat. In Anbetracht dieser Tatsache und in berechtigter Sorge um die Existenz der österreichischen Landwirtschaft, insbesondere der bäuerlichen Familienbetriebe, und nicht zuletzt auch aus Sorge um die Aufrechterhaltung der Versorgung der gesamten Bevölkerung mit Grundnahrungsmitteln aus der heimischen Landwirtschaft, muss der Allgemeine Österreichische Bauernverband neue und einkommenswirksame Maßnahmen fordern, die da wären:

1. Allgemeine Anhebung der agrarischen Erzeugerpreise um durchschnittlich 20 Prozent. Darunter fallen vor allem eine weitere Nachziehung des Erzeuger-Milchpreises, eine Neufestsetzung der Preisbänder und die Nachziehung des Brotgetreidepreises,
2. Übergangsbestimmungen bis zum Erreichen kalkulierter Erzeugerpreise,
3. Die Bergbauern sind zur Abgeltung der Wirtschaftserschwernisse, für die Pflege der landwirtschaftlichen Nutzflächen und für die Erhaltung der Erholungslandschaft aus öffentlichen Mitteln angemessen zu entschädigen,
4. Novellierung des Landwirtschaftsgesetzes und der Marktaufsichtsgesetze,
   a) Ausbau der § 7-Kommission zu einem Beratungsorgan für die Regierung und Aufnahme des AÖBV als Mitglied,
   b) Änderung der Milchmarktordnung, die den Molkereien mehr Verantwortung auferlegt und Initiativen ermöglicht,
   c) Anwendung des Antidumpinggesetzes auf alle landwirtschaftlichen Produkte,
5. Maßnahmen zur Sicherung eines kostengerechten Holzpreises,
6. Steuerliche Entlastung der Weinbauern und verstärkte Bemühungen um Absatzsteigerung, vor allem in das Ausland,
7. Abschaffung der diskriminierenden Zuschussrente und Herstellung eines einheitlichen bäuerlichen Pensionsrechtes.

Abschließend weist der Bauernverband darauf hin, dass er jederzeit bereit ist, in Aussprachen die geforderten Maßnahmen eingehend zu behandeln. Der Bauernverband als einzige überparteiliche Berufsvertretung wird selbstverständlich auch nach dem 10. Oktober bei der neuen Bundesregierung, wie immer sie auch ausschaut, mit diesen Forderungen vorstellig werden.

Karikatur zur Nationalratswahl 1971

8.2. Interview Kreiskys für die Österreichische Bauernzeitung

Im Vorfeld der Nationalratswahlen von 1971 wurden vom Bauernverband sämtliche Parteiobmänner zu ihrer Sicht der Dinge betreffend der Situation der Landwirtschaft in Österreich befragt, und wie sie den Problemen nach der Wahl begegnen wollten. Schon aus zeitgeschichtlichen Gründen soll dieses Interview, das Max Verworner als Leiter der Wiener Redaktion der ÖBZ führte, an dieser Stelle zur Gänze wiedergegeben werden:

ÖBZ: Welche Ziele haben Sie sich bzw. Ihrer Partei für den 10. Oktober gesetzt?
Kreisky: Ein so hohes Maß an Vertrauen der österreichischen Bevölkerung zu erlangen, dass die Sozialistische Partei stark genug wird, damit sie ihr Regierungsprogramm verwirklichen kann. In den letzten eineinhalb Jahren war das nur unter den größten Anstrengungen möglich.
Also würden Sie, wenn Sie die absolute Mehrheit erreichen, eine SPÖ-Alleinregierung bilden oder eine Koalition suchen?
Kreisky: Die Entscheidung hierüber trifft natürlich der Parteivorstand der SPÖ. Ich kann aber heute schon mit aller Deutlichkeit sagen, dass, wenn die SPÖ die Mehrheit im Parlament bekommt, sie die Alleinregierung bilden wird, weil kein Grund besteht, eine Koalition einzugehen.
Herr Bundeskanzler, welche agrarpolitischen Schwerpunkte setzt Ihre Partei?
Kreisky: Die Strukturreform steht im Vordergrund, wobei das besondere Augenmerk den Bergbauern gilt. Wesentlicher Bestandteil einer gesunden Wirtschaftsstruktur unseres Landes ist eine lebensfähige Landwirtschaft. Der gesamte Bereich der Landwirtschaft befindet sich in einem schwierigen Anpassungsprozess. Die Probleme der österreichischen Landwirtschaft können aber nicht ausschließlich vom Standpunkt der Rentabilität beurteilt werden. Sie haben eine allgemeinwirtschaft-

liche Seite, aber auch eine soziale und menschliche. Es sagt sich natürlich leicht, „wer auf seinem Hof nicht weiter existieren kann, soll in die Industrie gehen". Das bedeutet aber viel mehr als nur einen Arbeitsplatzwechsel, denn schließlich und endlich ist ja der Hof, auf welchem man seit Generationen wirtschaftete, nicht nur der Arbeitsplatz, sondern auch Heim und Inbegriff des bäuerlichen Lebens. Besonders hervorzuheben ist das vom Bundesministerium für Land- und Forstwirtschaft ausgearbeitete „Sonderprogramm für die Berggebiete". Insgesamt sollen in den nächsten fünf Jahren 1,5 Milliarden Schilling für die Verbesserung der Infrastruktur im ländlichen Raum, Rationalisierung, Modernisierung und Marktanpassung der Bergbauernbetriebe, Maßnahmen zur Erhaltung der Kulturlandschaft, sowie für den Ausbau der Nebenerwerbsmöglichkeiten im ländlichen Berggebiet zur Verfügung gestellt werden.

Die Abgeltung der Mehrarbeit und der Erschwernisse des Bergbauern ist eine alte Forderung des Allgemeinen Bauernverbandes, die nunmehr erfüllt wird. Wie stellen Sie sich jedoch eine Regelung der übrigen Probleme für die Bauernschaft vor?

Kreisky: Eine Annäherung an die EWG kann den großen, wichtigen Bereich der Landwirtschaft nicht ausklammern. Man muss sehr genau prüfen, inwieweit wir mit der Agrarpolitik in der EWG nicht im Widerspruch stehen oder nicht. Man wird die österreichische Landwirtschaft daraufhin prüfen müssen, was ihr zur Europareife fehlt. Wir geben von Staats wegen viel Geld für die Landwirtschaft aus. Dieser Geldbetrag muss in maximalster Weise Verwendung finden, und dazu sollen auch zum Teil die Bundesprüfungskommissionen dienen. Ich weiß sehr gut, dass man das Problem der österreichischen Landwirtschaft nicht lösen kann, indem man eine Gruppe herausgreift und sagt: „Für die geschieht etwas, weil sie uns sympathisch ist, und für die anderen geschieht nichts." Der Landwirtschaftsminister hat sehr klare Vorstellungen. Zum Beispiel, dass man von der Milchwirtschaft zur Viehwirtschaft übergeht. Das moderne Weingesetz, welches die Exportchancen für heimische Produkte auf den Auslandsmärkten verbessert. Vorstellungen bezüglich der Mechanisierung, die nicht nur darin bestehen, dass man sagt, man solle sich möglichst viele Maschinen anschaffen.

Von Seiten des ÖVP-Parteiobmannes wird vorgeworfen, dass der SPÖ kein eigenes Agrarprogramm vorliege und sich die Lage der Landwirtschaft verschlechtert habe.

Kreisky: Ich würde Sie bitten, stellen Sie diese Frage dem Landwirtschaftsminister, denn Dr. Schleinzer war Landwirtschaftsminister in der ÖVP-Alleinregierung und Landwirtschaftsminister Dr. Weihs wird Ihnen darauf die erschöpfendste Antwort geben.

Von Ihnen und Ihrer Partei wurde der Bauernrat propagiert. Es wurde auch dem Allgemeinen Bauernverband zugesagt, für die Kreditvergabe eine Bundesprüfungskommission einzuberufen. Kommt es nunmehr zu einer Verwirklichung?

Kreisky: Ich habe mit dem Landwirtschaftsminister darüber gesprochen. Die Kommissionen wurden geschaffen, und sie werden in allernächster Zeit einberufen.

Wie ist Ihre Stellung zum Allgemeinen Bauernverband?
Kreisky: Ich kann nur sagen, dass der Allgemeine Bauernverband in diesen eineinhalb Jahren die Anerkennung gefunden hat. Wir haben den Bauernverband nicht ignoriert. Die Vertreter des Bauernverbandes waren bei allen Verhandlungen mit dabei, genauso wie jene des der SPÖ nahestehenden Arbeitsbauernbundes und der Freiheitlichen Partei.
Wenn Sie nach dem 10. Oktober wieder eine neue Regierung bilden, würden Sie als Bundeskanzler auch die Interessen der Bauernschaft berücksichtigen?
Kreisky: Ich habe immer den Standpunkt vertreten, dass eine sozialdemokratische Partei keinesfalls auf die Bauernschaft vergessen darf, gehören doch die Bauern zu den schwerst arbeitenden Menschen unseres Landes. Jeder, der mich kennt, weiß, wie sehr mich die Fragen der Landwirtschaft, wie sehr mich das Schicksal der Menschen am Lande beschäftigt und wie sehr ich mich bemühe, auch überall dafür Verständnis zu finden. Man hat den österreichischen Bauern jahrzehntelang eingeredet, die SPÖ wäre ihr ärgster Feind. Und die Wahrheit? In dem Budget, das von dieser Regierung vorbereitet wurde, zu einer Zeit, wo noch nicht Neuwahlen vor der Tür standen, wurden die Mittel für das Bergbauernprogramm eingeplant. Wir haben, ohne ein Geheimnis zu verraten, mehr als eine Milliarde Schilling für den „Grünen Plan“ im Budget. Wie reimt sich das mit der „Bauernfeindlichkeit“ der SPÖ? Der höchste Betrag, der je für den „Grünen Plan“ zur Verfügung gestellt wurde. Daneben gibt es auch eine Reihe anderer Maßnahmen, die vor allem der Bevölkerung im ländlichen Raum zugute kommen. Denken Sie an die Schulfreifahrten, hier profitieren besonders die Familien in den Dörfern. Es ist ja heute auch so, dass wir nicht nur den Arbeiterkindern den Weg zu besseren Schulen geöffnet haben, sondern selbstverständlich auch den Bauernkindern, denn die Schüler- und Heimbeihilfen gehören auch für die Bauernkinder. Das ist eine Politik, die allen Bevölkerungsgruppen gleichermaßen zugute kommt.
Herr Bundeskanzler, wir danken für das Gespräch.“[165]

Auf die Frage nach dem Bauernrat antwortete Kreisky ausweichend. Noch ausweichender allerdings waren die Antworten von Karl Schleinzer, der in der Zwischenzeit zum Parteiobmann der ÖVP avanciert war und ebenfalls von Max Verworner für die ÖBZ interviewt wurde (Auszüge):

ÖBZ: Würden Sie die Forderungen der Landwirtschaft nach kalkulierten Preisen unterstützen?
Schleinzer: Ich stehe auf dem Standpunkt, dass die Landwirtschaft das gleiche Recht hat, ihre Anliegen zu vertreten, wie andere Bevölkerungsgruppen, und eben-

165 ÖBZ, Folge 10, 1971, 3, 6.

so wie Forderungen anderer Bevölkerungsgruppen gründlich geprüft und sachlich entschieden werden müssen, darf das auch die Bauernschaft für sich in Anspruch nehmen.

Bitte, das soll jetzt kein persönlicher Angriff sein, aber vor zwei oder drei Jahren war die Anschauung ganz anderes. Wir können uns erinnern, dass die Forderungen nach kostengerechten bzw. kostendeckenden Preisen von Ihnen als Demagogie hingestellt wurden. Wieso jetzt diese Änderung, haben da vielleicht doch die letzten eineinhalb Jahre dazu beigetragen, dass man anders zu denken beginnt?

Schleinzer: Ich weiß nicht, ob wir uns hier in einem Widerspruch befinden. Ich habe obigen Standpunkt immer vertreten, allerdings glaube ich, muss man das auch im Zusammenhang mit der Situation des Marktes sehen: Denn das, was produziert wird, muss auch verkauft werden können. Ein Unternehmer im Gewerbe und auch in der Industrie kann durchaus kostendeckende Preise kalkulieren, aber wenn er für seine Produktion keinen Markt und keinen Absatz findet, dann werden ihm seine Kalkulationen nichts nützen, und er wird sich entweder den Preisen anpassen oder seine Produktion einstellen müssen. Nun kann man aber die Verhältnisse im Gewerbe und in der Industrie nicht mit denen der Landwirtschaft vergleichen, wohl aber glaube ich, muss jeder Einsichtige natürlich auch berücksichtigen, dass man Fragen von Produktionskosten und -preisen nicht völlig isoliert von dem möglichen Absatz dieser Produkte sehen kann.

Falls Sie ihr Wahlziel, die relative Mehrheit, am 10. Oktober erreichen können, wäre der Allgemeine Bauernverband für Sie Gesprächspartner, oder würde es wieder so kommen wie unter der Alleinregierung Klaus, dass mit dem Bauernverband nicht gesprochen wird, weil eben darauf verwiesen wird, dass er nur eine Minderheitengruppe ist? Dr. Klaus sagte damals, wenn Gespräche geführt werden, dann kann man es mit den 80 Prozent, die im Bauernbund vertreten sind, tun.

Schleinzer: Dazu wäre ja einiges zu sagen, und wenn der Allgemeine Bauernverband seine eigene Verhaltensweise zurückschauend überprüft, wird er vielleicht auch zu

Karikatur von Macheck in der ÖBZ zum Parteiobmannwechsel in der ÖVP 1971: In Anspielung auf den Rücktritt des Eisernen Kanzlers Otto von Bismarck geht hier der „Eiserne Hermann", Hermann Withalm von Bord und verlässt das sinkende Schiff der Volkspartei. Der neue Kapitän, dem der Angstschweiß auf der Stirne stand, war Karl Schleinzer.

dem Ergebnis kommen, dass er die Gesprächssituation nicht gerade gefördert hat. Ich denke jetzt auch daran, was meinen Kontakt mit dem Allgemeinen Bauernverband betraf. Ich stehe auf dem Standpunkt, dass manche Gespräche mit allen Gruppen offen sein müssen, ich werde mich auch danach richten. Ich werde allen Bevölkerungsgruppen und innerhalb dieser auch denen, die eine Minderheit sind, für Gespräche zur Verfügung stehen. Es ist klar und man wird das auch begreifen, dass bei der Entscheidungsfindung dem Standpunkt derer, die in einer Bevölkerungsgruppe den überwiegenden Teil dieser Gruppe vertreten, natürlich ein größeres Gewicht zukommt. Ich bin zu Gesprächen jedenfalls grundsätzlich bereit.[166]

Friedrich Peter, Parteiobmann der FPÖ, war dem Bauernverband gegenüber grundsätzlich sehr positiv eingestellt, jedoch nur so weit wie dies von den eigenen bäuerlichen Parteifunktionären der Freiheitlichen Bauernschaft zugelassen wurde. Auch er kam in der ÖBZ zu Wort (Auszüge):

Herr Bundesparteiobmann, Sie haben die ÖVP-Agrarpolitik deutlich gekennzeichnet, wie beurteilen Sie die Agrarpolitik der SPÖ, wie sie in den letzten eineinhalb Jahren praktiziert worden ist?
Peter: Wenn eine Agrarpolitik 25 Jahre so versagt hat wie die der ÖVP, dann spreche ich den Repräsentanten dieser Politik, nämlich den Bauernbundfunktionären, das Recht ab, ihre Standeskollegen auf die Straße zu führen, um zu demonstrieren. Wenn die Bauerndemonstrationen dann noch unter der Führung von maßgeblichen ÖVP-Politikern wie Landeshauptleuten stehen, so empfinde ich dies als Hohn. Wir Freiheitlichen sind der Meinung, die sozialistische Minderheitsregierung habe sich den Bauernproblemen gegenüber viel aufgeschlossener gezeigt, als dies bei ihrem Amtsantritt zu erwarten war.
Herr Bundesparteiobmann, können Sie ihre Haltung gegenüber dem Bauernverband charakterisieren?
Peter: Das Verhältnis der FPÖ zum Allgemeinen Bauernverband ist im Großen und Ganzen ein sachlich korrektes. Ich denke dabei vor allem an mein eigenes Bundesland Oberösterreich, in dem die Zusammenarbeit derzeit reibungslos ist. Wir Freiheitlichen respektieren die Zielsetzungen des Allgemeinen Bauernverbandes, stimmen in sachlichen Fragen vielfach mit ihm überein, wiewohl es in der einen oder anderen Frage unterschiedliche Auffassungen gibt. Das Ziel des Allgemeinen Bauernverbandes, kostendeckende Produzentenpreise zu erzielen, wird auch von den Freiheitlichen angestrebt, aber wir sind uns auch der Tatsache bewusst, dass dieses Ziel nur schrittweise erreicht werden kann.[167]

166 ÖBZ, Folge 10, 1971, 4, 6.
167 ÖBZ, Folge 10, 1971, 5 f.

8.3. Die Nationalratswahl vom 10. Oktober 1971 und ihre Auswirkungen

Die Nationalratswahl am 10. Oktober 1971 war die Wahl zur 13. Gesetzgebungsperiode der Republik Österreich und ging folgendermaßen aus: Stimmen- und mandatsstärkste Partei wurde die SPÖ von Bruno Kreisky, sie erreichte 93 Mandate (+12) und damit die absolute Mehrheit. Den zweiten Platz belegte die ÖVP von Hermann Withalm, die Stimmen verlor, aufgrund der Wahlrechtsreform aber 2 Mandate dazugewann (80, +2). Die FPÖ, die mit Friedrich Peter als Spitzenkandidaten antrat, konnte aufgrund des geänderten Wahlrechts trotz gleich bleibender Stimmen Mandatsgewinne (10, +4) verbuchen.

Kreisky konnte nunmehr allein regieren, erstmals in der Zweiten Republik verfügte seine Partei über die absolute Mandatsmehrheit. Damit war Kreisky nicht mehr von der FPÖ abhängig, die davor die SPÖ-Minderheitsregierung stützte.

Am 4. November 1971 wurde die neue Regierung (Kreisky II) angelobt, die für den Bauernverband wichtigsten Köpfe blieben: Kreisky als Bundeskanzler, Rösch als Innenminister und Verbindungsmann zum AÖBV, Androsch als Finanzminister und Weihs als Landwirtschaftsminister. Letzterer war noch keine drei Stunden im Amt, als schon eine Delegation des Bauernverbandes mit Robert Wenitsch an der Spitze vor ihm stand und in Anbetracht auf den Beginn von neuerlichen Agrarpreisverhandlungen Forderungen stellte. Es waren dies die wichtigsten Anliegen, nämlich die Nachziehung des Milcherzeugerpreises um 35 Groschen, Behandlung des Brotgetreidepreises, die Bergbauernhilfe und die Kreditprüfungskommission, die den Bauernbündlern und ihren Agrarbürokraten bei der Vergabe auf die Finger sehen sollte.

Alarm auf der Oktoberbodensperre. Kaum im Amt, steht der kühne Sieger auf der vor den Wahlen errichteten Preisstaumauer und blickt einer äußerst drohenden Zukunft entgegen. Karikatur von Macheck, ÖBZ Folge 14, 1971, 24.

Die Agrarpreisverhandlungen des Jahres 1971 ließen jedoch noch einige Zeit auf sich warten. Stattdessen wurde seitens der neuen bzw. alten Regierung laut über eine neue Belastungswelle nachgedacht. Auf der einen Seite bekamen die Bauern mehr Geld, auf der anderen Seite erwarteten sie auch mehr Belastungen, wie z.B. die Neufestsetzung des Einheitswertes. Durch die so genannte „Entzerrung" sollte den Erschwernissen in bestimmten Gebieten, wie Bergbauern, Forstwirtschaft und Wein, Rechnung getragen werden. Durch ministeriellen Erlass vom 12. Juli

1971 wurde dem fiktiven Hauptvergleichsbetrieb mit der Betriebszahl 100 eine Bodenklimazahl 90 unterstellt und dadurch eine Erhöhung der Einheitswerte um 11 % bewirkt, wenngleich rein formal der parlamentarisch beschlossene Hektar-Höchstsatz nicht überschritten wurde.

Gleichzeitig neben dem Einheitswert sollte sich auch die ungeliebte Bauernkrankenkasse verteuern. Die Bauernkrankenkasse, 1966 eingeführt, verlangte zu Beginn angemessene Beiträge, welche gestaffelt waren und je nach Einheitswert zwischen ATS 75,- bis ATS 180,- pro Jahr ausmachten. Für Kinder unter 18 Jahren betrug die Gebühr einheitlich ATS 25,- pro Jahr. Die Abwicklung der Spitalskosten lief reibungslos ab, die 80-prozentige Rückvergütung der Ärztehonorare blieb Fiktion, es wurden nur etwa 35 % der tatsächlichen Arztkosten rückerstattet.

Das „Kreiskynd“, mit den Worten: „So – und jetzt geben wir noch die teureren Kugeln drauf – halleluja!“ Karikatur von Macheck in der Dezemberausgabe der ÖBZ von 1971.

Am 1. Jänner 1971 wurden die Beiträge um durchschnittlich 25 % erhöht, nun sollten mit Wirksamkeit vom 1. Jänner 1972 die Beiträge erneut um 20 % angehoben werden, womit aber die Finanzierung lediglich bis 1973 gesichert war, mit 1974 plante man bereits die nächste Erhöhung, was für den Bauernverband begreiflicherweise eine nicht zumutbare Belastung darstellte, zumal in der Bauernkrankenkasse sich bestimmte Funktionäre ordentlich die eigenen Säcke füllten.

8.4. Missstände in der Bauernkrankenkasse

Der Bauernverband hatte hervorragende Kontakte zu namhaften österreichischen Journalisten, wie etwa Karl Steinhauser von der Tageszeitung Kurier. Dieser berichtete im Jänner 1972 über Missstände in der Bauernkrankenkasse, die er einem geheimen Bericht des Sozialministeriums über die Gebarung der Bauernkrankenkasse entnahm. Kassenmittel in Millionenhöhe seien in vielen Fällen sinnlos ausgegeben oder zweckwidrig verwendet worden. Die Kritik wog umso schwerer, als die sechs Jahre zuvor gegründete Bauernkrankenkasse, in der jeder österreichische Bauer Zwangsmitglied war, unter chronischem Geldmangel litt. Auch die Grazer Zeitung „Neue Zeit“ widmete sich diesem Skandal, der schon beim Bau des Kassengebäudes begann, das nicht nur zu groß, sondern vor allem zu „großzügig“ gebaut wurde. In der Steiermark wurde seitens der Bauernkrankenkasse die Telefonanlage gemietet statt gekauft, was angeblich Mehrkosten von über einer halben Million Schilling verursacht hatte.

Vor allem aber in der Personalpolitik waren Missstände aufgetreten. So wurde z.B. die Sekretärin des niederösterreichischen Bauernbundobmannes von der Bauernkrankenkasse bezahlt, obwohl sie dort keinen Dienst versah. Auch der Wiener Bauernbunddirektor stand mit einem Gehalt von ATS 6000,- (pro Monat zuzügl. div. Zulagen) auf den Gehaltslisten der Krankenkasse und versah seinen Dienst jedoch beim Bauernbund. Das war alles kein Problem, da es in der Bauernkrankenkasse keine Dienstregelung gab. Der Obmann der Bauernkrankenkasse, Staatssekretär a.D. Johann Haider, verrechnete private Fahrten als Dienstreisen, die Beispielliste ließe sich noch beliebig fortsetzen, die Liste der Vorwürfe seitens des Sozialministeriums war über 60 Seiten lang.

„Ausgsteckt is …!" Karikatur in der ÖBZ als Reaktion auf die Aussagen Johann Haiders im Parlament, April 1972

Johann Haider ist dem Leser schon einmal im Buch begegnet, nämlich als polemischer Gegenredner der Bauernkundgebung des Bauernverbandes am 4. Oktober 1964 in Horn. Haider, der sich als Ämteranhäufer und Proponent der bäuerlichen Zwangskrankenkasse immer wieder der Kritik des Bauernverbandes ausgesetzt sah und auf der Liste der Missstände in der Bauernkrankenkasse mehr als einmal aufschien, leistete sich kurz nach der Aufdeckungsaktion obendrein noch einen dreifachen Salto ins politische Fettnäpfchen. „Alles Juden!" schrie er, als er sichtlich illuminiert aus der so genannten „Milchbar" des Parlaments entschlüpfte und Kreisky gerade im Plenarsaal die Auftragnehmer des UNO-City-Baus verkündete. Mit „Weinlaune" entschuldigte damals ÖVP-Klubobmann Koren Haiders verbalen Ausrutscher, mit dem zu heutiger Zeit wohl unter einem Rücktritt als Abgeordneter nicht zu entkommen wäre. Da Haider ja angeblich Bauernvertreter im Nationalrat war, wurden solche „Belustigungen" auch von der Österreichischen Bauernzeitung des AÖBV in Karikaturen thematisiert.

Doch zurück zur Bauernkrankenkasse: Die Bauern mussten laufend Erhöhungen der Kassenbeiträge hinnehmen, obwohl die Regelung über die Kostenvergütung der Arzthonorare immer noch ausstand. Dafür füllten sich einige wenige ordentlich die Säcke, man konnte eigentlich sogar von einer Parteifinanzierung des ÖVP-Bauernbundes über die Bauernkrankenkasse sprechen. Der AÖBV protestierte schärfstens gegen diese Missstände, doch ging das „schwarze Treiben" in der ÖVP-Hochburg in der Ghegastrasse zwar nicht unvermindert, aber doch weiter.

„Zweierlei Maß". Das Geld, das die braven Bauern schlangestehend einzahlten, wurde vom Bauernbunddirektor wieder abgeholt. Karikatur von Macheck in der ÖBZ, Jänner 1972.

8.5. AÖBV bei den Ministern Androsch und Weihs

Unterdessen konnte der AÖBV wieder einen großen Erfolg verbuchen. Gerhard Nowotny, Robert Wenitsch, Sepp Hintermayer und auch bereits Adolf Riautschnig, später langjähriger Obmann des nunmehr Österreichischen Unabhängigen Bauernverbandes, begaben sich zu Finanzminister Androsch und überreichten ihm eine Protestnote gegen die Erhöhung des Einheitswertes. Dabei konnten sie dem Finanzminister, dessen Sekretär der damals noch sehr junge Franz Vranitzky war, folgende Zusicherungen entlocken:

- Erhöhung der Buchführungspflichtgrenzen von bisher ATS 600.000,- auf ATS 700.000,-, was eine spürbare bürokratische Erleichterung für viele Bauern war;
- Überprüfung aller Betriebe, bei denen der Einheitswert auf Grund der neuen Einheitswertberechnung wesentlich höher liegt;
- Besondere Überprüfung der neuen Einheitswerte des Weinbaugebietes Kirchberg/Wagram an Ort und Stelle durch Beamte des Finanzministeriums;
- Berücksichtigung der Transportkosten bei der Ermittlung der Einkommenssteuer für pauschalierte Weinbauern, hier setzte sich wiederum Sepp Hintermayer für die Weinbauern durch;
- Keine weitere steuerliche Belastung des Weines für Gesundheitsmaßnahmen (Kreisky dachte einen so genannten „Gesundheitsschilling" auf Wein an, der damit fallengelassen wurde);
- Vereinfachte steuerliche Aufzeichnungen für Weinbauern, wiederum eine Erleichterung des bürokratischen Aufwandes.

Etwa gleichzeitig hatte Hannes Androsch die Arbeiten für die Mehrwertssteuer abgeschlossen, sie wurde am 18. Jänner 1971 beschlossen und mit 1. Jänner 1973 eingeführt. Auch hier wurde, namentlich in § 22 Abs. 1, einem Teil der Vorstellungen des Bauernverbandes Rechnung getragen. Die Zahllast für pauschalierte land- und forstwirtschaftliche Betriebe fiel weg, was bedeutete, dass der pauschalierte Vorsteuerabzug in gleicher Höhe war wie die Mehrwertsteuer.

„Androsch im Olympiajahr 1972". Dem neuen alten Finanzminister wurden zu Beginn des Jahres 1972 einige Hürden in den Weg gestellt. Karikatur von Macheck in der Kronen-Zeitung.

Etwa einen Monat später stattete man den nächsten Besuch ab. Eine Bergbauerndelegation des Bauernverbandes unter der Führung von Josef Loitfellner sprach bei Landwirtschaftsminister Weihs vor. Es wurde das geplante Bergbauernsonderprogramm erörtert, die Mittel sollten vor allem für den Güterwegebau, der zu dieser Zeit noch immer unterdotiert war, verwendet werden. Der Standpunkt des Bauernverbandes, dass einer Entsiedelung der Berggebiete nur durch Aufschließung entgegengewirkt werden konnte, wurde von Weihs voll akzeptiert. Einer Reihe von Einzelprojekten sowie der Schaffung eines Erholungsdorfes für Pensionisten in einem Gebiet, das noch fernab vom Fremdenverkehr lag, wurde vom Minister eine vorrangige Erledigung zugesagt.

Die Bergbauerndelegation des Bauernverbandes unter der Führung von Josef Loitfellner bei Landwirtschaftsminister Weihs, Februar 1972, links Anton Kornfell

Landwirtschaftsminister Oskar Weihs mit ÖR Karl Amon bei der Begutachtung der Kornernte

Obwohl, wie bereits erwähnt, Landwirtschaftsminister Weihs nicht unbedingt ein Freund des Bauernverbandes war, da ihn mit Landwirtschafskammerpräsident Lehner eine enge Freundschaft verband, war das Klima zwischen dem Bauernverband und einem Landwirtschaftsminister noch nie so positiv.

8.6. Der Preisauftrieb und seine Auswirkungen

Zu Beginn des Jahres 1972 gab es in Österreich einen gewaltigen Preisauftrieb, so ziemlich alles wurde teurer. Für die Bauern wurden u.a. die Bauernkrankenkasse, der Kunstdünger und die Traktoren teurer. Im Gegenzug beschlossen die Landwirtschaftskammerfunktionäre im niederösterreichischen Landtag ein neues Landwirtschaftskammergesetz, in dem sie sich ihre Gehälter, Pensionen und Postenanzahl erhöhten.

Für die Bauern jedoch waren die Teuerungen einmal mehr eine Existenzfrage, da wie üblich die Lebensmittelerzeugerpreise nicht mit der allgemeinen Teuerung stiegen. Da man seitens der Konsumenten ohnehin die Bauern für die gestiegenen Lebensmittelkosten verantwortlich machte, forderte der AÖBV nun vehement von Kreisky und Androsch Erzeugerpreiserhöhungen.

„Und wieder einmal alles für die Bauern erreicht“. Karikatur von Macheck in der ÖBZ, März 1972

„Wir werden prüfen“, lautete die Hinhaltetaktik der Regierung, mit dieser Parole sollten die Probleme der Landwirtschaft gelöst werden. Der Bauernverband beantragte schon zu Beginn des Jahres 1972 eine Erhöhung des Weizen- und Roggenpreises, der Antrag „werde geprüft“. Landwirtschaftsminister Weihs sagte eine Prüfung des Milchpreises für Anfang Mai zu. Das Prüfungsverfahren über

„Wir werden prüfen". Karikatur von Macheck in der ÖBZ, April 1972.

den Zucker war politisch festgefahren. Da jedoch Kreisky die Bauernverbandler sogar zu sich nach Hause einlud, wenn er einmal mit einem Wespenstich nicht gut zu Fuß war, und auch Landwirtschaftsminister Weihs, wenn auch oft zähneknirschend, immer bereit war, mit den AÖBVern ein Gespräch zu führen, sah man vorerst von Kampfmaßnahmen noch ab. Doch als Finanzminister Androsch bei der Einführung von Mehrwertsteuer auf Wein ganze 16 % verlangte und Wein eben nicht – wie versprochen – als Naturprodukt einstufte, drohte man seitens des Bauernverbandes wieder unverhohlen mit Kampfmaßnahmen.

Doch es kam zu Verhandlungen, in denen der Bauernverband einen vollen Sieg auf seine Fahnen heften konnte, vornehmlich wieder der Vorkämpfer für die Weinbauernschaft, Sepp Hintermayer. Das Ziel des Bauernverbandes war eine Herabsetzung des Mehrwertsteuersatzes auf 8 % für die Weinbauern. Bald schon zeichnete sich mit Androsch eine Verhandlungsgrundlage ab: 8 % Mehrwertsteuer für Wein, begrenzt auf einen gewissen Einheitswert. Vom ursprünglichen Vorschlag des Finanzministers von ATS 100.000,- als Einheitswertgrenze, gegenüber den Vorstellungen des Bauernverbandes Einheitswert ATS 350.000,-, bis zu der am Ende vereinbarten Lösung von ATS 250.000,- Einheitswert waren unzählige Verhandlungen und Aussprachen mit Androsch notwendig. Mit dieser Lösung waren mehr als 90 % der Weinbauern erfasst, und jeder konnte damit leben, zumal auch der Wein endlich als landwirtschaftliches Produkt anerkannt wurde. Dieser Erfolg des Bauernverbandes machte auch in den Tageszeitungen Schlagzeilen, wie z.B. in der Kronen-Zeitung.

Der Bauernverbandspanzer überrollt Finanzminister Androsch und setzt die Halbierung der Mehrwertsteuer auf Wein durch. Karikatur in der Kronen-Zeitung, Mai 1972

8.7. Wieder ein Erfolg für den Bauernverband: Die Prüfungskommission

Wie schon erwähnt, hatte der ÖVP-Bauernbund die Allmacht und die alleinige Entscheidungsgewalt betreffend Kreditanträge und Subventionsansuchen der Bauern. Dies brachte wirtschaftliche Abhängigkeit. War der Bauer nicht beim Bauernbund, hatte er berechtigte Sorge, nicht berücksichtigt zu werden. Mit Bruno Kreisky war jedoch endlich ein Politiker an der Regierungsspitze, der mit Hilfe des Bauernverbandes die Allmacht des Bauernbundes brechen wollte. Ein weiterer Schritt in diese Richtung war die vom AÖBV lange geforderte Einführung der Bundesprüfungskommission, deren konstituierende Sitzung am 6. Juni 1972 stattfand. Die Kommission war für die Entscheidung über jedes Kredit- oder Subventionsansuchen eines land- und forstwirtschaftlichen Betriebes, das aus Förderungsmitteln des Landwirtschaftsministeriums vergeben wurde, zuständig.

Die Landwirtschaftskammern mussten daher in Hinkunft Ansuchen um Gewährung einer Förderung aus Bundesmitteln an einzelne land- und forstwirtschaftliche Betriebe (Zuschüsse und Zinsenzuschüsse zu Agrarinvestitionskrediten) dieser neu geschaffenen Bundesprüfungskommission zur Entscheidung vorlegen, welche somit über jeden Kreditfall zu entscheiden hatte.

Bundesprüfungskommission hat Arbeit aufgenommen. Damit war eine weitere Alleinherrschaftsbastion des Bauernbundes gebrochen, was diesen sichtlich in Rage brachte.

In der neu geschaffenen Kommission saßen nunmehr unter dem Vorsitz des Landwirtschaftsministers zwei Vertreter des AÖBV, zwei weitere des SPÖ-Arbeitsbauernbundes, die FPÖ-Bauern entsandten vorläufig noch niemand, der Bauernbund zog sich in den Schmollwinkel zurück und entsandte ebenfalls keinen Vertreter, wohl in der Hoffnung, auf diese Weise die Kommission sabotieren zu können – was aber nicht gelang. Schon in der ersten Arbeitssitzung am 10. Juli 1972 wurden 124 Agrarinvestitionskredite mit einer Kreditsumme von ATS 3.983.900,- vergeben, nur fünf Fälle wurden zu weiteren Erhebungen zurückgestellt und bei der nächsten Sitzung neu behandelt.

Der Bundesprüfungskommission sollte aber nicht nur die Prüfung einzelner Kredite und Beihilfen obliegen, sie sollte auch vor der Erstellung neuer Vergaberichtlinien beratend wirken. Die vom AÖBV in die konstituierende Sitzung entsandten Vertreter waren übrigens Kammerrat Leopold Gasselich aus Lassee und Kammerrat Siegfried Kampl aus Gurk in Kärnten. Zweitgenannter war jener Kampl, der im Jahr 2005 wegen Kritik an Wehrmachtsdeserteuren von seinem Bundesratsmandat zurücktreten sollte. Kampl, auch Bürgermeister von Gurk im Gurktal (Kärnten) beugte sich dem Druck nicht, sondern trat lediglich aus dem BZÖ aus und sitzt derzeit (2008) als Fraktionsloser im Bundesrat. Bei der konstituierenden Sitzung der Bundesprüfungskommission war Kampl 36 Jahre alt. Bevor er eine Karriere in der FPÖ machte, war er ein unermüdlicher Kämpfer des Bauernverbandes in Kärnten. Wir werden ihm später, 1976 beim Kärntner Hungerstreik, dem in diesem Buch noch ein großes Kapitel gewidmet sein wird, wieder begegnen.

8.8. Androsch beim AÖBV in Großweikersdorf und Gols

Mit Finanzminister Androsch, der lange Zeit als der politische Ziehsohn Bruno Kreiskys galt, zeichnete sich ein immer besseres Verhältnis ab. War er schon im Jahr zuvor in Poysdorf bei einer Weinbauernversammlung des Bauernverbandes aufgetreten, folgte er auch der Einladung am 2. Juli 1972 nach Großweikersdorf. Aus heutiger Sicht zeigt sich einmal mehr, dass jeder einmal klein anfangen muss: Bei Androschs Auftritten war stets sein Kofferträger dabei – damals nannte man das noch vornehm „wirtschafts- und finanzpolitischer Berater" – nämlich der noch junge Franz Vranitzky.

Androsch beim Bauernverband in Großweikersdorf, 2. Juli 1972. Am Podium: Androsch, Hintermayer (stehend), Wenitsch und ganz rechts Gerhard Nowotny.

Zu der Bauerndiskussion in Großweikersdorf kamen über 800 Bauern, um mit dem Finanzminister zu diskutieren. Bezirkskammerrat Josef Hintermayer begrüßte die erschienenen Bauern im Namen des Landesverbandes Niederösterreich, die Landesobmänner Robert Wenitsch und Gerhard Nowotny nahmen ebenfalls an der Diskussion teil, die von Manfred Frey geleitet wurde.

Fragen über die Mehrwertsteuer und die steuerliche Entlastung des Weines prasselten nur so auf den Finanzminister nieder. An Wenitsch wurden insbesondere Fragen über die Neuvergabe der Kredite und Errichtung der Bundesprüfungskommission gerichtet. Mehr als drei Stunden stand Androsch für die Beantwortung von Fragen den Bauern zur Verfügung.

Wenige Wochen später, im August 1972, veranstaltete der Bauernverband wieder im Rahmen des Golser Volksfestes eine Bauernkundgebung und lud auch dazu Finanzminister Androsch ein. Das zentrale Thema war wieder die Mehrwertsteuer und ihre Auswirkungen, es konnten auch Podiumsteilnehmer von ÖVP (Landesrat ÖR Josef Wiesler) und FPÖ (Nationalrat Dr. Tassilo Broesigke) gewonnen werden. Für den Bauernverband selbst saß Robert Wenitsch am Podium, der den Vertreter der ÖVP besonders begrüßte, da es äußerst selten war, dass ÖVP-Funktionäre an AÖBV-Veranstaltungen konstruktiv mitwirkten.

Androsch vor 2.000 Bauern bei der Bauerndiskussion in Gols, August 1972. Rechts von Androsch Robert Wenitsch

Die AÖBV-Veranstaltungen sorgten in der Presse immer für Echo. Robert Wenitsch als Diskussionsleiter in Gols, August 1972. Foto und Artikel aus der „Wochenpresse", 23. August 1972.

Neben der Mehrwertsteuer waren aber auch die Einheitswerte ein Thema, das den über 2.000 (!) anwesenden Bauern unter den Nägeln brannte. Gerade für Gols spielten die Einheitswerte eine große Rolle, denn über 50 bäuerliche Betriebe, bedingt durch die Spezialisierung auf den Weinbau, hatten einen Einheitswert über ATS 250.000,- reine Weinbaufläche und hätten daher ab 1973 den vollen Mehrwertsteuersatz zahlen müssen. Es wurde für diese Betriebe eine Novellierung verlangt und zwar so vehement und lautstark, dass der Finanzminister am Podium gehörig ins Schwitzen geriet. Auch diese Veranstaltung war für den Bauernverband wieder ein voller Erfolg, der ORF berichtete ausführlich, und damit war auch für den Bauernbund endgültig klar, dass der Bauernverband aus der politischen Landschaft nicht mehr wegzudenken war.

8.9. Der Weinskandal von 1972

Der Aufdecker des Weinskandals von 1972 war Sepp Hintermayer, Sprecher der Weinbauern des Allgemeinen Österreichischen Bauernverbandes. Von ihm war bereits öfter die Rede, er kam durch die Veranstaltung vom 4. Oktober 1964 in Horn zum Bauernverband, denn dort saßen seine Freunde Burkhard List, Josef Siegert und Ing. Heinz Platzer. Letztgenannter war Gutspächter, später auch anerkannter Betriebsprüfer für das landwirtschaftliche Prüfungswesen des Finanzministeriums, Platzer konnte niemand ein X für ein U vormachen. List, Besitzer der berühmten Grillhendlstation in Baumgarten am Wagram bei Großweikersdorf, Siegert und Platzer wirkten nach der beeindruckenden Horner Veranstaltung 1964 auf Frey und Langer ein, dass sich der Bauernverband unbedingt die Mitarbeit des Sepp Hintermayer sichern sollte, da er ein Mensch mit Wortgewalt, Ausstrahlung und ungeheurem Potenzial wäre. Daraufhin verlegte man die nächste Großveranstaltung des Bauernverbandes gleich in die Heimatgemeinde Hintermayers, nach Großweikersdorf, es war der bereits beschriebene Bauerntag, bei dem Hintermayer auch seinen ersten großen Auftritt für den Bauernverband absolvierte.

Sepp Hintermayer war selbst Weinbaupionier. Gemessen an der Kleinstrukturiertheit seiner Weinbauregion am Wagram verfügte Hintermayer schon in frühen Jahren über ein eigenes großes Weingut, nämlich 7 Hektar. Er begann bereits in den sechziger Jahren mit Qualitätsweinbau und der Flaschenvermarktung seines Weines. Er war in seinem Gerichtsbezirk Kirchberg am Wagram der Erste, der von der Stockkultur auf die Hochkultur überging. Mit diesem Pionierprogramm konnte er schon in frühester Zeit ansehnliche Erfolge einfahren und war damit nicht nur Politiker, sondern ein Mann der Praxis, der wusste, worum es ging. Heute führt den Weinbaubetrieb der Sohn Hintermayers weiter, Sepp Hintermayer jun., der die Fläche des Weinguts auf mehr als 10 Hektar ausgebaut hat.

Zurück zum Weinskandal von 1972, es handelt sich hierbei noch nicht um den bekannten „Glykol-Weinskandal" von 1985, sondern um einen Weinexportskandal. Einige Weinhandelsfirmen hatten nichts Besseres zu tun, als in Ungarn, Bulgarien und sonstigen Ostblockländern allerbilligsten Wein in rauen Mengen aufzukaufen und dann als „österreichischen Qualitätswein" in die Bundesrepublik Deutschland zu exportieren. Dort nannte man den angeblich aus Österreich importierten Wein bald „Rüpelsheimer Nierentritt" oder auch „Sauerampfer". Aufgeflogen war das Ganze, als Sepp Hintermayer die Differenz zwischen den deutschen Weinimportziffern und den österreichischen Exportziffern aufdeckte. Flugs wanderten einige Firmen vor Gericht, denn es wurden sogar die Ursprungszeugnisse gefälscht. Der Ruf der österreichischen Weinbauern erlitt argen Schaden, obwohl dieser Skandal von Weingroßhandelsfirmen ausging und nicht von den Weinbauern selbst, die ja selbst auch geschädigt wurden – schließlich war der Weinexport kontingentiert.

„Die Reblaus der siebziger Jahre". Karikatur von Macheck zum Weinskandal von 1972, der in der Presse hohe Wogen schlug, in der ÖBZ, Oktober 1972.

Im Mittelpunkt des Skandals standen drei Firmen, Lenz Moser in Rohrendorf bei Krems, Sabinius Achreiner Weinexport und -import und Lessner & Kamper aus Wien. Lenz Moser lieferte beispielsweise 200.000 Liter „Gumpoldskirchner Zierfandler" und 50.000 Liter Rotwein „aus dem Burgenland". Diese Weine hatten jedoch Österreich nur durchreist, waren aber hier nicht gewachsen. Die beiden anderen Firmen lieferten tausende Hektoliter angeblich österreichischen Weines nach Großbritannien. Die Briten waren über den Schwindel „not amused". Als dann die dänischen Zollbehörden feststellten, dass nur jeder fünfundzwanzigste Liter „österreichischen Weines" tatsächlich aus Österreich stammte, wachten hierzulande endlich auch das Landwirtschaftsministerium und die Wirtschaftskammer auf. Nach eingehender Prüfung wurde festgestellt, dass zwischen 1960 und 1971 insgesamt sagenhafte rund 100 Millionen Liter Wein alleine nach Deutschland exportiert worden waren, die nicht von österreichischem Boden stammten, aber als österreichischer Qualitätswein verkauft wurden.

Sepp Hintermayer forderte eine sofortige Regelung der Ursprungszeugnisse und Transportbescheinigungen, um solchen Machenschaften in Hinkunft einen Riegel vorzuschieben. Die Affäre, von Hintermayer einmal losgetreten, gipfelte darin, dass im Parlament ein Untersuchungsausschuss beantragt wurde. Die Regierung erarbeitete ein neues Weingesetz, welches am 1. Oktober 1972 beschlossen wurde und das Weingesetz von 1961 ersetzte. Das neue Gesetz enthielt vor allem Regelungen betreffend Transportbescheinigungen, aber auch die Einführung des Kellerbuches, in dem der Weinbauer genaueste Aufzeichnungen über seine Weinwirtschaft zu führen hatte. Das war einerseits positiv, da man damit genau die Weinmengen erfassen konnte, die man zur bürokratischen Prüfung der Exportkontingente brauchte, andererseits brachte es aber einen zeitlichen Mehraufwand für die Weinbauern, die an der Affäre ja keine Schuld trugen.

Sonderbericht über den Weinskandal

daß skrupellose
n Ruf des öster-
und damit den
hen Weinbauern

ısehen beschäfti-
fentlichkeit mit
lal.
larauf aufmerk-

weit, daß österreichische Ursprungszeugnisse gefälscht wurden.

Der Direktor der Weinhandelsfirma Lessner & Kamper, Dr. Erich Aufmesser, mußte daraufhin aus obiger Firma ausscheiden.

Dänische Zollbehörden stellten fest, daß nur jeder fünfundzwanzigste Liter österreichischen Weines tatsächlich

KR Josef Hintermayer, Sprecher der Weir bauern des Bauernverbandes

Sepp Hintermayer, Aufdecker des Weinskandals von 1972. Zeitgenössisches Foto in der ÖBZ, Oktober 1972.

Die Regelungen betreffend der Transportbescheinigungen dienten vor allem dazu, die Herkunft jeden Weines genau zurückverfolgen zu können. Exportskandale dieser Art sollte es in Hinkunft nicht mehr geben. Dass einige schwarze Schafe bald auf das Wundermittel Diethylenglykol stoßen würden, konnte zu diesem Zeitpunkt noch niemand ahnen – doch dazu mehr an späterer Stelle.

8.10. Getreide- und Milchpreis, Bauernproteste in Kärnten

Nachdem zu Beginn der Agrarpreisverhandlungen kurz nach Angelobung der Regierung Kreisky II nicht recht viel weiterging, dafür im Gegenzug aber alle anderen Preise in die Höhe schossen, sprach man im Juli 1972 wiederum bei Landwirtschaftsminister Weihs im Ministerium vor und machte Druck in Richtung Preisnachziehung, vor allem bei Getreide und Milch. Die Bauernverbandler protestierten gegen die Verhandlungsführung in der Vorprüfungskommission zum Getreidepreisantrag des AÖBV, der bereits Anfang des Jahres 1972 eingebracht wurde.

Die Delegation, die sich aus dem stv. Hauptverbandsobmann Wenitsch und den Mitgliedern des AÖBV-Gertreidepreisausschusses, Nowotny, Wilfried Scherner aus Kautzen und Franz Wald aus Deutsch-Wagram zusammensetzte, konnte dem Minister den Standpunkt des Bauernverbandes so überzeugend darlegen, dass Weihs sich bereit erklärte, eine Erhöhung des Weizenpreises um 15 Groschen je Kilogramm vorzunehmen, was immerhin um 5 Groschen mehr war, als man ursprünglich seitens des Ministeriums beabsichtigt hatte.

Im Juli 1972 gab Landwirtschaftsminister Weihs die Erhöhung der Weizenpreise um 15 Groschen bekannt. Für Normalweizen wurde jedoch ein Einbehalt von 5 Groschen

„Herbstmeisterschaften". Der Bauernverband setzte mit seinen Forderungen die verantwortlichen Regierenden Kreisky, Androsch und Weihs gehörig unter Druck. Karikatur von Macheck in der ÖBZ, August 1972.

bestimmt, der für die Vermarktung verwendet werden sollte. Wenn auch zu diesem Zeitpunkt die Ernte von 1972 noch nicht ganz eingebracht war, zeichnete sich schon ab, dass die Ernteerträge ca. 25 % unter jenen des Vorjahres liegen würden. Nachdem aber aus dem Vorjahr keine Vorräte vorhanden waren, musste Weizen sogar importiert werden. Dies schlug dem Fass den Boden aus, wurde doch den Konsumenten und den Bauern ständig das Märchen von der Überproduktion vorgegaukelt.

Der AÖBV forderte, dass auch für Normalweizen die gesamte Erhöhung von 15 Groschen an die Bauern weitergegeben wurde, da für die Vermarktung keine großen Mittel aufzuwenden waren. Um den Getreidepreis wurde also weidlich herumgestritten, während zur gleichen Zeit der Preis für 1 kg Schwarzbrot um 50 Groschen stieg – auf ATS 6,90.

Die steigenden Produktionskosten im Allgemeinen und die Verschleppung der Milchpreisverhandlungen sowie eine erneute Viehexportsperre im Besonderen veranlassten den Kärntner Landesverband des AÖBV dazu, wieder in Aktion zu treten. Ohne viel propagandistischen Aufwand wurden die Kärntner Bauern aufgefordert, eine Blockade der Milchauslieferung bei fünf Molkereien durchzuführen. 500 Traktoren sowie hunderte Bauern folgten dem Ruf des Kärntner Landesverbandes. Für den 4. September 1972, die Blockade der Traktoren begann bereits in der Nacht davor, waren auch Diskussionen über die agrarpolitische und wirtschaftliche Lage angesetzt, wozu Vertreter aller politischen Parteien eingeladen waren. Die Blockade der

Durch die Molkereiblockaden erreichten die Kärntner Bauern, dass der Milchpreis in den Vordergrund der Agrarpreisverhandlungen rückte.

Kärntner Bauern kämpfen um höheren Milchpreis. Foto von einer blockierten Molkerei, 4. September 1972.

Molkereien wurde lücken- und reibungslos durchgeführt, wobei darauf geachtet wurde, dass die Versorgung von Spitälern und Kinderheimen gewährleistet blieb.

Eine Delegation sprach bei der Kärntner Landesregierung vor und unterbreitete das Forderungsprogramm des Bauernverbandes, nämlich sofortige Aufnahme der Milchpreisverhandlungen, Anhebung des Produzentenmilchpreises um 50 Groschen, Vorkehrungen, dass in Hinkunft Exportsperren für Vieh nicht mehr verfügt werden, und Freigabe eines Kontingentes von Rindern für den Export nach Italien.

Für den 5. September wurde eine Vorsprache bei Minister Weihs vereinbart, und die Kärntner Bauern beschlossen, die Blockade bis zu diesem Treffen fortzusetzen. Als man bei dieser Vorsprache dann Weihs die Daumenschrauben ansetzte, schien wieder alles wie am Schnürchen zu klappen. Der Bauernverbandler erreichten eine Erhöhung des Kontingentes für Rinderexporte, da gerade die Kärntner Bauernschaft sich am Export nach Italien orientierte und durch besagte Sperre fühlbare Einkommensverluste erlitt. Weihs sagte auch die sofortige Aufnahme der Milchpreisverhandlungen zu und setzte den Beginn mit 15. September 1972 fest.

Gleich zu Beginn der Milchpreisverhandlungen stellte der AÖBV einen Antrag auf Erhöhung um 50 Groschen. Doch es zog sich wie ein Strudelteig: Erst am 18. Okto-

Es muaß sein ... (Kampfruf aus dem oberösterreichischen Bauernkrieg)

Der Kampf um den höheren Milchpreis der Kärntner Bauernschaft im September 1972. Karikatur von Macheck in der ÖBZ.

ber fand das Vorprüfverfahren über den Antrag statt. Dabei wurde der Kommission die Produktionskostenkalkulation mit den Erhöhungen der letzten Milchpreisregulierung vorgelegt, wie immer aus der Feder von Norbert Kanz. Der Antrag auf eine Erhöhung um 50 Groschen wurde durch präzise Unterlagen erhärtet. Noch während der Verhandlungen um den neuen Milchpreis war durch eine Indiskretion der Präsidentenkonferenz durchgesickert, dass die Berechnungen nach Durchführung willkürlicher Abstriche in der Kalkulation eine Milchpreiserhöhung von nur 4,5 Groschen für die Bauern ergeben sollte. Der Bauernverband beschloss daraufhin spontan, dass für den Fall, dass diese Indiskretion der Wahrheit entsprechen sollte, eine Blockierung der Milchanlieferung nach Wien in die Wege geleitet werden sollte.

Drohung des Bauernverbandes in Anbetracht einer lächerlichen und indiskutablen Milchpreiserhöhung von 4,5 Groschen. Karikatur in der ÖBZ, November 1972.

Ebenso sollte auch die Milchlieferung in die jeweiligen Landeshauptstädte sabotiert werden. Doch soweit kam es nicht. Nach längerem Hin und Her wurde der Erzeugermilchpreis ab 27. November 1972 für erste Qualität um 15 Groschen je Kilogramm erhöht (ATS 2,83), für zweite Qualität um 10 Groschen (2,62).

8.11. Die gepredigte Stabilität und sonstiges politisches Allerlei

Die enormen Preissteigerungen verlangten rasches Handeln der Regierung Kreisky II und ein Zauberwort war schnell gefunden, nämlich „Stabilität". Dabei fiel auf, dass die Regierung selbst den Ernst der Lage betonte und dabei vom Gewerkschaftsbund unterstützt wurde, zumal für das Frühjahr 1973 eine erneute Preissteigerung von 10 % prognostiziert wurde. Einen Lohn- und Preisstopp lehnten die Sozialpartner ab, da dies ihrer Meinung nach nur zu einem Rückstau der Inflation geführt hätte, die dann umso stärker hereinbräche.

Das primäre Thema der Bundesregierung war also, die Preisentwicklung in den Griff zu bekommen und die Preise stabil zu halten. Zu diesem Zweck legte Finanzminister Androsch ein Stabilisierungsprogramm vor, in dem unter Punkt 4 vorgesehen war, dass bei der Preisgestaltung von Grundnahrungsmitteln die Preiserhöhungen auf ein Minimum zu beschränken wären. So sehr der Bauernverband eine Preisstabilisierung begrüßte, schließlich waren die Erhöhungen bei den Maschinenpreisen, bei

„Stabilität nicht nur auf Kosten der Bauern", Karikatur von Macheck in der ÖBZ, November 1970. Die große Wählerschaft waren und sind eben die Konsumenten, der Bauer hat die Last zu tragen.

Kunstdünger etc. für die Bauern alles andere als erbaulich, konnte man jedoch eine Preisstabilisierung, die nur auf dem Rücken der Bauern ausgetragen wurde, keinesfalls hinnehmen. Daher war es einmal mehr an der Zeit, von der Regierung eine aktive agrarische Preispolitik einzufordern, das Verlangen nach dem kostendeckenden Erzeugerpreis blieb, auch angesichts der Getreide- und Milchpreisverhandlungen, immer noch die Hauptforderung des Bauernverbandes. Zu diesem Zeitpunkt wurde bei der Bundesregierung die Mindestforderung nach einer automatischen jährlichen Anhebung der Agrarpreise in Höhe der jeweiligen Inflationsrate erhoben. Das wäre ein geradezu revolutionäres Novum in der agrarischen Preispolitik gewesen, doch – wie erwähnt – war „Stabilität" das Zauberwort, damit wurde auch diese Forderung ganz in Kreisky´scher Manier zwar nicht gleich abgetan, aber dennoch auf die lange Bank geschoben.

Unterdessen fand Ende des Jahres 1972 die alljährliche und unvermeidliche Budgetdebatte statt. Die ÖVP, als die große Opposition, hätte die Möglichkeit gehabt, im Kapitel Landwirtschaft das Budget der Regierung verbal zu zerreißen. Dahingehend tat sich aber nicht viel. Stattdessen erging sich am Rednerpult der Abgeordnete zum Nationalrat und Bauernbundpräsident Minkowitsch in Schimpf- und Hasstiraden wider den Bauernverband. Es war eben unter Kreisky mit der Allmacht des Bauernbundes endgültig vorbei, was hohe Funktionäre desselben begreiflicherweise ordentlich schmerzte. Dabei war es offensichtlich so, dass der Bauernverband in vielen Dingen das Recht auf seiner Seite hatte, was Minkowitsch sogar öffentlich, wenn auch nicht im Parlament, sondern bei einer Rede in Tulln eingestand. Der Bauernverband warnte unter Finanzminister Koren vor der Einführung der 10 %-igen Sondersteuer auf Wein. 1972 gestand Minkowitsch in besagter Rede ein: „Das war das Blödeste, was der ÖVP je eingefallen ist." Was er nicht erwähnte, war die Tatsache, dass er sich damals als Parteisoldat zu unterwerfen hatte und – wenn auch zähneknirschend – für die Einführung der Weinsondersteuer stimmen musste.

Kammerrat Leopold Gasselich und der niederösterreichische Landesgeschäftsführer Manfred Frey waren beide Mitglieder der Prüfungskommission und standen über das Hauptverbandssekretariat im Pressehaus für die Bauern jederzeit für Anfragen zur Verfügung.

Was aber die Bauernbündler am meisten schmerzte, war die Einführung der Prüfungskommission für Agrarinvestitionskredite und sonstige Förderungen aus dem Landwirtschaftsministerium, wo Vertreter des Bauernverbandes saßen und damit dem Bauernbund das Hauptdruckmittel auf die Bauernschaft nahmen. Es war zwar verständlich, dass Minkowitsch in seiner Parlamentsrede Ende 1972 seinem Schmerz Luft machte, dass er aber kein einziges Wort über die Probleme der Bauernschaft verlor, machte aber doch nachdenklich – vor allem jene Bauern, die seine Rede im Rundfunk mitverfolgen konnten.

„Auf dem Weg". Die drei Weisen aus dem Morgenland, Kreisky, Weihs und Androsch bringen der Bauernschaft Geschenke mit, nämlich Teuerung und Mehrwertsteuer. Ganz vorne marschiert Kreisky, um mit dem Stabilisierungs-Weihrauch die Gemüter zu besänftigen.

Alles in allem war demnach auch das Jahr 1972 für den AÖBV ein erfolgreiches Jahr, vor allem auch für die „Österreichische Bauernzeitung". Das Blatt wies nunmehr einen Umfang von bis zu 30 Seiten auf. Neben der agrarpolitischen Berichterstattung gab es mehrere Kolumnen, u.a. die „Politische Rundschau" von Viktor Reimann, Buchautor, Kreisky-Biograph und Leiter der Innenpolitikberichterstattung der Kronenzeitung. Als weiterer Kolumnist konnte der bekannte Journalist und Schriftsteller Ernst Trost gewonnen werden, der mit der Kolumne „Über die Grenzen" auch Außenpolitisches in die Bauernzeitung brachte. Für die immerwährende Veräppelung der agrarischen Szene im Allgemeinen und die des Bauernbundes im Besonderen zeichnete Otto Fielhauer in seinem „Schmähdrescher" verantwortlich. In der Mitte des Blattes fand der interessierte Bauer den „Amtlichen Marktbericht" der Landwirtschaftskammer mit den aktuellen Agrarpreisen, die immer noch zu niedrig waren, um ein weiteres Bauernsterben zu verhindern. Am Ende des Blattes fanden sich Bauernregeln, Bilderrätsel und sagenartige Episoden sowie das TV-Programm und verschiedene Rubriken wie „Für die Frau" und „Vergesst die alten Bräuche nicht!" Am hintersten Blatt der Bauernzeitung wurden verschiedene Macheck-Karikaturen abgedruckt, die alle aus der Kronenzeitung stammten und sehr oft den Bauernverband thematisierten, der schon längst zur politischen Institution in der österreichischen Innenpolitik geworden war, was sich auch in der übrigen Presselandschaft Österreichs manifestierte. Zahlreiche Medien berichteten ständig über den Bauernverband, sehr zum Leidwesen seiner Gegner. Es bestanden hervorragende Kontakte zu den beiden größten österreichischen Tageszeitungen, bei der „Kronenzeitung" zu Hannes Walter und zu Karl Steinhauser beim „Kurier". Diese Kontakte waren für die Öffentlichkeitswirksamkeit des Bauernverbandes von immenser Bedeutung.

Aber nicht nur zu Krone und Kurier bestand ein heißer Draht, sondern auch zur „Wochenpresse", zur APA (Austria Presse Agentur) und zur Wiener Redaktion der „Salzburger Nachrichten". Besonders wichtig war aber auch das „Salzburger Volksblatt", eine Tageszeitung, die im Salzburg der sechziger Jahre hohe Auflagen erreichte. Der nachmalige Chefredakteur des Volksblattes, Ernst Wachalovsky, war von der Idee des Bauernverbandes sehr beeindruckt. Durch seine vorherige Tätigkeit beim Pinzgauer Heimatblatt lernte er wesentliche Persönlichkeiten des Bauernverbandes wie Loitfellner und Langer kennen und schätzen und war von der Lauterkeit ihrer Absichten überzeugt. Die Berichterstattung Wachalovskys bewirkte, dass sich auch die Salzburger Medien mit dem Bauernverband auseinandersetzen mussten.

Betreffend Pressemeldungen aus dem Agrarbereich gab es das so genannte AIZ (Agrarinformationszentrum), das de facto ein Informationsmonopol hatte und überwiegend schwarz eingefärbt war. Dass man dort den Bauernverband nicht gerade bevorzugt behandelte, wird dem Leser klar sein, zumal das AIZ vornehmlich von den Landwirtschaftskammern und vom Bauernbund finanziert wurde. Um dem entgegenzuwirken

ÖSTERREICHISCHE
BAUERN
KORRESPONDENZ
Informationen aus Politik und Wirtschaft

Logo der ÖBK, gegründet um das schwarze Informationsmonopol zu durchbrechen.

und dieses Monopol zu brechen, gründete der Bauernverband die ÖBK (Österreichische Bauernkorrespondenz), welche durch die zahlreichen Pressekontakte sehr schnell hochwirksam wurde. Trotz der Schwierigkeiten, die dem AÖBV von der offiziellen Agrarpolitik bereitet wurden, ist es diesem gelungen, medienwirksam voll durchzudringen.

8.12. Der Milchkrieg geht weiter

Wie erwähnt wurde nach den Kärntner Molkereiblockaden der Milchpreis am 27. November 1972 für erste Qualität um 15 Groschen je Kilogramm erhöht (ATS 2,83), für zweite Qualität um 10 Groschen (2,62), was die Gemüter wieder ein wenig beruhigte. Doch Landwirtschaftsminister Weihs, hinter dem der stets konspirierende Kammerpräsident Lehner einflüsternd stand, hatte für die Milchbauern zu Beginn des Jahres 1973 einige böse Überraschungen parat. So wurden mit 1. Jänner 1973 neue Qualitätsrichtlinien für die Milch erlassen, sodass die Maximalerhöhung von 15 Groschen nur noch der Hälfte der Bauernschaft zukam, der Rest musste sich mit 10 Groschen begnügen. Doch das war noch lange nicht alles. Mit Wirksamkeit vom 1. März 1973 sollte der Absatzförderungsbeitrag – so euphemistisch nannte man den Krisengroschen – von 5 auf 15 Groschen erhöht werden. Unterm Strich kam also für die Bauern eine de facto Null-Erhöhung heraus.

Ein Besitzer von zwölf Kühen erlitt dadurch eine Kürzung des jährlichen Arbeitslohnes um ATS 4.000,-, wie Kanz errechnete, und das war eine Menge Geld in den siebziger Jahren. Ein Arbeiter hätte sich das von seinem Unternehmen niemals gefallen lassen, sofortige gewerkschaftliche Kampfmaßnahmen wären an der Tagesordnung gewesen. Doch die Bauern hatten nun einmal keine mächtige Gewerkschaft, sie hatten den Bauernbund, der es wieder beim papierenen Protest beließ, und den Bauernverband, der Kampfmaßnahmen ankündigte und auch durchführte.

Als Landwirtschaftsminister Weihs anlässlich einer Vorsprache der Bauernverbandler am 6. März 1973 seine Vorgangsweise damit begründete, dass ihm das Agrarbudget keine andere Wahl gelassen hätte, hielt ihm der Milchbauer und Landeskammerrat Sumper aus dem Lavanttal in Kärnten entgegen: „Jetzt reden wir aber von meinem Budget, Herr Minister. Sie haben mein Budget empfindlich gekürzt. Sie haben dabei nicht gefragt, ob und wie ich mit meiner Familie weiterexistieren kann." Gleichzeitig forderte die Delegation laut und unmissverständlich von Weihs die unverzügliche Rücknahme der Krisengroschenerhöhung und die Nachziehung des Erzeugermilchpreises um 54 Groschen auf Grund der seit 1972 eingetretenen Produktionskostensteigerungen.

Bezeichnend war, wie immer wenn es galt für die Bauern etwas durchzusetzen, das Verhalten der politischen Bauernorganisationen. Der SPÖ-Arbeitsbauernbund hatte in einer einstimmigen Entschließung des Hauptausschusses der Landwirtschaftskammer für Kärnten den Protest gegen die Erhöhung des Krisengroschens und die Androhung gewerkschaftlicher Kampfmaßnahmen unterstützt. Das währte jedoch nicht lange, denn es kam wohl ein Anruf aus Wien – und flugs bezeichnete man seitens der roten Bauern die Krisengroschenerhöhung als bedauerlich, aber „gerechtfertigt".

Für die FPÖ-Bauernschaft richtete Landeskammerrat Rainer ein Protesttelegramm an Minister Weihs, weiters stimmte die freiheitliche Bauernschaft besagter Entschließung im Hauptausschuss der Kammer zu. Die Aufforderung des Bauernverbandes, gemeinsam vorzugehen, quittierte Rainer in einer Diskussion vor Jungbauern mit der lakonischen Bemerkung, dass getrennte Wege nun mal ein Merkmal der Demokratie seien.

Der ÖVP-Bauernbund reagierte in einer Weise, die den Eindruck erweckte, ein Bauernaufstand stünde unmittelbar bevor. Das eiligst nach Eisenstadt einberufene Exekutivkomitee der Direktoren des Bauernbundes brachte am 1. März 1973 gerade noch den Beschluss über eine lendenlahme Vorsprache beim Landwirtschaftsminister zustande. Keine Konsequenzen, keine Entschlossenheit, kein Ultimatum, kein Termin und auch keine Maßnahmen für den Fall, wenn sich die Regierung unnachgiebig zeigen würde.

Der Bauernbund hatte 80 Prozent der Bauern als Anhänger hinter sich, wenn auch viele darunter nur widerwillig dabei waren, um nicht zuletzt in ihrem näheren Umfeld den Weg des geringsten Widerstandes zu gehen. Der Bauernbund hatte und hat immer noch die Landwirtschaftskammern und die landwirtschaftlichen Genossenschaften in der Hand. Er verfügte damit über alle Instrumente, um der Bauernschaft die Abwehr einer bauernfeindlichen Agrarpolitik durch Einsatz außerparlamentarischer Kampfmittel zu ermöglichen. Da die ÖVP aber bereits auf die nächste Nationalratswahl spekulierte, war es der Partei und somit auch dem Bauernbund ganz recht, wenn die SPÖ keine bessere Agrarpolitik zustande brachte. Diese Spekulation war ohnehin sinnlos, da die SPÖ in weiterer Folge bis 1983 alle Wahlen gewann und die absolute Mehrheit hielt. Der Bauernbund hätte es zu dieser Zeit in der Hand gehabt, durch massive Proteste eine bessere Agrarpolitik zu erzwingen, was aber nicht geschah, da die Mutterpartei ständig nur ihre parteipolitischen Ziele im Auge hatte.

Seitens des Bauernverbandes versuchte man es noch einmal im Guten und ging zu Kreisky selbst, zu dem man einen guten Draht hatte und über ein gutes Gesprächsklima verfügte. Man übergab ihm die neueste und aktuellste Milchpreiskalkulation von Norbert Kanz mit folgendem Begleittext:

> Milchpreisforderung des AÖBV
> Die in der beigefügten Anlage enthaltene Berechnung hat ergeben, dass die Erzeugungskosten der Milch wesentlich über dem derzeitigen Milchpreis liegen. Selbst wenn man von der vor dem 1. Juni 1971 bereits bestandenen Kosten-Preis-Disparität absieht, sind die Erzeugungskosten vom 1. Juni 1971 (dieser Termin wurde von der Preiskommission bereits als Ausgangsbasis anerkannt) bis Jänner 1973 um mehr als 60 Groschen pro Kilogramm Milch gestiegen. Davon wurden im Durchschnitt der angelieferten Milch durch die Nachziehung des Erzeugermilchpreises vom 27. November vergangenen Jahres nur 12 Groschen abgegolten.

> Nachdem durch die Verschärfung der Qualitätsbestimmungen ab 1. Jänner 1973 von dieser Erhöhung wieder etwa 6 Groschen durchschnittlich zurückgenommen wurden und das Milchgeschäft der Bauern durch die Erhöhung des Krisengroschens ab dem 1. März 1973 eine weitere Kürzung um 10 Groschen erfahren hat, besteht zur Zeit eine ungedeckte Kostensteigerung von 64 Groschen je Kilogramm Milch gegenüber Juni 1971.
>
> Der Allgemeine Österreichische Bauernverband fordert daher zur Existenzsicherung der milcherzeugenden Bauern Österreichs eine unverzügliche Abdeckung dieses Betrages.
>
> 1. Durch die Zurücknahme der Krisengroschenerhöhung
> 2. durch die Nachziehung des Erzeugermilchpreises um jene restlichen 54 Groschen je Kilogramm.
>
> Der Allgemeine Österreichische Bauernverband gibt der Erwartung Ausdruck, dass die zur Zeit dieser Regierung entstandenen Kostensteigerungen auch von ihr voll abgegolten werden, wie dies bei Angehörigen anderer Berufsgruppen stets gehandhabt wird.[168]

Kreisky entließ die Bauernverbandler mit dem Zitat nach Kaiser Franz Josef: „Es war sehr schön, es hat mich sehr gefreut" – und gab der Delegation noch seinen Wunsch mit, doch bitte alle Vertreter der Bauernorganisationen an einen Tisch zu bitten. Am 25. April 1973 fand dann diese Sitzung statt, die auch recht konstruktiv zu werden versprach, zumal vor allem die Großparteien am Anfang des Gesprächs versprachen, auf Polemik zu verzichten und eine Fachdebatte abzuführen. Erfreulich war in diesem Zusammenhang die große Übereinstimmung hinsichtlich der Forderungen innerhalb der Bauernschaft über alle parteipolitischen Gegensätze hinweg. Drei Jahre politischer Opposition der ÖVP veranlassten nun den Bauernbund ein Agrarkonzept zu entwikkeln, das im Gegensatz zu früher alle jene grundsätzlichen Bauernverbandsforderungen enthielt, welche die ÖVP-Regierung zu Zeiten ihrer Alleinregierung kompromisslos ablehnte, wie z.B. die Forderung nach einem arbeitsgerechten Einkommen für die Bauern und kostendeckender Erzeugerpreise auf der Basis der vorgelegten Kalkulationen.

Negativ war jedoch, dass das Gespräch kein einziges konkretes Ergebnis brachte. Dafür wurden wieder jede Menge Unterkommissionen und Expertenkommission geboren, die sich im Wesentlichen aus denselben Köpfen zusammensetzten, die schon vorher entweder im Parlament oder in den entsprechenden Ausschüssen die Fragen be-, verund zerhandelten. Also auch das nichts Neues. Auch die lange in den Raum gestellte Forderung an die Regierung, eine Erklärung an die Bauernschaft abzugeben, wurde nicht behandelt. In dieser Erklärung, so forderte der AÖBV die Regierung auf, sollte

168 ÖBZ, Folge 3, 1973, 3.

enthalten sein, wofür die Regierung die Bauernschaft eigentlich braucht, also Ernährungssicherung und wenn ja in welchem Ausmaß, Fremdenverkehr, Landschaftspflege, Erhaltung der Besiedlung in Grenzlandslage etc. – denn manche Bauern wussten – Tatsache – nicht einmal mehr, wofür sie existierten. Soziale Zugeständnisse, einschließlich Kreditverbilligungen, oder Subventionen waren nun mal kein Ersatz für ein gerechtes Arbeitseinkommen, wie es der Bauernverband seit jeher verlangte.

Die Argumente von Regierungsseite, was jede Maßnahme koste, unter Außerachtlassung, dass z.B. allein die Fragen der Gehaltsregelung der Beamtenschaft, Politikerbezüge usw. prozentuell wesentlich höhere jährliche Kostensteigerungen brachten, waren gleichfalls eher unerfreulich. Nicht zuletzt aber auch die Befürchtung, dass alles nur Taktik war, mit der die Regierung Zeit gewinnen wollte, während die Bauernschaft Millionen an Einkommen verlor. Folgende Forderungspunkte legte man der Konferenz zu guter Letzt mit Bauernverbandsgrüßen auf den Tisch:

1. Zurücknahme der Krisengroschenerhöhung auf dem Stand vor dem 1. März 1973
2. Nachziehung des Milcherzeugerpreises
3. Sicherung der Rinderexporte
4. Ausklammerung der Landwirtschaft bei der geplanten Preiserhöhung für Diesel
5. Nachziehung des Erzeugerpreises für Brotgetreide
6. Befreiung der Mineraldünger von der Umsatzsteuer
7. Einführung eines einheitlichen Mehrwertsteuersatzes für pauschalierte und für buchführende Betriebe in der Land- und Forstwirtschaft
8. Reform der Bundesprüfkommission und Änderung bei den Krediten.

Am 23. März 1973 befasste sich die erweiterte Landesleitung des Landesverbandes Oberösterreich des AÖBV mit der Verschleppungstaktik der Regierung. Das Ergebnis der bis dahin stattgefundenen Unterredungen und Verhandlungen wurde als völlig unzureichend angesehen und man beschloss Kampfmaßnahmen. Mit der Vorbereitung und Durchführung dieser Aktionen wurde ein eigenes Kampfkomitee betraut, das bereits am 28. März zusammentrat und neben landes- und bundesweiten Flugblatt- und Protestaktionen auch ein Schreiben beschloss, in dem alle Organisationen des bäuerlichen Berufsstandes aufgefordert wurden, sich zu einer gemeinsamen Aktion zusammenzuschließen. Das Schreiben, das an den ÖVP-Bauernbund, an den SPÖ-Arbeitsbauernbund, an die Freiheitliche Bauernschaft, an den Raiffeisenverband und an die Landwirtschaftskammer ging, lautete wie folgt:

Sehr geehrte Herren!

Wie Sie auch in Ihren Reihen festgestellt haben, ist die Bauernschaft über die Milchpreispolitik der Bundesregierung empört. Sie fordert mit Recht die Zurücknahme

der Krisengroschenerhöhung einerseits, andererseits die Erhöhung des Erzeugermilchpreises entsprechend den gestiegenen Produktionskosten, die mit der Erhöhung vom 27. November 1972 nur teilweise abgegolten wurden.
Der Allgemeine Österreichische Bauernverband hat am 2. März dieses Jahres bei Landwirtschaftsminister Weihs und am 21. März bei Bundeskanzler Dr. Kreisky vorgesprochen und diese Forderungen vorgetragen. Beide haben es abgelehnt, die Krisengroschenerhöhung zurückzunehmen und rasch in weitere Verhandlungen einzutreten.

Die dadurch entstandene Lage macht es unserer Auffassung nach notwendig, dass die gesamte Bauernschaft durch harte, gewerkschaftliche Maßnahmen auf berufsständischer Ebene die Wahrung der bäuerlichen Interessen unterstützt. Es geht hierbei nicht nur um die Milchfrage, sondern vielmehr auch um einen einheitlichen Mehrwertsteuersatz von acht Prozent, die Umsatzsteuerfreiheit für Mineraldünger (die bis 31. Dezember 1972 gegeben war), Verhinderung der Treibstoffpreiserhöhung und eine positive Erledigung der Getreidepreisfrage. Der Allgemeine Österreichische Bauernverband hat darum harte Kampfmaßnahmen vorbereitet und wird diese auch mit jenen der anderen Bundesländer koordinieren.

Wir laden Sie hiermit ein, sich diesen Aktionen anzuschließen, indem Sie Ihre Mitglieder in geeigneter Weise zur Unterstützung dieser Kampfmaßnahmen auffordern und bevollmächtigte Vertreter in das von uns gebildete Kampfkomitee entsenden. Die Größe des Erfolges hängt vom geschlossenen Auftreten der Bauernschaft ab.

Sofern Sie zum gemeinsamen Handeln bereit sind und unsere Einladung annehmen, ersuchen wir um rascheste Benachrichtigung, bis spätestens 6. April dieses Jahres, an das Büro des Bauernverbandes in Linz, Schillerstraße 27 (Tel. 07222/78166) oder direkt an Obmann Nowotny, 4062 Thening, Leonharting 4.

Selbstverständlich sind wir bereit, über die Modalitäten der Zusammenarbeit zu sprechen, doch wollen wir weder die geplanten Aktionen abschwächen, noch glauben wir, eine Verzögerung vor der Bauernschaft verantworten zu können.

Mit bäuerlichen Grüßen!

Das Kampfkomitee des Allgemeinen Österr. Bauernverbandes
Landesverband Oberösterreich

LKRat Kurt Sparr	Josef Länglacher
LKRat Franz Diermair	Hans Lindinger
Rudolf Haberfellner	Franz Tiefenthaler[169]

169 ÖBZ, Folge 4, 1973, 7f.

Wie es um die bäuerliche Solidarität über die Parteigrenzen hinweg bestellt war, stellte sich bald heraus. Als einzige sagte die Freiheitliche Bauernschaft ihre Unterstützung zu, von den anderen Organisationen kam überhaupt keine, nicht mal eine ablehnende Antwort.

Traktoren in Seekirchen, 23. März 1973

Nun kam es zu den ersten Kampfmaßnahmen, den Anfang machte der Landesverband Salzburg. Man nützte einen Besuch von Landwirtschaftsminister Weihs in Seekirchen und konfrontierte ihn mit Transparenten, Spruchtafeln und 20 Traktoren der Bezirksleitung Flachau, die dem Minister einen demonstrativen Empfang bereiteten. Vor mehr als 200 Bauern stellte der Kammerrat und Bezirksobmann des AÖBV-Flachau den Landwirtschaftsminister wegen des Krisengroschens zur Rede. Zuerst sagte Klausner

Traktoren in Seekirchen, 23. März 1973

zum Minister, wie lächerlich dessen Behauptung sei, den Bauern gehe es besser als in früheren Jahren. Dann wörtlich: „Ich muss jeden als einen Lügner ansehen, der behauptet, dass es den Milchbauern besser geht!“ Diese freimütige Äußerung eines Milchbauern dem Minister gegenüber, die bei allen anwesenden Bauern anhaltenden Applaus hervorrief, zog sich dann wie ein roter Faden durch die gesamte weitere Diskussion.

Zu einem weiteren demonstrativen Höhepunkt kam es am 25. März 1973 in Mühlbach im Oberpinzgau, wo der Bauernverband unter der Führung seines Landesobmannes Helmut Langer mit Transparenten und einem Viehauftrieb gegen den Landwirtschaftsminister protestierte. Auch hier haben die Bauernverbandler in der Diskussion mit Weihs vehement gegen seine Agrarpolitik Stellung genommen und den Minister auf Grund der Gegebenheiten und nicht an Hand statistischen Zahlenmaterials auf die tatsächlich schlimme Situation der bäuerlichen Familienbetriebe hingewiesen. Auch in Wals waren es Anhänger des Bauernverbandes, die neben Spitzenfunktionären des Bauernbundes den Landwirtschaftsminister in eine mehr als dreistündige Diskussion verwickelten.

Aufruf

Bauern, Bäuerinnen, Jungbauern!

Nach monatelangem Gerede, Vertröstungen und Versprechungen ist eines klar: Die Bundesregierung ist nicht bereit, Maßnahmen zur Anpassung des bäuerlichen Einkommens an die gestiegenen Produktions- und Lebenshaltungskosten zu ergreifen.

Das Maß ist voll, die Zeit ist reif! Arbeitet zusammen und wehrt Euch! Erscheint zur

Kundgebung

und Solidaritätsaktion der Bauern

in Kärnten
am Montag, dem 16. Juli 1973,
um 9 Uhr

in Oberösterreich
am Mittwoch, dem 18. Juli 1973,
um 14 Uhr

vor Eurer Molkerei

Das jüngste Verhalten der Regierung soll nun Anlaß sein, das Trennende zur Seite zu schieben und ohne Rücksicht auf unsere weltanschauliche Einstellung über die parteipolitischen Grenzen hinweg berufsständisch zusammenzuarbeiten. Es bleibt uns nach den leidvollen Erfahrungen kein anderer Weg, wenn wir als Bauern überleben wollen.

Mit der Protestaktion, die am 16. Juli beginnt, wollen wir zeigen, daß wir nicht wehrlos sind. Wir brauchen dazu Deine Mitarbeit. Schließe Dich unserer gerechten Sache an und erscheine am Montag, dem 16. Juli 1973, um 9 Uhr bzw. am Mittwoch, dem 18. Juli 1973, um 14 Uhr mit Deinem Traktor wie Dein Nachbar zum

Milchstreik

vor Deiner Molkerei. Es geht um die Rücknahme der Krisengroschenerhöhung, eine kostengerechte Nachziehung des Brotgetreidepreises, eine wirksame Nachziehung des Erzeugermilchpreises, die Beseitigung der Mehrwertsteuer für Handelsdünger und der Straßensteuer für Traktorentreibstoff sowie um die Freigabe ausreichender Rinderexportkontingente.

Wir Bauern werden ausgebeutet, weil wir uns nicht wehren. Wir wehren uns nicht, weil wir glauben, wehrlos zu sein. Wir sind aber nicht wehrlos, wenn wir einig sind und überparteilich zusammenarbeiten.

Für das Aktionskomitee des Allg. Österr. Bauernverbandes:
W. Sumper, M. Ertl, A. Krall, G. Nowotny, R. Haberfellner, K. Sparr

Flugblatt des Bauernverbandes vom Frühjahr 1973

Am 26. Mai 1973 fand das nächste Gipfelgespräch mit allen vier Bauernorganisationen im Bundeskanzleramt statt. Es verlief wie die vorangegangenen vollkommen ergebnislos, und es sollte wieder in Unterkommissionen weiterverhandelt werden. In der Unterkommission für Milch, die für den 6. Juli einberufen wurde, meinte Weihs, dass ein Export von Molkereiprodukten mangels Geldmittel nicht möglich sei und daher der Krisengroschen noch einmal erhöht werden müsse, und zwar auf 20 Groschen. An einen Abbau des Krisengroschens sei überhaupt nicht zu denken. Weihs erbat Vorschläge zur Lösung der Milchfrage und stellte für September oder Oktober nächste Verhandlungen in Aussicht. Damit war das Maß voll. Es sollte also nicht nur die Krisengroschenerhöhung nicht zurückgenommen werden, sondern eine neuerliche Erhöhung wurde angedroht!

Der AÖBV beschloss damit für 16. Juli 1973 einen Milchstreik, der am 9. Juli an Polizei, Presse und Rundfunk bekannt gegeben wurde. Plötzlich brach die Hektik aus, am 10. Juli wurde der Weizenpreis um 12 Groschen erhöht und Kreisky schickte ein Telegramm aus, das die Bauernvertreter für 12. Juli zur Fortsetzung von Verhandlungen einlud. Dieses neuerliche Gipfelgespräch kam wieder zu keinem Ergebnis, außer dass am 17. Juli echte Verhandlungen mit den Ministern Weihs, Staribacher und Androsch beginnen sollten. Die Absicht war klar: Sollte der Bauernverband den Streik wegen der Verhandlungen gar nicht beginnen, dann brauchte man auch nichts zuzugestehen. Und noch am Freitag, 13. Juli 1973, erklärte Landwirtschaftsminister Weihs erneut, dass eine Senkung des Krisengroschens nicht in Frage käme.

Los ging es wie (fast) immer in Kärnten. Der Milchstreik dauerte vier Tage, vom 16. bis 19. Juli 1973 – es wurden fast alle Molkereien in Kärnten nicht nur nicht mit Milch beliefert, sondern auch von Traktoren blockiert.

Der Kärntner Landesverbandsobmann Armin Krall während seiner Ansprache vor der Molkerei in Klagenfurt, 16. Juli 1973

Hunderte Traktoren rollten wieder durchs ganze Bundesland und erregten jede Menge Aufsehen. Die Regierung in Wien wurde langsam nervös, da am 18. Juli auch in Oberösterreich ein Milchstreik begann. Der Milchhof Garsten in Steyr, der Milchhof Taufkirchen und die Großmolkerei Geinberg wurden bestreikt, in Gmunden und in Linz wurden Demonstrationen durchgeführt. Während in Linz die Bestreikung der Genossenschaftsmolkerei unterblieb, da damit die Zentralmolkerei, ein Privatunternehmen, begünstigt worden wäre, wurde der Streik in den restlichen Molkereien 24 Stunden lückenlos durchgeführt, wobei aber wieder für die Auslieferung der Milch an Spitäler, Altersheime und für Kinder Ausnahmen gemacht wurden.

Am 18. Juli um 3:30 Uhr fuhren die Traktoren im Milchhof Garsten auf, um 9:00 Uhr wurde eine Demonstration abgehalten. Ein Großaufgebot von 80 Traktoren riegelte ab 6:00 Uhr den Milchhof Taufkirchen ab, wo der Streik ebenfalls ohne Zwischenfälle durchgeführt werden konnte. Bei der Blockade der Großmolkerei Geinberg kam es zu Auseinandersetzungen, da Funktionäre der Molkerei, angeblich auf Weisung des Milchwirtschaftsfonds, die Kennzeichen der aufgefahrenen Traktoren zu notieren begannen. Die aufgebrachten Bauern wollten daraufhin den Streik nicht nach 24 Stunden beenden, sondern unbefristet aufrechterhalten. Schließlich wurde die Liste mit den notierten Traktorkennzeichen den Demonstranten übergeben und von diesen anschließend verbrannt. Nach 24 Stunden endete auch der Streik in Geinberg.

In Gmunden zog die Exekutive die ursprünglich erteilte Genehmigung für eine Kundgebung am Stadtplatz wieder zurück. Mit 65 Traktoren wurde daraufhin eine Demonstrationsfahrt von Gmunden nach Traunkirchen und wieder zurück nach Gmunden durchgeführt, die ohne Zwischenfälle und nennenswerte Behinderung des Straßenverkehrs verlief. Es ging dabei lediglich darum, auch im Fremdenverkehrsgebiet darauf aufmerksam zu machen, wie notwendig der Bauernstand als Erhalter der Kulturlandschaft und als Bollwerk gegen die Entsiedlung der Alpenlandschaft für den Fremdenverkehr war. Die ursprünglich auf dem Stadtplatz vorgesehene Kundgebung wurde dann auf dem Gelände der Molkerei Gmunden abgehalten.

Bei der parallel zum Milchlieferstreik in Oberösterreich laufenden Traktorendemonstration wurden Protestschilder mitgeführt, die an den oberösterreichischen Bauernkrieg erinnern sollten – und dass sich die Bauern schon damals gegen die Unterdrücker gewehrt haben. Es wurde an einen der schlimmsten davon erinnert, nämlich Adam Graf von Herberstorff, der sich im oberösterreichischen Bauernkrieg von 1626 als besonderer Bauernschinder hervortat. Um die Motive der Bauernschaft besser zu verstehen, wird der Leser an dieser Stelle um rund weitere 350 Jahre in die Vergangenheit zurückversetzt.

Traktor mit Protesttafel in Oberösterreich am 18. Juli 1973. Das Schild trägt die Aufschrift: „Herbersdorff hängte die Bauern, Kreisky redet sie zu Tode".

8.13. Exkurs: Der oberösterreichische Bauernkrieg von 1626 und das Frankenburger Würfelspiel

Graf Adam von Herberstorff (1585–1629), bayrischer Statthalter und Schlächter der oberösterreichischen Bauern. Stich von Lucas Kilian (1624)

Der oberösterreichische Bauernkrieg war eine von vielen Kriegsepisoden im Dreißigjährigen Krieg 1618–1648. Mit dem Prager Fenstersturz 1618 begann in Böhmen eine Rebellion wider das Haus Habsburg und den regierenden Kaiser und böhmischen König Ferdinand II, einem der heftigsten Verfechter der katholischen Gegenreformation. Dieser Ferdinand II. schwur im italienischen Marienwallfahrtsort Loreto, den Katholizismus um jeden Preis wieder zur allein herrschenden Religion in seinen Staaten zu machen, denn „er wolle lieber über eine Wüstenei gebieten, denn ein Land voller Ketzer". Ferdinand II. wollte Böhmen um jeden Preis wieder von den Rebellen zurückgewinnen, war dabei aber auf Militärhilfe vom bayrischen Herzog Maximilan I. angewiesen, dem er als Dank für die Aufstellung eines bayrischen Heeres wider die böhmischen Aufständischen das habsburgische Erbland „ob der Enns", also Oberösterreich, verpfändete. Die Stände Oberösterreichs, mehrheitlich protestantisch, waren nämlich zu allem Überdruss Ferdinands auch noch ein Bündnis mit den aufständischen Böhmen eingegangen. In der Schlacht am Weißen Berg 1620 schlugen die vereinigten kaiserlichen und bayrischen Heere die Böhmen vernichtend. Damit konnten die Bayern Oberösterreich besetzen, als Statthalter wurde besagter Graf Adam von Herberstorff eingesetzt.

Herberstorff, einst selbst protestantisch und zum Katholiken konvertiert, beabsichtigte in Oberösterreich die Gegenreformation mit aller Härte durchzusetzen. Gemäß dem Passus des Augsburger Religionsfriedens „cuius regio – eius religio" (wessen Land, dessen Religion) hatten die Protestanten entweder auszuwandern oder zum katholischen Glauben zu konvertieren. Der Bauer war allerdings unfrei und hatte nicht ohne weiteres die Möglichkeit bzw. die Erlaubnis, auszuwandern – außerdem waren die meisten von ihnen seit Jahrhunderten mit der Heimaterde verwurzelt.

In weiterer Folge ließ Maximilian von Bayern neben zahlreichen Steuerbeamten auch katholische Geistliche nach Oberösterreich entsenden, welche dort die Gegenreformation durchsetzen sollten. Als im Mai des Jahres 1625 in der protestantischen Pfarrei Frankenburg ein katholischer Pfarrer eingesetzt werden sollte, kam es zum ersten Aufflackern des bewaffneten Aufstandes, wobei andere Quellen auch in einer Rauferei mit bayrischen Soldaten in Lembach den Ausgangspunkt der Rebellion sehen. Der Pfarrer in Frankenburg wurde jedenfalls verjagt, der Pfleger der Grafschaft im Schloss Frankenburg belagert. Doch schon nach drei Tagen verließ die Aufständischen der Mut. Nachdem ihnen Gnade versprochen worden war, gaben sie die Belagerung auf.

Gnade versprach auch der bayerische Statthalter im Lande ob der Enns, Adam Graf von Herberstorff, als er am 15. Mai 1625 alle männlichen Bewohner der Grafschaft auf das zwischen Frankenburg und Vöcklamarkt gelegene Haushamerfeld zitierte, um über die Rebellion Gericht zu halten. Insgesamt wurden dort etwa 5.000 Männer zusammengetrieben, wobei die Rädelsführer der Frankenburger Erhebung bereits geflohen waren. Herberstorff ließ die ahnungslosen Richter und Räte der Märkte sowie

Das Frankenburger Würfelspiel vom 15. Mai 1625. Stich nach Jaques Callot (1633)

die Ausschussobmänner der Pfarren der Grafschaft Frankenburg von Bewaffneten umstellen, dann wurde ein schreckliches Gericht gehalten. Unter der alten Ratslinde mussten sie je zwei und zwei um ihr Leben würfeln; nach jedem Wurf des schaurigen Spiels packten die Schergen zu und ihrer siebzehn wurden an Ort und Stelle ohne Gerichtsurteil gehängt. Nach zwei Tagen stellte man die Leichen an den Kreuzungen der Landstraßen auf Spieße gesteckt zum warnenden Exempel aus. Diese grausame Episode ging als das „Frankenburger Würfelspiel" in die Geschichte ein. Diese drastische Strafaktion hatte nicht die von Herberstorff erhoffte Wirkung, sondern wurde zum Auslöser eines sorgfältig geplanten Bauernaufstandes in Oberösterreich, der im Mai 1626 unter Stefan Fadinger losbrach.

Stefan Fadinger plante mit seinem Schwager Christoph Zeller einen landesweiten Aufstand, den er für Pfingsten 1626 ansetzte. Mit der Devise „Es muss seyn!" begann zwei Wochen vor Pfingsten der Bauernkrieg von Lembach im Mühlkreis ausgehend das ganze Land zu überziehen. Am 22. Mai wurde Fadinger, der seine Heerschar mit strenger Hand führte und immer Leibwachen bei sich hatte, von den Bauern zum Oberhauptmann des Traun- und Hausruckviertels gewählt. Er sammelte die einzelnen Bauernhaufen und konnte in relativ kurzer Zeit Eferding, Wels, Kremsmünster und Steyr besetzen.

Bei der Belagerung von Linz wurde Fadinger am Sonntag, den 28. Juni 1626 auf einem Erkundungsritt an der Stadtmauer, wo er – wie auch schon die Tage davor – eine günstige Angriffstelle auskundschaften wollte, von am Dach des Landhauses postierten Schützen angeschossen und schwer verwundet. Sein Pferd kam durch die Schüsse ums Leben, er flüchtete zu Fuß bis nach Ebelsberg. In seinem dortigen Hauptquartier am heutigen Fadingerplatz erlag er am 5. Juli in Folge seiner unzureichend behandelten Schussverletzung einer Blutvergif-

Stefan Fadinger, Führer der aufständischen Bauern im oberösterreichischen Bauernkrieg von 1626 (Oberösterreichisches Landesmuseum).

tung. Nachfolger als Bauernführer wurde sein Schwager, der Gastwirt Christoph Zeller. Die sterblichen Überreste Fadingers ließ der bayerische Statthalter Herberstorff nach seinen Siegen in den entscheidenden Schlachten bei Pinsdorf und Wolfsegg am Eferdinger Friedhof exhumieren, enthaupten und zusammen mit dem Leichnam von Fadingers Schwager und Kampfgefährten Christoph Zeller im Seebacher Moos verscharren. Über ihrem Grab wurde ein Galgen „zu ihrem ewigen schändlichen Nachgedenken" errichtet. Zudem wurde Fadingers Hof niedergebrannt und seine Familie „auf ewig" des Landes verwiesen. Herberstorff tat sich jedoch, nicht zuletzt auch durch seine Grausamkeit, schwer den Bauernaufstand mit seinen Statthaltertruppen alleine niederzuschlagen. Die wenigen Soldaten, die ihm zur Verfügung standen, hatten vor den Bauern eine höllische Angst und waren obendrein schlecht ausgerüstet.

Mit Gottfried Heinrich Graf zu Pappenheim wurde dann auch ein renommierter General von Herzog Maximilian mit der Rückeroberung Oberösterreichs beauftragt. Pappenheim brachte frische, kampferprobte Truppen ins Land, und nach dem Tode der beiden Anführer ging es mit dem Erfolg der Bauern weiter bergab, nicht zuletzt da auch kaiserliche habsburgische Truppen nicht die Bauern, sondern die Bayern unterstützten. Das zuvor von den Bauern eroberte Freistadt ging wieder verloren und viele der Bauern gerieten in Gefangenschaft.

Gottfried Heinrich Graf von Pappenheim (1594–1632). Der erfahrene Heerführer schlug unter bayrischer Fahne den Bauernaufstand von 1626 in Oberösterreich nieder. Stich bei B. Montcornet (um 1650)

Am 22. September konnte Bauernoberst Löbl noch einmal Steyr besetzen und am 27. September Wels. Letzte Erfolge konnten die Bauern auch noch einmal im Mühlviertel erlangen. Bei Neukirchen am Walde schlugen sie die Truppen des Herzogs von Holstein und die bayerische Armee im Pramwald. Mit David Spat aus Haibach erhielt das Bauernheer noch einmal einen geschickten Anführer, welcher über Hofkirchen und Sarleinsbach nach Peilstein zog, Schloss Marspach und Schloss Berg besetzte und das Kloster in Schlägl abbrannte, welches unter der Bevölkerung für sein im Vergleich zu anderen Klöstern besonders unbarmherziges Vorgehen gegen protestantische Bauern bekannt war. Mit den Bauern des Welsers Ludwig Schorer erhielt Spat weitere Unterstützung, doch endete dieser letzte Feldzug mit einer Niederlage gegen die bayerische Besatzung von Haslach.

Die letzte große Schlacht des oberösterreichischen Bauernkrieges fand am 9. November 1628 im Emlinger Holz bei Alkoven statt, 8.000 Bauern rannten gegen die Truppen Pappenheims an, 3.000 verloren dabei ihr Leben und die Bauern die Schlacht. Es kam noch zu Kampfhandlungen in Gmunden, Vöcklabruck und Wolfsegg, die ebenfalls von den Bauern verloren wurden. Damit war der Krieg zu Ende, und den Bauern ging es schlechter als zuvor. Sie mussten 12.000 bayerische Soldaten, die Oberösterreich nun besetzten, ernähren und auch für die Zerstörung des Schlägler Klosters aufkommen. Zahlreiche Rädelsführer wurden zudem noch enthauptet oder gehenkt, wie z.B. der Stadtschreiber von Steyregg, der Richter von Lasberg oder der Wirt Elias Vätterer von Tragwein, die ebenfalls dem Bauernheer angehörten.

Die Bauern mussten fortan kuschen. Viele wechselten zumindest äußerlich wieder zum katholischen Glauben oder verließen das verheerte und teils entvölkerte Land. 1627 verzichtete Kurfürst Maximilian auf sein Pfandrecht und gab das Land dem Kaiser zurück.

Ein Meilenstein zur Wiedererlangung der Bauernfreiheit war die Aufhebung der Leibeigenschaft durch das Untertanenpatent am 1. November 1781 von Kaiser Joseph II. Die letztendliche Bauernbefreiung erfolgte aber erst im Zuge der Revolution von 1848 durch Hans Kudlich, der selbst eines von elf Kindern eines robotpflichtigen Bauern war. Kudlich wurde am 24. Juni 1848 mit 25 Jahren jüngster österreichischer Reichstagsabgeordneter und stellte am 24. Juli 1848 den Antrag über die Aufhebung des bäuerlichen Untertänigkeitsverhältnisses samt aller daraus entsprungenen Rechte und Pflichte wie Robot und Zehent, ein Antrag der in leicht abgewandelter Form am 31. August bzw. 1. September beschlossen wurde und am 7. September 1848 in Kraft trat.[170] Es blieb das einzige Gesetz, das dieses erste frei gewählte Parlament der österreichischen Reichshälfte des Habsburgerreiches beschloss und das auf Dauer Bestand hatte. Der auf die gescheiterte Oktoberrevolution von 1848 in Wien folgende neoabsolutistische Staat wagte nicht, daran zu rühren.[171] Damit erhielten die Bauern wieder ihre Menschenwürde und durch die Abschaffung der Untertänigkeit Grund und Boden zurück.

Hans Kudlich (1823–1917), Lithographie von Eduard Kaiser (1848).

8.14. Die Erfolge des Streiks

Nach vier Tagen Milchstreik und Molkereiblockade wurde der Bevölkerung und der Regierung bewusst und dem Bauernverband von allen Seiten bescheinigt, wie wertvoll Milch ist und wie dringend sie benötigt wird. Den Konsumenten wurde vorgeführt, dass es nicht selbstverständlich ist, dass jeden Tag die Milch auf dem Tisch steht, und der Bauer daher gebraucht wird.

Den Streik absolvierte der Bauernverband im Alleingang, ohne Unterstützung einer anderen parteipolitischen Berufsvertretung. Die Roten machten nicht mit, da ihre Partei regierte, die Schwarzen machten nicht mit, weil sie den Bauernverband als Konkurrenz nicht ausstehen konnten und der Freiheitlichen Bauernschaft passte mal dieses und mal jenes nicht.

170 Vgl. Freiheitliches Bildungswerk (Hg.), Festschrift zum 160. Geburtstag von Hans Kudlich. Von der Bauernbefreiung zu einem neuen Agrargenossenschaftswesen. Beiträge zur Geschichte des Freiheitlichen Lagers IV (Wien 1983).

171 Kärntner Holstein-Verband (Hg.), Kärntner Denkmal für Bauernbefreier (Uggowitz 2000), 19.

Aus dem Widerstand gegen die Beendigung des Streiks ging hervor, dass die Bauern auch bereit waren, länger als vier Tage auszuharren, das sollte sich bald eindrucksvoll bestätigen. Schließlich reagierten auch Weihs und Kreisky und senkten den Krisengroschen (5 Groschen mit Wirksamkeit 1. Juli 1973), an eine Erhöhung wurde nicht mehr gedacht. Weiters gab es 2 Schilling (je kg Lebendgewicht) Exportförderung für Mastrinder, das Agrarinvestitionskreditvolumen wurde um 600 Millionen Schilling erhöht und obendrein gab es einen Staatszuschuss zur Absatzförderung von Milch. Es stand außer Zweifel – und die Presse war ebenfalls dieser Meinung – dass diese Maßnahmen auf die Kampfmaßnahmen des Bauernverbandes zurückzuführen waren, auch wenn der „Kärntner Bauer", das Blatt der Kärntner Landwirtschaftskammer und damit des ÖVP-Bauernbundes, die Aktionen polemisch herunterspielte.

Dennoch waren die Bauernverbandler nicht zufrieden, da eine Nachziehung des Milchpreises nach wie vor nicht in Frage kam. Aber sie waren zuversichtlich, nach und nach etappenweise die Erfolge durch weitere Verhandlungen und Kampfmaßnahmen erwirken zu können.

8.15. Gewehrschüsse auf Milchtransporter

Der Milchkrieg ging unterdessen nicht nur in Österreich, sondern in ganz Europa weiter. Überall wurde den Bauern eingeredet, weniger zu produzieren, sich also „gesundzuschrumpfen", da es jede Menge Überschüsse an Milch und himmelhohe Butterberge gäbe. Während in Österreich jene Teile der Bauernschaft, die dem ÖVP-Bauernbund oder dem SPÖ-Arbeitsbauernbund angehörten, die Maßnahmen zur angeblichen Bekämpfung der herbei geredeten Überproduktion kampflos hinnahmen, und jene, die dem Bauernverband anhingen, Kampfmaßnahmen durchführten, um wenigstens halbwegs annehmbare Erfolge zu erzielen, griffen die Bauern in Italien zu sehr viel drastischeren Mitteln.

Auch im südlichen Nachbarland unterlagen nämlich die Bauern der permanenten Gehirnwäsche der Überproduktion. Die Regierung redete den italienischen Milchbauern ein, sie würden zuviel produzieren, das Überangebot und die geringe Nachfrage würden nun mal den im Keller liegenden Milchpreis bestimmen, was zwar bedauerlich, aber leider nicht zu ändern sei. Dass zur gleichen Zeit gewaltige Tanklastzugskolonnen aus Bayern über den Brenner rollten, versuchte man zwar geheim zu halten, dies gelang aber nicht ganz. Man redete den Bauern also ein, es gäbe zuviel Milch am Stiefel und dann wurde teure Milch aus Bayern importiert. Da ergriff die italienischen Milchbauern der Zorn: Ihrer 600 überfielen im Jänner 1974 an der Brennergrenze sieben Tankzüge, die mit Milch aus Bayern beladen waren. Sie stoppten nach der Grenze die Laster, hielten die Fahrer fest und zersiebten die Tanks mit Gewehrkugeln, da das Öffnen der Verschlüsse zu viel Mühe machte. So liefen rund 130.000 Liter Milch auf die Straße. Da die Zöllner und herbeigelaufenen Karabinieri zahlenmäßig weit unterlegen waren und die Bauern noch dazu bewaffnet, sahen sie dem Treiben tatenlos zu.

Der Bauernverband nahm zu diesen Ereignissen klarerweise Stellung und brachten seine Hoffnung zum Ausdruck, dass sich die österreichischen Schreibtischtäter damit auseinandersetzen sollen, um solche Gewalttätigkeiten in Österreich zu verhindern.

8.16. Die noch fragwürdigeren Methoden des Bauernbundes

Wir erinnern uns an die Methoden des Bauernbundes bei der niederösterreichischen Landwirtschaftskammerwahl zurück, wo Gendarmen in jene Bauernhäuser kamen, deren Bewohner Wahlvorschläge des Bauernverbandes unterstützten und vieles dergleichen mehr. Doch die Gemeinheiten des Bauernbundes nahmen kein Ende: Einer der Hauptgegner des niederösterreichischen Bauernbundes war Manfred Frey, der wie erwähnt gemeinsam mit Leopold Gasselich in der auf Druck des Bauernverbandes zustande gekommenen unabhängigen Prüfungskommission für Kredite und Förderungen saß. Diese Institution alleine war den Bauernbündlern schon ein Dorn im Auge – dass Manfred Frey da auch noch drinnen saß, schlug dem Fass in den Augen der Schwarzen wahrlich den Boden aus.

Wohl anlässlich der Wiener Landwirtschaftskammerwahl von 1973 wurde seitens des niederösterreichischen und Wiener Bauernbundes eine eigene Hetzschrift verfasst, in der Manfred Frey heftig attackiert wurde. Es wurde ihm vorgeworfen, sein Vater hätte eine Maschinenhalle mit einem von Frey selbst in der Bundesprüfungskommission genehmigten Agrarinvestitions-Kredit gebaut und die Halle dann für industrielle Zwecke verwendet. Frey antwortete umgehend in einem offenen Brief:

> […] Der „Bauernbündler“ wirft mir in seiner Ausgabe vom 15. März 1973 vor, dass mein Vater eine Maschinenhalle mit einem AI-Kredit gebaut hat, diese dann für industrielle Zwecke verwendet hat und ich als Mitglied der Bundesprüfungskommission diesen Vorgang begünstigt habe. Hierzu möchte ich eindeutig klarstellen:
>
> 1. Mein Vater, Ewald Frey, ist Landwirt in Wien und hat für die Errichtung einer Maschinenhalle einen Zinsenzuschuss für ein AI-Darlehen am 8. Februar 1971 bewilligt erhalten.
>
> 2. Ich wurde am 6. Juni 1972, also ein Jahr und vier Monate später, zum Ersatzmitglied der Bundesprüfungskommission beim Bundesministerium für Land- und Forstwirtschaft bestellt.
>
> Daraus ergibt sich – auch für geistig Minderbemittelte erkennbar – dass ich am 6. Juni 1972 keinen Einfluss auf eine Bewilligung vom 8. Februar 1971 nehmen konnte!
>
> Zu prüfen ist noch die Frage, warum mein Vater die landwirtschaftliche Lagerhalle später für industrielle Zwecke verwendet hat. Auch dies ist leicht zu erklären: Die Lagerhalle ist gut gebaut, weil mein Vater davon sehr viel versteht. Außerdem hat mein

Vater seinen landwirtschaftlichen Betrieb in Wien. Diese Umstände haben ein Gewerbeunternehmen veranlasst, die Lagerhalle zu mieten.

Bei den Verhandlungen hat sich herausgestellt, dass der jährliche Mietzins, den der Gewerbetreibende für die Nutzung der Halle zu zahlen bereit war, höher ist als der Bruttoerlös von 35 Joch Ackerland.

Damit sind wir beim Ergebnis von 28 Jahren Agrarpolitik des ÖVP-Bauernbundes: Die Vermietung einer 700 Quadratmeter großen Halle, in Wien gelegen, bringt bereits wirtschaftlich mehr als der Bruttoerlös von 35 Joch Ackerland bei besten Erträgen.

Das Debakel der offiziellen Agrarpolitik und die Unterbewertung der Arbeit des Bauernstandes werden an diesem Beispiel besonders drastisch aufgezeigt. Da mein Vater ein guter Rechner ist und die Landwirtschaft nicht aus Liebe zu Herrn Minkowitsch, Maurer oder wie sie alle heißen betreibt, hat mein Vater den Mietvertrag abgeschlossen – und selbstverständlich den Zinsenzuschuss zum AI-Kredit auf Schilling und Groschen genau zurückgezahlt.

Diese Klarstellung in eigener Sache war erforderlich. – Dr. Manfred Frey.[172]

Doch nicht nur Frey war Ziel solcher Anwürfe, sondern auch der Hauptverbandsobmann des Bauernverbandes, zu dieser Zeit Josef Loitfellner. Dieser wurde 1972 zum Obmann der Arbeitsgemeinschaft Rauristal gewählt, die Rauris und das umliegende Gebiet insbesondere dem winterlichen Fremdenverkehr erschließen wollte. Loitfellner wurde vorgeworfen, für den Bau von Schiliften Geld aus dem Agrarbudget abzuzweigen. Diese Vorwürfe waren so haltlos, dass Loitfellner selbst darauf nicht einmal zu reagieren brauchte, das erledigte der Landwirtschaftsminister höchstpersönlich, denn sein Brief vom 3. März 1973 an Loitfellner selbst wurde veröffentlicht:

Sehr geehrter Herr Obmann!

Eine Verringerung des dem Bundeslande Salzburg zur Durchführung neuer Förderungsvorhaben im Jahre 1973 verfügbaren Agrarinvestitionskreditvolumens gegenüber 1972 hat seine Ursache darin, dass das Bundesland Salzburg die für 1972 in Aussicht gestellten Kreditmittel ganz beträchtlich überschritten hat. Dies hat dazu geführt, dass bei den wichtigsten Kreditsparten aus dem Bundesland Salzburg unerledigte Anträge mit einem Krediterfordernis von rund 78 Millionen Schilling im Bundesministerium für Land- und Forstwirtschaft vorliegen. Da eine Abdeckung dieser Überhänge nur im Rahmen des gegenüber 1972 gleich hohen Agrarinvestitionskreditvolumens 1973 erfolgen kann, stehen für die Förderung neuer Investitionsvorhaben bei den wichtigsten Förderungssparten in summa rund 12 Millionen Schilling zur Verfügung.

172 Offener Brief von Manfred Frey, zit u.a. in: ÖBZ, Folge 3, 1973, 5.

> Aus gegebenem Anlass gebe ich ihnen dazu bekannt, dass der in Aussicht gestellte Zinsenzuschuss für den zur Errichtung von Schlepp- und Sesselliften im Bereich Rauris erforderlichen Kredit aus speziell für diesen Zweck vorgesehenen Mitteln abgedeckt wird und nicht zu Lasten des Agrarbudgets geht.
>
> Gerüchte, wonach die Gewährung des Zinsenzuschusses für die genannten Vorhaben auf Kosten des Agrarinvestitionskreditvolumens 1973 erfolge, entbehren daher jeder Grundlage.[173]

Damit war zwar den hetzerischen Bauernbündlern der Wind aus den Segeln genommen, wenn aber einmal so ein Vorwurf im Raum stand, egal wie gut ihn der Betroffene ausräumen konnte, blieb immer etwas zurück. Anstatt sich also auf die Oppositionsrolle, in der man viel hätte weiterbringen können, zu konzentrieren, übte sich der Bauernbund einmal mehr in perfiden Rufschädigungsmethoden gegen die eigenen Berufskollegen.

Jene Rufmordvorfälle, die Frey und Loitfellner betrafen, waren aber nicht neu. Wie schon zu Anfang des Textes erwähnt, kamen viele Bauernverbandskämpfer aus dem Bauernbund, die diesen ja reformieren wollten – und der sich bekanntlich nicht reformieren ließ. In dem Moment, in dem sie erkannten, dass der Bauernbund, welcher immer der ÖVP und deren Parteiinteressen untergeordnet war, die Anliegen der Bauern nicht vertreten konnte, schlossen sie sich dem Bauernverband an und traten aus dem Bauernbund aus oder wurden ausgetreten. Ein weiterer Fall war Johann Gruber aus St. Marienkirchen bei Schärding in Oberösterreich. Er war Vizebürgermeister seiner Gemeinde und Bauernbund-Bezirkskammerrat, trat aus dem Bauernbund aus, schloss sich dem Bauernverband an und verlor daraufhin prompt sein Amt als Vizebürgermeister.

Was er aber überhaupt nicht verstehen konnte, war, dass man ihn auch aus der ÖVP ausschließen wollte, da der Bauernverband eine überparteiliche Organisation war und viele ÖVP-Mitglieder ja auch beim Österreichischen Gewerkschaftsbund waren. Als er diese Gründe nannte, setzte sofort eine Rufmordkampagne gegen ihn ein, man bezeichnete ihn als einen Bauern, der abgewirtschaftet hätte, was aber keinesfalls der Wahrheit entsprach. Schließlich wurde Gruber aus der ÖVP ausgeschlossen, machte sich im Bauernverband verdient, war bei jeder Demonstration oder Versammlung dabei, wurde Bezirkskammerrat und saß dann mit Gerhard Nowotny von 1979 bis 1985 in der oberösterreichischen Landwirtschaftskammer. Heute, über 80-jährig, blickt er mit Ironie auf diese Zeit zurück, in welcher der Bauernbund oftmals mit Mafiamethoden agierte. Langer, der ebenfalls aus dem Bauernbund ausgeschlossen wurde; Frey, Loitfellner, Riautschnig und Gruber – sie alle waren keine Einzelfälle, und die Liste ließe sich noch beliebig fortsetzen.

173 Landwirtschaftsminister Weihs an Josef Loitfellner, Brief vom 3. März 1973, veröffentlicht u.a. in ÖBZ, Folge 3, 1973, 5.

8.17. Die Bäuerin und ihr Siebzehnstundentag

Seitens der Regierung und der Presse wurde immer wieder hinausposaunt, dass es den Bauern noch nie so gut gegangen wäre. Auch in der Bevölkerung hielt sich diese Ansicht, zumal die Allgemeinheit der Meinung war, dass der Bauer es schon deswegen gut habe, weil er sein eigener Chef sei, sich seinen Tag selbst einteilen könne und im Winter ohnehin nur auf der faulen Haut liegen würde. Und überhaupt sollten sich doch die Bauern, wenn sie zu wenig Einkommen hätten, eine zusätzliche Erwerbsquelle suchen. Die Rolle der Bäuerin stellte man sich besonders romantisch vor: Sie versorgte nach der Vorstellung des Normalbürgers eine brave und liebliche Kinderschar, um dann im Abendrot neben dem stattlichen Bernhardiner und dirndlgewandet den Bauer nach seinem Tagwerk zu erwarten. Im Anschluss an die liebevoll zubereitete Brettljause sah man die Bäuerin am offenen Kamin mit dem Bauern kuscheln, diese Meinung hält sich sogar bis heute, wie man an Hand von Fernsehsendungen wie „Bauer sucht Frau" erkennen kann.

Dass diese Vorstellungen mit der Realität nur wenig zu tun hatten und haben, zeigte ein Brief einer Tiroler Bergbäuerin an die Bauernzeitung vom Mai 1973, die über ihren Siebzehnstundentag wie folgt berichtete:

> Ich greife einen Arbeitstag der etwa fünf Wochen dauernden Heumahd auf unserer Bergwiese heraus, um zu zeigen, wie es um die Arbeit einer Bäuerin bestellt ist, die selbst oder deren Mann einen „Zuerwerb" suchen sollten, damit sie mit der Landwirtschaft ihr Auslangen finden und auf ihrem Hof bleiben können – nach der Meinung mancher Politiker.
>
> Um etwa halb fünf Uhr morgens weckt mich der Wecker, damit ich die drei bis vier Kühe füttere und melke, die den Sommer über im Stall stehen, ausmiste und das Futter für den Abend vorrichte. Dann werden die acht Stück Schweine und fünf Sauen sowie die Hühner gefüttert und Futter für die Mittagsfütterung vorbereitet.
>
> Damit ist es halb sieben geworden, und ich wecke die achtjährige Tochter, die mit dem Jüngsten, er ist drei Jahre alt, daheimbleibt, um auf ihn aufzupassen und mittags die Schweine und Hühner zu füttern. Wir frühstücken mitsammen, und ich muss dann noch das Mittagessen für die Daheimbleibenden und für meinen Mann und die drei größeren Kinder – 9, 10 und 12 Jahre – zum Mitnehmen richten. Dazu brauche ich bis gegen acht Uhr.
>
> Um diese Zeit fahre ich mit dem Traktor etwa eine Gehstunde weit einen steilen Forstweg hinauf, bis es mit dem Fahrzeug nicht mehr weitergeht. Den Rest des Weges geht es dann zu Fuß noch etwa fünf Viertelstunden steil bergauf, bis zu unserer Bergwiese, wo mein Mann und die Kinder schon sehnlichst auf die Jause warten. Nach frischer Ziegenmilch und Speck habe ich mich vom raschen Berggehen ein wenig erholt, und dann geht's es ans Mähen.

Bei schönem Wetter wird bis etwa 12 Uhr gemäht und am Nachmittag geheut. Bei regnerischem Wetter mähen wir den ganzen Tag. Die Kinder rechen das Gras zusammen und breiten es in Streifen aus. Da Gelände ist sehr steil, so dass manchmal auch mit Steigeisen gearbeitet werden muss. Das Heu muss fast alles getragen werden, weil wir die Heustadel wegen der Lawinengefahr nur an bestimmten Stellen errichten konnten.

Um halb sieben oder sieben gehe ich wieder zu Tal, beschleunigt von der Sorge, ob meine Daheimgebliebenen wohl nichts angestellt haben. Um etwa 8 Uhr daheim angekommen, froh, wenn nichts passiert ist, erwarten mich schon wieder die Stallarbeit und ein kleines Nachtmahl. Mit den Kindern gehe ich dann um halb zehn müde ins Bett und schlafe vor Müdigkeit oft schlecht, bis am nächsten Morgen der Wecker rasselt.

Ich möchte abschließend erwähnen, dass dieser geschilderte Arbeitstag kein Märchen und keine Übertreibung ist, meine Sonntage immerhin auch aus zehn bis elf Arbeitsstunden und die Winterarbeitstage auch aus 15 bis 16 Stunden bestehen. Von Urlaub und dergleichen ist überhaupt keine Rede. Weiters möchte ich noch sagen, dass sich ein Tiroler Bergbauer keine fremden Arbeitskräfte leisten kann noch auf die Mitarbeit der Bäuerin bei der härtesten Arbeit verzichten könnte, was in vielen Fällen auf Kosten der Gesundheit der Frau und Mutter geht. Wenn dazu noch den Kindern in der Schule gesagt wird: „Neben dir will ich nicht sitzen, weil du ein Bauernkind bist“, so ist der Gedanke selbstverständlich, dass wir Bauern Außenseiter der Gesellschaft geworden sind. Wenn jemand mit Neid auf unseren Grund und Boden blickt, dann muss er sich vor Augen halten, ob er mit seiner Arbeitszeit, seinem 13. und 14. Monatsgehalt, seinem Urlaub auf ein paar Jahre mit uns tauschen möchte. Vielleicht schaut er dann mit weniger Neid auf unseren Grund und Boden.

8.18. Agrarpreisverhandlungen auf dem Tiefpunkt

Nachdem Gerhard Nowotny den AÖBV-Landesverband Oberösterreich auch zu den Landwirtschaftskammerwahlen im Land ob der Enns am 28.Oktober 1973 führte, konnte er einen achtbaren Erfolg einfahren. Gegenüber der letzten Wahl von 1967 konnten 1.900 Stimmen und damit ein weiteres Landeskammermandat erobert werden, womit der Bauernverband nunmehr vier Kammerräte in die Kammervollversammlung entsenden konnte. Diesen standen zwar immerhin noch 30 Vertreter des Bauernbundes und einer des Arbeitsbauernbundes gegenüber, doch man ließ sich weiterhin nicht entmutigen.

Von diesem Erfolg beflügelt begab sich Nowotny zum „Bauergipfel“ am 8. Februar 1974 ins Bundeskanzleramt und eröffnete dem Kanzler und den anderen Bauernvertretern:

> Der Bauernverband begrüßt die Bereitschaft der Bundesregierung, mit der Bauernschaft über deren Probleme zu reden. Der Wert solcher Gespräche wie auch des heutigen als eine Weiterführung jener vom Vorjahr, wie Sie, Herr Bundeskanzler, betonten, wird aber unserer Überzeugung nach ausschließlich davon abhängen, ob die Bundesregierung bereit ist, ihr in der Regierungserklärung festgelegtes Programm auch tatsächlich zu verwirklichen. Wir hatten nach den Verhandlungen im Frühjahr 1973 keinen Hehl daraus gemacht, dass uns als Bauernvertreter das Ergebnis jener Verhandlungen keineswegs befriedigt hat und wir es als nicht ausreichend betrachteten. Die Entwicklung seither hat uns völlig recht gegeben. Die von der Bundesregierung damals verfügten Maßnahmen haben keineswegs ausgereicht, um eine positive Entwicklung in der Landwirtschaft herbeizuführen. Im Gegenteil – die allgemeine und vehemente Verteuerung all unserer Produktionsmittel und Exporterschwernisse, verbunden mit dem Preisverfall auf dem Rindersektor, haben die Lage der Bauernschaft noch weiter verschlechtert. Der Bauernverband möchte nochmals mit allem Nachdruck darauf hinweisen, dass die Landwirtschaft als Ganzes zu betrachten ist und Einzelmaßnahmen keine nachhaltige Verbesserung der Lage der Bauernschaft bringen. Der Bauernverband erwartet deshalb von der Bundesregierung Maßnahmen, die zu einer allgemeinen Einkommensverbesserung in der Land- und Forstwirtschaft führen. Dennoch gibt es derzeit Probleme, die einer vordringlichen Bereinigung bedürfen, und hier betrachten wir eine entsprechende Absatzförderung auf dem Nutz- und Schlachtrindersektor, die eheste Behandlung der Preisanträge für Milch und Brotgetreide, die Befreiung des in der Land- und Forstwirtschaft benötigten Treibstoffes von der Mineralölsteuer, die Streichung der Mehrwertsteuer bei Handelsdünger und die Beseitigung des bestehenden Unrechtes zwischen Zuschussrentnern und Bauernpensionisten als vordringlich. Hinsichtlich einer vernünftigen Produktionsanpassung unter der Voraussetzung kostengerechter Erzeugerpreise hat der Bauernverband schon im Vorjahr seine grundsätzliche Gesprächsbereitschaft bekundet, und ich möchte dies namens des Bauernverbandes heute wiederholen.

Was sich nach den Stellungnahmen aller vertretenen Bauernorganisationen als Ergebnis einer länger als drei Stunden dauernden Aussprache präsentierte, kann in wenigen Sätzen zusammengefasst werden. Bezüglich des Rinderabsatzes erklärte sich die Bundesregierung grundsätzlich bereit, den Absatz von 25.000 Schlachtrindern zu fördern, unter der Bedingung, dass eine Preisverbilligung auch für den Konsumenten wirksam wird. Die Behandlung agrarischer Preisanträge sowie die Durchführung von Vorprüfungsverfahren gingen nunmehr vom Landwirtschaftsministerium auf das Handelsministerium über, dessen Minister Josef Staribacher langatmig erklärte:

> Die Milchpreisanträge des Bauernverbandes werden zum ehestmöglichen Zeitpunkt verhandelt, doch bin ich nicht bereit, das bisherige Schema anzuerkennen. Auch die

Getreidepreisanträge werden rechtzeitig verhandelt, wir haben dazu ja noch etwas Zeit. Es ist bereits sicher, dass der Roggenpreis eine Erhöhung erfährt. Ich glaube aber kaum, dass es für heuer noch zu einer Änderung des Zuckerpreises kommt, da sich die Vertreter der Arbeiterkammer in den Verhandlungen kategorisch gegen eine Erhöhung ausgesprochen haben. Die gegenwärtig günstige Preissituation auf dem Eiersektor macht eine Änderung der Schwellenpreise nicht notwendig.

Diese Art und Weise der Verhandlungsführung mit der roten Regierung häuften sich ständig. Es wurde zwar der Bauernverband immer gehört und geachtet, dies aber auch aus parteipolitischem Kalkül, weil man die Allmacht des schwarzen Bauernbundes brechen wollte. Dann wurde in ewig langen und langatmigen Verhandlungen alles auf die lange Bank geschoben, es wurde vertröstet und hingehalten. Vieles lief sich in der Proporzbürokratie fest und wenn man dann zu Kampfmaßnahmen griff, waren die Ergebnisse zwar schon ein Erfolg, aber meistens ein so geringer, dass den Bauern zu wenig geholfen war. Die Regierung selbst verkaufte diese Erfolge dann immer mit dem altbewährten Slogan: „Was wollt ihr denn, soviel haben die Bauern während der ÖVP-Alleinregierung nie bekommen, unter uns ist es euch noch nie so gut gegangen." Das stimmte zwar, denn unter der ÖVP-Alleinregierung hatten die Bauern rein gar nichts bekommen, aber die Minizuckerl, die Weihs und Staribacher verteilten, reichten für die Bauern auch nicht zum Überleben. Kreisky selbst war vor allem ein Mann der Zugeständnisse, die er stets machte, wenn der Bauernverband forderte, aber das war schließlich nicht schwer, denn Zugeständnisse kosten bekanntlich nichts. Es war jedenfalls nicht genug, um eine Wende zugunsten der Bauern einzuleiten.

So verliefen die Verhandlungen auch bezüglich der uralten Forderung des Bauernverbandes nach gefärbtem Dieselöl für die Landwirtschaft. Das Argument war stets, dass der Bauer ja die öffentlichen Straßen kaum benützt, aber genauso viel Steuer zahlt wie der Autofahrer. Von dieser Forderung wollte man bei diesem Gipfelgespräch überhaupt nichts wissen, schließlich steckte man in der ersten Ölkrise. Diese begann im Herbst 1973, als die Organisation der Erdöl exportierenden Länder bewusst die Fördermengen drosselte (um ca. fünf Prozent), um den Preis für Erdöl zu erhöhen. Androsch stellte zwar eine zusätzliche Summe von rund 200 Millionen Schilling als Treibstoffrückvergütung für die Bauern in Aussicht, verwies aber auf einen Einspruch der Bundeswirtschaftskammer, die zwar schwarz, aber viel einflussreicher als der genauso schwarze Bauernbund war (und ist). Es blieb also auch hier nur bei Zugeständnissen, ohne das Problem an der Wurzel zu packen und zu lösen.

Bezüglich der aufgestellten Forderung auf Beseitigung der Mehrwertsteuer bei Handelsdüngern, zu der sich neuerdings auch die Bauernbundführung bekannte, erklärte Kreisky höchstpersönlich und dezidiert, dass hier eine Änderung aus Sicht der Bundesregierung absolut nicht in Frage komme. Dies schon deshalb, da die Regierung absehbare Beispielfolgen fürchtete.

Das Problem „Zuschussrentner und Bauernpensionisten“ brachte – das war aber auch zu erwarten – keine Resultate. Nach einem Redeschwall der beiden Hauptkontrahenten – SPÖ-Regierungsmitglieder und ÖVP-Parlamentarier – reich an parteipolitischen Argumenten, Polemiken, Vorwürfen und politischen Rangeleien, blieb von Sozialminister Rudolf Häuser die vage Zusage übrig, in absehbarer Zeit darüber neuerliche Gespräche mit der Bauernschaft zu führen. Die Kosten einer Angleichung hätten laut Häuser rund 170 Millionen Schilling betragen, was gemessen am Sozialbudget keine hohe Summe war. Auch hier wurde die Angelegenheit zerredet und auf die lange Bank geschoben.

Kreisky, Freund, ich bitte dich, komm, o komm und rette mich! Radikal ist's und ein Hohn, die Bauern wollen ihren Lohn!

Rolands Stoßgebet am 8. Februar 1974

„Kreisky, Freund, ich bitte dich, komm, o komm und rette mich! Radikal ist's und ein Hohn, die Bauern wollen ihren Lohn!“ Rolands [Minkowitsch] Stoßgebet. Karikatur in der ÖBZ, März 1974

Am 25. März 1974 lud Bruno Kreisky wiederum zu einem Bauerngipfel ein. Die Bauernverbandler forderten lautstark, endlich den Milcherzeugerpreis wirksam nachzuziehen, zumal Norbert Kanz im Monat davor errechnet hatte, dass sich die Produktionskosten für Milch wieder um einen Schilling verteuert hatten. Was die Ergebnisse waren und wie der Bauernverband darauf reagiert hat, verrät die Titelseite der Österreichischen Bauernzeitung vom 25. April 1974.

Eigentlich wurde auf besagtem Bauerngipfel gar nicht verhandelt. Es ging nur darum, Standpunkte zu definieren und das Ergebnis regierungsinterner Beratungen als endgültig und im Ausmaß unveränderbar kundzutun. Im Wesentlichen wurde den staunenden Bauernverbandlern überhaupt nur das mitgeteilt, was schon am 23. März in der AZ (="Arbeiterzeitung") zu lesen war, nämlich: „In der Regierung ist man geneigt, den Bauern eine Erhöhung des Erzeugermilchpreises von höchstens 30 Groschen je Liter zuzugestehen.“

Der Bauernbund aber kündigte großspurig an, er werde kämpfen und fuhr zu Kreisky, um nochmals zu verhandeln. Diesmal war der Bauernverband nicht dabei, zumal Kreisky mittlerweile der Meinung war, dass der Bauernverband „Opposition bis zum letzten treibe“. Gespannt wartete man darauf, was bei den Verhandlungen zwischen Regierung und Bauernbund herauskam. Das Ergebnis: Null, alles wie vorher. Der Bauernbund holte lediglich einen so genannten „Hartkäsezuschlag“ mit 10 Groschen heraus, den die wenigsten Bauern erhielten und verkaufte das ganze als „annehmbaren Erfolg.“

Das ist Verrat

Schändlicher Ausgang des letzten „Bauerngipfels“
Die Parteibauern stimmten 27-Groschen-Almosen zu
Nur der überparteiliche Bauernverband blieb standhaft

Kreisky: „Ich nehme zur Kenntnis, daß der Bauernverband Opposition bis zum letzten macht.“ Und: „Ich kann den Bauern nur raten, kauft keine Maschinen.“

Minkowitsch: „Das ist ein politisches Gremium, das politische Entscheidungen zu treffen hat.“ Und: „Ich erkläre ausdrücklich, daß Präsident Dr. Lehner als Mitglied der Bauernbundführungsspitze anwesend ist, nicht als Obmann der Präsidentenkonferenz.“

Die Verhandlungsergebnisse

- Der Erzeugermilchpreis wird für 1. Qualität um 30 Groschen je Liter erhöht.
- Der Krisengroschen wird um 6 Groschen erhöht, von denen 3 die Bauern zahlen müssen und 3 die Bundesregierung zahlt. In Hinkunft werden Krisengroschenerhöhungen je zur Hälfte von den Bauern und von der Bundesregierung getragen.
- Die Magermilchverteuerung wird zu 50 Prozent vom Bund finanziert.
- Dieselöl: Für 1974 100 Millionen, die bereits zugesichert waren, für 1975 rund 600 Millionen, unbeschadet der Höhe des Dieselölpreises zu diesem Zeitpunkt.
- Viehpreise: Absatzförderungsaktion im Inland kostete bisher 200 Millionen. Fleischverbilligungsaktion für die Konsumenten wird fortgesetzt.
- Getreide, Zucker: Die Preisanträge werden zeitgerecht verabschiedet, so daß die neuen Preise bis zur Ernte 1974 vorliegen.

Ausschnitt der Titelseite der ÖBZ vom 25. April 1974

8.19. Bauernverband überschreitet den Höhepunkt: 1973/74

Bundeskanzler Bruno Kreisky wollte von Anfang seiner Regierung an dem Bauernverband stärkere Plattformen in der Innenpolitik bieten. So bot er z.B. Manfred Frey an, in den ORF zu wechseln, um dort eine Agrarsendung, wie etwa das heutige „Land und Leute“, zu gestalten. Die „Fürsorge“ Kreiskys zum AÖBV kulminierte schließlich in seinem Vorschlag, Robert Wenitsch in die Bundesregierung zu holen, in dem er ihm ein Staatssekretariat anbot, wozu es aber letzten Endes doch nicht kam, vermutlich auf Grund von Interventionen durch Minister Weihs oder seitens des Bauernbundes. In den Augen Kreiskys betrieb der Bauernverband ab 1974 ohnehin nur noch Fundamentalopposition, der Kanzler spielte auch immer wieder seine politischen Spielchen mit den Bauernorganisationen – dazu jedoch später mehr.

In den Jahren 1973 und 1974 kam es im Allgemeinen Österreichischen Bauernverband zu nachhaltigen personellen Veränderungen, die aus heutiger Sicht das Überschreiten des Höhepunkts des AÖBV darstellen. 1973 legte Bundesobmann Josef Loitfellner seine Funktionen zurück. Er gründete die Rauriser Hochalmbahnen, wobei sein Engagement sogar so weit ging, dass er persönliche Haftungen übernahm. Loitfellner widmete sich von da an voll und ganz dem Ausbau des Rauriser Tales in eine Wintersportregion. Sein Nachfolger als Bundesobmann wurde der Oberösterreicher Gerhard Nowotny, auch er ein Bauernverbandler der ersten Stunde – und heute noch aktiv.

Ein Jahr später, 1974, traf Robert Wenitsch ein harter familiärer Schlag. Nach einer Untersuchung teilte ihm der behandelnde Arzt mit, dass seine Tochter Karin an einem tödlichen Lebervirus litt, an dem sie in weiterer Folge 1976 im Alter von nur 17 Jahren verstarb. Nachdem er erfahren hatte, dass seine Tochter nicht mehr lange leben würde, legte Wenitsch Ende Mai 1974 sämtliche Funktionen im Bauernverband zurück, der neue Landesverbandsobmann von Niederösterreich wurde Anton Kornfell. Wenitsch, immer schon Bauer mit Leib und Seele, wandte sich nach dem Tod seiner Tochter wieder voll seiner mittlerweile bereits 150 Hektar großen Landwirtschaft zu, ließ den Bauernverband aber dennoch nicht im Regen stehen. Bei zahlreichen Veranstaltungen stand er nach wie vor als Redner zur Verfügung, und bei zahlreichen Bauernparlamenten und Diskussionsveranstaltungen stellte er nach wie vor unangenehme und bohrende Fragen an die Verantwortungsträger der Agrarpolitik. Im November 1994 verlor Robert Wenitsch bei einem Arbeitsunfall an einer seiner landwirtschaftlichen Maschinen den linken Arm, worauf er wegen des hohen Blutverlustes lange Zeit in Lebensgefahr schwebte, aber auch diese Prüfung bestand. Sein Sohn, Robert Wenitsch jun., übernahm im gleichen Jahr die Landwirtschaft und betätigte sich auch politisch, so zog er von 1994 bis 2002 für drei Gesetzgebungsperioden (XIX.–XXI.) für die FPÖ in den Nationalrat ein.

Im Jahr 1973 stellte auch Manfred Frey seine Funktionen zur Verfügung, da er heiratete, in einen großen landwirtschaftlichen Betrieb (ÖR Karl Amon in Hetzmannsdorf) eingebunden war und eine steile Karriere in der Finanzverwaltung vor sich hatte. Er wurde in der Folge Präsident der Finanzlandesdirektion für Wien, Niederösterreich und der Burgenland, eine Spitzenfunktion in der österreichischen Finanzverwaltung. Schließlich wurde Manfred Frey im Jahr 2003 von der Bundesregierung zum Vizepräsidenten der Österreichischen Nationalbank ernannt.

Im gleichen Jahr wie Wenitsch schied auch Josef Hintermayer aus dem Bauernverband aus, wobei sich dieser Abgang am stärksten auf den Bauernverband auswirkte, wie sich Robert Wenitsch und Manfred Frey heute erinnern.

Hintermayer wurde 1974 Obmann-Stellvertreter der FPÖ Niederösterreich und Mitglied des Bundesagrarausschusses der FPÖ sowie Stellvertreter des Bundesagrarreferenten, 1979 Landesobmann des Verbandes freiheitlicher Gemeinderäte Niederösterreichs und schließlich zog er 1983 für die FPÖ in den Nationalrat ein und war bis 1989 Abgeordneter. Nach seiner Arbeit im Nationalrat wechselte Hintermayer als Abgeordneter in den Niederösterreichischen Landtag und wurde dort auch Klubobmann der FPÖ, beide Funktionen bekleidete er bis zu seinem frühen Tod im Jahr 1992.

Ein Bild aus starken Tagen, am Podium (von links nach rechts): Langer, Loitfellner, Wenitsch, Hintermayer; am Rednerpult Anton Kornfell. Aufnahme von einer der zahllosen Bauernveranstaltungen des niederösterreichischen Landesverbandes im AÖBV vor 1973/74

Hintermayers Wechsel in die Politik und sein Ausscheiden aus dem Bauernverband hinterließen kein böses Blut. So gratulierte die Bundesleitung des AÖBV in ihrem offiziellen Organ, der Österreichischen Bauernzeitung, ihrem „langjährigen Mitglied" im Jahr 1982 zur Verleihung des Titels Ökonomierat durch Landwirtschaftsminister Haiden.[174] Auch wurde Hintermayer immer wieder zu Bauernversammlungen und Bauernparlamenten des Bauernverbandes eingeladen, wo er dann allerdings als Agrarreferent der FPÖ auftrat. Auch Wenitsch und Frey besuchten weiterhin Versammlungen des Bauernverbandes in Niederösterreich, wo sie Referate hielten und wertvolle Diskussionsbeiträge lieferten – doch bei weitem nicht mehr in der Intensität, wie es vor 1973/74 der Fall war.

Wenitsch, Hintermayer und Frey waren aber die Motoren des Bauernverbandes in Niederösterreich, mit ihrem Rücktritt verlor der Bauernverband im größten Bundesland Österreichs an Gewicht und Bedeutung. Damit verlagerte sich die Verbandstätigkeit wieder mehr auf Oberösterreich, Salzburg und Kärnten zurück, wobei man vor allem im südlichsten Bundesland noch die meisten und auch spektakulärsten Aktionen gegen die Agrarpolitik der jeweiligen Regierungen setzte. Aber mit Loitfellner verlor auch der Bauernverband in Salzburg einen seiner Proponenten, was sich ebenfalls auf den weiteren Verlauf der agarpolitischen Aktivitäten auswirkte.

174 ÖBZ, Nr. 8, 1982, 4.

8.20. Kundgebungen in Klagenfurt, Gols und Wien, der Milchpreis und die Landflucht

„Unsere Bonzen immer fetter – ein neuer Kudlich unser Retter"; „Rot, Schwarz, Blau – um uns kümmert sich keine Sau!"; „Alle Mägen stehen still, wenn unser Bauernarm es will!" – so lauteten die Transparente und Spruchbänder bei einer spontanen Bauerndemonstration anlässlich der Eröffnung der Klagenfurter Holzmesse am 10. August 1974.

Armin Krall übergibt Landwirtschaftsminister Weihs eine Erklärung der Kärntner Bauern, die bei der Eröffnung der Klagenfurter Holzmesse am 10. August 1974 demonstrierten.

Mit einem Wald von Transparenten protestierten die Kärntner Bauern gegen Absatzmisere beim Vieh, den Preisverfall beim Holz; die Preissteigerung der Maschinen, des Handelsdüngers und des Dieselöls; gegen die Krisengroschenerhöhung und die Erhöhung des Zinsfußes für Agrarinvestitionskredite. Die anwesenden Agrarpolitiker, an der Spitze Landwirtschaftsminister Weihs, zeigten sich überrascht und betreten. Weihs stellte sich zur Diskussion, nach wenigen Argumenten riefen ihm die Bauern zu, dass er sich seine Ausreden schenken könne und dass man statt Schönrederei von ihm als Landwirtschaftsminister Schutz und Hilfe erwartete. Kärntens Landeshauptmannstellvertreter Bacher (ÖVP) führte ebenfalls eine Diskussion mit den Bauern, während sich der Kärntner Landwirtschaftskammerpräsident Stefan Sodat nicht in die Nähe der Demonstranten wagte. Nach einer abschließenden Rede übergab Armin Krall eine Erklärung der Kärntner Bauern an Minister Weihs.

Ähnlich war die Situation eine Woche später in Gols, wo wiederum im Rahmen des Golser Volksfestes eine Bauernversammlung stattfand. Die Redner waren Gerhard Nowotny, Leopold Gasselich, Norbert Kanz und Anton Kornfell, die den trotz der Erntearbeiten zahlreich erschienenen Bauern die gegenwärtige miserable Agrarpolitik darlegten. Den Bauern wurde erläutert, dass die Bauernschaft in ganz Europa Kampfmaßnahmen ergriff, so fuhren im Elsass Traktoren auf, in Frankreich rebellierten die

Die Milchpreiskalkulation des AÖBV

Modell: 10 Kühe, 4900 l Milchleistung, 5jährige Nutzung, 97,5 Arbeitsstunden je Kuh	Von Amtl. Preiskommission im Mai 1971 anerkannte Kosten S	Realwerte bzw. Kostensteigerung von Mai 1971 bis Oktober 1974 nach dem Paritätsspiegel in %	Produktionskosten Ende 1974 S
I. Spezialkosten			
1. Kosten d. Viehkap.			
a) Verzinsung	3.970,—	Durchschnitt	6.075,12
b) Abschreibung	7.200,—	d. letzten 5 Jahre	9.918,20
2. Futterkosten			
a) Kraftfutter	16.304,—	real	19.689,90
b) We. Grundfutter	32.420,—	43—74,7	50.721,90
3. Arb.-Kosten	20.973,—	lt. Kv	37.002,00
4. Gebäudekosten			
a) Gebäudewerte	12.800,—		20.608,—
b) Silo — 80 cbm	1.920,—	61,0	3.091,20
c) Güllegrube	1.088,—		1.751,70
5. Masch- u. Gerätekosten			
a) Melkanlage	2.280,—	48,0	3.381,—
b) Kühlanlage	2.244,—	48,0	3.328,52
6. Sonstige Kosten	6.254,—	29—53,1	8.151,17
II. Gemeinkosten			
1. Zinsanspruch d. Bod.	8.640,—	5,0	9.072,—
2. Allg. Wirtsch.- u. Verw.-Kosten	6.415,—	real	8.870,40
	122.508,—		181.654,11
III. Abzüge			
1. Dieselrückvergütung 693,—		real	936,—
2. Wert der Kälber 13.500,—	14.193,—	real	13.122,—
			14.058,—
Milchprod.-Kosten	108.315,—		167.596,11
je Kuh	10.831,—		16.759,61
Prod.-Kosten je 1 Milch	2,71		4,19
Milchpreis im März 1975		(ohne Abzüge)	2,98
Fehlbetrag			1,21

Für eine 650 kg schwere Schlachtkuh ergibt sich daraus ein durchschnittlicher Verkaufswert von 9.670,70 Schilling.

$$\text{Halbwert} = \frac{14.629{,}80 + 9.670{,}70}{2} = 12.150{,}25$$

Wertminderung = 14.629,80 — 9.670,70 = 4959,10

Für zehn Kühe ergibt sich ein jährlicher Zinsanspruch von

(121.502,50 × 5%) = 6.075,12
und eine Abschreibung von (49.591 : 5 Jahre) = 9.918,20

2. Futterkosten

Jede Kuh erhält nach dem Schema der Preiskommission pro Jahr 605,5 kg Kraftfutter. Davon entfallen auf

Gerste 37,5% = 227,8 kg × S 2,94 (PSS7) = 669,73
Hafer 37,5% = 227,8 kg × S 3,05 (PSS7) = 694,80
Weizenkleie 15% = 91,1 kg × S 1,64 (PSS9) = 149,40
Leinschrot 8% = 48,6 kg × S 5,45 (PSS9) = 264,87
Mineralstoffmischung 10 g = 36,5 kg × S 5,21 = 190,10

Summe 1.968,90

Das sind für zehn Kühe 19.689 Schilling.

Beim wirtschaftseigenen Grundfutter sind seit Mai 1971 (Paritätsspiegel vom April 1971) folgende Kostensteigerungen eingetreten:

Milchpreiskalkulation von Norbert Kanz, Mai 1975

Bauern gegen Einkommensminderung und Fleischimporte, in Belgien gab es Verkehrsblockaden, in Holland und Dänemark wurde demonstriert, 7.000 Bauern marschierten in Schleswig-Holstein auf und ihrer ganze 30.000 in München. Europäische Bauernsolidarität war gefragt!

Wenigstens führten diese Aktionen und auch mehrere andere in kleinerem Rahmen zu erneuten Milchpreisverhandlungen. Norbert Kanz errechnete anlässlich dieser Verhandlungen wieder einen neuen Erzeugerkostenpreis, nämlich ATS 4,19 – und dieser lag ATS 1,21 höher als der damals aktuelle Milchpreis.

Am 8. Juli 1975 fiel dann die Entscheidung und der Milchpreis wurde um 25 Groschen erhöht, also um 96 Groschen zu wenig, um endlich einen kostendeckenden Preis zu erreichen, bei dem aber wirklich nur die Produktionskosten gedeckt waren – Lohn für seine Arbeit erhielt der Bauer ohnehin nicht. Die Konsumenten mussten ab 15. Juli für Trinkmilch 60 Groschen je Liter, für Butter 6 Schilling und für Käse je nach Sorte 4 bis 6 Schilling pro Kilogramm mehr bezahlen. Von dieser Preiserhöhung für die Konsumenten sah der Bauer wieder nur einen Bruchteil.

Die Kreisky-Regierung hielt die Milchpreiserhöhung um 25 Groschen für ein Wahlzuckerl, der Bauernverband schlicht für eine Frechheit. Die ÖVP meinte, „was sollen wir uns im Bauerbund mehr anstrengen, die Bauern wählen ohnehin schwarz". Die SPÖ war der Auffassung, „warum sollen wir die Agrarpreise noch mehr erhöhen, die Bauern wählen ohnehin nicht rot. Im Gegenteil, noch besser ist es doch, wenn das Bauernsterben weitergeht. Dann ziehen die Bauern in die Stadt, werden zu Arbeitern und wählen dann rot, also umso besser." Man könnte sowohl aus damaliger wie auch aus heutiger Sicht darüber lachen, wenn es nicht so traurig wäre. Denn eine Tabelle von 1975, veröffentlicht vom Statistischen Zentralamt, führt dem Leser die Landflucht recht deutlich vor Augen, die der SPÖ Recht gab:

Anteil der Agrarbevölkerung an der Wohnbevölkerung in Prozent

	1934	**1961**	**1971**	**1975**
Burgenland	55,1	33,3	18,2	14,6
Kärnten	39,1	17,9	11,5	9,7
Niederösterreich	35,6	22,6	15,4	14,0
Oberösterreich	37,4	20,1	13,2	11,9
Salzburg	32,7	17,0	10,8	8,9
Steiermark	39,7	22,6	14,8	13,0
Tirol	35,1	18,6	10,8	9,9
Vorarlberg	26,5	10,9	6,0	5,4

Da ja ohnehin Wahljahr war, entschloss sich der Bauernverband zu einer spontanen Warndemonstration im Juni in Wien. Rund 300 Bauern sammelten sich vor der Urania, sie trugen Transparente mit recht markigen Sprüchen wie: „Ohne Bauern, sollt ihr wissen, habt ihr alle ausgesch…". Die Demonstration zog mit einigen Traktoren vorneweg zum Landwirtschaftsministerium weiter, wo Anton Kornfell auf dem Radetzky-Denkmal stehend eine Rede hielt. Dann marschierten die Bauern bei Regenwetter rund drei Kilometer über die Ringstraße. Ziel war der Sitz der Präsidentenkonferenz der österreichischen Landwirtschaftskammern in der Löwelstraße. Am Ende des Zuges fuhr ein Mistwagen, darauf ein Transparent: „So stinkt die Agrarpolitik zum Himmel!"

Kurz vor der Wiener Demonstration wurde auch in Klagenfurt aufmarschiert. Mit zahlreichen Tafeln und Spruchbändern ausgerüstet, nahmen die Bauern vor der Landesregierung in Klagenfurt Aufstellung.

Kärntner Bauern gegen ungerechten Erzeugermilchpreis, 18. Juni 1975

Eine Delegation begab sich zu Landeshauptmann Leopold Wagner, der versprach, sich bei Kreisky für die Forderungen der Bauern einzusetzen. Die Bauern bildeten daraufhin einen Demonstrationszug und begaben sich über die Bahnhofstraße zur Kärntner Arbeiterkammer. Nach einer 20-minütigen Aussprache mit Arbeiterkammerpräsident Stecher ging dieser auf Wunsch der Demonstranten vors Haus und zeigte Mut, denn er gab eine kurze Stellungnahme ins Mikrophon, in der er die Gründe erklärte, warum die Arbeiterkammer einem höheren Milchpreis nicht zustimmen könne. Nach der Meinung Stechers wäre dies den kleineren Einkommensbeziehern nicht zumutbar. Daraufhin erwiderten die Bauern, dass es ihnen wohl auch nicht zumutbar sein kann, überhaupt keinen Lohn für die Arbeit zu erhalten. Stecher zeigte zwar Verständnis für die Bauern, wich aber nicht von seinem Standpunkt ab. Von dieser Seite war demnach auch keine Hilfe zu erwarten.

Die Demonstration zog zur Landwirtschaftskammer weiter, wo in Anwesenheit von Bauernbundobmann und Kammervizepräsident Valentin Deutschmann eine Aussprache mit Kammerpräsident Sodat stattfand. Dieser stellte sich zwar der Diskussion, es stellte sich aber bald heraus, dass seitens der Kammern nicht das Vorhaben bestand, mit aller Härte Maßnahmen gegen die Regierung zu führen, man wollte sich viel lieber kompromissbereit zeigen.

Nach dieser zwar geglückten, aber relativ ergebnislos verlaufenen Demonstration, bei der sich herausstellte, dass Landesregierung, Arbeiterkammer und Landwirtschaftskammer zwar höflich, aber doch eine massive und wirksame Unterstützung der Bauernanliegen ablehnten, musste man sich neue Wege überlegen, die Ziele durchzusetzen. Man setzte sich zusammen und kam auf einen bis dahin noch nie da gewesenen Gedanken, dessen Ergebnis sich ein Jahr später, 1976, in Klagenfurt eindrucksvoll zeigen sollte.

8.21. Das Wahljahr 1975

Das Jahr 1975 gab den Bauern wiederum Gelegenheit, von ihrem demokratischen Recht Gebrauch zu machen, denn es standen einige Wahlen an, wie die Landwirtschaftskammerwahlen in Salzburg und Niederösterreich, und auch der Nationalrat sollte neu gewählt werden. In Salzburg führten Helmut Langer aus Mittersill, Simon Klausner aus Elixhausen, Martin Gassner aus Tenneck-Werfen und Franz Stemeseder aus Seekirchen den AÖBV in den Wahlkampf, in Niederösterreich bildeten Leopold Gasselich aus Lassee, Anton Kornfell aus Pesendorf, Burkhard List aus Baumgarten, Gernot Kubasta aus Euratsfeld und Josef Ratteneder aus Wilhelmsburg die Spitze der Wahlliste. Die Ergebnisse der Landwirtschaftskammerwahlen sowohl in Salzburg am 23. Februar und in Niederösterreich am 23. März grenzten an ein Debakel für den Bauernverband.

Die Salzburger streuten sich selbst keine Rosen. In der Bauernzeitung stand geschrieben:

> Zweifellos ist dieses Ergebnis für den Bauernverband kein Anlass zur Freude, aber auch keiner zur Resignation. Selbstkritisch betrachtet, ist festzustellen, dass in Salzburg eine nicht intakte Landesorganisation durch einen parteipolitischen Überraschungscoup der ÖVP – im Bergbauernland Salzburg im Februar Kammerwahlen auszuschreiben – keine genügende Zeit fand, selbstverschuldete organisatorische Mängel zu beheben.[175]

Der Bauernverband wurde stimmenmäßig faktisch halbiert und verlor drei Landeskammermandate und sechs Bezirksmandate, die fast alle zur Freiheitlichen Bauernschaft übergingen, die bei dieser Landwirtschaftskammerwahl von 1975 wieder angetreten war.

In Niederösterreich war es noch schlimmer, denn die Abgänge von Robert Wenitsch, Manfred Frey und Sepp Hintermayer machten sich stark bemerkbar. Die Fünf-Prozent-hürde konnte nicht genommen werden und so verlor der Bauernverband sein einziges Landeskammermandat sowie jede Menge Bezirkskammermandate. Der Bauernbund hielt wieder bei 90 % des Stimmenanteils, worüber man sich im schwarzen Lager begreiflicherweise diebisch freute.

---

175 ÖBZ, Folge 4, 1975, 7.

Zur Nationalratswahl am 5. Oktober 1975 gab der Bauernverband wie immer keine Empfehlung ab. Am meisten hoffte die ÖVP auf die Stimmen der Bauern, jedoch vergebens.

Stimmen- und mandatsstärkste Partei wurde wieder die SPÖ unter Bundeskanzler Bruno Kreisky, sie erhielt 50,4 % (+0,4) der Stimmen und damit 93 Mandate (+/- 0). Zweitstärkste Partei wurde die ÖVP unter Josef Taus und erhielt 42,9 % (-0,2) der Stimmen und damit 80 Mandate (+/- 0). Die FPÖ, die mit Friedrich Peter als Spitzenkandidaten antrat, wurde drittstärkste Partei und erhielt 5,4 % der Stimmen (-0,1) und damit 10 Mandate (+/-0). Wahlberechtigt waren 5.019.277 Menschen. Die Wahlbeteiligung betrug 91,92 (1971: 91,42).

Die SPÖ konnte also auch bei dieser Wahl die absolute Mehrheit erreichen und stellte mit Bruno Kreisky weiterhin den Bundeskanzler.

9. Kreisky III

9.1. Die Auswirkungen der Nationalratswahl

Nach der Nationalratswahl veröffentlichte Simon Wiesenthal, zu diesem Zeitpunkt Leiter des jüdischen Dokumentationszentrums in Wien, einen Bericht über die Kriegsvergangenheit des langjährigen FPÖ-Chefs Friedrich Peter. Aus diesem Bericht ging hervor, dass Peter als SS-Obersturmbannführer angeblich in einer mit Massenmorden in Verbindung stehenden SS-Einheit gedient hätte. Bundeskanzler Kreisky, selbst Verfolgter des Dritten Reichs, verteidigte jedoch Friedrich Peter und beschuldigte Simon Wiesenthal, mit „Mafiamethoden" zu arbeiten, und unterstellte ihm sinngemäß Kollaboration mit der Gestapo. So sagte Kreisky in einem Fernsehinterview: „Was diese Mafia hier betreibt, ist wirklich unerhört!"

Bei der Kreisky-Peter-Wiesenthal-Affäre ging es um einen langjährigen Konflikt zwischen Kreisky und dem selbsternannten „Nazijäger" Simon Wiesenthal. In der Auseinandersetzung zwischen den beiden Kontrahenten spielten antisemitische Ressentiments und der Umgang Österreichs mit seiner nationalsozialistischen Vergangenheit die Hauptrolle. Wie erwähnt protestierte Wiesenthal schon 1970 gegen vier Minister der Minderheitsregierung Kreiskys mit NS-Vergangenheit, nämlich Otto Rösch (Innenminister), Erwin Frühbauer (Verkehrsminister), Josef Moser (Bautenminister) und Hans Öllinger (Landwirtschaftsminister). Die FPÖ stützte die SPÖ-Minderheitsregierung, was in ein gutes politisches Verhältnis mündete. Mitte der siebziger Jahre präsentierte Wiesenthal dann bei einer Pressekonferenz auch Material über die SS-Vergangenheit des damaligen FPÖ-Obmannes Friedrich Peter.

Kreisky, selbst als Jude und Sozialdemokrat von den Nationalsozialisten zur Flucht genötigt, verteidigte Peter in einem TV-Auftritt, bei dem er mitteilte, dass er Friedrich Peter glaube, dass dieser keiner NS-Kriegsverbrechen schuldig sei. Zudem stellte er den Verdacht in den Raum, Wiesenthal sei selbst ein Kollaborateur der Nationalsozialisten gewesen. Wiesenthal klagte, Kreisky zog seine Aussage zurück. In den achtziger Jahren äußerte Kreisky seinen Verdacht erneut und wurde daraufhin wegen übler Nachrede zu einer Geldstrafe von 270.000 Schilling verurteilt. Wiesenthal kommentierte das später so: „Kreisky hat verloren, und anstatt die Geldstrafe zu bezahlen, ist er gestorben".

Im Zusammenhang mit der Kreisky-Wiesenthal-Affäre forderte der damalige SPÖ-Klubobmann im Nationalrat, Heinz Fischer einen Untersuchungsausschuss gegen Wiesenthal, der aber in der Folge nicht eingesetzt wurde. In seiner späteren Funktion als Bundespräsident zeichnete Fischer Wiesenthal im Jahr 2005 mit dem Großen Goldenen Ehrenzeichen für Verdienste um die Republik Österreich aus.

Die Wahl selbst, die im Endergebnis allen politischen Parteien den gleichen Mandatsstand und der SPÖ wieder die absolute Mehrheit brachte, erweckte den Eindruck, als ob sich nichts geändert hätte. Das mochte für die allgemeine Staatspolitik gelten, nachdem Kreisky schon vor der Wahl mit Nachdruck erklärt hatte, dass er seine Politik unverändert fortzusetzen gedenke.

Anders war die Lage vom agrarpolitischen Standpunkt aus zu beurteilen, so sah es jedenfalls der Bauernverband. Die Erklärung Kreiskys, dass die Bauern in seiner Regierung unterrepräsentiert waren und daher benachteiligt wurden, ließ erwarten, dass versucht werden würde, andere agrarpolitische Wege einzuschlagen, vorerst wenigstens, soweit es die Zusammenarbeit der Bauernschaft mit der Bundesregierung betraf.

Nachdem der eine mögliche Weg, eine Abspaltung des Bauernbundes von der ÖVP, wegen der absoluten Mehrheit der SPÖ einerseits und des kategorischen Nein der ÖVP andererseits wieder verbaut war und wohl auch nichts anderes als eine Sichtbarmachung der im Grunde nie unterbrochenen großen Koalition auf agrarischem Gebiet bedeutete hätte, sollte nun etwas anderes kommen, hoffte der Bauernverband. Es war eine Hoffnung für die Bauern, aber auch das Wissen um die Verpflichtung, sich vom bisherigen Denkschema zu lösen und eine neue Form der Vertretung ihrer Interessen zu suchen, die einen Einfluss auf die Agrarpolitik der Regierung außerhalb der Parteipolitik möglich machen sollte.

Im AÖBV sah man das so:

> Der Weg dazu ist frei. Für die Bauern hat sich nämlich mit dem 5. Oktober doch einiges geändert. Zunächst müssen sie zur Kenntnis nehmen, dass der ÖVP-Bauernbund sein Ziel, wieder in die Regierung zu kommen, nicht erreicht hat. Er wird also auch in den nächsten vier Jahren nichts Entscheidendes für sie tun können. Und wer will oder kann garantieren, dass es in vier oder acht Jahren anders sein wird? Es ist jedoch undenkbar, dass mit dem Bauernbund die gesamte Bauernschaft mit allen ihren Einrichtungen, wie Kammern und Genossenschaften, wegen der parteipolitischen Opposition des Bauernbundes zur Regierungspartei auf unbestimmte Zeit auch zur Bundesregierung in Opposition bleibt. Was für die Bauernschaft dabei herauskommt, lässt sich aus dem Vergangenen ableiten.
>
> Der Bauernbund hat gepokert und verspielt. Er hat seit Jahren alles auf eine Karte gesetzt, und diese Karte hat nicht gestochen. Der Bauernbund hat gehofft und erwartet, dass seine Partei, die Österreichische Volkspartei, am 5. Oktober siegen wird und dass er damit wieder das Landwirtschaftsministerium in die Hand bekommen würde. Um dieses Ziel zu erreichen und der ÖVP einen Stimmengewinn in den Städten und Industrieorten zu ermöglichen, hat der Bauernbund auf agrarpolitische Forderungen verzichtet, sie absichtlich niedrig gehalten und solche bei den Verhandlungen nur in bescheidenem Umfang durchgesetzt. Diese Vorgangsweise lässt sich durch Stellungnahmen der Bauernbundzeitungen und durch Erklärungen der Spitzenfunktionäre des Bauernbunds seit 1973 vielfach belegen.
>
> Die Rechnung des Bauernbundes ist nicht aufgegangen. Wir empfinden darüber keine Schadenfreude; wir haben das ja vorausgesehen und auch vorausgesagt, weil

wir bei unseren Überlegungen die Unsicherheit eines Wahlausgangs immer miteinkalkuliert haben. Bedauerlich und verdammenswert ist das Pokerspiel des Bauernbundes jedoch, weil es der Bauernschaft schon bisher den Einnahmenausfall von Milliarden Schilling eingebracht hat. Der Verzicht auf die Durchsetzung einer besseren Rinderpreispolitik mit Hilfe des vom Bauernbund im Juli 1973 bereits beschlossenen Viehlieferstreiks hat die Bauernschaft etwa zwei Milliarden Schilling gekostet. Der vom Bauernbund bei allen Milchpreisverhandlungen praktizierte kampflose Verzicht auf einen kostendeckenden Milchpreis hat die Einnahmen der Milchbauern in den letzten vier Jahren um etwa fünf bis sechs Milliarden Schilling vermindert. Der Verzicht auf die Durchsetzung eines kostendeckenden Getreidepreises hat die Getreidebauern um etwa 1,2 Milliarden Schilling gebracht. Dazu kommen die Verluste beim Wein, dann durch die Mehrwertsteuer und durch den Verzicht des gefärbten Dieselöls und anderes.

Welche Folgen das verkehrte Verhalten der verantwortlichen Agrarführer noch haben wird, ließ sich damals nicht abschätzen. Sicher war, dass vorerst die Verluste der Bauern durch die zu niedrigen Agrarerzeugerpreise bestehen bleiben, bis durch eine neu organisierte Agrarvertretung eine Verminderung der bestehenden Preis-Kosten-Disparität erwirkt wird.

Die gegebene Situation ist, wie gesagt, kein Anlass zur Schadenfreude, sie soll aber für die Bauernschaft der gegebene Anlass sein, die Lage und ihre Einstellung zum Bauernverband neu zu überdenken. Es ist die harte, aber unabänderliche Tatsache, dass der Bauernbund allein trotz seiner Machtfülle für die Bauern nichts erreichen kann. Über die Gesetzgebung nicht, weil zur Durchsetzung bäuerlicher Wünsche eine Zweidrittelmehrheit erforderlich ist, die auf parteipolitischem Wege nur über Koppelungsgeschäfte zustande kommen kann, die der Landwirtschaft indirekt mehr schaden, als sie direkt nutzen. Auf berufsständischem Wege nicht, weil er nicht die zur Durchsetzung von Forderungen unbedingte Unabhängigkeit und Rückenfreiheit besitzt.

Als Konsequenz ergibt sich daraus für den Bauernbund selbst die Notwendigkeit, für die Vertretung der bäuerlichen Interessen eine überparteiliche Form zu finden, eine überparteiliche Handlungs- und Verhandlungsgemeinschaft der Bauern, die frei von den parteipolitischen Bindungen des Bauernbundes handeln und verhandeln kann. Es liegt allerdings auf der Hand, dass dies eine vom Bauernbund beherrschte Präsidentenkonferenz der Landwirtschaftskammern nicht sein kann. Dem Bauernbund und den Landwirtschaftskammern stehen im Kampf um die Agrarpreise nicht nur die SPÖ und die Arbeiterkammer, sondern auch die Rest-ÖVP und sämtliche Kräfte und Mächte der Industriegesellschaft, voran der Gewerkschaftsbund, die Industriellenvereinigung und der Handel gegenüber. Zu glauben, dass eine parteipolitisch gesteuerte und gehemmte Bauernorganisation, dazu noch aus der Opposition heraus, allein in der Lage ist, gegen diese Kräfte und Mächte anzukämpfen, ist ein Trugschluss.

> Der Bauernbund wird seinen Alleinvertretungsanspruch aufgeben müssen, weil er nicht mehr zeitgemäß ist. Die Bauern werden sich mit dem Gedanken vertraut machen müssen, dass die Vertretung ihrer Interessen, wie bei allen anderen Berufsgruppen, auf zwei Wegen erfolgen muss: politisch-weltanschaulich über die politischen Parteien wie bisher und berufsständisch oder wirtschaftspolitisch über eine überparteiliche Organisation, wie sie sich im Allgemeinen Bauernverband anbietet. Auch die eingefleischtesten Bauernbündler, freiheitlichen Bauern und Arbeitsbauern werden sich mit dem Gedanken vertraut machen müssen, dass sie die Wahrnehmung ihrer berufsständischen Interessen von den parteipolitischen weitgehend trennen müssen.[176]

Die für die Agrarpolitik maßgeblich verantwortlichen Personen blieben auch nach der Nationalratswahl vom Oktober 1975 die gleichen: Bruno Kreisky, Hannes Androsch und Oskar Weihs. Letztgenannter sollte ein Jahr darauf ausgetauscht werden, sein Nachfolger war Günter Haiden, der das Amt als Landwirtschaftsminister ganze zehn Jahre bekleiden sollte, doch dazu an späterer Stelle mehr.

Wie üblich nach Nationalratswahlen, rollte auf die Österreicher wieder eine Belastungswelle zu, besonders aber auf die Bauern. So wies etwa mit einem Erlass vom 23. Oktober 1975, also etwas mehr als zwei Wochen nach der Wahl, Finanzminister Hannes Androsch die Finanzlandesdirektion an, sich auf eine allgemeine Buchführung für land- und forstwirtschaftliche Betriebe vorzubereiten. Das hieß im Klartext, dass Androsch unverblümt damit drohte, die Pauschalierung für Landwirte aufzuheben. Abgesehen davon erhöhten in einigen Bundesländern die Landwirtschaftskammern die Kammerumlagen, also den Pflichtmitgliedsbeitrag; weiters sollte die Mehrwertsteuer auf 18 % erhöht werden; die Handelsdünger und auch die landwirtschaftlichen Maschinen wurden verteuert, und zu guter Letzt wurde auch der Strom teurer. Alles in allem eine schöne Bescherung zu Weihnachten 1975.

9.2. Der Hungerstreik von 1976

„Kärntner Berge zittern, aber sie sterben nicht,
Kärntner Bauern sterben, aber sie zittern nicht!“[177]

Da Ende 1975 und Anfang 1976 wieder eine Teuerung einsetzte, die Agrarpreise aber trotz mehrmaliger und dringlicher Preisanträge des Bauernverbandes an die Preiskommission nicht nachgezogen wurden, klaffte die Einkommensschere der Bauern – vor allem der Milchbauern – immer mehr auf. Norbert Kanz rechnete wieder, kam auf einen Produzentenpreis von ATS 4,48; der amtliche Milchpreis lag jedoch bei ATS 3,24 – dies ergab eine Differenz von ATS 1,24, die es nun endlich von den Regierenden

176 ÖBZ, Folge 10, 1975, 1f.
177 Motto der Hungerstreik-Protestaktion des AÖBV in Klagenfurt, Juli 1976.

einzuholen galt. Dabei verfiel der Landesverband Kärnten des AÖBV auf eine Maßnahme, die noch nie in der Geschichte der Bauernschaft angewendet wurde und sich auch nie mehr wiederholen sollte, nämlich Gebäudebesetzung und Hungerstreik.

Die Traditionen des zu diesem Zeitpunkt genau 350 Jahre zurückliegenden Bauernkrieges aufrecht erhaltend, besetzte am Mittwoch, dem 14. Juli 1976, eine Gruppe von Bauernverbandlern die Präsidialkanzlei der Landwirtschaftskammer für Kärnten und trat in einen unbefristeten Hungerstreik. Der Sinn der Aktion war in erster Linie, den mittels Flugblatt verteilten Forderungen der Bauern den nötigen Nachdruck zu verleihen. Der Inhalt des Flugblattes lautete wie folgt:

> Besetzung des Kammerpräsidiums und Hungerstreik der Kärntner Bauern am 14. Juli 1976
>
> Die Forderungen:
> 1. Wir verlangen, dass die Präsidentenkonferenz bei den derzeitigen Verhandlungen in Wien über das Agrarpaket einer halben Lösung nicht zustimmt. Gefordert wird eine Erhöhung des Erzeugermilchpreises um 70 Groschen, eine Erhöhung der Mehrwertsteuerpauschale auf 10 %, der sofortige Stopp jeder Einfuhr von Vieh und Fleisch, eine rasche Festlegung der Preisbänder für Rinder unter Berücksichtigung einer Kostensteigerung von 25 Prozent. Wir fordern, dass das Kammerpräsidium die Präsidentenkonferenz unverzüglich von unseren Forderungen verständigt.
> 2. Wir verlangen, dass die Landwirtschaftskammer zur Durchsetzung dieser Forderungen eine harte gewerkschaftliche Kampfaktion vorbereitet und durchführt (Bildung eines bevollmächtigten Aktionskomitees, Aufruf im „Kärntner Bauer“, Streikkanzlei in der Kammer).
>
> Zur Durchsetzung dieser Forderungen führen wir hier einen unbefristeten Hungerstreik durch, wobei wir vorerst noch Milch zu uns nehmen werden.
>
> Die streikenden Bauern.

Zur Vorgeschichte: Am 12. Juli 1976 wurden vom Landesverband Kärnten des AÖBV Bezirksbesprechungen anberaumt, um über die am Sonntag darauf, dem 18. Juli 1976 beschlossenen Kampfmaßnahmen zu beraten. Diese sollten einmal mehr den berechtigten Forderungen der Bauern nach höheren bzw. kostendeckenden Erzeugerpreisen für Milch, Fleisch, Getreide etc. den nötigen Nachdruck verleihen. Es sollten wie schon oft Milchlieferblockaden durchgeführt und auch Flugzettel verteilt werden. In der Bezirksversammlung in St. Veit an der Glan wollte man sich jedoch nicht mit Aktionen, die es schon oft gegeben hatte, nicht begnügen. Es waren vor allem die Mitglieder der so genannten „Metnitztaler Bauerngewerkschaft“, einer örtlichen Bereichsgruppe des Bauernverbandes, welche die althergebrachten Formen der Protestaktionen ablehnten.

Ihrer Meinung nach würde eine neuerliche Milchblockade nicht viel bringen, da der AÖBV zahlenmäßig zu klein war, um alle Molkereien in ganz Österreich zu blockieren. Milch würde dann aus anderen, nicht blockierten Bundesländern geliefert werden, was die Wirksamkeit einer solchen Blockade unterlaufen würde. In einer solchen Situation würde der Milchkonsument diese Aktion nicht verstehen oder diese gar als gegen sich gerichtet betrachten. Die Medien würden, politisch gegängelt, das ihre dazu beitragen, einen Keil zwischen die kämpfende Bauernschaft und die Konsumenten zu treiben, argumentierten die Metnitztaler Bauern.

Einer davon, Kasimir Greiler, vulgo Regger, aus Feistritz war überzeugter Maoist. Mag sein, dass er von den gleichzeitig stattfindenden Hungerstreikaktionen der in Stuttgart-Stammheim einsitzenden Aktivisten der RAF (Rote Armee Fraktion) inspiriert wurde, jedenfalls war er der Meinung, dass man durch Hungerstreik auch mit relativ schwachen Kräften eine große Wirkung erzielt. Als Ort wählte man die Präsidialkanzlei der Landwirtschaftskammer, da dort alle Fäden der bäuerlichen Interessensvertretung in Kärnten zusammenliefen. Genau diesen Ort wollte man – zumindest für die Dauer der Besetzung – zu einer Zentrale für den Bauernkampf gegen die Ausbeutung machen, wie es Greiler formulierte. Greiler war es auch, der über die ganze Aktion einen schriftlichen Bericht in Form einer kleinen Broschüre abfasste.[178]

Die Metnitztaler Bauern setzten sich mit diesem Plan in der St. Veiter Bezirksversammlung durch und verständigten die anderen Bezirksversammlungen des Bauernverbandes. Für den 13. Juli wurden dann Delegierte aus den Bezirken zur endgültigen Aktionsbesprechung beim Fleißner-Zollfeld einberufen. Die Delegierten zeigten von skeptisch bis hoch begeistert alle möglichen Reaktionen und erklärten sich letztendlich einverstanden. So wurde eine Gruppe gebildet, die gleich am nächsten Tag – man wollte keine Zeit verlieren, da sich solche Aktionen schnell herumsprechen – um 7 Uhr früh die Landwirtschaftskammer besetzen sollten.

Folgende Bauern nahmen an der Aktion teil:

Ludwig Achatz (Pischeldorf), Kasimir Greiler (Grades, Metnitztaler Bauerngewerkschaft), Siegfried Kampl (Gurk), Walter Krassnitzer (Glödnitz), Helmuth Oprissnig (Eberstein), Paul Petritsch (Sankt Salvator, Metnitztaler Bauerngewerkschaft), Hans Possegger (Feldkirchen), Adolf Riautschnig (Glanegg), Hans Schlintl (Pisweg), Siegfried Schöffmann (Frauenstein) sowie Barbara Weissenbacher (Brückl), die am Tag nach der Besetzung auf Grund einer Radiomeldung spontan zur Gruppe gestoßen war. Zu Beginn der Aktion wurde vereinbart, dass Schlintl und Schöfmann den Streik nach drei Tagen abbrechen werden, ab diesem Zeitpunkt wurde die Aktion also von acht Bauern und einer Bäuerin getragen.

Auf Siegfried Kampl wurde bereits eingegangen, Adolf Riautschnig vulgo Esterle aus Kadöll im Glantal, kam Anfang der sechziger Jahre zum Bauernverband, wurde zu ei-

178 Kasimir Greiler, Acht Bauern und eine Bäuerin ... Kärntner Bauernkampf, Juli 1976. Bericht eines Teilnehmers (Friesach 1976).

nem der unermüdlichsten Kämpfer für eine Bauerngewerkschaft und war später langjähriger Hauptverbandsobmann im Österreichischen Unabhängigen Bauernverband. Riautschnig wurde durch seine Mutter auf den AÖBV aufmerksam gemacht, die eine Versammlung besuchte und von Walter Angerer, dem damaligen Motor des AÖBV in Kärnten, auf das Höchste beeindruckt war. Riautschnig selbst war Bauernbundmitglied, zeigte sich aber vor allem von Angerer, Kanz und der Idee der überparteilichen Bauernvertretung begeistert und machte beim Bauernverband sofort mit, was einen Rausschmiss aus dem Bauernbund stante pede nach sich zog. Riautschnig erinnert sich heute noch gut an die Repressalien des Bauernbundes, aber auch anderer Behörden, so wurden Versammlungen des Bauernverbandes durch etwa 20 Jahre vom Eintritt Riautschnigs an von der Staatspolizei, immer jeweils mit zwei Mann, überwacht.

Die besetzte Kärntner Landwirtschaftskammer in Klagenfurt am 14. Juli 1976, dem ersten von zwölf Besetzungs- und Hungerstreikstagen.

Doch zurück zur Hungerstreikaktion: Riautschnig, der sich nach dreißig Jahren noch an alle Einzelheiten erinnern kann, war als erster vor Ort und parkte seinen Traktor vor dem Kammergebäude, gleich darauf folgte Greiler. Unmittelbar nach der Besetzung der Räumlichkeiten der Landwirtschaftskammer rollte Greiler Transparente wie „Besetzt“ und „Kärntner Bauern im Hungerstreik“ an der Fassade des Hauses aus. In aller Eile wurden einige Losungen auf Papptafeln geschrieben, welche für die ersten Traktoren, die sich vor der Kammer postierten, bestimmt waren. Dann begann man, Parolen aus den Fenstern zu rufen und die Forderungen zu verlesen.

Der eigentliche Herr des Hauses, Kammerpräsident Sodat war schnell alarmiert und wollte sich in sein besetztes Büro begeben. Dort bekam er einen Wutanfall und schrie: „Was soll das bedeuten? Habt ihr keine Schulbildung? Ich habe eine! Das ist ja Hausfriedensbruch, und ich werde mich unverzüglich mit der Polizei in Verbindung setzen!" – sprach's, machte auf dem Absatz kehrt und ließ sich fast zwei Wochen nicht mehr blicken. Das mit dem Hausfriedensbruch zog nämlich nicht, da es sich bei der Landwirtschaftskammer ja um eine bäuerliche Einrichtung handelte und die Bauern ja alle zwangsweise Mitglieder waren, auch die anwesenden Besetzer. Am Abend des 14. Juli wurden vor dem Kammergebäude verlässliche Wachen postiert, die für die gesamte Dauer des Hungerstreikes verhindern sollten, dass die Polizei in einer nächtlichen Aktion die Hungerstreiker während der Nachtruhe kurzerhand aus dem Gebäude warf. Die Wachen hätten dann rechtzeitig gewarnt, woraufhin sich die Hungerstreiker verbarrikadiert hätten. Doch dazu kam es nicht, die Polizei verhielt sich zum Glück ruhig.

Am Donnerstag, dem 15. Juli 1976, wurde wiederum ein Flugblatt verfasst und an die Kärntner Bauern verteilt. Es hatte folgenden Inhalt:

An einen Landwirt!

Seit Mittwoch dieser Woche steht in der Landwirtschaftskammer in Klagenfurt eine Gruppe von Bauern im Hungerstreik. Sie fordern von der Bundesregierung die Wiederaufnahme von Verhandlungen über die Preisforderungen. Das gestern beim Bauerngipfel in Wien erzielte Ergebnis der Verhandlungen über den Milchpreis, den Getreidepreis und über die Erhöhung der Mehrwertsteuerpauschale ist eine Schande für die Regierung, die sich sozial nennt, und eine schwere Beleidigung für die Bauern. Von der Getreidepreiserhöhung haben die Bauern von Kärnten heuer nichts. Aus klimatischen Gründen kann in Kärnten nur Normalweizen erzeugt werden. Wegen der Trokkenheit wird der Ertrag so gering sein, dass viele Bauern keinen Weizen verkaufen können. Bestenfalls erhalten also die Kärntner Bauern für ihren Weizen um 10 Groschen mehr, bei einer von der Preiskommission selbst ermittelten Kostensteigerung um 26 Groschen. Die Milchproduktionskosten sind innerhalb eines Jahres um 42 Groschen gestiegen. Bei der vorjährigen Milchpreisregelung blieb die Regierung den Bauern nach der amtlichen Produktionskostenermittlung 28 Groschen schuldig. Bis 1. Jänner 1977 werden die Kosten um weitere 25 bis 35 Groschen steigen. Welchen Wert hat da die Milchpreiserhöhung um 20 Groschen ab 1. Jänner 1977? Seit 1. Jänner 1976 zahlen die Bauern bei der Mehrwertsteuer täglich 3 Millionen Schilling aus der eigenen Tasche drauf. Statt dieses Unrecht zu beseitigen, wurde es nun um ein halbes Jahr verlängert und sanktioniert! Wie konnte die Präsidentenkonferenz der Landwirtschaftskammer einem solchen Schandergebnis die Zustimmung geben? Das fragen sich alle denkenden Menschen und selbstverständlich auch die Bauern. Wenn die Regierung zu keinen höheren Zugeständnissen bereit war, dann hätte man ihr auch die volle Verantwortung überlassen müssen! Die Bauern haben den Eindruck, dass sie wieder einmal von ihrer eigenen Interessensvertretung im Stich gelassen wurden und dass daher die streikenden Bauern, deren Kampf gegen die Agrarpolitik der Regierung gerichtet ist, mit der Besetzung des Kammerpräsidiums durchaus den richtigen Ort gewählt haben.

Der Hungerstreik wird fortgesetzt. Die Bauern werden in den nächsten Tagen zu beweisen haben, ob sie mit dem Verhandlungsergebnis einverstanden sind und, mit den hungernden Bauern, selbst ausgehungert werden wollen. Bauern, wehrt Euch dagegen und unterstützt die streikenden Bauern! Kommt in den nächsten Tagen nach Klagenfurt, wenn es geht, mit dem Traktor, und stellt ihn einige Zeit vor der Landwirtschaftskammer ab.

Die kämpfenden Bauern.

Die Kärntner Bauern reagierten auf die Aktion vorerst abwartend sowie zögernd bis zaghaft. Anfangs wurde noch geglaubt, dass da oben ein paar Spinner säßen, die spätestens nach zwei Tagen, wenn ihnen ordentlich der Magen krachen würde, die ganze Geschichte wieder aufgeben würden. Zu Beginn der Aktion, am Mittwoch, dem 14. Juli, standen nur sieben Traktoren vor dem Kammergebäude, bereits am Donnerstag waren es fünfunddreißig. Täglich erhöhte sich die Zahl der Bauern, die nach Klagenfurt kamen, um sich die „Rebellen" anzusehen und mit ihnen zu reden. Je länger die Aktion dauerte, umso größer wurde auch das Interesse der Medien, bis einige ORF-Kamerateams fix vor Ort blieben. Auch Politiker aller Couleurs gaben sich mit der Zeit ein Stelldichein, aber weniger um die Probleme der Agrarpolitik zu erörtern, sondern vielmehr die streikenden Bauern zur Aufgabe zu bewegen. Man versuchte es auch mit ganz simplen Tricks und so wurden kleinere Bauernbundfunktionäre in die Kammer entsandt, die sich erboten, den Hungernden eine Seite Speck und Brot sowie eine Kiste Bier zu bringen. Die Hungerstreiker ließen sich aber nicht weich klopfen. Dann wurden die Tricks aber gemeiner: in der Presse, im Rundfunk und selbst vor Ort wurde propagiert, dass ein Hungerstreik ja wohl kein wirklicher Hungerstreik sei, wenn man Milch

Die bereits vom Hungerstreik gezeichneten rebellierenden Bauern in der Kärntner Landwirtschaftskammer am vierten Tag der Aktion (17. Juli 1976). Von links nach rechts: Helmuth Oprissnig, Hans Possegger, Barbara Weissenbacher, Adolf Riautschnig, Paul Petritsch, Siegfried Kampl und Kasimir Greiler.

trinkt – und das alles überhaupt nur eine Augenauswischerei sei. Daraufhin nahmen die rebellierenden Bauern – welche die Milch eher deswegen tranken, um auf den Milchpreis aufmerksam zu machen und nicht wegen der Nahrungsaufnahme – ab Samstag, 17. Juli, nur noch Wasser zu sich, womit den hinterfotzigen Schreiern der Wind wieder aus den Segeln genommen wurde. Diese Maßnahme wurde vom Sprecher der „Rebellen", Adolf Riautschnig, der Presse bekannt gegeben, gleichzeitig betonte er im Namen der Gruppe, dass der Hungerstreik fortgesetzt werde, bis die Forderungen erfüllt würden oder man sie durch Sanitäter einzeln aus dem Gebäude tragen müsse.

Gegen Ende der Woche trafen immer mehr Telegramme und Briefe aus ganz Österreich ein. Immer mehr Menschen, vor allem Arbeiter und Konsumenten, sprachen den streikenden Bauern ihre Zustimmung aus. Die Besetzer selbst benutzten Megaphone, um ihre Parolen auf die Straße zu rufen: „Alle Mägen stehen still, wenn der starke Bauernarm es will!" oder „Die Bauern stehen im Hungerstreik und kämpfen für Gerechtigkeit!" Die Traktoren vor dem Kammerhaus trugen Losungen wie: „Auf! Bauer, wehr Dich!"; oder „Wir hungern hier aus Protest, weil man uns Bauern kaum noch leben lässt" und: „Milcherzeugerpreis der Bauern drei Schilling, Konsumenten zahlen 6,90 Schilling. Wo bleibt der Rest?"

Die Basis des ÖVP-Bauernbundes, des SPÖ-Arbeitsbauernbundes und der Freiheitlichen Bauernschaft übten immer stärkeren Druck auf ihre Spitzenfunktionäre aus, sich mit der Aktion zu solidarisieren. Im Verlauf des Sonntag (18. Juli) stellten sich dann die ersten sichtbaren Reaktionen der Parteibauernorganisationen ein. Der Landesvorstand des Arbeitsbauernbundes unter dem Vorsitz von Landesobmann Baumgartner übte offen Kritik am Bauerngipfel in Wien. Damit traute er sich schon einiges, da dieser Bauerngipfel ja von Kreisky höchstpersönlich ins Leben gerufen wurde. Die Freiheitlichen begannen sich nunmehr zwar vorsichtig, aber doch mit den „Rebellen" zu solidarisieren. Der ehemalige Präsident der Kärntner Landwirtschaftskammer, Altpräsident Gruber, stattete den Hungerstreikern einen Besuch in der Kammer ab, bekundete seine Anteilnahme und konnte bei der Verabschiedung seine Tränen nicht verbergen, das Ganze ging also schon ins Dramatische.

Weiters wurden am Sonntag Telegramme an Kreisky, Androsch, Staribacher, Weihs, Kärntens Landeshauptmann Wagner und dessen Stellvertreter Bacher abgeschickt, in welchen die unverzügliche Aufnahme von Verhandlungen gefordert wurde. Das Kreative kam auch nicht zu kurz: Permanent wurden neue Sprüche und Losungen auf Tafeln und Transparente geschrieben, die um das Kammergebäude aufgestellt wurden, denn dieser Eindruck sagte oft mehr als tausend Worte. So wurde gepinselt: „Arbeit gibt es mit den Tieren viel – der Lohn dafür, das ist ein Pappenstiel", „Von 1960 bis 1970 mussten 33.950 Bauern ihre Höfe aufgeben", „Eine Frau bekommt heute jedermann – doch äußerst schwer ein Bauersmann." Ein weiteres Flugblatt wurde vor der Kammer und in der ganzen Stadt verteilt, es richtete sich direkt an die Bevölkerung, zumal das Verkehrschaos immer mehr zunahm. Der Inhalt lautete:

Liebe Mitbürger, liebe Konsumenten!

Wir Bauern demonstrieren für höhere Agrarpreise. Unser Einkommen ist nachweislich so gering, dass niemand von Euch dafür arbeiten würde. Würden Sie heute noch für einen Stundenlohn von 15 bis 16 Schilling arbeiten? Soviel verdienen wie Bauern nämlich im Durchschnitt. Würden Sie für diesen Stundenlohn 60 bis 70 Stunden pro Woche arbeiten und auf Freizeit und Urlaub verzichten, nur um sich „freier Bauer" nennen zu dürfen? Wir haben auch keine Lust mehr dazu, deshalb kämpfen wir für bessere Agrarpreise. Wir bekommen für unsere Produkte heute nicht viel mehr als vor zehn Jahren. Die Produktionskosten sind jedoch um 103 Prozent gestiegen.

Was haben Sie vor 15 bis 20 Jahren verdient und was verdienen Sie heute? Wir gönnen Ihnen, dass es Ihnen heute besser geht als früher. Auch wir möchten uns mit Ihnen über einen höheren Lebensstandard, über ein lebenswertes Dasein freuen. Deshalb wehren wir uns gegen die Ausbeutung der Bauern und fordern eine rasche und positive Erledigung unserer Forderung auf kostengerechte Nachziehung der Agrarerzeugerpreise. Wir wollen die Sicherung des Einkommens, wie bei anderen Berufsgruppen.

In diesem Jahr hat uns die Bundesregierung durch Steuererhöhungen zusätzlich belastet. Unter anderem ist auch die Erhöhung unserer Sozialversicherungsbeiträge um 90 bis 190 Prozent geplant. Es ist ferner bereits vorauszusehen, dass uns die Dürre enorme Schäden und finanzielle Verluste bringen wird, die wir wegen Geldknappheit und Verschuldung nicht mehr verkraften können (Verschuldung im Durchschnitt: 6.820 Schilling).

Wir Bauern möchten die Bedeutung der Landwirtschaft nicht höher einschätzen, als sie tatsächlich ist. Aber wissen Sie, was eintreten würde, wenn die Bauern infolge ihres miserablen Einkommens ihre Höfe aufgeben würden? Wäre es Ihnen egal, wenn die Lebensmittelversorgung zusammenbrechen würde und Sie für Brot, Milch, Fleisch etc. in den Geschäften Schlange stehen müssten, wie dies in vielen Teilen der Erde der Fall ist? Wäre es Ihnen egal, wenn die Landschaft veröden und ganz Kärnten zu einem einzigen Urwald würde? Wäre es Ihnen egal, wenn die arbeitslos gewordenen Bauern auch in Industrie, Gewerbe und Verwaltung drängen und so Ihren Arbeitsplatz abspenstig machen und als Lohndrücker fungieren würden? Wäre es Ihnen egal, wenn durch eine Massenabwanderung aus der Landwirtschaft eine Massenarbeitslosigkeit eintreten und so unsere gesamte Wirtschaft zusammenbrechen würde?

Wir meinen, dass Ihnen das alles nicht egal sein kann, wenn Sie ein verantwortungsvoller und einsichtiger Bürger unseres Staates sind. Deshalb werden Sie für unsere Forderungen auch Verständnis haben. Wir Bauern wollen nicht maßlos sein. Wir wollen nur das, was wir auch Ihnen zugestehen, einen gerechten Lohn für unsere harte Arbeit! Leider müssen wir uns diesen auf dem eingeschlagenen Weg erkämpfen.

Wir Bauern haben uns zu dieser „Besetzung" der Landwirtschaftskammer spontan entschlossen, weil sich das Präsidium kürzlich geweigert hat, eine größere Kampfaktion im Rahmen der gegebenen Möglichkeiten zu unterstützen.

Die streikenden Bauern.

Am Montag, 19. Juli 1976 kam es zur ersten größeren Protestaktionen der Kärntner Bauern in Solidarität mit den Hungerstreikern vor der Landwirtschaftskammer. Die Parolen, die per Megaphon in Richtung Straße verlautet wurden, wurden immer kämpferischer: „Der Erzeugerpreis ist Bauernlohn – was man uns gibt, das ist ein Hohn"; „Konsumenten unsere Freunde – Bauern kennen ihre Feinde!"; „Arbeiter und Bauern sind gute Freunde – beide haben ja die gleichen Feinde!" etc. Als sich etwa 800 Bauern vor der Landwirtschaftskammer versammelten und mehr als 400 Traktoren aufgefahren waren und das Gelände um den Viktringerring einschließlich eines Teiles der Bahnhofstraße blockierten, hielten die Besetzer ununterbrochen Reden an die demonstrierenden Bauern, in denen zum Bauernkampf aufgerufen wurde.

Der Montagsdemo waren Teilerfolge beschieden, so trat das Präsidium der Landwirtschaftskammer zur Beratung über notwendige Maßnahmen zusammen und zog dabei auch Armin Krall, AÖBV-Landesverbandsobmann von Kärnten, hinzu. In einem Fernschreiben wurde die Präsidentenkonferenz aufgefordert, mit der Bundesregierung Verhandlungen mit dem Ziel einer Revision des letzten Ergebnisses der Preisverhandlungen für agrarische Produkte aufzunehmen. Es ging vor allem um die Anhebung des Milcherzeugerpreises über das bisherige Zugeständnis hinaus und die sofortige Aussetzung der Einhebung des Krisengroschens bis zur Neuregelung des Milcherzeugerpreises. Weiters wurden Maßnahmen zur Milderung der Dürrekatastrophe verlangt. In einem Begleitschreiben an Bundeskanzler Kreisky, dem der Forderungstext beigelegt war, wurde er aufgefordert, entsprechende Verhandlungen einzuleiten. Die unterzeichneten Mandatare machten Kreisky darauf aufmerksam, dass bei Nichterfüllung der Forderungen weitere Kampfmaßnahmen zu erwarten seien. Nach Beendigung der Protestkundgebung wurden die Bauern von den Besetzern aufgefordert, sich von niemandem provozieren zu lassen und ordentlich und diszipliniert nach Hause zu fahren. Man gab ihnen noch die Kampfparole „Kärntner Bauern kommen wieder und mehr" mit nach Hause und forderte sie auf, am Donnerstag, dem 22. Juli, zu einer Hauptkampfdemonstration wieder nach Klagenfurt zu kommen.

Nach einer Woche Hungern waren die beiden Jüngsten der Besetzer sichtlich gezeichnet: Walter Krassnitzer und Ludwig Achatz.

Bei den Jüngsten unter den Hungerstreikern, Walter Krassnitzer und Ludwig Achatz, wurden bereits am Dienstag und Mittwoch (20./21. Juli) erste Schwächesymptome und -anfälle festgestellt. Es galt nun, die Kräfte möglichst zu schonen, um den Donnerstag, der als Großkampftag ausgerufen wurde, physisch und psychisch gut zu überstehen.

Außer Ordnungsdienst, Herstellen von Spruchtafeln, Reflektieren über die Ereignisse der letzten Tage, Ausarbeiten von Reden für die Donnerstagsdemonstration, unvermeidlichen Pressegesprächen (die größtenteils Adolf Riautschnig übernahm) und der notwendigen Kontaktpflege mit den Bauern draußen in den Dörfern und Tälern wurden alle Aktivitäten der Hungerstreiker auf ein Mindestmaß reduziert. Besuche von Familienmitgliedern wurden eingeschränkt. Erste Krankheitssymptome stellten sich ein, einer der Aktivisten bekam starken Durchfall. Daraufhin erklärte sich ein Arzt bereit, die Gruppe unentgeltlich zu betreuen und permanent zu überwachen. Der Presse gegenüber zeigte man keine Schwäche: „Der Hunger geht weiter, bis wir umfallen!"

Am Donnerstag, dem 22. Juli 1976, und in den darauf folgenden Tagen fanden dann die größten bäuerlichen Protestaktionen in der Geschichte der Nachkriegszeit statt. In ganz Österreich gab es Solidaritätskundgebungen, doch bleiben wir vorerst in Kärnten. Bereits am frühen Morgen zeichnete sich ab, was passieren würde, nämlich ein totales Verkehrschaos. Die schier unglaubliche Zahl von gezählten 1.714 Traktoren und Tausende von Bauern begaben sich nach Klagenfurt, um sich mit den Hungerstreikern zu solidarisieren und ihrem Unmut über die Agrarpolitik Luft zu machen. Aber nicht nur in Klagenfurt fuhren die Traktoren auf, sondern auch in Wolfsberg, Spittal an der Drau und Villach, dort waren es mehrere hundert.

Unglaubliche 1.700 Traktoren und Tausende Bauern in Kärntens Landeshauptstadt, 22. Juli 1976. Kameras konnten diesen Eindruck von damals nicht einfangen …

In Klagenfurt selbst wurden Reden gehalten, es war eine gewaltige Welle der Solidarität, die den seit über einer Woche sich im Hungerstreik befindenden Bauern entgegenschwappte. Armin Krall redete vor Ort, Hauptverbandsobmann Nowotny richtete einen Appell an Landwirtschaftsminister Weihs, der folgenden Inhalt hatte:

Ein weiterer kleiner Ausschnitt des Massenaufmarsches vom 22. Juli 1976 in Klagenfurt

> Mit dem größten persönlichen Einsatz demonstrieren seit einer Woche eine Bäuerin und acht Bauern in Kärnten, um der Unzufriedenheit über das Ergebnis der Verhandlungen vom 15. Juli Ausdruck und der Forderung nach neuerlichen Verhandlungen, die den berechtigten Anliegen der Bauern eher entsprechen, Nachdruck zu verleihen. Ich appelliere an Sie, Herr Bundesminister, die Gesundheit dieser Demonstranten nicht aufs Spiel zu setzen und sich für sofortige Verhandlungen zu verwenden. Die für die Bauern existenzgefährdende Preis-Kosten-Disparität und die heurige Dürrekatastrophe sind Grund genug, dass Sie sich für diese akuten Anliegen innerhalb der Bundesregierung verwenden. Ich befürchte, dass Verzögerungen oder gar Unnachgiebigkeit der Bundesregierung von der Bauernschaft als Provokation empfunden werden und es zu einer Verschärfung der Lage kommt, die in niemandes Interesse gelegen sein kann.[179]

An diesem Donnerstag setzte in ganz Österreich eine bemerkenswerte Spontaneität ein. In der Steiermark übte eine kleine Gruppe von Bauernverbandlern massiven Druck auf die steirische Landwirtschaftskammer aus. Sie

Armin Krall, AÖBV-Landesverbandsobmann von Kärnten, hält eine Rede vor dem besetzten Gebäude der Landwirtschaftskammer in Klagenfurt, 22. Juli 1976.

179 ÖBZ, Folge 7, 1976, 3.

drohten mit einer Blockade der Gastarbeiterroute, also jener Autobahnen und Landstraßen, auf denen die Gastarbeiter jahrein, jahraus, meist zu Beginn der Sommermonate tagelang zwischen ihrem Herkunfts- und dem Aufnahmeland hin und her pendelten, wenn sich die steirische Landwirtschaftskammer nicht unverzüglich den Beschlüssen der Kärntner Kammer anschließen würde.

In Oberösterreich hatten sich 140 Bauern aus dem ganzen Land, nicht nur Bauernverbandsmitglieder, auf Grund eines Telefonanrufes kurz entschlossen in ihre Autos gesetzt und fuhren zu ihrer Landwirtschaftskammer. Informiert von Landeskammerrat Gerhard Nowotny hatte sich Landwirtschaftskammerpräsident Lehner kurzfristig bereit erklärt, im Festsaal der Kammer „seinen" Bauern Rede und Antwort zu stehen. Die plötzliche Bereitwilligkeit Lehners ließ darauf schließen, dass auch er befürchtete, dass sein Kammergebäude besetzt werden würde. Zur Forderung der Bauern, er solle, zumal er ja auch Präsident der Präsidentenkonferenz war, unverzüglich neue Verhandlungen mit der Regierung aufnehmen, rechtfertigte sich Lehner damit, dass ihm die Hände gebunden seien, da sich Kreisky momentan in Innsbruck in Spitalsbehandlung befinde, deren Dauer nicht abzusehen sei. Lehner beeilte sich zu betonen, dass er die Aktion in Klagenfurt nicht verurteile.

Im Beisein seiner beiden Vizepräsidenten Weichselbaumer und Morbitzer hatte sich Lehner sehr heftiger und mitunter auch scharfer Angriffe zu erwehren, da die anwesenden Bauern die Meinung vertraten, dass sich kein anderer Berufsstand in Österreich eine derartige Zurücksetzung seitens der Regierung gefallen lasse und es unverständlich sei, dass in dieser Situation die Spitzenvertreter der Bauernschaft und die Präsidentenkonferenz überhaupt nichts Entscheidendes für die Bauern tun. Man sprach von Verrat und forderte Lehner auf, entweder die Bauern zu vertreten oder seine Funktion zurückzulegen. Die Stimmung war erregt und gespannt, wenn die Aussprache dennoch in einem gewaltlosen Rahmen blieb, so lag dies ausschließlich an den Bauern selbst und nicht am Inhalt dessen, was Lehner unter Schweißausbrüchen als Rechtfertigung zum Besten gab.

In Niederösterreich wurde telefonisch eine Vorstandssitzung anberaumt, in der beschlossen wurde, am 26. Juli bei Kammerpräsident Bierbaum und im Bundeskanzleramt vorzusprechen und solidarische Protestaktionen zu starten. Im Hinblick auf das uneinheitliche und ungünstige Erntewetter musste von einer größeren Demonstration Abstand genommen werden, da es nicht im Sinne der Aktion sein konnte, die Bauern zu veranlassen, durch eine Demonstration wegen der unbefriedigenden Preissituation noch weitere Einkommenseinbußen zu riskieren. Am Montag, 26. Juli 1976, sammelten sich in der Früh vor dem Gebäude der niederösterreichischen Landwirtschaftskammer rund hundert Verbandsmitglieder, von denen viele Transparente mit sich führten. Nachdem die Demonstranten hinter und neben den vier mitgebrachten Traktoren Aufstellung genommen hatten, betrat eine Delegation das Kammergebäude, wo sie von Kammerpräsident Bierbaum empfangen wurden. Eine Resolution wurde übergeben, im Anschluss erfolgte eine

Diskussion, bei der Bierbaum darauf verwies, dass schließlich die Regierung die Agrarpreise bestimme und man sich dorthin wenden möge.

Gesagt – getan, begab sich der Demonstrationszug zum Bundeskanzleramt, wo eine Delegation unter der Führung von Kammerrat Gasselich empfangen wurde. Auch der Staatssekretär im Landwirtschaftsministerium, Günter Haiden – auf den noch gesondert eingegangen wird –, führte ein längeres Gespräch mit den Bauernverbandlern, in dem er auf die ordnungsgemäß zu Ende geführten Verhandlungen mit der gesetzlichen Interessensvertretung verwies und erklärte, dass er sich eine Wiederaufnahme von Agrarpreisverhandlungen nicht vorstellen könne, zumal die berufenen Vertreter der Bauernschaft das seinerzeitige Verhandlungsergebnis zustimmend zur Kenntnis genommen hätten.

Währenddessen hielt Anton Kornfell vor dem Bundeskanzleramt eine Rede, die Reaktionen der Passanten waren erstaunlich positiv. So brachte ein Passant, augenscheinlich Pensionist, seine Meinung kurz auf den folgenden Nenner: „Zweimal im Jahr auf Urlaub fahrn, für die Alte ein zweites Auto kaufen, das können's – aber fressen wolln's umsonst!"

Ebenso diszipliniert wie in Wien war schon einige Tage zuvor, am 23. Juli, eine Demonstration des Bauernverbandes in Salzburg verlaufen. Unter der Führung von Simon Klausner bewegte sich hinter einem Pferdegespann eine Kolonne von 50 Traktoren durch das schon vorher nahezu perfekte Verkehrschaos in der Stadt Salzburg zum Gebäude der Landwirtschaftskammer. Eine Bauernverbandsdelegation wurde von Kammerpräsident Schifferegger empfangen. Dieser teilte den Delegierten mit, dass Verhandlungen mit dem Ziel bevorstünden, den Krisengroschen abzubauen und eine Aussetzung der Qualitätsbewertung der Milch für den Monat August zu erreichen. Die letztgenannte Maßnahme wurde von den Bauernverbandssprechern als untauglich bezeichnet, doch nahmen die Delegierten die Zusage einer Verhandlungsaufnahme über das Milchpreisproblem mit Befriedigung zur Kenntnis.

Anschließend fuhr die Kolonne zum Sitz der Salzburger Landesregierung im Chiemseehof, wo wiederum eine Resolution hinterlegt wurde. Bundespräsident Rudolf Kirchschläger hielt sich zu dieser Zeit in Salzburg auf, so wurde diese Gelegenheit gleich genutzt, um ihm ein Schreiben zu überreichen, das folgenden Inhalt hatte:

> Sehr geehrter Herr Bundespräsident!
>
> Die Kammerräte des Allgemeinen Österreichischen Bauernverbandes der Salzburger Landwirtschaftskammer wollen Sie auf die derzeitige Lage der Bauernschaft aufmerksam machen. Nicht nur die katastrophale Wetterlage hat die Bauern auch des Landes Salzburg in eine prekäre wirtschaftliche Situation gebracht, sondern auch die Preispolitik, die ohne Rücksicht auf Gestehungskosten und Arbeitseinsatz vor allem bei der Milcherzeugung geübt wird. In einer Zeit, da sämtlichen Berufsgruppen Österreichs infolge der inflationären Entwicklung Einkommenserhöhungen zuge-

billigt wurden, geraten die Bauern immer mehr ins Hintertreffen. Der Allgemeine Bauernverband hat gegen ein Abkommen protestieren müssen, welches der Bauernschaft nur 20 Groschen pro Liter Milch und dies erst ab 1. Jänner 1977 zubilligt. Wie verzweifelt die Situation der Bauern ist, mögen sie daraus ersehen, dass sich unsere Berufskollegen in Klagenfurt zu einem ihre Gesundheit schädigenden Hungerstreik entschlossen haben.

Da trotz dieser friedlichen Demonstration keine Aufnahme von Verhandlungen erreicht werden konnte, haben die Bauern in allen Bundesländern ihre Kollegen in Klagenfurt durch Demonstrationen unterstützen müssen. Die Verantwortung dafür liegt ausschließlich bei der Bundesregierung, die nicht bereit war, ernsthaft zu verhandeln. Im Gegenteil. Mit großer Betroffenheit mussten Österreichs Bauern feststellen, dass sogar ein Einsatz des Österreichischen Bundesheeres gegen sie angedroht wurde.

Wir appellieren nun an Sie, sehr geehrter Herr Bundespräsident, dass Sie auf Grund der Ihnen verfassungsmäßig zustehenden Kompetenzen über das österreichische Bundesheer solch einer gefährlichen Zuspitzung der innenpolitischen Lage Einhalt gebieten. Gleichzeitig ersuchen wir Sie als das vom Volk gewählte Staatsoberhaupt, Ihren Einfluss bei der Bundesregierung geltend zu machen, damit in sachlichen Gesprächen der Benachteiligung der Bauern und ihrer Notlage ein Ende bereitet werden kann.[180]

Doch wie kam nun das Bundesheer ins Spiel? – dazu wieder zurück nach Klagenfurt, Donnerstag, 22. Juli 1976: wie erwähnt wurden von Armin Krall, aber auch vielen anderen – und auch von den Besetzern selbst, von den Fenstern des Kammergebäudes herab – viele Reden vor den demonstrierenden Bauern gehalten. Die Anstrengungen des Tages waren dann auch die Ursache dafür, dass der erste hungerstreikende Bauer gegen 18 Uhr zusammenbrach und mit einem Notarztwagen ins Landeskrankenhaus Klagenfurt gebracht werden musste – und das genau an seinem 40. Geburtstag. Auch die übrigen Hungerstreiker waren nach diesem Kampftag am Rand der psychischen und physischen Belastbarkeit angelangt, und es war nur eine Frage der Zeit, wann der nächste umkippen würde.

Die Vielzahl an demonstrierenden Bauern wollte und konnte sich jedoch unter den Eindrücken nicht damit abfinden, dass der Protesttag schon vorbei sein sollte. So errichteten sie nach Beendigung der Demonstration vor der Landwirtschaftskammer auf allen wichtigen Straßen des Landes, bis in die entlegensten Außenbezirke Kärntens mit ihren Traktoren Straßensperren und waren fest entschlossen, diese nicht nur für die Nacht von Donnerstag auf Freitag, sondern auch die folgenden Tage aufrecht zu erhalten.

180 Schreiben des AÖBV an Bundespräsident Kirchschläger vom 26. Juli 1976, zit. In ÖBZ, Folge 7, 1976, 7.

„Nichts geht mehr!" – auf sämtlichen Straßen Kärntens herrschte vom 22. auf den 23. Juli ein totales Verkehrschaos.

Daraufhin kam es im Laufe des Freitag zu einem unvorstellbaren Verkehrschaos. Die Gendarmerie wusste sich nicht mehr anders zu helfen, als die Traktoren mit Hilfe der örtlichen Feuerwehren von den Straßen zu räumen, klarerweise unter dem lautstarken Protest der Bauern. Nun sickerte das Gerücht durch, dass die Landesregierung in Erwägung zog, einen Einsatz des Bundesheeres zu befehlen, damit am Wochenende, vor allem mitten in der Fremdenverkehrssaison, sich ein solcher Verkehrskollaps nicht wiederholen sollte. Es war der ehemalige Verkehrsminister (1970–1973) Erwin Frühbauer, der Landeshauptmannstellvertreter von Kärnten war (Landeshauptmann Leopold Wagner befand sich auf Urlaub) und beim Militärkommando Klagenfurt einen Bundesheereinsatz gegen die streikenden Bauern anforderte. Man zog also ernstlich in Erwägung, Militär gegen die Bauern einzusetzen, was fast schon an das Jahr 1934 erinnerte. Da der Bundespräsident damals wie heute den Oberbefehl über das Bundesheer innehatte, wandten sich die Bauernverbandler direkt an Kirchschläger, der die Situation entspannen konnte und versprach, einen Militäreinsatz nicht zu genehmigen. Die Landesregierung, die einen Bundesheereinsatz ja gar nicht befehligen konnte, reagierte daraufhin mit einem Traktorenfahrverbot bis Montag, 26. Juli, 12 Uhr Mittag und drohte bei Verletzung des Verbotes mit hohen Geldstrafen.

Die Straßensperre an der Landesstraße beim Herzogstuhl bei Maria Saal, 23. Juli 1976

Unter dem Eindruck der dramatischen Zuspitzung der Lage mit den Blockaden der Landesstraßen sowie angesichts der Entschlossenheit der „Rebellen" im Kammergebäude und auch des Appells des Hauptverbandsobmannes Nowotny sah sich Landwirtschaftsminister Weihs dann doch genötigt, zu den Hungerstreikern nach Klagenfurt zu kommen.

Weihs, der nur noch gute zwei Monate im Amt bleiben sollte, setzte sich dann auch tatsächlich mit den Besetzern zusammen und führte mit ihnen ein Gespräch, das von Freitag 22:30 Uhr bis Samstag 2:30 Uhr früh dauerte, aber trotz der ungewöhnlichen Zeit und Länge mal wieder kein Ergebnis brachte. Weihs berief sich einmal mehr auf die Einigung, zwischen den offiziellen Agrarvertretern und der Regierung auf dem in Wien am 14. Juli 1976 abgeschlossenen „Agrargipfel".

Landwirtschaftsminister Weihs bei den Hungerstreikenden in Klagenfurt, 23. Juli 1976. Von links nach rechts: Besetzer Kasimir Greiler, Landwirtschaftsminister Oskar Weihs und der Landesrat und Landeshauptmannstellvertreter sowie vormalige Verkehrsminister Erwin Frühbauer.

Weihs wusste zu diesem Zeitpunkt bereits, dass seine Tage als Minister gezählt waren. Die Ernennung Haidens zum Staatssekretär in seinem eigenen Ministerium, die renitenten Bauern und schließlich auch Amtsmüdigkeit brachten ihn schließlich dazu, am 30. September 1976 zurückzutreten. Sichtlich ermüdet setzte er sich noch mit den hungerstreikenden Bauern auseinander, verwies auf das gestiegene Einkommen der Bauern während seiner Amtszeit und vieles mehr, was die Bauern schon zur Genüge kannten. Was Weihs aber mit Vehemenz versuchte war, die Bauern zur Aufgabe des Hungerstreiks zu überreden, was ihm aber nicht gelang.

Tags darauf, am Samstag, dem 24. Juli 1976, erlitten drei weitere Bauernkämpfer einen Kreislaufkollaps und wurden mit der Rettung ins Landeskrankenhaus Klagenfurt eingeliefert. Zwei weitere Besetzer mussten wegen akuter familiärer Schwierigkeiten auf ihre Höfe zurückkehren. Es blieben damit noch drei Bauern zurück, wovon zwei auf dringliches Anraten der Ärzte mit Infusionen gestärkt wurden. Diese beiden Bauern leisteten dem letzen noch im Hungerstreik ausharrenden Bauern moralische Hilfe.

Am Sonntag, 25. Juli, besuchten noch einmal über 100 Bauern die letzten Kämpfer in der Präsidialkanzlei. Doch am 11. Tag des Hungerstreiks verschlechterte sich der Gesundheitszustand eines der letzten Hungerstreikenden so rapide, dass er Gefäßkrämpfe bekam und unter akuter Lebensgefahr ins Krankenhaus gebracht wurde. Die verbliebenen zwei Bauernkämpfer sammelten alle Transparente ein und verließen die Landwirtschaftskammer in bäuerlicher Ordnung. Nur eine Papptafel wurde symbolisch in der Kanzlei zurückgelassen, auf der die trutzige Losung stand: „Der Bauernkampf geht weiter!"

9.3. Die Aktion im Klagenfurter Dom

Und der Bauernkampf ging auch weiter, denn der Hungerstreik brachte vorerst keine wesentlichen Ergebnisse. Weder seitens der Regierung noch der Landwirtschaftskammern wurde ein Einlenken signalisiert und nichts deutete darauf hin, dass in absehbarer Zeit das Los der Bauern verbessert würde, indem zumindest Neuverhandlungen über die Agrarpreise und hier wiederum zumindest über den Milchpreis angekündigt wurden. Da von politischer Seite nichts zu erwarten war, setzte man nun Hoffnungen in die Kirche, deren Einfluss ja kein geringer war, zumal auch der Papst Johannes XXIII., wie erwähnt, seinerzeit in seiner Enzyklika *Mater et magistra* die Forderungen des Bauernverbandes nach einer überparteilichen, gewerkschaftlichen Vertretung für die Bauernschaft unterstützte.

So überlegte man wiederum eine spektakuläre Aktion und es fanden sich sechs Kärntner Bauern, darunter wieder Adolf Riautschnig, die sich am 14. September 1976 im Turmzimmer des Klagenfurter Doms aneinanderketteten und entschlossen waren, dort auszuharren und auf diese Weise gegen die „ungerechte, asoziale und unmenschliche Agrarpolitik in Österreich"[181] zu protestieren, wobei die Ketten als Symbol der Knechtschaft auf die Zwangslage der Bauern hinweisen sollten. Dazu erklärten die sechs demonstrierenden Bauern:

> Die Bundesregierung hat trotz des Hungerstreiks vom 14. bis 26. Juli an ihrer Auffassung festgehalten, dass nur die Präsidentenkonferenz berechtigt sei, die Interessen der Bauern zu vertreten. Sie hat sich in der Folge geweigert, die Vereinbarung (Agrarpaket) zwischen ihr und der Präsidentenkonferenz, die gesetzlich nicht gedeckt ist, als gegenstandslos zu betrachten. In der gleichen Weise hat auch die Präsidentenkonferenz an ihrer ungesetzlichen und undemokratischen Vorgangsweise festgehalten.
>
> Die Bundesregierung und die Präsidentenkonferenz haben auch die „ruhige" Zeit nach den Kampfaktionen nicht genützt, um das durch das Schandagrarpaket vom 14. Juli 1976 den Bauern angetane Unrecht zu beseitigen und zu korrigieren. Mit unserer heutigen Aktion protestieren wir erneut dagegen, dass die Bundesregierung im Verein mit der Präsidentenkonferenz der Landwirtschaftskammern eine Abgeltung unserer ständig steigenden Produktions- und Lebenserhaltungskosten durch Angleichung der Preise unserer Erzeugnisse verhindert. Daher lehnen wir das Agrarpaket vom 14. Juli 1976 ab und fordern die Einhaltung der auch zum Schutz der Landwirtschaft erlassenen Gesetze, insbesondere des Landwirtschaftsgesetzes.[182]

Das Medieninteresse war wiederum groß, vor allem warf sich die Frage auf, warum die Demonstranten ausgerechnet den Klagenfurter Dom als Ort für ihre Aktion ausgewählt hatten. Dazu die Demonstranten in einer Erklärung:

181 ÖBZ, Folge 10, 1976, 3.
182 Ebd.

> Wir haben Zweifel am Demokratieverständnis diverser Politiker und Verantwortlicher (Demonstrationsverbot, Traktorfahrverbot, Machtmissbrauch, leider auch in der Agrarvertretung usw.), und weil seit Menschengedenken der Dom eine Zufluchtsstätte der Unterdrückten und Verfolgten war. Wir betonen, dass wir mit dieser Aktion weder religiöse Gefühle verletzen wollen, noch werden wir den Ablauf der normalen religiösen Handlungen, wie Messen, stören. Wir bitten die Kirche um Verständnis für unsere Aktion. In diesem Zusammenhang berufen wir uns darauf, dass der Volkspapst Johannes XXIII. in der Enzyklika „Mater et magistra" verkündete:
>
> „Die Landwirte müssen sich untereinander solidarisch verbunden fühlen und zusammenarbeiten, um genossenschaftliche Unternehmungen oder Berufsverbände oder Gewerkschaften ins Leben zu rufen: beide sind notwendig, um an den wissenschaftlich-technischen Fortschritt in der Produktion Anteil zu nehmen auf die Preise der Erzeugnisse, um auf gleiche Ebene zu kommen mit den wirtschaftlich-beruflichen Gruppen der anderen Produktionszweige, die gewöhnlich schon organisiert sind" (Mag. 108.)
>
> Und schließlich erklärte:
>
> „Wir sind überzeugt, die Vorkämpfer der wirtschaftlichen Entwicklung, des gesellschaftlichen Fortschritts und des kulturellen Aufstiegs der landwirtschaftlich-bäuerlichen Bereiche müssen sie selbst sein, die es angeht, das heißt die Landwirte. (Mag. 107.)"[183]

Auf die Frage warum dieser Zeitpunkt gewählt wurde, antworteten die Bauern:

> Weil damit dem immer wieder gehörten Vorwurf begegnet werden soll, dass die Bauern immer erst dann Aktivitäten entwickeln, erst dann zu kämpfen bereit sind, wenn die Entscheidungen bereits gefallen sind, wenn es zu spät ist. Wohl wurde die „Paketlösung" bereits beschlossen, doch nur durch eine Vereinbarung von Personen, die es nicht einmal der Mühe für wert befanden, die Betroffenen, die Bauernschaft, vom Geplanten zu informieren und deren Meinung zu akzeptieren. Warum wohl wird innerhalb der Gewerkschaften die Entscheidung über Existenzfragen stets in Form einer Urabstimmung getroffen? – Im übrigen wird in diesen Wochen das neue Bundesbudget festgelegt. Die Mittel für die Land- und Forstwirtschaft sollen dabei zugunsten anderer Berufsgruppen gekürzt werden. Gegen all das wehren wir uns, jetzt und rechtzeitig!

Vom 14. bis 17. September 1976 hielten die Bauern im Turmzimmer des Klagenfurter Domes in Ketten aus. Jeden Tag kamen an die tausend Städter zum Dom, blieben stehen, wunderten sich, lobten, sympathisierten, verurteilten, manche spuckten sogar aus.

183 Die Bauerngewerkschaft. Agrarpolitische Nachrichten des Allgemeinen Österreichischen Bauernverbandes, Folge 5, 1976, 2.

Die Kirche selbst, auf deren Verständnis oder gar Unterstützung man bei dieser Aktion so vertrauensvoll baute, zeigte leider überhaupt kein Verständnis. Der Domvikar Voegel ließ am dritten Tag die angeketteten Bauern mittels Räumungsklage von der Exekutive hinauswerfen und reichte eine Besitzstörungsklage ein. So wurden die Ketten mit Bolzenschneidern durchtrennt und die Bauernverbandler aus dem Dom getragen.

Die sechs (von links) Bauern, die sich von 14. bis 17. September 1976 im Klagenfurter Dom aneinanderketteten, um auf die Missstände in der Agrarpolitik aufmerksam zu machen. Zweiter von rechts Adolf Riautschnig, ganz rechts Armin Krall.

Vor dem Dom, also am öffentlichen Domplatz, folgten dann seitens der Kirche versöhnliche Gesten. Die Kirchenleitung versicherte den Bauern wiederholt, dass sie sich sehr korrekt benommen hätten, dass kein materieller oder ideeller Schaden entstanden sei und bot ihnen im Kirchengebäude die Benützung eines Zimmers und einer Küche an. In der Folge zog die Kirche auch die Besitzstörungsklage zurück und es gab ein klärendes Gespräch mit dem Bischof.

Die Bauern selbst waren über das Verhalten der Kirche sehr enttäuscht. Abgesehen von der erwähnten Enzyklika von Papst Johannes XXIII. waren es auch kirchliche Stellungnahmen wie die folgende in der Kirchenzeitung – die über keine geringe Auflage verfügte – am 1. August 1976, die zu der Aktion ermutigt hatten:

> Die Bauern.
> Die Bauern haben den Acker mit der Straße vertauscht.
> Weil sie Milch zu einem Preis hergeben müssen, der unter den Erzeugungskosten liegt.
> Weil sie in fünfzehn Jahren nur 80 Groschen mehr für den Liter bekommen haben, während sie für Düngemittel und Treibstoff inzwischen über das Doppelte bezahlen müssen.

Weil Urlaub für sie vielfach ein Fremdwort ist.

Weil ihnen die Jungen davonlaufen, wenn sie ihnen kein angemessenes Gehalt geben können.

Weil die Höfe weithin tief in den Schulden stecken.

Weil die Rekruten aus der bäuerlichen Bevölkerung die meisten Wirbelsäulenschäden aufweisen.

Weil…

Die Romantik des Landlebens ist eine Lüge. Die Rede von den reichen Bauern ein Märchen mit wenigen Ausnahmen.

Solange sie nicht Vorteile fordern, sondern ausgleichende Gerechtigkeit, sind sie eingebunden in eine Bewegung, der die Kirche in ihrer Soziallehre mehr als nur stillschweigende Zustimmung gibt.[184]

Eine weitere Ermutigung zu der Aktion war das Vorbild einer jungen Österreicherin im Wiener Stephansdom, die sich daselbst ebenfalls ankettete und damit für ihren russischen Bräutigam Ausreise und Heirat im Ausland erzwingen wollte und dank Unterstützung der österreichischen Bundesregierung auch erzwingen konnte. „Damals hat sich die Kirche zu ihren jahrhundertealten Grundsätzen bekannt und diese Hilfesuchenden nicht aus der Kirche gewiesen. Hier hat man – ach wie doch Behörden mitunter schnell arbeiten können – die erst gegen Abend eingebrachte Räumungsklage noch in derselben Nacht durch die Exekutive in Form eines gewaltsamen Hinausschmisses aus der Kirche vollziehen lassen", schrieb man später in der ÖBZ, und selbstkritisch weiter:

„Dass diese spektakulärste Protestaktion ihr Ziel nicht erreicht hat, stimmt. Aber daran sind nicht die sechs Demonstranten schuld, die ja erwarten durften, dass ihr Einsatz Zustimmung, Solidarität und Unterstützung in der Bauernschaft finden werde. Dem war nicht so, und man ist unwillkürlich veranlasst, sich an die Bauernaufstände vor 350 Jahren und deren Misserfolge zu erinnern, auch wenn der Vergleich zugegebenermaßen überspitzt, weit hergeholt und in der Sache selbst nicht ganz zutreffend ist. Eines aber scheint vergleichbar, dass nämlich damals wie heute die Bauern Erfolge nicht entsprechend zu nützen wussten, dass sie dort, wo es darauf ankam, nicht allesamt zusammenhielten und dadurch letztlich ihren „Kampf" verloren haben.

Damals wie heute scheint jede Bauerngruppe unter Einigkeit und Solidarität etwas anderes zu verstehen. Damals wie heute denken Bauern erst an Haus und Hof und an die Arbeit, die niemand macht, wenn sie nicht daheim sind. Heute wie damals werden diese Tatsachen von den Regierenden gegen die Bauern ausgenützt,

184 Kärntner Kirchenzeitung, 1. August 1976

und daran wird sich auch nichts ändern, wenn Österreichs Bauern nicht umdenken. Das nachzumachen, was eine einstens ausgebeutete Arbeiterschaft auf berufsständischer Ebene erfolgreich vorexerziert hat, sollte heute der Bauernschaft eigentlich leichter fallen, als es vor etwa 100 Jahren für die Arbeiter war."[185]

9.4. Ein neuer Landwirtschaftsminister: Günter Haiden

Seit 1. Oktober 1976 war Dipl. Ing. Günter Haiden Landwirtschaftsminister, seit 8. Juli 1974 war er bereits – sehr zum Leidwesen für Oskar Weihs, der dies als Misstrauen Kreiskys ihm gegenüber ansah – Staatssekretär im Landwirtschaftsministerium.

Günter Haiden wurde am 21. Juni 1926 in Wald am Arlberg geboren. Nach der Matura im Jahr 1947 studierte Günter Haiden von 1947 bis 1952 an der Hochschule für Bodenkultur (Dipl.-Ing.). In dieser Zeit war er Funktionär des Verbandes Sozialistischer Studenten (1946–1956). Von 1956 bis 1962 war er als Forstingenieur und Sägeverwalter des Forstgutes Aflenz beschäftigt, von 1962 bis 1972 als Zentralsekretär der Gewerkschaft der Arbeiter in der Land- und Forstwirtschaft, von 1972 bis 1974 als kommerzieller Direktor der Österreichischen Bundesforste. Haiden war von 1975 bis 1983 Abgeordneter zum Nationalrat, von 1974 bis 1976 Staatssekretär im Bundesministerium für Land- und Forstwirtschaft, von 1976 bis 1986 Bundesminister für Land- und Forstwirtschaft, er bekleidete dieses Amt also für ganze zehn Jahre, länger als jeder Landwirtschaftsminister in der Zweiten Republik vor ihm und bis dato auch nach ihm, wobei ihn Wilhelm Molterer (1994–2003) fast erreicht hätte.

Manfred Frey, Johann Kaller mit Landwirtschaftsminister Günter Haiden (rechts) bei einer Aussprache in Stripfing (NÖ).

Nach seiner Zeit als Minister war Günter Haiden als Vorsitzender der „Arbeitsgemeinschaft Österreich – Dritte Welt" tätig und widmete sich der Entwicklungspolitik und den Anliegen der von der industrialisierten Welt benachteiligten Länder. Haiden starb am 30. August 2004 in Wien.

Der Bauernverband war dem neuen Minister ja schon von diversen Delegationen im Rahmen von Vorsprachen oder Demonstrationen sattsam bekannt; auch war er sich bewusst, dass der AÖBV eine ernstzunehmende Größe in der Innenpolitik darstellte.

185 ÖBZ, Folge 10, 1976, 3.

Gleich nach seinem Regierungsantritt schrieb er für die Österreichische Bauernzeitung des AÖBV eine Erklärung, in der er festhielt, wie Agrarpolitik aus seiner Sicht auszusehen hatte:

> Agrarpolitik ist Politik für alle!
>
> Die Agrarpolitik hat vor allem die Aufgabe, dafür zu sorgen, dass die bäuerlichen Familien an der wirtschaftlichen und sozialen Entwicklung des Landes teilhaben und die österreichischen Konsumenten mit qualitativ hochwertigen Grundnahrungsmitteln, und zwar unabhängig von den Schwankungen auf den Weltmärkten, versorgt werden. Aus dieser Sicht ist es ein großer Erfolg, dass nunmehr bereits 85 Prozent der Ernährung aus der heimischen Produktion zur Verfügung stehen. Die Sicherung der Ernährung ist für einen neutralen Staat von ganz besonderer Bedeutung.
>
> Allein diese Zielsetzung zeigt, dass Agrarpolitik alle angeht. Die Landwirtschafts-, Forstwirtschafts-, Ernährungs- und Wasserwirtschaftspolitik hat jedoch über den Auftrag, für die Entwicklung der Landwirtschaft zu sorgen und die Ernährung sicherzustellen, weit hinausrechende Bedeutung. Es gilt unter anderem, auch für die Erhaltung der Kulturlandschaft zu sorgen und damit die Erholungslandschaft zu bewahren, die in unserem Land durch ihre Vielfalt ihren besonderen Reiz hat, den wir offenbar selber nicht mehr erkennen.
>
> Es geht auch darum, die Sozialwirkungen unserer Landschaft, die ja nicht nur Erholungsraum ist, sondern auch durch die Waldgürtel in den Alpentälern vor Lawinen und Wildbächen schützt und nicht zuletzt Regenerationsraum für Luft und Wasser ist. Damit sei nur angedeutet, dass Agrarpolitik mehr sein muss als die politische Auseinandersetzung mit der Agrarproduktion.
>
> In dieser Legislaturperiode geht es vor allem um folgende Fragen:
> - Fortsetzung und weitere Ausgestaltung der Bergbauern- und Grenzlandpolitik, mit dem Ziel, die immer noch bestehenden regionalen Einkommensdisparitäten zu überwinden. Das Bergbauernsonderprogramm wird daher weiter ausgebaut werden. Es geht darum, strukturschwache Regionen zu stärken und damit auch die Pflege und Erhaltung der Kulturlandschaft zu sichern.
> - Besonderer Förderung bedarf die überbetriebliche Zusammenarbeit, weil es darum geht, die Investitionskosten pro Hektar landwirtschaftlicher Nutzfläche zu senken. Im besonderen ist der überbetriebliche Maschineneinsatz im Wege der Maschinenringe geeignet, rationeller zu wirtschaften, Maschinenkosten zu sparen, einen innerlandwirtschaftlichen Zuerwerb zu erschließen und Nebenerwerbslandwirten die Extensivierung ihrer Betriebe zu ermöglichen.
> - Mehr Arbeitsteilung in der landwirtschaftlichen Produktion ist erforderlich. Es geht darum, die Produktion an die Aufnahmefähigkeit des nationalen Marktes und des

Weltmarktes anzugleichen. Sowohl in der Milchproduktion als auch im Getreidebau müssen alle Anstrengungen unternommen werden, um schon aus einkommenspolitischen Gründen Produktionszuwächse zu ermöglichen, gleichzeitig jedoch eine strukturelle Überschussproduktion zu vermeiden.
- Die weitere Verbesserung der Agrarstruktur sowie die weitere Modernisierung und Rationalisierung der Betriebe ist unerlässlich.
- Ein Schwerpunkt der Tätigkeit des Ressorts wird schon wie bisher der weitere Ausbau der ländlichen Infrastruktur sein, im Besonderen der des Güterwegebaues und der Telefonanschlüsse.

Die Verbesserung der Einkommen der bäuerlichen Familien erfordert nicht nur eine ausgewogene Produktions-, Markt- und Preispolitik und ein Förderungssystem, das auch dazu dient, zur besseren Arbeitsteilung in der landwirtschaftlichen Produktion zu gelangen, sondern vor allem auch verbesserte Aus- und Weiterbildungsmöglichkeiten auf dem Lande. Um der steigenden Mitverantwortung und Arbeitsbelastung der Bäuerin Rechnung zu tragen, wird die Bundesregierung bemüht sein, die Lage der Bäuerinnen durch entsprechende Maßnahmen zu erleichtern.

Eine der nächsten legistischen Aufgaben ist die Reform der Grundstückszusammenlegung.

Die Zusammenarbeit mit der gesetzlichen Interessensvertretung und die Kooperation mit ihr muss eine sehr sachliche sein. Das Bundesministerium für Land- und Forstwirtschaft ist auf die Zusammenarbeit mit den Landeslandwirtschaftskammern angewiesen, diese brauchen allerdings auch das Ministerium. Die Durchführung der Agrarförderung wird zu überprüfen sein, und zwar mit dem Ziel, für die österreichischen Bauern eine bessere Dienstleistung zu erreichen. Mit dieser Frage wird sich im besonderen der Staatssekretär Albin Schober befassen.[186]

Damit war Haiden ein weiterer Landwirtschaftsminister, der viel redete, aber nichts sagte, der zwar schöne Worte, aber keine Lösungen anzubieten hatte. Dennoch gab ihm der Bauernverband einen Vertrauensvorschuss, um ihm die Möglichkeit zu geben, etwas Agrarpolitisches zu bewegen. Doch was tat sich Politisches in seinem Ressort, als er sein Amt antrat?

9.5. Resümee über das Jahr 1976 und die agrarpolitische Situation zum Amtsantritt Günter Haidens

Durch die allgemeinen Preissteigerungen bei gleich bleibenden und sogar sinkenden Agrar-Erzeugungspreisen verschlechterte sich die Lage der Landwirtschaft zu Beginn

186 ÖBZ, Folge 10, 1976, 2.

des Jahres 1976 erheblich. Bei Kreiskys Regierung stieß man nicht nur betreffend Nachziehung der Agrarpreise auf taube Ohren, sie belastete die Bauern auch noch zu allem Überfluss mit Steuer- und Tariferhöhungen. Der Bauernverband verlangte bereits um die Jahreswende 1975/76 einen Ausgleich der Mehrbelastungen durch Erhöhung der Agrarerzeugerpreise und des Mehrwertsteuersatzes. Und siehe da – die Präsidentenkonferenz und alle anderen Bauernorganisationen folgten.

Es geschah aber nichts. Bis Juni 1976 wurde von Verhandlungen phantasiert, die nie stattfanden. Der Bauernverband entschloss sich zum Handeln und versuchte, die anderen Bauernorganisationen für ein gemeinsames Vorgehen zu gewinnen und forderte die Landwirtschaftskammer auf, die Voraussetzungen für ein einheitliches, hartes und demonstratives Vorgehen der gesamten Bauernschaft durch Bildung eines Verhandlungs- und Kampfkomitees zu schaffen. Als die Landwirtschaftskammer, der Bauernbund, der Arbeitsbauernbund und die Freiheitliche Bauernschaft durch die Ankündigungen eigener Aktionen, Rückfragen, Bedenken, Vertagung der Beratungen und unter anderen höchst faulen Ausreden ein entschlossenes gemeinsames Auftreten wochenlang verhinderten, entschloss sich der Bauernverband selbst zu handeln.

Das Ergebnis war der Hungerstreik in Klagenfurt, der am 14. Juli begann. Seitens der Politik bemühte man sich nun doch um Verhandlungen und präsentierte noch am 14. Juli der Bauernschaft das Ergebnis in Form einer Vereinbarung zwischen der Bundesregierung und den Landwirtschaftskammern, also der Präsidentenkonferenz. Diese Vereinbarung, auch „Agrar-Paket“ benannt, stellte alles in den Schatten, was vorher den Bauern an Entrechtung und Demütigung geboten wurde.

Unter dem Eindruck der kämpferischen Bauern in Klagenfurt, die mit ihrem Hungerstreik wie erwähnt noch mehrere Protestaktionen in ganz Österreich auslösten, beeilten sich die Parteibauernvertreter, die Landwirtschaftskammer und die Bundesregierung, „das Ergebnis ihrer Packelei, den Schandvertrag vom 14. Juli“, zu verwischen.[187] Die Parteibauernvertreter in der Kärntner Landwirtschaftskammer lehnten das Agrarpaket vom 14. Juli ab und der Arbeitsbauernbund forderte die sofortige Senkung des Krisengroschens. Der Bauernbund schloss sich an, forderte neue Verhandlungen und drohte mit einer Milchpreisblockade, falls der Erzeugermilchpreis nicht bis 1. August 1976 verbessert würde. Bundesregierung und Landesregierung zeigten sich bereit, den Bauern bei der Milderung der Dürreschäden, die im Jahr 1976 besonders heftig ausfielen, zu helfen. Diesbezüglich wurden auch Sofortmaßnahmen eingeleitet, die jedoch in der Wirkung begrenzt und im Umfang bescheiden waren.

Die Kärntner Molkereien wurden veranlasst, den Bauern ab sofort und bis zur Neuregelung des Erzeugermilchpreises ab 1. Jänner 1977 (der eine Erhöhung von 20 Groschen vorsah) 10 Groschen pro Liter Milch mehr auszuzahlen. Die Ankündigungen des Obmannes des Kärntner Bauernbundes, Valentin Deutschmann, dass der Bauernbund

187 Bauerngewerkschaft, Folge 6, 1976, 2.

ab 1. August selbst eine Aktion setzen würde, weckte bei den Bauern die Hoffnung auf eine kraftvolle Verstärkung des Druckes auf die Regierung und die Präsidentenkonferenz. Damit erreichte Deutschmann sein Ziel: Er verunsicherte die Bauern in bewährter Bauernbundweise – es standen ja auch Landwirtschaftskammerwahlen an – mit dem Erfolg, das eine weitere Solidarisierung der Bauern mit dem kämpfenden Bauernverband unterblieb.

Die Kärntner Bauern wurden von ihrer Bauernbundführung irregeleitet, und im Vertrauen auf die eigene Führung versagten die gutgläubigen Bauernbündler dem Bauernverband die Gefolgschaft und brachten sich selbst um einen durchschlagenden Erfolg. So brachte auch die darauf folgende Aktion im Klagenfurter Dom keinen Erfolg, da sie wenig bis gar keine Unterstützung seitens der Bauernschaft fand, die ja immer noch glaubte, der Bauernbund würde schon was für sie herausholen. Nur wurde wieder einmal nichts herausgeholt, denn es blieb einmal mehr bei Ankündigungen, die versprochenen Aktionen fanden ganz einfach nicht statt. Der Nationalratsabgeordnete Dr. Sixtus Lanner, der bezeichnenderweise 1976 vom Posten des Bauernbunddirektors zum Generalsekretär der ÖVP wechselte fasste es bei einer Bauernbundversammlung in St. Veit an der Glan kurz und bündig zusammen: „Besser das annehmen, was Kreisky bereit war den Bauern zu geben, als gar nichts.“ Er bezog sich dabei auf das Agrarpaket vom 14. Juli. Und dabei blieb es.

Die einzige Auswirkung, welche die Protestaktionen des Bauernverbandes im Jahr 1976 definitiv hatte, war der Zugewinn eines Mandates in der Landeslandwirtschaftskammer bei den Kammerwahlen für Kärnten Ende des Jahres 1976, während der Bauernbund überall Stimmen verlor. Nur leider nicht so viele, wie man es hätte erwarten wollen. Deprimierend war es zuzusehen, wie die Bauern immer wieder geduldig ihre Vertreter wählten, die sich ihre warmen Nester bauten und auf die Interessen der kleinen Bauern pfiffen, während der Bauernstand weiter seinem Untergang entgegensteuerte. Wie sehr, lässt sich schon allein mit jenen Statistiken ausdrücken, die die Landflucht zwischen der Nachkriegszeit und heute darstellen, wie viele Bauernhöfe in diesen Jahrzehnten zusperren mussten, wie viel die Bauern dadurch an politischem Gewicht verloren haben, das sie am Altar der Parteiinteressen der ÖVP opferten, immer in dem guten Glauben, der Bauernbund würde es schon richten – irgendwann.

9.6. Milchkrieg – die Fortsetzung

Das „Agrarpaket“ vom 14. Juli 1976, wie es die Verantwortlichen nannten, war nicht nur eine Zumutung und Demütigung für die Bauernschaft, sondern obendrein auch noch gesetzwidrig. Denn das Preisgesetz und das Landwirtschaftsgesetz schrieben vor der Festsetzung eines neuen Milchpreises die Durchführung eines Preisprüfungsverfahrens zwingend vor, in dem auf die wirtschaftliche Lage der Bauern Rücksicht zu nehmen gewesen wäre. Das ist aber nicht geschehen, man kündigte einfach an, den Milchpreis um völlig willkürliche 20 Groschen zu erhöhen, in der Hoffnung, dass sich die Bauern damit abspeisen ließen oder ihre Höfe zusperrten, wobei letzteres als „Gesundschrumpfen" bezeichnet wurde.

Der Bauernverband machte in der Folge den Bauernbund, die Präsidentenkonferenz, die Landwirtschaftskammern, die Bundesregierung, die Öffentlichkeit und sogar Bundespräsident Kirchschläger auf das gesetzwidrige Zustandekommen dieses „Agrarpaketes" aufmerksam und forderte die Aufhebung dieser „Vereinbarung". In schier unbegreiflicher Einmütigkeit lehnten sie eine Revision ab. Da der Bauernverband aber nicht locker ließ, sahen sich Regierung und Präsidentenkonferenz dann doch veranlasst, das gesetzliche Vorprüfungsverfahren, also die Ermittlung der Gestehungskosten von Milch, vor dem 1. Jänner 1977 doch noch durchzuführen.

Doch das war alles nur Schall und Rauch. Am 11. November 1976 fand die erste Beratung im Rahmen des preisbehördlichen Vorprüfverfahrens statt. Der Bauernverband forderte eine Milchpreiserhöhung um 70 Groschen, die er mit einer neuen Kalkulation von Norbert Kanz belegte. Der Arbeitsbauernbund und die Freiheitliche Bauernschaft stellten keine neuen Forderungen. Das Vorprüfungsverfahren erwies sich als Augenauswischerei. Ein wirksames Prüfungsverfahren hätte die Aufkündigung der Vereinbarung vom 14. Juli bedeutet und die PräKo wusste und war damit einverstanden, dass es bei den vereinbarten 20 Groschen bleiben würde. Die Bauernverbandler protestierten gegen die ungesetzliche Vorgangsweise und verlangten vom Vorsitzenden der Preiskommission die Klärung der Frage, ob das Vorprüfverfahren noch einen Sinn habe und ob das Ergebnis der Prüfung überhaupt noch berücksichtigt werde. Im Unterschied zu den Vorjahren fand diesmal keine weitere Beratung statt, und es nahm die Preiskommission zur vorgelegten Kalkulation nicht einmal Stellung. Es fand lediglich am 21. Dezember 1976 noch eine Abschlusssitzung statt, bei der den Antragstellern mitgeteilt wurde, dass Handelsminister Staribacher dem Ansinnen ganz einfach einen Strich durch die Rechnung gemacht hätte. Er sei nämlich der Ansicht, dass eine Milchpreiserhöhung um mehr als 20 Groschen aus volkswirtschaftlichen Gründen nicht in Frage käme. Abweichend von früheren Verfahren teilte diesmal die Preiskommission das Ergebnis ihrer Prüfung den Antragstellern, also dem Bauernverband, nicht einmal mit und die Sitzung dauerte keine 30 Minuten. Damit blieb es auch bei den 20 Groschen Erhöhung, mit der ganzen Aktion sollte dem neuen Milchpreis bloß im Nachhinein noch schnell ein gesetzlicher Anstrich verpasst werden. Am Ende stellte sich aber auch traurigerweise heraus, dass der Stern der innenpolitischen Bedeutung des Bauernverbandes langsam aber sicher am Verblassen war. Noch trauriger aber war, dass den Bauern von der Milchpreiserhöhung um 20 Groschen nur 14 Groschen auch tatsächlich zukamen, da der Absatzförderungsbeitrag gleichzeitig erhöht wurde. Im gleichen Zug musste der Konsument für den Liter Milch gleich ATS 1,20 mehr bezahlen, von denen der Bauer also nur 14 Groschen zu Gesicht bekam.

Der neue Landwirtschaftsminister Haiden ging mit vollem Elan daran, das Milchproblem in den Griff zu bekommen – wie sich später herausstellen wird, scheiterte auch er daran. Für den 29. März 1977 setzte er eine Enquete über die Frage an, auf welche Weise der Milchmarkt geordnet werden konnte, was bedeutete, dass man nach einer Lösung auf der Suche war, wie die Milchproduktion um mindestens 20 Prozent gedrosselt werden konnte. Die Aussprachen und Diskussionen über dieses Thema sollten laut Haiden das ganze Jahr über, bis Dezember 1977 dauern, man hatte es also nicht eilig. Das Ergebnis sollte dann die Grundlage für eine Novellierung der Marktordnung bilden, die spätestens im Juni 1978 vom Nationalrat beschlossen werden sollte.

In den Medien hatte Haiden bereits angekündigt, dass er der Meinung sei, die Getreideanbaugebiete sollten durch einen niedrigeren Milchpreis veranlasst werden, die Milchproduktion aufzugeben, um diese den mit einem höheren Milchpreis bedachten Grünlandgebieten zu überlassen. Nachdem diese regionale Lösung jedoch in der agrarpolitischen Presse bereits heftige Proteste ausgelöst hatte und auch maßgebliche Fachleute ernste Bedenken äußerten, ließ Haiden verlauten, dass er auch zu anderen Lösungen bereit sei, wenn nur 20 Prozent der Milch, das waren 400 Millionen Kilogramm, vom Markt verschwinden würden.

Bei der Milchenquete selbst wurden Arbeitsgruppen und Ausschüsse gebildet, Sitzungen und Aussprachen abgehalten, hin und her diskutiert – eben das übliche langweilige Geschwafel von neunmalklugen „Fachleuten“, die den Auftrag hatten, sich in einem eher eng gesteckten Rahmen nur mit Sachfragen, sprich Zahlen, zu beschäftigen und Fragen, die nur auf politischer Ebene entschieden werden konnten und den Plänen der Regierung zuwiderliefen, auszuklammern. Die Experten scheuten sich daher auch, Fragen der Absatzförderung, der Importbeschränkungen, der Produktionsumlenkung und dergleichen ernstlich in ihre Überlegungen mit einzubeziehen. In Wirklichkeit wollte die Regierung nichts anderes als Budgetmittel einsparen und endlich die lästige Verpflichtung, die gesamte von den Landwirten angebotene Milch zu einem festen Preis zu übernehmen, loswerden. Selbstverständlich sollten dabei auch der Konsumentenschaft hochwertige Nahrungsmittel preiswert und von Zeit zu Zeit auch noch verbilligt angeboten werden. Die hinter der Präsidentenkonferenz und der Molkereiwirtschaft stehenden Kräfte wollten ihre einträglichen Pfründe, die das ganze Milchmarktsystem bot, ungeschmälert erhalten. Auf diese ganzen Einzelheiten soll an dieser Stelle verzichtet werden, wichtig war ja nur, was dabei herauskam und schließlich auch die Bauern betraf, nämlich die Milchkontingentierung.

Im Anschluss an die Schlusssitzung der Milchenquete am 17. Oktober gab Minister Haiden eine Erklärung ab, in der bestätigt wurde, dass die Milchkontingentierung den Kern der Maßnahmen zur Bewältigung der Milchkrise darstellen würde. Mit einer Einführung dieser Maßnahme wäre mit der Beschlussfassung der neuen Marktordnungsgesetze zu rechnen, also spätestens Ende Juni 1978. Bis dahin sollten noch weitere Maßnahmen ergriffen werden, wie die schon zum tausendsten Mal gehörte Absatzförderung für Milchprodukte und damit verstärkte Werbung sowie Auffettung von Milch und Käse.

Am 13. Jänner 1978 legte Haiden seine Pläne zur angeblich neuen Marktordnung der Öffentlichkeit vor, diese beinhaltete:

1. Eine grundsätzlich unveränderte, aber unbefristete Verlängerung der aktuell gültigen Marktordnung,
2. Einführung der Milchkontingentierung durch ein Abgabegesetz („Milchbeitragsgesetz“) das im Parlament mit einfacher Mehrheit beschlossen werden sollte,
3. Strengere Qualitätsnormen für Milch in den nächsten fünf Jahren,
4. Anhebung des Milchkrisengroschens um weitere fünf Groschen noch im Jänner 1978,
5. Ein zweites Bergbauernsonderprogramm als Begleitmaßnahme zur Reform des Milchmarktes,
6. Eindämmung der Weizenproduktion durch Anbauverträge und Erweiterung des Qualitätsweizenanbaues.

Es gab also wieder Zuckerl, wie das Bergbauernsonderprogramm, im Gegenzug wieder eine Anhebung des Krisengroschens und die tatsächliche Durchführung der Milchpreiskontingentierung. Gleichzeitig sollten auch noch die Beiträge zur Pflichtkrankenkasse erhöht werden. Der Bauernverband schmetterte diesen Plänen Haidens ein kräftiges „Nein!!!“ entgegen, und zwar weil:

- nachweislich aus der Inlandserzeugung der Milch gar kein Überschuss bestand (alleine 1977 wurden 1.456 Tonnen Butter und 7.704 Tonnen Käse importiert);
- die geplante Kontingentierung dem Landwirtschaftsgesetz widersprach;
- dadurch die Einkommenslage der Bauern noch mehr verschlechtert wurde;
- nicht im Mindesten jene Möglichkeiten ausgeschöpft wurden, die eine Kontingentierung unnötig gemacht hätten;
- sich alle namhaften Fachleute des In- und Auslandes darin einig waren, dass eine Kontingentierung einen schweren Eingriff darstellte und erst dann in Betracht kommen sollte, wenn alle anderen Möglichkeiten (Steigerung des Inlandsabsatzes, Importbeschränkung, Importabschöpfungen, Nichtlieferprämien, Strukturbereinigung und Rationalisierung der gesamten Milchwirtschaft u.a.) ausgeschöpft wurden;
- dadurch bäuerliche und andere Arbeitsplätze gefährdet wurden;
- nicht die nach den Förderungsempfehlungen des Ministeriums handelnden Bauern schuld an der damaligen Lage auf den Milchpreis waren, sondern die Ursachen ganz woanders lagen;
- man damit die Milchbauern zu Sündenböcken stempelte, ohne auch nur zu versuchen, die wahren Ursachen der „Milchkrise“ aufzuzeigen und entsprechende Gegenmaßnahmen zu ergreifen;
- sich die Bauern ohnehin alles gefallen ließen.

Das Landwirtschaftsgesetz wurde zwar ständig mit Füßen getreten, aber die Bauern wählten noch immer den Bauernbund als Standesvertretung, der dagegen nichts unternahm. Das Ausmaß der Landflucht und die kritische Lage des Bauernstandes im Jahr 1978 zeigt folgende Statistik:

	1961	**1971**	**1976**
Landwirtschaftliche Bevölkerung	1.555.308	792.764	687.000
In Prozent der Gesamtbevölkerung	16 %	11 %	9 %
Erwerbstätige in der Landwirtschaft	768.000	426.000	340.000
Einkommensdisparität	10.864	26.236	36.581

Dabei stand im Landwirtschaftsgesetz (§ 2) und auch im Regierungsprogramm, dass es dessen Zweck ist, „einen wirtschaftlich gesunden und leistungsfähigen Bauernstand zu erhalten".

Der Bauer selbst musste sich wahrlich verschaukelt vorkommen. So hörte er beispielsweise im Rundfunk oder las in der Zeitung, dass 480 Reifenwickler monatlich ATS 500,- mehr Lohn forderten sowie rasche Verhandlungen dazu. Das Unternehmen lehnte ab, weil die Tariffragen ungeklärt und die Absatzlage schwierig war. Die Arbeiter streikten ganz einfach, das Werk stand still. Nach einem Monat war alles vorbei und 90 Prozent der Arbeiterforderungen waren erfüllt. Auf der anderen Seite: 155.900 Milchbauern beantragen ganz brav eine Preisnachziehung wegen gestiegener Produktionskosten, das Kalkulationsschema war geregelt, die Kostensteigerung erwiesen. Der Antrag wurde sechs Monate liegengelassen, die Bauern arbeiteten weiter, ihre Vertretung urgierte – aber mehr auch nicht. Nach weiteren zwei Monaten Verhandlungen gab es noch immer kein Ergebnis. Vielleicht erhielten die Bauern ja 10 % Preiserhöhung – gnadenhalber. Und trotzdem wurde bei Wahlen immer wieder das Kreuz beim Bauernbund gemacht.

Es war teilweise schon erschreckend leicht, die Bauern zu gängeln. Es mangelte vielfach an Selbstvertrauen. Salbungsvolle Worte stimmten sie bereits um. Sie regten sich zwar hin und wieder auf,

Er braucht kan Krisengroschn mehr, waun de Mülchkontingentierung kummt, hot er gsagt, der Herr Minister Haiden. Jetzn haßts, so gaunz gehts do net, so fuffzehnerhalb Groschen Krisengroschen braucher er do, wenns ausgehn sollt. Jetzn mechtn mir Bauern nur wissen, für was er uns Bauern zerscht was anders überhaupt erzöhlt hat, der Herr Minister, mant eicha

Vinzenz Klaubauf

Vinzenz Klaubauf, die allmonatliche Stimme der Bauern in der ÖBZ zu den Plänen von Landwirtschaftsminister Haiden.

bei der Wahl waren sie aber wieder systemkonform, wie es sich in den Augen des Bauernbundes gehörte. Dem Autor ist es aus seiner Jugend noch gut in Erinnerung, wie sein Großvater, der kein Milch-, aber dafür Weinbauer war, sich oftmals über Minkowitsch, Schleinzer oder andere ihres Schlages furchtbar aufregte. Mit hochrotem Kopf saß der Weinviertler Winzer mit seinen acht Weingärten oft am Mittagstisch und las die Zeitung – und zwar den Bauernbündler. Dabei schrie er oft: „Die Packlrass, die Großkopferten – und die woin unsere Vertreter sei? Daschlogn gherns, der ane mit dem andern!!!" – Doch am Wahltag war wieder alles vergessen. Im Wahlkampf davor zogen die schwarzen Vertreter Schalmeien blasend von Tür zu Tür, und der alte Großvater machte wieder brav sein Kreuz beim Bauernbund bzw. der ÖVP. Denn die vom Bauernbund – und die mussten es ja wissen – haben doch erzählt, dass man sich von denen vom Bauernverband besonders in Acht nehmen müsse, denn das wären Rote, verkappte Kommunisten, ahnungslose Opportunisten und zu allem Überfluss auch noch alle Nazis. Der Großvater glaubte es, schließlich hatte er Besuch vom hohen Herrn Bezirksbauernbundobmann in höchstselbiger Person – und das war schon was. Man verzeihe dem Autor an dieser Stelle den Sarkasmus.

Zurück zum Milchkrieg, im Frühsommer 1978 war es schließlich soweit. Die hektischen Verhandlungsrunden waren vorbei, mehr oder minder versteckte Drohungen waren von jeder Seite verstummt. „Ein Berg kreißte, und geboren wurde eine Maus. Oder war es wirklich mehr, was da die Spitzen des ÖVP-Bauernbundes mit der Regierung ausgehandelt haben?"[188] Für die Zukunft wurde eine Milchanlieferhöchstmenge festgelegt, für die der volle Milcherzeugerpreis auf der Grundlage 3,9 % Fettgehalt ausbezahlt werden sollte. Diese Menge bedeutete für die nächsten zwei Jahre bis 1980 gesamt 2.145 Millionen Tonnen Milch, das waren 121 % des aktuellen Inlandsabsatzes.

Jede Molkerei und jeder Milcherzeuger sollte davon errechnet seine so genannte Hofrichtmenge (Umschreibung für Kontingent) zugeteilt bekommen, die 93 % jener Menge darstellte, die er, aufs Jahr umgerechnet, zwischen 30. April 1976 und 1. Mai 1978 abgeliefert hatte. Dafür bekam er einen Milcherzeugerpreis (wie bisher Qualität I, abzüglich 20 „Krisengroschen" statt bisher 38 Groschen je Milchkilogramm) von ATS 2,32 einschließlich Mehrwertsteuer. Für über die Richtmenge angelieferte Milch erhielt der Bauer nur ATS 1,53 (die Landwirtschaftskammer von Tirol errechnete im Februar 1978 einen Gestehungspreis von ATS 5,18[189]). Um Härtefälle auszugleichen, standen 60.000 Tonnen zusätzliches Kontingent zur Verfügung. Wer davon etwas haben wollte, musste bis 15. Juli 1978 ein entsprechend begründetes Ansuchen an den Milchwirtschaftsfonds stellen. Die Verrechnung sollte vierteljährlich mit Jahresausgleich erfolgen und trat am 1. Juli 1978 in Kraft.

Damit war die verhasste Milchkontingentierung, vom Landwirtschaftsminister nett als „Hofrichtmenge" umschrieben, beschlossene Sache. Wer darunter blieb, hatte Pech,

188 ÖBZ, Folge 6, 1976, 1.

189 Raiffeisenzeitung, 9. März 1978.

wer darüber anlieferte, musste erst mühsam darum ansuchen und bekam am Ende gleich Null. Damit war die Menge geregelt, nun warf sich die Frage nach dem Preis auf. In den zwanziger Jahren, während der großen Arbeitslosigkeit, gab es einen geflügelten Ausspruch: „Was, an Gehalt wolln's a no? San's froh, dass an Postn hom!" In Abwandlung dessen konnte der Bauer zur neuen Regelung sagen, sie stehe unter dem Motto: „Wos, an kostenorientierten Erzeugerpreis wollt's ihr Bauern? Seid's froh, dass Milch und Getreide liefern dürft's!". Das sollte nicht einmal als Spaß gemeint sein, da es bittere Wahrheit war. Die ÖVP- und FPÖ-Vertreter im parlamentarischen Unterausschuss, in dem die Milchregelung verhandelt wurde, erklärten nach dreitägigen Verhandlungen, es könne nur weiterverhandelt werden, wenn der neue Milcherzeugerpreis feststünde. Minister Haiden erklärte sich dafür nicht zuständig und als Regierungsmitglied schien er auf diesem Ohr überhaupt taub zu sein. Die ÖVP-Verhandlungspartner unter Führung von Präsident Minkowitsch hatten sich mit ihrer Kompromissformel nicht nur über ihr eigenes Programm, sondern auch über die Fachmeinung ihrer Parteifreunde hinweggesetzt – und die „Kompromissformel" lautete, unglaublich aber wahr: „Wir stimmen der Kontingentierung auch ohne Preisanpassung zu!" Und damit standen die Bauern wieder einmal alleine im Regen.

Die unsinnige Regelung hatte freilich ihre Auswirkungen: so musste z.B. der Grazer Milchhof Ende Dezember 1978 7,8 Millionen Liter Milch von anderen Molkereien zukaufen, da allein im Bezirk Deutschlandsberg über 100 Milchbauern die Produktion einstellten.

10. Kreisky IV

10.1. Die Auswirkungen der Nationalratswahl

Die Nationalratswahl am 6. Mai 1979 war die 15. in der Geschichte der Republik Österreich und die letzte, die Bruno Kreisky gewinnen sollte. Stärkste Partei wurde wieder die SPÖ, die ihre absolute Mehrheit halten und Stimmen sowie Mandate hinzugewinnen konnte. Mit Stimmen- und Mandatsverlusten wurde die ÖVP unter Josef Taus wieder zweitstärkste Partei. Die FPÖ, die mit Alexander Götz als Spitzenkandidaten antrat, konnte im Vergleich zur letzten Wahl Stimmengewinne und sogar einen Mandatsgewinn erzielen.

Die dritte Regierungsperiode Bruno Kreiskys wurde durch die Debatte um das Atomkraftwerk in Zwentendorf überschattet, die viel zum Entstehen der Ökologiebewegung in Österreich beitrug. Auch der Bauernverband machte sich gegen Zwentendorf stark, man war Kreisky aber dafür dankbar, überhaupt eine Volksabstimmung erst ermöglicht zu haben. Der AÖBV sah die Bauern „als Hüter des Lebens" und war demnach bestrebt, die Atomkraft so lange abzulehnen, bis die von den Betreibern betonte Unbedenklichkeit auch wirklich erwiesen werden konnte, was freilich nie geschah.[190] Das Dumme an der Geschichte war, dass das AKW bereits um teures Steuergeld fertig gestellt war und nun nicht in Betrieb gehen sollte, was am 5. November 1978 mit einer hauchdünnen Mehrheit von 50,47 % von den Österreichern beschlossen wurde.

Die Volksabstimmung führte zu heftigen Diskussionen. Auch die ÖVP, von der die Planung für ein Atomkraftwerk in Österreich ursprünglich ausgegangen war, sprach sich vor der Abstimmung gegen die Inbetriebnahme des AKWs Zwentendorf aus. Ausschlaggebend dafür dürfte die starke Beteiligung der traditionell ÖVP-nahen niederösterreichischen Landbevölkerung an der Protestbewegung gegen das Kraftwerk gewesen sein.

Im Vorfeld der Abstimmung kündigte Bundeskanzler Bruno Kreisky an, im Falle eines Votums gegen die Inbetriebnahme zurücktreten zu wollen. Trotz des für Kreisky negativen Ausgangs blieb er im Amt und kandidierte auch bei der Nationalratswahl 1979 als Spitzenkandidat der SPÖ. Diese Wahl hat er noch einmal gewonnen, aber man spürte bereits, dass Kreiskys Stern langsam, aber sicher am Verglimmen war.

Das Wahlergebnis im Detail lautete folgendermaßen: Die SPÖ erreichte 51 % der Stimmen und damit 95 Mandate im Nationalrat (+2). Die ÖVP, deren Spiel mit Zwentendorf die österreichische Bevölkerung offensichtlich durchschaute, erreichte nur 41,9 % und damit 77 Mandate (-3). Die FPÖ kam auf 6,1 % und 11 Mandate (+1), die KPÖ schaffte den Einzug in den Nationalrat wieder nicht.

190 Vgl. ÖBZ, Folge 11, 1978, 5.

10.2. Kreiskys politische Spielchen mit den Bauernorganisationen

Bruno Kreisky – man kann über ihn denken was man will – war zweifellos eine herausragende Politikerpersönlichkeit der zweiten Hälfte des 20. Jahrhunderts. Er trieb mit den politischen Kräften Österreichs seine Spielchen, auch mit dem Bauernverband, den er mit dem Bauernrat und dem Aufgehen des Arbeitsbauernbundes im AÖBV lockte. Einige der Spitzenfunktionäre des Bauernverbandes wurden in der Zeit der Hochblüte Kreiskys mit Staatssekretärsposten geködert, was zu massiven internen Streitigkeiten führte. Der Bauernrat kam nie, ein Aufgehen des Arbeitsbauernbundes hätte dem Bauernverband nichts gebracht außer SPÖ-Hörigkeitspflicht bei keinem nennenswerten Mitgliederzuwachs, so ließ man die Finger davon. Letztendlich wurde auch kein Bauernverbandler Staatssekretär. Kreisky „spendete" den Bauernorganisationen jeweils 1 Million Schilling und versprach, das nun jährlich zu tun. Es blieb bei dem einen Mal, deshalb musste der Bauernverband sein Büro im Pressehaus wieder räumen und zog in ein kleines Büro in Wien Leopoldstadt um.

Aber auch der Bauernbund blieb von Kreiskys Spielchen nicht verschont, und so schrieb der schon oftmals erwähnte Bauernverbandler Leopold Gasselich aus Lassee in der ÖBZ:

> So unwahrscheinlich es klingt, aber es ist so: Kreisky braucht den Bauernbund. Jetzt, nach seiner siegreichen Wahl, braucht er ihn nicht weniger als vorher. Aber nicht, um dessen agrarpolitischen Ratschläge zu hören oder mit ihm zu verhandeln, sondern um seine Wähler, die vornehmlich Konsumenten sind, vor ihm zu schützen. (Die ÖVP will schon wieder das Brot verteuern, vor ihren maßlosen und unablässigen Forderungen kann euch nur einer schützen – Papa Kreisky!). So hört man es immer wieder in den Städten. Dass politische Bauernforderungen fast immer unter den Tisch fallen, unerledigt bleiben und deshalb dieselben ständig wiederholt werden, wird verschwiegen. Als Schützer der Verbraucher braucht der kluge Taktiker Kreisky einen Gegenpol, der als Belaster derselben auftritt. Den Bauernbund!
>
> Unserer Meinung nach sind die Verhandlungen ungleich, weil bei energischen Forderungen der Bauernseite Preiserhöhungen unausbleiblich wären. Dadurch würde wieder eine weitere Anzahl von brotessenden Wählern der broterzeugenden „Bauernpartei" den Rücken kehren. Damit das ja nicht geschieht, werden selbst die gerechtesten Bauernforderungen so bescheiden und zaghaft vorgebracht, dass jeder merkt, es ist nicht ernst gemeint.
>
> Selbst dieses wenige streichen der große Meister oder seine Minister aus „volkswirtschaftlichen Gründen" noch zusammen. Also eher Befehlsempfang als wirkliche Verhandlungen. Als am 14. Juli 1976 zwölf Kärntner Verbandskollegen in den Hungerstreik traten, um eine sofortige Erzeugerpreiserhöhung von 70 Groschen je Liter Milch zu erreichen, stimmten die Bauernbündler einer Erhöhung von nur 20

Groschen zu, und das erst für 1. Jänner 1977. Auf den Vorwurf, dass 20 Groschen nur ein Bettel und das Erreichte nur ein Schandergebnis sei, meinte ein Kärntner Bauernbundfunktionär bedrückt: Was hätten wir tun sollen? Wenn wir das nicht genommen hätten, wäre gar nichts drinnen gewesen.

Das Genie Kreisky erreicht mit der Zuziehung des Bauernbundes also zweierlei. Erstens steht er als Konsumentenschützer und die anderen erscheinen als ewige Forderer, zweitens aber braucht er gerade Parteibauern, weil sich diese wegen der Verbraucher in der eigenen Partei ohnedies nicht zu mucksen wagen.[191]

Sogar dem trägen Bauernbund wurde dieses Treiben zu viel und so rief er am 11. Juli 1979 zu einer Bauerndemonstration auf. Der Bauernbund, der sich zu diesem Zeitpunkt auf 400.000 Mitglieder und 300.000 Familienangehörige berief, brachte aber gerade einmal 5.000 Leute auf die Straße, also weniger als der Bauernverband bei seiner stärksten Demonstration am 13. Mai 1969 in Wien (über 6.500) – allerdings hatte der AÖBV bei weitem nicht die Anzahl an Mitgliedern wie der Bauernbund. Im Bauernverband sah man diese Demonstration als „Scheingefecht“ an, da sie ganz offensichtlich von der ÖVP beauftragt wurde, da diese ihr Wahlziel nicht erreicht hatte und das Wahlergebnis vom Mai 1979 nicht verkraften konnte.

Der Bauernbund war selber schuld. Man ließ es zu, dass die eigene Partei jahrzehntelang den Bauernstand ruinierte, der schwarz wählende Bauer wurde entweder in den Nebenerwerb gedrängt oder ergriff überhaupt die Landflucht, zog in die Stadt und wurde zum Arbeitnehmer. Als solcher fühlte er sich von den starken Gewerkschaften in seinen Interessen begreiflicherweise sehr viel besser vertreten und wählte dann allmählich rot. Damit hatten die Bauernbündler und letzten Endes auch die ÖVP den Salat, und Demonstrieren half dagegen auch nicht viel, auch wenn an der Demonstration die gesamte VP-Parteispitze teilnahm. Es war auch keine Vorsprache beim Bundeskanzler vorgesehen, Kreisky allerdings kam ganz „zufällig“ vorbei, sodass sich die unangenehme Frage stellte – was dem Kanzler agrarpolitisch vorzuwerfen ist – bekam man von diesem doch immer die Antwort: „Was wollt's denn, schließlich habt ihr doch alles mitbeschlossen!“ Mit der Juli-Kundgebung von 1979 hatte der Bauernbund wieder einmal die Gelegenheit verpasst, eine echte Bauernvertretung und ein wenig Überparteilichkeit zu demonstrieren. Denn die Bauern des AÖBV und aller anderen Bauernorganisationen wurden vom Bauernbund nicht eingeladen, an der Demonstration teilzunehmen, während sich die Protestaufrufe des AÖBV immer an *alle* Bauern richteten. Doch war parteiliches Scheuklappendenken dem Bauernbund immer schon wichtiger als eine geschlossene, in sich gefestigte, mächtige, gewerkschaftsähnliche und vor allem überparteiliche bäuerliche Standesvertretung.

191 ÖBZ, Folge 5, 1979, 5.

10.3. Eine neue Belastungswelle rollt

Wie immer nach Wahlen, Kreisky bildete hier – und wenn er sich noch so sozial gab – keine Ausnahme, rollte auf die Österreicher in messbarer periodischer Regelmäßigkeit eine Belastungswelle zu, vor allem wiederum auf die Bauern. Es nützte wenig, dass sich Roland Minkowitsch, der oftmals erwähnte Möchtegern-Bauernvertreter, als frisch gebackener zweiter Nationalratspräsident auf der Bauernbunddemonstration vom Juli 1979 ganz und gar staatsmännisch gab. Er glaubte nämlich, dass seine Anwesenheit als zweiter Nationalratspräsident „auf Seiten der Bauern" bei einer solchen Demonstration die befürchteten finanziellen Mehrbelastungen am Agrarsektor verhindern würde. Doch da täuschte er sich sehr.

Mit 1. Jänner 1980 sollte beispielsweise der Einheitswert – also die Bemessungsgrundlage für alle Abgaben, Steuern und Beiträge – um stolze 22,85 Prozent erhöht werden. Damit wurde für die Bauern auf einen Schlag alles teurer. Das wäre genauso, als ob man den Arbeitern und Angestellten gleichzeitig die Einkommenssteuer und die Sozialversicherung um fast ein Viertel erhöht (klarerweise ohne gleichzeitige Lohn- bzw. Gehaltserhöhung), wobei es aber doch nicht uninteressant wäre, wie in einem solchen Fall die Gewerkschaften reagieren würden. Das Ganze verkaufte Minister Haiden den Bauern auch noch als Einheitswertanpassung (also nicht „-erhöhung"), und dass es sich dabei um eine zukunftsweisende Neuregelung handeln würde.

Doch es ging noch weiter. Nicht bei Milch sollte es von nun an den Krisengroschen geben, sondern auch bei Getreide. Doch waren die Aussendungen von Landwirtschaftskammerpräsident Lehner, in denen er unter dem Motto „Absatzsicherung geht vor Preis" noch die Einführung des Krisengroschens verteidigte und sich als großer Sieger bei den Getreidepreisverhandlungen feiern ließ, noch druckfrisch, als sein Parteikollege Nationalrat Josef Riegler – der spätere Landwirtschaftsminister – lautstark die Nichteinhebung des Krisengroschens verlangte, weil dieser „unnötig sei". So wurde also einmal mehr zu Lasten der Bauern von den eigenen Vertretern eine sachlich falsche Entscheidung beschlossen.

Auch die kurz zuvor beschlossene Milchmarktregelung mit der dazugehörigen Kontingentierung trieb immer seltsamere Blüten. Erst zu dem Zeitpunkt, als die Kuh schon aus dem Stall war und die für die Bauern so einkommensmindernde und folgenschwere „Koalitionsentscheidung" (die Bauernbundvertreter saßen bei dieser Entscheidung mit der Regierung ja mit im Boot) von ÖVP und SPÖ über die Neuregelung bei Milch ihre ersten faulen Früchte trug, kamen auch endlich die Fachleute zu Wort. Beispielsweise Ende Juli 1979, als der oberste Beamte der Milchwirtschaft und Geschäftsführer der ÖMOLK, Generaldirektor Königswieser, sich zu Wort meldete und erklärte: „Wenn die Bauern nur 116 Prozent der Bedarfsmenge liefern, müssen 5.000 Tonnen Milchfett (128.000 Tonnen Milch) importiert werden. Dieser Import konnte nur erspart werden, weil die Bauern noch von Juli bis September 1978 stark überlieferten und die Lager voll waren. Wird aber importiert, so schmälert das gemäß MOG (Marktordnungsgesetz) die Richtmengenberechnung! Richtigerweise müsste die Gesamtrichtmenge bei 125 Prozent des Bedarfes liegen."[192]

Damit tat sich eine neue Gefahr auf, nämlich jene, dass es zu Lieferengpässen kam, und so musste Milch teuer importiert werden. Manchen machte das nichts aus, man konnte damit gutes Geld verdienen und die Frächterlobby wurde immer stärker; der Bauernstand dafür immer schwächer. Und zu allem Überfluss wurde mit Verordnung des Landwirtschaftsministeriums ab 1. Juli 1979 der Milchkrisengroschen – dessen Abschaffung Landwirtschaftsminister Haiden eigentlich versprochen hatte, wenn die Milchkontingentierung kommt – von 4 auf 11 Groschen erhöht. Das war eine Erhöhung um stolze 175 Prozent. Das Schlimmste dabei war, dass Bauernbundvertreter diese Milchpreisregelung als beispielhafte Lösung für Europa ansahen.

„Bauernschröpfen". Landwirtschaftsminister Haiden, Nationalratspräsident Benya (der als zweitwichtigster Politiker in der Ära Kreisky gilt) und Finanzminister Androsch pressen die Bauern aus, denen der Mund versperrt und verklebt ist. Die Bauernvertreter Josef Riegler (Präsident des steirischen Bauernbundes, Abgeordneter zum Nationalrat und zukünftiger Landwirtschaftsminister und Vizekanzler), Rudolf Strasser (Generalsekretär der Präsidentenkonferenz der Österreichischen Landwirtschaftskammern), Lehner (Präsident ebendieser Präsidentenkonferenz) und Minkowitsch (Präsident des Österreichischen Bauernbundes und zweiter Nationalratspräsident) – die stolzen Bauernvertreter, können nichts weiter tun als zusehen. Karikatur in der ÖBZ.

192 Zitat nach der Raiffeisenzeitung, aus: ÖBZ, Folge 8, 1.

10.4. Kärntner Bauern auf Traktoren in Wien

Die Bauern fassten Ende der Siebziger unter Kreisky die meisten Belastungen aus. Kein Wunder, wer erinnert sich nicht an Kreiskys Sager: „Ein paar Milliarden Schulden bereiten mir weniger schlaflose Nächte als ein paar Hunderttausend Arbeitslose." Kreiskys Budgetdefizit wuchs immer mehr – irgendwo musste man es wenigstens ansatzweise wieder kompensieren. Am meisten wurden dabei die Bauern geschröpft, stellten sie ja klassischerweise nicht gerade die Hauptklientel der SPÖ-Wähler.

Auf Grund der Lage beschlossen die Kärntner Bauernverbandler nach Wien zu fahren, denn man wollte „denen da oben" wieder zeigen, dass man als Bauernverband sehr wohl noch aktionistisch sein konnte und dass es auch noch eine andere Bauernvertretung neben dem Bauernbund gab. Das war gar nicht mehr so einfach, denn wie schon erwähnt gab es die großen Kapazunder Hintermayer, Wenitsch und Frey im Nordosten Österreichs nicht mehr, wodurch sich das hauptsächliche Verbandsgeschehen wieder nach Oberösterreich und Kärnten zurückverlagerte und man sich im Wiener Raum mit Organisatorischem dieser Art nun etwas schwerer tat. Da aber die Bundesregierung nun mal in Wien saß, setzen sich ein paar beherzte Kärntner Bauern (Adolf Riautschnig, Franz Ebner, Emil Treffner, Ludwig Achatz, Helmut Ortner, Herbert Richter und als Begleiter Heinrich Rebl, Helmuth Oprissnig und Christian Knaller, sowie Josef Schmid, der vorher mit seinem Traktor von Waidendorf in Niederösterreich nach Kärnten gefahren war) auf ihre Traktoren und fuhren damit in die Bundeshauptstadt zu einer – wie sie es nannten – „12tägigen Demonstrations- und Informationsfahrt".

Die Fahrt ging über die Obersteiermark, Oberösterreich und Niederösterreich nach Wien, in jeder größeren Stadt wurde Halt gemacht, um die Bevölkerung über das Los der Bauern zu informieren. Dies war ihnen eigentlich das Hauptanliegen, da die Regierung nicht müde wurde, die Bevölkerung gegen die Bauern aufzubringen. Nach Meinung der Bevölkerung waren die Bauern reich, es ginge ihnen gut, sie würden keine Steuern zahlen, sie kosteten viel Geld, und man sei nicht mehr bereit, die Kosten zu tragen. Ob ein direkter Kontakt mit der Bevölkerung überhaupt so möglich war, wie man sich das vorstellte, war bei der Abfahrt noch nicht bekannt. Viele waren sogar der Meinung, die Arbeiter würden eine solche Fahrt der Bauern stoppen und womöglich würde es sogar zu

Der Kärntner Landesverbandsobmann Armin Krall verabschiedet in St. Veit a. d. Glan die Bauern am 3. September 1979.

Schlägereien kommen. Dieser Fall trat aber Gott sei Dank nicht ein, zwölf Tage fuhren die Bauern in demonstrativer Weise laut und vernehmlich durch Städte und Orte, die Traktoren und Anhänger voller Transparente, stellten sich auf den Hauptplätzen auf und redeten mit der Bevölkerung, erklärten ihnen die Lage der Landwirtschaft, wobei sie fast überall auf Verständnis stießen. Auch Reden wurden gehalten, und hier war es vor allem Adolf Riautschnig, der hoch von seinem Traktoranhänger als erster Sprecher der Gruppe über einen mitgeführten Lautsprecher zur städtischen und ländlichen Bevölkerung sprach.

Die erste Station war Friesach, wo zum ersten Mal Halt gemacht, Flugzettel verteilt und sogar Gratiswein ausgeschenkt wurde, was der niederösterreichische Kollege Heinrich Rebl auch bei allen weiteren Stationen bis Wien besorgte.

Von Friesach ging es nach Neumarkt in der Steiermark weiter, wo der Empfang der steirischen Verbandskollegen besonders herzlich war. Man konnte es dort nicht glauben, dass die Erzeugerpreise für Wein 1963 ATS 8,10 je Liter, 1968 ATS 3,- und 1979 ATS 4,- (netto) ausmachten, während man im Wirtshaus mittlerweile ATS 70,- für den Liter zu bezahlen hatte.

Von Neumarkt ging es nach Judenburg weiter, wobei sich dieser innersteirischen Fahrt einige steirische Bauern mit ihren Traktoren anschlossen. Über Judenburg führte die Fahrt nach St. Georgen, wo Norbert Kanz seine Kollegen empfing und für den Abend eine Bauernversammlung organisierte, die über Mitternacht hinaus andauerte. Die Tour ging über Trieben nach Liezen weiter, wo man erstmals auf Schwierigkeiten mit der Gendarmerie stieß, die unbedingt einen Kundgebungsbescheid sehen wollte. Am nächsten Tag, dem 6. September, wurde eine Kundgebung in Liezen abgehalten (die Nervosität der Exekutive nahm wieder ab) und am Abend kamen die Bauern über Windischgarsten in St. Pankraz an, wo beim Kirchenwirt wieder eine Bauernversammlung veranstaltet wurde. Am nächsten Morgen ging es ins Land ob der Enns, wo man in Ternberg bei Verbandskollegen Konrad Sparr die Traktoren einstellen konnte. Nachdem dies erledigt war, wurde wieder eine Veranstaltung und Bauernversammlung abgehalten, langsam ging den Traktorfahrern aber die Gewalttour an die Substanz.

Die nächsten Stationen waren Sierning und Steyr, dann ging es weiter nach Euratsfeld und Schauboden, wo Karl Achleitner und seine Nachbarn die müden Kämpfer beherbergten. Am nächsten Tag folgten Wieselburg und Innermanzing, dort wurden die letzten Vorbereitungen für die letzte Etappe zum Wiener Ballhausplatz getroffen.

In Wien schließlich angekommen, wurde am Ballhausplatz Aufstellung genommen, und dann war die Enttäuschung richtig groß, denn aus ganz Niederösterreich war mangels entsprechender Kommunikation nur ein einziger Bauer auf den Ballhausplatz gekommen. Auch Kreisky wollte dieses Mal die Demonstranten so schnell wie möglich vom Ballhausplatz weghaben. Er selbst hätte keine Zeit, er hatte den Präsidenten von Obervolta (seit 1984 Burkina Faso) zu Gast und damit für die Bauern keine Zeit. Abgesehen davon war Kreisky für den Bauernverband nicht mehr so zugänglich wie in alten Zeiten, er ging nicht mehr auf agrarische Fragen ein und meinte dazu immer nur: „Das müssen meine Fachleute machen“ – wer die aber waren, wussten die Bauern schon zur Genüge.

Kreisky hatte also keine Zeit, doch erschienen andere Politiker auf der Bildfläche, wie z.B. Gesundheitsministerin Ingrid Leodolter und der Kärntner Landesrat Mario Ferrari-Brunnenfeld. Sie sprachen freundlich mit den Bauern, im Gegensatz zum Kärntner Landeshauptmann Leopold Wagner, der ebenfalls vorbeikam und meinte: „Ihr habt's da nix verloren!“ Sogar der Bauernbundfunktionär und Nationalratsabgeordnete Sixtus Lanner kam vorbei und versuchte die Agrarpolitik des Bauernbundes und der Regierung zu rechtfertigen.

Der Staatssekretär im Landwirtschaftsministerium, Albin Schober, sollte dann in der offiziellen Vorsprache den Bundeskanzler vertreten und obwohl – oder gerade weil Schober Kärntner aus dem Lavanttal war, lehnten dies die Bauernverbandler ab, da man schließlich wegen Kreisky nach Wien gekommen war und Schober ohnehin keine Zusagen machen konnte. Originalzitat Riautschnig: „Wenn ich mit dem Schober reden will, brauch ich nicht mit dem Traktor zehn Tage lang nach Wien zu fahren, das kann ich auch in Kärnten erledigen“ – was auch logisch war.

Schließlich überreichte Gerhard Nowotny noch einen ausführlichen Brief an Kreisky, in dem die Gründe für die Demonstration dargelegt wurden und die Forderungen enthalten waren, die der Bauernverband bezüglich Änderung der Agrarpolitik erhob. Doch so leicht gab man sich nicht geschlagen. Nachdem man den ganzen Tag versucht hatte, zu Kreisky vorzudringen, entschloss man sich, die Nacht vor dem Kanzleramt zu verbringen und in den Hungerstreik zu treten. Als die ersten Frühaufsteher wieder zur Arbeit gingen, waren sie nicht schlecht erstaunt, dass die Bauern noch immer auf dem Ballhausplatz waren. Am nächsten Tag, gegen 20 Uhr abends, wurde der Hungerstreik wieder beendet.

So erfreulich die Aktion auch verlaufen war, der Erfolg blieb – wie die Demonstranten nach der Heimkehr auch unumwunden zugaben – aus. Man hätte sich von den Bauern, aber auch von den eigenen Verbandsmitgliedern (was auch herausgestrichen wurde) mehr Unterstützung erwartet. In einer Sonderausgabe der „Bauerngewerkschaft“, einer Zeitung des Landesverbandes Kärnten, wurde mit Vorwürfen an die eigenen Mitglieder nicht gespart:

> Der Erfolg, den wir anstrebten, nämlich eine Verbesserung der Lage der in der Landwirtschaft tätigen Menschen, kann erst errungen werden, wenn der mit dieser Wienfahrt beschrittene Weg konsequent fortgesetzt wird und wenn sich die Bauern in immer größerer Zahl damit identifizieren. Dafür zu sorgen, ist die große Aufgabe, die Ihr als unsere Mitarbeiter und Vertrauensleute zu erfüllen habt. Wir und vor allem unsere opferbereiten Wienfahrer dürfen und müssen erwarten, dass jeder von Euch sich stärker als bisher für den Ausbau des Verbandes einsetzt. Wir müssen vor allem auch verlangen, dass sich die Funktionäre und Mitglieder des Verbandes beispielge-

bend voranstellen und einfach selbst da sind, wenn sie gebraucht werden. Da sein heißt, an allen Veranstaltungen teilnehmen, wenn Ihr gerufen werdet, so wie es bei der Verabschiedung der Demonstranten in St. Veit hätte sein sollen. Leider war der Besuch sehr schwach und so ist der Knalleffekt ausgeblieben, den wir für die Erweckung des Interesses der Öffentlichkeit erwartet und gebraucht hätten.

So darf es nicht weitergehen! Daher bitten wir Euch um mehr persönlichen Einsatz bei den Versammlungen, die wir zur möglichst effektvollen Auswertung der Aktion und des Eindruckes, den sie in Stadt und Land hinterlassen soll, brauchen.

Die wackere Fahrt der Kärntner Bauern auf Traktoren in das weit entfernte Wien brachte tatsächlich nicht den Erfolg, den man sich erhofft hatte. Bei der Landwirtschaftskammerwahl, die kurz danach in Oberösterreich stattfand, gewann der Bauernbund sogar ein Mandat dazu und hielt nunmehr bei unvorstellbaren 85,5 % der Stimmen, womit die Allmacht noch gefestigt wurde. Doch wie stets konnte man sich von dieser Allmacht wenig bis gar nichts erwarten, denn die Spitze der Belastungswelle von 1979 war eine Dieselpreiserhöhung, welche wiederum die Bauern mit voller Wucht traf, obwohl die Regierung stets beteuerte, die Produktionskosten für die Bauern spürbar senken zu wollen. So klaffte die Lücke zwischen Produktionskosten und Erzeugerpreis noch weiter auf. Einziges Trostpflaster, gewürzt mit einer gehörigen Portion Sarkasmus: Die Kärntner Bauern verfuhren den Diesel auf ihrer langen Fahrt nach Wien, bevor die Preiserhöhung kam. Wenigstens etwas.

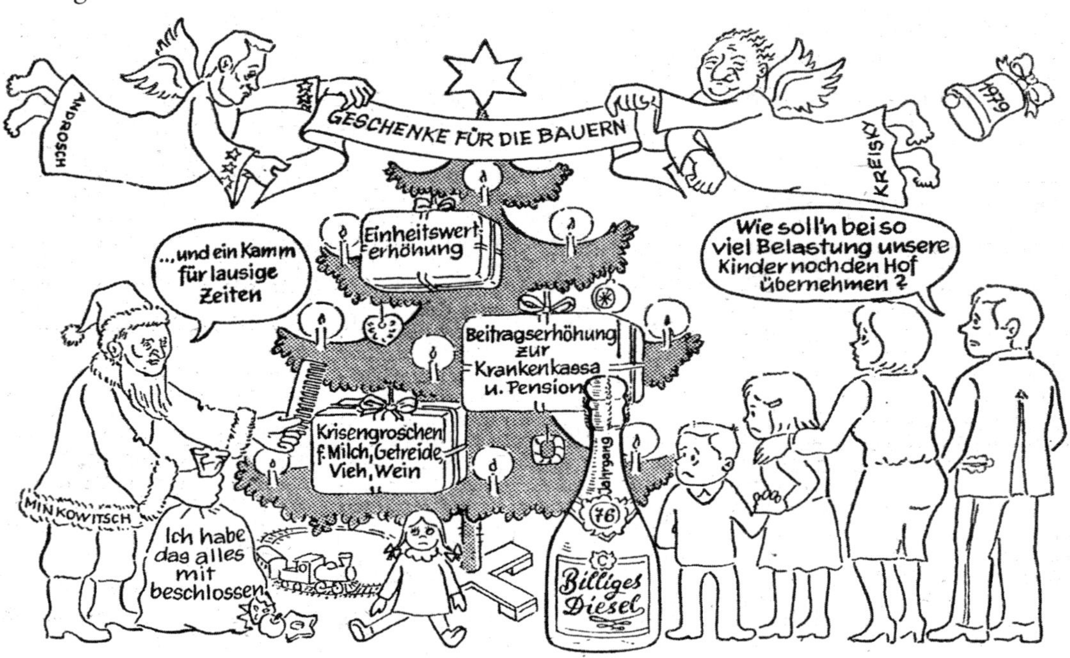

Weihnachten 1979, wie es für die Bauern aussah. Karikatur in der ÖBZ.

10.5. Wachablöse im Bauernverband

Das Jahr 1980 begann mit einer interessanten Aussage von Bundespräsident Rudolf Kirchschläger über den Bauernstand, die als Zeitdokument in diesem Buch Aufnahme finden soll:

> Wir sollten uns davor hüten, die Land- und Forstwirtschaft und den bäuerlichen Berufsstand nur vom wirtschaftlichen Gesichtspunkt zu sehen. Der Bauernstand, der Bauer, seine Familie und seine Mitarbeiter, sie sind für die Existenz eines Staates unabdingbar notwendig. Der Bauer ist die Kraftquelle im kulturellen Bereich, und er hat sich auch durch seine natürlich gewachsene Tradition als Regulator bei allzu stürmischen Entwicklungen erwiesen. Auf all dies kann und darf ein Volk nicht verzichten, und dies wissen auch alle, die politische Verantwortung tragen. Fern von romantischer Überbewertung wird dadurch der Rang und Platz unterstrichen, der den in der Land- und Forstwirtschaft beschäftigten Mitbürgern zukommt als gleichberechtigte und gleich verpflichtete Bürger unserer Republik.

Zum Thema Überproduktion am Agrarsektor stellte der Bundespräsident fest, Österreich solle sich froh und glücklich schätzen, lieber mit der Frage der Überproduktion befasst zu sein als mit dem Problem, dass hier zuwenig erzeugt werde. Wer die Zeiten der Unterversorgung erlebt habe, der wisse, dass die Sorgen der Überproduktion, verglichen mit den Problemen des Mangels und der Not, klein und verschwindend seien.

Wie bereits erwähnt, traten in den Jahren 1973/74 die wichtigen Bauernverbandsaktivisten Loitfellner, Wenitsch, Frey und Hintermayer von ihren Funktionen zurück. Auf Hauptverbandsobmann Josef Loitfellner folgte Gerhard Nowotny aus Oberösterreich und nach dessen siebenjährigen Tätigkeit wurde am Hauptverbandstag in Vorchdorf am 8. März 1980 der Kärntner Adolf Riautschnig zum neuen Hauptverbandsobmann gekürt – er sollte es 27 Jahre lang bleiben. Nowotny und Riautschnig, aber auch Helmut Langer bemühten sich in weiterer Folge redlich und noch einmal mit vereinten Kräften, das agrarpolitische Ruder herumzureißen und dem Bauernverband noch einmal zu den gewohnten Höhenflügen zu verhelfen. Doch die Landflucht, die bäuerliche Ausdünnung, machte auch vor dem Bauernverband nicht Halt, so kamen zu wenige junge Leute nach.

Doch zurück ins Jahr 1980, die neue Bundesleitung sah wie folgt aus:

Obmann:	Adolf Riautschnig, Kärnten
Obmann-Stellvertreter:	Ing. Wilfried Scherner, Niederösterreich LKR Simon Klausner, Salzburg
Schriftführer:	Dr. Gernot Kubasta, Niederösterreich
Kassier:	Rudolf Haberfellner, Oberösterreich

Weiters wurden am Verbandstag 1980 in die Bundesleitung gewählt: Josef Schmid, Hans Gruber, Friedl Penker, Matthias Wintersteller, Gertrude Kalles, Matthias Salzer, Gerhard Nowotny, Friedrich Meixner, Anton Kornfell, Christian Zirnitzer, Josef Resch, Anton Köpfle, Armin Krall, Ing. Dietmar Gerhardinger, Diplomlandwirt Norbert Kanz und Hans Lindinger.

Die Landesverbandsobmänner des AÖBV von 1980: Friedrich Meixner, Zurndorf (Burgenland); Wilfried Sumper, Sankt Andrä (Kärnten); Wilfried Scherner, Kautzen (Niederösterreich); Gerhard Nowotny, Thening (Oberösterreich); Simon Klausner, Elixhausen (Salzburg); Dietmar Gerhardinger, Mureck (Steiermark); Josef Resch, Ellmau (Tirol); Anton Köpfle, Wolfurt (Vorarlberg); Johann Niedermayer, Wien-Breitenlee (Wien).

Die erste Aufgabe Riautschnigs war eine Konsolidierung des Verbandes, so reiste er unermüdlich von Bundesland zu Bundesland, von Bauernversammlung zu Bauernversammlung. Riautschnig, selbst Milchbauer, brannte die Einkommensdisparität bei der Milch besonders unter den Nägeln.

Am 4. Dezember 1980 sprach der neu formierte Bauernverband bei Handelsminister Staribacher vor, um das Vorprüfverfahren zum Milchpreis zu beschleunigen, was auch wirklich geschah, es wurde bereits am 30. Jänner 1981 abgeschlossen. Danach tagte die Preiskommission, bei welcher der AÖBV nicht mehr dabei war. Eine neue Milchpreiskalkulation des AÖBV wurde aber doch behandelt, wobei ein Vertreter des Arbeiterkammertages meinte, dass diese Forderungen völlig utopisch seien und dies überhaupt nicht in Frage käme – 8 Groschen Erhöhung wären genug. Riautschnig, Klausner und Kanz lehnten die Berechnungsmethode der Preiskommission entschieden ab und forderten die Erhöhung des Erzeugermilchpreises nach Maßgabe der Einkommenssituation in der Landwirtschaft.

Nachdem Staribacher nicht bereit war, mit den Bauernverbandlern darüber zu reden oder gar zu verhandeln, kam es am 23. Februar 1981 zu einer Warndemonstration vor dem Handelsministerium am Stubenring in Wien, an der über 400 Bauern teilnahmen, die eine gerechte Nachziehung des Erzeugermilchpreises forderten. Während der Kundgebung begab sich eine zwölfköpfige Delegation erst zu Handelsminister Staribacher und dann zu Landwirtschaftsminister Haiden um die Forderungen der Demonstranten vorzutragen, nämlich eine Anhebung des Milcherzeugerpreises um 85 Groschen.

Die Minister selbst schoben sich gegenseitig die Schuld zu oder waren sich darin einig, der Preiskommission – diese entschied ohne Antragsteller – den Schwarzen Peter zuzustecken.

Der Bauernverband hatte auch diesmal wieder alle Bauernorganisationen zur Teilnahme eingeladen. Die freiheitliche Bauernschaft war zugegen, die SPÖ-Arbeitsbauern trauten sich nicht gegen den eigenen Minister zu demonstrieren und der Bauernbund zeigte dem Bauernverband wieder einmal die kalte Schulter. Lieber wolle man eine eigene Demo veranstalten, was auch geschah, wobei sich am 3. April 1981 gerade

Die Delegation der Demonstranten im Gespräch mit Handelsminister Staribacher am 23. Februar 1980: links sitzend Riautschnig, neben ihm Staribacher, gegenüber am Tisch weitere Bauernverbandsfunktionäre, darunter Burkhard List aus Baumgarten am Wagram und Ing. Wilfried Scherner aus Kautzen.

100 Teilnehmer einfanden, um vor dem Landwirtschaftsministerium auf „ihre ernsten Preis- und Absatzprobleme aufmerksam zu machen."[193] Auch diese Aktion des Bauernbundes war eine Soloaktion, fast eine Alibiaktion, um mit den Worten Lehners „etwas Dampf abzulassen". Schade war es um die Einsatzfreudigkeit jener Berufskollegen, die sich stundenlang die Beine in den Bauch standen und personelle Unterstützung lediglich in Josef Riegler fanden. Es war einfach nur ein weiteres trauriges Beispiel für die Zerrissenheit des österreichischen Bauernstandes.

10.6. Der Bauernstand schrumpft immer mehr

Der Bauernstand schrumpfte unterdessen unaufhaltsam weiter, wie aus einer Zählung der Sozialversicherungsanstalt der Bauern im Sommer 1981 hervorging. Demnach manifestierte sich ein weiterer Rückgang der Betriebe in der Land- und Forstwirtschaft um 2 %. Die Anstalt vermutete, dass es sich bei den aufgegebenen Betrieben um Klein- und Kleinstbetriebe handelte, für die sich keine Hoferben mehr fanden oder die der bäuerlichen Familie keine hinreichende Existenzgrundlage bieten konnten, und die Besitzer deshalb gezwungen waren, hauptberuflich eine unselbstständige Erwerbstätigkeit aufzunehmen.

Die stärksten Rückgänge waren im Burgenland (-4 %) und in der Steiermark (-2 %) festzustellen. Lediglich im Bundesland Wien hatte die Zahl der Betriebsführer um 0,8 % zugenommen. Aber nicht nur die Betriebsführer, sondern auch die Zahl der mittätigen Kinder und Angehörigen schrumpfte, insgesamt im Bundesdurchschnitt um 1,5 %. Am stärksten wanderten die Jugendlichen in Salzburg (-5,6 %) und in Kärnten (-6,5 %) ab.

193 Agrarisches Informationszentrum, Nr. 5363, 3. April 1981.

Brachliegende Grünlandflächen, nicht nur im Berggebiet, nahmen in besorgniserregendem Ausmaß zu, man sprach von 350.000 Hektar, alleine im Bezirk Reutte in Tirol waren es 15.000 Hektar. Einzig im „Grünen Bericht" fand dieser Schrumpfungsprozess einen positiven Niederschlag. Denn je weniger Bauern, desto größer war ihr Einkommen – so errechnete die Statistik – und die Bevölkerung glaubte dies, ging doch schließlich ständig das Märchen vom reichen Bauern mit dem dicken Mercedes um – dabei waren weit weniger als die Hälfte der Bauern in den Siebzigerjahren überhaupt Pkw-Besitzer.

Der Politik bereitete das Bauernsterben nur in einer Hinsicht Sorge. Brachliegende Grünlandflächen machen beim urlaubenden Gast keinen guten Eindruck, sondern stören das Bild vom Urlaubsparadies Österreich. Schließlich zog man aus dem Tourismus 83,4 Milliarden Schilling an Deviseneinnahmen – und diese Geldquelle sollte auf keinen Fall versiegen. Von 90 Millionen Nächtigungen entfielen allein 80 % auf das Berggebiet. Und ab diesem Zeitpunkt wandelte sich – wenn auch anfangs noch sehr zögerlich – der Ruf des Bauern vom reichen Subventionsschmarotzer zum notwendigen Landschaftspfleger. Doch der Weg dahin war noch weit.

Insgesamt gingen in den Jahren von 1973 bis 1979 ein Viertel der Vollerwerbsbetriebe und die Hälfte der Haupterwerbsbetriebe dem Bauernstand verloren. Im Jahr 1951 waren es noch fast 450.000 landwirtschaftliche Betriebe in Österreich, Ende 1981 gab es nur noch 302.000 (Haupt- und Nebenerwerb zusammengezählt) mit 298.000 hauptberuflich in der Landwirtschaft Beschäftigten. Im Jahr 2005 steht Österreich bei 189.591 Betrieben, wovon allerdings nur noch 74.504 im Haupterwerb stehen.

1980 wurde statistisch festgestellt, dass die Zahl der familieneigenen Arbeitskräfte seit 1970 um 17,3 % und seit 1960 sogar um nicht weniger als 59,7 % zurückgegan-

„Wenn die Feiern nur endlich schon vorüber wären!" Vorweihnachtlicher Funktionärsstress, Karikatur in der ÖBZ.

gen war. Das wirkte sich klarerweise auf die ohnehin schwache bäuerliche Interessensvertretung aus – Arbeiter und Angestellte wurden immer mehr, Bauern immer weniger. Der Bauernbund meinte dazu, dass das zwar bedauerlich, aber leider nicht zu ändern sei. Wie eh und je waren die Vertreter ohnehin ständig im Funktionärsstress, wie in der ÖBZ karikiert wurde.

10.7. Neuer Milchpreis und neue Aktionen

Mit 29. April 1982 wurde ein neuer Milchpreis festgesetzt. Die Milchbauern bekamen 22 Groschen mehr für die Milch, die Konsumenten durften 60 Groschen mehr bezahlen, insgesamt ATS 10,80 für den Liter Milch. Preissteigerungen gab es auch bei Butter und anderen Milchprodukten. Jedoch: Auf 55 Groschen belief sich nach Berechnungen der Präsidentenkonferenz allein die Produktionskostensteigerung des letzten Wirtschaftsjahres 1981. Der kostendeckende Milchpreis sollte, so die Präsidentenkonferenz, rund ATS 5,10 ausmachen, trotzdem nahm Präsident Lehner die 22 Groschen Milchpreisaufbesserung ohne Protest zur Kenntnis. Das war für ihn eine ziemliche Blamage, zumal es ihm auch Kritik aus den eigenen Reihen einbrachte. Lehner meinte hinterher, er hätte gekämpft „wie ein Löwe", doch waren es eigentlich seine Mitarbeiter, die für ihn „kämpften", denn Lehner selbst hatte wenig Zeit dafür – er musste sich um seine anderen Posten kümmern, wie z.B. bei den Stickstoffwerken in Linz, bei den Steyr-Werken etc. Lehner war der Meinung, es wäre unverschämt von ihm zu verlangen, bei den Milchpreisverhandlungen auch noch persönlich dabei zu sein.

Das Ergebnis war sehr mager ausgefallen, denn die Agrarpolitik der sozialistischen Bundesregierung wurde immer bauernfeindlicher. Die Bauern selbst hatten ja, wie im letzten Kapitel beschrieben, kaum mehr politisches Gewicht, das sie in die Waagschale werfen konnte. Es gab viel mehr Konsumenten und diese wurden von der Arbeiterkammer vertreten, die bei den Milchpreisverhandlungen von 1981/82 den großen Sieg davontrug. Der Konsument ärgerte sich über den Bauern wegen der Preissteigerung bei Milch und Milchprodukten, dass dieser aber nur wenig mehr als ein Drittel dieser Preissteigerung erhielt – diese Information wurde dem Konsumenten vorenthalten.

Die Konsumenten zahlten den höchsten Milchpreis in Europa. Die Differenz zwischen Erzeugerpreis und Konsumentenpreis betrug ATS 6,40. In der Schweiz kam man mit ca. ATS 3,- für Transport, Verarbeitung einschließlich Handelsspanne aus, in der BRD betrug die Differenz ATS 3,30. Der große Unterschied zwischen Erzeuger- und Verbrauchermilchpreis ließ darauf schließen, dass irgendjemand sich daran dick und fett verdiente oder ein miserables Management, von den Molkereien bis hin zum Milchwirtschaftsfonds, am Werk war. Dies hatte ja der Rechnungshof bereits kritisch festgestellt. Für den Bauernverband war es also wieder einmal an der Zeit, etwas zu unternehmen.

Die Verlierer der neuen Preisregelung waren einmal mehr die Milchproduzenten, da ihre sonst sich so stark fühlenden politischen Bauernvertreter, also der Bauernbund, jämmerlich versagt hatten. Sie nahmen das Verhandlungsergebnis zur Kenntnis, anstatt mit ihrer mächtigen Organisation (der Bauernbund war ja nach wie vor die mitgliederstärkste Gruppe innerhalb der ÖVP) und mit allen Mitteln wie Demonstrationen, Milchliefer- und Käuferstreiks, dagegen anzukämpfen. Die Spitzenfunktionäre konnten aber nicht einmal die Faust ballen, da sie in allen Milchinstitutionen überall ihre Finger drin hatten, in Genossenschaften, Molkereien, Kammern, Behörden, Milchwirtschaftsfonds und vielem mehr.

„Plötzlich ging ihm die Luft aus, und es waren nur mehr 22 Groschen" Handelsminister Staribacher lässt Präsident Lehner die Luft raus. Karikatur in der ÖBZ.

Kurz nach der Veröffentlich des neuen Milchpreises im Frühjahr 1982 trat Norbert Kanz, langjähriger Kämpfer des AÖBV, aus gesundheitlichen Gründen von seinen Funktionen zurück. Kanz war schon 1958 Gründungsmitglied des Kärntner Landesverbandes, Herausgeber des Blattes „Die Bauerngewerkschaft" und vor allem bei Freund und Feind durch seine fachlich herausragenden und fundierten Milchpreiskalkulationen bekannt, die viele Jahre die österreichische Agrarpolitik beeinflussten. Man versuchte diese immer wieder zu widerlegen, was aber nicht gelang, denn Kanz war als Agrarakademiker fachlich unbestritten und ein extrem genauer Rechner. Mit Kanz verlor der Bauernverband ein weiteres wichtiges Mitglied der ersten Stunde.

> Wussten Sie schon, dass ein österreichischer Bauer 1980 im Durchschnitt um 80.000 Schilling weniger verdiente als ein in der Industrie Beschäftigter? Wussten Sie schon, dass die Milchbauern für einen Liter Vollmilch nur 4 Schilling 40 Groschen bekommen, während Sie 10 Schilling 80 Groschen für die teilentrahmte Milch zahlen müssen? Wussten Sie, dass 1982 in Österreich um rund 14 Milliarden Schilling mehr Nahrungsmittel importiert als exportiert wurden?

Diese Fragen und noch einige weitere dazu standen auf einem weiteren Flugblatt, welches die Bauernverbandler am 17. Juni 1982 anlässlich einer Demonstration gegen den schlechten Milchpreis, gegen das unbefriedigende Ergebnis bei den Marktordnungsverhandlungen und als Warnung vor einem schlechten Getreidepreis in Wien verteilten.

„Dafür trägt die Bundesregierung die Verantwortung, aber die ÖVP ist mitschuldig, weil sie vielen Entscheidungen der Bundesregierung zugestimmt hat und weil sie gegen eine solche bauernfeindliche Politik der Regierung außer den üblichen Protesten mit der Faust in der Tasche nichts unternimmt", hieß es auf dem Flugblatt weiter.

Am 17. Juni 1982 fand eine zwar zahlenmäßig kleine, aber spektakuläre Demonstration statt. Ausgehend vom Landwirtschaftsministerium, wo sich die Demonstranten trafen, zogen die rund 60 bis 70 zum Teil mit Dreschflegel bewaffneten Bauern entlang des Donaukanals, vorbei am Domizil der Raiffeisenorganisation, bis hin zur Universität. An diesem Tag war auch Nationalratssitzung, doch damals war das Parlament an Sitzungstagen nicht zugänglich und die Bauern wurden daher ausgesperrt.

Norbert Kanz, der diplomierte Landwirt und „Milchpreiskalkulator" aus Kärnten im Alter von 75 Jahren

Der Demonstrationszug führte auch am Palast des „Grünen Riesen" – der Raiffeisen – vorbei. Von links nach rechts: Franz Ruf, Landesobmann Wilfried Scherner und Leopold Ruf sen.

Die Nationalratsabgeordneten Josef Riegler (ÖVP) und Gerulf Murer (FPÖ) standen den Demonstranten vor der Universität Wien Rede und Antwort.

Die Wiener Bevölkerung wurde per Lautsprecherwagen und Flugzettel über den Grund der Demonstration informiert. Während die Demonstration durch die Straßen Wiens zog, debattierte der Nationalrat über die Marktordnungsgesetze. Einigen der Demonstranten gelang es, die Abgeordneten Riegler und Murer aus dem Parlament zu „entführen". Vor dem Universitätsgebäude erläuterten die beiden Politiker – der SPÖ-Abgeordnete Pfeifer konnte für diese improvisierte Begegnung nicht gewonnen werden – ihre Standpunkte zu den neuen Marktordnungen und zur Preispolitik.

Riegler stellte dabei fest, dass der Bauernbund mit dem Ergebnis der Marktordnungsverhandlungen nicht zufrieden war. Wörtlich sagte er:

> Wir sind mit dem Ergebnis sicher nicht zufrieden. Wir haben aber auf der anderen Seite wirklich alles versucht, alles zu mobilisieren, was politisch möglich war bei solchen Verhandlungen. Wir haben unter anderem erreicht, dass die Weiterentwicklungsmöglichkeiten auf dem Milchsektor verbessert werden konnten, das heißt, 90 Prozent der Milchlieferanten haben jetzt die Chance, ihr Kontingent auf 37 Prozent der überlieferten Milchmenge zu erweitern.

Auf die Frage, wie er zur Bauerngewerkschaft stehe, erklärte Riegler:

> Wir haben in jeder Phase zum Ausdruck gebracht, dass wir selbstverständlich jede Form der bäuerlichen Organisation respektieren. Wir haben eine gemeinsame Zielrichtung, wir wollen, dass der Existenzkampf der Bauern gefördert wird. Es hat keinen Sinn, wenn die bäuerlichen Organisationen aufeinander losgehen, sondern man soll immer versuchen, gemeinsam für die Bauern etwas zu erreichen.

– Neue Worte, die kritisch aufgenommen wurden.

Vom Leiterwagen an der Spitze forderte Bundesobmann Riautschnig auf einem Transparent: „Auch wir Bauern wollen leben, denkt daran, ihr Preisminister, Haiden, Salcher, Staribacher!"

Nationalrat Murer führte unter anderem aus:

> Mir ist eines bei den Verhandlungen aufgefallen, dass der Landwirtschaftsminister in seiner Regierungsvorlage Belastungen drinnen gehabt hat wie noch nie zuvor. Vom doppelten Krisengroschen bis hin zur Exportfinanzierung, die ausschließlich die Bauern hätten tragen sollen, und bis hin zu einer Milchmarktordnung, die so verändert werden hätte sollen, dass ab einer Betriebsgröße von drei bis vier Kühen jeder in der Anlieferung bestraft worden wäre.

Vor allem Riegler war es, der Mut bewies und sich den Demonstranten stellte. Wie auf dem Foto ersichtlich ist, wurde er von den Demonstranten, die zum größten Teil aus Niederösterreich und aus dem Burgenland stammten, regelrecht ausgequetscht. Viele der Bauern konnten nicht begreifen, weshalb sich der Bauernbund mit über 80 % der Bauern im Rücken sich gegenüber der SPÖ-Regierung so hilflos anstellte. Riegler dazu: „Was wollen Sie machen, wenn Sie einfach überstimmt werden?“ Darauf antwortete Josef Wittmann aus Innermanzing: „Wenn die Sozis morgen die Enteignung der Bauern beschließen, werden Sie das auch nur unter Protest zur Kenntnis nehmen?“[194]

Der Bauernverband konnte nicht mehr – wie früher – tausende Bauern auf die Beine stellen, dafür wurden die Aktionen des Bauernverbandes aber immer spektakulärer. Weil ihnen die Nachricht über den ebenfalls im Frühjahr beschlossenen und neu festgesetzten Getreidepreis zu einem roten Tuch wurde, kippten am 2. Juli 1982 vier niederösterreichische Getreidebauern mehrere Säcke Getreide vor den Eingang des Handels- und Landwirtschaftsministerium am Wiener Stubenring. „Hier in diesem Gebäude wurde der preispolitische Tiefschlag gegen die Getreidebauern geführt, und darum sind wir hier goldrichtig“, so der Getreidebauer Josef Schmid aus Waidendorf, der übrigens heute immer noch im Bauernverband aktiv ist.

Freitag, 2. Juli 1982: Bauernverbandsdemonstranten schütten Getreide vor das Tor des Handels- und Landwirtschaftsministeriums.

Die protestierenden Bauern hatten mehrere Transparente und Flugblätter bei sich, mit denen sie auf die fatale Preis-Kosten-Entwicklung in der Landwirtschaft aufmerksam machten. „In drei Jahren nur 15 % Weizenpreiser-

194 ÖBZ, Nr. 7, 1982, 2f.

höhung, dafür 80 % Dieselpreissteigerung“, hieß es auf einem Plakat. Auf einem weiteren wurde beklagt, dass „nur 10 Groschen mehr für das Brotgetreide, aber 70 Groschen mehr für das Brot“ beschlossen wurden, was bauern- und konsumentenfeindlich zugleich war.

Der Zufall wollte es, dass genau zum Zeitpunkt der Demonstration im Landwirtschaftsministerium eine Feierstunde zur Ehrung der neu ernannten Ökonomieräte Österreichs stattfand, an der zahlreiche Politiker aller Parteien teilnahmen. Der Ort, den sich die Demonstranten für ihre Protestaktion ausgesucht hatten, war also auch aus dieser Sicht goldrichtig.[195]

Doch nicht nur in Wien wurde protestiert und wurden Aktionen gestartet, sondern auch im restlichen Österreich, wie im Burgenland oder auch in Salzburg, wobei ein Beispiel aus dem Lungau hier herausgegriffen werden soll.

In Tamsweg, dem Bezirks-Hauptort des Lungau, übten auf einer Veranstaltung des Bauernverbandes zahlreiche Bauern massive Kritik an der Agrarpolitik der Bundesregierung. Der eingeladene Vertreter der SPÖ-Bauern, Schleicher, bemühte sich, diese zu verteidigen und stellte die Bergbauernförderung als großen Erfolg der sozialistischen Agrarpolitik heraus, denn in der ÖVP-Alleinregierung hätte es diese nicht gegeben. Die Freiheitliche Bauernschaft war durch den FPÖ-Agrarreferenten Eisl vertreten. Der wortgewaltige und schlagfertige Bauernvertreter aus dem Flachgau machte SPÖ und ÖVP gemeinsam für die negative Einkommensentwicklung in der Landwirtschaft verantwortlich. Er trat für eine Aufkündigung der Sozialpartnerschaft ein, denn diese habe den Bauern nur geschadet. Wörtlich sagte er: „Wie kann man nur ein System, das auf der ganzen Linie den Bauern Nachteile beschert hat, weiterhin aufrechterhalten? Dazu gehört schon eine ordentliche Portion Blödheit!“ – und für diese direkten Worte erntete er tosenden Applaus von den Lungauer Bauern. Heftige Kritik übte Eisl auch an der Schuldenwirtschaft der roten Regierung. „Wenn man bei 20 Milliarden Schilling Defizit 45-jährige Arbeitnehmer in die Pension schickt, wie bei der Bundesbahn, dann müsse der Staat ja bankrott gehen“, führte Eisl aus.

Kammerrat Sandner vom Bauernbund versuchte den Schwarzen Peter der SPÖ-Regierung zuzuschieben und meinte, „wenn die ÖVP-Politiker bei der letzten Milchpreisrunde sich mit den 22 Groschen nicht zufrieden gegeben hätten, wäre das Ergebnis noch schlechter ausgefallen“. Sätze wie diese kannten die Bauern schon zur Genüge. Die schlechte Einkommenslage in der Landwirtschaft sei bedauerlich und gehe ausschließlich auf das Konto der SPÖ-Regierung. Eine Änderung sei nur von einer ÖVP-Regierung zu erwarten, so der Bauernbundvertreter, wobei er freilich die Frage offen ließ, warum sich das Einkommen der Bauern zu Zeiten der ÖVP-Alleinregierung am meisten verschlechtert hatte.

195 Ebd., 5.

Sandner griff aber wenigstens die Anregung des Bundessekretärs des Bauernverbandes, Kurt Possegger, auf, dass sich die Bauern unabhängig von ihrer jeweiligen politischen Gesinnung in den Bezirken und Gemeinden zu einer stärkeren Zusammenarbeit einfinden sollen.

Der Salzburger Landesobmann Klausner fungierte als Diskussionsleiter bei dieser sehr lebhaften Veranstaltung, wo es auch um den für den Lungau wichtigen Holzpreis, der auf Grund hoher Billigimporte aus der ČSSR stark gefallen war, ging. Ein junger Lungauer Bauer formulierte am Ende der Diskussion noch einen Protest, den er den Bauernvertretern der politischen Parteien noch mit auf den Weg geben wollte, welcher lautete:

„Wir jungen Bauern müssen kritisch sein, insbesondere gegenüber den politischen Parteien, die immer wieder unsere Wählerstimmen haben wollen. Wir sollten uns auf Maßnahmen konzentrieren, die den Bauern etwas bringen.“[196]

„Wo sich die Holzwürmer guten Morgen sagen.“ Das billig importierte Holz aus der ČSSR drückte den Holzpreis in der heimischen Forstwirtschaft. Letzten Endes stellte sich heraus, dass das Holz wurmig war, die Qualität extrem schlecht, was in der ÖBZ karikiert wurde.

196 ÖBZ, Nr. 12, 1982, 3.

11. Die kleine und die große Koalition, Skandale und Katastrophen – die 80er

11.1. Das Ende der Ära Kreisky

1982 wurde von der ÖVP das Volksbegehren gegen das Konferenzzentrum in der Wiener UNO-City initiiert, welches Bruno Kreisky trotz 1.361.562 Unterschriften gegen das Projekt bauen ließ, aber auch der AKH-Skandal schlug Wellen. Der Kanzler verlor dadurch an Popularität und begann zudem sichtlich unter den Folgen einer Niereninsuffizienz zu leiden, die eine permanente Dialysebehandlung erforderte.

Kreisky führte die SPÖ noch zur Nationalratswahl am 24. April 1983. Als die SPÖ nicht mehr die absolute Mehrheit bekam, lehnte er eine weitere Kanzlerperiode ab. Er legte den Parteivorsitz nieder und zog sich, nachdem er zuvor eine „Kleine Koalition" mit der FPÖ ausverhandelt hatte, ins Privatleben zurück. Die SPÖ machte ihn zu ihrem Ehrenvorsitzenden, während Fred Sinowatz auf Kreiskys Vorschlag ihn in der Führung von Regierung und Partei beerbte. Der ursprünglich als „Kronprinz" angesehene, charismatische vormalige Finanzminister und Vizekanzler Hannes Androsch stand aufgrund von Affären, die sogar zu gerichtlichen Verurteilungen führten, nicht mehr zur Disposition. Der „aufstrebende Jungstar", wie Androsch stets genannt wurde, war bereits mit 32 Jahren Minister geworden. Später waren er und der „Sonnenkönig" Bruno Kreisky zu oft unterschiedlicher Meinung. Androsch und seine Freunde hätten Kreisky gern als Bundespräsidenten und Androsch als Bundeskanzler gesehen; Kreisky und seine Freunde wollten den gefährlichen Konkurrenten ausschalten, mussten aber seine Popularität fürchten.

Letztlich nahm Kreisky an einer Situation Anstoß, die schon über zehn Jahre lang bekannt war: Androsch war als Finanzminister zugleich Inhaber bzw. Teilhaber einer florierenden Steuerberatungskanzlei, die unter anderem Aufträge staatseigener Unternehmen erhielt. Man machte nun Unvereinbarkeit geltend – Androsch musste seine politischen Funktionen zurücklegen. Erst in der Folge kam es zur Aufnahme von gerichtlichen Erhebungen wegen länger zurückliegender finanzieller Unklarheiten und zur Anklage wegen privater Schwarzgeldkonten. Androsch wurde schließlich rechtskräftig wegen Steuerhinterziehung verurteilt.

Die Nationalratswahl am 24. April 1983 war die 16. Nationalratswahl in der Geschichte Österreichs. Stärkste Partei wurde mit 47,6 % (-3,4) die SPÖ von Bundeskanzler Bruno Kreisky, sie erreichte aber nur noch 90 Sitze im Nationalrat (-5) und verlor damit die absolute Mehrheit. Die ÖVP mit Alois Mock an der Spitze gewann mit 43,2 % der Stimmen leicht dazu (+1,3) und erreichte 81 Sitze im Parlament (+4). Die FPÖ, die mit Norbert Steger als Spitzenkandidaten antrat, musste leichte Stimmenverluste verbuchen (5,0 %, -1,1), gewann jedoch ein Mandat hinzu (12, +1). Weder die Vereinten Grünen Österreichs noch die Alternative Liste Österreich schafften bei ihrem ersten Antreten den Einzug in den Nationalrat.

Wahlberechtigt waren 5.316.436 Menschen. Die Wahlbeteiligung betrug damals noch sagenhafte 91,29 %.

Damit endete die Ära Kreisky und es gab eine neue Regierung mit Fred Sinowatz an der Spitze, Vizekanzler wurde Norbert Steger, der gleichzeitig auch Minister für Handel, Gewerbe und Industrie wurde – womit auch die Ära Staribacher endete. Nach seinem letzten Ministerrat bat ihn einer der anwesenden Reporter nach den letzten Fragen: „Spielens uns was!", worauf der Ex-Minister seine Mundharmonika aus der Tasche holte und zu spielen begann. „Musidenn, musidenn, zum Städtele hinaus!" – auch ein eisenharter Ex-Handelsminister Staribacher, mit dem der Bauernverband einige Sträuße auszufechten hatte – konnte kurz vor seinem Pensionsantritt noch zum Gemütsmenschen werden.

Günter Haiden blieb Landwirtschaftsminister, doch bekam er einen freiheitlichen Staatssekretär ins Ministerium gesetzt, nämlich Gerulf Murer, jenen Abgeordneten, der sich ein Jahr zuvor noch mit den demonstrierenden Bauernverbandlern vor der Universität Wien auseinandergesetzt hatte. Haiden war davon alles andere als begeistert, doch wusste er wahrscheinlich nun, wie sich der damalige Landwirtschaftsminister Oskar Weihs gefühlt haben musste, als er diesem von Kreisky vor die Nase gesetzt wurde.

Fred Sinowatz, der zwölf Jahre (1971–1983) Unterrichtsminister war und 1981 nach dem Rücktritt von Hannes Androsch auch Vizekanzler geworden war, übernahm im Herbst 1983 von Kreisky auch den Parteivorsitz der SPÖ. Seine Kanzlerschaft sollte nur drei Jahre dauern, doch hatte er mit einigen Problemen zu kämpfen, wie z.B. der Waldheim-Affäre, dem Kraftwerk in der Hainburger Au, dem AKH-Skandal, der Voest-Krise, der Frischenschlager-Reder-Affäre und auch und vor allem mit dem Weinskandal – von dem noch ausführlich die Rede sein wird. Im Zuge der medialen Aufbereitung der Skandale und Schwierigkeiten wurde immer wieder ein Zitat Sinowatz' aus seiner Regierungserklärung 1983 publiziert: einer Darstellung der Herausforderungen der nächsten Jahre folgte die Feststellung: „Ich weiß, das klingt alles sehr kompliziert ..." – dieser Ausspruch wird zumeist verkürzt in der Form „Es ist halt alles sehr kompliziert ..." wiedergegeben.

Der Bauernverband gab der neuen Regierung noch eine Schonfrist, forderte aber den Bauernbund nun in aller Deutlichkeit auf, gegen eine kleine Koalitionsregierung mit einer geschwächten SPÖ und einer unerfahrenen FPÖ massive und scharfe Bauernaktionen zu starten, sollte die neue Regierung die Bauernforderungen nicht erfüllen. Doch gleich nach Regierungsantritt war die Enttäuschung einmal mehr groß. Denn wer bisher geglaubt hatte, dass mit einer Änderung der Machtverhältnisse im Parlament die agrarpolitische Lage wesentlich verändert werden konnte, wurde durch die Ergebnisse der Preisverhandlungen über Milch und Getreide eines Besseren belehrt.

Fred Sinowatz, Bundeskanzler 1983–1986

Obwohl die Produktionskosten für Milch im Jahr 1982 wieder um 40 Groschen gestiegen waren, erhöhte die neue Regierung den Milcherzeugerpreis nur um lächerliche 17 Groschen, obendrauf kam noch ein höherer Absatzförderungsbeitrag um 2 Groschen. Beim Getreide gab es ganze 5 Groschen mehr für Qualitätsweizen und Roggen, im Gegenzug aber 12 Groschen Preissenkung bei Futtergetreide und Mais. Nun fragte sich der Bauer: „Wo bleiben die Preisforderungen der Präsidentenkonferenz und der Freiheitlichen Bauernschaft?" Sobald eine Oppositionspartei zur Regierungspartei wurde, sah eben alles anders aus. Nichts war mehr übrig geblieben von den markigen Sprüchen des frischgebackenen Vizekanzlers Norbert Steger, der kurz zuvor noch sogar in einem Interview für die Österreichische Bauernzeitung seiner Forderung nach kostendeckenden Erzeugerpreisen bekräftigt hatte.

Norbert Steger, Vizekanzler 1983–1986, nach einer Kampfabstimmung auf dem Innsbrucker Parteitag der FPÖ 1986 gegen den ebenfalls im Bild befindlichen Jörg Haider als Bundesparteiobmann der FPÖ abgewählt.

Der Bundesgeschäftsführer des Bauernverbandes, Kurt Possegger, warf daraufhin dem Landwirtschaftskammerpräsidenten Lehner nicht zu Unrecht vor, mit Landwirtschaftsminister Haiden gepackelt zu haben. Die Preisverhandlungen, so Possegger in der ÖBZ, wären jedenfalls gelaufen und viel schlechter ausgefallen aus erwartet. „Solange Parteipolitiker, die über Agrarpreise entscheiden, sich in Sicherheit wiegen können, dass die Bauern, von wenigen Spinnern abgesehen, nichts gegen diese Entscheidung unternehmen werden, wird es keine kostengerechten Agrarpreise geben, schon gar nicht zu Zeiten wie diesen."

Schonungslos zeigte Possegger auch die Rolle auf, die Vizekanzler Steger bei den Preisverhandlungen spielte. Steger soll noch Wochen vor den Preisverhandlungen in Anspielung auf das Kräfteverhältnis innerhalb der Koalition zu Journalisten gesagt haben, dass immer noch der Hund mit dem Schwanz wedelt und nicht umgekehrt, auch nicht in einer rot-blauen Koalition. Aus ÖVP-Kreisen wurde dem Bauernverband jedoch zugetragen, dass Steger sich bei den Preisverhandlungen nie habe blicken lassen und meist durch den Staatssekretär im Handelsministerium Erich Schmidt (SPÖ) vertreten war. Ferner habe ein ÖVP-Abgeordneter in der letzten Sitzung des Nationalrates erklärt, Steger hätte ihm einige Tage vor der Preisfestsetzung einen guten Milchpreis zugesichert, und zwar eine Erhöhung von mindestens 30 Groschen. Wenn es stimmte, dass Steger sich bei den Preisverhandlungen immer durch Schmidt hatte vertreten lassen, und wenn man sich den neuen Milchpreis ansah, dann kam man zu dem Schluss, dass im Handelsministerium doch der Schwanz mit dem Hund wedelte – also der Staatssekretär mit dem Minister.

11.2. Der saure Regen

Ab den Achtzigerjahren kam das nächste Problem auf die Bauern zu, vor allem auf die Forstwirte: der saure Regen, ein großes politisches Reizwort bis zur Jahrtausendwende. Doch was ist überhaupt der saure Regen? Regen wird dann sauer, wenn er durch chemische Verbindungen verunreinigt ist, zum Beispiel durch Stickoxide, Schwefeldioxid oder Ammoniak. Diese Substanzen gelangen in unsere Atmosphäre, wenn fossile Brennstoffe, wie Erdöl, Erdgas und Kohle, verbrannt werden. Hauptproduzenten solcher Gase oder Stäube sind Industrieanlagen, Kraftwerke und der Verkehr. Die so freigesetzten Gase verbinden sich in der feuchten Atmosphäre mit Wasserdampf zu Schwefelsäure und Salpetersäure, die mit dem Niederschlag später aus der Luft abregnen. Damit entsteht eine saure Lösung, eben der saure Regen. Sein Regenwasser enthält dann rund 40 Mal mehr Säure als unbelasteter Niederschlag.

Gelangt saurer Regen in den Boden, werden giftige Stoffe freigesetzt und die Feinwurzeln der Bäume sterben ab. Dadurch kommt es zu Störungen im Wasser- und Nährstoffhaushalt des Baumes, er wird anfälliger für Krankheiten, Bodenfrost oder Schädlingsbefall. Durch chemische Reaktionen werden auch wichtige Mineralstoffe, wie Magnesium, Kalium oder Kalzium, aus dem Boden ausgewaschen. Der pH-Wert des Bodens sinkt drastisch ab, das gesamte Ökosystem Boden wird empfindlich gestört. Vielerorts versucht man deshalb, übersäuerte Böden mit großen Mengen Kalk wieder zu neutralisieren.

Saurer Regen zerstört außerdem die dünne Wachsschicht und die Zellen der Blätter und Nadeln. Einerseits verdunstet so das Wasser an heißen Tagen leichter, andererseits kann der Baum durch Schäden an den Feinwurzeln nicht genug neues Wasser aufnehmen. Auch die Photosynthese, die „Ernährung“ der Bäume, wird durch die Schadstoffe gestört. Die Bäume wachsen dadurch langsamer. Nadeln und Blätter sterben ab, das Holz wird im Kern morsch.

Das Problem des sauren Regens besteht, historisch betrachtet, schon seit Beginn der Industriellen Revolution. Doch erst Anfang der 1980er Jahre, als man eine Versäuerung der Seen und zunehmende Waldschäden in Mitteleuropa feststellte, merkten die Leute auf. In Schweden gab es Seen, deren Wasser kristallklar war, weil kein Leben mehr in ihnen existierte. Bei einigen Seen war der pH-Wert sogar auf 3 abgerutscht, ein Wert, der dem von Essigsäure gleichkommt. Der Begriff des sauren Regens wurde geprägt und dieser zum Medienthema. Er galt als Hauptursache für die Zunahme des Waldsterbens. Die größten Waldverluste zeichneten sich im ehemaligen Osteuropa ab, vor allem in der Tschechoslowakei wurden irreversible Schäden festgestellt, verursacht durch große Braunkohlekraftwerke in Böhmen.

In der Bundesrepublik Deutschland stellten Forscher 1983 an 30 bis 40 Prozent des Nadelbaumbestandes Krankheitssymptome fest. Im Jahr darauf zeichnete sich ab, dass zunehmend auch Laubbäume betroffen waren. Mitte der 1980er Jahre diagnostizierten

Wissenschaftler 54 Prozent der Waldfläche als erkrankt, ein hohes Schädigungsniveau, doch schien sich die Lage nicht weiter zu verschlimmern.

Das Krankheitsbild war und ist aber nicht einheitlich, denn neben stark geschädigten Bäumen finden sich in vergleichbaren Lagen auch gesunde. Bis heute hält die Diskussion um die Ursachen des Waldsterbens an. Neben saurem Regen gelten auch Epidemien, Parasitenbefall, genetische Voraussetzungen und Klimaeinflüsse als mögliche Faktoren.

Der Bauernverband interessierte sich sofort für dieses Problem und lud zu einigen Veranstaltungen zum sauren Regen ein, wie etwa im Juli 1982. Auf Einladung des AÖBV waren Waldbesitzer, Experten der Forstwirtschaft, Wissenschafter, Politiker, Vertreter der ÖDK (Österreichische Donaukraftwerke) und Journalisten zusammengetroffen, um im Rahmen einer Besichtigungsfahrt im Raum Hainburg kranke und bereits abgestorbene Bäume näher in Augenschein zu nehmen. Sinn und Zweck dieser Veranstaltung war es, aufzuzeigen, dass der Wald bzw. bestimmte Baumarten nicht nur in unmittelbarer Nähe von Industrieanlagen, sondern auch in ferneren Gebieten gefährdet waren.

An dieser Besichtigungsfahrt in den Forst des Baron Helldorf und der forstlichen Gutsverwaltung der Firma Leitgeb nahmen u.a. Landtagsabgeordneter Polster, Forstdirektor Just von der Kärntner Landwirtschaftskammer, Hofrat Scholz von der Landesforstinspektion, Dr. Stephan von der Forstlichen Bundesversuchsanstalt Schönbrunn, Vertreter der Ärztekammer, der ÖDK, viele Land- und Forstwirte sowie einige Gemeindevertreter von Völkermarkt und Griffen teil.

Baron Helldorf zeigte in einem Einführungsreferat die Gefahren für Pflanzen, Tiere und Menschen auf, die von den Schadstoffen aus der Luft drohten. Er sprach von einer ökologischen Katastrophe, die sich in den verschiedenen Landstrichen der ČSSR, also des heutigen Tschechien, der DDR und auch Österreichs anbahnte. Helldorf warnte davor, mit wirksamen Vorkehrungen aus wirtschaftlichen Gründen so lange zu warten, bis die Wälder in tiefem Braun versunken wären. Dr. Stephan, Experte für Immissionsschäden im Bereich der Forstwirtschaft, erläuterte im Anschluss an die Fahrt die Zusammenhänge zwischen Luftverunreinigungen und Baumsterben. Landtagsabgeordneter Polster, bekannt als engagierter Umweltschützer und Anwalt geschädigter Waldbesitzer, meinte, man müsse die Schadstoffe bereits an der Quelle abfangen und brachte die Luftverschmutzung durch das kalorische Kraftwerk in St. Andrä ins Gespräch. Damals war man der Meinung, dass man nur die Schornsteine ein wenig höher bauen müsste, um dem sauren Regen Einhalt zu gebieten. Dass dem nicht so wäre, hielt Polster ausdrücklich fest und kündigte Initiativen an.

Auf die Probleme der Luftverschmutzung kamen auch die Vertreter der Ärztekammer zu sprechen. Untersuchungen in Österreich an Schulkindern hätten ergeben, dass jene in der Nähe von Industrieanlagen und in ausgesprochenen Ballungsgebieten von Erkrankungen wie Lungenkarzinomen wesentlich stärker betroffen waren als Kinder auf dem Land. Der Obmann des Kärntner Landesverbandes im AÖBV und Hauptorganisator der Veranstaltung, Ignaz Sumper, kündigte an, dass sich der Bauernverband nun in verstärktem Maße dem Problem des sauren Regens widmen werde, was dann auch geschah.

Durch Initiativen wie diese erwarb sich der Bauernverband einen hervorragenden Ruf als kompetentes Beratungsorgan, das sich auch der umweltschutztechnischen Probleme der Zeit annahm. Auch über diese Schiene wurde versucht, zu den Bauern vorzudringen bzw. der Bevölkerung die Probleme der Bauern nahe zu bringen.

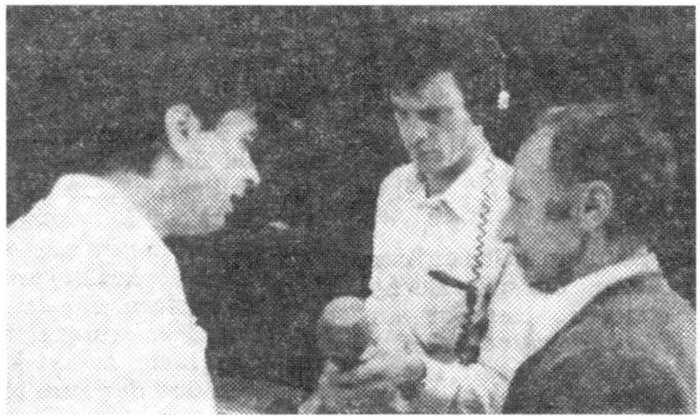

„Das Baumsterben ist nicht nur eine Sache von Waldbesitzern, sondern geht uns alle an", erklärte Ignaz Sumper in einem ORF-Interview.

Ein Österreicher im Alter von 20 Jahren weiß heute mit dem Begriff „saurer Regen" kaum mehr etwas anzufangen. Gibt es das Problem nun nicht mehr, zumal Österreich seit 1980 u.a. seinen SO_2-Ausstoß um über 80 % reduziert hat? Heute ist die Situation eindeutig besser als vor 20 Jahren, aber das Problem nahm nicht in demselben Ausmaß ab, wie beispielsweise der SO_2-Ausstoß zurückgegangen ist. Experten erwarten zudem Spätfolgen der Versäuerung, da sich einige im Boden gespeicherte Stoffe, zum Beispiel Sulfat, erst nach und nach wieder lösen und den Boden mit Sickerwasser verlassen. Das Problem des sauren Regens ist also längst noch nicht vom Tisch.

11.3. Weinbauerndemonstration in Eisenstadt am 23. Mai 1984

„Jetzt ist das Maß voll!"[197]

Mit dem flammenden Appell: „Informiert, rüttelt die Lauen auf, legt ab die Resignation und auch die Dünkel. Männer, Frauen, Burschen und Mädchen kommt, nehmt an der Demonstration des burgenländischen Weinbaues vor dem Landhaus in Eisenstadt teil!" rief der Weinbauverband Burgenland alle Mitglieder auf, für ihre Rechte zu demonstrieren. Erwartet wurden 3.000 Teilnehmer, schließlich fanden sich 2.000 Weinbauern vor dem Eisenstädter Landhaus ein. Trotzdem war es die erste Demonstration nach dem Krieg im Burgenland, die nicht nur den Sicherheitsbehörden erhebliche Sorgen bereitete, sondern auch den so genannten Interessensvertretern zeigte, dass die Bauern mit ihrer Tätigkeit mehr als unzufrieden waren.

Noch im Vorjahr, 1983, als der Hut bereits brannte, die Preise im Keller und viele Weinbauern nervlich am Ende waren, versuchte der Weinbauverband die Emotionen

197 ÖBZ, Nr. 7, 1983, 3.

auf die „illegalen“ Weinauspflanzer zu kanalisieren. Obwohl jeder informierte Bauer wusste, dass selbst mit der Vernichtung dieser „illegal“ ausgepflanzten Flächen der Weinpreis um keinen Deut angehoben werden würde, solange die Importe nicht eingedämmt wurden, schoben die Interessensvertreter die Schuld an der Preismisere anderen zu. Damit gewannen die Weinbauvertreter ein Jahr, die Bauern verloren eines, anstatt preispolitisch ordentlich aufzutreten, übten sich die Vertreter des Weinbauverbandes in untauglichen Ablenkungsmanövern.

Es bedurfte der Initiative der Betroffenen selbst, um mit einem Aktionskomitee die nötigen Schritte zu setzen, die geeignet waren, den Weinbauverband zum Handeln zu bewegen – und siehe da – im Burgenland funktionierte plötzlich etwas, was vorher undenkbar war: über die Parteigrenzen hinweg formierte sich ein Aktionskomitee, mit Vertretern von Bauernbund, Bauernverband, Arbeitsbauern, Freiheitlichen Bauern und verantwortungsvollen Funktionären an der Basis des Verbandes, das den Weinbauverband wachrüttelte und zu einer solidarisierten Demonstration aufrief.

Am Mittwoch, dem 23. Mai 1984, war es dann soweit. Weinbauverbandsobmann Koch begrüßte die Teilnehmer der Demonstration, erläuterte die Forderungen des Weinbauverbandes und erklärte, dass eine Vorsprache bei Agrar-Landesrat Josef Wiesler und Landeshauptmann Theodor Kery in diesen Punkten stattfinden werde. Auf einmal ging es also.

Während der anschließenden Vorsprache bei Wiesler hatten die Versammelten die Gelegenheit, ihre Anliegen über eine Lautsprecheranlage zu äußern, wovon auch reichlich Gebrauch gemacht wurde. Allerdings konnte nicht in allen Fällen der Bitte des schwitzenden Obmanns Koch entsprochen werden, nicht aggressiv und nicht zu politisch zu agieren, sondern nur von den Problemen zu reden. Manche – und hier vor allem die Bauernverbandler – waren aber der Meinung, dass es keinen Sinn hatte, sich gegenseitig von den Problemen zu erzählen, die ohnehin jeder kannte. Sie gingen auf den Kern der Sache ein und kritisierten die gesetzwidrige Besteuerung und die unzureichende Interessensvertretung sowie die wenig verantwortungsbewusste und moralisch kaum vertretbare Haltung der Obrigkeit gegenüber den Bauern.

Nach der Befragung durch die Weinbauern nutzte ÖVP-Landesrat Wiesler die Gelegenheit zu einer Ansprache, in der er betonte, dass er sich zwar für die Bauern einsetzen werde, die Macht aber nun einmal bei den Sozialisten läge. Seiner Meinung nach müssten erst die politischen Mehrheitsverhältnisse geändert werden. Landesrat Wiesler und der Präsident der burgenländischen Landwirtschaftskammer, Polster, blieben anschließend bei der Demonstration, während die Weinbauernvertreter beim Landeshauptmann vorsprachen. In dieser Zeit ereignete sich ein Vorfall, der zu einer Stimmung führte, die von einer Lokalzeitung mit der Schlagzeile „Bauern wollen Landhaus stürmen“ kommentiert wurde. Ein Redakteur des sozialistischen Blattes „Burgenländische Freiheit“ hatte sich nach Aussage der Bauern zu der unvorsichtigen und angesichts der Situation völlig unqualifizierten Aussage „Für euch sind ein Schilling fünfzig (Weinpreis) eh genug!" hinreißen lassen. Das war begreiflicherweise in der damaligen Situation ein mächtig großer Fehler. Im Nu wurde der rote Schreiberling in die Mitte der Bauern genommen und es wurden ihm einige „saftige Watschen" angedroht. Schließlich musste die Polizei einschreiten, um Schlimmeres zu verhindern.

Dieser Vorfall reichte allerdings, die ohnehin gespannte und knisternde Stimmung noch weiter anzuheizen. Die Masse brandete vor und konnte nur mit Mühe daran gehindert werden, die Stufen zum Landhaus zu nehmen. Ein Hauch von Revolution lag in der Luft. Schließlich stellte sich ein beherzter Jungbauer ans Rednerpult und entschärfte die Situation, indem er sprach:

> Etwas Ungeheuerliches ist geschehen, indem man glaubt, über uns in so niederträchtiger Weise reden zu dürfen. Aber ich frage mich, sind wir nicht selber schuld an dieser Tatsache, dass man heute glaubt, uns wie Schmutz übergehen und beiseite wischen zu können? Wir haben schon vieles gehört heute von den Problemen, und auch das Loblied der Bauern, mir fällt dazu noch ein Sprichwort ein: Ohne Kampf und Trutz wäre die Welt nichts nutz, ohne Bauer und Brot wären wir tot. Den ersten Teil möchte ich unseren Politikern und allen, die behaupten, unsere Interessen zu vertreten, nahelegen. Ein Bauer kann nicht arbeitslos werden, aber sehr wohl einkommenslos, und das sind wir schon lang. Wenn heute hier von einem moralischen Recht auf Einkommen gesprochen wurde, dann stimmt das, aber wir müssen dafür kämpfen. Wenn wir wieder nach Hause gehen und den Kopf in den Sand stecken, wird es nicht lange dauern, bis wir den nächsten Tritt in den Hintern bekommen. Wir haben nicht mehr lange Zeit. Wir können nicht auf die Änderung der politischen Kräfteverhältnisse warten. Wir müssen um unsere Rechte und unser Gesicht kämpfen, hier und heute. Den Verantwortlichen möchte ich noch einmal nahelegen, alles in ihrer Macht Stehende zu unternehmen, uns ein gerechtes Einkommen zu verschaffen. Denn die Ruhe kommt vor dem Sturm, und bei der nächsten Ernte könnte es zu spät sein.[198]

Damit blieb der Jungbauer weiter bei Kampfrhetorik, war aber offensichtlich der Meinung, dass es besser wäre, die Bauern hörten eine kampfbetonte Rede, als dass sie ihre Fäuste einsetzten – zumindest bis die Aussprache beim Landeshauptmann endlich vorbei war. Währenddessen schob sich ein in der Zwischenzeit verstärktes Polizeiaufgebot vor das Landhaus und riegelte die Stufen ab. Die Bauernvertreter kamen wieder heraus, Landeshauptmann Kery ließ sich jedoch nicht blicken, was einen neuerlichen Sturm der Entrüstung auslöste.

Weinbauverbandsobmann Koch gab das Ergebnis der Vorsprache bekannt. Der Landeshauptmann habe seine Unterstützung zur Beseitigung der Probleme zugesagt,

198 Motto der demonstrierenden Weinbauern vom 23. Mai 1984 in Eisenstadt.

Punkt. Dieses Ergebnis war natürlich mehr als dürftig und die meisten Bauern machten lange Gesichter, einige aber waren nicht mehr zu bremsen und legten sich mit der Polizei an. Bei einem ersten Ansturm fielen drei Polizisten um und die Situation drohte zu eskalieren. Als dann die Verstärkung der Polizei eingriff, konnte die aufgebrachte Menge gerade noch gebremst werden.

Koch versuchte noch einmal, den Landeshauptmann herauszubekommen, um die Gemüter zu beruhigen, dieser blieb jedoch begreiflicherweise in seiner nun von der Polizei abgeriegelten „Festung", dem Eisenstädter Landhaus. Koch versuchte die Bauern zu beruhigen: „Bitte bewahren Sie Ruhe, wir müssen abwarten, ob unsere Forderungen erfüllt werden. Wie werden Sie, wenn es notwendig ist, wieder rufen", rief er immer wieder händeringend. Doch die Geister, die er gerufen hatte, wurde er nun nicht mehr los. Um für etwaige Ausschreitungen nicht die Verantwortung zu tragen, schloss er unter lautstarken Buhrufen der Bauern die Demonstration. Auch die Lautsprecheranlage wurde ausgeschaltet und die Polizei erhielt noch einmal weitere Verstärkung. Ein Bauer rief: „Weit haum ma's brocht, die Bauern als Terroristen!"[199] Im weiteren Verlauf löste sich die Demonstration mangels Lautsprecheranlage und auch wegen des Rückzugs des Weinbauoberen Koch auf.

Was brachte die Weinbauern eigentlich so auf die Palme? Im österreichischen Weinbaugebiet brannte der Hut. Die Preise fielen in den Keller, zwei Ernten lagen auf Lager, eine neue stand vor der Tür und nirgendwo gab es auch nur andeutungsweise ein Anzeichen dafür, dass dieses Problem gelöst werden konnte. Die Stimmung innerhalb der Weinbauern reichte von stürmisch-entrüstet, demonstrationsbereit, bis zur tiefen Resignation und völligem Vertrauensschwund zu den eigenen Winzergenossenschaften, zur Landwirtschaftskammer, aber auch zu Politikern, Parteien und zur Regierung. Man fühlte sich im Stich gelassen, verlassen, man meinte, man ließe die Weinbauern im überreich geernteten Wein ersaufen. Damals war man noch weit davon entfernt, dass Qualität viel mehr bedeutete als Quantität, wie das in unseren Zeiten der Fall ist. 1984 jedoch gab es eine regelrechte Weinschwemme, die auch den Weinpreis tief in den Keller drückte.

Bei der Weinbauerndemonstration vom 23. Mai 1984 war es nicht gelungen, den verantwortlichen Politikern Zugeständnisse abzuringen. Man forderte, 2 Millionen Hektoliter Wein zu Schnaps zu brennen, um eine Marktentlastung herbeizuführen, das wäre aber auch nur ein kurzfristiger Erfolg gewesen und hätte auch nur dann funktioniert, wenn in diesem Zusammenhang ein totaler Weinimportstopp verhängt worden wäre. Aber auch zu solchen wenigstens schnellen und geringfügigen Entlastungen ließ sich die Politik nicht herbei. Viele Weinbauern wurden zahlungsunfähig. Entweder blieben sie auf ihrem Wein sitzen, oder wenn sie ihn verkaufen konnten – was ohnehin schon ein grandioser Erfolg war –, bekamen sie dafür nur einen Spottpreis, der nicht einmal ansatzweise die Gestehungskosten abdeckte.

199 Ebd.

Eine wesentliche Aufgabe der Interessensvertretung wäre es gewesen, die gesetzlich gewährleisteten Rechte der Bauern zu wahren und die Regierungsverantwortlichen auf deren Einhaltung aufmerksam zu machen. Mit § 32 des Bewertungsgesetzes waren die Bauern nämlich an sich gut geschützt, denn darin stand geschrieben: „Der Ertragswert ist das 18fache des Reinertrages, dabei ist davon auszugehen, dass der Betrieb mit fremden entlohnten Arbeitskräften bewirtschaftet wird und der Betrieb schuldenfrei ist.“ Das bedeutete: Die ganze Arbeit des Weinbauern, also Schneiden, Ackern, Spritzen, Lesen, Pressen, alle Arbeit hätte von fremden entlohnten Arbeitern verrichtet werden müssen; was dann übrig blieb, hätte mit 18 multipliziert werden sollen. Bei einem Weinpreis von 3 bis 4 Schilling im Fass ergab das aber eindeutig Null – und Null mal 18 war und ist aber immer noch Null.

Die Bauern hatten eine Interessensvertretung, die einfach nicht funktionierte und selbst der eingeschwärzteste Bauer sah das so, das Problem war nur, dass er bei der Wahl noch immer das Kreuz beim Bauernbund machte. Die Landwirtschaftsvertreter hatten schon lange die Beziehung zum Bauern verloren. Man denke nur an die Einheitswerterhöhungen, wo die Kammervertreter zwar Stellung dagegen bezogen, aber nur sehr halbherzig. Der Grund: Bei jeder Einheitswerterhöhung kassierten sie entsprechend mehr Kammerumlage. Eine Doppelmoral also, die mit einer Interessensvertretung für die Bauern unvereinbar war. Dass die Bauern keine Stimme mehr hatten, zeigte sich auch darin, dass sie forderten, im Mitteilungsblatt der burgenländischen Landwirtschaftskammer eine Seite für Leserbriefe – mit den wirklichen Sorgen der Bauern – einzurichten. Diese Forderung wurde abgelehnt. Die Redaktion des Mitteilungsblattes meinte daraufhin, ohne sich groß ein Blatt vor den Mund zu nehmen, dass die Bauern ohnehin nur Blödsinn schreiben würden.[200] Eine Abgehobenheit und Ignoranz beherrschte die Kammern, wie sie heute nur noch schwer vorstellbar ist.

Doch nicht nur von den Kammern wurde der Bauer permanent enttäuscht, sondern auch von den Genossenschaften. Diese waren eigentlich als landwirtschaftliche Genossenschaften zu ihrem definitionsgemäßen Zweck da, nämlich die „Förderung des Erwerbs ihrer Mitglieder“. Doch die Genossenschaften hatten sich vom Gedankengut Raiffeisens schon zu weit entfernt, waren die Bauern überzeugt. So wie der Weinbauer Josef Unger aus St. Margarethen im Burgenland in einem Interview, das er der Österreichischen Bauernzeitung im Juni 1984 gab. Unger über die Genossenschaften:

> Die Zentralisierung im Genossenschaftswesen ist eines der größten Übel. Wenn diese Zentralgenossenschaften einen Verlust von 35 Millionen bauen, so liegt dies an der Unfähigkeit der Führungsspitze. Wohin diese totale Zentralisierung führt, sehen wir im Getreidebau, wo Prochaska und das Lagerhaus fast den gesamten Markt beherrschen. Für 1983 wurde von einem Gerstenkilopreis von ATS 3,10 ein Betrag

200 ÖBZ, Nr. 7, 1984, 4.

von 34 Groschen als Verwertungsbeitrag abgezogen, sodass pro Kilogramm Gerste nur ATS 2,76 ausbezahlt wurde, während der Kunstdünger über 5 Schilling pro Kilo kostet. Das ist ungerecht. (…) Es muss gesagt werden, dass wir nur mehr 4 % hauptberufliche Bauern haben. Die Söhne der Bauern sind nicht bereit, den elterlichen Betrieb zu übernehmen. Wenn ein Weinbauer über 100 Hektoliter Fasswein verkaufen muss, um nur die Sozialbeiträge für ein Jahr zu bezahlen, ist dies wohl verständlich, denn von Verlusten kann man nicht leben. Wenn wir keine Bauern mehr haben, dann brauchen wir auch keine Bauernkammer mehr und auch der Landwirtschaftsminister ist nicht mehr notwendig. Der Bauer hat nur zwei Möglichkeiten: Zu kämpfen! Oder zu sterben![201]

11.4. Exkurs: Raiffeisen und das Genossenschaftswesen

„Was dem einzelnen nicht möglich ist, das vermögen viele.“[202]

Im vorliegenden Buch, vor allem aber auch im letzten Kapitel, war viel von Genossenschaften die Rede. Um auch den nicht agrarischen Leser informiert zu wissen, soll an dieser Stelle das Genossenschaftswesen erklärt werden, so wie das es eigentlich sein sollte. Auf den Gründer der Genossenschaften, Friedrich Wilhelm Raiffeisen wird dabei ebenfalls eingegangen, auch um zu sehen, wie sich seine Erben in den Genossenschaften von seiner Grundidee entfernt haben.
Heute gibt es in Österreich rund 1.600 autonome Raiffeisengenossenschaften, davon circa 570 Raiffeisenbanken, 97 Lagerhausgenossenschaften, 15 Molkereien, 160 Käsereien sowie rund 700 andere Genossenschaften.

Um gegenüber den gut organisierten Mitbewerbern in Handel, Gewerbe und der Industrie am Markt bestehen zu können, war eine überregionale Zusammenarbeit der einzelnen Genossenschaften notwendig. Durch weitgehend einheitliche Satzungen, Gebietsschutzvereinbarungen, regionale und gesamtösterreichische Zentralinstitutionen, Revisionseinrichtungen, Solidaritätsvereinbarungen, weitgehende Corporate Identity und weitere Einrichtungen für die Zusammenarbeit wird die Marktstärke der kleinen regionalen Genossenschaften unterstützt. Die Revision, die rechtliche und steuerrechtliche Beratung sowie die Interessenvertretung und Beratung der Raiffeisengenossenschaften in Österreich obliegt dem Österreichischen Raiffeisenverband und den Raiffeisenverbänden der einzelnen Bundesländer.

Die Genossenschaftsidee entstand im 19. Jahrhundert zunächst in Großbritannien und Deutschland. Weltweit gibt es heute in über 100 Ländern rund 900.000 Genossenschaften. Einer der wesentlichen Genossenschaftspioniere war Friedrich Wilhelm Raiffeisen. In den letzten Jahrzehnten des 19. Jahrhunderts wurden seine Ideen auch in Österreich aufgegriffen. Bis zum Ende des Jahrhunderts war die Anzahl der nach dem System von Raiffeisen arbeitenden Spar- und Darlehenskassen bereits auf rund 600 gestiegen. Die erste Raiffeisenbank im Gebiet des heutigen Österreich entstand 1886 im niederösterreichischen Mühldorf bei Spitz in der Wachau. Im Jahre 1898 wurde der Österreichische Raiffeisenverband gegründet. 1927 entstand die Raiffeisen Zentralbank Österreich AG (Girozentrale der österreichischen Raiffeisengenossenschaften). Ab ungefähr 1960, vor allem mit der Zunahme des Massen-Bankgeschäftes, gelang den österreichischen Raiffeisenbanken eine erfolgreiche Geschäftsentwicklung und ein kontinuierliches Wachstum. Sie wurden von einem kleinen ländlichen Mitbewerber im Bankengeschäft

201 Das Interview mit Unger führte Toni Fleck, in: ÖBZ, Nr. 7, 1984, 4.
202 Zit. nach Friedrich Wilhelm Raiffeisen, Genossenschaftsgründer und Sozialreformer.

zu einem bedeutenden Faktor des österreichischen Bankenwesens. Auch die anderen Raiffeisengenossenschaften haben sich, trotz beträchtlicher Strukturänderungen in ihren Marktbereichen, behaupten können. Mit über 50.000 Mitarbeitern ist die österreichische Raiffeisengruppe der größte Arbeitgeber Österreichs. Die österreichischen Raiffeisengenossenschaften haben rund 2 Millionen Mitglieder.

Weltweit gibt es heute in 41 Staaten Raiffeisen-Genossenschaften, die der Internationalen Raiffeisen-Union angehören. Zwischen den österreichischen und den ausländischen Raiffeisen-Genossenschaften gibt es Kontakte, aber derzeit keinerlei wirtschaftliche Verflechtungen oder Beteiligungen.[203]

Die österreichischen Raiffeisen-Genossenschaften sollten aber eigentlich dezentral organisiert sein, das heißt, dass die wesentlichen betriebswirtschaftlichen und geschäftspolitischen Entscheidungen nicht in einer zentralen Konzernspitze erfolgen, sondern in der einzelnen Genossenschaft vor Ort. Dabei handelt es sich unter anderem um die Wahl der lokalen Eigentümervertreter, die Personalpolitik, die Konditionenpolitik, Unternehmensplanung, Entscheidungen über Kreditgewährungen und so weiter. Diese Entscheidungen – und hier vor allem die Kreditgewährungen – wurden politisch missbraucht und schufen eine Abhängigkeit des einzelnen Bauern von den Genossenschaftsfunktionären, die vom Bauernbund gestellt wurden.

Die Raiffeisenbanken („Raiffeisen-Geld-Gruppe" auch „Raiffeisen-Geldsektor") sind dreistufig organisiert. Die erste Stufe stellen die rund 570 Raiffeisenbanken in Österreich dar. Diese sind die Haupteigentümer der Raiffeisenlandesbanken (RLB), welche die zweite Stufe bilden. Die dritte Stufe besteht aus der Raiffeisen Zentralbank Österreich (RZB) in Wien, der auch die Spezialunternehmen sowie Inlands- und Auslandsbeteiligungen unterstellt sind. Die wesentlichen Eigentümer dieser Aktiengesellschaft sind wiederum die Raiffeisenlandesbanken.

Ebenfalls Mitglied des österreichischen Raiffeisenverbandes sind die rund 97 Lagerhausgenossenschaften, die in der RWA Raiffeisen Ware Austria überregional zusammenarbeiten.

In den letzten Jahrzehnten haben sich viele regionale Molkereigenossenschaften zu Großmolkereien, wie zum Beispiel die Berglandmilch (Schärdinger), die Tirol-Milch oder die Niederösterreichische Molkerei (NÖM) zusammengeschlossen. Daher ist die Anzahl der genossenschaftlichen Molkereien auf 15 zurückgegangen.

In allen Bundesländern gibt es einen Raiffeisenverband, dessen wichtigste Aufgaben die genossenschaftliche Revision, die rechtliche und steuerrechtliche Beratung sowie die Interessenvertretung aller Raiffeisen-Genossenschaften sind. Darüber hinaus gibt es noch den Österreichischen Raiffeisenverband, dem die Revision und Beratung der Raiffeisenlandesbanken und Großgenossenschaften obliegt. Dessen gewählter Obmann ist der Generalanwalt der Raiffeisen-Gruppe. Diese Funktion wird derzeit von Christian Konrad wahrgenommen.

Friedrich Wilhelm Raiffeisen (1818-1888)

Der Begründer dieser Idee war Friedrich Wilhelm Raiffeisen, der am 30. März 1818 als siebentes von neun Kindern des Landwirts Gottfried Friedrich Raiffeisen und seiner Ehefrau Susanne Marie in Hamm a.d. Sieg geboren wurde. Raiffeisen wuchs in wirtschaftlich bedrückenden Verhältnissen auf. Der Vater erkrankte 1821 schwer und fiel bis zu seinem Tod im Jahre 1849 als Ernährer seiner kinderreichen Familie aus. Die Notlage der Familie verhinderte es, dass Raiffeisen im Anschluss an die Volksschule eine höhere Schulbildung erhielt. Sein Ortspfarrer, Georg Wilhelm Seipel, vermittelte dem begabten Friedrich Wilhelm durch privaten Unterricht ein umfangreiches

203 Vgl. http://de.wikipedia.org/wiki/Raiffeisengenossenschaften_in_%C3%96sterreich [19.11.2007].

Allgemeinwissen. 17-jährig ging er als Freiwilliger zum Militär. Nach dreijähriger Dienstzeit als Artillerist in Köln wurde er als Unteroffizier zur Weiterbildung zunächst an die Inspektionsschule Koblenz, dann an die staatliche Eisengießerei zu Sayn bei Koblenz kommandiert. Ein Augenleiden, das seine Sehkraft stark beeinträchtigte, zwang ihn, den Militärdienst zu quittieren und in den Zivildienst überzuwechseln.

Im Anschluss an eine Einarbeitungszeit bei der Regierung zu Koblenz wurde Raiffeisen als Kreissekretär nach Mayen in der Eifel versetzt. 1845 erfolgte seine Ernennung zum Bürgermeister der 22 Gemeinden umfassenden Bürgermeisterei Weyerbusch im Westerwald. Eine Missernte im Westerwald 1846 führte im Winter 1846/47 zu einer Hungersnot, der der weitaus größte Teil der Bevölkerung aus Mangel an eigenen Mitteln nichts entgegenzusetzen hatte. Raiffeisen sorgte dafür, dass durch die Gründung des „Weyerbuscher Brodverein(s)" die Versorgung der Bevölkerung mit Nahrung gesichert wurde. Für die Zukunft sah er seine Aufgabe vor allem darin, die Lage der Landbevölkerung in den von ihm geleiteten Gemeinden durch die Schaffung von Genossenschaften zu verbessern. So kam es zunächst zur Gründung einer Bezugsgenossenschaft in Weyerbusch. Und als er 1848 zum Bürgermeister der Bürgermeisterei Flammersfeld (33 Gemeinden) bestellt wurde, gründete er hier den „Hülfsverein zur Unterstützung unbemittelter Landwirte" einschließlich einer Sparkasse. Nach seiner Versetzung nach Heddersdorf (1852) gründete er dort, veranlasst durch die alltäglichen Nöte der Menschen, 1854 die „Heddersdorfer Wohltätigkeitsvereine".

Freitag, 30. März 1984 — LOKALES — Seite 7

Überparteiliche Gewerkschafter wollen mit allen Mitteln höhere Milchpreise erkämpfen:

„Der Bauer bleibt auf der Strecke!"

„Mir ist's völlig unverständlich, warum gerade ein ausrangierter Politiker an der Spitze des Kärntner Raiffeisenverbandes stehen muß", grollte gestern in Klagenfurt der Bundesobmann des überparteilichen Allgemeinen Bauernverbandes, Adolf Riautschnig aus Glanegg. Statt Ex-Landesrat Herbert Bacher würde Riautschnig „viel lieber einen aktiven Bauern als Raiffeisenchef sehen."

Obwohl bundesweit verankert, sieht der Verband seine stärkste Bastion nach wie vor in Kärnten, wo die „Bauerngewerkschafter" bei den Landwirt-

VON GERHARD STICHAUNER

schaftskammerwahlen rund 3400 Stimmen gewinnen konnten. Und von Kärnten aus sollen auch die „politischen Bauernorganisationen" für Kampfmaßnahmen mobilisiert werden, wenn die Marktordnungsverhandlungen keinen höheren Erzeugermilchpreis bringen. Harte Angriffe gelten der Raiffeisenorganisation und dem von ihr kontrollierten Molkereisystem. Adolf Riautschnig und sein Landesobmann Wilfried Sumper:

Stärke durch Milch: Norbert Kanz, Adolf Riautschnig, Kurt Possegger und Landesobmann Wilfried Sumper

Der Bauernverband kritisiert die Raiffeisenorganisation und das von ihr kontrollierte Molkereisystem. Bericht in der Kronenzeitung vom 30. März 1984

Aus diesen Vereinen entwickelte er ab 1862 Darlehnskassenvereine, die als Selbsthilfeorganisationen mit unbeschränkter Haftung ihrer Mitglieder konzipiert waren. Im Anschluss an seine Pensionierung 1866 war Raiffeisen ausschließlich mit dem Auf- und Ausbau der von ihm gegründeten Vereine beschäftigt. Er fasste sie zusammen und gründete 1877 den „Anwaldschaftsverband Ländlicher Genossenschaften". Aus diesem Verband, der bei seiner Gründung 24 Darlehnskassen-Vereine umfasste und 1888, dem Todesjahr Raiffeisens, bereits 400, sollte später der Generalverband der deutschen Raiffeisen-Genossenschaften hervorgehen.

Für Friedrich Wilhelm Raiffeisen stellte sich das Genossenschaftswesen als eine religiös-sittlich fundierte Einrichtung dar. Die durch ihn gegründeten Spar- und Darlehnskassen bilden bis heute den Grundpfeiler der Organisation der landwirtschaftlichen Genossenschaften.[204] Das Lebensziel Raiffeisens hat auch zur Verbreitung des landwirtschaftlichen Genossenschaftswesens in Österreich beigetragen. Hier allerdings führte – vor allem in der Nachkriegszeit – die ganze Idee von der religiös-sittlichen Basis mehr und mehr in Richtung Parteibuchzugehörigkeit.

Heute haben sich die Genossenschaften weit von ihrem ursprünglichen Sinn und Zweck entfernt. Dies ist aber nicht erst seit kurzer Zeit so, denn bereits in der Nachkriegszeit (1952) schrieben Feitzelmayr und Zangel in ihrem „Agrarprogramm" über die Genossenschaften:

> Die Genossenschaften waren einmal das Rückgrat der bäuerlichen Wirtschaft und müssen es auch wieder werden, sonst sind sie überflüssig. Sie sind von dem Ideal, dass sich Raiffeisen einmal vorgestellt hat, weit entfernt. Darum zurück zu Raiffeisen. (...) Was aber die Entfernung von den Idealen Raiffeisens besonders kennzeichnet ist die fortschreitende Verpolitisierung, die sich auf diesem Gebiet ganz besonders schlecht auswirkt. Im Wirtschaftsleben darf nicht die politische Einstellung des einzelnen entscheiden. Hier ist lediglich die Fähigkeit rasch und richtig zu handeln notwendig. Deshalb dürfen die Genossenschaftsfunktionäre auch nicht unter parteipolitischem Einfluss stehen. Genossenschaftsfunktionäre, die als Parteipolitiker unter dem Druck der Partei stehen, werden in erster Linie das Interesse ihrer Partei, nicht aber das der Genossenschaft vertreten. Ein besonderer Unfug ist es, wenn solche Parteistützen, vom Minister bis zum Landesrat und Landtagsabgeordneten, zur Sicherung der Machtbestrebungen ihrer Partei, gleich in eine Reihe von Genossenschaftsleitungen gewählt werden, als ob es im ganzen Land keine anderen fähigen Männer gäbe. Mit diesen Missständen muss radikal aufgeräumt werden.[205]

Soweit die Gründer des Bauernverbandes im Jahre 1952. Dass sich die Zustände zwischen 1952 und 2008 nicht wesentlich geändert haben, ist dem Leser spätestens an dieser Stelle auch mehr als klar.

11.5. Bauernparlament in Weng – der junge Molterer beim AÖBV

Die frühen achtziger Jahre verliefen für den Bauernverband anders als früher. Die Zeiten der Großdemonstrationen der späten sechziger und frühen siebziger Jahre waren zwar vorbei, dennoch versuchte man, sich weiterhin als etablierte Kraft in der Agrarpolitik zu halten. Neue Begegnungsmöglichkeiten wurden geschaffen, es wurden viele Bauernparlamente veranstaltet, die einmal sehr gut – mit mehreren hundert Teilnehmern

204 Vgl. http://www.bautz.de/bbkl/r/raiffeisen_f_w.shtml [19.11.2007].

205 Das Agrarprogramm des „Allgemeinen Österreichischen Bauernverbandes". Forderungen zum kommenden Landwirtschaftsgesetz, in: Dorfbote (Sonderdruck) (Linz 1952), 15. Im Anhang zur Gänze abgedruckt.

– und auch mal weniger gut besucht waren. Doch langsam, aber sicher ließen sich zu diesen Veranstaltungen die Großen der Agrarpolitik immer mehr entschuldigen. Hatte man früher noch Finanzminister Androsch, Landwirtschaftsminister Weihs oder gar den Bundeskanzler höchstselbst auf dem Podium, waren es in weitere Folge „nur“ noch Nationalrats- bzw. Landtagesabgeordnete und später nur noch Leute aus der dritten Reihe, die dem Bauernverband die Ehre gaben, auf den AÖBV-Bauernparlamenten zu referieren und sich den Bauern zu stellen. Als Beispiel sei hier das Bauernparlament in Weng vom Juni 1984 angeführt, zu dem etwa 350 Bauern erschienen waren, um den agrarpolitischen Diskussionen beizuwohnen.

Bauernparlament in Weng, Juni 1984, von l. n. r.: Andreas Eisl, Albert Czeiko und der junge Wilhelm Molterer am Podium.

Man war enttäuscht, als der Diskussionsleiter, Gerhard Nowotny, verlauten musste, dass die angekündigten Politiker nur Vertreter entsandt hatten. So ließ sich Staatssekretär Gerulf Murer vom Salzburger Landtagsabgeordneten Andreas Eisl vertreten und der angekündigte SP-Nationalrat Albin Schober entsandte an seiner Stelle den Bundessekretär der SPÖ-Bauern, Albert Czeiko. Besonders enttäuscht aber war man seitens des Bauernverbandes von der ÖVP, die lediglich ihren volkswirtschaftlichen Referenten aus der Bauernbundzentrale in Wien entsandte. Aus heutiger Sicht hätte sich die Enttäuschung wohl in Grenzen gehalten, denn der „junge Referent“ war niemand anders als der spätere langjährige Landwirtschaftsminister und heutige Vizekanzler sowie ÖVP-Chef Wilhelm Molterer, der damals mit den Bauernverbandlern bis halb eins in der Früh diskutierte.

11.6. Bauernbunddemonstration in Wien am 12. März 1985

Adolf Riautschnig war ein Obmann, der versuchte, mit den anderen Parteien auf agrarpolitischer Ebene zusammenzukommen, da er der Ansicht war, dass die Bauern nur über die Parteigrenzen hinweg eine Chance hätten, ihre Forderungen durchzusetzen. Dazu musste man sich aber erst einmal mit den Bauern über die Parteigrenzen hinweg solidarisieren, wie etwa bei Veranstaltungen. Im Burgenland hatte dies 1984 ja schon ganz gut geklappt: das Aktionskomitee, das die Demonstration am 23. Mai organisierte, war überparteilich. Warum sollte man sich im Interesse des Bauernstandes also nicht an eine Bauernbund-Demonstration anschließen? Man entschied sich schließlich, mit den schwarzen Bauern am 12. März 1985 mitzumarschieren, doch war man dabei bestrebt, sich als Bauernverband doch abseits des Bauernbundes zu positionieren, wie z.B. mittels eines eigenen Flugblattes.

Der Bauernbund mobilisierte 5.000 Bauern, die über die Ringstraße zum Ballhausplatz marschierten und dort eine Delegation zu Bundeskanzler Sinowatz entsandten. Der Bauernbund demonstrierte, weil Landwirtschaftsminister Haiden versprochen hatte, den allgemeinen Absatzförderungsbeitrag bei der Milch ab 1. März 1985 von 34 auf 21 Groschen zu senken. Diese Maßnahme hätte die Regierung jedoch etwa 400 Millionen Schilling gekostet, und Finanzminister Franz Vranitzky war keinesfalls bereit, dieses Geld zur Verfügung zu stellen, im Gegenteil: Er trat die Flucht nach vorne an und behauptete, dass bereits 200 Millionen Schilling aufgewendet worden wären, um eine Erhöhung des Absatzförderungsbeitrages auf über 50 Groschen zu vermeiden.

Die Demonstration hatte damit an sich keine nachhaltige und grundlegende Verbesserung der Lage der Bauernschaft im Sinn, offiziell ging es also bloß um eine kurzfristige Geldbeschaffungsaktion, wobei das Geld wirkungslos im Sumpf der Molkereiwirtschaft versickert wäre. Der eigentliche Zweck der Demonstration bestand darin, dass bald Landwirtschaftskammerwahlen in Niederösterreich anstanden und man – wenn auch geringfügige – Erfolge vorweisen wollte. Unterm Strich war es einmal mehr keine Demonstration für die Bauern, sondern eine rein parteipolitische Angelegenheit.

Obmann Riautschnig war mit einem Kontingent Bauernverbandler dabei und verteilte 1.200 Flugblätter, was die Bauernbundleute gar nicht gern sahen, zumal in den Flugblättern betont wurde, dass sich die Ansichten des Bauernverbandes von denen des Bauernbundes grundlegend unterschieden. Es stand auch zu lesen, dass es schädlich wäre, wenn der Bauernbund ähnlich wie die verstaatlichten Betriebe immer wieder als Bittsteller auftrat und dadurch den Bauern den Ruf von Subventionsempfängern und Handaufhaltern einhandelte, anstatt grundsätzliche Änderungen zu fordern, die geeignet gewesen wären, die Bauern an das paritätische Einkommen anzugleichen.

Erfreulich war jedoch die Kampfbereitschaft der Bauern, diese wäre es wert gewesen, ein lohnenderes Ziel anzustreben, wie einen höheren Erzeugermilchpreis verbunden mit einer Reform des Milchmarktes. So weit ging die Absicht der Bauernbund-Spitzenvertreter jedoch nicht. Sie waren der Bundesregierung in Wirklichkeit nur deshalb auf den Leib gerückt, um vor den Landwirtschaftskammerwahlen Stimmung und ein wenig Wahlwerbung zu machen. Das wurde spätestens dann klar, als die Delegation das Bundeskanzleramt betrat, um mit der Regierung in Verhandlungen einzutreten. Auch der Bauernverband hatte sich beim Bundeskanzler angemeldet, dies wurde aber von den Bauernbündlern nicht toleriert. Sie intervenierten bei Sinowatz, die Bauernverbandler nicht vorzulassen – und diese Intervention hatte Erfolg. So konnten sich die Bauernbündler wieder als die alleinigen Bauernvertreter aufspielen, der AÖBV hatte draußen zu bleiben; Kreisky war eben nicht mehr und Sinowatz scheute die Konfrontation. Das sollte bis zum Ende seiner kurzen Regierungszeit auch so bleiben.

Der niederösterreichische Nationalratsabgeordnete Jakob Brandstätter ließ sich dazu hinreißen, ein Plakat des Bauernverbandes mit der Aufschrift „Überparteilich, berufsständisch, kämpferisch – Bauernverband" zu zerreißen, vor den Augen der Bauernverbandler. Eine wahrhaft demokratische Gesinnung, man erinnerte sich an das Jahr 1934.

Das Ergebnis der Verhandlungen zwischen Bauernbund und Regierung an diesem Tag war, dass es keines gab. „Man wird weiterreden …", ließen die Spitzenvertreter des Bauernbundes verlauten – eigentlich wie immer. Der aufrichtige Versuch des Obmannes Riautschnig, im Sinne der Bauern eine Solidarisierung über die Parteigrenzen hinweg – auch zum Bauernbund – zu erreichen, war wegen der Engstirnigkeit der schwarzen Kameraden vollständig gescheitert, und damit waren die Bauern weiterhin im Netz der schwarzen Parteibuchwirtschaft gefangen. Daran sollte sich auch bis heute nichts ändern.

11.7. Der Weinskandal von 1985

Am 23. April 1985 wurde mit dem Weinskandal einer der größten – wenn nicht der größte – Lebensmittelskandal in der Geschichte der Zweiten Republik aufgedeckt. Landwirtschaftsminister Haiden verkündete an diesem Tag, dass in Wein aus dem Burgenland und aus Niederösterreich verbotene Zugaben in großen Mengen gefunden worden waren. Das geheimnisvolle Mittel, das aus gewöhnlichen Tafelweinen süße und ölige Prädikatsweine machte, hieß Diethylenglykol (glycos: griech. süß). Bis dahin wurde das Mittel hauptsächlich als Komponente für Frostschutzmittel eingesetzt.

Doch was genau ist Diethylenglykol überhaupt? Die Wikipedia-Enzyklopädie gibt wie folgt Auskunft: Diethylenglykol ist ein Derivat des Glykols und gehört somit zur Gruppe der Alkohole. Der Trivialname Diglykol ist als „zwei Mal Ethylenglykol" zu verstehen. Es wird direkt aus Ethylenglykol und Ethylenoxid synthetisiert und fällt außerdem bei der Herstellung von Ethylenglykol als Nebenprodukt an.

Eine Mischung aus Diethylenglykol und Wasser wird als Frostschutzmittel verwendet, da die Mischung einen niedrigeren Schmelzpunkt als reines Wasser hat. Diethylenglykol wird hauptsächlich als Rohstoff für die Synthese von Polyester-Harzen, Morpholin und 1,4-Dioxan verwendet. Es dient selten als Lösungsmittel für Nitrozellulose, Kunstharze, Farbstoffe, Öle und einige andere organische Substanzen. Außerdem findet Diethylenglykol auch als Feuchthaltemittel für Tabak, Korken, Tinte und Klebstoff Verwendung.

Diethylenglykol ist die Ursache für verschiedene schwere Vergiftungsepidemien. In allen Fällen war das sirupartige süßlich schmeckende Diethylenglykol als Hilfsstoff in Arzneimitteln zur Behandlung akuter Infektionskrankheiten verwendet worden. Bereits 1937 führte die Verwendung eines Sulfanilamid-Sirups in den USA zur Sulfanilamid-Katastrophe. In diesem Fall starben mehrere Hundert Kinder; als eine Konsequenz daraus wurde 1938 der Federal Food, Drug and Cosmetic Act, das Arzneimittelgesetz der USA, verabschiedet. Besonders gut medizinisch dokumentiert ist die drittletzte Epidemie in Haiti. Hauptsymptom der Vergiftungen war immer ein akutes Nierenversagen. Die jüngste Vergiftungsserie durch Hustensaft, der statt dem Wirkstoff Diphenhydramin Diethylenglykol enthielt, ereignete sich 2006 in Panama, wo mindestens 174 Personen erkrankten, von denen 115 verstarben. Im Jahr 2007 wurde die giftige Substanz von Eduardo Arias, einem 51 Jahre alten Kuna-Indianer, in einer chinesischen Zahnpasta entdeckt, die er in einem Discount-Laden in Panama-Stadt gekauft hatte. Daraufhin wurde diese Zahnpasta in den USA und in Kanada vom Markt genommen.[206]

Im Jahr 1985 wurde diese gesundheitsgefährdende Chemikalie Diethylenglykol jedenfalls in den gepanschten Weinen aus Österreich und Deutschland gefunden. Durch den Glykolwein-Skandal mussten Millionen Flaschen Wein vom Markt genommen werden, Vergiftungen wurden dabei allerdings keine bekannt.

Nach der Massenproduktion in den siebziger Jahren und dem Preisverfall österreichischer Qualitätsweine hatten die staatlichen Kellereiinspektoren schon lange einen vagen Verdacht, auch der Bauernverband brachte wiederholt in Fachkreisen und auf Weinbauverbandstagen Verdachtsmomente vor. So viel Prädikatswein konnte auf natürliche Weise eigentlich gar nicht erzeugt werden.

Angeblich hatte der Sektionschef im Landwirtschaftsministerium, der für die Kellereiinspektoren zuständig war, selbige immer wieder zurückgepfiffen bzw. in deren Arbeit behindert und deckte so die Weinpanscherei. So wurden auch Anträge auf Hausdurchsuchungen bei verdächtigen Weinhändlern vom Gericht regelmäßig als unverhältnismäßig zurückgewiesen.

Auch chemisch war einfach nichts zu finden, erinnert sich Walter Brüders, der damals als Kellereiinspektor im Burgenland eingesetzt war. Sein Buch über den Weinskandal[207] liest sich wie ein Kriminalroman:

> Am 21. Dezember 1984 tauchte plötzlich ein unbekannter Mann mit deutschem Akzent in der landwirtschaftlich-chemischen Bundesanstalt in Wien auf, stellte eine Flasche mit einer wasserhellen, sirupartigen Flüssigkeit auf den Tisch und sagte: „Das verwendet die österreichische Weinfälscherszene." Bis heute weiß niemand, wer der Mann war, doch sein Hinweis brachte die Sache ins Rollen. Nach einer Woche stand die chemische Zusammensetzung des Mittels fest: Es war Diethylenglykol.[208]

206 Vgl http://de.wikipedia.org/wiki/Diethylenglykol [15.7.2008].
207 Walter Brüders, Der Weinskandal: Das Ende einer unseligen Wirtschaftsentwicklung (Linz 1999).
208 Ebd., zit. nach. http://oe1.orf.at/highlights/35746.html [21.11.2007].

Die landwirtschaftlich-chemische Bundesanstalt entwickelte daraufhin ein Verfahren mit einer Nachweisgrenze von 100 mg Diethylenglykol je Liter Wein. Diese Nachweisgrenze machte in der Weinszene die Runde und führte zu fatalen Folgen, denn die Panscher haben in der Folge das Ausmaß des Skandals selbst mehr als verzehnfacht: Um den Glykolgehalt unter die labortechnische Nachweisgrenze von 100 mg je Liter Wein zu drücken, wurde eins zu zehn mit unverfälschtem Wein vermischt. Doch die Labormethoden wurden verfeinert, und nun war die zehnfache Menge Wein als verfälscht erkennbar. Das erklärt die hohen Schadensziffern von hunderten Millionen Schilling. Kläranlagen brachen zusammen, weil Fälscher den Glykolwein einfach in den Kanal schütteten, nur um nicht erwischt zu werden. Als das Problem mit den Kläranlagen ruchbar wurde, bediente man sich anderer Methoden. So berichtete ein burgenländischer Weinbauer dem Autor im Zuge der Recherchen: „Im fünfundachtziger Jahr hat bei uns der Bach zwei Wochen lang nach Wein gestunken."

Hunderttausende Hektoliter Wein mussten darüber hinaus zu Industriealkohol verbrannt werden.

Im Sommer 1985 wurde dazu ruchbar, dass nicht nur gewöhnlicher Tafelwein zu Prädikatswein aufbereitet wurde, es wurden auch tausende Hektoliter Kunstwein erzeugt – also Flüssigkeiten, die wie Wein aussahen, auch so schmeckten, aber mit Wein nie in Berührung gekommen waren. Das Geständnis eines Beschuldigten vor Gericht zeigt die Größenordnung:

Man nehme:
18.000 l Wasser
5.500 kg Zucker
80 kg Diethylenglykol
80 kg Trockensirup
80 kg Weinsäure
30 kg Hirschhornsalz
40-50 l Glyzerin
3 kg Apfelsäure
15 kg Bittersalz
40 kg Pottasche
40 kg Weinsäure
Die Menge der notwendigen Hefe richtet sich nach der Witterung.
Dieses Rezept reicht für 22.000 Liter Kunstwein.

Der Skandal erreichte internationale Dimensionen, als im deutschen Fernsehen von Giftwein gesprochen wurde und vor laufenden Kameras Regale in Kaufhäusern vom österreichischen Wein „gesäubert" wurden. Die New York Times hatte den österreichischen Weinskandal sogar auf der Titelseite. Auch brach der australische Weinexport in

Asien kurzzeitig zusammen, weil man in Asien Austria mit Australia verwechselte. Die T-Shirts mit dem Aufdruck „No Kangaroos in Austria“ gab es damals offensichtlich noch nicht.

Österreichs Weinexporte sanken durch den Skandal über Nacht um 95 Prozent. Große Weinhandelsunternehmen gingen Bankrott, auch wenn sie nicht direkt in den Skandal verwickelt waren, selbst große Weinproduzenten mussten Insolvenz anmelden.

Weinskandale hatte es, wie beschrieben, schon öfter gegeben. Einmal wurde Wein mit Wasser gestreckt und hinterher wieder mit Zucker aufgepäppelt. Auch gab es in Österreich 1972 einen von Sepp Hintermayer aufgedeckten Weinexportskandal, bei dem Weinhandelsfirmen billigen Wein in rauen Mengen aus dem Ostblock aufkauften und diesen dann als österreichischen Prädikatswein ins Ausland, vor allem in die Bundesrepublik Deutschland und Großbritannien, wiederverkauften. Der Glykolskandal allerdings stellte alles Bisherige in den Schatten. Der aufgeflogene Betrug war raffiniert und blieb jahrelang unentdeckt. Der rote Landwirtschaftsminister Günther Haiden, der mit der größtenteils schwarzen Bauernschaft ohnehin in einem gespannten Verhältnis lebte, reagierte höchst verärgert auf die Weinpanscherei: „Das muss abgestellt werden. Gegen die Verantwortlichen muss bei der Lebensmittelpolizei Anzeige erstattet werden, das geht gar nicht anders. Und der beanstandete Wein muss beschlagnahmt werden.“[209]

Der Weinskandal war eine Konsequenz aus der Weinmisere der siebziger und achtziger Jahre, die der Bauernverband immer wieder anprangerte. Bereits beim Landesweinbauverbandstag 1981 hatte der AÖBV immer wieder Vorschläge bezüglich der Weinbau- und Weinmarktregelgung, einschließlich der Beseitigung und wirksamen Verhinderung von Manipulation mit Wein, vorgelegt. Diese Vorschläge waren vom Standpunkt der Weinbauern sinnvoll und zielführend durchdacht und hätten 1985, als es bereits zu spät war, bereits Wirkung zeigen können. Diese Forderungen wurden jedoch von der offiziellen Agrarpolitik lächerlich gemacht und abgelehnt. Der einzige im Range der hohen Politik, der für die Bauernverbandler als alter Kämpfer immer ein offenes Ohr hatte, war der FP-Nationalratsabgeordnete Sepp Hintermayer. Jene aber, die an den wirklichen Schalthebeln der Weinwirtschaft saßen, Bauernbundfunktionäre, taten die AÖBV-Vorschläge als lächerlich ab. Sir Carl Popper hatte offensichtlich doch recht, als er sagte: „Es ist das größte Übel unserer Zeit, alles sofort abzulehnen, was von anderen kommt.“ Die Folgejahre bewiesen dies, der Weinskandal hatte die Befürchtungen des Bauernverbandes voll bestätigt und sogar noch übertroffen.

Die Folgen für die Weinwirtschaft waren furchtbar, in nur einem Jahr ging der Export von 50 Millionen Liter Wein auf 3 Millionen zurück. Alle exportorientierten Firmen waren wirtschaftlich ruiniert, da über Nacht der Markt zusammengebrochen war. In der Folge hat sich die Weinlandschaft in Österreich völlig neu strukturiert. Noch immer

209 Zit. nach http://oe1.orf.at/inforadio/50359.html?filter=2 [21.11.2007].

gibt es nur wenige starke und leistungsorientierte Großbetriebe, der meiste Verkauf wird von den Weinbauern bzw. Weingütern nach Aufbau entsprechender Strukturen selbst besorgt – und das ist gut so. Doch auch die Bauern traf es, komplette Strukturen gingen verloren. Vor dem Weinskandal gab es im Burgenland 23.000 Hektar Rebfläche, heute nur noch 14.500, vor dem Weinskandal gab es 40.000 Winzerbetriebe, heute 24.000.

In Einzelfällen gab es bei den Bauern noch weiter reichende Folgen. Im Burgenland wurden vier Weinbauern festgenommen, wobei zwei in Gerichtsverfahren zu mehrjährigen Haftstrafen verurteilt wurden. Doch den meisten Glykolwein produzierten die Winzer in der Region am Wagram, wo auch einer der Hauptbeteiligten, der Chemiker Otto Nadrasky, beratend zur Seite stand. Karl Grill, der Inhaber der Firma Gebrüder Grill, nahm sich nach seiner Verurteilung das Leben. Auch der Chefinspektor der Kellereiinspektoren im Burgenland, Mitterer, verübte Selbstmord, hier wurde jedoch beteuert, dass dies rein private Gründe hatte. Es wurden jedoch Stimmen laut, die den Weinskandal als einzigen Grund für den Suizid sahen, es war hier sogar von „politischem Mord" die Rede.

Als Nebeneffekt des Weinskandals kam auch heraus, dass renommierte Wein-Abfüller aus Rheinland-Pfalz im großen Stil bundesdeutschen Wein mit österreichischem (Glykol-)Wein verpanscht hatten. Auf der „Giftliste" standen 75 deutsche Weine, darunter auch Weine der Weinkellerei Pieroth, heute WIV Wein International.[210]

Die österreichische Weinpanscherei war wochenlang Thema in den Medien des In- und Auslandes, das Wort „Glykol" wurde 1985 sogar zum Wort des Jahres gewählt.

11.8. Das Weingesetz von 1985 – ein Sturm der Entrüstung

„Die Banderole könnt's dem Roten Kreuz schenken!"[211]

Als Konsequenz des Skandals hat die SPÖ-FPÖ-Regierung gegen den Widerstand der ÖVP das schärfste Weingesetz der Welt beschlossen. Dieser Schritt war mutig und richtig. Österreichs Wein hat sich dadurch wieder weltweit Anerkennung geschaffen, man schreibt über ihn in internationalen Fachmedien, und zwar in höchsten Tönen. Der Export hat sich erholt und erreicht nunmehr historische Höchstwerte. Österreichischer Wein findet sich heute auf den Weinkarten der besten Restaurants der Welt, denn ein neues Qualitätsbewusstsein war entstanden.

Schon ein Jahr vor dem Skandal einigten sich Landwirtschaftsminister Haiden und die Vertreter der im Parlament vertretenen Parteien auf den Einsatz einer „Arbeitsgruppe zur langfristigen Lösung der Weinbauprobleme". Die Arbeitsgruppe, der Vertreter des Landwirtschaftsministeriums, der Präsidentenkonferenz und der Weinhauer angehörten, sollten sich mit Möglichkeiten zur Produktionsbeschränkung im mittel- und

210 Vgl. http://de.wikipedia.org/wiki/Glykolwein-Skandal [21.11.2007].

211 Demonstrantenspruch bei der Bauernverbands-Weindemo am 26. April 1986, ÖBZ, Nr. 5, 1986, 3.

langfristigen Bereich auseinandersetzen. Außerdem sollten verstärkte Anstrengungen für den Weinexport unternommen werden. Plötzlich platzte der Weinskandal über die Arbeitsgruppe herein, und man sah ein, dass schleunigst ein Gesetz hermusste, das künftige Weinpanscherei verhindern sollte.

Zu den Beratungen für den Gesetzesentwurf gab der Bauernverband mehrere Pressekonferenzen, der Text einer davon soll hier wiedergegeben werden:

Seit 1981 fordert der Allgemeine Österreichische Bauernverband (Bauerngewerkschaft) die Bauernvertreter und im Besonderen die Weinbauernvertreter wiederholt mündlich und schriftlich auf, gegen die Kunstweinerzeugung, worunter wir jede Form der Weinverfälschung und Manipulation verstehen, einzuschreiten. Ebenso beharrlich, ja stur, haben die Weinbauernvertreter nicht gehandelt. Im Gegenteil, Leute, die solche Forderungen erhoben haben, wurden verächtlich gemacht, für dumm erklärt, und mit Klagen bedroht. Auf ganz gemeine Weise wurde ihnen Profilierungssucht unterschoben. Aber der Bauernverband hat leider Recht behalten!

Darum fordern wir im Interesse der Bauern harte personelle Konsequenzen im Bereich des burgenländischen Landesweinbauverbandes und Bundesweinbauverbandes. Ferner die Entpolitisierung der Genossenschaften und Verbände und die Gründung eines Seewinkel-Weinbauernverbandes (Regionalisierung des Weinbaues) sowie die Ausschaltung des politischen Managements und die Einstellung leistungsbezahlter, verkaufsorientierter Manager. Gewählte Interessensvertreter haben die Pflicht, die Interessen der ihnen Anvertrauten zu vertreten. Dieser Pflicht haben sie sich mindestens vier Jahre lang nicht gewachsen gezeigt.

Weiters fordert der burgenländische Weinbauernverband in der Bauerngewerkschaft den Rücktritt des Landwirtschaftsministers wegen bauernschädigendem Verhalten. Die Vorgangsweise des Landwirtschaftsministers, zwei Namen zu nennen, war unüberlegt und hat zu einer Ausweitung der für die Bauern negativen öffentlichen Diskussion geführt. Wir fordern weiters die Aufdeckung der politischen und kriminellen Hintergründe dieses Skandals, in dem die Konsumenten die Betrogenen, die Bauern aber die Geschädigten sind.

Kann der Landwirtschaftsminister mit Sicherheit Unregelmäßigkeiten in seinem Ministerium ausschließen? Können alle Parteien mit Sicherheit den Vorwurf von Parteispenden zurückweisen? Diese Fragen bleiben bis heute unbeantwortet. Der Bauernverband hat schon vor Jahren den Lizenzentzug für Händler gefordert, die sich der Weinmanipulation schuldig machen. Auch diese Forderung wurde von den Weinbauvertretern regelmäßig überhört. Heute, da es zu spät ist und das Image des Weinbaues schon nachhaltig geschädigt ist, wird diese Forderung aufgegriffen. Mit an Radikalität kaum zu überbietender Schärfe der Formulierung versucht Bundesweinbaupräsident Erich Mauß, versäumte Gelegenheiten zu kompensieren. Mauß: „Giftmischern und Alchimisten gehört die Konzession entzogen. Lumperei kann auch von den besten Juristen nicht aus der Welt geschaffen werden!" – Eine zu späte Erkenntnis unseres obersten Weinbauvertreters.

Der Weinbauernverband in der Bauerngewerkschaft wird die heute erkennbaren Bemühungen aus allen Richtungen, die ganze Affäre ohne notwendige Konsequenzen im Sande verlaufen zu lassen bzw. nur einige wenige ausgesuchte Opfer für das Versagen eines ganzen Systems ans Kreuz nageln, durchkreuzen! Wir werden einer bloßen Systemkosmetik nicht zuschauen, sondern für die völlige Aufdeckung aller Unzulänglichkeiten Sorge tragen. Wir wissen, dass die Wurzel allen Übels nicht im Burgenland, sondern in Niederösterreich zu suchen ist. Wir wissen Bescheid über die Ungereimtheiten im Burgenländischen Winzerverband und über skurrile Vorgänge im Großraumtanklager Wolkersdorf. Wir werden die wahren Schuldigen am Weinpanscherskandal jagen und nicht eher Ruhe geben, bis alles, wirklich alles, ans Licht der Öffentlichkeit gekommen ist.

Sollte es im Sinne der Bauern nicht zu einer raschen, positiven Lösung kommen, wird der Weinbauverband in der Bauerngewerkschaft im Juli in einer Pressekonferenz mit neuen Fakten an die Öffentlichkeit treten.

Burgenländischer Weinbauverband in der Bauerngewerkschaft.[212]

Da dieser Text in der Presse entweder gar nicht oder nur stark gekürzt wiedergegeben wurde, behalfen sich die Bauernverbandler auch mit Flugblättern, um die Bevölkerung bzw. die Weinkonsumenten zu informieren.

Josef Schmid aus Waidendorf in Niederösterreich, der auch heute noch für den Bauernverband aktiv ist, zeigte sich im Vorfeld der Beratungen zum Gesetzesentwurf unzufrieden über das, was den Bauern aus dem vorzubereitenden Gesetzestext bereits zu Ohren kam. Angekündigt wurden Kellerkontrollen, die nur für Bauern gelten sollten; eine zweimalige Melde- und Offenlegungspflicht die ebenfalls nur für Bauern gelten sollte; gerichtliche Strafen und Sanktionen, die aber zu wenig bekanntgegeben wurden, sodass niemand wusste, was einen eigentlich für welches Delikt erwarten konnte. Damit sollte das neue Weingesetz dem Vernehmen nach nur auf die Weinhauer ausgerichtet sein, und nicht auf die Händler. Schmid forderte zu Recht mehr Kontrollen der Weinhändler, aber nicht nach festgelegten Zeitabschnitten, sondern wahllos, wobei zumindest zwei oder drei Organe den Betrieb kontrollieren sollten. Weiters forderte Schmid eine Oberaufsicht, „die fallweise kontrolliert, um zu vermeiden, was zur Zeit die Gemüter bewegt"[213].

Im September 1985 wurde das Gesetz zum ersten Mal im Nationalrat beschlossen, die ÖVP blockierte das Gesetz im Bundesrat, in dem die sie die Mehrheit hatte. Es musste abermals vom Nationalrat behandelt werden. In der Zwischenzeit hielt

212 ÖBZ, Nr. 7, 1985, 4.
213 ÖBZ, Nr. 10, 1985, 6.

Flugblatt des Bauernverbandes zum Weinskandal

Geschätzter Weinfreund!

52.790 österreichische Winzer und eine unbekannt große Zahl von Weinliebhabern in aller Welt sind Opfer einer skrupellosen Weinmafia und deren Hintermänner geworden.

Konsumenten und Produzenten tragen die Folgen dieses Skandals — Wer wird die Verantwortung tragen?

Während man die kleinen Weinbauern kontrollierte und schikanierte, ist es den großen offensichtlich gelungen, das Weingesetz zu umgehen und durch die Kontrollen zu schlüpfen.

Der Weinkonsument wurde auf verbrecherische Weise betrogen — schlimmer noch, gesundheitlich in Gefahr gebracht.

Viele Tausende kleine Weinbauern (nur 4 Prozent bewirtschaften mehr als 5 ha) wurden um den Lohn ihrer harten, ehrlichen Arbeit gebracht und stehen fassungslos vor dem Trümmerhaufen, den kriminelle Elemente angerichtet haben.

Trotz allem zählt der österreichische — und hier speziell der burgenländische — Wein zu den besten der Welt. Viele internationale Auszeichnungen (z. B. Weinoskar und mehrere World Champions) bestätigen das. Auch unsere vielen deutschen Gäste wissen um die Qualität des burgenländischen Hauerweines Bescheid und schätzen ihn als „guten Tropfen".

Das soll auch in Zukunft so bleiben!

Um den Ruf des österreichischen Weines, um die Berufsehre der österreichischen Weinbauern wiederherzustellen, fordern wir härteste Maßnahmen gegen die Schuldigen am Weinskandal. **Es muß alles unternommen werden, daß so etwas in Zukunft nie mehr passieren kann!**

Kenner des österreichischen Weines werden sicher kein negatives Pauschalurteil fällen und alle österreichischen Weinhauer mit den Verbrechern in einen Topf werfen.

Konsumenten und Produzenten müssen sich gemeinsam gegen Manipulanten zur Wehr setzen.

Weinbauernverband in der Burgenländischen Bauerngewerkschaft
Michael Gruber, Hauptstraße 6, 7152 Pamhagen, Tel. 0 21 74 / 25 6 34

der Bauernbund eine Demonstration in Wien gegen das neue Weingesetz ab, bei der Schmid mit einigen Bauernverbandlern mitmarschierte und den Bauernbündlern nicht ohne einer gehörigen Portion Sarkasmus den „Bauernbündler" vom 17. Mai 1969 unter die Nase hielt. Damals nämlich war die große Demonstration des Bauernverbandes über die Bühne gegangen, und im Bauernbündler stand damals darüber geschrieben: „Der Sprecher der Bundesregierung, Staatssekretär Pisa, erklärte mit aller Offenheit, dass solche Art von Demonstrationen eigentlich nur aus der Besatzungszeit in Erinnerung sind und die Demonstranten nicht als die demokratischen Vertreter der Mehrheit der Bauernschaft angesehen werden könnten. Bundeskanzler Dr. Klaus war daher auch nicht gewillt, die Sitzung des Ministerrates zu unterbrechen und die Anführer der Demonstranten selbst zu empfangen." So änderten sich die Zeiten.

Am Donnerstag, dem 24. Oktober 1985, war es schließlich soweit, das strengste Weingesetz der Welt wurde beschlossen. Das Signal richtete sich vor allem an die in- und ausländischen Konsumenten, sie sollten das Vertrauen zum österreichischen Wein zurückgewinnen. Die wesentlichsten Neuerungen waren strengste Verbote von Weinpanscherei, illegalen Verschneidungen und die Herstellung von Kunstwein; schärfere Kontrollen der Weinhauerbetriebe sowie drastische Strafen und Sanktionen bei Verstößen gegen das neue Weingesetz.

Das neue Weingesetz wurde von der Bauernschaft schärfstens kritisiert, vor allem vom ÖVP-Bauernbund, denn schließlich wurde das Gesetz von SPÖ und FPÖ beschlossen und nicht von der ÖVP, die ja ihrer Ansicht nach sämtliche agrarische Weisheit für sich gepachtet hat. Aber auch der Bauernverband zog wegen vermeintlicher bürokratischer Schikanen gegen das neue Gesetz zu Felde, der Zorn richtete sich vor allem gegen die neue rot-weiß-rote Banderole, die noch im Jahr 1985 jede Flasche österreichischen Weins tragen musste und zwar zum Zeichen, dass die gekennzeichnete Flasche aus einem staatlich kontrollierten Betrieb kam und daher ohne Bedenken oder Angst vor Frostschutzmittel getrunken werden konnte.

Detail am Rande: Im Weingesetz von 1985 wurde der so genannte „Haustrunk" aus dem Gesetzestext herausgenommen und endgültig verboten. Der Haustrunk war ein fürchterliches Gesöff, wurde von Weinbauern in eher ärmlichen Verhältnissen für sich selbst, also für den Hausgebrauch, wie folgt hergestellt: Die ausgepressten Trauben wurden nicht entsorgt, sondern noch einmal gescheitert. Danach wurden die Trauben in einen Bottich verbracht, der mit Wasser gefüllt wurde. Nach einer gewissen Einweichzeit wurde das Ganze dann nochmals ausgepresst, die Mischung aus Wasser und verdünntem Most wurde dann vergoren. Der Großvater des Autors hat diesen Trunk ebenfalls eine Zeit lang für sich selbst hergestellt und damit ein gutes Stück seiner Gesundheit ruiniert, nur um den kostbaren Wein, der ja für den Verkauf bestimmt war, nicht selbst zu trinken. So war sie eben, die Kriegsgeneration, würde man heute sagen. Vor dem Weingesetz wurde der Haustrunk aber nicht nur für den Hausgebrauch produziert, sondern es wurde der richtige Wein auch mit dem Haustrunk verschnitten, um größere Mengen zu erzielen. Auch das wurde im Weingesetz von 1985 verboten und unter eine drakonische Strafe bis zu ATS 500.000,- gestellt. Unter die gleiche Strafe fiel nunmehr auch das Verschneiden des Weines mit dem so genannten „Gelägerpresswein". Dieser „Wein" wurde aus den Rückständen des Mostes, die nach Abzug des heurigen Weines im Gärbehälter zurückblieben, noch einmal gepresst. Der noch vorhandene Gelägerpresswein durfte nur noch zur Herstellung von Branntwein oder zum Zwecke der industriellen oder gewerblichen Verwertung bzw. zur Herstellung von Weindestillat verwendet werden.

Die Macher des neuen Weingesetzes waren die Nationalratsabgeordneten Sepp Hintermayer (FPÖ) und Josef Pfeiffer (SPÖ), sie hatten das neue Weingesetz von 1985 mit Landwirtschaftsminister Haiden ausgehandelt. Hintermayer, selbst Weinbauer, scheute sich als alter Bauernverbandskämpfer nicht, bei den vielen Demonstrationen des Bauernbundes gegen das Weingesetz zu den Demonstranten zu gehen, um einerseits zuzuhören und andererseits das Gesetz als notwendig für die wirtschaftliche Genesung des österreichischen Weinbaus zu verteidigen. Dabei kam es bei einer Veranstaltung in Langenlois zu einem Eklat, Hintermayer wurde körperlich attackiert. Dies hat erst vor kurzem der ehemalige Nationalrat Erich Schreiner bei der Veranstaltung „20 Jahre Weingesetz" aufgedeckt. Körperliche Gewalt hat es bei den vielen Bauernverbandsdemonstrationen in der Vergangenheit nie gegeben; bei den Weinbauerndemonstrationen des Jahres 1985 hatte der Bauernbund offensichtlich die Demonstranten so aufgehetzt, dass es sogar zu körperlichen Angriffen kam. Auch hat der AÖBV seine Mitglieder, seine Bauern, niemals zu Straftaten motiviert, wie das etwa in Frankreich (José Bové[214]) oder in Polen (Andrzej Lepper[215]) der Fall war.

Der AÖBV war gewiss radikal im Denken und auch radikal im Handeln, der Bauernverband bewegte sich bei seinen Aktionen aber immer im Rahmen der Legalität.

Der Sohn des am 22.2.1992 verstorbenen Sepp Hintermayer erinnert sich: „Ich erinnere mich noch sehr gut wie er [Sepp Hintermayer] verteufelt wurde, als das

---

214 José Bové (geb. 11. Juni 1953 in Talence, Département Gironde) ist einer der bekanntesten und radikalsten Kämpfer für bäuerliche Anliegen und gegen Agrarkonzerne in Europa. Er ist Gründungsmitglied und eine führende Figur der Confédération paysanne, eines französischen Bauernverbandes, der sich in den 80er Jahren als alternativ-linkes Gegenstück zum etablierten Bauernverband FNSEA formiert hat. Bové stammt aus einer Akademikerfamilie und kam über die Protestbewegung der 70er Jahre zur Landwirtschaft. In der Zeit von 1973 bis 1981 war er eine der führenden Persönlichkeiten der Protestbewegung auf dem Causse du Larzac, die sich gegen die Nutzung der landwirtschaftlich geprägten Hochebene in Südwesten Frankreichs als Militärgelände gebildet hatte. Ferner trat er in den neunziger Jahren als Greenpeace-Aktivist in Erscheinung. Große Popularität erlangte José Bové 1999 durch die so genannten „McDonald's-Affäre". Hintergrund dieser Affäre war die Zerstörung eines McDonald's-Restaurants durch protestierende Bauern in Millau. Der Protest richtete sich gegen Strafzölle auf französische Produkte wie Roquefort-Käse, die die USA als ‚Vergeltungsmaßnahme' einführte, als die Europäische Union sich ihrerseits zuvor dem Import von genmanipulierten Nahrungsmitteln aus den USA verweigert hatte. Aus diesem Grund erschienen am 12. August 1999 Bauern vor der McDonald's-Filiale in Millau und zerlegten diese fachgerecht in ihre Einzelteile, ohne dass Menschen zu Schaden kamen. Bové wurde als Anstifter dieser Aktion im Jahr 2000 zu drei Monaten Gefängnis verurteilt. Durch dieses Ereignis stieg die Bekanntheit Bovés stark an. So wurden sein Haftantritt und seine Haftentlassung zum Medienereignis, obwohl er wegen ähnlicher Aktionen bereits mehrfach vorbestraft war. Bové hatte nunmehr die Möglichkeit, seinen Protest gegen die „malbouffe" (frei übersetzt „Scheißfraß"), einem von ihm geprägten Begriff, einer bisher nicht so stark interessierten Öffentlichkeit zu präsentieren. 2005 wurde José Bové zu vier Monaten Gefängnis wegen des Verwüstens von Genmais-Plantagen verurteilt. Das Urteil ist seit Februar 2007 rechtskräftig. Am 1. Februar 2007 kündigte José Bové seine Kandidatur für das Amt des Staatspräsidenten an. Der erste Wahlgang der Präsidentschaftswahl 2007 fand am 22. April statt, Bové erreichte 1,3 % der abgegebenen gültigen Stimmen, das waren immerhin 483.008. Auch sein bekanntestes literarisches Werk „Le Monde n'est pas une marchandise – des paysans contre la malbouffe" („Die Welt ist keine Ware. Bauern gegen Agromultis") wurde zum Bestseller. Aufgrund seiner geschickten Provokationen wurde Bové zum Medienstar der ökologischen und linken Protestbewegung. Bové wird auch wegen seines Aussehens mit dem Comic-Helden Asterix verglichen, der ebenfalls auf originelle Weise den Widerstandsgeist der „unbeugsamen Gallier" verkörpert.

215 Andrzej Zbigniew Lepper (geb. 13. Juni 1954 in Stowięcino) galt neben José Bové als einer der radikalsten Bauernkämpfer in Europa, ging in die Politik und wurde sogar polnischer Landwirtschaftsminister, wenn auch nur für etwas mehr als ein Jahr (5.5.2006 bis 9.7.2007). Andrzej Lepper kam in Stowięcino, einem nordpolnischen Dorf, zur Welt. Er besuchte das landwirtschaftliche Technikum in Sypniewo, welches er erfolgreich abschloss. Lepper ist gelernter Bauer und erwarb 1980 einen Hof in Zielnowo. Während der Einführung der freien Marktwirtschaft in Polen nach Zusammenbruch der Volksrepublik Polen ging sein Hof wie viele andere Bankrott. Gegen diese Entwicklung begann sich Lepper zu wehren. 1992 gründete er die Partei Samoobrona (deutsch: Selbstverteidigung), der er ununterbrochen bis heute vorsteht. In der Anfangszeit seiner Partei organisierte er Demonstrationen und gewaltsame Widerstände, vor allem gegen die Regierung Suchocka und Buzek, welche er für die wachsende soziale Ungerechtigkeit, die sich in seinen Augen insbesondere gegen Bauern richtete, verantwortlich machte.

neue Weingesetz kam, bei den diversen Veranstaltungen (er war in ganz Österreich der einzige Politiker, der sich hinaus zu den aufgebrachten und leider zum Teil verhetzten Winzern begab) musste er zum Teil sogar mit Polizeischutz in Sicherheit gebracht werden; heute zweifelt niemand mehr daran, dass dies der einzig richtige und wichtige Schritt in eine bessere Zukunft des Weinbaus war.[216]

11.9. Eine kurze Regierung und eine überraschende Wahl

Das Jahr 1985 ging unter mehr oder weniger groß angelegten Protestaktionen, vor allem seitens des Bauernbundes, zu Ende. Diese Proteste bewirkten wenig bis gar nichts, außer dass der Bauernbund plötzlich eine neue Radikalität an den Tag legte, wie sie sich auch bei den körperlichen Attacken gegen NR Sepp Hintermayer äußerte. Hintermayer versteckte sich deshalb aber nicht – im Gegenteil – sondern hatte weiter ein offenes Ohr für die Weinbauern, auch bei den Demonstrationen, und auch auf die Gefahr hin, ein paar Rempler zu kassieren. Heute will die ÖVP an die Ablehnung des Weingesetztes im National- und Bundesrat wahrscheinlich gar nicht mehr erinnert werden.

In der Zwischenzeit wurde die so genannte „Waldheim-Affäre" losgetreten. Sinowatz deutete vor dem Wahlkampf um die Bundespräsidentschaft 1986 in einer Sitzung des Vorstandes der burgenländischen SPÖ gemäß der späteren Darstellung von Ottilie Matysek an, man werde die Österreicher rechtzeitig auf die „braune Vergangenheit"

1993 wurde er von der polnischen Generalstaatsanwaltschaft zweimal wegen ungebührlichen Verhaltens gegenüber Staatsorganen angeklagt, wurde jedoch beide Male freigesprochen. Seine Partei Samoobrona trat 1993 erstmals zu den Parlamentswahlen an, wo sie den Einzug ins Parlament verfehlte. Seine Wähler waren hauptsächlich Bauern mit demselben Hintergrund aus seiner Heimatregion. Im Jahr 2000 organisierte er landesweite Straßenblockaden, was ihm große Aufmerksamkeit im ganzen Lande einbrachte. Dadurch stieg auch sein Bekanntheitsgrad überdeutlich an. Somit erhielt er bei der nächsten Parlamentswahl im Jahre 2001 die nötige Stimmenanzahl, um ins polnische Parlament gewählt zu werden, wo die Samoobrona-Fraktion 53 der 460 Sitze stellte, jedoch keiner Regierungskoalition angehörte. In dieser Wahlperiode wurde er auch zum Vizemarschall des Sejm gewählt, wurde jedoch, nachdem er den damaligen Präsidenten Aleksander Kwaśniewski als größten Faulpelz der Nation, den damaligen Außenminister Wlodzimierz Cimoszewicz als bestochene Kanaille und den Ex-Präsidenten Lech Walesa als Hochstapler tituliert hatte, abberufen. Während dieser, für die Abgeordneten der Samoobrona ersten Legislaturperiode fielen die Abgeordneten durch aggressive und lautstarke Proteste auf. Lepper war gegen den EU-Beitritt Polens, brach jedoch eine von ihm initiierte Kampagne für ein „Nein" beim Referendum über den Beitritt aufgrund der weit verbreiteten pro-europäischen Haltung in der polnischen Bevölkerung nach kurzer Zeit ab. Trotzdem vertritt er weiterhin stark EU-kritische Positionen und begründet diese mit existenziellen Risiken für die polnischen Landwirte. Ebenfalls befürchtete er, dass durch den EU-Beitritt die soziale Schere noch weiter auseinander gehen könnte. Er tritt für den Ausbau der Beziehungen mit Russland, Weißrussland und der Ukraine ein, ist Gegner der Globalisierung und kritisiert die engen Beziehungen Polens zu den USA. Mehrfach wurde Lepper u.a. wegen Beleidigung, Körperverletzung, Verleumdung und ungebührlichen Verhaltens (u.a. bei Demonstrationen und Straßenblockaden) angeklagt. Im Mai 2001 wurde er wegen vergleichbarer Vergehen zu einer Freiheitsstrafe von 16 Monaten verurteilt, in dieser Sache ist jedoch ein Berufungsverfahren anhängig, welches erst nach dem Verlust von Leppers Immunität, also nach dem Verlust seines Mandats fortgesetzt werden kann. Nach seiner Entlassung als stellvertretender Ministerpräsident und Landwirtschaftsminister am 9. Juli 2007 wegen vermutlich konstruierter Korruptionsvorwürfe kündigte Lepper vorerst an, seine Abgeordneten aus der Koalition zurückzuziehen und diese somit handlungsunfähig zu machen. Die Samoobrona trat zu den vorgezogenen Parlamentswahlen am 21. Oktober 2007 an, sie scheiterte jedoch an der 5 %-Hürde.

216 Sepp Hintermayer jun. in einem offenen Brief an die Bürger der Großgemeinde Großweikersdorf zur Gedenkmesse anlässlich des 15. Todestages von Sepp Hintermayer.

des ÖVP-Kandidaten Kurt Waldheim aufmerksam machen. Diese Bemerkung gelangte durch eine Indiskretion an das österreichische Nachrichtenmagazin „profil", das deshalb zu recherchieren begann und damit die Waldheim-Debatte eröffnete. Während des gesamten Wahlkampfes stellte sich Sinowatz klar gegen Waldheim. Auf Waldheims Versicherung, er sei nicht Mitglied des SA-Reiterkorps gewesen, sondern nur ab und zu dort „mitgeritten", konterte Sinowatz mit der Bemerkung: „Ich stelle fest, dass Kurt Waldheim nie bei der SA war, sondern nur sein Pferd."

Einen Tag nach Kurt Waldheims Wahlsieg trat Fred Sinowatz als Bundeskanzler zurück (Juni 1986) und empfahl den bisherigen Finanzminister Franz Vranitzky als Nachfolger. Dieser folgte ihm 1988 auch als Parteivorsitzender der SPÖ; damals demissionierte Sinowatz auch als Abgeordneter zum Nationalrat.

Vranitzky nahm die Wahl an, setzte die umgebildete SPÖ-FPÖ-Regierung mit ziemlich kurzer Lebensdauer (16. Juni 1986 bis 25. November 1986) fort, der auch ein neuer Landwirtschaftsminister angehörte, nämlich Josef Schmidt von der SPÖ. Schmidt hatte nicht viel Zeit, als Landwirtschaftsminister groß in Erscheinung zu treten, an seinen doppelten Salto ins Fettnäpfchen erinnern sich aber viele: Auf der Wiener Herbstmesse 1986 eröffnete Schmidt eine Sonderschau zum Thema „Milch und Käse aus Österreich – Qualität und Vielfalt". Als Aushängeschild wurde Niki Lauda engagiert, traditionsgemäß mit seinem roten Kapperl auf dem Kopf. Als man Schmidt dann fragte, ob er eigentlich wüsste, für wen Lauda da Dauerwerbung macht, stand Schmidt etwas dumm da. Denn „parmalat", der Schriftzug mit dem Lauda auf seiner obligatorischen roten Mütze sehr lange Zeit warb, stand und steht für „Parma Latte", also Milch aus Parma – aus Italien – und eben nicht aus Österreich. Peinlich, peinlich …

Der freiheitliche Gerulf Murer blieb Staatssekretär im Landwirtschaftsministerium, aber nicht mehr für lange, denn mittlerweile begann der junge Politrebell Jörg Haider heftigst am Stuhlbein des Vizekanzlers und Parteivorsitzenden der FPÖ, Norbert Steger, zu sägen. Mit Hilfe des deutschnationalen Flügels der Partei gelang es ihm am 13. September 1986 bei einem Parteitag in Innsbruck, Steger als Vorsitzenden der FPÖ abzulösen. Auf diesen Führungswechsel hin kündigte Bundeskanzler Franz Vranitzky die Koalition mit den Freiheitlichen auf. Bei den darauffolgenden Nationalratswahlen konnte die FPÖ vor allem dank der Zugkraft Jörg Haiders ihr Ergebnis verdoppeln.

Die Nationalratswahl am 23. November 1986 war die 17. Nationalratswahl in der Geschichte Österreichs. Stärkste Partei wurde die SPÖ von Bundeskanzler Franz Vranitzky mit 43 % der Stimmen und 80 Mandaten (-10), die Stimmen und Mandate verlor. Auch die ÖVP von Alois Mock, die den zweiten Platz belegte, verlor Stimmen und Mandate (77, -4). Die FPÖ, die erstmals mit Jörg Haider als Spitzenkandidaten antrat, belegte den dritten Platz mit 18 Mandaten (+6). Nachdem bei der Nationalratswahl 1983 weder den Vereinten Grünen Österreichs noch der Alternative Liste Österreichs der Sprung über die Vier-Prozent-Hürde gelungen war, schaffte 1986 die Grüne Alternative mit Spitzenkandidatin Freda Meissner-Blau erstmals den Einzug in den Nationalrat (8 Mandate). Wahlberechtigt waren 5.461.414 Menschen. Die Wahlbeteiligung betrug 88,85 Prozent (1983: 91,29).

Nach der Wahl einigten sich SPÖ und ÖVP auf die Bildung einer großen Koalition, die FPÖ musste in die Opposition. Franz Vranitzky blieb Bundeskanzler, Alois Mock wurde Vizekanzler und Außenminister, der neue Landwirtschaftsminister hieß Josef Riegler, der das Amt aber auch nur für wenig mehr als zwei Jahre innehatte, bevor dann die Ära Fischler begann.

11.10. Proteste gegen das Weingesetz dauern an

Nun hatte das Land nach 16 Jahren wieder einen schwarzen Landwirtschaftsminister, damit hörten die Demonstrationen des Bauernbundes – wie zu erwarten war – schlagartig auf.

Josef Riegler, geboren am 1. November 1938 in Judenburg, wurde 1987 nicht nur Landwirtschaftsminister, sondern war von 1989 bis 1991 auch Bundesparteiobmann der ÖVP. Mit der Umbildung der Regierung vom 24. April 1989 wurde er auch Vizekanzler (das Amt hatte er dann bis zum 2. Juli 1991 inne) und Bundesminister für Föderalismus und Verwaltungsreform (bis 22. Oktober 1991).

Josef Riegler, Bundesminister für Land- und Forstwirtschaft 1987–1989 (Foto mit freundlicher Genehmigung des Ökosozialen Forums Österreich).

Er prägte den Begriff der „Ökosozialen Marktwirtschaft", in der er den Umweltschutz in die soziale Marktwirtschaft mit einbezog. Diese Konzeption verfolgt er in der „Global Marshall Plan Initiative", deren österreichischer Koordinator er ist, weiter. Josef Riegler ist Ehrenpräsident des Ökosozialen Forums und im Beirat Förderverein Ökologische Steuerreform.[217]

Doch zurück zum Weinskandal und Weingesetz: In der Zwischenzeit gab es die ersten Gerichtsurteile über die beiden größten Weinpanscher, sie lauteten sieben und acht Jahre Gefängnis. Der Bauernverband wurde nicht müde, gegen die bürokratischen Auswüchse im Weingesetz zu protestieren, zumal der Bauernbund ja nun wieder seinen schwarzen Landwirtschaftsminister hatte und brav kuschend in die Ecke zurück kroch. Den Bauernverbandlern waren vor allem der neue Weintransportschein und die Banderole ein Dorn im Auge. Diese rot-weiß-rote Schleife, die mit einem hohen bürokratischen Aufwand verbunden war, verstieß nach Meinung des AÖBV gegen den Gleichheitsgrundsatz des Bundesverfassungsgesetzes. Denn Bier, Schnaps und

217 Vgl. http://de.wikipedia.org/wiki/Josef_Riegler [23.11.2007].

alkoholfreie Getränke wurden bei weitem nicht so streng kontrolliert wie der Wein, unter den Weinbauern sprach man sogar von der totalen staatlichen Überwachung.

So organisierte der Bauernverband mehrere Protestveranstaltungen gegen das neue Weingesetz, die jedoch größtenteils wirkungslos verhallten. Heute ist man um einiges gescheiter: Das Weingesetz von 1985 brachte ein völliges Umdenken und ein neues Qualitätsbewusstsein. Die österreichischen Weine stehen heute international an der Spitze – und zwar unumstritten. Doch eines wusste der Bauernverband: Fast die Hälfte der Weinbauern von 1985 musste sterben, um dahin zu gelangen, wo wir heute in der Weinwirtschaft sind. Und genau das wollte der Bauernverband verhindern, das war der Zweck der Proteste – also doch aus heutiger Sicht verständlich, wenn auch das Weingesetz von 1985 heute als richtungsweisend anerkannt wird und Österreich deswegen in Europa beneidet wird. Allerdings gibt es heute unter dem Druck der USA Entwicklungen in der Weinwirtschaft, die Besorgnis erregend sind. Deshalb wurde auf einer Parlamentsveranstaltung 2005 festgestellt, dass ein „neuer Hintermayer" gebraucht würde, um die EU zu einem qualitätsbewussten Verhalten zu zwingen.

Da das Weingesetz 1985 seit seiner Beschlussfassung bereits einige Male geändert wurde und durch den Entfall von alten und das Hinzufügen von neuen Paragraphen die äußere Form des Gesetzes sehr unübersichtlich und für den Weinbauern nur schwer lesbar geworden ist, wurde im Jahr 1999 eine Wiederverlautbarung des Weingesetzes vorgenommen. Mit dem neuen Weingesetz 1999 wurde dem langjährigen Wunsch insbesondere der Weinwirtschaft nach einem lesbaren Weingesetz „aus einem Guss" nachgekommen. Das letzte Mal wurde das Weingesetz 2005 novelliert. Die Banderole gibt es übrigens noch immer – allerdings nur noch für Qualitätswein – doch auf Grund der heutigen technischen Möglichkeiten kann sie in das Etikett, den Schraubverschluss oder die Kapsel integriert oder einfach nur in Form eines kreisrunden Aufklebers auf den Korken geklebt werden. Auch 22 Jahre nach dem Weinskandal gilt also: Vertrauen ist gut, Kontrolle ist besser.

Ende des Jahres 2007 gingen die österreichischen Weinbauern noch einmal an einer weiteren EU-Groteske vorbei, die zu einer Katastrophe für die österreichische Wein- und Rübenwirtschaft hätte ausarten können. Im Zuge einer Generalreform der EU-Weinmarktordnung meinten einige besondere Brüsseler Schlauberger, dass man es den Österreichern verbieten sollte, den Traubenmost aufzuzuckern. Vielmehr sollten die österreichischen Weinbauern ihren Wein bzw. Traubenmost mit Überschüssen aus den südlichen Ländern Europas verschneiden. Zum Glück konnte dieser Hauptkritikpunkt aus Sicht der Österreicher aus dem Vertrag über die EU-Weinmarktordnung herausreklamiert werden.

Im Vorfeld dieses Kompromisses hatten sich die Verhandlungen zu einem Gefecht zwischen den südlichen und den nördlichen Weinländern entwickelt. Es ging um die Frage, wie man die Überproduktion in Griff bekommen soll. Experten rechnen nämlich damit, dass sich der Weinsee in der EU bis 2010 auf 27 Mio. Hektoliter aufstauen wird, was das Zehnfache einer österreichischen Durchschnittsernte ausmacht. Ein Großteil des Überschusses wird derzeit destilliert, die EU brennt jährlich um 500 Mio. Euro Alkohol aus dem überschüssigen Wein.

Grund für den Weinüberschuss ist der Weinkonsum, der sich in den letzten zwanzig Jahren in Europa um elf Prozent reduziert hat. Gleichzeitig werden Weine aus Übersee immer populärer. Zwar steigen auch die Weinexporte der EU, jedoch nicht in dem Ausmaß, in dem Weine aus Kalifornien, Australien, Chile oder Südafrika importiert werden. Die Südeuropäer, allen voran Portugal, verlangten, dass Traubenmost künftig nicht mehr mit Zucker versetzt werden darf – eine Forderung, die in Österreich und Deutschland auf massiven Widerstand stieß. Hierzulande hat es Tradition, Traubenmost vor der Vergärung aufzuzuckern, um so den Alkoholgehalt des Weines zu steigern, wobei genau geregelt ist, wie viel Zucker beigemengt werden darf. Top-Weine kommen allerdings ohne Zucker aus. Immer öfter greifen Winzer nicht zum Zucker, sondern zur Mostkonzentration. Dem Traubensaft wird Wasser entzogen, damit steigt der Zuckergehalt. Vor allem bei Rotwein sorgt die Mostkonzentration für mehr Dichte und Aroma.

In Südeuropa wird überschüssiger Most zu Dicksaft verarbeitet und zum Süßen des Mosts verwendet. Wäre das Aufzuckern verboten worden, hätten die Südeuropäer ihren aus Überschüssen verarbeiteten Dicksaft auch in Österreich und Deutschland lukrativ abgesetzt. Die Nordeuropäer hätten also den Weinsee, der vor allem im Süden produziert wird, auslöffeln müssen. Dieser Kelch ist nun an Österreich vorübergegangen.

Auch ein weiterer strittiger Punkt wurde entschärft: Statt wie geplant 400.000 Hektar sollen nur noch 175.000 Hektar Rebfläche europaweit gerodet werden. Österreichs Weinbauern sollen auch mehr Fördergelder bekommen, so sollen z.B. für Marketing künftig 13 statt sieben Mio. Euro ausgegeben werden können.

Die Agrarminister zeigten sich mit dem Kompromiss zufrieden, nur die eigentliche Frage wurde nicht beantwortet, nämlich wie der Weinsee trockengelegt werden soll. Fest steht nur: Die EU wird weniger Geld dafür ausgeben, aus überschüssigem Wein Industriealkohol zu machen.[218]

Es gibt zu dieser Angelegenheit aber auch noch andere Meinungen. Viele Weinbauern stehen der Möglichkeit, den Wein mittels Dicksaft aufzubessern, positiv gegenüber, da es für den Wein an sich keinesfalls ein Nachteil sei und damit auch der Weinsee tatsächlich abgebaut werden könnte. Jedenfalls wäre man nicht mehr von den Zuckerspekulationen des einzigen verbliebenen österreichischen Zuckerherstellers Agrana abhängig. Und das wäre allemal eine positive Perspektive.

Der Bauernverband ist jedenfalls froh, dass diese Dicksaftzwangsimporte abgewendet werden konnten, steht aber einer Aufbesserung mittels Dicksaft nicht grundsätzlich ablehnend gegenüber, wenn aber, dann mit Mostkonzentrationen aus Österreich

218 Vgl. Die Presse, Print-Ausgabe, 20.12.2007.

und nicht aus Südeuropa. Wenn schon, dann sollte der Weinsee hierzulande durch diese Maßnahmen abgebaut werden, und nicht in Italien, Spanien oder Portugal. Die Zukunft wird zeigen, welche Variante sich durchsetzen wird.

Der Vollständigkeit halber soll an dieser Stelle noch auf das nächste Bedrohungsszenario für die österreichische Weinbauernschaft hingewiesen werden: In den USA ist Weinherstellung mit einem möglichst hohen technischen Aufwand nicht nur erlaubt, sondern sogar erwünscht. Das Motto lautet dort nicht „Hin zur Natur" – sondern genau das Gegenteil, dabei werden sogar synthetische Weine hergestellt. Gegenwärtig drängen die USA im Rahmend der Welthandelsorganisation WTO, und damit auch auf die EU, die Märkte der Welt für diesen künstlich hergestellten Wein zu öffnen. Damit wäre dieser Weinproduktion auch in Europa Tür und Tor geöffnet, und es würde damit die so genannte „Vercoca-Colasierung" des Weins drohen.

11.11. Die Katastrophe von Tschernobyl

Da sich dieses Buch nicht nur der Geschichte des Allgemeinen Österreichischen Bauernverbandes (heute: Österreichischer Unabhängiger Bauernverband) sondern der Agrargeschichte der Zweiten Republik insgesamt widmet, darf an dieser Stelle die Katastrophe von Tschernobyl nicht ausgespart werden, zumal sie ja die Bauern unmittelbar betraf. Denn es war nicht nur so, dass der Bauer keinen vernünftigen Preis für seine Produkte erhielt, durch Tschernobyl knickte auch noch der Markt empfindlich ein, da der Konsument bei landwirtschaftlichen Produkten nach der Katastrophe extrem sensibel reagierte.

Am 26. April 1986 gab es im ukrainischen Atomkraftwerk Tschernobyl eine gewaltige Explosion. Die aufsteigende radioaktive Wolke verseuchte weiträumig die Region und zog in abgeschwächter Form auch über Nord- und Westeuropa hinweg. Die Katastrophe geschah durch menschliches Versagen.

Am 25. April 1986 sollte im Block 4 des ukrainischen Atomkraftwerks Tschernobyl ein Experiment stattfinden. Man wollte überprüfen, ob die Turbinen bei einem kompletten Stromausfall im Kraftwerk noch genügend Strom liefern könnten, um die Notkühlung des Reaktors bis zum Anlaufen der Notstromdieselgeneratoren zu gewährleisten. Für den Test wurde die Leistung heruntergefahren. Noch während des Herunterfahrens kam vom Lastverteiler Kiew die Anordnung, das Experiment zu verschieben, da der Strom benötigt würde. So wurde der Reaktor etwa neun Stunden lang im Teillastbereich gefahren. Der Reaktortyp in Tschernobyl durfte unter 20 Prozent der Leistung nicht betrieben werden. Wie kritisch die Situation im unteren Leistungsbereich aber tatsächlich sein würde, ging aus der damals existierenden Dokumentation nicht hervor und war der Bedienungsmannschaft nicht bekannt.

Bei der Fortsetzung des Experiments wurde um 23:50 Uhr schließlich der vorgesehene Leistungsbereich unterschritten. Um die Nennleistung wieder anzuheben, entfernten die Operatoren Bremsstäbe, mit denen die atomare Kettenreaktion kontrolliert werden konnte. Dabei unterschritten sie die zulässige Minimalgrenze von 28 Stäben.

Damit war der Reaktor noch schwerer zu beherrschen und in einem gefährlichen Zustand. Dennoch befahl der stellvertretende Chefingenieur des Kraftwerks, Anatolij Djatlow, mit dem Experiment zu beginnen. Die Operatoren mussten die Kühlwasserpumpen hinzuschalten, um die Trägheit der auslaufenden Turbine optimal zu nutzen, sodass der mit wenig Leistung arbeitende Reaktor das ihn umfließende Wasser nicht mehr verdampfen konnte. Das Wasser begann zu kochen und erste hydraulische Schläge waren zu hören. Akimow, der Schichtleiter, und sein Mitarbeiter Toptunow wollten den Test abbrechen, doch Djatlow trieb sie weiter an. Dabei sprach er die inzwischen historischen Worte: „Noch ein, zwei Minuten und alles ist vorbei! Etwas beweglicher, meine Herren!" Es war 1:22:30 Uhr.

Als die Bedienungsmannschaft den Dampfzufluss zur Turbine unterbrach, erhitzte sich das Kühlwasser erneut. Der Reaktortyp von Tschernobyl (RBMK 1000) hat aber die Eigenschaft, dass sich bei Dampfblasen die Reaktivität erhöht (Positive void coefficent), und war daher nun in einem äußerst kritischen Zustand.

Die Bedienungsmannschaft hatte davon keine Kenntnis. Als Schichtleiter Akimow den sprunghaften Leistungsanstieg im Reaktor bemerkte, löste er um 1:23:40 Uhr manuell die Notabschaltung aus. Sofort wurden alle Brennstäbe, die sich nicht in der aktiven Zone befanden, eingefahren – über 200 Stück. Doch genau an diesem Punkt entblößte der RBMK-Reaktor weitere Konstruktionsfehler. Die Einfahrgeschwindigkeit der Brennstäbe stellte sich als viel zu gering heraus. Die Graphitköpfe, die sich an der unteren Spitze der Bremsstäbe befinden, beschleunigten die Kettenreaktion zunächst noch. Daher erhöhte sich die Leistung innerhalb kürzester Zeit auf den unvorstellbaren Wert von über 300.000 Megawatt (100-fache Nennleistung durch prompte kritische Kettenreaktion).

Das war der Todesstoß für den außer Kontrolle geratenen Reaktor. Um 1:23:58 Uhr zerriss eine mächtige Explosion den Reaktor und alles, was ihn umgab. Ein großer Teil des radioaktiven Inhalts wurde nach außen geschleudert. Der Reaktor brannte zehn Tage lang. Jeden Tag wurden große Mengen radioaktiver Substanzen in die Luft geschleudert. Nur der heldenhafte Einsatz der Feuerwehrleute verhinderte eine noch größere Katastrophe.

In den folgenden Monaten kamen so genannte Liquidatoren nach Tschernobyl, Soldaten, Studenten und Freiwillige. Sie führten die Dekontaminierungsarbeiten durch, versuchten weitere Gefahrenquellen einzudämmen und bauten schließlich den Sarkophag, der heute den explodierten Block 4 umschließt. Die Zahlenangaben zu den dabei eingesetzten Personen schwanken zwischen 600.000 und 1,2 Millionen Menschen. Ebenso schwierig ist es, eine (vorläufige) Opferbilanz zu ziehen, da nur sehr wenige Liquidatoren der akuten Strahlenkrankheit erlagen. Die meisten Todesfälle sind auf die Spätfolgen der Verstrahlung zurückzuführen. Dazu gehören Krebserkrankungen, Immunschwäche-Krankheiten (so genanntes Tschernobyl-Aids), Herz-Kreislauf-Erkrankungen und Depressionen (Selbstmord). Je nach Standpunkt der Betrachter schwanken die Zahlen über alle Tschernobyl-Opfer heute zwischen 10.000 und über 250.000.

In Europa, vor allem in den am meisten betroffenen Gebieten in Weißrussland und der Ukraine, sterben noch heute Unbeteiligte an den Folgeschäden von Tschernobyl. Vor allem die Krebs- und Kindersterblichkeitsraten steigen in den stark verstrahlten Gebieten explosionsartig an. Der medizinische Zustand der Kinder, die heute auf den verstrahlten Böden aufwachsen, ist erschreckend. Zudem werden die Folgen sich nicht auf die heutige Generation beschränken. Tschernobyl ist eine Katastrophe, die niemals endet.[219]

Der hochradioaktive Block IV des Kernkraftwerkes Tschernobyl nach der Explosion

Die Mengen an hochradioaktivem Material, die damals aus dem ukrainischen AKW entwichen, überragten an Strahlung jene der Bomben von Hiroshima und Nagasaki um ein Vielfaches. In vielen Regionen Westeuropas ging verseuchter Regen nieder, der die Umwelt kontaminierte.

In Österreich musste der Verkauf von Freilandgemüse für Wochen eingestellt werden. Innerhalb kürzester Zeit tauchten Jod-131, das sich auch in den Schilddrüsen ablagert, und Cäsium 137 (Halbwertszeit ca. 30 Jahre) in der Milch auf. Österreich reagierte rasch, sodass es zu keinen gravierenden Problemen bei der Lebensmittelversorgung kam. Dennoch beklagten die Bauern die mangelnde Aufklärung seitens der Bundesregierung. Der Bauernverband forderte sofort Maßnahmen, die Bauern für die entstandenen Verluste aus dem Katastrophenfonds zu entschädigen, was auch geschah. Doch war der Katastrophenfonds bei weitem noch nicht das, was er heute nach der Katastrophe von Galtür und den Hochwassern von 2002 mittlerweile ist, und so erfolgten Abdeckungszahlungen spät und unzureichend.

11.12. Bauerndemonstration auf der Wieselburger Messe am 2. Juli 1987

„Es kann nicht mehr so weitergehen,
die Preise sind unterm Hund, wie sollst davon leben?“[220]

Anlässlich des Bäuerinnentages bei der Wieselburger Messe am 2. Juli 1987 stattete Landwirtschaftsminister Riegler der Veranstaltung einen Besuch ab. Karl Achleitner nutzte diesen Ministerbesuch, um eine Demonstration zu organisieren, mit der vor

219 Vgl. http://www.greenpeace.at/tschernobyl.html [22.11.2007].

220 Der Bauernverbandler Karl Achleitner auf der Wieselburger Messe zu Landwirtschaftsminister Riegler, zit. ÖBZ, Nr. 7, 1987.

allem auf die schwierigen Absatzbedingungen für Lebendrinder in dieser Region hingewiesen werden sollte. Viele dem Leser bereits vertraute Bauernkämpfer versammelten sich, darunter Obmann Riautschnig, Robert Wenitsch, Anton Kornfell, Burkhard List und der niederösterreichische Landesobmann Wilfried Scherner. Um 10:00 Uhr traf Minister Riegler ein, Achleitner begrüßte über Lautsprecher die Anwesenden und den Minister und wies auf die schwierige Lage der Bauern in der Wieselburger Region hin.

Bauerverbands-Demonstration auf der Wieselburger Messe, 2. Juli 1987. Links oben Bauernverbands-Bundesobmann Adolf Riautschnig im Gespräch mit Landwirtschaftsminister Josef Riegler.

Da man nicht alle Tage den Landwirtschaftsminister zu Gesicht bekam, wurde dieser sofort von einem jungen Bauern konfrontiert. „150 Stiere stehen daheim im Stall zum Verkauf bereit und keinen bringst an. I glaub, des warn die letzten, i stell um auf Pferdezucht!“ – worauf der Minister keine wirkliche Antwort wusste. Riautschnig in seiner Ansprache: „Wir haben nicht vor, gegen sie zu demonstrieren, sondern wir wollen Sie, Herr Minister, mit dieser Aktion unterstützen, die Forderungen der Bauern durchzubringen.“ Riegler dazu: „Ich bin mir der schwierigen Lage bewusst und ich verspreche mein Möglichstes zu tun für die Bauern. Wir sind in einer schwierigen Lage und ich appelliere, dass wir nur gemeinsam die Probleme bewältigen können.“

Wilfried Scherner überreichte eine Protestresolution, und im Anschluss daran wurde von der Messeleitung ein Raum zur Verfügung gestellt, um eine Diskussion abhalten zu können. Die Aktion wurde positiv aufgenommen, obwohl diese von der Bezirkshauptmannschaft untersagt worden war.

Bei dieser Diskussion fragte Robert Wenitsch den Minister: „Die Arbeitslosen und die Bauern sollen den Staat retten, welches persönliche Opfer tragen Sie Herr Minister dazu bei, um die Staatsschulden zu senken?“ Riegler, eben auch Profipolitiker, wich einer Antwort geschickt aus, in dem er meinte, dass eben alle sparen müssten, der Gürtel sei eben enger zu schnallen. In die Diskussion mengten sich auch Bauernbündler, einer davon bemerkte süffisant über Wenitsch: „200 Hektar im

Marchfeld, einen Traktorführer sich leisten können und dann demonstrieren." Nach kurzer Zeit stellte sich heraus, dass dieser Bauer einen hervorragend dotierten Posten hatte, hoher Parteifunktionär war und an Hektar auch nicht gerade wenige besaß.

In die Diskussion platzte plötzlich der niederösterreichische Landwirtschaftskammeramtsdirektor Schneider und erinnerte den Minister daran, dass ja die Bäuerinnen auf ihn warteten, dieser leistete der Aufforderung Folge und verließ die Diskussion, dafür durfte Schneider nun seinen Platz einnehmen und sich den unangenehmen Fragen vor allem von Robert Wenitsch und Hubert Mayer stellen. Um eine erst kürzlich erfolgte Kammerumlagenerhöhung ging es da, und Wenitsch wollte von Schneider den maßgeblichen Richtbetrieb für die Einheitswertfeststellung erfahren. Doch dieser kannte den Betrieb entweder wirklich nicht, oder wollte ihn einfach nicht verraten. „Wenn die Landwirtschaftskammer mit ihrem Budget nicht durchkommt, dann sollen sich doch die Angestellten der Landwirtschaftskammer einen Nebenerwerb suchen", sagte Mayer. „In Südtirol gehen auch die Lehrer einem Nebenerwerb nach! Wenn ihr von der Kammer uns ständig den Nebenerwerb predigt, sucht euch doch selber einen, bevor ihr einfach die Kammerumlage erhöht!" Die Landwirtschaftskammer konnte die Beiträge jedoch erhöhen, wie sie wollte, da in Österreich nun einmal der Kammerzwang herrscht. In Wieselburg gab sich der Herr Kammeramtsdirektor jedoch extrem wortkarg, wenig auskunftsfreudig und verwünschte die Bauernverbandler insgeheim ins Pfefferland. Die Diskussion wurde schließlich geschlossen, doch mehr als warme Händedrücke und viele Versprechungen erhielt man vom Minister und weiteren verantwortlichen Trägern der Agrarpolitik in Wieselburg nicht. Doch konnte wenigstens der alte Bauernverbandler und Kampfredner Robert Wenitsch, der ja nicht mehr für den Bauernverband aktiv tätig war, für die Veranstaltung gewonnen werden, und er brachte nach altbewährtem Muster Minister und Verantwortliche ins Schwitzen. Viele Bauern auf der Wieselburger Messe waren dabei und wurden Bauernverbandsmitglieder. So gesehen war der Tag kein verlorener, sondern ein gewonnener Tag.

11.13. Ein neuer Minister – Franz Fischler

Josef Riegler bekleidete das Amt des Landwirtschaftsministers nur bis zum 24. April 1989, dann folgte eine Regierungsumbildung, Riegler wurde Vizekanzler und Franz Fischler folgte ihm als Landwirtschaftsminister nach.

Franz Fischler wurde am 23. September 1946 in Absam, Tirol, geboren und studierte an der Wiener Universität für Bodenkultur Landwirtschaft. Nach Abschluss des Studiums 1978 war er als Universitätsassistent tätig, bis er 1979 Mitarbeiter in der Landwirtschaftskammer für Tirol wurde. Diese leitete er von 1985 bis 1989. Das ÖVP-Mitglied Fischler war von 1989 bis 1994 österreichischer Bundesminister für Land- und Forstwirtschaft, ab 1990 auch Mitglied des Nationalrats. 1995, nach Österreichs Beitritt zur Europäischen Union, wechselte er als europäischer Kommissar nach Brüssel. Dort war er bis 2004 zuständig für die Ressorts Landwirtschaft und Entwicklung des ländlichen Raumes. Es wird Franz Fischler von vielen Seiten zugestanden, dass die auf dem Berliner Gipfel im März 1999 verabschiedete Agenda 2000 deutlich seine Handschrift trägt.

Im Anschluss an die österreichischen Nationalratswahlen 2006 warf er der ÖVP soziale Kälte, ausschließliche Orientierung am ländlichen Raum, ungenügende Berücksichtigung des weiblichen Bevölkerungsanteils sowie mangelnde innovatorische Perspektiven für den Bildungsbereich vor und trat für eine Totalreform der Partei ein.[221] Der Vater von vier Kindern gründete nach Ablauf seiner zwei Amtsperioden als EU-Agrarkommissar im heimatlichen Absam die Firma Franz Fischler Consult GmbH und verfasste zwei Bücher, eines über Europa („Der Staat, den keiner will" und eines über seine „Erinnerungen".

Franz Fischler, Landwirtschaftsminister 1989–1994 und EU-Agrarkommissar bis 2004

Nach dem unerwarteten Wahlsieg der SPÖ und dem damit verbundenen Ende der schwarz-blauen bzw. -orangen Koalition wurde Fischler 2006 als Nachfolgekandidat Schlüssels für den ÖVP-Chefsessel gehandelt. Er sollte die ÖVP als Juniorpartner in eine neue große Koalition führen, zumal er nie Freund von schwarz-blau war. Genau das aber zog ihm den Unmut von ÖVP-Granden zu. Fischler nahm sich dann selbst aus dem Spiel. Heute berät Fischler lieber Regierungen, führende Unternehmen und unterrichtet an Universitäten.

Doch zurück ins Jahr 1989: Kaum war Fischler im Amt, musste er sich bereits mit einem völlig unerwarteten und sensationellen Urteil des Obersten Gerichtshofes herumschlagen und einer daraus resultierenden Großdemonstration stellen, dazu mehr in den nächsten Kapiteln.

11.14. Ein sensationelles Urteil des Obersten Gerichtshofes (OGH)

1989 erließ der Oberste Gerichtshof (OGH) der Republik Österreich ein sensationelles Urteil. Zur Vorgeschichte: 1982 wurde wieder einmal ein weit unter den Gestehungskosten festgesetzter Milchpreis verkündet, deshalb rief der Bauernverband den Verfassungsgerichtshof an und dieser stellte fest, dass die Milchpreisverordnungen des damaligen Handelsministers, Norbert Steger, gesetzeswidrig waren und aufgehoben werden mussten. Über diese Feststellung wurde zunächst einmal der Mantel

221 Vgl. http://de.wikipedia.org/wiki/Franz_Fischler [23.11.2007].

des Schweigens gebreitet. Doch fand sich in Kärnten ein mutiger Milchbergbauer namens Blasius Sabitzer, der mit Unterstützung des Bauernverbandes beim Landesgericht Wien eine Schadensersatzklage nach dem Amtshaftungsgesetz einbrachte.

Diese Klage wurde vom Landesgericht Wien und vom Oberlandesgericht Wien mit der Begründung abgewiesen, dass die Preisbehörde aus volkswirtschaftlichen Gründen richtig gehandelt hatte. Man müsse nämlich, so wurde argumentiert, zur Kenntnis nehmen, dass dem zuständigen Bundesminister mit dem Begriff „volkswirtschaftlich gerechtfertigter Preis" ein Ermessensspielraum eingeräumt werde. Außerdem sei nebst anderem auch die Überschussproduktion bei der Preisfestsetzung in Betracht zu ziehen. Alle Argumente des Klägers Sabitzer, so auch die Erzeugungskostenberechnungen des Bauernverbandes – kalkuliert von Norbert Kanz nach den Vorgaben des Landwirtschaftsgesetzes, wurden von den Gerichten überhaupt nicht erst geprüft, sondern der Argumentation des Handelsministeriums folgend, als „mit den Interessen der Konsumenten unvereinbar", abgelehnt.

Dagegen beantragte Sabitzer beim Obersten Gerichtshof die Revision, welche dem Kläger Recht gab und das Erstgericht anwies, die Klage Sabitzers erneut zu verhandeln und die Argumente des Klägers zu prüfen. Die 25-seitige Begründung des Höchstgerichtes enthielt, da es sich um eine völlig neue Materie handelte, auch umfassende Anweisungen, wie die Argumente des Klägers zu beurteilen seien. Eine der herausragendsten Feststellungen des OGH, bestehend aus einem Senat von fünf Richtern, war folgende:

> Ein amtlich festgesetzter Preis für agrarische Erzeugnisse muss, wie in der übrigen Wirtschaft, die Erzeugungskosten voll decken und er muss auch einen angemessenen Unternehmergewinn beinhalten. Unter Berücksichtigung des Ermessensspielraumes, den der Bundesminister bei der Festsetzung eines „volkswirtschaftlich gerechten Preises" hat, bilden die errechneten Erzeugungskosten plus ein gesamtwirtschaftlich vertretbarer Gewinn die unterste Preisgrenze.

– und es kam noch besser:

> Der Kläger und die mit ihm vergleichbaren Bauern dürfen auch nicht auf Gewinne in anderen Produktionszweigen verwiesen werden, da der Ackerbau im Alpenland nur in beschränktem Ausmaß möglich ist und die Milchwirtschaft eines der wesentlichen Elemente der in diesen Gebieten vorzugsweise betriebenen Rinderzucht ist. Die Außerachtlassung angemessenen Gewinns aus einzelnen Produktionszweigen bei Festsetzung eines volkswirtschaftlich gerechtfertigten Preises für diese kann überhaupt nicht Sinn des Gesetzes sein, stünde mit der Verpflichtung der Erhaltung gesunder landwirtschaftlicher Betriebe in einem funktionsfähigen Raum in Gegenden, die überwiegend nur die Viehzucht und die Milchwirtschaft ermöglichen, in

Widerspruch und läge auch nicht im volkswirtschaftlichen Interesse. Die hohen Milchpreise in Österreich sind gerade eine Folge der besonderen Struktur seiner Landwirtschaft, die aber – gerade auch im Hinblick auf die ökologische Bedeutung der Landwirtschaft in solchen Gebieten und außerdem auch auf ihre Funktion für den Fremdenverkehr – zu beachten ist.

Dieses Urteil las sich fast wie eine Kampfschrift des Bauernverbandes, die Kernaussage aber war, dass die Bauern wie alle Wirtschaftstreibenden Anspruch auf Erzeugerpreise haben, die die Erzeugungskosten voll decken und einen angemessenen Unternehmergewinn ermöglichen. Eine späte Anerkennung einer Rechtsposition, die der AÖBV seit Jahrzehnten vertreten hatte. Österreichs Landwirtschaft hätte sich im 20. Jahrhundert anders entwickelt, wäre dieses Urteil bereits 1965 ergangen.

Das Landesgericht Wien hatte nun zu prüfen, wie hoch der Schaden war, den der Kläger, Blasius Sabitzer, erlitten hatte. Das bedeutete, dass das Landesgericht zuerst die Erzeugerkostenberechnung des Bauernverbandes „einer technisch-betriebswirtschaftlichen Begutachtung“ unterziehen, und damit feststellen musste, wie hoch die Erzeugungskosten „in rationell geführten Betrieben in den maßgeblichen Produktionsgebieten“ in all den Jahren seit 1983 waren, und durch Vergleich mit dem durch die

Seite 30 REPORTAGE Seite 31

Ein Beschluß des Obersten Gerichtshofes gibt dem „Bauernaufstand“ neuen Auftrieb

Die Milch könnte billiger sein

VON GÜNTHER NENNING

Wo Kärnten am kärntnerischesten ist, fern vom großen Fremdenverkehr und vom raschen Geld, lebt die Bauernfamilie Sabitzer in Winklern Nr. 3 bei Straßburg im Gurktal. Der junge Bauer, Blasius Sabitzer, ist ein Held – fast wie einst der Stefan Fadinger im großen Bauernaufstand. Er hat den Kampf aufgenommen mit dem fettesten Drachen in Österreich, mit der Agrarbürokratie – und hat soeben einen großen ersten Erfolg eingeheimst.

Im fernen Wien saßen sie beisammen, die Hofräte Schragel, Schubert, Hofmann, Schlosser, Graf in den feierlichen Talaren des Obersten Gerichtshofes – und sie entschieden unter Ziffer 1 Ob 1/89 – 14R 133/88 – 11 – 54 a Cg 1063/87 – 7:

„Der Revision wird Folge gegeben.“ Zu Unrecht haben zwei österreichische Gerichte den Bauern abblitzen lassen mit seiner Klage, die Republik Österreich müsse ihm 194.367 Schilling bezahlen. – Diesen Betrag habe er eingebüßt, weil die Agrarbürokratie den Erzeugerpreis für Milch so unsittlich niedrig festsetzte, daß Sabitzer in zweijähriger Arbeit nicht nur nichts verdiente, sondern exakt diese Summe draufzahlte.

Nach dieser saftigen Watsche der Höchstrichter für das Oberlandesgericht Wien und das Landesgericht für Zivilrechtssache Wien muß jetzt neu verhandelt werden. Die Wiener Untergerichte, die sich weigerten, den Anspruch des Kärntner Bauern auch nur zu prüfen, müssen jetzt eben diese Prüfung vornehmen.

Das wird noch lange dauern und viel Geld kosten. Aber Blasius Sabitzer gibt nicht auf, schon gar nicht nach diesem sensationellen Urteil. Eigentlich sagte der Oberste Gerichtshof ziemlich unverblümt:

„Wenn der Bauer für seine Qualitätsmilch heiße vier Schilling 65 Groschen kriegt und bei jedem Liter draufzahlt – und wenn der Konsument für denselben Liter elf Schilling fünfzig zahlt – da stimmt etwas überhaupt nicht.

Wer steckt die fast sieben Schilling ein, die unterwegs vom Bauern zum Konsumenten verloren gehen? Warum sieht der Bauer nichts von dem Geld?

Auf dem Weg vom Bauern, der „nix“ kriegt zum Konsumenten, der „alles“ zahlt – da sitzen die „Wegelagerer“. Der Bauer kriegt zu wenig, dem Konsumenten wird zuviel abgeknöpft – die „Zwischeninstanzen“, das „Agrobusiness“ (Molkereien, Milchwirtschaftsfonds) sind die lachenden Dritten. Sie lachen sich fett und kugelrund.

Ein echt österreichisches Wunder: Wir haben in Europa den niedrigsten Erzeugerpreis für Milch, dafür den höchsten Konsumentenpreis.

Das folgende Wunder hingegen wäre garkeines, sondern durchaus möglich. Schaltet man die „Wegelagerer“ aus, die sich zwischen Bauern und Konsumenten geschoben haben, mit der Behauptung, sie seien unentbehrlich – so würde der Bauer mehr für seine Milch kriegen und der Konsument trotzdem weniger zahlen.

Die Milch könnte billiger sein. Man müßte die bürokratische Zwangswirtschaft beseitigen, der die österreichischen Bauern unterworfen sind. Im „Osten“ wird die staatliche Zwangsbeglückung gerade aufgehoben – die Demokratie Österreich bleibt fröhlich dabei.

Wie wunderschön ist das Kärntnerland hier oben im Gurktaler Hügelland – man braucht nur hinzuschauen und schon möchte man zu singen anfangen. Und wir sitzen da und diskutieren, daß ein Bauernaufstand nötig ist.

Die Seele des bäuerlichen Widerstandes, der durch das höchstgerichtliche Urteil sprunghaft anwachsen wird, ist schon wieder ein Kärntner, der Bauer Adolf Reautschnig, in Kadöll bei Glanegg.

Er ist seit zehn Jahren Obmann des überparteilichen „Allgemeinen Österreichischen Bauernverbandes“. Vierzehn Traktoren-Demonstrationen gehen auf sein Konto. Jetzt ist sein Schreibtisch auf dem Hof (25 Hektar) mit lauter Papier bedeckt. Er und der Klagenfurter Rechtsanwalt Dr. Heinz Walther sind unterwegs zum großen Erfolg.

„Ich bin ein Bauer und wühl' die halbe Zeit in den Akten“ – aber er lacht dabei. „Durch Fleiß und Glück“, erzählt Reautschnig „bin ich aus der schweren Verschuldung meines Hofes herausgekommen, trotz meiner Knochenarbeit im Bauernverband.“

Reautschnig, Jahrgang 1925, arbeitete drei Jahre in der Schweiz. „Ich habe zuviel Schweizer Demokratieluft geatmet, deswegen bin ich dagegen, daß man die Bauern parteipolitisch anbindet. Das nimmt ihnen die Kraft. Die Bauern müssen sich quer durch alle Parteien zusammenschließen.“

Der Bauer erzählt, wie er schon 1976 in der Klagenfurter Landwirtschaftskammer einen Hungerstreik 12 Tage durchhielt, mit acht anderen Bauern und einer Bäuerin. „Dreitausend blockierten damals die Straßen. Relativ wurden doch Forderungen der Bauern in zigfacher Millionenhöhe durchgesetzt. Seither gelte ich als Radikaler.“

Es helfen aber nur radikale Lösungen, d. h. demokratische, marktwirtschaftliche. Die „Altparteien“ haben die Bauern jahrzehntelang in die falsche Richtung geführt. Sie wurden gezwungen, doppelt soviel zu produzieren als wir brauchen, und kriegen dafür die Hälfte des gerechten Preises. „So wurden die Bauern zwangsenteignet“, sagt Reautschnig.

Man muß endlich Bauern und Konsumenten zusammenlassen auf dem freien Markt: dann kriegen die Bauern bessere Preise und die Konsumenten sind trotzdem billiger dran. Was wir brauchen – das wurde mir im stillen Gurktal klar – das ist ein Bauernaufstand plus Konsumentenaufstand.

Wo Kärnten am kärntnerischesten ist, lebt die Bauernfamilie Sabitzer in harter Arbeit und doch idyllisch: Mensch und Tier gemeinsam und ganz ohne Gentechnik . . .

Blasius Sabitzer ist ein moderner Bauernheld. Er kämpft gegen den Drachen Agrarbürokratie. Der Oberste Gerichtshof bescherte ihm einen ersten großen Erfolg.

Foto: Michael Leischner

„Ich bin ein Bauer und wühl' die halbe Zeit in den Akten.“ Adolf Reautschnig, Kärntner Landwirt, ist die Seele des bäuerlichen „Milchaufstandes“.

Das Urteil des OGH fand ein großes Medienecho und Günther Nenning, ein Freund des Bauernverbandes, brachte einen doppelseitigen Bericht in der Kronen-Zeitung, 20. August 1989.

Verordnungen festgesetzten Erzeugermilchpreis die Höhe des Schadens ermitteln. Die nächste Verhandlung sollte am 20. Oktober 1989 stattfinden. Doch so lange wollte der Bauernverband nicht warten, man rief zu einer Großdemonstration der Milchbauern nach Wien, und zwar am 27. September 1989.

11.15. Milchbauerndemonstration in Wien am 27. September 1989

„Österreichs Milchwirtschaft, gemolken wie eine Kuh, die Bauern und Konsumenten melkt man gleich dazu!"[222]

Auf Grund des OGH-Urteils gründete der Bauernverband ein „Überparteiliches Aktionskomitee der Bauern" für eine Bauern aller Parteien und Lager umfassende, dem berufsständischen Anliegen gewidmete Fahrt nach Wien. Um in einer angemeldeten und geordneten Demonstration der Regierung, den politischen Parteien, der Öffentlichkeit und insbesondere dem zuständigen und neuen Landwirtschaftsminister Fischler mit dieser Parteigrenzen überwindenden Aktion unübersehbar deutlich zu machen, dass die Milchbauern Österreichs agrarpolitische Taten erwarten – und auf Grund des Urteiles des OGH ein Anrecht darauf hatten.

Drei Fragen besonderer agrarpolitischer Aktualität standen im Mittelpunkt der Demonstration vor dem Landwirtschaftsministerium am Stubenring:

1. Die Forderung nach einem kostendeckenden Erzeugermilchpreis plus Unternehmergewinn, den der Oberste Gerichtshof in seinem jüngst gefassten Beschluss den Bauern als Anrecht gleichsam mit Brief und Siegel bestätigt hatte;
2. Die Forderung auf Abschaffung des auch vom Rechnungshof schwerwiegend kritisierten Milchwirtschaftsfonds, sofern eine grundlegende Reform nicht machbar sei, und
3. Die Ausschaltung der Sozialpartner bei Preisfestsetzungen im Agrarbereich.

Nur eine sehr kurze Informations- und Vorbereitungszeit stand dem Aktionskomitee zur Verfügung. War doch erst am 18. September der Beschluss gefasst worden, liefen erst ab diesem Zeitpunkt bundesweite Vorbereitungen. Dennoch kamen 1.100 Bauern und Bäuerinnen zu der Demonstration, teilweise sogar aus den entlegensten Winkeln Tirols und Vorarlbergs. Sie kamen nicht nur aus dem Bauernverband, sondern aus allen politischen Lagern und fast allen bäuerlichen Organisationen, auch aus dem Bauernbund. Letztgenannte Organisation hatte das Gerichtsurteil entweder verschlafen oder zuviel Angst vor der Umsetzung des Urteils.

Die Bauern kamen mit Autobussen, der Bahn und vor allem mit Privatautos, die Arbeit daheim liegen lassend, im Interesse und in berechtigter Sorge um den eigenen

222 Einer der Sprüche auf den vielen Transparenten bei der Milchbauerndemonstration in Wien am 27. September 1989.

„Power to the Bauer", der Bauernverband wieder in Kampfeslust

Berufsstand – und, um für ihr Recht, bestätigt vom Obersten Gerichtshof, in aller Öffentlichkeit einzutreten.

Gespannt erwartete man das Verhalten des neuen Landwirtschaftsministers – und siehe da – Franz Fischler trat vor das Ministerium, vor die Demonstranten und anerkannte die Forderungen der Bauern nicht nur, sondern versprach auch, sich für die Verwirklichung einzusetzen. Fischler hätte auch gar nicht anders gekonnt, denn er war nicht der einzige Spitzenpolitiker bei der Veranstaltung. Mit dabei waren auch Jörg Haider, zu diesem Zeitpunkt Landeshauptmann von Kärnten, der Chef der Grünen Andreas Wabl, Nationalrat Sepp Hintermayer, der klarerweise immer noch hinter dem Bauernverband stand, auch wenn er im Parlament saß, sowie die Präsidentin des Kärntner Landtages, Krimhild Trattnig. Sie alle meldeten sich bei der Demonstration für die Bauern zu Wort.

Auf zahlreichen Transparenten vertraten über 1.100 Bauern ihre jahrelang unerfüllten Forderungen. Bauerndemo in Wien, 27. September 1989

Fischler wurde Anerkennung gezollt, da er sich den mitunter recht lautstarken Zwischenrufen stellte und seinen Standpunkt als Regierungsmitglied darlegte. Vieles davon fand keine Zustimmung bei den Bauern, so manches löste heftige Unmutsreaktionen aus – und zwar zu Recht. Dass die großen Gittertore des Ministeriums während der Demonstration fest verschlossen blieben, hatte nicht wenige Bauern nachdenklich gemacht. Die mitgeführte Kuh des Innviertler Bauern Zeilinger hätte man wohl nicht in die „heiligen Hallen" des Ministeriums oder gar in die Amtsräume des Ministers getrieben.

Bauernverbands-Bundesobmann Adolf Riautschnig hielt bei dieser Demonstration eine Rede, in der er die Situation der Bauern in den achtziger Jahren treffend formulierte, sie soll nachstehend im Originalwortlaut wiedergegeben werden:

In schicksalhafter Zeit sind wir aus allen Teilen Österreichs angereist, um zu zeigen, dass auch die Geduld der Bauern einmal ein Ende hat. Mit großer Geduld haben wir jahrelang alle uns von den Sozialpartnern zugefügten Demütigungen und Ausbeutungen ertragen, im Glauben an die Versprechen der Politiker und im Vertrauen darauf, dass die mit großer Macht und Mehrheit ausgestatteten Bauernvertreter in der Bundesregierung und in der Präsidentenkonferenz der Landwirtschaftskammern mit der nötigen Härte und Konsequenz für unsere Interessen eintreten werden. Hundertfach sind wir enttäuscht worden, weil wir erleben mussten, dass die beiden Funktionäre, die in der Bundesregierung und in der Sozialpartnerschaft uns Bauern zu vertreten hatten, das sind der Landwirtschaftsminister und der Präsident der Präsidentenkonferenz, ihren politischen Parteien folgend alle Maßnahmen unterstützt und allen Beschlüssen zugestimmt haben, die die Ausbeutung unserer Familien und Höfe bis zur Vertreibung aus unserem Beruf zum Ziel und zur Folge hatten.

„Damit die Beamten im Landwirtschaftsministerium endlich wieder einmal eine Kuh mit eigenen Augen sehen …" – die vom Innviertler Bauern Zeilinger mitgebrachte und gar nicht schreckhafte Kuh vor dem Ministerium am Stubenring.

Nun ist eine Situation eingetreten, die uns erkennen lässt, dass wir nicht mehr länger zuschauen dürfen, wie über unsere Köpfe hinweg über uns entschieden wird wie zur Zeit der Untertänigkeit, wo die Bauern schutzlos den Grundherren ausgeliefert waren. Unseren Willen kundzutun, dass wir uns die Behandlung als Untertanen der Regierenden, der Parteibosse und der Sozialpartner nicht mehr gefallen lassen wollen, sind wir heute hierher nach Wien gefahren. Ich begrüße Sie und stelle mit Genugtuung fest, dass Bäuerinnen und Bauern, Jungbäuerinnen und Jungbauern aus allen Teilen Österreichs gekommen sind und bereit waren, einmal die sowieso nicht bezahlte Arbeit liegen und stehen zu lassen und in überparteilicher Solidarität den dramatischen Kampf zu unterstützen, vor dem wir in den nächsten drei Monaten stehen. Es erfüllt mich mit Zuversicht, dass es möglich war, innerhalb von 14 Tagen eine noch nie dagewesene Solidarisierung verschiedener Bauernorganisationen zustande zu bringen.

So kann ich heute die Bauernverbändler begrüßten, die als Garanten der Überparteilichkeit an dieser Protestkundgebung maßgeblich beteiligt sind. Ich begrüße die Berufskolleginnen und -kollegen, die der Organisation der Freiheitlichen Bauern angehören oder nahe stehen. Sie sind es, die überzeugt von der Notwendigkeit eines gemeinsamen Vorgehens sich zur rückhaltlosen Zusammenarbeit entschlossen haben. Das Mittun der Freiheitlichen verleiht unserer Protestbewegung ein besonderes Gewicht. Immerhin hat sich auch der Obmann der Freiheitlichen Partei, der Landeshauptmann von Kärnten als Agrarreferent der Kärntner Landesregierung, spontan entschlossen, an unserer Demonstration teilzunehmen. Was ihn dazu bewogen hat, das wird er gleich selber sagen. Ich begrüße ihn recht herzlich und mit ihm die Vizepräsidentin des Kärntner Landtages, Frau Krimhild Trattnig, und die Nationalräte Hintermayer und Huber-Schönhart sowie die Landtagsabgeordneten Kampl und Holzfeind. Ich verrate nichts Unbekanntes, wenn ich hinzufüge, dass alle Genannten Mitglieder des AÖBV sind. Ich begrüße die Mitglieder und Funktionäre anderer Bauernorganisationen, die sich ebenfalls solidarisieren, weil sie den Ernst der Stunde erkannt und es satt haben, von den Machthabern der Agrarpolitik wohl geduldet, aber von jeder Mitsprache und Mitentscheidung ausgeschlossen zu sein. Es sind dies der Landesfrauenverband mit Frau Ertl an der Spitze, die Bergbauernvereinigung, der Verband der Landwirtschaftsmeister, Vertreter der Absolventenverbände landwirtschaftlicher Schulen, Funktionäre der Genossenschaften und nicht zuletzt die stark beteiligte Notwehrgemeinschaft der Bauern und die LIG.

Landwirtschaftsminister Fischler vor den Demonstranten

Der Notwehrgemeinschaft der Bauern möchte ich bei dieser Gelegenheit Dank und Anerkennung aussprechen für ihre ständige Bereitschaft, hart und konsequent für die Interessen der Bauern, insbesondere aber der Weinbauern, einzutreten. Ich möchte aber auch nicht verabsäumen, auch jene Bauern zu begrüßen, die dem Bauernbund und den sozialistischen Bauern angehören und sich entschlossen haben mitzumachen. Ich habe die Spitzen dieser Organisationen ebenfalls eingeladen, habe von ihnen weder eine Zusage noch eine Absage erhalten. Sollte ein maßgeblicher Funktionär unter Ihnen sein, so gebe ich ihm gern die Gelegenheit, sich hier zu Wort zu melden, denn es wird höchste Zeit, dass wir alle an einem Strick ziehen!

Die überaus erfreuliche Solidarisierung der Bauern, die in der heutigen Demonstration zum Ausdruck kommt, hat wenige Tage vor der Eröffnung der Kärntner Holzmesse am 13. September ihren Anfang genommen. Damals haben wir das parteiunabhängige Aktionskomitee in Zusammenarbeit mit der Freiheitlichen Bauernschaft gebildet und dem Landwirtschaftsminister, der die Holzmesse eröffnete, ein Schreiben überreicht, in dem wir zum Ausdruck brachten, was wir von ihm erwarten. Ein zweites Schreiben wurde an den Präsidenten der Präsidentenkonferenz gerichtet, das ihm über den Präsidenten der Kärntner Landwirtschaftskammer, Valentin Deutschmann, zugeleitet wurde, da Derfler wegen einer Erkrankung nicht erschienen war. Diese beiden Schreiben werden später verlesen.

Warum sind wir hier? Um was geht es heute? Es sind vier Fragenkomplexe, die uns bewegen: Der eine Komplex ist ein Beschluss des Obersten Gerichtshofes, dass wir Bauern Anspruch haben auf kostendeckende Preise einschließlich eines Unternehmergewinnes, ein Recht, das uns durch die Sozialpartner unter Duldung der Politiker beharrlich verweigert wurde.

Ein anderer Komplex ist der sich anbahnende Skandal im und um den Milchwirtschaftsfonds. Es scheint offenbar zu werden, wohin die Milliarden verschwunden sind, die man uns Bauern durch die Niederhaltung unseres Milchpreises vorenthalten hat.

Der dritte Komplex betrifft die bevorstehenden Milchpreisverhandlungen, die noch in diesem Jahr stattfinden müssen.

Der vierte Komplex sind die geplanten Maßnahmen zur Neuordnung des Molkereiwesens. Dazu sind bis zum Jahresende noch drei Verordnungen zu erlassen, die unseren Molkereien Freizügigkeit und Freiheit von der Bürokratie des Milchwirtschaftsfonds versprechen, in Wirklichkeit aber den Einfluss der Sozialpartner sichern sollen. Ich möchte nun in gebotener Kürze aufzeigen, um was es bei diesen Fragekomplexen geht. Dazu werden die nachfolgenden Redner aus ihrer Sicht noch eingehender Stellung nehmen.

Der Beschluss des Obersten Gerichtshofes hat für uns Bauern eine enorme Bedeutung, nicht nur für die Milchbauern, sondern für alle. Es sagt ganz allgemein, dass die Bauern einen Anspruch haben auf Preise, die die Kosten decken und einen Unternehmergewinn enthalten. Er sagt, dass die Ziele des Landwirtschaftsgesetzes und die Erhaltung eines leistungsfähigen Bauernstandes sonst nicht erreichbar sind, dass der Vorwurf der Überproduktion unberechtigt ist und dass auch der Hinweis auf kaufkraftschwache Bevölkerungsschichten kein Grund ist, den Bauern den kostendeckenden Preis zu versagen. Der OGH betont sogar die Bedeutung der Bergbauern im Hinblick auf den Fremdenverkehr. Damit hat der OGH alle Argumente bestätigt, die der Bauernverband seit dem Jahre 1970 bei den Milchpreisverhandlungen zugleich mit der Forderung des kostendeckenden Erzeugermilchpreises vorgebracht hat.

Unsere Forderung wurde von der Preiskommission auf Veranlassung der Sozialpartner stets zurückgewiesen, genau so wie sie unsere nach der Vorgabe des Landwirtschaftsgesetzes erstellte Erzeugerkostenberechnung nicht zur Kenntnis genommen hat. Wegen dieses Verhaltens haben wir 1982 den Bauern Sabitzer veranlasst, beim Verfassungsgerichtshof die Beschwerde einzubringen. Der Verfassungsgerichtshof hat daraufhin zweimal die Verordnungen des Handelsministers aufgehoben, weil die Einschaltung der Sozialpartner verfassungswidrig war. Aber am Verhalten der Preiskommission hat das nichts geändert. Deshalb musste die Schadenersatzklage beim Amtshaftungsgericht in Wien im Amtshaftungsverfahren eingebracht werden. Die Wiener Gerichte wiesen die Klage zurück und erst die Anrufung des Obersten Gerichtshofes brachte den Erfolg.

Nun ist durch einen höchstgerichtlichen Beschluss unverrückbar festgehalten, welche Rechte wir Bauern haben und wie die Gerichte bei künftigen Prozessen zu entscheiden haben. Die Zurückweisung der Klage Sabitzers an das Erstgericht bedeutet nun, dass von diesem erst die Höhe des Schadens festgestellt werden muss. Dazu muss das Erstgericht die Kostenkalkulation des Bauernverbandes durch Sachverständige fachtechnisch und betriebswirtschaftlich überprüfen lassen. Und wenn man die Materie kennt, besteht kein Zweifel, dass der Schadenersatzanspruch des Sabitzer gegeben ist.

Von l.n.r.: Alois Huber (Freiheitliche Bauernschaft), Norbert Kanz (AÖBV), Andreas Wabl (Grüne) und Bundesobmann Adolf Riautschnig auf der Rednerplattform

Aber auch jeder Bauer, der in den letzten drei Jahren Milch geliefert hat, hat einen Schaden dadurch erlitten, dass der Erzeugermilchpreis weit unter den Gestehungskosten lag. Nach dem Beschluss des OGH hat er das Recht, den Ersatz dieses Schadens zu fordern. Der Schaden kann sofort gerichtlich eingeklagt werden. Wir wollen der Regierung aber Gelegenheit geben, den Schaden auf außergerichtlichem Weg wiedergutzumachen und haben ein Formular aufgelegt, mit dem jeder Bauer, und es muss jeder einzelne tun, bei der Finanzprokuratur die Wiedergutmachung seines Schadens fordern kann.

Ich habe die Situation so deutlich dargestellt, damit jeder von Ihnen zwei Dinge erkennt:

1. Dass diesmal die Politiker keine Möglichkeit mehr haben, den Beschluss des Obersten Gerichtshofes zu umgehen, weil jeder Milchbauer die Regierung, den Staat auf Wiedergutmachung klagen kann.

2. Wird offenkundig, wie abwegig, ja bauernfeindlich das Verhalten des Landwirtschaftsministers und das des Präsidenten Derfler ist, die so tun, als ob sie das Urteil des OGH gar nichts anginge und glauben, dass sie uns Bauern weiterhin an der Nase herumführen können. Herr Präsident Derfler, wir Bauern haben den Nasenring verloren, mit dem Sie uns nach Ihrem Wunsch und Willen dirigieren konnten.

Die weiteren Fragekomplexe kann ich kürzer behandeln: Zu den Vorgängen im Milchwirtschaftsfonds: Soweit vom Rechnungshofbericht aus den Zeitungen bekannt ist, wurden dort Milliardenbeträge verwirtschaftet. Das sind alles Gelder, die man uns Bauern ge… – nein, vorenthalten hat. Dem Milchwirtschaftsfonds und den Molkereiverbänden wurden bei den Preisverhandlungen der vergangenen Jahre immer höhere Beträge versprochen. Nach dem Marktordnungsgesetz hätten Gelder, die der Milchwirtschaftsfonds nicht verbrauchte, zur Verbesserung des Erzeugermilchpreises verwendet werden müssen. Das ist nie geschehen, und nun stellt sich heraus warum. Wir hoffen, erwarten und verlangen, dass restlos aufgeklärt und bekanntgegeben wird, wohin die Gelder geflossen sind.

Wir fordern, dass ferner schonungslos geklärt wird, wer die Verantwortlichen sind. Sind es die Milchbürokraten, die alle Transaktionen vollzogen haben? Sind es die Sozialpartner, die alles veranlasst und beschlossen haben, nachdem der Fonds von ihnen beherrscht wird? Es muss auch geklärt werden, wieweit der Landwirtschaftsminister, der die Aufsicht über den Fonds hat, die Vorgänge dort geduldet oder gar veranlasst hat. Nach unserer Erkenntnis der Zusammenhänge sind es die Sozialpartner, die ihre uneingeschränkte Macht zur Wahrung ihrer egoistischen Interessen durch die Ausbeutung der Landwirtschaft benützt haben. Die Politiker der Regierungspartei trifft daher der Vorwurf, dass sie den Machtmissbrauch der Sozialpartner geduldet und sogar gefördert haben. Dem Ganzen hat Minister Graf die Krone aufgesetzt. Er hat bei seinem Amtsantritt erklärt: „Die Entscheidung überlasse ich den Sozialpartnern.

Im Jahre 1988 haben die Regierungsparteien zudem mit der Novellierung der Marktordnung die Entscheidung über den Erzeugermilchpreis allein und ausschließlich den Sozialpartnern übertragen. Das lehnen wir ab! Es freut mich zu hören, dass in letzter Zeit immer mehr Politiker aller Richtungen erkennen, welches Unwesen die Sozialpartner treiben, und die Beseitigung der Sozialpartnerschaft verlangen.

Zum 3. Komplex: Wie Landwirtschaftsminister Fischler in der Pressestunde mitteilte, werden noch in diesem Jahr Milchpreisverhandlungen stattfinden. Auf Grund des Beschlusses des OGH ist dies wohl auch notwendig. Gleich vorweg: Das Mitbestimmen der Sozialpartner bei diesen Verhandlungen lehnen wir ab. Wir verlangen, dass über den Milchpreisantrag verhandelt wird, den der Allgemeine Bauernverband am 11. Juni 1989 bei der Preiskommission eingebracht hat und mit dem der kostendeckende Erzeugermilchpreis gefordert wird. Wir verlangen ferner, dass als Grundlage für die Berechnung der Erzeugungskosten die gleichzeitig vorgelegte Kostenkalkulation des Bauernverbandes genommen wird. Die Begutachtung dieser Kostenkalkulation haben nicht die Sozialpartner vorzunehmen, die von der Stallarbeit nichts verstehen, sondern eine Kommission aus Fachleuten, die unverzüglich beim Landwirtschaftsministerium einzurichten ist.

Ein diesbezüglicher Antrag wird heute dem Landwirtschaftsminister übergeben.

Nun zum 4. Komplex: Wie Landwirtschaftsminister Fischler ferner sagte, sind bis 1. Jänner 1990 noch drei wichtige Verordnungen zu erlassen, die die Neuordnung des Molkereiwesens betreffen. Nach der Novelle der Marktordnung von 1988 soll mit der Entscheidungsfreiheit auch die ganze Verantwortung für die Milchvermarktung und damit im Widerspruch zu anderen Aussagen, auch für den Milchpreis ab 1.1.1990 auf die Molkereien übertragen werden. Mit den noch ausstehenden Verordnungen soll die Freizügigkeit der Molkereien in wesentlichen Punkten wieder eingeschränkt werden. Es soll die Zuteilung von Milch an Großmolkereien, die selbst keinen Rohstoff, sprich Milch, haben, geregelt werden. Die Molkereien sollen weiterhin gezwungen werden, Ausgleichsbeträge und Abgaben an den Milchwirtschaftsfonds zu zahlen. „Regimentsunkosten" nannte sie der Minister, „Geldvernichtungsmaschine" nannte sie Dr. Haider. Und mit der 3. Verordnung soll verfügt werden, dass kleinere Molkereien zugunsten der Molkereiverbände aufgelöst werden. Das bedeutet, dass, wenn die Absichten des Ministers verwirklicht werden, uns Bauern in den Molkereigenossenschaften wohl die Verantwortung zugeschoben wird, dass wir aber weiterhin nichts zu reden haben. Das bedeutet ferner, dass uns der teure Milchwirtschaftsfonds erhalten bleibt und dass wir weiterhin Mitgliedsbeiträge dorthin abliefern müssen, über den dann die Sozialpartner verfügen.

Werte Berufskollegen, ich möchte am Schluss meiner Ausführungen nur noch einmal darauf hinweisen, dass über all diese Fragenkomplexe bis zum Ende dieses Jahres entschieden wird. Das rechtfertigt unsere heutige Demonstration und Willenskundgebung. Das soll uns aber auch veranlassen, in den nächsten Monaten die Solidarisierung aller Bauern, ich sage aller Bauern, weiter auszubauen, auf der Hut zu sein und mit allem Nachdruck dafür zu sorgen, dass dem Recht zum Durchbruch verholfen wird, das uns der oberste Gerichtshof so eindrucksvoll bescheinigt hat.

Zwei gewonnene Prozesse des Bauernverbandes beim Höchstgericht, die dazu führten, dass zwei Milchpreisverordnungen als gesetzwidrig verfügt wurden, die Tatsache, dass die Sozialpartner verfassungsmäßig nicht verankert sind, da sie ein freiwilliger Zusammenschluss ohne verfassungsmäßige Kompetenz sind, und der jüngste Beschluss des Obersten Gerichtshofes zeigen auf, dass diese Sozialpartner Preispolitik am Rücken der Bauern gemacht haben. Trotz ausgesprochener Gesetzwidrigkeit setzen sie amtlich verordnete Agrarerzeugerpreise fest. Zum Nachteil der Bauernschaft!

Dass der höchste bäuerliche Interessenvertreter hierbei sei jeher mittut, ist beschämend und spricht eindeutig dagegen, dass es sich bei ihm um einen bäuerlichen „Interessensvertreter" handelt. Sozialpartner, die keine Partner sind, sondern zum Nachteil des offensichtlich Schwächsten Preispolitik machen, müssen wir

> ablehnen. Zur Preisfestsetzung laut Gesetz sind sie überdies völlig überflüssig und unnötig. Der Gesetzgeber hat klare Regelungen getroffen, diese sind einzuhalten und danach der Preis festzusetzen. Rechtmäßigkeit, nicht Macht ist gefragt![223]

Die Demonstration war für den Bauernverband ein voller Erfolg. Lange hatte man nicht eine solche Masse von Bauern auf die Straße gebracht, und schon gar nicht nach Wien. Zugegebenermaßen hatte die Freiheitliche Bauernschaft mit ihrem Zugpferd, dem FPÖ-Obmann und Landeshauptmann von Kärnten, Jörg Haider, dazu maßgeblich beigetragen. Haider war der Mann der Stunde, und man setzte aufs richtige Pferd. Noch während der Demonstration erklärte sich die FPÖ bereit, die Forderungen und Vorstellungen des Bauernverbandes dort zu vertreten, wo die nötigen Beschlüsse zu fassen waren, also im Nationalrat und in den Landtagen. Das alles waren Gründe, die vor allem die Kärntner im AÖBV dazu veranlassten, in Hinkunft enger mit der FPÖ zusammenzuarbeiten und sogar bei den Kärntner Landwirtschaftskammerwahlen auf einer gemeinsamen Liste zu kandidieren. Dies wiederum erregte äußersten Unmut bei anderen Bauernverbandlern, die damit die Überparteilichkeit über Bord geworfen sahen, zumal sich die FPÖ oftmals als ärgerer Gegner als der Bauernbund erwies, wie sich Armin Krall erinnert. Darüber hinaus wurde jenen Kräften in die Hände gespielt, die „ja immer schon wussten" dass der Bauernverband nichts anderes als ein radikales, deutschnationales Anhängsel der FPÖ wäre. Diese sahen sich nun bestätigt und griffen den Bauernverband im Wahlkampf wieder auf diese Tour an.

Doch zurück zur Demonstration: Nach dieser geglückten Solidarisierung blieb nur noch zu hoffen, dass sich die Erkenntnis von der Notwendigkeit der überparteilichen Zusammenarbeit aller Bauern früher oder später auch beim Bauernbund und bei den Sozialistischen Bauern wie der Zucker im Kaffe ausbreiten würde, zeigte sich Norbert Kanz nach dem 27. September optimistisch. Auch von diesen Organisationen hatten Mitglieder und kleinere Funktionäre an der Demo in Wien teilgenommen. Den hohen und höchsten Funktionären hätte es nicht geschadet, wenn sie es auch getan hätten, resümierte Kanz in der ÖBZ weiter. Mit Recht hätte man erwarten können, dass sich selbst der Präsident des Bauernbundes Derfler als Präsident der Präsidentenkonferenz auf die Seite der kämpfenden Bauern gestellt hätte, da er längst erkannt haben müsste, dass er allein, gehemmt durch die Bindung an seine politische Partei, niemals in der Lage gewesen wäre, die unvermeidlichen Reformen in der Agrarpolitik gegenüber den Gewerkschaften, dem Arbeiterkammertag, der Bundeshandelskammer, der Industrie, der SPÖ, dem ÖAAB, dem Wirtschaftsbund und den Genossenschaftsverbänden durchzusetzen.

So schöpften die Bauernverbandler nach dieser Demonstration wieder neuen Mut, hofften auf eine weitere Solidarisierung der Bauern und auf eine Umsetzung des OGH-Urteils. Freilich, die Hoffnung starb zuletzt.

223 Rede von Verbandsobmann Adolf Riautschnig vom 27. September 1989 vor dem Landwirtschaftsministerium in Wien, zit. in ÖBZ, Nr. 10, 1989, 2-8.

12. Das große Bauernsterben – von den 90ern bis heute

12.1. Der neue Milchpreis und die Tagespolitik

„Mit der Festsetzung des neuen Richtpreises für Milch und Verabschiedung der Beschlüsse im Milchwirtschaftsfonds haben die Sozialpartner einen weiteren wichtigen Schritt zur Umsetzung der neuen Marktordnung getan. Die Paritätische Kommission hat vor kurzem den Grundpreis der Milch um 18 Groschen erhöht. Hinzu kommt nunmehr eine weitere Erhöhung des Richtpreises um 6 Groschen aufgrund des vom Milchwirtschaftsfonds abgeschlossenen Feststellungsverfahrens. Schließlich kommt noch die 10prozentige Mehrwertsteuer dazu, so dass das Milchgeld für unsere Bauern um 26,4 Groschen je Kilogramm Milch ab 1. Jänner 1990 steigt", stellte Ök.-Rat Ing. Derfler, der Vorsitzende der Präsidentenkonferenz der Landwirtschaftskammern Österreichs, zu den Ergebnissen der Sozialpartnerbeschlüsse im Milchwirtschaftsfonds fest."[224]

Damit traten die Verantwortlichen die Flucht nach vorne an. Der Milchpreis wurde ganz schnell erhöht, damit die Unzufriedenen in der Masse still hielten. Das OGH-Urteil wurde ganz einfach ignoriert, das Landwirtschaftsgesetz ebenfalls und die Sozialpartner hatten wieder das große Sagen. Von einem kostendeckenden Erzeugermilchpreis war man weiter entfernt denn je, doch je weniger Bauern es gab, je mehr also ihre Höfe zusperrten, desto besser war dies für die Verhandlungen mit Brüssel, denn langsam aber sicher wurde der Beitritt zur EG, wie die EU bis 1993 noch hieß, auf Schiene gebracht.

Wenn die EG kommt, bist du auch dran! Karikatur in der Bauernzeitung, bereits aus dem Jahr 1989! Früh und kritisch beschäftigte man sich im Bauernverband mit dem Beitritt zur EG bzw. ab 1993 EU.

Mit den 18 Groschen Milchpreiserhöhung wurde wieder einmal Preispolitik hinter bzw. auf dem Rücken der Bauern gemacht, damit wurde nicht einmal die von der Präsidentenkonferenz nachgewiesene Produktionskostenverteuerung des Jahres 1989 abgedeckt. Gerhard Nowotny bezeichnete diese Milchpreiserhöhung als einen „riesigen Skandal" – und dies völlig zu Recht. Von der neuen Regierung, die im Dezember 1990 ihr Amt antrat, war nichts Neues zu erwarten, da die wesentlichen Verantwortungsträger die Gleichen blieben. Also versuchten es die Bauernverbandler an allerhöchster

224 AIZ, Nr. 7507, 22. Dezember 1989

Stelle, nämlich bei Bundespräsident Waldheim. Im Februar 1991 begab sich Bundesverbandsobmann Riautschnig in die Hofburg, um dem Bundespräsidenten, dem selbst viel Unrecht zugefügt worden war, das Unrecht zu erläutern, das den Bauern permanent zugefügt wurde. Waldheim, selbst Doktor der Rechtswissenschaften, wurde von Riautschnig befragt, wie er zu der Missachtung des OGH-Urteils stehe. Waldheim versuchte zu beschwichtigen, indem er sagte, dass ja noch nicht aller Tage Abend und dass ja noch nichts verloren sei. Darüber hinaus versprach Waldheim dem Bundesobmann, dass er sich, wo er könne, für die Anliegen der Bauern einsetzen werde. Die Audienz dauerte zwar fast eineinhalb Stunden, doch waren – aus verständlichen Gründen – auch vom Staatsoberhaupt keine Wunder zu erwarten. In der Zwischenzeit wurde das OGH-Urteil weiter ignoriert, eine Umsetzung sei in Österreich nicht machbar, hieß es. Der Rechtsstaat blieb dabei völlig auf der Strecke, nur kümmerte das eben niemand, denn die Bauern hatten keine Lobby und längst nicht mehr das politische Gewicht von früher.

Nun wandte man sich wiederum, zumindest in Kärnten, an den erfolgreichsten Politiker dieser Zeit, nämlich Jörg Haider. Bei der Nationalratswahl von 1990 hatten alle Parteien Stimmen verloren – die ÖVP sogar massiv – Haider konnte den Stimmenanteil für die FPÖ von 9,7 % auf 16,6 % erhöhen, das war ein Zugewinn von 15 Mandaten im Nationalrat. Nun entschlossen sich freiheitlich gesinnte Bauernverbandler, der AÖBV solle mit der Freiheitlichen Bauernschaft auf einer gemeinsamen Liste zur Kärntner Landwirtschaftskammerwahl antreten, was einigen Missfallen bei den sich zur strengen Überparteilichkeit bekennenden Bauernverbandlern auslöste. Nach einigen Beratungen entschloss man sich, doch mit einer eigenen Liste anzutreten. Was blieb, waren Unstimmigkeiten innerhalb des Kärntner Landesverbandes. Um diesen Unstimmigkeiten wirksam zu begegnen und auch wieder zur Gemeinsamkeit zurückzukehren, organisierte Riautschnig eine weitere große Protestkundgebung, diesmal in Klagenfurt.

12.2. Bauernprotest in Klagenfurt am 25. Juli 1991

Nachdem Riautschnig eine große Kampfbereitschaft unter den Kärntner Bauern festgestellt hatte, wurde wiederum ein Aktionskomitee auf die Beine gestellt, das bei allen Verbänden Zustimmung fand, diesmal auch bei führenden Bauernbundleuten und sogar bei der Führung der Landwirtschaftskammer, was aber kein Wunder war, da in Kärnten die Landwirtschaftskammerwahl vor der Türe stand.

Das Aktionskomitee hieß „Bauern für Bauern“ und Riautschnig wurde zum Vorsitzenden und Sprecher gewählt. Die Kammerführung und der Bauernbund blieben auch wider Erwarten tatsächlich bei der Stange, und so kam es am 25. Juli 1991 zu einer ansehnlichen Protestkundgebung vor der Kärntner Landwirtschaftskammer. Um 10:30 Uhr nahmen über 200 Traktoren in Klagenfurt Aufstellung, um 11:00 Uhr eröffnete Riautschnig die Kundgebung.

200 Traktoren vor der Landwirtschaftskammer in Klagenfurt, 25. Juli 1991

Jörg Haider, der nur wenige Wochen zuvor über seinen Sager von „der ordentlichen Beschäftigungspolitik im Dritten Reich" gestolpert war und gestürzt wurde, sprach ebenfalls zu den Bauern, nur eben nicht mehr als Landeshauptmann, sondern als dessen zweiter Stellvertreter. Der neue Landeshauptmann war Christof Zernatto, der ebenfalls zu den demonstrierenden Bauern sprach. Er gab das Versprechen ab, die Forderungen des Aktionskomitees in Wien zu vertreten.

„Ich bin einer von Euch!" Jörg Haider bei seiner Ansprache an die Demonstrationsteilnehmer vor der Kärntner Landwirtschaftskammer

Haider versicherte als Berufskollege – Forstwirt im Bärental – den Bauern seine Solidarität und begrüßte die Bildung des überparteilichen Aktionskomitees sowie ihre Entschlossenheit, ihre Unzufriedenheit mit dem in Wien erst vor kurzem geschnürten Agrarpaket, welches – und das braucht an dieser Stelle nicht näher erläutert zu werden – klarerweise ein Sparpaket war. Haider, damals wie heute Mitglied im Allgemeinen Bauernverband, kündigte an, dass die 30 Abgeordneten der FPÖ im Parlament den Auftrag hatten, einen entsprechenden Antrag im Nationalrat einzubringen. Diesen Antrag gab es auch, doch wurde dieser erwartungsgemäß von der großen Koalition abgeschmettert.

Nachdem Riautschnig das Schlusswort an die Versammelten gerichtet hatte, das Aktionskomitee zu stärken und im Bauernverband mitzuarbeiten, fuhr die Traktorkolonne mit Zustimmung der Polizei über den Völkermarkter Ring und durch die St. Veiter-Straße geschlossen bis Annabichl. In der Landwirtschaftskammer fand anschließend an die Kundgebung eine eineinhalbstündige Aussprache statt, bei der das ihr vom Aktionskomitee überreichte Forderungsprogramm beraten wurde.

Das als Resolution formulierte Forderungsprogramm fand die ungeteilte Zustimmung aller Teilnehmer an der Aussprache. Es waren dies: Kammervizepräsident Walfried Wutscher, Kammeramtsdirektor-Stellvertreter Wolfgang Sembach, Bauernbund-Bezirksobmann Franz Schmid, Bauernbund-Bezirksobmann Friedl Sabitzer, Nationalratsabgeordneter Matthias Reichhold und klarerweise AÖBV-Bundesobmann Adolf Riautschnig.

12.3. Ein ganz Großer geht für immer: Nachruf auf Sepp Hintermayer

Josef Hintermayer, Weinbauer aus Großweikersdorf in Niederösterreich war einer der großen Bauernverbandskämpfer. Seine Taten zu seiner Aktivzeit im AÖBV, wie z.B. die Aufdeckung des Exportweinskandals des Jahres 1972, wurden ja schon eingehend beschrieben. Hintermayer wechselte 1974 von der Standespolitik im AÖBV in die allgemeine Politik, kehrte aber dem Bauernverband nie den Rücken, sondern stand stets mit Rat und Tat zur Seite. Er machte in der FPÖ Karriere, wurde Abgeordneter zum Nationalrat und zum niederösterreichischen Landtag, war dort Klubobmann der FPÖ. Nur eine einzige Stimme verhinderte, dass er Bürgermeister seiner Heimatgemeinde wurde – diese Stimme hatte die Landeswahlbehörde aus dem Topf der ungültigen Stimmen gezogen und für gültig erklärt.

Sepp Hintermayer war eine Galionspersönlichkeit in Niederösterreich, um die sich viele Bürger zunächst in seiner Gemeinde und seines Berufsstandes geschart haben. Er war grundehrlich in seiner Einstellung, hatte ein breitgefächertes Wissen, konnte zuhören, war offen, hilfsbereit und freundlich gegenüber jedermann. Er ist auf die Menschen zugegangen. Jeder, der mit Sepp Hintermayer Kontakt hatte, wird ihm über die Zeit seine Hochachtung und Zuneigung bewahren.

Mit 14 Jahren musste er gemeinsam mit seiner Mutter um das väterliche bäuerliche Erbe kämpfen, nachdem sein Vater nach der Besetzung von Großweikersdorf von den Russen ermordet worden war. Trotz dieser Schockerlebnisse im jugendlichen Alter hat er sich bald seinem bäuerlichen Berufsstand in den Funktionen beim Ländlichen Fortbildungswerk und im Bauernverband zur Verfügung gestellt. Sein Fachwissen, seine rhetorische Begabung, seine Einsatzfreude und sein mutiges Eintreten für gerechte Belange brachten ihn rasch in bäuerliche Spitzenfunktionen. Für seine Verdienste um die Bauernschaft wurde Sepp Hintermayer mit dem „Ökonomierat“ geehrt.

In den siebziger Jahren entschloss er sich, mit Hilfe der FPÖ seine positiven Überlegungen zugunsten aller Mitbürger einzubringen. Mit der ihm eigenen Kraft und Dynamik („Die Presse“ meinte damals: „Ein Traktor geht in die Politik“) hat er gemeinsam mit vielen Mitstreitern die FPÖ in Niederösterreich vorangebracht. Seine idealistische Gesinnung hat viele bewogen, ihn im Kampf für mehr Gerechtigkeit zu unterstützen. Sepp Hintermayer war über viele Jahrzehnte Gemeinderat in Großweikersdorf und führte die FPÖ zur zweitstärksten Fraktion. Seine Wahl zum Bürgermeister konnte nur durch einen Wahlschwindel und mit Hilfe der niederösterreichischen Landeswahlbehörde verhindert werden.

1983 wurde er Abgeordneter zum Nationalrat und erreichte auch in dieser Körperschaft auf Grund seines ehrlichen Wollens und makellosen Charakters höchste Anerkennung. Anschließend wechselte er in den Niederösterreichischen Landtag, wo er die Funktion des Klubobmannes so ausübte, dass er sich über die Parteigrenzen hinweg Anerkennung und Respekt erwarb.

Sepp Hintermayer rief auch den Kornblumenball seiner Heimatgemeinde ins Leben, bei dem sich Jahr für Jahr in Großweikersdorf alles versammelte, was Rang und Namen hatte. Und ausgerechnet in der Nacht des Kornblumenballs von 1992 (22. Februar) verstarb Josef Hintermayer nach seiner Rückkehr von einer Parlamentarierreise in Tschechien plötzlich und unerwartet. Wie beliebt und erfolgreich er als Politiker war, konnte man an den Menschenmassen, welche ihn bei seinem letzten Weg begleitet haben, erkennen. Die Chronik von Großweikersdorf spricht von 3.000 Trauergästen.

Nach seinem Tod beschloss die Familie gemeinsam mit der FPÖ-Landesgruppe Niederösterreich zum Andenken an den hochverdienten und hochgeachteten Menschen Josef Hintermayer eine Stiftung einzurichten. Diese Stiftung will sein Andenken bewahren und unterstützt aus den Stiftungsgeldern soziale und kulturelle Anliegen im Sinne von Josef Hintermayer. So wurden z.B. am 23. August 1999 dem Österreichischen Roten Kreuz, Bezirksstelle Großweikersdorf, ATS 10.000,- zur Anschaffung eines halbautomatischen Defibrillators übergeben. Damit wurde dem Wollen Josef Hintermayers, seinen Mitmenschen zu helfen, in besonderer Weise Rechnung getragen. Es handelt sich hier nur um ein Beispiel von vielen, da es bereits mehrere Ausschüttungen aus der Stiftung gab.

Auch im Bauernverband trauerte man aufrichtig. Im Nachruf, der in der Österreichischen Bauernzeitung vom März 1992 veröffentlicht wurde, manifestierte sich dies auch ganz deutlich:

> Getroffen hat es alle, die den Sepp kannten, als Bauer und Winzer, als Bauernvertreter, als überzeugten und überzeugenden Bauernverbandsredner und später dann auch als Abgeordneten.
>
> Er, der durch den gewaltsamen Tod seines Vaters schon sehr früh die Pflichten und die Verantwortung eines Betriebsführers übernehmen musste, war ein in allen Dingen des Lebens aufgeschlossener Mann, ein kenntnisreicher und vielseitiger Bauer – langjähriger Hegeringleiter. Ein Mann, der die Geselligkeit liebte, der ein offenes Haus führte und der für jedermann zu sprechen war.
>
> Seit seiner Jugend war er in der Öffentlichkeit tätig, als Landjugendreferent, als überaus aktiver Bauernverbandsfunktionär und Redner, der sehr viel zum Auf- und Ausbau des Bauernverbandes gerade auch im äußerst schwierigen Niederösterreich beigetragen hat; später dann als überparteilicher Gemeindemandatar und erst im letzten Abschnitt seines viel zu kurzen Lebens als Nationalrat, Landtagsabgeordneter und Klubobmann. Trotz all dieser Öffentlichkeitsarbeit war er Bauer und Weinhauer mit ganzem Herzen. Sich für seinen Stand, den Bauernstand, einzusetzen, war ihm nicht nur Verpflichtung, sondern ein zutiefst persönliches Anliegen. Ihm zu Recht, Ansehen und Paritätseinkommen zu verhelfen, galt sein ganzer Einsatz.

Die heute Älteren im Bauernverband erinnern sich seiner bei Demonstrationen ebenso, wie als AÖBV-Redner in mehr oder minder stürmischen Bauernversammlungen, oder als Teilnehmer an Vorsprachen bei Bundeskanzler und Ministern. Weggefährten aus den Anfängen des Bauernverbandes und viele Jüngere haben ihn auf seinem letzten Weg geleitet, haben so wie wir alle, die ihn kannten, Abschied genommen. Abschied von einem Menschen, der sich um den Bauernverband sehr verdient gemacht hat, dem wir dafür danken und in Erinnerung behalten werden."[225]

Josef Hintermayer, unermüdlicher Bauernverbandskämpfer, 10. April 1931–22. Februar 1992

12.4. Der Beitritt zur Europäischen Union

„Kennen Sie EU-Schach?
Da spielen nur die großen Figuren, die Bauern bleiben draußen."[226]

Österreich stellte am 17. Juli 1989 den Antrag auf die Vollmitgliedschaft zur Europäischen Union. Die Verhandlungen begannen mit dem 1. Februar 1993 und endeten am 12. April 1994. Mit einer noch nie da gewesenen Medienkampagne – viele nannten es auch Gehirnwäsche – und unter vielen Versprechungen und Lockungen erzwang die damalige Regierung den Beitritt der Republik Österreich zur EU. Da kurz vor der Volksabstimmung alles noch ein wenig auf Messers Schneide stand, versuchte Bundeskanzler Franz Vranitzky noch Ängste zu schüren, indem er sagte, dass es zum Beitritt keine Alternative gäbe, da Österreich sonst wirtschaftlich untergehen werde und Wohlstand und Prosperität dann der Vergangenheit angehören würden. Der österreichischen Bevölkerung wurde vieles versprochen – bis hin zum „Ederer-Tausender". So stimmten am 12. Juni 1994 66 % der Wahlberechtigten für den EU-Beitritt, damit wurde Österreich am 1. Jänner 1995 gemeinsam mit Finnland und Schweden der Europäischen Union eingegliedert.

Heute, vor allem im Hinblick auf den „EU-Reformvertrag", der maßgeblichen Einfluss auf die österreichische Bundesverfassung nimmt und dennoch ohne Volksabstimmung akzeptiert wurde, bereuen viele Österreicher diesen Schritt, wobei die Zahlen stark schwanken (zwischen 42 % und 65 %). Das ist kein Wunder, wurde den Öster-

225 ÖBZ, Nr. 3, 1992, 12.
226 Spruch des Bauernverbandes zum EU-Beitritt, aus ÖBZ, Nr. 4, 1996, 4.

reichern vieles versprochen, das nicht gehalten wurde: Der Schilling, die Sparbuchanonymität und die Neutralität würden uns erhalten bleiben, hieß es, darüber hinaus würde alles viel billiger, vor allem Lebensmittel, es gebe für jeden Österreicher einen Tausender mehr im Geldbörsel – und die Arbeitslosigkeit würde praktisch auf Null sinken. Heute wissen wir, dass wir geleimt wurden. Wir haben seit der Einführung des Euro eine Teuerungswelle nach der anderen erlebt; rechnet man die heutigen Preise – auch und vor allem bei Lebensmitteln, aber auch bei Energie – in Schilling um, so kann man sich überhaupt nicht vorstellen, dass wir solche Preise in Schillingzeiten gezahlt hätten, wie z.B. rd. 28 Schilling für eine Extrawurstsemmel (2,- Euro) oder 20,48 Schilling (1,489 Euro, Mai 2008 in Salzburg) für einen Liter Diesel (23. Mai 2008, Meldung ORF-Online: „Wohin klettern die Spritpreise?"). Am Ende der schlimmste Zustand für den Menschen, die Arbeitslosigkeit: Nimmt man aus den Statistiken die Um-, Nach- und Weiterschulungen heraus, so erreicht die Zahl der Arbeitslosen Rekordhöhe. Heute müssen viele Menschen mehrere Jobs annehmen, ganz so wie in den USA, um überleben zu können. So gibt es heute die Rekordzahl von 248.000 so genannten geringfügig Beschäftigten, die nicht mehr als 340 Euro pro Monat verdienen. Dennoch denkt man derzeit laut darüber nach, den österreichischen Arbeitsmarkt für die neuen Mitgliedsstaaten im Osten – auch für unqualifizierte Arbeitnehmer – noch früher als geplant zu öffnen.

Zu allem Überfluss werden die meisten Gesetze bereits in Brüssel entschieden, setzt sich die EU-Kommission mit der Idee der „Blue Card" (nach dem amerikanischen Vorbild der „Green Card") für Einwanderer durch, so wird sie auch die Zuwanderung bestimmen. Dass in Brüssel die Wirtschaftslobbys weit mehr zu sagen haben als die Bürger, weiß heute auch schon mittlerweile der euphorischste EU-Befürworter.

Die Liste der Gründe, warum sich Herr und Frau Österreicher in der Mehrheit lieber außerhalb statt innerhalb der EU sehen würden, ließe sich endlos fortsetzen, zumal sich die Nicht-EU-Mitglieder Schweiz und Norwegen eben nicht wie angekündigt in einem wirtschaftlichen Niedergang befinden. Beiden Ländern geht es wirtschaftlich hervorragend. Zugegebenermaßen wuchs das Wirtschaftswachstum in der Schweiz allerdings langsamer als in Österreich, nämlich von 1990 bis 2006 um insgesamt 28 Prozentpunkte des BIP[227] – allerdings von einem hohen Level ausgehend.

Für die Bauern – und das war zu erwarten – änderte sich einiges. Der Bauernverband beschäftigte sich bereits in den frühen sechziger Jahren mit einem möglichen Beitritt zur EU (damals noch EG) und war damals sogar für einen Beitritt, da dieser aus damaliger Sicht einem Beitritt zur EFTA vorzuziehen gewesen wäre. Ab den achtziger Jahren konnten die Bauernverbandler jedoch schon erkennen, wohin die EU steuern würde, man sah die Zukunft für die österreichische Landwirtschaft zu Recht alles andere als rosig und sprach sich daher in aller Deutlichkeit gegen einen

227 Vgl. Franz Nauschnigg, Wirtschaftliche Kosten/Nutzenrechnung des EU-Beitritts für Österreich und Vergleich zur Schweiz, veröff. auf portal.wko.at/wk/dok_detail_file.wk?AngID=1&DocID=623663&StID=298830 [24.11.2007].

Beitritt aus. Da es damals bereits in der EG noch viel mehr Agrarüberschüsse als in Österreich gab, musste das die ohnehin nicht kostendeckenden Erzeugerpreise drükken und ein neues Bauernsterben auslösen. Die EU hatte die Agrarpreise ganz wie erwartet drastisch zurückgefahren und den Einkommensausgleich über ein kompliziertes Förderungssystem herbeigeführt. Dieses Förderungssystem trieb die Bauern zurück in die Arme der Bauernkammern und damit in eine neue totale Abhängigkeit von der Agrarbürokratie und damit vom ÖVP-Bauernbund. Es handelt sich bei der EU-Agrarpolitik genau um das Gegenteil dessen, was der Bauernverband seit den fünfziger Jahren predigte und wollte: Den von Förderungen und Subventionen unabhängigen und freien Bauern, der kostendeckende Erzeugerpreise erhielt, die von einer parteiunabhängigen, freien und interessensorientierten Bauerngewerkschaft durchgesetzt werden.

Anhand dieser Statistik ist ersichtlich, wie durch den Beitritt zur Europäischen Union die Agrarerzeugerpreise in den Keller fielen. Durch diesen Preisverfall wurden die Bauern zu Subventionsempfängern und damit in die totale Abhängigkeit der Kammern gebracht.

VOR und NACH dem EU-Beitritt

Landwirtschaftliche Erzeugerpreise

(in Schilling ohne MwSt.)

Erzeugnisse		1986	1997
Hartweizen	100 kg	513,50	195,93
Qual.-Weizen	100 kg	416,50	157,59
Weichweizen	100 kg	325,52	148,28
Mahlroggen	100 kg	321,47	146,91
Braugerste	100 kg	370,52	180,03
Futtergerste	100 kg	283,93	145,24
Futterhafer	100 kg	293,46	143,36
Körnermais	100 kg	300,78	139,20
Zuckerrüben	100 kg	82,48	64,48
Stärkekartoffeln	100 kg	102,00	60,00
Paradeiser	je kg	3,02	2,65
Paprika grün	Stück	0,92	1,69
Karotten	je kg	1,85	2,65
Rote Rüben	je kg	2,11	0,73
Speiseerbsen	je kg	4,00	3,10
Pflückbohnen	je kg	12,60	2,50
Faßwein weiß (gem. Satz)	l	11,31	8,91
Faßwein rot (gem. Satz)	l	12,77	10,68
Einsteller/Stiere	kg	31,90	22,45
Schlachtstiere	kg	26,70	19,95
Schlachtkalbinnen	kg	23,23	17,88
Schlachtkühe	kg	19,01	13,41
Schlachtkälber	kg	42,69	32,29
Nutzkälber/männl.	kg	60,19	42,78
Milch 4 % frei Hof	kg	4,43	3,79
Schlachtschweine	kg	20,48	18,70
Masthühner	kg	18,57	11,13
Eier/Intensivhaltung	Stück	1,03	0,70

(Quelle „Landwirtschaftlicher Paritätsspiegel" Jänner 1998)

Im EU-Beitrittsvertrag Österreichs wurde – entsprechend dem Binnenmarktkonzept der EU – eine sofortige Marktöffnung für den Agrarbereich und die Übernahme der Gemeinsamen Agrarpolitik (GAP) festgeschrieben. Die von Österreich in den Beitrittsverhandlungen angestrebte Übergangsregelung wurde von der EU gleich einmal abgelehnt, dafür durfte Landwirtschaftsminister Fischler mit 1. Jänner 1995 als Agrarkommissar in die EU wechseln, was ebenfalls für viel Unmut sorgte. Er übernahm dabei die Verwaltung des Agrarbudgets, das damals fast 90 % (!) des Gesamtbudgets der EU ausmachte. Als Landwirtschaftsminister in Österreich folgte auf Fischler Wilhelm Molterer, derzeit Finanzminister und Vizekanzler der Regierung Gusenbauer, der dem AÖBV ja bereits vom Bauernparlament in Weng im Juni 1984 wohlbekannt war.

Der Freiraum für eine eigenständige Agrarpolitik wurde mit der GAP bzw. der Marktöffnung radikal eingeschränkt. Die Agrarmarktpolitik wurde und wird ausschließlich in Brüssel und von allen Mitgliedsländern gemeinsam entschieden und auch finanziert. In der Agrarstrukturpolitik blieben zwar nationale Spielräume erhalten, doch legt hier die EU einheitliche Rahmenbedingungen fest.

Der Agrarsektor hatte in Österreich in der Nachkriegszeit im Zug des gesamtwirtschaftlichen Aufholprozesses stetig an ökonomischem Gewicht verloren, das war zwar nichts neues, aber dennoch Tatsache. Im Jahr 2001 waren nur noch vier Prozent aller Erwerbstätigen in der Land- und Forstwirtschaft beschäftigt. Der Beitrag des Agrarsektors zum Bruttoinlandsprodukt machte rund 1,5 Prozent aus, alleine daran ist schon ersichtlich, wie die Bauern durch das erzwungene Abwandern aus dem Beruf, bezeichnet auch als Bauernsterben, an politischem und wirtschaftlichen Gewicht verloren haben.

Strukturell gesehen sind in Österreich kleine und mittlere bäuerliche Betriebe immer noch dominierend. Die Agrarstrukturerhebung 1999 wies 217.500 land- und fortwirtschaftliche Betriebe aus. Im Durchschnitt wurde je Betrieb eine landwirtschaftliche Nutzfläche von 17 Hektar kultiviert. Damit lag Österreichs Landwirtschaft 1999 in der EU-Rangliste der Betriebsgrößen an viertletzter Stelle. Im Durchschnitt der EU liegen die Betriebsgrößen bei 18,4 Hektar, wobei dieser aber durch die extrem kleinen Betriebsflächen in Portugal (im Durchschnitt 9,2 Hektar), Italien (6,4) und Griechenland (4,3) nach unten gedrückt wird. Nur in diesen Ländern liegen die durchschnittlichen Betriebsgrößen unter jenen in Österreich. In allen anderen EU-Ländern liegen sie über dem EU-Durchschnitt und weit über dem österreichischen Vergleichswert. In Großbritannien etwa verfügen die landwirtschaftlichen Betriebe im Durchschnitt über 69 Hektar; in Dänemark, Luxemburg und Frankreich über jeweils mehr als 40 Hektar.[228]

In Österreich werden zudem nur 37 Prozent der Betriebe im Hauptbetrieb bewirtschaftet. Die wirtschaftliche Ertragskraft der bäuerlichen Betriebe ist in Relation zu an-

228 Vgl. Christine Meisinger, Entwicklung der Agrar- und Regionalpolitik der Europäischen Union, Bundesanstalt für Bergbauernfragen, Facts&Figures Nr. 20 (2000).

Die Parte für den letzten Bauern wurde kurz nach dem EU-Beitritt in Plakatgrößen in etlichen Gemeinden in Niederösterreich vom Bauernverband affichiert.

Die Herren sprachen von der Wende,
für den Bauern war's das Ende.

Nach langem Siechtum, wohlvorbereitet durch eine zügellose Importpolitik und durch die Unfähigkeit von Bauernvertretern und Politikern, gab er heute nach langem, schwerem Leiden seinen Geist auf.

Der letzte Bauer

Er ging zugrunde an den niedrigen Preisen der letzten Jahre, trotz Marketing, Werbemillionen und Billigangeboten in den Supermärkten.

Hilflos, verfolgt und von seinen Vertretern gänzlich verlassen, geriet er in die Mühlen eines aufgeblasenen Bürokraten- und Beamtentums, das mit Schikanen sein Ende bereitete.

In stiller Trauer:

Die hinterbliebenen Bauern,
Handel, Handwerk und Gewerbe

Niederösterreich, im Jahre 1996

Beileidskundgebungen sind zu richten an:
Landwirtschaftsministerium, 1010 Wien, Stubenring 1

deren Erwerbsquellen unterdurchschnittlich. Im Durchschnitt liegen die aus der Landwirtschaft erwirtschafteten Einkommen je Arbeitskraft um etwa ein Drittel bis zur Hälfte unter den Löhnen und Gehältern der Arbeitnehmer. Dies ist auch der materielle Hintergrund für die anhaltende Abwanderung aus der Landarbeit, sprich der Landflucht. Dazu tragen auch die naturräumlichen Gegebenheiten bei: Laut Agrarstrukturerhebung liegen rund 70 Prozent aller landwirtschaftlichen Betriebe sowie 79 Prozent der erfassten landwirtschaftlichen Nutzfläche im Berggebiet oder in sonstigen benachteiligten Gebieten.

Mit dem EU-Beitritt übernahm Österreich die GAP auf dem Stand der Reformen von 1992. Dies bedeutete für Österreich einen grundlegenden Wandel in der Agrarpolitik, die ja nunmehr in Brüssel entschieden wurde. Die Folge war ein Anpassungsschock, der die Landwirtschaft und die Nahrungsmittelindustrie tief greifend veränderte. Interventionen und Reglementierungen wurden zurückgenommen, Preisstützungen reduziert, die Agrarpreise massiv gekürzt – das Ergebnis war eine weitere Welle des Bauernsterbens.

Die landwirtschaftlichen Erzeugerpreise brachen in der Folge im Durchschnitt um rund 20 Prozent ein. Am stärksten sanken die Preise für Milch und Getreide, die schon vorher bei weitem nicht die Erzeugungskosten deckten. Als Kompensation für den Preiseinbruch wurden entsprechend der GAP-Reform 1992 die Subventionen an die landwirtschaftlichen Betriebe massiv erhöht, womit der Bauer noch mehr zum Handaufhalter und Bittsteller wurde. Im ersten Beitrittsjahr 1995 wurden rund 1,8 Mrd. EUR an bäuerliche Betriebe ausgeschüttet, das war das Zweieinhalbfache des bis dahin jährlich ausgezahlten Subventionsvolumens.

Die Marktordnungsprämien (Flächen- und Tierprämien) wurden ebenso kräftig aufgestockt wie die Ausgleichszulagen für Betriebe in benachteiligten Gebieten und die Prämien im Rahmen eines neuen Umweltprogramms (ÖPUL). Zudem wurden 530 Mio. EUR als „degressive Ausgleichszahlungen“ ausgezahlt, die den Preiseinbruch über vier Jahre befristet abfedern sollten. Der Anstieg der Subventionen übertraf im ersten EU-Jahr die Ertragseinbußen infolge der Preiskürzungen. Die Agrareinkommen entwickelten sich daher insgesamt sogar noch positiv. In den folgenden vier Jahren aber brachen sie mit zunehmendem Durchschlagen der Preiskürzungen und der schwächer werdenden Kompensationskraft der degressiven Ausgleichszahlungen drastisch ein. Die Nettowertschöpfung des Agrarsektors fiel insgesamt um 22 Prozent, pro Beschäftigten gerechnet um elf Prozent. Erst zur Jahrtausendwende kam es durch die schrittweise Umsetzung der GAP-Reform von 1999 zu einer Erholung der Agrareinkommen, die vor allem der Aufstockung der Beilhilfen für die benachteiligten Gebiete sowie des Umweltprogramms zu verdanken war.[229]

Über 47 % des Haushaltes der Europäischen Union werden nun für die Unterstützung der Landwirtschaft aufgewendet. Im Jahr 2004 waren das über 50 Milliarden Euro, ein Betrag, der sich unserem Vorstellungsvermögen entzieht. Bis zu 80 % des bäuerlichen Einkommens stammt aus diesen Transferzahlungen, wie das so schön im EU-Deutsch heißt. Und doch sind diese horrenden Mittel nichts als ein Narkotikum. Ein Narkotikum für die Bauern und letztendlich ein Narkotikum für den Konsumenten. Mit diesen Zahlungen wird verschleiert, dass EU-weit jährlich 200.000 Höfe aufgegeben werden. Das heißt, alle drei Minuten kehrt ein Bauer in Europa seinem Hof den Rücken. Die ländlichen Regionen heißen dann „Abwanderungsgebiet“, mit diesem Terminus technicus wird ein gewaltiges Bauernsterben verharmlosend umschrieben.[230]

229 Österreichisches Institut für Raumplanung, Regionale Auswirkungen des EU-Beitritts (Wien 2003), 51-62.

230 Werner Lampert, Schmeckt's noch? Was wir wirklich essen (Salzburg 2005), 13f.

12.5. Rinder- und anderer Wahnsinn – die BSE-Krise

„Springt der Ochse auf den Hahn,
war's wahrscheinlich Rinderwahn!"[231]

Die geradezu unmenschliche Wettbewerbspolitik und die Globalisierung der Agrarwirtschaft, die durch den EU-Beitritt mehr als begünstigt wurde, brachte die skurrilsten Auswüchse, wie etwa die BSE-Krise, die Mitte der neunziger Jahre die Agrarwelt auf den Kopf stellte und den Rindermarkt buchstäblich an den Rand des Wahnsinns brachte.

Bovine spongiforme Enzephalopathie (BSE), auf Deutsch etwa „die schwammartige Gehirnkrankheit der Rinder" oder umgangssprachlich auch Rinderwahn (englisch mad cow disease, MCD) genannt, ist eine gefährliche Tierseuche. Die tödliche Erkrankung des Gehirns vor allem bei Hausrindern wird vermutlich durch Prionen (atypische Eiweißkörper) verursacht, was jedoch bislang nicht sicher bewiesen werden konnte und wogegen sich 2007 auch erneute Zweifel ergaben.[232]

Charakteristisch für die Erkrankung ist, dass die abnorm gefalteten Prionproteine vor allem im Gehirn den dort normalerweise vorhandenen Prionen mit gesunder Struktur ihre veränderte Struktur aufzwingen und so dort einen verhängnisvollen biochemischen Prozess auslösen, der letztlich zu einer Degeneration des Gehirns führt. Bei fortschreitender Erkrankung nimmt das befallene Gehirn eine schwammartig durchlöcherte Struktur mit fadenförmigen, proteinhaltigen Ablagerungen an.

Die Ursache für die Entstehung der Prionen ist umstritten, wobei mehrere Theorien existieren. BSE gehört zur Gruppe der Transmissiblen Spongiformen Enzephalopathien (TSE). Es wird heute vermutet, dass die neue Variante der tödlich verlaufenden Creutzfeldt-Jakob-Krankheit beim Menschen durch den Verzehr von BSE-verseuchtem Rindfleisch hervorgerufen wird. Eine weitere Vermutung ist, dass diese Krankheit bereits im 19. Jahrhundert bekannt war, aber dann zu Beginn des 20. Jahrhunderts verschwunden ist. Hierauf deuten verschiedene Bücher über Rinderkrankheiten aus dem Ende des 19. Jahrhunderts hin sowie Berichte vom Beginn des 20. Jahrhundert.

Aufgrund epidemiologischer Studien wird als Ursache mehrheitlich der Verzehr infektiösen Futters angenommen, wenngleich auch Tiere erkrankt sind, die nachweislich nie mit diesem in Berührung gekommen sind, wie etwa Bioland-Rinder in Freilandhaltung. In England wurden seit den 1970er Jahren Schlachtabfälle unzureichend erhitzt (zusätzlich bei zu geringem Überdruck), sodass lange vermutet wurde, dass der Scrapie-Erreger nicht zerstört wurde. Die Schlachtabfälle enthielten viel Material von Schafen, da die Schafpopulation in England groß ist. Das

231 Gängiger Witz im deutschsprachigen Raum während der BSE-Krise.
232 Vgl. http://de.wikipedia.org/wiki/BSE [24.11.2007].

Tiermehl aus diesen Tierkörperverwertungsanlagen wurde unter anderem auch an Rinder verfüttert. Damit hätten die Tiere mit dem Scrapie-Erreger in Kontakt kommen können, und laut einer Theorie könnte dadurch das spezifische Prion (PRP Sc [Sc von scrapie]) entstanden sein. Diese Theorie ist jedoch nach wie vor unbelegt und umstritten. Ein direkter Zusammenhang zwischen BSE und Scrapie wurde nie nachgewiesen und gilt unter Wissenschaftlern als fragwürdig.

Rund 5 bis 10 Prozent der Kälber von BSE-kranken Kühen entwickeln BSE; eine maternale (von der Mutter auf das Kalb) Übertragung ist aber derzeit (Stand 2004) nicht gesichert. Es besteht weiter der Verdacht, dass die Übertragung durch die anstelle der Kuhmilch verfütterte Kälberersatznahrung erfolgte. Zumindest in Deutschland sind heute tierische Fette im Rinderfutter gänzlich verboten. Es wird aber auch vermutet, dass ähnlich wie bei der Scrapie beim Schaf die Übertragung der Krankheit von der Kuh auf das Kalb bei der Geburt durch Blut oder Fruchtwasser möglich ist.

Rinder erkranken in der Regel im Alter von vier bis fünf Jahren an BSE und sterben dann innerhalb weniger Monate. Die Inkubationszeit (d.h. die Zeit ab Befall durch Erreger bis zur sichtbaren Krankheitsentfaltung) beträgt aber mehrere Jahre. Neuere Forschungen zeigen, dass BSE-verwandte Krankheiten bei Schafen, Elchen und Hirschen auch über den Urin verbreitet werden: Schafe und wildlebende Tiere kommen schließlich niemals mit Tiermehl in Kontakt.

Der Krankheitsverlauf und die Symptome äußern sich wie folgt: Bei der Krankheit wird das Gehirn schwammartig durchlöchert und damit in seinen Funktionen gestört. In diesem schwammartig durchlöcherten Gewebe lassen sich dann (am toten Rind) die oben genannten Prionen nachweisen. Die betroffenen Tiere zeigen Verhaltensänderungen und Bewegungsstörungen. Die Rinder beginnen zu straucheln, stolpern über die eigenen Beine und reagieren schreckhaft auf Lärm und Lichtreize. Muskelzittern, Zungenspiel und gelegentlich lebhaftes Ohrenspiel und Juckreiz werden beobachtet.

Nach Angaben der Vereinten Nationen nahm die Anzahl der BSE-Fälle in den letzten drei Jahren stetig ab. Während es 2003 weltweit noch 1.646 Fälle gegeben habe, wurden 2004 noch 878 und 2005 nur noch 474 Krankheitsfälle festgestellt. Nach der Entwicklung der Schnelltests im Jahr 2000 setzte die Phase der aktiven Überwachung in der Europäischen Union (EU) ein und in vielen Mitgliedsstaaten wurden erst dann BSE-Fälle offiziell bestätigt. Die vorherige passive Überwachung beruhte allein auf der Meldepflicht der Menschen, die mit Rindern Umgang haben, und erwies sich als unzureichend.

In der Bundesrepublik Deutschland wurden im Landkreis Segeberg bereits Anfang der neunziger Jahre erste Verdachtsfälle auf BSE registriert. Diese bis 1994 auf 24 angewachsenen Fälle wurden jedoch nicht weiter eingehend untersucht und die Tierkörper zur Weiterverarbeitung freigegeben. Als 1994 die damals dort amtierende Fleischhygiene-Tierärztin Margrit Herbst mit diesen Fällen an die Öffentlichkeit trat, wurde ihr durch ihren Arbeitgeber fristlos gekündigt, und sie wurde erfolgreich verklagt, diese Behauptungen nicht weiter zu verbreiten. Für ihre Zivilcourage wurde sie unter anderem 2001 mit dem Whistleblower-Preis ausgezeichnet. Der erste offiziell nachgewiesene Fall von BSE wurde für Deutschland am 26. November 2000 amtlich bestätigt; bis Februar 2005 sind allein in Deutschland über 360 Fälle nachgewiesen worden, davon 2004 65 und 2003 54. 2006 gab es insgesamt 16 bestätigte BSE Fälle, wobei eine hohe Dunkelziffer angenommen wird: Die meisten Tiere werden geschlachtet, bevor der Erreger nachweisbar wird. Allein im letzten Jahr wurden 1,7 Millionen Tiere untersucht.

In Großbritannien wurde BSE erstmals 1985 und 1986 in Kent (England) bei zehn Rindern festgestellt. Möglicherweise war aber BSE unter dem Namen „Stoddy" in Yorkshire bereits schon etwas länger bekannt. Die Fallzahlen stiegen daraufhin bis 1992 auf über 36.000 an, um dann wieder zu sinken. Seit dem 1. August 1996 gilt in Großbritannien ein völliges Verbot der Tiermehlfütterung bei allen Tierarten. Trotzdem treten immer wieder BSE-Fälle bei Rindern auf, die nach dem Fütterungsverbot geboren wurden. Mit Stand vom 5. Juli 2006 sind bisher 134 so genannte „BAB"-BSE-Kühe (Born After Ban) amtlich festgestellt worden. Eine schlüssige Erklärung, wie es trotz Tiermehlverbot immer wieder zu BSE-Fällen kommen kann, wurde bisher nicht gegeben.

In Österreich ist im November 2001, rund ein Jahr nach der flächendeckenden Einführung der BSE-Schnelltests, der erste Fall aufgetreten. Es handelte sich um ein aus Tschechien in das Waldviertel (Niederösterreich) importiertes Tier. Ein zweiter Fall trat im Juni 2005 im Vorarlberger Kleinwalsertal auf, wobei dieses Rind schon 1994 geboren wurde. Den dritten Fall, so wurde am 28. Oktober 2005 bekannt, gab es in einem Schlachthof in Salzburg. Am 13. Mai 2006 wurde in einem Schlachthof im Mühlviertel in Oberösterreich der vierte Fall bekannt. Es handelte sich dabei um eine sechs Jahre alte Kuh von einem Bergbauernhof. Am 7. Juni 2006 wurde BSE bei einer 16 Jahre alten Kuh in Osttirol festgestellt. Der bislang letzte BSE-Fall wurde am 5. November 2006 in Graz bekannt.

Für die europäischen und damit auch für die österreichischen Bauern nahm der Wahnsinn in England seinen Anfang; unverantwortliche Schlamperei und Profitgier hatten zu einem noch nie dagewesenen Zusammenbruch des Rindfleischkonsums geführt. Die Lage in Österreich spitzte sich 1996 zu, vor allem brach der Rindfleischmarkt ein, was dazu führte, das wieder einige Tausend Bauern vor dem Ruin standen und ihre Höfe zusperren mussten. Die Krone setzten dem Ganzen aber wie üblich die heimischen Politiker auf. So hatte z.B. Bundeskanzler Vranitzky beim EU-Gipfel in Turin 1996 nach dem Mittagessen aus gegrilltem Gemüse mit Spargelcreme, Käse und Risotto sowie Radicchio aus Treviso, Kalbsmedaillon aus Piemont mit Beilagen, und der Nachspeise, bestehend aus Waldbeeren mit Zabaione, zum französischen Staatspräsidenten Jacques Chirac bemerkt, man habe es bei der ganzen Sache nicht mit Rinder-, sondern mit Pressewahn zu tun. Die Herren Staats- und Regierungschefs, die ohnedies immer Ärger mit den Journalisten hatten, sollen sich darüber sehr amüsiert haben.

EU-Agrarkommissar Franz Fischler legte wenig später noch ein Schäuferl nach. Als der österreichische Rindfleischmarkt durch das Verschulden des englischen Systems ächzte und stöhnte, meinte Fischler vor Journalisten, auch heute esse er englisches Rindfleisch noch mit dem größten Vergnügen. Als ihn die Presseleute aufforderten, zur Unterstützung des englischen Rindermarktes dies vor laufender Kamera zu tun, ließ er sich dann doch mit der Ausrede entschuldigen, dass dies nicht Aufgabe eines Agrarkommissärs wäre. Dass die österreichischen Rinderbauern „ihrem" Agrarkommissar ob dieser Aktion ziemlich berechtigt zürnten, war nur verständlich. Aber dass viele Konsumenten zunächst einmal nicht nur auf britisches, sondern auf Rindfleisch überhaupt verzichten würden, konnte Fischler ja nun wirklich nicht voraussehen.

Zunächst verhängte die EU ein absolutes Exportverbot für britische Rinder, und die britische Regierung wurde verpflichtet, die am meisten BSE-gefährdeten Rinder im Alter von mehr als 30 Monaten nicht mehr in die Nahrungskette oder in kosmetische und pharmazeutische Produkte gelangen zu lassen, ebenso Hirn, Mark, Nerven oder Bries jüngerer Tiere. Insgesamt betrug der materielle Schaden bis hin zur Tierkörperentsorgung der zu Tausenden geschlachteten Rinder mehrere Milliarden Euro, der Imageschaden für die Bauern wird wohl nie wieder gut zu machen sein.

Die Bauern fragten sich verständlicherweise, wie der Rinderwahn entstehen konnte. Hatte man nun eine gemeinsame Agrarpolitik (GAP) in der EU oder nicht? Warum war dann die Verfütterung von Tiermehl in Österreich verboten und in Großbritannien erlaubt? Wie konnte es sein, dass durch hemmungslose Profitgier ein solches Tiermehl überhaupt an Rinder verfüttert wird, ein Pflanzenfresser gleichsam zum Fleischfresser bzw. zum Kannibalismus gezwungen wurde? Wie krank war die Agrarpolitik der EU eigentlich? Und warum mussten die Bauern der übrigen EU-Länder den Schaden nicht nur durch Einkommenseinbußen mittragen, sondern auch noch die Kosten für die Schadensminimierung übernehmen? Fragen über Fragen, auf die wie immer niemand eine Antwort wusste. Die einzige Institution, die die Bauern nicht im Regen stehen ließ, war die AMA, die Agrar Markt Austria, die 1992 anstelle des Milchwirtschaftsfonds, des Getreidewirtschaftsfonds, des Mühlenfonds und der Vieh- und Fleischkommission beim Bundesministerium für Land- und Forstwirtschaft, Umwelt und Wasserwirtschaft gegründet wurde. Die AMA unterstützte die Bauern mit einer massiven Werbeaktion für Rindfleisch und reagierte auf diese Krise, und langsam aber sicher erholte sich der Markt wieder. Aber auch diese Aktion der AMA wurde und wird wie die AMA selbst – erraten – von den Bauern bezahlt.

Die Bauern mussten wie so vieles das Ganze mit Humor nehmen, so wie der Liedermacher Max Raabe, der dem Rinderwahn sogar ein Lied widmete:

Rinderwahn

wer weiß denn wo die Rinder war'n
bevor sie unseren Mündern nah'n
als Kotelett
Sie sollten mal die Inder seh'n
die lassen ihre Rinder steh'n
als Heiligkeit flanieren die
das ist nett
Der Mensch isst gerne Tiere auf
da kam die Kuh als erste drauf
darum nennt sie ihren Racheplan
Rinderwahn
Bedenke wenn das Rind sich rächt
geht es uns bedenklich schlecht
erst liegt die Kuh im Fieber
dann du mein Lieber
Die Hühner fühlen sich seltsam fad
die Schweine sind schon lange malad
so greift die ganze Seuche um aufs Publikum!

12.6. Veränderungen im Bauernverband

Im Dezember 1998 erschien die letzte Ausgabe der ÖBZ (Österreichische Bauernzeitung). Die Zeitung bestand seit 39 Jahren und war, wie Riautschnig im Schlusswort schrieb, „wie ein Bauernhof ohne Erben, ohne Nachkommen, die das Begonnene, das Bestehende weiterführen"[233]. Die Bauernzeitung stand auch an ihrem Ende sauber da, ohne Schulden oder sonstige finanzielle Nöte. Es war einfach niemand mehr da, der in der Lage war, die Zeitung, die immer eine Zeitung von Bauern geschrieben für Bauern war, weiterzuführen, und sie erlitt damit dasselbe Schicksal, das nach dem EU-Beitritt viele Bauernhöfe traf. Der Chefredakteur, der Landwirt Gerhard Nowotny, Bauernverbandler der allerersten Stunde, war inzwischen 70 Jahre alt und sah sich verständlicherweise nicht mehr in der Lage, die Zeitung alleine weiterzuführen. In vielen Jahren hatte es Nowotny in unglaublicher Disziplin fertig gebracht, trotz drängender Erntetermine,

233 ÖBZ, Nr. 12, 1998, 6.

ÖSTERREICHISCHE

BAUERNZEITUNG

Österreichs größte Wochenzeitung für den ländlichen Raum

Bauernbündler

Demonstrationen vor Handelszentralen – Resolution an Geschäftsführung von Rewe, Spar und Hofer übergeben

Bauern fordern bei Milchpreis Kostendeckung

Rund 800 niederösterreichische Bäuerinnen und Bauern haben am Dienstag gegen die aktuelle Preispolitik des Lebensmittelhandels demonstriert.

An den drei Standorten St. Pölten (Spar), Wiener Neudorf (Rewe) und Stockerau (Hofer) übergaben Delegationen des NÖ Bauernbunds Protestresolutionen an die Firmenleitungen der drei großen Handelsketten.

Bauern fühlen sich in Existenz bedroht

Die Bauern fühlen sich durch das Preisdiktat des Handels erpresst und in ihrer Existenz bedroht. In Niederösterreich gibt es rund 7000 Milchbau-

Die dramatische Preisentwicklung bei Milch veranlasste die NÖ-Bauernbundspitze, zahlreiche Funktionäre und hunderte Bauern zum Protestmarsch zu den drei großen Handelszentralen.

dem Bauernbundobmann Hermann Schultes und Bauernbunddirektor Hans Penz unisono. Es müsse eine qualitätsorientierte Bezahlung ermöglicht werden, damit heimische Milch und österreichisches Fleisch den Qualitätsvorsprung behaupten und den Konsumenten hochwertige, geschmackvolle und naturbelassene Produkte garantiert werden können.

Auch Fleischsektor ist ein Problem

Genau so dramatisch wie bei Milch stellte sich die Tiefpreisphase am Fleischmarkt dar. Wenn der Handel nicht endlich bessere Preise zulasse, würden Ställe leer bleiben und die Versorgung mit hochwertiger österreichischer Fleischqualität

Aktuelles Titelblatt (15. Mai 2008) des ehemaligen „Bauernbündlers". Offensichtlich ist, dass der Bauernbund so ziemlich alles vom Bauernverband abgekupfert hat: Den Namen der Zeitung, die Forderung nach einem kostendeckenden Preis plus Arbeitslohn („Die Produktionskosten müssen gedeckt und es muss ein Arbeitslohn erwirtschaftet werden können") und der Weg der Demonstration als Kampfmittel. Nur spät kommt er drauf, der Bauernbund, viel zu spät …

anstehender Feld- und Hofarbeiten, Monat für Monat diese Zeitung herauszubringen. Es war Nowotnys Verdienst, ständig über die ÖBZ am Gewissen der Agrarpolitiker gerüttelt zu haben, und zwar mit großem Sachverstand und geradliniger Konsequenz.

In diesem Buch wurde bereits oftmals erwähnt, dass der Bauernbund keine Hemmungen hatte, sich Forderungen und Anliegen des AÖBV zu Eigen zu machen. So ist es nicht weiter verwunderlich, dass sich der Bauernbund den Titel der ÖBZ aneignete und seine bis dahin als „Bauernbündler" bekannte Zeitung in „Österreichische Bauernzeitung" umbenannte. Weder wurde hier um Erlaubnis gefragt noch in irgendeiner Hinsicht etwas abgegolten. Seine Schlüsse mag sich der Leser daraus selbst bilden.

Die Einstellung der Österreichischen Bauernzeitung bedeutete aber nicht, dass sich der Bauernverband aufgelöst hätte oder nicht mehr mit einer periodischen Schrift an die Öffentlichkeit herantrat – im Gegenteil. Ab Jänner 1999 gab es die „Informationen des Allg. Österr. Bauernverbandes", die nun etwas kleiner im Umfang und größtenteils ohne Abbildungen blieb. Die Informationen gibt es wie den Bauernverband heute immer noch. Doch war das Auslaufen der ÖBZ doch ein Zeichen für die Entwicklung der Bauernschaft und damit auch des Bauernverbandes. Im Jahr 1999 war man in der Situation, dass täglich drei Bauernhöfe ihre Tore für immer schlossen. Das Bauernsterben war so stark wie noch nie zuvor, und es wirkte sich auch auf den Bauernverband aus. Es gab zu wenige junge Leute, die den Geist der sechziger und siebziger neu beleben wollten, den Bauernverband noch einmal zu neuen Höhenflügen bringen wollten bzw. konnten. Doch die alten Kämpfer des Bauernverbandes dachten deswegen noch lange nicht ans Aufgeben, und nach dem Motto: „Steter Tropfen höhlt den Stein" hielt man die einzige überparteiliche Bauernorganisation in Österreich weiterhin am Laufen. Neben einer neuen Zeitung gab man sich auch einen neuen Namen: Aus dem „Allgemeinen Österreichischen Bauernverband" wurde beim Bundesverbandstag am 20. Juni

1999 beschlossen, sich von nun an „Österreichischer Unabhängiger Bauernverband“ (ÖUBV) zu nennen, um die Überparteilichkeit und Parteiunabhängigkeit des Bauernverbandes für die zu Recht politikverdrossene Bauernschaft verstärkt hervorzuheben. Und man ging mit der Zeit und richtete ab 2002 eine eigene Internet-Präsenz ein: www.ubv.at

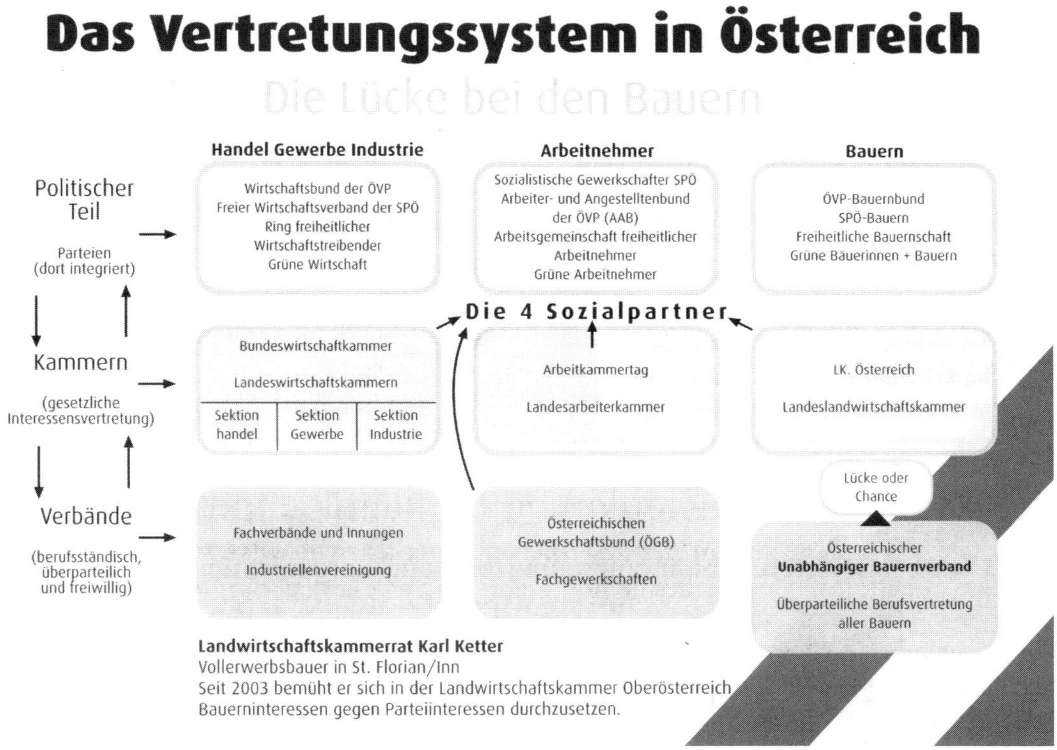

Das Vertretungssystem in Österreich und die Lücke bei den Bauern. Grafik des Österreichischen Unabhängigen Bauernverbandes, auch auf www.ubv.at

Die aktuellste große Veränderung im Bauernverband gab es bei der Jahreshauptversammlung am 25. März 2007 in Eugendorf. Anlässlich der Neuwahl des Bundesverbandsobmannes wurde beschlossen, den „Bundesverbands-Obmann“ und seine Stellvertreter in „Präsident“ bzw. „Vizepräsidenten“ umzubenennen. Einstimmig wurde ein neuer Präsident gewählt, nämlich LKR Michael Leitner vulgo Rodlbergbauer aus Mayerhofen/Dorfgastein. Ebenso einstimmig erfolgte die Wahl des oberösterreichischen Landesobmannes Karl Keplinger und des Niederösterreichers Erich Zahnt zum Vizepräsidenten. Dem Langzeitobmann Adolf Riautschnig, der 27 Jahre lang als Bundesobmann amtiert und den Bauernverband durch manch turbulente Zeit gelenkt hatte, wurde für seine verdienstvolle Tätigkeit an der Spitze des Bundesverbandes gedankt, und er wurde auch zum Ehrenpräsidenten ernannt.

Der amtierende Präsident des Bauernverbandes, der Salzburger LKR Michael Leitner, Rodlbergbauer aus Mayerhofen/Dorfgastein

Der neue Präsident Leitner, Absolvent der Landwirtschaftsschule in Bruck an der Glocknerstraße, ist aktiver Landwirt mit 36 Hektar Grünland und 104 Hektar Almfläche, betreibt Milchviehhaltung mit eigener Nachzucht, Forstwirtschaft und Privatzimmervermietung. Seit 1. Juni 2001 ist Leitner Kammerrat in der Salzburger Landwirtschaftskammer und seit 6. Jänner 2004 auch Landesobmann des Salzburger Landesverbandes im Österreichischen Unabhängigen Bauernverband. In seiner Antrittsrede in Eugendorf nannte Leitner auch seine agrarpolitischen Hauptanliegen, nämlich:

- die Verbesserung der Einkommenssituation insbesondere der Grünlandbauern;
- die baldige Erreichung eines fairen Milcherzeugerpreises als angemessenes Entgelt für bäuerliche Qualitätsarbeit;
- Unterstützung von „Interessen-Gemeinschaften", um der Unterbewertung von landwirtschaftlichen Qualitätserzeugnissen wirksam zu begegnen;
- Die Bedeutung und Wichtigkeit des Bauernstandes für Staat und Gesellschaft verstärkt bewusst zu machen;
- in der gesetzlichen bäuerlichen Berufsvertretung als kritisches demokratisches Kontrollorgan tätig zu sein.

Karl Keplinger, Vizepräsident des Bauernverbandes und Obmann des Landesverbandes Oberösterreich im ÖUBV

Der Autor wünscht dem neuen Präsidenten und seiner Führungsmannschaft viel Glück und Erfolg für die Zukunft des Bauernverbandes. Auch ist ihm zu wünschen, dass er für seine Arbeit viel Unterstützung aus dem Nachwuchs der bäuerlichen Jugend erhält, auf dass die überparteiliche Bauernvertretung in Österreich auch weiterhin Zukunft hat. Glück auf, Herr Präsident!

12.7. Das große Bauernsterben

Im Grünen Bericht 2007 des Landwirtschaftsministeriums, der allerdings nur Zahlen bis 2005 enthält, kommt das böse Wort „Bauernsterben" nicht vor. Im Vorwort gibt sich Landwirtschaftsminister Josef Pröll, Diplom-Ingenieur der Landwirtschaft (Universität für Bodenkultur Wien) und seit 28. Februar 2003 im Amt, euphemistisch: „Die österreichische Bundesregierung bekennt sich klar zur Weiterentwicklung

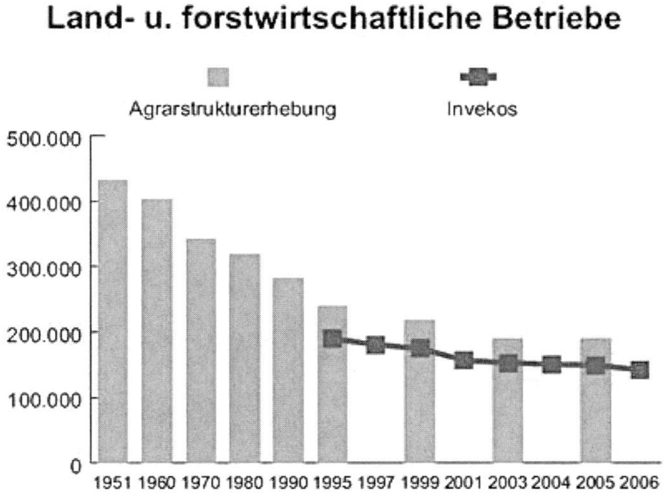

Land- und forstwirtschaftliche Betriebe in Österreich. Quelle: Statistik Austria, Agrarstrukturerhebung 2005

des ländlichen Raums. Wesentliche Voraussetzung dafür ist eine bäuerliche, nachhaltige und wettbewerbsfähige Landwirtschaft zur Sicherung der natürlichen Lebensgrundlagen, wobei die Ländliche Entwicklung der EU ein besonderer Eckstein ist. [...] Wir brauchen das Land, um Wachstum und Wohlstand für alle zu sichern. Mit dem neuen Programm für die Ländliche Entwicklung werden wir insbesondere die Wettbewerbsfähigkeit der bäuerlichen Betriebe und den gesamten ländlichen Raum entscheidend stärken. Programme für die ländliche Entwicklung dienen aber nicht nur der Verbesserung der Lebensbedingungen der Bauern und der Landbevölkerung, sondern sind zugleich im Interesse der gesamten Bevölkerung.“[234]

Im Kapitel „Agrarstrukturen und Beschäftigung“ steht geschrieben, dass es in Österreich im Jahr 2005 insgesamt 189.591 land- und forstwirtschaftliche Betriebe gäbe, und dann wird beschwichtigend formuliert: „Die Anzahl der Betriebe nahm im Vergleich zu 2003 – nach dem starken Rückgang zwischen 1999 und 2003 – nur leicht um 791 oder 0,4 % ab.“[235] Das ist ja alles schön und grün, was das Ministerium da schreibt, und fast könnte man meinen, das Bauernsterben sei gebremst worden, schließlich gibt es ja in Österreich immerhin noch fast 190.000 Bauern. Doch erst gegen Ende des Kapitels wird erwähnt, dass von den 189.591 Betrieben nur 74.504 (41,1 %) im Haupterwerb geführt werden, der Rest, nämlich weit mehr als die Hälfte und zwar 106.839 (58,9 %) werden im Nebenerwerb geführt. Es gab also im Jahr 2005 – und im Jahr 2007 werden es wohl noch weniger sein – in Österreich noch 74.504 Haupterwerbsbauern, im Jahr 1951 waren es noch 432.848. Danach setzte das Bauernsterben kontinuierlich ein, 1960 waren es nur noch 402.286 und 1970 367.952.[236] Seit 1952 haben also über 358.000 Bauern ihr Betriebe zumindest im Vollerwerb aufgegeben.

Sieht man sich die Zahlen der Europäischen Union an, wird es noch schlimmer, jährlich werden 200.000 Höfe aufgegeben, statistisch gesehen gibt es also alle drei Mi-

234 Bundesministerium für Land- und Forstwirtschaft, Grüner Bericht 2007 (Wien 2007), 3.
235 Ebd., 51.
236 Präsidentenkonferenz der österreichischen Landwirtschaftskammern, Zahlen aus Österreichs Land- und Forstwirtschaft 1971 (Wien 1972), 4.

nuten einen Bauer weniger in Europa. Zugegebenermaßen liegt das vor allem an den neuen und neueren Beitrittsländern, wie z.B. Polen, wo es vor dem EU-Beitritt noch 1,4 Millionen (!) Bauernhöfe gab, der allergrößte Teil davon wird – wie dies auch in Österreich der Fall war – in der Europäischen Union nicht überleben, denn auch in Polen purzeln die Agrarpreise in den Keller, während sich die Produktionskosten nach oben entwickeln.

Die Europäische Union bewegt sich in Richtung Agrargroßbetriebe. Die kleinen Höfe seien zu wenig rentabel, nur die großen werden überleben können, Zusammenlegung und Vergrößerung sei die Zukunft, heißt es. Trotz der hohen Subventionen insgesamt haben die kleinen Bauernbetriebe keine Überlebenschance. Die Förderungen begünstigen Großprojekte, die klein strukturierten Bauern haben in der EU mit ihren Programmen keine Zukunftschancen. Zu befürchten ist, dass letztlich nur große, hochtechnisierte und kapitalstarke Agrarfabriken übrig bleiben werden, die industriell denken und keine Verantwortung für Natur und Gesellschaft übernehmen.

Werner Lampert, Agrarphilosoph und Bio-Pionier der ersten Stunde, bringt die Sache auf den Punkt:

> Die Natur und die rechte bäuerliche Arbeit mit der Natur sind miteinander verwoben, es ist ein unerschöpfliches Netzwerk von Informationsmaterial, das da pulsiert. Wen wundert es, dass die Bauern zum großen Teil orientierungslos wurden. Die Gesellschaft braucht große Teile von ihnen nicht mehr, und vor allem auf die Früchte ihrer Arbeit können wir gut verzichten. Der Sinn fürs Bauer-Sein, der Sinn für Tier und Pflanze, der Sinn für diese Organisationsform, der Sinn für die Einheit des Landwirtschaftswesens – dieser Sinn wurde und wird von der Politik und der Wirtschaft trivialisiert und den zukunftslosen Romantikern zugeordnet. Sie übersehen geflissentlich, dass ihr Tun und ihre Ratschläge keine Zukunft haben, weil sie sich niemals der Realität der Natur stellen.
>
> Aus Angst vor der Wirklichkeit, in die die politisch Verantwortlichen die Landwirtschaft führen, lassen wir uns ein bäuerliches Leben vorgaukeln – denken wir nur an die allabendliche TV-Werbung mit der glücklichen Kuh, den frohen Bauern, dem taufrischen Gemüse –, das alles es längst nicht mehr gibt. Schein und Wirklichkeit klaffen nirgendwo so weit auseinander wie hier. Die Bauern werden zu Karikaturen ihrer selbst. Auch die Unverfrorenheit im Umgang mit diesem Thema ist nirgends größer.[237]

Der Konsument hingegen will keine Agrarfabriken und auch keine Lebensmittel, die hoch subventioniert quer durch Europa gekarrt werden. Er möchte ja den Bauern mit der glücklichen Kuh oder dem sprechenden Schwein aus der Werbung, das Problem ist nur, dass es ihn nicht mehr gibt. Der Konsument ist also auf der Seite des Bauern und

237 Lampert, 14f.

der bäuerlichen Romantik, er ist sogar bereit, höhere Preise für ein gesundes, natürlich produziertes Lebensmittel zu zahlen. Er raunzt zwar bei jeder Preiserhöhung, wie die jüngsten Teuerungen seit Herbst 2007 bzw. Frühjahr 2008 beweisen, weiß aber nicht einmal, dass die Bauern von den Preiserhöhungen den geringsten Anteil haben. Nur einen Bruchteil bekommen sie, der eigentliche Gewinner ist die Verarbeitung und die Vermarktung vom Grundstoff des Bauern zum fertigen Konsumprodukt. Die Bauern werden von den wahren Verursachern mancher Lebensmittelpreiserhöhung zum Schuldigen gemacht – die Medien leisten hier leider keine erklärende Unterstützung. Die raiffeisenabhängigen Medien sind den Bauern keine Hilfe. Dass die Bauern auch unter Produktionskostensteigerungskosten wie etwa unter steigenden Energie- und Treibstoffpreisen leiden, geht unter. Die Bauern müssen verstärkt in den Nebenerwerb oder gänzlich aufgeben. Der klein strukturierte österreichische Bauer von heute ist Idealist, wenn er der Scholle treu bleibt.

ÖSTERREICH — Sonntag, 2. September 2007 — Sonntag, 2. September 2007

Preiserhöhung kommt für Tausende zu spät ● Immer mehr Landwirte geben auf

Täglich 9 Milchbauern weniger

Das Bauernsterben erreicht einen neuen traurigen Rekord! Seit dem EU-Beitritt vor zwölf Jahren haben in Österreich täglich neun Milchbauern ihr Melkzeug für immer an den Nagel gehängt. Damit hat sich die Zahl dieser Landwirte von damals 80.000 auf nur noch 38.000 mehr als halbiert!

„Die jetzige Milchpreiserhöhung kommt für viele Landwirte zu spät", seufzt Ewald Grünzweil, „Obmann der Interessengemeinschaft Milch", die auf dem Markt mit der bauerneigenen „Fairen Milch" punktet. Seit Jahren appellieren die heimischen Bauern händeringend an ihre Molkereien, den Erlös doch zu erhöhen. Doch Bewegung kommt erst jetzt in die Sache. Weil die internationale Nachfrage rasant ansteigt, ist das wertvolle Lebensmittel von der Kuh plötzlich begehrt wie nie zuvor. Fast alle großen Molkereien des Landes sehen sich gezwungen, bis zu 40 Cent pro Kilo zu bezahlen, um ihre bäuerlichen Lieferanten bei der Stange zu halten.

Doch das war nicht immer so. Im Jahr 2002 wurde ein historischer Tiefstand von weniger als 26 Cent erreicht. „Damals haben viele von uns resigniert und die Produktion ganz eingestellt. Denn der Preis hat keine Investitionen mehr erlaubt. Viele, vor allem die Bergbauern, konnten nicht einmal die laufenden Lebenskosten decken", bestätigt „Falter-Bauer" Grünzweil aus Bad Leonfelden (OÖ). Verschärft wurde das durch die teilweise unsinnigen, aber kostenintensiven Auflagen der Brüsseler Agrarbürokraten.

Nach offiziellen Zahlen gibt es hierzulande nur noch rund 38.000 Milchbauern. Experten prophezeien einen weiteren Niedergang auf dramatische 20.000 im Jahr 2015.

lokales@kronenzeitung.at

Foto: Helmut Horvath

In Österreichs größter Tageszeitung wird das Bauernsterben zum Thema. Kronen Zeitung vom 2. September 2007

Es gibt aber auch Konsumenten – und diese sind zum Glück die Minderheit – die der Meinung sind, dass es den Bauern ohnehin gut genug gehen würde. Manchen ist es sogar völlig egal, was sie essen und woher es kommt, Hauptsache es ist billig und es schmeckt. Wozu muss eine Kuh glücklich sein, wenn sie letzten Endes ohnehin in der Bratpfanne landet? Doch wenn er dann die Ergebnisse dieser Agrarpolitik auf dem Tisch und Teller hat, wie BSE-, Nitrofen- und Dioxin-Skandale; Pestizide, Hormon- und Antibiotika-Missbrauch, Hexachlorcyclohexan-Rückstände in der Milch und im Gemüse, Salmonellen in Huhn und Eiern, verpilztes Getreide, diverse Schwermetallbelastungen bis hin zum Krebs erregenden Acrylamid bei Gebackenem und Frittiertem, dann wird der Bauer sehr rasch zum Schuldigen.

Das Bauernsterben ist ein Problem, das immer wieder kleingeredet wird. Die Bauern wurden am Arbeitsmarkt gut aufgenommen, da sie viele handwerkliche Fertigkeiten und vor allem große Arbeits- und Leistungsbereitschaft in ihre neue Arbeitswelt einbringen. Unter den verbleibenden Bauern sind heute viele Idealisten, aber auch Verzweifelte, die sich in die Pension retten und ihre Betriebsflächen den „Größeren" zur Verfügung stellen. Ein ehemals so stolzer Berufsstand, der alle Herausforderungen in Lauf der Geschichte manchmal mit größter Opferbereitschaft gemeistert hat, ist dabei, umgebracht zu werden. Das ist zwar eine drastische Formulierung, trifft aber mitten ins Schwarze. Der Bauernverband war und ist ein Versuch, dem Bauernstand ein Überleben in der Industriegesellschaft zu ermöglichen.

13. Auf den Spuren des Bauernverbandes

13.1. Die IG-Milch und die IG-Fleisch

„Wer kämpft, kann verlieren –
wer nicht kämpft, hat schon verloren!“[238]

Auf den Spuren des Allgemeinen Bauernverbandes wandelt die IG-Milch[239], die als „Verein österreichischer Grünland- und Rinderbauern“ am 11. Dezember 2004 in St. Georgen im Attergau in Oberösterreich gegründet hatte. Es handelt sich hierbei um eine überparteiliche und unabhängige Bauernorganisation zur Durchsetzung eines kostendeckenden Milcherzeugerpreises, also der zentralen Forderung des Bauernverbandes über Jahrzehnte. Dies ist kein Wunder, sind doch sehr viele IG-Milch Spitzenleute Mitglieder des ÖUBV, aber auch viele andere Namen aus der IG-Milch würden dem Leser bekannt vorkommen, wie z.B. Franz Loitfellner aus Rauris/Salzburg, Enkel des langjährigen Bundes-Bauernverbandsobmannes Josef Loitfellner.

Das Jahr 2004 war gezeichnet von Niedrigpreisen, vor allem auf dem Milchsektor: Ein viertel Kilo Butter konnte man im Supermarkt schon um 59 Cent erstehen, einen Liter frische Vollmilch um 54 Cent. Dies löste eine Protestbewegung der österreichischen Milchbauern aus. Aus einer spontanen Protestaktion (Billa-Streik Vöcklabruck) heraus formierte sich die IG-Milch, die Proponenten der ersten Stunde waren Ewald Grünzweil aus Linz-Urfahr, Leo Steinbichler aus Aurach am Hongar, Franz Schmidthaler aus Laussa, Ernst Halbmayr aus Haag in NÖ, Albert Winderle aus Weissenbach im Attergau und Karl Dumfart aus Bad Leonfelden. In den ersten Monaten traten dieser neuen Vereinigung über 2.000 Milchbauern bei, heute hält die IG-Milch bei einem Mitgliederstand von unglaublichen 6.330 Milchbauern (Stand April 2007). Die Grundforderung war ein Milchpreis von 40 Cent netto ohne Landesförderung, was vom Bauernbund als eine „unverschämte und unrealistische“ Forderung abgetan wurde, teilweise wurden die IG-Milch-Vertreter ob dieser Forderung ausgelacht.

Nach der Gründung fanden mehrere Protestaktionen der IG-Milch statt, die ein enormes Echo in den Medien und damit auch beim Konsumenten auslösten. Immer mehr Bauern schlossen sich der Bewegung an. Ein Jahr nach der Gründung fanden sich gezählte 1.600 Mitglieder zur Jahreshauptversammlung, wieder in St. Georgen im Attergau, ein. Ab Mitte Juli schaffte man es sogar, die „faire Milch“, als eigene Marke, die den Bauern allein gehört, in die Kühlregale der Supermärkte zu bringen. Damit erhalten die Konsumenten die Möglichkeit, über den Kauf der Marke „A faire Milch“ die Arbeit der Milchbauern für Lebensmittelqualität und -sicherheit, Kulturlandschaft und Gesellschaft direkt zu unterstützen. Auch eine neue Werbelinie wurde geboren, die Kuh „Faironika“ – mit dieser Werbelinie wurde die IG-Milch mehrmals mit Marketing-Prei-

238 Leitmotiv der IG-Milch. Vgl. http://www.ig-milch.at.

239 Ausführliche und informative Internetpräsenz der IG-Milch: www.ig-milch.at.

Agrarrebellen wollen weiter gegen Benachteiligung kämpfen

Bauernaufstand hat sich gelohnt: Molkereien zahlen mehr für Milch

Der Aufstand der heimischen Milchbauern hat sich offenbar gelohnt! Denn immer mehr Molkereien sind jetzt bereit, höhere Kilopreise zu bezahlen. Spitzenreiter: die „Tirol Milch". Dort bekommen die 5500 Liefer-Landwirte jetzt schon 44 Cent für das wertvolle Lebensmittel von der Kuh. Und zwar sogar rückwirkend.

„Das Tiroler Beispiel zeigt, dass doch mehr für unsere Bauern drinnen ist, als die Molkereiriesen immer wieder behaupten", so „Agrarrebell" Ewald Grünzweil von der „Interessengemeinschaft Milch". Der Widerstand und die Proteste haben gewirkt: Denn neben der NÖM, die ihre bäuerlichen Lieferanten vor allem im Osten rekrutiert, sowie Bergland, Gmundner und Landfrisch Wels hat jetzt vor allem die Tirol Milch deutlich die Preise angehoben. Besonders die Biobauern werden profitieren: Die Ökomilch-Produzenten bekommen einen saftigen Zuschlag von

VON MARK PERRY

acht Cent pro Kilo. Das Tiroler Unternehmen gehört zu den größten heimischen Molkereien und hat von ihren 5500 Lieferanten 224 Millionen Kilo Milch übernommen.

Die „eklanten Ungerechtigkeiten gegenüber den vielen Klein- und Kleinstbauern" ist nach Ansicht der Agrarrebellen freilich damit noch lange nicht beseitigt. „IG"-Chef Ernst Halbmayr will mit seinen etwa 6000 Mitgliedern – sie liefern bekanntlich unter dem Markenzeichen „Faire Milch" ihr eigenes Produkt – vor allem gegen den „Mengenbonus" anlaufen. Er besagt, dass jener Bauer den besten Preis und das meiste Geld bekommt, der am meisten liefern kann.

„Falter"-Bauer Ewald Grünzweil, ebenfalls ein „Fair Milch"-Sprecher: „Das widerspricht völlig dem Genossenschaftsgedanken und benachteiligt die vielen Bergbauern in unserer Heimat! Unser Kampf geht weiter . . ."

lokales@kronenzeitung.at

Erfolge der IG-Milch. Kronen Zeitung vom 5. September 2007.

sen ausgezeichnet. Die IG-Milch hatte sogar so viel Erfolg, dass sie im Juli 2007 berichten konnte, dass auf Grund der Proteste der IG der REWE Konzern, sprich Billa und Penny, eine Billigaktion abgebrochen hatte. Die IG-Milch hatte nämlich aufgedeckt, dass die spottbillige Heidi-Butter, eine Eigenmarke des REWE Konzerns, nicht aus Österreich, sondern aus den Niederlanden bzw. der östlichen BRD kam. Bald darauf stand auf der Heidi-Packung „Qualität aus Österreich", denn durch die Intervention der IG-Milch kaufte REWE für die Heidi-Butter nur noch Butter aus Österreich – und zwar von der NÖM (Niederösterreichische Molkerei), die dafür den Zuschlag erhielt.

Dass eine parteiliche Bauernvertretung nicht viel bringt, hat dieses Buch nun schon ausführlich beschrieben. Die IG-Milch ist wie der Bauernverband überparteilich, doch kann nicht sein, was nicht sein darf, denn der ÖVP-Bauernbund bäumt sich bereits dagegen auf. Von Anfang an wurde die IG-Milch vom Bauernbund argwöhnisch beäugt, doch kam es jüngst zum Eklat, als das Gründungsmitglied der IG-Milch, Leo Steinbichler, aus dem Bauernbund ausgeschlossen wurde. Doch der Bauernbund geht mittlerweile noch weiter, denn mit dem Ausschluss aus dem Bauernbund wurde Steinbichler auch das Mandat als Obmann der Bezirksbauernkammer Vöcklabruck entzogen, was für Empörung sorgte, denn jedes Mandat in unserem Staat sollte eigentlich ein freies Mandat sein. Steinbichler wurde nämlich als Obmann von den Ortsbauernobmännern gewählt und eigentlich sollte nur dieses Gremium eine Abwahl herbeiführen können. Es wurden daraufhin von Steinbichler rechtliche Schritte eingeleitet.

Der Vorgang scheint aber nach dem oberösterreichischen Landwirtschaftskammergesetz, einem Landesgesetz, gedeckt zu sein. Eine Novellierung ist allerdings schon mehrmals gefordert worden, und nun macht sich für die IG-Milch auch wiederum der Bauernverband stark: Karl Ketter, Landwirtschaftskammerrat des Bauernverbandes in der Landwirtschaftskammer Oberösterreich will versuchen, SPÖ, FPÖ und Grüne für eine Novellierung zu gewinnen, da die ÖVP im Oberösterreichischen Landtag über keine absolute Mehrheit verfügt. Es ist zu hoffen, dass diese gesetzliche Maßnahme umgesetzt werden kann. Karl Ketter ist an dieser Stelle zu wünschen, eine politische Mehrheit gegen diese demokratiepolitisch bedenklichen Paragraphen zu finden, die es ermöglichen, einen gewählten Mandatar einfach so, weil er aus dem ÖVP-Bauernbund ausschert, aus der Bezirksbauernkammer zu werfen.

Doch der Fall Steinbichler war noch nicht alles, die ÖVP geht auch an anderen Fronten massiv gegen die IG-Milch vor. So sollten Bauern davon abgehalten werden, zu einer Versammlung der IG-Milch in Michaelbeuern in Salzburg zu kommen. Bei einer Weinverkostung mit Armbrustschießen „beim Rosenstatter" (Schießendoppler-Bauer) in Seeham habe Salzburgs Bauern-Landesrat Sepp Eisl (ÖVP) den anwesenden Bauern gesagt: „Wißt's eh, was ihr tun sollt's, wenn ihr die Einladung von der IG-Milch bekommt's – zerreißen!" wird eine Seehamer Bäuerin im „Salzburger Fenster" zitiert.[240] – „Es wird massiv gegen die IG-Milch vorgegangen, die ÖVP-Bauernfunktionäre haben wohl Angst, dass ihnen die Felle davonschwimmen, aber daran, dass die Bauern in die ÖVP kein Vertrauen mehr haben, sind sie selber schuld", zieht die Seehamer Bäuerin ihre Schlüsse daraus. Abhalten ließen sich die Bauern aber nicht: rund 300 kamen zu der Versammlung.

Die IG-Milch ist heute nach über drei Jahren ihres Bestehens eine wichtige Zukunftsperspektive für die Milchbauern und würde daher Anerkennung und Unterstützung von der offiziellen Agrarpolitik und dem von ihr gesteuerten Genossenschaftswesen verdienen; aber auch eine IG-Fleisch hat sich jüngst gegründet. Im Interesse der Bauernschaft ist der IG-Milch weiterhin viel Erfolg und alles Gute zu wünschen, und die neue IG-Fleisch möge den gleichen erfolgreichen Weg wie die IG-Milch gehen. Denn der Kampf um gerechte Erzeugerpreise ist ein zeitloses Thema, wie die jüngsten Aktionen der IG-Milch im Frühjahr 2008 beweisen. Mögen sie erfolgreicher sein als die jahrzehntelangen idealistischen Bemühungen der Funktionäre und Mitstreiter des Bauernverbandes. Die IG-Milch und die IG-Fleisch sind hoffnungsvolle Zeichen, dass die Ideen des Bauernverbandes weiterleben – kein Wunder –, denn der Bauernverband vertritt wirtschaftliche *und* ideelle Grundlagen des Bauerntums.

13.2. Die Milchliefergemeinschaften

von Franz Schachinger

Ein altes Ideengut des Bauernverbandes, nämlich bei der Vermarktung bäuerlicher Produkte den bestimmenden Einfluss zurück zu gewinnen, wurde mit der Gründung der Milchliefergemeinschaften in die Tat umgesetzt. Sie ermöglichten die freie Wahl des Milchverarbeiters und nützen den Wettbewerb der Molkereien zum Vorteil der Milcherzeuger.

Angefangen hat alles in den achtziger und neunziger Jahren mit den im Laufe der Zeit steigenden Qualitätsansprüchen beziehungsweise genaueren Qualitätsdefinitionen der Molkereien. Diese führten zu ständig komplizierter werdenden Milch-

240 Salzburger Fenster, Ausgabe 39/07.

preiszu- und -abschlagssystemen und damit zu immer weniger nachvollziehbaren Milchgeldabrechnungen. „Augenfällig waren dagegen die meist sinkenden Milcherlöse, sodass sich die Stimmen mehrten, welche die Abrechnungsverkomplizierung als unehrliches Instrument zur Senkung der Erzeugermilchpreise geißelten“, erklärte bei den Recherchen zum vorliegenden Buch der Alpenland-Obmann der ersten Stunde und langjähriger ÖVP-Vizebürgermeister Franz Schmidthaler aus Laussa in Oberösterreich.

Das Fass zum Überlaufen brachte die 1998 propagierte Einbeziehung der fettfreien Trockenmasse in die Milchpreisberechnung und die Argumentation, der sich die genossenschaftliche Bergland-Molkerei dabei bediente. So wurde den Bauern durch die Eiweißbezahlung ein Mehrerlös von bis zu dreißig Groschen (2,18 Cent) pro Kilo Milch in Aussicht gestellt, der allerdings – was wohlweislich verschwiegen wurde – beste Futtergrundlage voraussetzte, wie sie nur in Gunstlagen dank hoher Energieversorgung der Tiere mit Silomais besteht. In benachteiligten Gebieten, wie zum Beispiel in den Grünlandbetrieben des oberösterreichischen Ennstales, war klar, dass vom versprochenen Mehrerlös bestenfalls neun Groschen (0,65 Cent) übrig bleiben.

In der Folge wurde mit dem Verarbeiter ein Jahr lang – leider ergebnislos – verhandelt und schließlich der Molkereiwechsel ins Spiel gebracht. Dazu musste aber erst die Rechtssituation geklärt werden.

Unter Einbeziehung der Juristen der Landwirtschaftskammer wurde die einschlägige Gesetzesmaterie studiert, wobei man auch auf Bestimmungen stieß, nach denen man gar nicht suchte, wie zum Beispiel auf die S-Klassen-Verordnung, die von den Molkereien zum Nachteil der Bauern ausgelegt wird. Laut Gesetz sind die Bauern für höhere Qualität zu belohnen und nicht – bei Nicht-Erreichung – zu bestrafen!

Am Ende wurde eine für beide Seiten akzeptable Kündigungsmodalität gefunden. Demnach kann heute jeder Milchlieferant seine Molkerei wechseln, wenn er die Lieferverpflichtung spätestens ein Monat vor Ende des Milchwirtschaftsjahres kündigt.

Nach Bekanntwerden des Kündigungsrechtes im Jahre 2001 verabschiedeten sich die ersten verärgerten dreihundert Ennstaler Milchproduzenten von Bergland, ohne einen Vertrag mit einem anderen Verarbeiter in der Tasche zu haben. Der riskante Entschluss wurde dennoch zu keinem Bumerang, da damals die Gmundner Molkerei zu wenIG-Milch hatte und sich gleich als Abnehmer anbot, was den Bauern eine günstige Verhandlungsposition bescherte. Sie forderten und erreichten den S-Klassen-Zuschlag nicht erst bei einer Zellzahl kleiner 200.000, sondern bereits bei einer Zellzahl unter 250.000 sowie den Verzicht auf den Closteridien- und Fixkostenabzug. Weiters wurden die sonstigen Abzüge halbiert und der Basismilchpreis um zwanzig Groschen (1,45 Cent) angehoben.

Inzwischen regte sich auch im oberösterreichischen Innviertel Widerstand, hier vor allem durch die Verrechnung des Milchtanks, den Bergland den Milchlieferanten zur Verfügung gestellt hatte. Als dann im Jahre 2000 auch noch bekannt wurde, dass die heimische Bergland den Lieferanten ihres bayerischen Filialbetriebes, der Rottaler Milchwerke, um fünfzig Groschen (3,60 Cent) pro Kilo mehr bezahlte als den Milchbauern diesseits des Inns, war das Maß voll.

Der Skandal veranlasste die Minderheitsfraktionen in der Landwirtschaftskammer unter der Führung des damaligen freiheitlichen Kammerrates ÖR Johann Großpötzl aus Sigharting noch vor Weihnachten einen Milchgipfel zu verlangen, der auch am 19. Dezember einberufen wurde. Der Milchgipfel verlief allerdings anders, als sich das die Initiatoren vorgestellt hatten. Die Bauernbundfraktion wurde für zehn Uhr eingeladen, und die Vertreter der anderen Fraktionen sollten um zehn Uhr fünfzehn erscheinen. Einlass fanden die Rebellen freilich erst um halb elf. Und zehn Minuten später war alles wieder vorbei. Die Mehrheit hatte die Minderheit niedergestimmt.

Entsprechend gereizt war dann die Stimmung bei der am nächsten Tag stattfindenden Landwirtschaftskammer-Vollversammlung in Linz. Hier traten Bauern der Einkaufsgemeinschaften bereits als Demonstranten auf und beschlossen, die Sache selbst in die Hand zu nehmen.

Als erste Einkaufsgemeinschaft wurde die „Bäuerliche Informationsgemeinschaft" (BIV) mit dem damaligen Obmann ÖR Johann Großpötzl aktiv. Er besuchte und besichtigte zu Jahresanfang fünf Molkereien im Bundesland Salzburg und in Bayern, die als neue Milchabnehmer in Frage kamen. Davon wurden drei in die engere Wahl gezogen. Den Zuschlag erhielt schließlich die Bergader Privatkäserei in Waging am See. Der bayerische Käseerzeuger ist nahe Oberndorf bei Salzburg angesiedelt und verfügt über einen Zweigbetrieb in Rotthalmünster, nur fünfzehn Kilometer von Obernberg am Inn entfernt.

Bergader benötigte dringend Milch, zählt in Bayern zu den bestzahlenden Milchverarbeitern und machte den Oberösterreichern ein Angebot, das sie nicht ablehnen konnten. „Abgeschlossen wurde zu einem Milchpreis, der um fünfzig Groschen beziehungsweise 3,60 Cent über dem nachgebesserten Berglandangebot lag", erinnert sich Chefverhandler Großpötzl heute noch gerne an den seinerzeitigen Erfolg.

Dazu kam, dass die Bergader Privatkäserei ein sehr klares und übersichtliches Milchabrechnungssystem praktiziert. Es gibt bis heute keine schwer nachvollziehbaren Zu- und Abschläge wie bei der Berglandmilch. Und selbst der Abzug bei Nichterreichung der S-Qualität war mit 0,58 Cent viel niedriger als beim heimischen Partner.

Natürlich akzeptieren die Bayern auch die in Österreich üblichen Qualitätsbestimmungen, wobei allerdings oberbayerische Sätze verrechnet werden. Zudem lassen die Nachbarn auch die Kleinerzeuger leben. Zum Unterschied von Bergland erhalten alle Lieferanten, ob groß oder klein, den gleichen Milchpreis. Bergader übernimmt auch den Großteil des AMA-Beitrages.

Der Milchpreis wurde risikominimierend nach unten abgesichert. So steht im Milchkaufvertrag, den jeder einzelne Lieferant mit der Privatkäserei abschließen muss, dass Bergader einen Milchpreis garantiert, der im Milchwirtschaftsjahr mindestens dem durchschnittlichen Milchpreis der Molkereien „Alpenmilch Salzburg", „Berglandmilch" und „Gmundner Milch" für einen Betrieb mit 100.000 Kilo Jahresanlieferung entspricht.

Die Verhandler der Alpenland bauten allem vor, was nur denkmöglich ist. Für den Fall, dass für die Milch aus Österreich eine Liefersperre verhängt würde, musste sich Bergader verpflichten, einen Milchabnehmer in Österreich zu suchen, ohne dass den Milchlieferanten ein finanzieller Nachteil erwächst.

Die Innviertler und Ennstaler Milchrebellen, die bereits seit Jahren im Rahmen der Einkaufsgemeinschaften zusammenarbeiteten, bündelten längst ihre Bemühungen beim Molkereiwechsel. So luden sie fast zeitgleich ihre Milch produzierenden Mitglieder zu Informationsveranstaltungen ein, die auf großes Interesse stießen. Die Teilnehmer zeigten sich vom präsentierten Verhandlungsergebnis begeistert, sodass der Molkereiwechsel der ersten sechshundert oberösterreichischen Milchbauern fast nur noch eine Formsache war.

In der Folge gründeten die in ihrem Existenzkampf weitgehend allein gelassenen Bauern – nach dem Vorbild der Einkaufsgemeinschaften – die „Milchliefergemeinschaft Alpenland" mit Sitz im Telehaus in St. Georgen bei Obernberg am Inn. Auch in dieser Interessengemeinschaft sind die Funktionäre ehrenamtlich tätig. Sie werden demokratisch gewählt und nicht parteipolitisch bestimmt. Sie führen die Verhandlungen mit den Milchverarbeitern und vertreten die Mitglieder – wenn es sein muss – auch gegenüber der Politik und den Behörden.

Eine weitere wichtige Dienstleistung der „Milchliefergemeinschaft Alpenland" ist der Milchpreisvergleich, der monatlich erstellt wird und die tatsächliche Molkereileistung der meisten Milchverarbeiter der Alpenrepublik und im angrenzenden Bayern aufzeigt. Er stellt eine wertvolle Orientierungshilfe für die Preisverhandlungen mit den Molkereien und für die Planung künftiger Molkereiwechsel dar.

Nicht genug: Im Jahre 2002 wurde auch eine „Milcherzeugergesellschaft mit beschränkter Haftung" ins Leben gerufen mit Sitz – wie Alpenland – im Telehaus in St. Georgen bei Obernberg. Die GesmbH versorgt die Mitglieder mit preisgünstigen Betriebsmitteln für die Milchproduktion. Sie erzielte im Jahre 2007 einen Umsatz von rund 850.000,- Euro.

Die zahlenmäßigen Erfolge der „Milchliefergemeinschaft Alpenland" zeigen sich in der Mitgliederstärke und der Jahresanlieferung. Im Wirtschaftsjahr 2006/07 umfasste Alpenland nahezu 1.100 Mitglieder, die es auf eine Milchlieferleistung von über 100 Millionen Kilogramm erbrachten. Davon wurden 29 Millionen Kilo Milch an die Gmundner Molkerei, 33 Millionen Kilo an Bergader, 28 Millionen Kilo an den ebenfalls bayerischen Milchverarbeitungsbetrieb Jäger, sieben Millionen Kilo an die Biomolkerei Seifried in Aspach, 3,50 Millionen Kilo an den Biokäsehof im Grenzgebiet von Oberösterreich und Salzburg und eine Million an einen Verarbeiter in Schlierbach geliefert. Laut vereinseigenen Berechnungen erreichte ein Mitglied, das beispielsweise von Bergland zu Bergader wechselte und jährlich 100.000 Kilo Milch produziert, in der Zeit von 2001 bis 2006 einen Mehrerlös von beachtlichen 9.800,- Euro.

Trotz dieser Erfolge gehen die Innviertler und Ennstaler Mitglieder – vor allem wegen Auffassungsunterschieden in der Milchpreispolitik – seit Frühjahr 2007 wieder getrennte Wege. Der neue Vorstand der Ennstaler, bestehend aus Karl Postlmair in Aschach/Steyr, Wolfgang Linbacher in Neustadt/Donau, Josef Schmiedthaler in Laussa, Franz Mitter in Bad Leonfelden und Josef Kaas in Konradsheim, hält einen möglichst breiten Schulterschluss aller Milcherzeuger Österreichs für notwendig, wie ihn die „Interessengemeinschaft Milch", kurz IG-Milch, anstrebt. Sie forcierten die Zusammenarbeit mit den Handelsketten, während die Innviertler auf die Eigenständigkeit pochen und unbedingt an der Milchlieferung nach Bayern festhalten wollen.

Da es zu keiner gütlichen Einigung kam, gründeten die Innviertler eine eigene neue Milchliefergemeinschaft unter der Führung von ÖR Johann Großpötzl in Sigharting, Fritz Hofinger in Pramet und Alois Hamminger in Mettmach, nämlich den „Verein der Milchproduzenten" (VdMP) mit Sitz im Telehaus St. Georgen. Ihre Hauptziele sind nach wie vor die Preisverhandlungen mit den Molkereien und der gemeinsame Einkauf von Betriebsmitteln für die Milcherzeugung.

13.3. Die Informations- und Einkaufsgemeinschaften

von Kurt Possegger

Es gibt mehrere Möglichkeiten, das landwirtschaftliche Einkommen zu erhöhen, nämlich besser zu verkaufen, billiger zu produzieren und günstiger einzukaufen. Auf Letzteres spezialisieren sich ganz im Sinne des Allgemeinen Bauernverbandes nun schon seit zwei Jahrzehnten die bäuerlichen Informations- und Einkaufsgemeinschaften. Diese neuen Selbsthilfegemeinschaften informieren die Mitglieder über günstige Einkaufsmöglichkeiten und organisieren die gemeinschaftliche Beschaffung vorzugsweise von Verbrauchsgütern, die keinen Kundendienst benötigen. Sie nutzen die Preisvorteile, die der Bezug von größeren Mengen, der Einkauf direkt beim Großhändler oder Erzeuger und der Eigenimport bieten. Dazu kommen der Wegfall von Personalkosten durch die ehrenamtliche Tätigkeit der Funktionäre, der Lagerhaltungskosten durch Vermeidung von Zwischenlagerungen und die Verbilligung des Transports durch den Sammelbezug bzw. die Warenabholung durch die Mitglieder. Den Direktbezug begünstigt die im Landmaschinen- und Betriebsmittelhandel bis heute oft geübte Praxis, wonach der Verkauf den oft defizitären Werkstättenbetrieb stützen muss. Das führt zu überhöhten Preisen bei jenen Produkten, die keinen Service erfordern. Die Idee der Einkaufsgemeinschaften wurde in Form der „Landwirtschaftlichen Informations-Gemeinschaft" (LIG) im Jahre 1985 von den Bauern Franz Krautsack und Robert Dürr in Nickelsdorf im Burgenland geboren. Sie wird von kritischen Berufskollegen in nahezu allen Bundesländern weitergeführt.

Geburtswehen

Beim Aufbau der neuen Bauernselbsthilfe LIG galt es zunächst Bäuerinnen und Bauern zu finden, die bereit waren, mitzumachen. In zahlreichen Gründungsversammlungen mussten der Bauernschaft die großen Vorteile des gemeinsamen Einkaufs näher erläutert werden. Mit konkreten Beispielen wurde die Kosteneinsparung bei Dünger und Pflanzenschutzmittel, Saatgut und Diesel bis hin zu Baustoffen und Maschinen schmackhaft gemacht. Viele begriffen rasch, dass hier etwas zu holen ist. Sie mussten allerdings erst Mitglied der LIG werden, um diese Kostenvorteile genießen zu können. Schon die Neugierde sorgte, ähnlich wie später bei den Gründungsversammlungen der IG-Milch, für volle Versammlungslokale. In manchen Versammlungen wurde auch kontrovers diskutiert, indem sich Funktionäre der Landwirtschaftskammer (LWK) und des Bauernbundes verpflichtet fühlten, die anwesenden Bäuerinnen und Bauern vor der LIG zu warnen. So wurde z.B. der über einen Händler aus Jugoslawien importierte Handelsdünger in seiner Qualität schlecht geredet. Ein Jahr später versiegte die Bezugsquelle, weil ein bekannter Stickstoffdüngerhersteller in Österreich die gesamte Jahresproduktion des jugoslawischen Produzenten aufkaufte. Also kann dieser Dünger so schlecht nicht gewesen sein, oder es wurde die mindere Qualität (die Nährstoffgehalte sollten nicht gestimmt und die Körnung soll zu unterschiedlich gewesen sein) beim hiesigen Stickstoffproduzenten akzeptiert.

In einem anderen Fall wurde die Qualität des von der LIG vermittelten Dieseltreibstoffs bemängelt. Die einen sagten, der Treibstoff enthalte Spindelöl, was den Motoren schade. Andere wieder wollten Wasser als Streckmittel im Diesel entdeckt haben. Als dann die LIG anfing, sogar russische Traktoren der Marke „Belarus“ zu vermitteln, machten sich LIG-Kritiker Sorgen um die Arbeitsplätze bei Steyr. Erstaunlicherweise übernahm einige Jahre später Raiffeisen die Importlizenz für „Belarus“. Außerdem störte niemand, dass in Österreich neben den guten Steyr-Traktoren schon lange Zeit überwiegend Traktoren ausländischer Herkunft verkauft wurden.

Zu den Geburtswehen der LIG zählten auch Lieferschwierigkeiten. Händler, die zunächst bereit waren, LIG-Mitglieder zu beliefern, sahen sich kurz vor dem vereinbarten Liefertermin auf Grund „höherer Gewalt“ nicht mehr dazu in der Lage. Bei den Nachforschungen stellte sich heraus, dass die betreffenden Handelsfirmen bei Vertragserfüllung das Versiegen der Bezugsquelle befürchteten. Die erfolgten Interventionen hatten eindeutig zum Ziele, die LIG zu liquidieren nach dem Motto: „Wehret den Anfängen“. Für die LIG-Mitglieder waren die kurzfristigen Lieferabsagen bei Saatgut, Dünger und Pflanzenschutzmittel insofern problematisch, als sie dann bei anderen Anbietern einkaufen mussten und den Frühbezugsrabatt nicht mehr nutzen konnten. Die Störmanöver verursachten der LIG in der Aufbauphase große Probleme, konnten sie aber nicht umbringen, weil die überwiegende Mehrheit der Mitglieder das böse Spiel durchschaute und gerade deshalb weiterhin zu dieser Selbsthilfeeinrichtung stand. Zu den fremd verschuldeten Pannen kamen in der Anfangszeit auch eigene Fehler, wie mangelhafte Verträge mit Lieferanten, unpünktliche Warenzustellungen oder Differenzen bei der Gewährung von Rabatten an LIG-Mitglieder. Diese Pannen waren für die Betroffenen nicht weniger ärgerlich, konnten aber die Idee nicht ernsthaft gefährden. Aus Fehlern wurde gelernt.

Politische Einflüsse

Die relativ schnelle Ausbreitung der LIG, insbesondere in den Bundesländern Oberösterreich, Niederösterreich und Steiermark, wurden durch die für die Bauern nicht gerade Existenz sichernde Agrarpolitik begünstigt. Während LWK und Bauernbund, der für das Wohlergehen des Bauernstandes seit Ende des 2. Weltkrieges hauptverantwortlich ist (die ÖVP war immerhin von 1946 bis heute rund fünfzig Jahre an der Regierung beteiligt oder allein regierend und stellte in dieser Zeit bis auf drei Wahlperioden den Landwirtschaftsminister), angeblich kämpften wie die Löwen, musste die überwiegende Mehrheit der Bauern eine ständig steigende Einkommensdisparität zu den meisten übrigen Berufsgruppen hinnehmen. Zahlreiche Betriebsaufgaben und die starke Abwanderung der bäuerlichen Bevölkerung in andere Berufe waren die Folgen. Es war und ist auch heute noch das „Verdienst" des Bauernbundes und der LWK, die überwiegende Mehrheit der bäuerlichen Bevölkerung trotz Einkommensbenachteiligung von Demonstrationen, Protesten und Aktionen anderer Bauernorganisationen fernzuhalten bzw. sich als treue Gefolgsleute und Wähler zu erhalten.

Dennoch ließen sich viele Landwirte nicht davon abhalten, Mitglied bei der LIG oder einer ihrer regionalen Nachfolgeorganisationen zu werden. Und das, obwohl zahlreiche Funktionäre von LWK und Bauernbund davor warnten. Als ich in meiner Eigenschaft als freiberuflicher Mitarbeiter des „Bayerischen Landwirtschaftlichen Wochenblattes" zum ersten Mal eine sehr gut besuchte Mitgliederversammlung der BIG-KO in Velden/Kärnten besuchte, staunte ich nicht wenig, wie viele langjährige treue Bauernbündler (einfache Mitglieder, aber auch Funktionäre auf unterer Ebene) in diesem Kreise verkehrten. Ein Jugendfreund, der dem Bauernbund aus Tradition ebenfalls sehr nahe steht, versuchte mir diesen Wandel mit folgenden Worten zu erklären: „Kluge Bauern heulen mit den Wölfen, weil sie sich davon eine bessere Beratung einschließlich Zuwendungen an Fördermitteln versprechen. Noch klügere Bauern fahren mehrgleisig, d.h. sie sind auch bei anderen Vereinen Mitglied, wenn es die Umstände erfordern."

Wenn man einen Gegner bekämpfen will, gibt es dafür mehrere Methoden. Zuerst versucht man es mit Totschweigen. Kein Wort, keine Zeile, nichts tun, was den Gegner bekannt machen könnte. Man bedenke, auch negative Äußerungen können den Bekanntheitsgrad eines Menschen oder einer Organisation vergrößern. Wenn das Totschweigen, das Ignorieren nichts hilft, dann wird versucht, dem Gegner Negatives anzuhängen. Manchmal bietet der Gegner selbst genügend Anhaltspunkte zur Schädigung seines Rufes. Manchmal muss mit Halbwahrheiten oder gar mit Lügen nachgeholfen werden, wie bei der LIG. So wurde bald nach Gründung behauptet, dass die von der LIG vermittelten Produkte von schlechter Qualität seien. Und wenn das auch noch nicht hilft, dann klagt man einfach den Gegner wegen Ruf- oder Geschäftsschädigung. Da bei Gerichten bekanntlich nicht immer die Wahrheit über die Lüge siegt, hüte man sich vor Prozessen mit übermächtigen Gegenspielern, und das nicht etwa, weil Richter parteiisch entscheiden, sondern vor allem deshalb, weil sich kapitalkräftigere Gegner bessere Anwälte und Gutachter leisten können.

Um es kurz zu machen: dem ÖVP-Bauernbund und den Landwirtschafskammern, deren Funktionäre oftmals in Personalunion in LIG-Versammlungen in Erscheinung traten, war die LIG – vorsichtig ausgedrückt – nicht gerade sympathisch. Die LIG störte den langjährigen Frieden innerhalb der Warengenossenschaften. Nicht umsonst bezeichnete Ex-Staatssekretär Albin Schober in seiner Amtszeit die Warengenossenschafter und Molkereileute des Öfteren als „Faulbettbewohner" und kritisierte damit deren nahezu konkurrenzlose Position. Wie können sich auch einige Querulanten erlauben, eine Organisation ins Leben zu rufen, die u.a. dem Grünen Riesen die Preise für diverse Betriebsmittel kaputt macht? Noch dazu, wo diese LIG selbst keine Handelsfirma war, sondern nur ein Verein, der seine Mitglieder darüber informierte, wo und wie man Betriebsmittel, aber auch sonstige Waren für Haus, Stall und Feld günstig einkaufen kann.

Gesagt, getan. Raiffeisen klagte die LIG wegen unlauteren Wettbewerbs. Der Kläger begründete seine Klage mit einem Gesetz, das aus der NS-Zeit stammt und als Überleitungsbestimmung inhaltlich bis heute seine Rechtsgültigkeit behielt. Der Prozess wurde von der LIG verloren, weil die LIG Zahlungen für Einkäufe der Mitglieder entgegennahm und mit den Lieferanten abrechnete. Hätten die ehrenamtlich tätigen Akteure der LIG die Überweisungen von den Mitgliedern – wie heute bei den Einkaufsgemeinschaften üblich – selbst vornehmen lassen, wären sie unangreifbar gewesen. Weil der LIG im Prozess gegen Raiffeisen das Recht zum Handeln abgesprochen wurde, kam ein maßgeblicher Vertreter des Vereins auf die Idee, neben der LIG noch eine Firma zu gründen, die selbst bei Herstellern einkaufen und Betriebsmittel aller Art importieren kann. Diese Überlegung war grundsätzlich nicht verkehrt, scheiterte aber an der Tatsache, dass zur Gründung einer Handelsfirma Kapital erforderlich ist und die notwendige betriebliche Organisation aufzubauen ist (Sozialversicherungsbeiträge, Mietkosten, Fahrzeugkosten). Der damalige LIG-Obmann gründete dennoch auf eigene Faust eine Handelsfirma, die nach kurzer Zeit wieder aufgelöst werden musste.

Während sich der Bauernbund gegenüber der LIG feindselig verhielt, verhielten sich die übrigen politischen Bauernorganisationen neutral bis unterstützend. Sie sahen in der LIG keine Konkurrenz, sondern das, was sie war und sein wollte, nämlich ein wirtschaftliches Projekt der Bauern. Der Allgemeine Bauernverband betrachtete die LIG sogar als Organisation in seinem Sinne, als eine Chance zur Verbesserung des unzureichenden bäuerlichen Einkommens. So erklärte Obmann Adolf Riautschnig auf dem Bundesverbandstag im Jahre 1985:

> Wir vom Bauernverband begrüßen grundsätzlich jede Initiative, von wem immer sie ausgehen mag, die den Bauern zu einer besseren Einkommenslage verhilft. Dazu gehören die Maschinen- und Betriebshilferinge ebenso wie die Einkaufs- oder Vermarktungsgemeinschaften. Wir sind darüber hinaus aber der Meinung, dass das Wirken solcher Organisationen allein zuwenig ist, um dem Bauernstand zu einem gerechten Einkommen zu verhelfen. Dazu bedarf es einer überparteilichen Bauerngewerkschaft, die mit geeigneten Methoden für kostendeckende Agrarpreise und diverse andere Anliegen der Bauern kämpft. Ganz ohne Kraftakte wie Demonstrationen, Streiks, Boykotte von schuldig gewordenen politischen Parteien usw. werden die Bauern die Gleichberechtigung in der Lohn- und Einkommensfrage nicht erreichen.

Weil sich der Trend nicht aufhalten ließ und auch immer mehr ÖVP-orientierte Bäuerinnen und Bauern Mitglied bei der LIG oder anderen Einkaufsgemeinschaften wurden, gaben die Gegner ihren offenen Kampf gegen die LIG allmählich auf. Die regionalen Lagerhäuser bekamen sogar von oben nach und nach grünes Licht für die Teilnahme an den Ausschreibungen der LIG.

Neustrukturierung

Trotzdem wurde die LIG nicht zuletzt wegen der vielfach hausgemachten Schwierigkeiten 1992 aufgelöst – oder richtiger – sie zerfiel in zahlreiche kleinere Selbsthilfegemeinschaften. So gibt es heute folgende Informations- und Einkaufsgemeinschaften:

Agrargemeinschaft Österreich (AGÖ) in 4870 Pfaffing
Agrar-Info-Gemeinschaft (AIG) in 3352 St. Peter
Agrar-Infogemeinschaft Waldviertler Bauern (AIWB) in 3910 Zwettl
Bäuerliche Informationsgemeinschaft (BIG) in 3322 Viehdorf
Bäuerliche Informationsgemeinschaft Kärnten – Osttirol (BIGKO) in 9560 Feldkirchen
Bäuerlicher Informationsverein (BIV) in 4771 Sigharting
Ennstaler Informationsgemeinschaft (EIG) in 4461 Laussa
Einkaufsgemeinschaft (EKG) in 8654 Fischbach
Einkaufs- und Verkaufsgemeinschaft (EVG) in 9064 Pischelsdorf
Land-Forstwirtschaftlicher Informationsverein (LFI) in 3233 Kilb
Landwirtschaftlicher Informationsclub (LIC) in 4240 Freistadt
Landwirtschaftlicher Informationsverein Salzachtal (LIV) in 5800 St. Johann/Pongau

Außer der AGÖ sind die Informations- und Einkaufsgemeinschaften in Ortsgruppen gegliedert. Rund einhundert Ortsgruppen fungieren als angemeldete Vereine und weitere rund fünfzig als lose Arbeitsgemeinschaften. Der Mitgliederstand aller dieser Vereine und Arbeitsgemeinschaften wird auf 10.000 geschätzt. Die Beweggründe für die Neustrukturierung waren, keinen Wasserkopf zu schaffen und Unkosten tunlichst zu vermeiden, wie sie z.B. eigene Firmen und Angestellte verursachen. Die Funktionäre erhalten nur die Telefon- und Fahrtspesen ersetzt. Jede Ortsgruppe sollte für sich verantwortlich und möglichst als eigenständiger Verein angemeldet sein. Es sollte keine Hierarchien geben; die gewählten Funktionäre und einfachen Mitglieder sollten sich stets auf gleicher Augenhöhe begegnen. Natürlich hatte man aus leidvoller Erfahrung auch gelernt, dass viele kleinere regionale Vereine weniger leicht angreifbar sind als eine einzige große Bundesorganisation. Die Arbeit in kleinen Vereinen ist auch ehrenamtlich besser zu bewältigen und zur überregionalen Abstimmung kann man sich ja regelmäßig treffen.

Die Treffen der heute in der „Österreichischen Arbeitsgruppe Bäuerlicher Informationsgemeinschaften“ zusammengefassten Nachfolgeorganisationen der LIG fanden zwischen 1992 und 1998 lose statt und seither drei- bis viermal jährlich. Zudem wurden 1998 Arbeitsgruppen für die einzelnen Produktsparten eingerichtet, und es wird alle vier Jahre ein Fachseminar veranstaltet, bei dem die Teilnehmer über die aktuellen Entwicklungen und die Erfahrungen in den einzelnen Bundesländern und Vereinen informiert werden. Die Sprecherfunktion und Sitzungsführung auf Bundesebene teilen sich derzeit im Radl die Oberösterreicher Johann Großpötzl, Johann Konrad, Johann Rienesl und Engelbert Laussermayer. Als Schriftführer fungiert Alfred Hirsch.

Die regionalen Informations- und Einkaufsgemeinschaften konzentrieren sich im Wesentlichen auf den gemeinschaftlichen Einkauf von Dünger- und Pflanzenschutzmitteln, Treibstoffen und Schmiermitteln, Futtermitteln und Saatgut, Bereifungen und Silofolien. Da die Informations- und Einkaufsgemeinschaften den landwirtschaftlichen Genossenschaften stets ein Dorn im Auge waren, wurde den Vereinen der Weg zum Privathandel geradezu aufgezwungen. Außerdem begünstigte die regionale Struktur die Zusammenarbeit mit dem lokalen Handel, was auch die Warentransportwege verkürzt und die Lieferzuverlässigkeit erhöht. Für die Mitglieder sind drei Fakten wichtig, erstens der Preis, zweitens die Qualität und drittens die zuverlässige Belieferung. Die Anbieter legen dagegen großen Wert auf die Umsatzsteigerung und prompte Bezahlung. Die Bestellungen erfolgen schriftlich auf Grund der Informationsblätter, über die die meisten Informations- und Einkaufsgemeinschaften verfügen, oder telefonisch oder mündlich bei den Ortsgruppentreffen. Zur Qualitätssicherung werden Markenwaren bevorzugt und die prompte Bezahlung der Mitglieder gewährleistet eine einfache Regelung. Wer die vereinbarten Zahlungsfristen nicht einhält, darf bei der nächsten Sammelbestellung nicht teilnehmen. Weil sich im Handel die Konditionen ständig ändern, müssen die Preise vor jeder Bestellung neu verhandelt werden. Firmen, die auf längerfristige Zusammenarbeit mit Einkaufsgemeinschaften bauen, sind gut beraten, so günstig wie möglich anzubieten.

Die heute existierenden Einkaufsgemeinschaften verfügen über reichliche Erfahrung im Umgang mit Händlern. Man kennt sich und weiß, wie man dran ist. Bedingt durch die arbeitsteilige Methode, die heute bei den Einkaufsgemeinschaften angewendet wird (der eine ist für den Bereich Saatgut zuständig, der andere für die Strompreise, der dritte für Dünger, der vierte für Haushaltsartikel usw.), sind die Kenntnisse über Preise und Qualitäten erstaunlich gut und kommen denen beruflicher Kaufleute schon sehr nahe. Einkaufsgemeinschaften sind grundsätzlich daran interessiert, mit soliden Anbietern länger im Geschäft zu bleiben. Der Anbieter weiß aber, dass sie den Markt genau beobachten und bei entsprechenden Preisunterschieden auch zum Wechsel des Geschäftspartners bereit sind. Darin liegt ein großer Teil des Erfolges der Einkaufsgemeinschaften begründet.

Eigenimport

Eine spürbare Kostensenkung gewährleisten der freie Warenverkehr in der EU und der Import von landwirtschaftlichen Betriebsmitteln, die in anderen EU-Ländern mit niedrigerer Mehrwertsteuer angeboten werden. Der Eigenimport wurde und wird von den Informations- und Einkaufsgemeinschaften meist in Zusammenarbeit mit dem Steirischen Handelsunternehmen „Agro-Star" in Allerheiligen durchgeführt, wiederum gegen erhebliche Behinderung, wie aus einer Beschwerdeschrift der erwähnten Firma an den Landwirtschaftsminister im Jahre 2005 hervorgeht. Hier wurde einem Beamten und seinen Mitarbeitern im Bundesamt für Ernährungssicherheit vorgeworfen, willkürlich Pflanzenschutzmittelkontrollen bei Hunderten Landwirten, Händlern und einzelnen Lagerhäusern durchgeführt zu haben. Dabei wurden die Kontrollierten auch gefragt, ob sie Pflanzenschutzmittel von ganz bestimmten Firmen erworben hatten, wohl um letztere in Misskredit zu bringen. Es wurden Pflanzenschutzmittelbeschlagnahmungsaktionen belegt, wie die einer Lieferung des Luxemburgischen Raiffeisenverbandes, die bei der Einfuhr noch nicht den österreichischen Vorschriften entsprechend gekennzeichnet war. Laut EuGH-Urteil kann jedoch die Anpassung der Ware an die nationalen Vorschriften nach der Lieferung im Bestimmungsland erfolgen. Ferner wurden Beschlagnahmungen aus einem deutlich gekennzeichneten Sperrlager durchgeführt, obwohl darin die Lagerung nicht verkehrsfähiger Produkte zulässig ist. Zum Sperrlager der betreffenden Firma haben keine Kunden Zugang, sondern nur autorisierte Mitarbeiter des Unternehmens, und das nur nach elektronischer Zugangskontrolle. Überdies sind die Tore der Pflanzenschutzmittellager der Firma videoüberwacht. Die Videobänder können nicht manipuliert werden und erlauben lange Zeit festzustellen, wer je das Lager betrat.

Bei einer Handelsfirma in Weiz lagerten Produkte einer Luxemburger Firma. Nachdem diese exportiert wurden, was zulässig ist, und dies dem Bundesamt bekannt gemacht wurde, wurde die Handelsfirma wegen Verschwindens der Ware belangt. Nicht genug, es wurden auch die Medien über den Vorfall falsch informiert, was zu geschäftsschädigenden Berichten führte. Kritisiert wurde ferner, dass in Fachvorträgen unrichtige Informationen über den Pflanzenschutzmittelimport verbreitet wurden. Wenn etwa ein in der Bundesrepublik hergestelltes Pflanzenschutzmittel nach Polen exportiert, dort nicht in den Verkehr gebracht, sondern von einem österreichischen Landwirt gekauft, abgeholt und in die Alpenrepublik verbracht wird, so ist dafür – anders als informiert wurde – keine polnische Zulassung und bei der Einfuhr nach Österreich keine Parallelzulassung erforderlich, da Pflanzenschutzmittel mit bundesdeutscher Zulassung und Etikettierung in Österreich automatisch zugelassen sind. Siehe Gleichstellungsverordnung laut § 12 Pflanzenschutzmittelgesetz (PMG) 1997. Bemängelt wurde schließlich die nicht fristgerechte Bearbeitung von Anträgen auf Parallelzulassung. Laut § 11 Absatz 7 PMG 1997 muss über derartige Anträge innerhalb von zwei Monaten entschieden werden.

In Oberösterreich bekamen zahlreiche Mitglieder von Einkaufsgemeinschaften Besuch von Gendarmen, die den Auftrag hatten, auf den Bauernhöfe nach Antrazin zu suchen, wobei sich einer der Beamten besonders hervortat und es auch mit der Verbreitung von Unterstellungen und Unwahrheiten gegenüber Presse und Staatsanwaltschaft laut einem Beschwerdebrief von Johann Großpötzl an den damaligen Justizminister Dieter Böhmdorfer nicht sehr genau genommen haben soll. Wörtlich heißt es in diesem Schreiben: „Das Ziel der Aktion des Landesgendarmeriekommandos für Oberösterreich und der Promotoren der laufenden Ermittlungen ist, die Firma „Agria Benelux S.a.r.l.“ zu zerschlagen und uns Bauern an der Teilnahme am EU-Binnenmarkt zu hindern.“ Weiters stellte der furchtlose Rebell u.a. darin. fest, dass alle bis dahin eingeleiteten Strafverfahren gegen zu Unrecht verdächtigte Bauern und die Firma „Agraria Benelux“ eingestellt wurden. In keinem einzigen Betrieb wurden die Antrazin-Schnüffler fündig.

Gewerberecht

Um beim gemeinschaftlichen Einkauf nicht mit dem Gewerbe- und Steuerrecht in Konflikt zu kommen, mussten viele Experten konsultiert und komplizierte Gesetzesmaterien eingehend studiert werden. Über den Letztstand dieser Bemühungen wurde beim Seminar der „Österreichischen Arbeitsgruppe Bäuerlicher Informationsgemeinschaften“ 2007 berichtet. Hier hieß es u.a.: Die Land- und Forstwirtschaft ist von der Gewerbeordnung ausgenommen. Dazu zählen die so genannte Urproduktion (Wein- und Obstbau, Gartenbau, Baumschulen, das Halten von Nutztieren, Jagd und Fischerei), die Nebengewerbe der Land- und Forstwirtschaft, die Tätigkeit der Maschinenringe, gewisse Tätigkeiten land- und forstwirtschaftlicher Erwerbs- und Wirtschaftsgenossenschaften (z.B. Sägewerke, Mühlen, Molkereien, Brennereinen, Vermittlung des Ein- und Verkaufs von Zuchtvieh, die Züchtung, Vermehrung, Bearbeitung, Verwertung und Beschaffung von Saatgut) und der Buschenschank. Zu den Nebengewerben der Land- und Forstwirtschaft gehören insbesondere die Verarbeitung und Bearbeitung überwiegend des eigenen Naturproduktes, wobei der Betriebscharakter als landwirtschaftlicher Betrieb gewahrt bleiben muss, der Abbau der eigenen Bodensubstanz, die Kulturpflege im ländlichen Raum (z.B. Stutzen von Hecken, Mähen von Straßenrändern und Böschungen, Pflege von Biotopen), das Sammeln und Kompostieren von organischen Abfällen, der Winterdienst betreffend Verkehrsflächen, die der Erschließung von land- und forstwirtschaftlichen Grundflächen dienen, gewisse Dienstleistungen für andere land- und forstwirtschaftliche Betriebe sowie das Vermieten und Einstellen von Reittieren. Tätigkeiten, die nicht ausdrücklich von der Gewerbeordnung ausgenommen sind, gelten dann als gewerbsmäßig, wenn sie selbstständig, regelmäßig und mit Ertragserzielungsabsicht ausgeübt werden. Der Gewerbeordnung unterliegen natürlich auch einschlägig tätige Vereine. Gewerbetreibende benötigen einen Gewerbeschein, der bei reglementierten Gewerben an einen Befähigungsnachweis gebunden ist. Keinen Befähigungsnachweis benötigen Gewerbetreibende, die ein so genanntes freies Gewerbe ausüben wollen, wie zum Beispiel den „Handel mit Waren aller Art". Doch auch hier gibt es Einschränkungen. Ein Befähigungsnachweis ist sehr wohl erforderlich, wenn etwa mit Giften, Pflanzenschutzmitteln, Medikamenten und Waffen gehandelt werden soll. Die Berechtigung für ein Handelsgewerbe können Personen erlangen, die mindestens achtzehn Jahre alt sind, über die österreichische oder eine ihr gleich gestellte Staatsbürgerschaft verfügen und keine Ausschließungsgründe (z.B. gewisse Vorstrafen) aufweisen. Will ein Verein eine Gewerbeberechtigung erlangen, benötigt er für die befugte Gewerbeausübung einen gewerberechtlichen Geschäftsführer. Handelt es sich um ein freies Handelsgewerbe, so muss sich dieser beim Verein entsprechend betätigen. Handelt es sich hingegen um ein reglementiertes Gewerbe, so muss der gewerberechtliche Geschäftsführer überdies entweder ein mindestens die Hälfte der Normalarbeitszeit voll sozialversicherungspflichtiger Arbeitnehmer oder ein Vertretungsorgan des Vereins sein. Der Vortragende riet daher den Einkaufsgemeinschaften keine den Gewerbetreibenden vorbehaltenen Tätigkeiten auszuüben und sich im Wesentlichen auf die Information der Mitglieder über günstige Einkaufsmöglichkeiten zu beschränken. So zum Beispiel ist es ohne weiteres möglich, Firmenvertreter zu den Versammlungen einzuladen, welche den Vereinsmitgliedern ihre Produkte vorstellen und bei entsprechender Abnahme Preisvorteile gewähren. Die Informations- und Einkaufsgemeinschaften dürfen keine Rabatte aushandeln (Kaufmannsfunktion!), aber der Lieferant darf Rabatte anbieten!

Die Vereine können Bestelllisten anlässlich ihrer Versammlungen auflegen, in die sich die Mitglieder mit Angabe der Adresse und der benötigten Mengen eintragen können. Dagegen darf der Verein nicht im eigenen Namen und auf eigene Rechnung einkaufen (Kaufmannsfunktion!). Der Lieferant darf die Waren, die die Mitglieder bestellten, an einer Sammelstelle bei einem Mitglied der Informations- und Einkaufsgemeinschaft abladen, von wo sie dann von den Bestellern abgeholt werden können. Die Rechnung über die gelieferten Waren muss auf den jeweiligen Bezieher und darf nicht auf den Verein lauten.

Steuerrecht

Auch das Steuerrecht hält für Einkäufe im Ausland Fallstricke bereit, für den Import von Waren, die dort billiger und/oder mit geringerer Mehrwertsteuer zu haben sind, besonders Pflanzenschutz- und Düngemittel. Solche Produkte werden in einzelnen EU-Ländern mit nur drei bis acht Prozent Umsatzsteuer beaufschlagt. Von den geringeren Mehrwertsteuersätzen können hiesige Landwirte unter Beachtung der Steuerregeln (ohne Gewähr) profitieren, wobei hier einige Grundsätze angeführt werden:

1.) Beim Wareneinkauf im EU-Raum; bei Einkäufen aus dem Nicht-EU-Raum fällt Einfuhrumsatzsteuer in Höhe der inländischen Umsatzsteuer an.
2.) Wenn der Käufer nicht vorsteuerabzugsberechtigt ist, also nicht der Regelbesteuerung unterliegt, wie Privatpersonen, pauschalierte Landwirte, Vereine, wie die Einkaufsgemeinschaften und andere.
3.) Wenn der Warenwert die so genannte Erwerbsschwelle nicht überschreitet, das heißt, wenn im EU-Ausland pro Betrieb jährlich nur Waren bis zu einem Wert von 11.000,- Euro exklusive Mehrwertsteuer eingekauft werden.
4.) Wenn nicht über den Versandhandel gekauft wird, denn der Versandhandel unterliegt bei der Umsatzbesteuerung dem Bestimmungslandprinzip, das heißt, die Mehrwertsteuer fällt dort an, wo das Produkt verbraucht beziehungsweise verwendet wird. Als Versandhandel gilt, wenn die Lieferung aus einem anderen EU-Land etwa an pauschalierte Landwirte der Alpenrepublik erfolgt, wenn der Lieferant den Warentransport organisiert und die Lieferschwelle per anno 100.000,- Euro überschreitet. Die Versandhandelsregelung gilt nicht, wenn der Abnehmer den Transport der Ware aus dem EU-Ausland nach Österreich selbst besorgt, also bei „Abholung". Zumindest muss der abholende Spediteur vom Käufer der Waren oder von einer Person der Informations- und Einkaufsgemeinschaft beauftragt werden.

Der Organisator darf nicht vom Lieferanten, sondern muss vom Vereinsmitglied bezahlt werden. Bezahlen die Mitglieder ihren Manager, so kann das allerdings gewerberechtliche Konsequenzen haben. Der Käufer beziehungsweise die Informations- und Einkaufsgemeinschaft muss den Spediteur selbst auswählen, mit ihm den Preis vereinbaren und den Transport ausdrücklich beauftragen, am besten schriftlich, wobei anzugeben ist, wo was abzuholen und hinzubringen ist. Es sind auch Liefertermin und Frachtkosten anzuführen. Schließlich ist beim gemeinsamen Einkauf zu berücksichtigen, dass jeder Einkäufer vom Verkäufer eine Rechnung erhält. Zumindest müssen auf einer Sammelrechnung die verschiedenen Einkäufer mit Adresse, Bestellmenge und Rechnungsbetrag aufscheinen.

Schlussfolgerung

Alles in allem können die Informations- und Einkaufsgemeinschaften nicht eine wirksame Agrarpolitik ersetzen, aber sehr wohl einen wirkungsvollen Beitrag zur Verbesserung der landwirtschaftlichen Einkommen leisten – und um das und nichts anderes geht es dabei.

14. Der Allgemeine Bauernverband – Sauerteig für die österreichische Agrarpolitik

Begegnungen – Erlebnisse – Erinnerungen

von Gerhard Poschacher

Die Bauern schaffen die Basis. Sie produzieren Lebensmittel und nachwachsende Rohstoffe. Die Kulturlandschaft, von Bauernhand gepflegt, prägt die Regionen und ist für die Lebensqualität der Menschen im ländlichen Raum unverzichtbar. Was aus dem Lande wird, bestimmt der Landwirt. Das ist irgendwie politischer Konsens, obwohl die bäuerlichen Einkommen aus Markterlösen und Umweltzahlungen nach wie vor unbefriedigend sind. Erhebliche Einkommensunterschiede zwischen den Betriebsformen und Produktionsgebieten sind Gegenstand permanenter agrarpolitischer Auseinandersetzungen. Die Auswirkungen der Förderungen (Leistungsabgeltungen) auf die Einkünfte der Betriebe und ihre Verteilung stehen auf dem Prüfstand, wie überhaupt staatliche Transferzahlungen an die Land- und Forstwirtschaft und die Finanzierung der Agrarpolitik.

Als der Allgemeine Österreichische Bauernverband (AÖBV) im Jahre 1952 von Josef Zangel und Fritz Feitzlmayr in Oberösterreich gegründet wurde, hat sich die heimische Agrarwirtschaft langsam von den Folgen des Zweiten Weltkriegs – allein in Niederösterreich wurden 13.000 Bauernhöfe zerstört – erholt. Der landwirtschaftliche Strukturwandel setzte ein, der Weg von der Agrar- zur Industrie- und Informationsgesellschaft nahm seinen Anfang. Schon damals beklagte der bekannte Agrarwissenschaftler Hans Bach, Professor an der Sozial- und Wirtschaftswissenschaftlichen Fakultät der Universität in Linz, die Dauerkrise in der Land- und Forstwirtschaft, die den gesamten bäuerlichen Lebensbereich umfasste. Die Agrarpolitik hatte immer schon die Aufgabe, durch geeignete Maßnahmen die Eingliederung des Bauernstandes in die Gesamtgesellschaft unter paritätischer Teilnahme an der Wohlstandsentwicklung zu fördern und zu unterstützen.

Die zunehmende Abwanderung aus der Land- und Forstwirtschaft durch den Siegeszug der Technik, die Disparität der Einkommen gegenüber anderen Berufsgruppen und das wachsende Unbehagen vieler bäuerlicher Familien an der mangelnden Anerkennung ihrer Arbeit in der Gesellschaft bedeuteten für die Landwirtschaftskammern als gesetzliche Interessensvertretungen und für die Genossenschaften eine immer größere Herausforderung. Als der AÖBV nach dem Vorbild des als überparteiliche Interessensvertretung 1948 gegründeten Deutschen Bauernverbandes (DBV) seine Arbeit als Berufsvertretung aufnahm, stieg der Druck auf die politischen Parteien. Der Ausbau des land- und forstwirtschaftlichen Förderungssystems und notwendige gesetzliche Regelungen zur Steuerung der am Übergang von der Unterversorgung zur Überschussproduktion befindlichen Agrarmärkte wurden gefordert. Der Bauernbund als dominierende politische Teilorganisation innerhalb der ÖVP musste erstmals zur Kenntnis nehmen, dass sein Alleinvertretungsanspruch in Frage gestellt wurde.

Im Jahre 1951 wurden gemäß Betriebszählung 433.000 Höfe ermittelt, deren Zahl bis 1960 auf 402.300 sank. Im Jahre 1980 gab es nur mehr 308.300 Betriebe, 1999 sank die Anzahl der bäuerlichen Wirtschaften auf 218.000 und 2007 sind es weniger als 190.000. Seit Gründung des Allgemeinen Bauernverbandes, der sich auch als Bauerngewerkschaft verstand, haben mehr als 1 Million Menschen die Land- und Forstwirtschaft verlassen. In Österreich nahm die landwirtschaftliche Bevölkerung nach dem Zerfall der Monarchie bis Mitte der Sechzigerjahre um 45 % ab, eine Entwicklung, die auch in den Nachbarländern, insbesondere in Deutschland, zu beobachten war. Der Strukturwandel setzt sich unter EU-Rahmenbedingungen, die seit 1995 die österreichische Agrarpolitik bestimmen, fort.

Persönliche Vorbemerkungen

Im nachstehenden Beitrag wird versucht, die Entwicklung der Land- und Forstwirtschaft und die bestimmenden Elemente der Agrarpolitik in den letzten Jahrzehnten unter Berücksichtigung der Arbeit des AÖBV, vor allem von den sechziger bis zu den achtziger Jahren, zu analysieren. Selbstverständlich ist die publizistische Aufarbeitung dieser Zeit auch von meiner Tätigkeit als langjähriger Mitarbeiter von zehn Landwirtschaftsministern von 1968 bis 2004 und den Beginn der beruflichen Tätigkeit im Genossenschaftswesen geprägt. Ich habe die politischen Forderungen und Aktivitäten des Allgemeinen Bauernverbandes vor allem an der Seite des Bundesministers Karl Schleinzer (1964 bis 1970), der als ÖVP-Obmann 1975 tödlich verunglückte, intensiv miterlebt. Besonders spannend waren die Jahre von 1970 bis 1986, in denen die SPÖ die Innenpolitik bestimmte und das Agrarressort erstmals nach 1945 von sozialdemokratischen Ministern geleitet wurde. Oskar Weihs (1970 bis 1976) und Günter Haiden (1976 bis 1986) – beide schon verstorben – wurden intensiv mit den Anliegen des Allgemeinen Bauernverbandes konfrontiert. An zahlreichen Gesprächen habe ich teilgenommen.

Im Salzburger Pinzgau, in Bruck/Glocknerstraße, geboren, habe ich als Landwirtschaftslehrling und Pferdeknecht von 1956 bis 1958 auf dem Gaistättgut in Fusch bei der Familie Isidor Grießner gearbeitet, dessen politisches Schicksal eng mit dem Bauernverband verknüpft war. Viele Funktionäre des AÖBV waren oder sind mir gut bekannt, harte Diskussionen, interessante Begegnungen und schließlich auch Freundschaften prägten die Jahre meiner Tätigkeit im Bundesministerium für Land- und Forstwirtschaft als Leiter der agrarpolitischen Grundsatzabteilung. Besonders erwähnen möchte ich Helmut Langer und Josef Loitfellner aus meiner engeren Heimat sowie Adolf Riautschnig, Gerhard Nowotny und Robert Wenitsch. Ihn lernte ich als wortgewaltigen Versammlungsredner im September 1969 in Petzenkirchen (NÖ) kennen. Seinem Sohn Robert begegnete ich des Öfteren zusammen mit Alois Huber als FPÖ-

Vertreter im parlamentarischen Landwirtschaftsausschuss. Schätzen lernte ich auch Josef Hintermayer (FPÖ), der ab 1992 bis zu seinem Tod Mitglied in der Kommission zur Erstellung der „Grünen Berichte" war.

1. Ein schwieriger Beginn

Nach dem Ende des Zweiten Weltkrieges zeigte sich sehr bald, dass die nach großen Auseinandersetzungen vor 1938 aufgebauten politischen, wirtschaftlichen und berufsständischen Organisationen nicht aus der Bauerngeschichte ausgelöscht wurden und im Bewusstsein vieler Funktionäre das „Dritte Reich" überdauerten. Der damalige Bauernbunddirektor Leopold Figl, der auf Grund des ÖVP-Wahlerfolges vom 25. November 1945 (85 von 165 Mandaten) erster Bundeskanzler der Zweiten Republik wurde, berief Josef Kraus als Bundesminister für Land- und Forstwirtschaft. Die neu gegründete Österreichische Volkspartei trat die Nachfolge der Christlichsozialen an, die ehemaligen Sozialdemokraten nannten sich nunmehr Sozialisten.

Die berührende Weihnachtsansprache des ersten Regierungschefs im neu erstandenen Österreich brachte in einfachen Worten die große Not der Menschen zum Ausdruck: „Ich kann Euch zu Weihnachten nichts geben. Ich kann Euch für den Christbaum, wenn Ihr überhaupt einen habt, keine Kerzen geben. Ich kann Euch keine Gaben für Weihnachten geben. Kein Stück Brot, keine Kohle zum Heizen, kein Glas zum Einschneiden. Wir haben nichts. Aber, bitte, glaubt an dieses Österreich." Eine große bäuerliche Solidaritätsaktion wurde 1946 mit der Errichtung des Landwirtschaftlichen Wiederaufbaufonds in die Wege geleitet. Durch einen allgemeinen Zuschlag zur Grundsteuer für land- und forstwirtschaftliche Flächen wurden notwendige Mittel zur Behebung der Kriegsschäden aufgebracht. Bei der internationalen Notstandskonferenz über die europäische Getreideversorgung, im März 1946 in London, konnte Österreich eine dringend benötigte Saatgutlieferung im Rahmen einer Hilfs- und Wiederaufbauaktion der Vereinten Nationen für Europa erwirken. Bundesminister Josef Kraus erklärte in London: „Das österreichische Volk hungert, aber es arbeitet. Es will nicht bemitleidet werden, sondern in seinem Kampf um die Selbständigkeit unterstützt und verstanden werden." Entscheidend für die rasche Erholung der heimischen Land- und Forstwirtschaft nach den Verwüstungen zweier Kriege waren die Maßnahmen im Rahmen des nach dem bekannten US-Außenminister George Marshall (1947–1949) benannten Plans, landwirtschaftliche Maschinen und Geräte sowie Futter- und Düngemittel zu Inlandspreisen bereitzustellen und mit dem auf diese Weise verfügbaren Geld die wirtschaftliche Aufbauleistung zu finanzieren. Die so genannten ERP-Sonderkonten (ERP: European Recovery Program = Europäisches Wiederaufbauprogramm) stellten Geldmittel in Form von Subventionen und günstig verzinsliche Darlehen zur Verfügung, wobei ein Großteil der Gelder für die Land- und Forstwirtschaft aufgewendet wurde. Dieses Kreditsystem besteht bis heute.

Die rasche Leistungssteigerung in der Land- und Forstwirtschaft war eine harte Aufbauarbeit des Bauernstandes. Es bildete sich sehr rasch aber wieder eine Frontstellung zwischen den Nachfolgeparteien der Christlichsozialen und der Sozialdemokraten, ÖVP und SPÖ. Als die Ernte 1948 erstmals zu einer Entspannung der Ernährungslage beitrug, ging es darum, für die Bauern ein entsprechendes Preisniveau zu sichern und den Konsumenten den Erwerb der Lebensmittel zu ermöglichen. In Zusammenarbeit mit dem nach 1945 als Staatsamt für Ernährung wieder errichteten Bundesministerium für Land- und Forstwirtschaft gelang es den Landwirtschaftskammern und Genossenschaften über Zonengrenzen hinweg mit den Vertretern der Arbeitnehmer die Preise festzulegen. Die notwendigen Anpassungen wurden in fünf Etappen (1947–1951) in den ersten Nachkriegsjahren durch Lohn- und Preisabkommen vorgenommen. Das Wirtschaftsjahr 1952/53 brachte erstmalig eine friedensmäßige Versorgung und führte zu einer Wende in der Agrarpolitik. Nicht mehr die Produktions-, sondern vor allem Absatzprobleme beherrschten die nachfolgenden Jahrzehnte.

2. Von der Unterversorgung zur Überschussproduktion

Die Aufwärtsentwicklung in der tierischen und pflanzlichen Produktion war beachtlich und wurde durch eine Reihe von Förderungsmaßnahmen wirksam unterstützt. Besonders hervorzuheben ist die Förderung zinsverbilligter Kredite, die vom Agrarressort für die Verbesserung der Wohn- und Wirtschaftsgebäude und die Technisierung der Betriebe bereit- gestellt wurden. Die Agrarsonderkredite (1954) und die mit einem wesentlich größeren Volumen dotierten Agrarinvestitionskredite (AIK), 1959 eingeführt, sind bis heute eine Erfolgsstory im österreichischen Förderungssystem und haben wesentlich dazu beigetragen, die Finanzierung notwendiger Investitionen in den bäuerlichen Betrieben zu erleichtern.

Große Anstrengungen für die Produktivitätssteigerung in der Getreidewirtschaft durch die Intensivierung der Züchtung sowie im Garten-, Obst- und Weinbau waren ebenso rasch von Erfolg gekrönt wie in der Tierproduktion. Schon zehn Jahre nach Kriegsende waren in der Milchwirtschaft Exporte möglich, der Qualitätsweizenanbau erreichte schon nahezu die Selbstversorgung, ab 1953 waren auch schon Ausfuhren von Zucht-, Nutz- und Schlachtrindern möglich. Die Land- und Forstwirtschaft nahm – rascher als von Experten erwartet – einen rapiden Aufschwung, der sich in beachtlichen Zuwächsen in der Arbeits- und Flächenproduktivität niederschlug. Die zunehmende Industrialisierung übte aber einen starken Sog auf die Arbeitskräfte im Agrarsektor aus. Im Jahre 1950 wurden in der Land- und Forstwirtschaft nur 14.500 Traktoren und Motorkarren eingesetzt, jedoch 283.100 Pferde. Bis zum Jahre 1960 hat sich das Verhältnis auf 150.240 Pferde zu 121.000 Traktoren verengt. Ende der fünfziger Jahre war der Übergang von der Mangelversorgung zur Überversorgung bei den wichtigsten Erzeugnissen zur Ernährungssicherung abgeschlossen. Es galt nunmehr die marktwirtschaftlichen Regelungen zu verbessern, Exportmärkte zu beobachten und das Förderungssystem für die Land- und Forstwirtschaft zu überdenken. Das Milchwirtschafts-, Getreidewirtschafts- und Viehverkehrsgesetz aus dem Jahre 1950 schienen nicht mehr zeitgemäß und erforderten Überlegungen für eine neue Agrarmarktordnung und die Intensivierung von Maßnahmen, die im Besonderen die Verbesserung der Produktqualität zum Inhalt hatten. Die produktionsfördernde Phase der Nachkriegsagrarpolitik (1945 bis 1952) wurde von der produktionslenkenden und absatzsichernden abgelöst, die zeitlich bis zum Jahre 1961 abzugrenzen ist.

3. Neue Grundlagen für die Förderungspolitik

Der erfreulichen Produktionssteigerung in den fünfziger Jahren entsprach aber keineswegs eine gleichartige Entwicklung der Einkommen. Bäuerliche Proteststimmen wurden lauter. Eine Gegenüberstellung der landwirtschaftlichen Preisindizes zeigt zwar für das Jahrzehnt 1950/51 bis 1958/59 ein Ansteigen der Betriebseinnahmen, aber wesentlich stärkere Zunahmen der Gesamtausgaben. Der in den Landwirtschaftskammern politisch dominierende Bauernbund und der damals gegründete Allgemeine Bauernverband forderten mit großer Vehemenz eine kostendeckende Preispolitik sowie einen wirksamen Außenschutz. Die von der SPÖ bestimmten Organisationen (Arbeiterkammern, Gewerkschaftsbund) verlangten Preisabsprachen und Versorgungssicherheit.

Die „Grüne Revolution“ übertraf bereits die kühnsten Prognosen. Bei allen Produkten, ausgenommen pflanzliche Öle und Fette, wurde schon an der Wende zu den Sechzigerjahren die Selbstversorgung erreicht oder überschritten: Butter 124 %; Rindfleisch 110 %; Schweinefleisch 93 % und Brotgetreide deckte im Wirtschaftsjahr 1958/59 bereits 78 % des Inlandsbedarfs. Mit der Bildung der Europäischen Wirtschaftsgemeinschaft (EWG) auf Grundlage der Römischen Verträge richtete sich der Blick verstärkt auf die Entwicklung der Agrarpolitik in den Gründerstaaten Bundesrepublik Deutschland, Italien, Frankreich, Holland, Belgien und Luxemburg. Im damaligen EWG-Raum sind von 1954 bis 1964 rund 4,2 Millionen Personen aus der Landwirtschaft abgewandert. Die EG-Agrarpolitik, die nach der Konferenz von Stresa (1958) den bäuerlichen Familienbetrieb zum Leitbild erhob, wurde wegen des Strukturwandels von den europäischen Bauernorganisationen, insbesondere dem Präsidenten des einflussreichen Deutschen Bauernverbandes (DBV), Edmund Rehwinkel, hart kritisiert. Der AÖBV sprach vom „Bauernsterben“ und verlangte in mehreren Erklärungen ein Förderungs- und Planungsgesetz für die Land- und Forstwirtschaft. In den Römischen Verträgen zur Schaffung der EG als Vorläuferin der heutigen EU-27 wurden die Ziele der Gemeinsamen Agrarpolitik (GAP) festgelegt und gelten im Wesentlichen noch heute. Die Steigerung der Produktivität, die Teilnahme der bäuerlichen Familien an der Wohlstandsentwicklung, die Stabilisierung der Märkte, die Sicherstellung der

Versorgung und angemessene Preise für die Verbraucher bildeten die Rahmenbedingungen für die agrarpolitischen Maßnahmen in den nächsten Jahrzehnten.
In Österreich hat der Bundesminister für Land- und Forstwirtschaft, Eduard Hartmann (1959 bis 1964), die Diskussion über gesetzlich fundierte Fördermaßnahmen für die bäuerlichen Betriebe aufgenommen und am Beispiel der Schweiz und Deutschlands die Erlassung eines Landwirtschaftsgesetzes vorbereitet. Sein Vorgänger Franz Thoma (1952 bis 1959) scheiterte mit diesbezüglichen Vorschlägen an der SPÖ. Nach der Beratung dutzender Entwürfe haben sich ÖVP und SPÖ am 13. Juli 1960 auf im Nationalrat ein Landwirtschaftsgesetz geeinigt; in der Schweiz wurde ein solches schon 1954 beschlossen und in Deutschland 1955. Der damalige Landwirtschaftsminister in Bonn und spätere deutsche Bundespräsident, Heinrich Lübke, war ein wichtiger Gesprächspartner für die geistigen Architekten des österreichischen Landwirtschaftsgesetzes: Sektionschef Rudolf Leopold vom Bundesministerium für Land- und Forstwirtschaft und Ernst Brandstätter, Generalsekretär der Präsidentenkonferenz der Landwirtschaftskammern.

In der parlamentarischen Debatte betonte unter anderem der FPÖ-Abgeordnete Jörg Kandutsch, die Vollziehung des Landwirtschaftsgesetzes und die Bereitstellung ausreichender Fördermittel (Grüner Plan) für die bäuerlichen Betriebe hänge „vom guten Willen der Regierungsparteien ÖVP und SPÖ ab", während der bekannte SPÖ-Agrarpolitiker und Publizist Ernst Winkler den roten Weg zur „grünen Planwirtschaft" lobte. Der damalige Präsident der Landwirtschaftskammer Salzburg und ÖVP-Nationalrat, Isidor Grießner, erklärte, die Marktordnung und das Landwirtschaftsgesetz „bilden verlässliche gesetzliche Grundlagen für die Verbesserung der Stellung der Land- und Forstwirtschaft in der Gesellschaft". Die 1950 geschaffenen Fonds für Milch, Getreide, Vieh und Fleisch wurden 1958 zum Marktordnungsgesetz zusammengefasst, und dieses bildete bis zum EU-Beitritt 1995, dutzende Male novelliert, den Rechtsrahmen für die Regelung der Märkte für die wichtigsten Produkte. Das Landwirtschaftsgesetz, fast unverändert, wurde in den Rechtsbestand der EU übernommen und stellt auch die Grundlage für die Einkommensermittlung der bäuerlichen Betriebe auf freiwilliger Basis für den jährlich bis 15. September zu erstellenden „Grünen Bericht" dar. Die Einkommensergebnisse müssen auch für das EU-Buchführungsnetz verfügbar gemacht werden. Das Gesetz sieht für die Erarbeitung dieses wichtigsten Berichts über die österreichische Land-, Forst- und Ernährungswirtschaft eine Kommission vor, in der seit 1992 auch Vertreter der politischen Parteien neben den Sozialpartnern, die von Beginn an dabei waren, mitwirken. Der langjährige Obmann des Allgemeinen Bauernverbandes, Josef Loitfellner, wirkte in den siebziger und achtziger Jahren als Agrarexperte in der Kommission für die Erstellung der Grünen Berichte mit, ebenso Josef Hintermayer, FPÖ-Abgeordneter im Nationalrat, und Karl Schwab, für die Freiheitlichen im Bundesrat; im Jahre 2008 wurde er wieder in den Niederösterreichischen Landtag gewählt.

4. Kurswechsel in der europäischen Agrarpolitik

Als Eduard Hartmann 1964 wegen innerparteilicher Konflikte und Differenzen mit Finanzminister Josef Klaus, der im gleichen Jahr Alfons Gorbach als Kanzler ablöste, aus der Regierung ausschied, folgte ihm Karl Schleinzer als Landwirtschaftsminister nach. Eine neue Ära begann und bestimmte den Zeitraum bis 1970, als nach der Wahlniederlage der ÖVP bis 1986 SPÖ-dominierte Regierungen (1970 bis 1983: SPÖ-Alleinregierung; 1983 bis 1986: SPÖ/FPÖ-Koalition) folgten.

Mitte der Sechzigerjahre wurde von der Politik und Agrarwissenschaft ein Kurswechsel in der EU-Landwirtschaftspolitik verlangt. Von „subventionierter Unvernunft" (Agrarökonom Hermann Priebe, Universität Frankfurt/M.) war die Rede; für neue strukturpolitische Akzente sprach sich die EU-Kommission aus und verbreitete 1968 erste Vorstellungen für grundsätzliche Änderungen des Förderungssystems. Der ehemalige holländische Agrarkommissar, Sicco Mansholt, der mit dem ersten und bisher einzigen deutschen Kommissionspräsidenten, Walter Hallstein (1958 bis 1967), ein Vertrauter Konrad Adenauers, den europäischen Integrationsprozess prägte, legte seinen Plan zur Reform der Agrarpolitik in der Gemeinschaft vor. Ein Sturm der Entrüstung in Europa war die Folge. Die Schaffung von wettbewerbsfähigen Produktionseinheiten (PE) und modernen landwirtschaftlichen Unternehmen (MLU) wurde vorgeschlagen. Heute würden Mansholts Vorstellungen für zukunftsorientierte Vollerwerbsbetriebe (z.B. 60 Milchkühe oder 400 Mastschweine) niemanden mehr schockieren. Der im Zuge der EG-Gründung mit der Gemeinsamen Agrarpolitik erfolgte Zusammenschluss der landwirtschaftlichen Berufsvertretungen und Genossenschaften (COPA) lehnte die Vorstellungen der EU-Kommission ab und rief zu zahlreichen Bauernprotesten auf. Der „Mansholt-Plan" löste auch stürmische Diskussionen in Österreich aus und fand einen entsprechenden Niederschlag in einer Reihe von Gesetzen zur Verbesserung der Agrarstruktur. Zu erwähnen sind das Bundesgesetz zur Besitzaufstockung bäuerlicher Betriebe (Besitzstrukturfonds 1969), das schon 1967 verabschiedete Siedlungsgrundsatzgesetz sowie die in diesem Jahr von der ÖVP im Parlament beschlossene Flurverfassungsgesetznovelle und das Güter- und Seilwegegesetz. Steuerliche Entlastungen für den Grunderwerb rundeten das „Strukturkonzept" von Bundesminister Karl Schleinzer ab. Ein sozialpolitischer Meilenstein war das 1969 beschlossene Bauern-Pensionsversicherungsgesetz, das die Zuschussrente – von den Bauern wegen der unzureichenden Höhe auch „Tabakgeld" genannt – ablöste und in den folgenden Jahrzehnten bis heute die Hofübergabe und einen sozial abgefederten Strukturwandel erleichterte. Diese historische gesetzliche Grundlage für die soziale Besserstellung der älteren bäuerlichen Generation wurde in der ÖVP-Alleinregierung zum Teil gegen erheblichen Widerstand etablierter Bauernbundfunktionäre („Übergeben, nimmer leben") durchgesetzt und ist untrennbar mit dem politischen Engagement der ersten Frau in einer österreichischen Bundesregierung nach 1945, nämlich Sozialministerin Grete Rehor, verbunden.

Die Vorbereitung der österreichischen Wirtschaft und des Agrarsektors auf die EG war damals schon politisches Thema. In der Regierungserklärung von Josef Klaus am 20. April 1966 betonte er, „die Stärkung der Wettbewerbsfähigkeit bäuerlicher Familienbetriebe ist ein wichtiges Anliegen der Agrarpolitik, um in einem größeren europäischem Wirtschaftsraum bestehen zu können". Die Bemühungen der damaligen ÖVP-Alleinregierung, den Integrationsprozess zu beschleunigen, scheiterten am massiven Veto Italiens wegen der damaligen politischen Unruhen (Sprengstoffanschläge) in Südtirol.

Bundeskanzler Josef Klaus, kein großer Freund der damaligen Bauernbundfunktionäre Josef Wallner (Steiermark), Isidor Grießner (Salzburg) und Alois Scheibenreif (NÖ), machte es Landwirtschaftsminister Karl Schleinzer nicht immer leicht, die notwendigen Finanzmittel für den Grünen Plan bei den Budgetverhandlungen zu erwirken. Als Prof. Stephan Koren im Zuge einer Regierungsumbildung nach enttäuschenden Landtagswahlergebnissen für die ÖVP, insbesondere in Oberösterreich 1967, Wolfgang Schmitz als Finanzminister ablöste – Hermann Withalm wurde Vizekanzler – führten verschiedene Maßnahmen („Koren-Plan" 1968) zur Budgetsanierung, die mehrere besondere Belastungen für die Bauern vorsah, auch zu heftigen Reaktionen der Bauern. Der ÖVP-Bauernbund war zwischen Loyalität zur Regierung und berechtigten Forderungen der bäuerlichen Interessensvertretung in der Zwickmühle. Stephan Koren nahm Teile der von seinem Vorgänger durchgeführten Steuerreform zurück, führte eine befristete 10-prozentige Sondersteuer auf Wein und Autos ein und verlangte auch eine massive Anhebung des schon in den Fünfzigerjahren eingeführten „Krisengroschens", der von den Milchbauern als Beitrag zur Überschussverwertung eingehoben wurde. Diese Maßnahmen verärgerten wichtige Kernschichten der ÖVP-Wähler, vor allem den Mittelstand und die Bauern.

Die angespannte Marktlage bei Milch erforderte zunehmende Aufwendungen für die Finanzierung des Exportes. Die Selbstversorgung bei Vollmilch und Butter lag über 100 %, bei Brotgetreide erreichte sie im Wirtschaftsjahr 1968/69 rund 93 %, während bei Futtergetreide noch ein Importbedarf von fast 800.000 Tonnen bestand. Die von Landwirtschaftsminister Karl Schleinzer eingesetzten Arbeitsgruppen zur Analyse der Produktions- und Marktentwicklung für alle landwirtschaftlichen Erzeugnisse kamen unter anderem zu dem Ergebnis, dass eine Erhöhung des Milchkrisengroschens notwendig sei und der Einfuhrbedarf bei Futtergetreide durch eine Verengung der Preisrelation zu Brotgetreide vermindert werden könnte. Im März 1968 hat Bundesminister Karl Schleinzer die Spitzenfunktionäre des Bauernbundes und der Landwirtschaftskammern sowie die zuständigen Fachbeamten zur Erläuterung der Situation auf den Agrarmärkten eingeladen und die Anhebung des Krisengroschens bei Milch und eine Absenkung des Preises für Qualitätsweizen sowie eine Erhöhung für Futterweizen als Anreiz zur Mehrproduktion vorgeschlagen. Bauernbund und Landwirtschaftskammern hatten mit diesen Absichten wenig Freude. Als aber die Präsidentenkonferenz der Landwirtschaftskammern auf Druck der Regierung der Erhöhung des Absatzförderungsbeitrages für Milch zustimmte, organisierte der Allgemeine Bauernverband am 13. Mai 1969 eine große Traktordemonstration auf der Wiener Ringstraße und vor dem Bundeskanzleramt.

4.1. Das Salzburger Drama

Auf Drängen des niederösterreichischen Bauernbundes, dessen Obmann der damalige Landeshauptmann Andreas Maurer war, verweigerte Bundeskanzler Josef Klaus einer Delegation des Allgemeinen Bauernverbandes das Gespräch und beauftragte den völlig überforderten Präsidialchef im Kanzleramt, Roland Jiresch, eine Protestnote zu übernehmen. Durch eine Hintertür verließ Josef Klaus das Kanzleramt, was ihm viele Bauern niemals verziehen. Die Aktionen des Allgemeinen Bauernverbandes haben ein starkes mediales Echo ausgelöst und letztlich zur Wahlniederlage der ÖVP 1970 entscheidend beigetragen. Während im Osten Österreichs vor allem die Weinsondersteuer und die Getreidepolitik für Irritationen in der Bauernschaft sorgten, verärgerte in den westlichen Bundesländern die Milchpolitik die Landwirte. Am 28. Mai 1968 sprengten aufgebrachte Salzburger Bauern die Kammervollversammlung. Anlass war die Kürzung des Milchgeldes, während die Konsumenten mehr bezahlen mussten. Schon 1965 erzielte der parteiunabhängige Allgemeine Bauernverband auf Anhieb vier Mandate, sodass er mit Unterstützung der SPÖ- und FPÖ-Minderheitsfraktionen eine außerordentliche Vollversammlung verlangen konnte. Rupert Wolfgruber (sen.), Obmann des Salzburger Bauernbundes und Landesrat, lehnte ein Gespräch mit den Bauern ab. Die aufgebrachten Bauern wollten Kammerpräsident Isidor Grießner ihre Sorgen erläutern. Die Gesprächsverweigerung führte zu Eskalationen und wilden Beschimpfungen der Bauernbundfunktionäre.

Im Österreichischen Bauernbund wurde ein Generationenwechsel vorbereitet. Der damals 35-jährige EG-Experte in der Präsidentenkonferenz der Landwirtschaftskammern, Sixtus Lanner, wurde schon 1969 zum Direktor des Bauernbundes bestellt, Roland Minkowitsch folgte als Präsident 1970 Josef Wallner nach. Sixtus Lanner war 1968 bei den Ereignissen in Salzburg anwesend und erinnert sich, dass die jüngeren Agrarier für ein Gespräch eintraten, die gestandenen Funktionäre aber die Meinung vertraten, dass mit demonstrierenden Bauern nicht geredet wird. Der Allgemeine Bauernverband, der schon 1965 in die Kammervollversammlung einzog, erreichte 1970 sogar 5 Mandate. Er wurde bei der Demonstration auch vom Freiheitlichen Alois Zillner, Mitglied des Salzburger Landtags, sowie vom legendären FPÖ-Parlamentarier Gustav Zeillinger unterstützt. Sixtus Lanner erinnerte sich am 6. Juni 2008 gegenüber dem Autor an das Salzburger Bauerndrama wie folgt: „Wie immer man zur Politik des Bauernbundes stand, das hatte sich Grießner nicht verdient. Er war ein hoch anständiger Mensch, der aus seiner Sicht das Beste für die Bauern gegeben hat. Nach den Demonstrationen hat er eine Traurigkeit ausgestrahlt, die mir heute noch weh tut."

Simon Klausner, der damals an der Spitze der Demonstranten stand, bestätigt das mehrmalige Bedauern Isidor Grießners, das Gespräch verweigert zu haben. Bundesminister Karl Schleinzer sicherte eine Anhebung des Milchpreises zu, der, so Simon Klausner im „Salzburger Fenster“ (19/2008), 1969 geringfügig erhöht wurde. Die Ereignisse in Salzburg beendeten 1970 die politische Karriere von Isidor Grießner, der schon von 1934 bis 1937 im Salzburger Landtag gewesen war. Von 1945 bis 1970 wurde er für die Salzburger ÖVP in den Nationalrat gewählt. Isidor Grießner stand der Salzburger Landwirtschaftskammer von 1950 bis 1970 als Präsident vor und wurde als Nachfolger von Josef Strommer von 1962 bis 1970 auch als Vorsitzender der Präsidentenkonferenz der Landwirtschaftskammern bestätigt. Ein Augen- und Zeitzeuge, Günter Daghofer, langjähriger Direktor der Landwirtschaftskammer Salzburg, erinnert sich an die politischen Konsequenzen für Präsident Isidor Grießner: „Er musste innerhalb von zwei Jahren fast alle Funktionen abgeben, vor allem deshalb, weil Grießner vom Bauernbund, dessen Obmann damals Rupert Wolfgruber (sen.) war, die Rückendeckung verlor.“ Die Demonstrationen des Allgemeinen Bauernverbandes hat Isidor Grießner menschlich nie wirklich verkraftet und starb 1983, 78-jährig, in seinem Heimatort Fusch. Die Auswirkungen der vom Allgemeinen Bauernverband während der ÖVP-Alleinregierung zwischen 1966 und 1970 durchgeführten Demonstrationen auf das Ergebnis der Nationalratswahlen sind bekannt. Die SPÖ bildete 1970 eine Minderheitsregierung, weil eine große Koalition nicht zustande kam. Josef Klaus nutzte die Chance für eine Zusammenarbeit mit der FPÖ nicht, weil er, wie in seinen Memoiren („Macht und Ohnmacht in Österreich“) nachzulesen ist, als Wahlverlierer nicht Kanzler bleiben wollte. Im Jahre 1971 erreichte die SPÖ mit Spitzenkandidat Bruno Kreisky die absolute Mehrheit und verteidigte sie 1975 und 1979 und schaffte es selbst 1983 noch, mit einem kranken Regierungschef die relativ stärkste Partei zu bleiben.

4.2. Allgemeiner Bauernverband erzwingt Umdenken

Die Einbettung der Agrarpolitik in das politische, sozialpartnerschaftlich geprägte System wurde innerhalb der Bauernschaft Ende der sechziger Jahre zunehmend kritisch hinterfragt, insbesondere von der jüngeren und nachrückenden Generation der Funktionäre. Die Tendenzen zu einer weitgehenden Vereinheitlichung und Verquickung der Spitzen von Bauernbund, Kammern und Genossenschaften nach 1945 wurden auf den Prüfstand gestellt. Mehrfachfunktionen, die oft zu Interessenskonflikten führten, sollten, das forderte der Allgemeine Bauernverband vehement, entflochten werden. Die Salzburger Ereignisse führten dazu, dass 1970 Martin Schifferegger, Landwirt in Niedernsill (Pinzgau), der mit den Forderungen der demonstrierenden Bauern sympathisierte und ein Nahverhältnis zum Allgemeinen Bauernverband hatte, als Nachfolger von Isidor Grießner zum Präsidenten der Landwirtschaftskammer Salzburg gewählt wurde. Diese Funktion übte er bis 1980 aus und starb, 91 Jahre alt, 2004.

Die SPÖ, deren Parteiobmann Bruno Kreisky ab 1967 die Entwicklung genau beobachtete, bereitete die Ablöse der ÖVP-Alleinregierung vor und erarbeitete mit 1.300 Experten für alle wirtschaftlichen und gesellschaftlichen Bereiche programmatische Vorschläge für einen innenpolitischen Kurswechsel. Die Entwicklung auf den Agrarmärkten, die zunehmende Verlagerung zum Nebenerwerb und die Dominanz der Genossenschaften bei der Vermarktung land- und forstwirtschaftlicher Erzeugnisse sowie hinsichtlich der Bereitstellung von Betriebsmitteln lösten neue Überlegungen aus. Die von Karl Schleinzer eingesetzten Arbeitsgruppen schlugen die verstärkte Bildung von Erzeuger- und Absatzorganisationen vor, bäuerliche Selbsthilfeeinrichtungen, vom Allgemeinen Bauernverband in verschiedenen Bundesländern unterstützt, entstanden. Die Genossenschaftsfunktionäre waren darüber nicht erfreut. Im Jahre 1969 arbeiteten Bauernbunddirektor Sixtus Lanner und der damalige Generalsekretär-Stellvertreter im Österreichischen Raiffeisenverband, Herbert Kleiß, ein Strategiepapier aus, in dem grundsätzlich festgelegt wurde, was Erzeuger- und Absatzorganisationen in Arbeitsteilung mit den genossenschaftlichen Verwertungseinrichtungen (Milch, Fleisch, Obst und Gemüse) an Aufgaben für ein gebündeltes Angebot übernehmen sollten. Der Mechanisierungsschub in der Landwirtschaft sollte die unbefriedigenden Agrarpreise ausgleichen. Der Agrarrebell und Leiter des Landfunks im bayrischen Rundfunk in München, Erich Geiersberger, zog als Wanderprediger durch die Lande und kämpfte, sehr zum Ärger des Bauernbundes und der Genossenschaften, für eine „dritte Bauernbefreiung". Er gilt als Vater der Maschinenringe nach dem Motto: „Jeder kann und keiner muss." In der überbetrieblichen Zusammenarbeit sah er die Rettung einer Landwirtschaft, die zunehmend im Nebenerwerb organisiert wurde, damals für viele Agrarpolitiker nur eine Übergangsform in der Landbewirtschaftung. Der Idee gelang bis heute ein Siegeszug. Der erste Maschinenring wurde 1960 in Andorf (OÖ) gegründet, 2008 gibt es bundesweit rund 100 solcher Zusammenschlüsse mit mehr als 77.000 bäuerlichen Mitgliedsbetrieben.

Bauernbunddirektor Sixtus Lanner, Ende der Sechzigerjahre zusammen mit Erhard Busek, Alois Mock und Josef Taus die Zukunftshoffnung in der Volkspartei, erkannte als erster bekannter Agrarexperte die Notwendigkeit, die Agrarpolitik für den gesamten ländlichen Raum zu öffnen und der Entwicklung der Nebenerwerbslandwirtschaft („Hand in Hand") einen neuen Stellenwert zu geben. Gegen erhebliche Skepsis der älteren Bauernbundfunktionäre, für die Agrarpolitik im Wesentlichen Markt- und Preispolitik war, entwickelte er neue Konzepte für eine ganzheitliche Betrachtung der sozialen und ökonomischen Entwicklungen in der Gesellschaft. Sein Credo: „Der ländliche Raum ist längst nicht mehr mit der Landwirtschaft gleich zu setzen, es geht dabei um ein Anliegen, aber auch um eine Chance für alle Menschen." Er suchte mit dieser Vision, damals noch fast ein Sakrileg, heute politischer Konsens, auch eine Antwort auf die von Brüssel forcierte Politik des Wachsens und Weichens. Gegenüber dem Autor erinnert sich der frühere ÖVP-Politiker an eine Fahrt von Delegierten des SPÖ-

Arbeitsbauernbundes und des Allgemeinen Bauernverbandes vom 13. bis 18. Oktober 1969 nach Brüssel und in die Deutsche Bundesrepublik. Angeführt wurde die Informationsreise von Bundesobmann Rudolf Tillian (SPÖ – Arbeitsbauern) und dem Salzburger Kammerrat Helmut Langer für den AÖBV. Verwundert zeigte sich Sixtus Lanner darüber, dass einige Mitglieder dieser Expertenfahrt zum Schluss gelangten, die Umsetzung des Mansholt-Plans würde sich positiv auf die Entwicklung der europäischen Landwirtschaft auswirken. SPÖ-Parteivorsitzender Bruno Kreisky hat diese Reise vermittelt.

In bewegten Zeiten und mit dem Erstarken des Allgemeinen Bauernverbandes, der in den Vollversammlungen der Landwirtschaftskammern in Salzburg, Kärnten und Oberösterreich vertreten war und in Niederösterreich mit Robert Wenitsch und Sepp Hintermayer zwei stimmgewaltige Anwälte hatte, war auch eine verstärkte Informationstätigkeit gefragt. Sixtus Lanner gründete für die Führungskräfte in der bäuerlichen Interessensvertretung das heute noch bestehende „idk“ mit dem Ziel: informieren, diskutieren, koordinieren.“

5. Die SPÖ-Agrarpolitik und der Allgemeine Bauernverband

Am 1. März 1970 wählten rund 4,7 Millionen Österreicher einen neuen Nationalrat. 1966 erhielt die ÖVP 48,35 % der gültigen Stimmen und erreichte mit 85 Mandaten überraschend die absolute Mehrheit. Vier Jahre später entfielen auf die SPÖ 48,20 % und 81 Abgeordnete im Parlament. Eine große Koalition kam nicht zustande, eine Zusammenarbeit zwischen ÖVP und FPÖ, die rechnerisch möglich gewesen wäre, lehnte der Wahlverlierer Josef Klaus ab. Die Überraschung – insbesondere für den Bauernbund – war groß, als Wahlsieger Bruno Kreisky mit seiner relativen Mehrheit am 20. April 1970 mit Zustimmung von Bundespräsident Franz Jonas und einer befristeten Unterstützung der FPÖ die Bildung einer Minderheitsregierung verkündete. Der „Österreichische Bauernbündler“ titelte nach der Wahlniederlage besorgt: „Was wird aus den Bauern“ und beschwor die politische Einigkeit.

Für viele überraschend wurde der bis dahin unbekannte Kärntner Agrarbeamte Hans Öllinger zum Landwirtschaftsminister bestellt und schied nach wenigen Wochen wieder aus dem Amt. Am 22. Mai 1970 wurde Oskar Weihs als Landwirtschaftsminister angelobt und übte diese Funktion bis 30. September 1976 aus. Die Bauernbundführung mit Roland Minkowitsch und Andreas Maurer sowie Matthias Bierbaum in Niederösterreich konnten sich mit einem sozialistischen Minister im Agrarressort nicht anfreunden, zumal Kanzler Bruno Kreisky bald nach Bildung der Minderheitsregierung unverblümt ankündigte, „den Brotkorb für die Bauern höher zu hängen“, wenn eine konstruktive Zusammenarbeit nicht möglich sei. Der clevere Taktiker stellte auch immer wieder Überlegungen an, wie eine politische Zusammenarbeit zwischen Arbeitern und Bauern nach schwedischem Vorbild möglich wäre und verärgerte damit den

Bauernbund. Der Allgemeine Bauernverband wurde als Gesprächspartner ernst genommen und konnte auch mit der Abschaffung der Weinsteuer und der Anhebung der Förderung für die Verbilligung des Dieselpreises für die Landwirtschaft erste Erfolge erzielen. Obwohl sich Oskar Weihs und der Vorsitzende der Präsidentenkonferenz der Landwirtschaftskammern, Hans Lehner, redlich um eine vernünftige Zusammenarbeit bemühten, eskalierte schon bald die politische Lage. Die Anpassung der Zuschussrenten an die Bauernpensionen scheiterte vorerst am Widerstand der SPÖ, ebenso war die ÖVP mit dem Agrarbudget nicht einverstanden. Am „Josefitag" (19. März) 1971 kam es zur bisher größten Bauerndemonstration in Wien, mehr als 7.000 Traktoren donnerten über die Ringstraße. Der Bauernbund kopierte nun vom Allgemeinen Bauernverband die Protesthaltung gegenüber der Bundesregierung. Spannungen gab es aber auch im Bauernbund. Hans Lehner, in Sorge über die künftige Finanzierung der Förderungs- und Beratungstätigkeit der Landwirtschaftskammern, trat für eine moderatere Strategie gegenüber der SPÖ-Minderheitsregierung und in Folge gegenüber den sozialdemokratischen Alleinregierungen ein, zumal Oskar Weihs im Wesentlichen die Bauernbundpolitik fortsetzen wollte und ein jovialer Gesprächspartner war. Der Generalsekretär der Präsidentenkonferenz, Ernst Brandstätter, wurde ÖVP-Agrarsprecher und sollte Landwirtschaftsminister werden, wenn die ÖVP wieder Regierungsverantwortung erhalten sollte. Die Vorlage eines umfassenden Gesetzesentwurfes zur „Sicherung der landwirtschaftlichen Produktion und Versorgung der Bevölkerung" (1971), der das Landwirtschafts- und Marktordnungsgesetz zusammenführen sollte, fand von SPÖ und FPÖ keine Zustimmung. Bundeskanzler Bruno Kreisky widmete in seiner Regierungserklärung vom 27. April 1970 ein ausführliches Kapitel, das wenig Unterschied zur ÖVP-Agrarpolitik erkennen ließ, obwohl im SPÖ-Wirtschaftsprogramm aus dem Jahre 1968 zu lesen war: „Die Bauern sind Opfer einer falschen Agrarpolitik."

5.1. Ein „Kirchschläger" für die Bauern

Die SPÖ-Parteiführung und auch der Präsident des Gewerkschaftsbundes, Anton Benya, hatten mit zunehmender Regierungsdauer in den Siebzigerjahren nicht immer eine große Freude mit dem Kuschelkurs zwischen Hans Lehner und Oskar Weihs. Dieser verzögerte lange aus Rücksicht auf die Landwirtschaftskammern die Einsetzung einer Kommission zur Überprüfung der Vergabe von Fördermitteln (Bundesprüfkommission), die vom Allgemeinen Bauernverband und von den Arbeitsbauern der SPÖ gefordert wurde und erst gegen Ende der Amtszeit von Oskar Weihs ihre Arbeit aufnahm. Franz Fux (SPÖ-Bauernfunktionär in Niederösterreich) und Karl Achleitner, ein Funktionär des Bauernverbandes und Landwirt in Purgstall (NÖ), waren unter anderen engagierte Mitglieder dieser von der ÖVP heftig bekämpften Prüfeinrichtung. Zwischen 1970 und 1976 wurde aber trotzdem ein beachtlicher Kurswechsel in der Agrarpolitik erreicht. Zu erwähnen sind die Einführung der Bergbauern- und Grenzlandsonderprogramme, die Intensivierung der Förderung von

Maschinenringen, die verstärkte Berücksichtigung der Nebenerwerbsbetriebe für die Inanspruchnahme öffentlicher Gelder, die Umstellung der Treibstoffverbilligung auf eine Mineralölsteuerrückvergütung und die Weiterentwicklung der Agrarmarktordnung. Die Situation auf den Agrarmärkten wurde durch die zunehmende Überschussproduktion bei Milch und Getreide immer schwieriger, die Finanzierung der Agrarexporte teurer und der fortschreitende Strukturwandel erforderte neue Überlegungen für eine Kursänderung in der Agrarpolitik. Der harte Konfrontationskurs zwischen SPÖ und Bauernbund und die ständigen Versuche der Regierungspartei, auch mit Hilfe des Allgemeinen Bauernverbandes einen Keil zwischen die politische Interessenvertretung für die Land- und Forstwirtschaft und die Kammerfunktionäre zu treiben, führten nicht zum Erfolg. Bei verschiedenen Landwirtschaftskammerwahlen behielt trotz Stimmenzuwächsen für den AÖBV in verschiedenen Bundesländern der Bauernbund seine dominante Stellung. Die Ergebnisse der Landwirtschaftskammer-Wahlen 1980 in Niederösterreich dokumentieren dies sehr deutlich, der Arbeitsbauernbund erhielt dort kein Mandat, in Salzburg nur eines, und nur in Kärnten war die Vertretung mit 8 Kammerräten in der Vollversammlung 1981 zufrieden stellend. In der SPÖ nahm Mitte der Siebzigerjahre die Kritik an der Kooperationsstrategie zwischen Oskar Weihs und Hans Lehner, dessen zahlreiche Funktionen immer wieder zu Auseinandersetzungen mit anderen in Kammervollversammlungen vertretenen Gruppierungen führten, erheblich zu. Immer lauter formulierte der Kanzler, für viele aber nicht verständlich, er wolle einen „Kirchschläger für die Bauern". Auf der Klagenfurter Holzmesse 1976 meinte sogar überraschend offen der beliebte Bundespräsident Rudolf Kirchschläger zum verdutzen Bruno Kreisky: „Du hast ja einen Kirchschläger für die Bauern in der Regierung, der sitzt hier am Tisch." Er meinte Oskar Weihs. Hans Lehner, 1984 überraschend gestorben, bot der Kanzler ohne Aussicht auf Erfolg und als letzten Versuch, den Bauernbund auf eine verstärkte Zusammenarbeit mit Koalitionsaussichten nach den Wahlen 1975 einzuschwören, das Amt des Landwirtschaftsministers an. 1974 musste Oskar Weihs gegen seinen Willen Günter Haiden auf Druck des Gewerkschaftsbundes als Staatssekretär akzeptieren. Die Ablöse von Oskar Weihs war aber innerparteilich bereits, zusammen mit Vizekanzler Rudolf Häuser (Sozialminister), beschlossen. Franz Stummer, damals Referent für Bergbauernfragen in der Präsidentenkonferenz der Landwirtschaftskammern, schlug das Angebot, als Staatssekretär in das Agrarressort auf den Wiener Stubenring zu wechseln, aus. Zusammen mit Eugen Veselsky, Staatssekretär im Kanzleramt, engagierte sich der Bergbauernexperte für eine Neuorientierung der Politik für benachteiligte Gebiete und war einer der Gründungsväter der Österreichischen Bergbauernvereinigung (ÖBV), die bis heute besteht und die in den Siebziger- und Achtzigerjahren zum Ärger des Bauernbundes neben dem AÖBV eine weitere Sauerteigrolle für eine andere Agrarpolitik spielte und von Kanzler Bruno Kreisky gerne als Gesprächspartner konsultiert wurde.

Im Übrigen hatte der SPÖ-Sonnenkönig in den Siebzigerjahren zum Unterschied von seinem Vorgänger Josef Klaus keine Scheu, mit demonstrierenden Bauern zu sprechen. Bei vielen Verhandlungsrunden mit Vertretern des Allgemeinen Bauernverbandes und des Bauernbundes auf dem Ballhausplatz war ich anwesend. Humorvolle Wortspiele lockerten die ernsten Themen auf. So etwa, wenn Bruno Kreisky mit sonorer Stimme immer mit „Herr Dr. Minkowitsch" die Verhandlungsrunde eröffnete und der Bauernbundpräsident ebenso oft und verärgert den Doktortitel dementierte. Der junge Bauernbunddirektor Sixtus Lanner musste sich nach der Großdemonstration am 19. März 1971 vom SPÖ-Regierungschef über die Dreißigerjahre belehren lassen.

Völlig überrascht war einmal Josef Loitfellner, der sich zusammen mit Oskar Weihs umständlich bemühte, dem Kanzler den Zusammenhang zwischen Milch- und Butterpreis zu erklären, und der dann vom Landwirtschaftsministerium eine Expertise verlangte, weil ihm die benötigte Menge von rund 20 Liter Milch für 1 kg Butter völlig unglaubwürdig erschien.

5.2. Von der Kooperation zur Konfrontation

Am 1. Oktober 1976 wurde der frühere Gewerkschaftsfunktionär und kurzfristige Direktor der Bundesforste, Günter Haiden, zum Bundesminister für Land- und Forstwirtschaft angelobt. Zum Unterschied von seinem Vorgänger hatte er keine Berührungsängste mit dem Allgemeinen Bauernverband und stärkte vor allem die Arbeit der Bundesprüfkommission, die dann von Josef Riegler 1987 aufgelöst wurde, ohne während ihrer Tätigkeit als Kontrollorganisation für die Landwirtschaftskammern gravierende Fehlleistungen bei der Vergabe von Förderungsmitteln festgestellt zu haben. Günter Haiden musste allerdings auch nicht zu seiner Freude mit Albin Schober (1976 bis 1983) einen Kärntner Vollerwerbsbauern als Staatssekretär in seinem Haus und als Signal der SPÖ, die im Ruf stand, nur die „Eisenbahnerkuh" zu vertreten, an überlebensfähige Betriebe akzeptieren. Er hinterließ allerdings keine bleibenden Spuren in der österreichischen Agrarpolitik. Josef Loitfellner, dessen originelle Auftritte in Wien Bruno Kreisky beeindruckten, sowie Helmut Langer vom Allgemeinen Bauernverband waren ernstlich als Staatssekretär für Bergbauernfragen im Gespräch. Auf Druck des ÖGB entschied sich der Kanzler aber für Günter Haiden, sodass auch dem engagierten SPÖ-Agrarsprecher im Parlament, Josef Pfeifer, damals auch Landesvorsitzender des Arbeitsbauernbundes in Niederösterreich, ein Wechsel in die Regierung versagt blieb.

Für die Landwirtschaftskammern war der neue Ressortchef ein unbequemer und konsequent seine (partei-)politische Linie verfolgender Partner, der auch mit seiner Personalpolitik im Ressort stets für Verärgerungen beim Bauernbund und Auseinandersetzungen im Parlament sorgte. Während seiner zehnjährigen Amtszeit bis 1986 – die bisher längste in der Zweiten Republik – überwog die Konfrontation die Kooperation. Vor allem die Finanzierung der Beratungs- und Landjugendarbeit war Günter Haiden ein Dorn im Auge; ebenso störte ihn die massive und oft unsachliche Kritik an seiner Person und Politik in den regelmäßig erscheinenden Medien des Bauernbundes, in denen die Ressortarbeit, selbst wenn es sich um fachliche Informationen handelte, weitgehend verschwiegen wurde. Schon Anfang der Siebzigerjahre wurden vom Bundesministerium für Land- und Forstwirtschaft Förderungsgelder („Bauernmillionen") für die breitere Berichterstattung über die Agrarpolitik der SPÖ-Alleinregierung vergeben. Bauernbundpräsident Roland Minkowitsch lehnte entrüstet ab, deshalb wurden die Bundesmittel – jährlich rund 3 Millionen Schilling – auf die Bauernorganisationen der SPÖ und FPÖ sowie auf den Allgemeinen Bauernverband (Österreichische Bauernzeitung) und auch für Publikationen der Österreichischen Bergbauernvereinigung aufgeteilt. Für einen politischen Schlagabtausch sorgte die Ankündigung von Bundesminister Günter Haiden, mit einer Ressortzeitung die bäuerlichen Familien zu informieren. Die rechtlichen Grundlagen wurden zwischen dem Bundesministerium für Land- und Forstwirtschaft und dem damaligen Sekretär von Justizminister Christian Broda, Sepp Rieder, später langjähriger Stadtrat für Finanzen und Vizebürgermeister in Wien, abgeklärt. Im Jahre 1977 erschien zum ersten Mal die Bauernzeitung „Agrarwelt", die vorerst alle 14 Tage und dann monatlich herauskam. Bis zu diesem Zeitpunkt waren „Blick ins Land" und die „Agrarpost" die einzigen Medien, in denen sich der streitbare Bundesminister für Land- und Forstwirtschaft, Günter Haiden, zu Wort melden konnte. Die „Agrarwelt" fand innerhalb der Bauernschaft guten Anklang, zumal der Ressortchef publizistische Angriffe auf die ÖVP und die Interessensvertretungen sowie Genossenschaften unterließ. Der Inhalt der Zeitung umfasste sachliche Themen und wichtige Informationen über die Abwicklung der Förderungsmaßnahmen. Ende der Siebziger- und Anfang der Achtzigerjahre nahm auch der Bauernbund das Presseförderungsangebot der Bundesregierung an. In der SPÖ/FPÖ-Koalition (1983–1986) wurden diese Zahlungen eingestellt. Die Herausgabe der „Agrarwelt", im damals noch sozialistischen Vorwärtsverlag erschienen, wurde von Josef Riegler, der 1987 nach Bildung der großen Koalition zum Bundesminister für Land- und Forstwirtschaft bestellt wurde, beendet. Mehrmals gab es zwischen Günter Haiden und ÖVP-Agrarsprecher Josef Riegler einen heftigen parlamentarischen Schlagabtausch über die Finanzierung und Verlagskonstruktion der vom Bauernbund immer bekämpften Ressortzeitschrift.

6. Die agrarpolitische Bilanz 1970 bis 1986

Die SPÖ-Alleinregierung und die Koalition mit der FPÖ haben in der Agrarpolitik beachtliche Weichenstellungen vollzogen, die nicht nur von der Reformdiskussion in der Europäischen Gemeinschaft, sondern auch von Vorschlägen oppositioneller Gruppierungen beeinflusst wurden. Bundeskanzler Bruno Kreisky hat vor allem die Regionalisierung der Agrarpolitik forciert, eine eigene Abteilung im Kanzleramt eingerichtet und bäuerliche Selbsthilfegruppen engagiert unterstützt. Die Vermarktung bäuerlicher Produkte, der ab Hof-Verkauf und regionale Erzeugerzusammenschlüsse wurden unterstützt. Staatssekretär Adolf Nußbaumer, bis 1970 Konsulent bei Bundesminister Karl Schleinzer und auch Präsident der von ihm 1968 gegründeten Gesellschaft für Land- und Forstwirtschaftspolitik (heute: Ökosoziales Forum), wurde mit der Ausarbeitung von Förderungsprogrammen beauftragt. Diese Aufgabe wurde nach dem überraschenden Tod Adolf Nußbaumers von Staatssekretär Eugen Veselsky fortgesetzt. Im Jahre 1974 wurde mit tatkräftiger Unterstützung des damaligen Referenten für Bergbauernfragen in der Präsidentenkonferenz der Landwirtschaftskammern, Franz Stummer, die heute noch bestehende Österreichische Bergbauernvereinigung (ÖBV) gegründet. Sie stand den Initiativen (Förderaktion für eigenständige Regionalentwicklung – FER) der SPÖ für den ländlichen Raum besonders aufgeschlossen gegenüber und pflegte auch gute Kontakte zu katholischen Würdenträgern in den Bundesländern. Das löste viele Interventionen von Funktionären des Bauernbundes aus. Wissenschaftlich unterstützt wurden diese Initiativen von Karl Bochsbichler, Dozent an der Hochschule für Bodenkultur. Er publizierte das Buch „Die Bergbauern", das eine sehr kritische Analyse über eine Randgruppe der Gesellschaft enthielt, die Einkommensdisparität mit den Gunstlagen aufzeigte und konkrete Maßnahmen für ein optimales System von Direktzahlungen vorschlug. Sehr zum Ärger der Präsidentenkonferenz der Landwirtschaftskammern fungierte ihr früherer Referent für Bergbauernfragen, Franz Stummer, als Herausgeber. Die 1978 neu geschaffene Studiengesellschaft für Bauernfragen mit dem Sozialwissenschaftler Ernst Gehmacher als Präsident übernahm die Aufgabe, mit Veranstaltungen auf die agrarpolitischen Reformarbeiten unter Einbindung des AÖBV, der SPÖ-Bauern sowie der Freiheitlichen Bauernschaft aufmerksam zu machen. Selbstverständlich wurden auch die Landwirtschaftskammern zu Symposien eingeladen. Die ebenfalls 1978 gegründete Bundesanstalt für Bergbauernfragen, die sich bis heute vor allem mit Analysen über die Entwicklung der Land- und Forstwirtschaft in benachteiligten Regionen beschäftigt, hat erstmals auch die Verteilungsgerechtigkeit staatlicher Transferzahlungen und ihre Auswirkungen auf die bäuerlichen Einkommen in die agrarpolitische Diskussion eingeführt. Grundlage dafür bildete die vom Bauernbund besonders heftig kritisierte Studie von Josef Krammer und Günther Scheer „Das österreichische Agrarsystem" (1978). Erstmals wurden die erheblichen innerlandwirtschaftlichen Einkommensunterschiede ökonomisch analysiert, politisch begründet und öffentlich angeprangert. Diese Frage ist auch heute noch ein politisches Reizthema.

Mit der Ausstellung „Bergbauern gehen neue Wege und suchen Verbündete", Anfang März 1979 auf dem Platz Am Hof in Wien, von Kanzler Kreisky besucht und in den Medien stark beachtet, wurde die Stimmung für eine mehr ökologisch ausgerichtete Agrarpolitik aufbereitet. Aus meiner persönlichen Erfahrung und subjektiven Einschätzung hat der Allgemeine Bauernverband ab Mitte der achtziger Jahre und mit der Bildung der SPÖ/ÖVP-Koalition an politischem Einfluss verloren, aber die Epoche zwischen 1960 und 1980 mitgeprägt.

Am 24. April 1983 erreichte die SPÖ bei den Nationalratswahlen 90 Mandate, die ÖVP 81 und die FPÖ 12. Bruno Kreisky verhinderte eine Regierungsbeteiligung der Volkspartei und führte die Verhandlungen mit den Freiheitlichen. Fred Sinowatz, am 11. August 2008, 79 Jahre alt, verstorben, wurde Kanzler, Norbert Steger Vizekanzler und Gerulf Murer löste Albin Schober als Staatssekretär im Landwirtschaftsministerium ab.

In der Zeit von 1970 bis 1986 sind für die Land- und Forstwirtschaft an wichtigen Weichenstellungen hervorzuheben:

- Einführung der Bergbauern- und Grenzlandsonderprogramme mit dem Bergbauernzuschuss als Direktzahlung; anfänglich vom Bauernbund als „Pfeifengeld" abqualifiziert und heute, als EU-Ausgleichszulage weiter entwickelt, politischer Konsens
- Ausbau der Bergbauernförderung durch Einführung der Zone 4, von der FPÖ gefordert und durchgesetzt. Mehrfache Reformen des Agrarmarktes mit Einführung der Milchquoten 1978, sechs Jahre später auch von der EU in ähnlicher Weise und bis 2015 befristet, realisiert
- Neuorientierung der Agrarpolitik auf der Getreidefläche mit verstärkter Förderung des Ölsaatenanbaus auf der Grundlage des „Getreideprotokolls" 1979, vereinbart zwischen dem Präsidenten der NÖ-Landwirtschaftskammer, Matthias Bierbaum, und Bundesminister Günter Haiden
- Verstärkte Berücksichtigung der Nebenerwerbsbetriebe im Förderungssystem
- Maßnahmen gegen die Überschussproduktion in der pflanzlichen Erzeugung (Stickstoffabgabe 1985)
- Forst- und wasserpolitische Initiativen (Waldzustandsinventuren, Schutzwasserbau, Gefahrenzonenpläne, Hydrographiegesetz)
- Sicherstellung der Finanzierung für die Exporte im Milch-, Getreide- und Viehbereich durch zahlreiche Handelsabkommen mit der EG (z.B. Freihandelsabkommen 1972)
- Verabschiedung des Gesetzes über ein land- und forstwirtschaftliches Betriebs- und Informationssystem
- Umstellung der Treibstoffverbilligung auf eine Mineralölsteuerrückvergütung
- Errichtung der Vieh- und Fleischkommission
- SPÖ und FPÖ (Josef Pfeifer und Josef Hintermayer) einigten sich auf ein neues Weingesetz als Konsequenz aus dem Weinskandal 1985

6.1. Gescheiterte Spaltungsversuche

Die politischen Versuche, das Übergewicht des Bauernbundes in den Landwirtschaftskammern und im Genossenschaftswesen entscheidend zu schwächen, führten zwar zu gelegentlichen Irritationen in der ÖVP, hatten aber letztlich keinen durchschlagenden Erfolg. Roland Minkowitsch, Andreas Maurer, Valentin Deutschmann, Matthias Bierbaum, Hans Lehner und Alois Derfler, Ernst Brandstätter und Josef Riegler waren die prägenden Persönlichkeiten in dieser innenpolitischen Epoche und hielten ihre Organisation zusammen. Bruno Kreiskys Traum, die bündisch gegliederte ÖVP mit Hilfe der Agrarier zu spalten, und seine Vision von einem Bündnis zwischen Arbeitern und Bauern blieben unerfüllt. Dieser große Staatsmann starb am 29. Juli 1990 im Alter von 79 Jahren. Nach ihm wurde die Politik grauer und weniger weltoffen. Er hätte sicher nie geglaubt, dass die ÖVP bleibt wie sie ist, sich aber die wachsende FPÖ im Jahre 2002 spalten würde.

Das Klischee von der bauernfeindlichen SPÖ fand zwar zwischen 1970 und 1986 keine Bestätigung, aber einschneidende Erfolge des Arbeitsbauernbundes (SPÖ-Bauern) bei den Landwirtschaftskammer-Wahlen blieben der Partei versagt. Zufrieden stellend waren nach 16 Jahren SPÖ-dominierter Regierungen nur die Ergebnisse bei den Landwirtschaftskammerwahlen in Kärnten (1986: 23,3 %), im Burgenland (1988: 27,8 %), und in der Steiermark (1986: 11,6 %). In Niederösterreich wurden 1985 etwa 8 % der gültigen Stimmen erreicht. In den Jahren 1985 bis 1991 hat vor allem die FPÖ hervorragende Ergebnisse bei den Landwirtschaftskammerwahlen erzielt, in Kärnten 1991 fast 31 %.

7. Neue Ära in der Innenpolitik

Nach der Wahl Jörg Haiders zum neuen Obmann der FPÖ auf dem stürmischen Innsbrucker Parteitag am 14. September 1986 beendete Bundeskanzler Franz Vranitzky die Koalition mit den Freiheitlichen. Die Wahlen am 23. November bescherten der SPÖ mit dem Verlust von 10 Mandaten eine herbe Niederlage (80 Mandate), die FPÖ verdoppelte ihre Stimmen und erreichte 18 Sitze, die ÖVP verlor 4 und erreichte 77 Mandate und die Grünen (8) zogen erstmals in das Parlament ein. Bevor die große Koalition zwischen SPÖ und ÖVP wieder belebt wurde, sorgte der Weinskandal 1985 für erhebliche innenpolitische Turbulenzen und leitete das politische Aus für Langzeitminister Günter Haiden ein, den Kanzler Franz Vranitzky als Nachfolger von Fred Sinowatz auf Druck des Bauernbundes nicht mehr als Landwirtschaftsminister in sein Kabinett holte. Erich Schmidt wurde mit dem Amt des Bundesministers für Land- und Forstwirtschaft bis zur Bildung einer neuen Regierung nach den Wahlen betraut. Er war wie sein Vorgänger zwar auch Gewerkschafter, aber als erfahrener Sozialpartner um Konsens bemüht. Es gelang als Folge der unbefriedigenden Entwicklung auf dem Weinmarkt mit dem Zusammenbruch des Exports zwar noch ein vorbildliches Weingesetz, aber Josef Riegler, Agrarsprecher der ÖVP, galt schon als logischer Nachfolger in der nach den Wahlen gebildeten Koalition.

7.1 Agrarpolitik und Ökologie

Am 22. Jänner 1987 zog Josef Riegler als Bundesminister für Land- und Forstwirtschaft in das traditionsreiche Gebäude auf dem Wiener Stubenring ein. In der Regierungserklärung vom 28. Jänner wurden eine offensive Agrarpolitik und strategische Allianzen mit den Verbrauchern auf dem Weg in die Europäische Gemeinschaft angekündigt. Der erforderliche Kurswechsel in der Agrarpolitik wurde konsequent umgesetzt und mit der Präsentation des Manifests für eine „Ökosoziale Agrarpolitik in Österreich“ am 9. Mai 1988 wurden in Wien die Eckpfeiler der Reform formuliert. Wirtschaftliche Leistungsfähigkeit, ökologische Ausgewogenheit und soziale Orientierung hießen die Schwerpunkte. Die Produktion besser an die Marktchancen anzupassen, die Einkommen zu verbessern und Strategien für den Beitritt zum Europäischen Binnenmarkt prägten die Agrarpolitik in den vergangenen zwanzig Jahren. Als Alois Mock, seit 1979 ÖVP-Parteiobmann, dem 1986 von Wirtschafts- und Bauernbund eine Koalition mit der FPÖ untersagt wurde, nach wenig glanzvollen Regionalwahlen 1989 als Chef der Volkspartei für Josef Riegler Platz machen musste, ging die kurze Amtszeit des steirischen Agrarexperten als Landwirtschaftsminister zu Ende. Seine Nachfolger, Franz Fischler (1989 bis 1994) und Wilhelm Molterer (1994 bis 2002), waren vor allem damit beschäftigt, das heimische Agrarsystem umzubauen. Das 1989 in Brüssel deponierte Beitrittsansuchen für die Mitgliedschaft in der Europäischen Gemeinschaft wurde 1992 in Brüssel positiv entschieden. Mit der Volksabstimmung am 12. Juni 1994 mit 66 % Zustimmung war der Weg Österreichs in die EU frei.

Der Bauernbund war unbestritten wiederum tonangebend in der Agrarpolitik. Der Salzburger Georg Schwarzenberger wurde 1989 zum Obmann gewählt, Rudolf Schwarzböck wurde 1986 NÖ-Kammerpräsident und Vorsitzender der Präsidentenkonferenz der Landwirtschaftskammern. Die Sozialpartner bestimmten entscheidend die Wirtschafts-, Sozial- und Agrarpolitik. SPÖ und FPÖ zogen sich von der Gestaltung der Politik für die bäuerlichen Familien und den ländlichen Raum zurück. Finanzminister Ferdinand Lacina (1986–1995) versuchte mit dem Leiter der für die Land- und Forstwirtschaft in seinem Ressort zuständigen Abteilung, Gerhard Steger, nicht allen finanziellen Wünschen von Franz Fischler und Wilhelm Molterer zu entsprechen. Im „Grünbuch“ (1988) feuerte der streitbare rote Frontmann eine Breitseite gegen die Genossenschaften ab, die seiner Meinung nach am meisten von der Überschussverwertung profitierten. Publikationen („Krise und Perspektiven der österreichischen Landwirtschaft“, und „Bauernopfer – Folgen des EG-Beitritts“, Wien 1988 bzw. 1989) von Gerhard Steger, heute Leiter der Budgetsektion im Bundesministerium für Finanzen, verärgerten den Bauernbund und die Funktionäre des Genossenschaftswesens.

Die Jahre von 1987 bis 1995 prägten die Vorbereitung auf den EU-Beitritt. In der Produktionspolitik wurde die Förderung von Alternativkulturen intensiviert, allein von 1986/87 bis 1990/91 stieg die Anbaufläche von 70.000 Hektar auf 200.000 Hektar, um nach dem EU-Beitritt in Folge rückgängiger Erzeugerpreise wieder zu sinken

(2007: 130.000 Hektar Ölfrüchteanbau). Der Milchmarkt wurde durch die Einführung des freiwilligen Lieferverzichtes (1987/1990) saniert. Die Anlieferung sank von 129 % auf 118 % des Inlandsverbrauchs, der Absatzförderungsbeitrag für die Bauern konnte von 64 Groschen/kg auf 16 Groschen/kg gesenkt werden. Die Handelbarkeit der Richtmengen wurde eingeführt und der Ab-Hof-Verkauf praxisgerecht gestaltet. Das Förderungssystem für die Land- und Forstwirtschaft konzentrierte sich auf den Ausbau der Direktzahlungen (Bergbauernzuschuss) sowie auf die ökologische Orientierung verschiedener Förderungsmaßnahmen (Biolandbau, Fruchtfolgeförderung, Biomasse). Die Bildungs- und Beratungsarbeit wurde finanziell besser dotiert und vertraglich zwischen Bund und Landwirtschaftskammern geregelt.

Die Übernahme des Agrarressorts durch ÖVP-Landwirtschaftsminister ab 1987 hat die Konfliktpotenziale mit den bäuerlichen Interessensvertretungen entspannt. Die Finanzierung der Aufgaben (Förderungsabwicklung, Statistik, Beratung), die von den Landwirtschaftskammern zu erfüllen waren, wurde auf neue Grundlagen gestellt. Das Landwirtschaftsgesetz 1992 legte den Finanzierungsschlüssel für die nationalen Förderungsmaßnahmen mit 60 % (Bund) zu 40 % (Länder) fest, eine Regelung, die noch immer gilt. Eine wesentliche Neuerung war die 1992 per Verfassungsgesetz von der SPÖ und ÖVP beschlossene Gründung der Agrarmarkt Austria (AMA). Ihr wurde die Förderungsabwicklung, Werbung und Marketing sowie die Preisberichterstattung übertragen und damit die Zusammenarbeit in der land- und forstwirtschaftlichen Förderungsverwaltung zwischen Bund, Ländern und Landwirtschaftskammern rechtlich verbindlich organisiert und EU-tauglich gestaltet. Nach dem Beitritt Österreichs zum Binnenmarkt 1995 wurde das Integrierte Kontroll- und Verwaltungssystem (Invekos) übernommen. Auf der Grundlage dieses Systems werden seither die Förderungsgelder für die Land- und Forstwirtschaft (2007: 2,4 Milliarden Euro) ausbezahlt. Die AMA ist eine öffentliche-rechtliche Körperschaft, in der die Sozialpartner entscheidend mitbestimmen.

7.2. Folgen des EU-Beitritts

Seit dem EU-Beitritt 1995 ist festzustellen, dass der Agrarsektor die Übernahme der GAP gut verkraftet und sich Österreich in der Gemeinschaft etabliert hat. Ausnahmen vom Binnenmarkt (freier Waren- und Personenverkehr, Dienstleistungen, gemeinsamer Rechtsbeistand) konnten im Zuge der Beitrittsverhandlungen nicht erreicht werden, wohl aber die Bereitstellung degressiver Ausgleichszahlungen von 1995 bis 1998, von der EU finanziert. Der durch den Binnenmarkt bedingte Preisschock konnte teilweise ausgeglichen werden. Die öffentlichen Beiträge in Form von Direktzahlungen nahmen einen immer höheren Anteil an den Einkünften (Umweltprämien, Ausgleichszahlungen, Investitionszuschüsse) ein und machen 2007 bereits mehr als 80 % aus. Das traditionelle Defizit in der agrarischen Handelbilanz konnte abgebaut werden. Österreichische Agrarprodukte (Milch, Fleisch, Wein) sind ein Exportschlager. In den letzten Jahren haben sich die bäuerlichen Einkommen zufrieden stellend entwickelt und sind 2007 im Durchschnitt je Betrieb gemäß „Grünem Bericht" gegenüber dem Vorjahr um 14 % auf rund 25.500 Euro gestiegen.

Nach 13 Jahren großer Koalition kam es am 4. Februar 2000 gegen den Willen von Bundespräsident Thomas Klestil zur Bildung der ÖVP/FPÖ-Regierung, die als dritt- bzw. zweitstärkste Partei die SPÖ auf die Oppositionsbänke schickten. Beide Parteien waren mit je 52 Mandaten im Parlament vertreten. Wolfgang Schüssel wurde Kanzler, Susanne Riess-Passer führte die Freiheitlichen als Vizekanzlerin in die Regierung, Wilhelm Molterer blieb Landwirtschaftsminister. Im Jahre 2001 wurde Fritz Grillitsch zum Obmann des Bauernbundes gewählt und machte es seither der FPÖ/BZÖ bis 2006 sowie anschließend der SPÖ in der 2008 gescheiterten großen Koalition mit der ÖVP nicht leicht, ihre Vorstellungen für eine agrarpolitische Wende (Verteilungsgerechtigkeit, Öffnung des Programms für die ländliche Entwicklung auch für Projekte außerhalb der Land- und Forstwirtschaft) durchzusetzen. Selbst bei objektiver Analyse ist festzustellen, dass seit dem Jahre 2000 weder die SPÖ noch die FPÖ sichtbare agrarpolitische Spuren hinterließen.

In der Agrarpolitik ging es darum, die EU-Rahmenbedingungen nach der Reform 1999 optimal umzusetzen. Die Freiheitliche Partei überließ im Jahre 2000 nach der erfolgten Zusammenlegung des Agrar- mit dem Umweltressort die politische Gestaltung in diesem Bereich weitgehend der ÖVP. Seit den neunziger Jahren haben vor allem Umweltgruppen, unterstützt von den Grünen, die Land- und Forstwirtschaftspolitik und die Ausformung des erfolgreichen Umweltprogramms (ÖPUL) beeinflusst. Die BSE-Krise in den Jahren 2000/2001 erschütterte die europäische Agrarpolitik, weil, so ein vehementer EU-Kritiker, nämlich Alfred Haiger, zu dieser Zeit Professor für Tierproduktion an der Universität für Bodenkultur, „die Kuh zur Sau gemacht wurde". Österreich blieb zwar mit nur wenigen Fällen von dieser „Agrarkrise" verschont, aber mit der Gründung der „Österreichischen Agentur für Gesundheit und Ernährungssicherung", unterstützt von der FPÖ mit Gesundheitsminister Herbert Haupt, wurden die Kontrollaufgaben des Bundes besser aufeinander abgestimmt.

Franz Fischler, 1995 überraschend zum Agrarkommissar in Brüssel bestellt, legte 1999 ein umfassendes Programm zur Reform der EU-Agrarpolitik auf Grundlage des 1997 als Leitbild formulierten „Landwirtschaftsmodells" (multifunktional, nachhaltig und wettbewerbsfähig) vor. Mit der „Agenda 2000/2003" wurde die größte Anpassung in der 45-jährigen Geschichte der Gemeinsamen Agrarpolitik vorgenommen. Die Exportstützungen wurden abgebaut, die Förderungen von der Produktion weitgehend entkoppelt und für den Biolandbau, mittlerweile eine österreichische Erfolgsgeschichte (371.000 Hektar, 15 % der landwirtschaftlichen Nutzfläche, 20.000 Betriebe), neue Perspektiven entwickelt. Das Vertrauen der Verbraucher in eine ökologische Landwirtschaft sollte gestärkt werden. Strategien für die Entwicklung der ländlichen Räume wurden erarbeitet und die Strukturfonds (Europäischer Fonds für regionale Entwicklung, EFRE; Europäischer Sozialfonds, ESF) auf neue rechtliche Grundlagen gestellt. Die Finanzierung der Agrarpolitik wurde anders geregelt und die Aufwendungen für die Marktordnungen gesenkt. Im Jahre 2007 war der EU-Haushalt mit 115,6 Milliarden Euro (1,02 % des Bruttoinlandsprodukts) dotiert, für die Agrarpolitik und ländliche Entwicklung soll der Anteil der Ausgaben von etwa 46 % auf 32 % des EU-Haushalts im Jahre 2013 gesenkt werden. Die Reformen 1992 und 2000/2003 zielten darauf ab, mittels Direktzahlungen die ökologischen Leistungen der Landwirtschaft zu honorieren. Sie machten 1991 nur 10 % im EU-Agrarbudget aus, 2007 aber schon 68 %.

Nach innerparteilichen Differenzen in der FPÖ beendete Wolfgang Schüssel einseitig die Koalition. Das Wahlergebnis vom 24.11.2002 ermöglichte neuerlich eine Regierungsbildung – mit einer allerdings stark geschwächten Freiheitlichen Partei – unter Führung von Wolfgang Schüssel. Wilhelm Molterer wechselte als Klubobmann der Volkspartei ins Parlament, Josef Pröll folgte seinem politischen Mentor als Landwirtschaftsminister nach. Bis zum Jahre 2006 galt es in der Agrarpolitik, ein anspruchsvolles Programm für die ländliche Entwicklung umzusetzen, um die zur Verfügung stehenden EU-Gelder ausschöpfen zu können. Der Förderung des biologischen Landbaus und des Marketings für regionale Qualitätsmarken (Genussregionen) wurde besonderes Augenmerk gewidmet. Das Programm für die ländliche Entwicklung wurde weitgehend im Konsens mit den politischen Parteien und Umweltorganisationen zum Herzstück der österreichischen Agrarpolitik ausgebaut.

Die überraschende Wahlniederlage der ÖVP im Jahre 2006 machte wieder den Weg für eine große Koalition frei. Alfred Gusenbauer wurde Bundeskanzler, Wilhelm er stieg zum Vizekanzler und Bundesminister für Finanzen auf, Josef Pröll blieb Agrar- und Umweltminister. Bald zeigte sich, wie wichtig ein Agrarier als Säckelwart der Nation für die Bauern ist. Die SPÖ, die über keinen Landwirtschaftsexperten im Nationalrat in der frühzeitig beendeten Legislaturperiode 2006 bis 2010 verfügte, wollte die Fortsetzung des Programms für die ländliche Entwicklung mit anderen Schwerpunkten ausgestattet sehen. Mehr Gelder für Projekte außerhalb der Land- und Forstwirtschaft im ländlichen Raum war eine zentrale Forderung bei einschlägigen Beratungen im Landwirtschaftsausschuss. Josef Pröll setzte sich aber weitgehend durch. Für den Zeitraum 2007 bis 2013 stehen rund 8 Milliarden Euro für das ÖPUL, die Ausgleichszulage für Betriebe in benachteiligten Gebieten sowie für Investitionen und für die Finanzierung von Bildungsmaßnahmen und Beratungsangeboten zur Verfügung.

Insgesamt und trotz einer erheblichen EU-Skepsis in Österreich ist festzustellen, dass der Beitritt aus der Sicht des Agrarsektors gut bewältigt wurde und das von manchen Experten erwartete Desaster ausblieb. Die Ausgaben für die Land- und Forstwirtschaft sind von 1989 bis 2007 um 142 % auf 2,3 Milliarden Euro gestiegen. Die fehlende Verteilungsgerechtigkeit der Förderungen ist zwar nach wie vor Thema heftiger politischer Diskussionen, die bei der neuerlichen Überprüfung der GAP im Jahre 2008 („Gesundheitscheck“) auf dem Prüfstand steht. Ab 23. Juni 2008 sind im Internet die

Zahlungen für die Landwirtschaft und die damit verbundenen Leistungen ersichtlich. Die große Herausforderung für die Zukunft besteht darin, auf den verfügbaren Flächen ein vernünftiges Nebeneinander zwischen der Erzeugung von Lebensmitteln und der Produktion nachwachsender Rohstoffe als Beitrag für den teilweisen Ausstieg aus der fossilen Energieversorgung sicherzustellen.

8. Zusammenfassende Beurteilung und persönliche Wertungen

Ein umfassender sozialer und ökonomischer Strukturwandel hat sich in den letzten Jahrzehnten in der Land- und Forstwirtschaft vollzogen. Neben ökonomischen Problemen wurde daher auch die soziale Absicherung der bäuerlichen Familien ein immer wichtigeres Anliegen für die Agrarpolitik. Der Allgemeine Bauernverband orientierte sich als parteiunabhängige Organisation, fälschlich auch unpolitisch in einem ausschließlich politischen Umfeld bezeichnet, an der Arbeit des Deutschen Bauernverbandes (DBV). Mit dessen Langzeitpräsidenten Constantin Freiherr von Heereman (1969 bis 1997) gab es meines Wissens nach nur spärliche Kontakte, auch der joviale FDP-Landwirtschaftsminister Josef Ertl (1969 bis 1983) begegnete den Funktionären des ABV zwar freundlich, aber eher reserviert. Er unterhielt intensive Kontakte mit Oskar Weihs und Hans Lehner, während ihm der Zugang zu Günter Haiden nicht leicht fiel. Der DBV ist bis heute eine Säule des 1957 als Folge des Entstehens der EG gegründeten „Ausschuss der berufsständischen landwirtschaftlichen Organisationen der EU“ (COPA). Derzeit sind 35 Mitgliedsstaaten, darunter auch Österreich, mit Sitz und Stimme vertreten. Ein Jahr später folgten die europäischen Genossenschaften dem Beispiel der Landwirtschaft für eine parteiübergreifende, sachorientierte Interessensvertretung. Der Österreichische Raiffeisenverband ist in der COGECA vertreten. Als Mitte der Sechzigerjahre in Frankreich und Deutschland, weniger ausgeprägt auch in Österreich, die junge Generation gegen die erstarrten politischen Systeme mobil machte, die in der „Studentenrevolution“ (68er-Generation) ihren Höhepunkt fand, haben mutige Funktionäre des Allgemeinen Bauernverbandes das Wirken der traditionellen Institutionen und Interessensvertretungen – Landwirtschaftskammern und Genossenschaften – kritisch hinterfragt. Mit Berufung auf die Sozialenzyklika *Mater et magistra* wurde auch die katholische Kirche für den Kampf um gerechte Preise und mehr Anerkennung für die bäuerliche Arbeit zu Hilfe gerufen. Vor allem der Salzburger ÖVP-Politiker Martin Gassner, erster Obmann des Salzburger Bauernverbandes, war einer der Wortführer für eine strategische Allianz mit der katholischen Kirche, allerdings ohne großen Erfolg, weil die führenden Würdenträger (Kardinal Franz König) schon längst die Äquidistanz zu den Parteien und ein Heraushalten aus der Tagespolitik ausgerufen hatten. Die katholische Kirche hat sich übrigens erst spät zur Krise der Landwirtschaft geäußert, zuerst auf internationaler Ebene mit dem Manifest „Zur Lage der europäischen Landwirtschaft“ (2001), als die BSE-Krise die Glaubwürdigkeit der Brüssler

Agrarpolitik schwer erschütterte. In Österreich kam durch intensive Bemühungen von Josef Riegler, der sein ökosoziales Konzept mit anerkannten Wissenschaftlern zum „Global Marshallplan" weiterentwickelte, das „Sozialwort" der 14 christlichen Kirchen im Jahre 2002 zustande. Maßnahmen gegen die Abwanderung aus dem ländlichen Raum und den infrastrukturellen Rückbau sowie Verantwortung für die Erhaltung der Lebensgrundlagen wurden eingefordert.

Dem Allgemeinen Bauernverband (Bauerngewerkschaft) ist zweifellos das Verdienst zuzuschreiben, am Übergang von der Agrar- zur Dienstleistungs- und Informationsgesellschaft das bäuerliche Selbstbewusstsein und den Mut, außerhalb der traditionellen Sozialpartnerschaft zwischen Wirtschaft, Landwirtschaft und Arbeitnehmer berechtigten Forderungen der Bauern Nachdruck zu verleihen, gestärkt zu haben. Seine Sauerteigrolle in der österreichischen Agrarpolitik hat er zu dieser Zeit erfüllt und ist bis heute in einigen Vollversammlungen der Landwirtschaftskammern vertreten. Es ist auch dem Wirken des AÖBV zu verdanken, dass die Selbsthilfe (Maschinenringe, Erzeuger- und Angebotsgemeinschaften, betriebliche Kooperationen) mittlerweile einen festen Platz im Wirtschaftssystem hat.

Der globalisierte Binnenmarkt verschob das Kräfteverhältnis für die Durchsetzung agrarpolitischer Anliegen. Der Kampf um faire und gerechte Erzeugerpreise ist heute so aktuell wie damals, als der Allgemeine Bauernverband gegründet wurde. Das Gedankengut des ABV lebt zweifellos in den Interessensgemeinschaften für Milch und Fleisch angesichts der aktuellen Diskussion über den Wert der Lebensmittel und faire Preise für die Bauern weiter. Der vom Bauernbund ausgeschlossene frühere oberösterreichische ÖVP-Bundesrat, Leo Steinbichler, gilt als wortgewaltiger Agrarrebell. Die Durchsetzung der Forderungen ist aber schwierig, weil internationale Handelsketten die Preise bestimmen und die Konzentrationstendenzen im Ernährungs- und Lebensmittelsektor zu immer stärkerer Marktmacht führen. Das muss auch die IG-Milch schmerzhaft zur Kenntnis nehmen, die mit ihren Aktionen die Öffentlichkeit genauso sensibilisiert wie der Allgemeine Bauernverband in seinen Glanzzeiten.

Ab Mitte der achtziger Jahre bestimmen immer mehr ökologische Bewegungen und Umweltgruppen in der Agrarpolitik mit. Der World Wildlife Fund (WWF), Global 2000, Bird Life und der Umweltdachverband wirken in dem 1995 im Bundesministerium für Land- und Forstwirtschaft gegründeten Beirat für die Erstellung des Umweltprogramms (ÖPUL) mit und verfügen auch über ein einflussreiches Netzwerk in Brüssel. Mit dem Manifest 2001 „Gesundes Essen kommt vom Bauern", das von der Kronenzeitung veröffentlicht und massiv unterstützt wurde, hat sich der Umweltdachverband politisch wirksam zu Wort gemeldet. Die Grünen, nunmehr eine etablierte Partei, profitierten von den Fehlentwicklungen der Agrar- und Energiepolitik. Sie sind auch als Folge des Kampfes gegen das Kraftwerk Hainburg (1984) seit 1986 im Parlament, in Landtagen und Gemeinden vertreten. Wolfgang Pirklhuber war die „Ein-Mann-Opposition" gegen die Agrarpolitik der ÖVP/FPÖ/BZÖ-Koalition bis 2006 und nachher gegenüber der SPÖ/ÖVP-Regierung bis 2008. Ein grüner Bauernbund wurde gegründet, dem aber Erfolge bei den Landwirtschaftskammerwahlen bisher versagt blieben. Prominente Wissenschaftler und Experten, wie die Professoren Alfred Haiger und Heinrich Wohlmeyer, sowie Josef Willi mit seinem Aktionskomitee zur Erhaltung der bäuerlichen Landwirtschaft werden nicht müde, eine Kurswende in der Agrarpolitik ohne Gentechnik in Richtung Nachhaltigkeit und Versöhnung mit der Natur und dem Umweltschutz zu fordern. Die Integration ökologischer Erfordernisse in die Agrarpolitik ist seit zwei Jahrzehnten ein politisches Feld mit großen Interessenskonflikten, z.B. die Abgrenzung von NATURA 2000-Gebieten auf Grund einschlägiger EU-Richtlinien zur Erhaltung einer vielfältigen Flora und Fauna. Die ökologische Verantwortung (Artenvielfalt, Biodiversität, Schutz der Lebensgrundlagen Boden und Wasser) der Land- und Forstwirtschaft, die fast drei Viertel der Staatsfläche bewirtschaftet, bestimmt die Zukunft der Agrarpolitik und entscheidet über die Begründung ihre Finanzierung. Politischer Konsens ist: Ohne Bauern hat auch die Gesellschaft keine Zukunft. Insofern ist auch das Gründungsmotto des Allgemeinen Bauernverbandes nach wie vor ein Programm mit großer Aktualität. Interessanterweise finden die Geschichte und der agrarpolitische Einfluss des Bauernverbandes in wichtigen Festschriften des Bauernbundes (z.B. „100 Jahre Tiroler Bauernbund 1904–2004" oder „Im Bund mit Land – und Leuten – 100 Jahre NÖ-Bauernbund", Wien 2006) keine Erwähnung. Das gilt auch für die umfassende Darstellung der steirischen Land- und Forstwirtschaft im 20. Jahrhundert, die aus Anlass „75 Jahre Steirische Landwirtschaftskammer" im Jahre 2004 erschienen ist. Allen Funktionären und Aktivistinnen des Bauernverbandes, insbesondere den noch Lebenden, ist jedenfalls für ihr Engagement für das Lebensrecht der Bauern in schwierigen Zeiten zu danken. Mit nicht immer unumstrittenen Methoden haben sie doch der Ordnungsidee und dem Menschenbild der sozialen Marktwirtschaft gedient, die Stellung der bäuerlichen Familien als politisch und wirtschaftlich mündige Bürger gestärkt und das Prinzip der Eigenverantwortung hoch gehalten.

Prof. Dipl. Ing. Gerhard Poschacher

geboren 1942 in Bruck/Glocknerstraße, Absolvent des Francisco-Josephinums in Wieselburg und der Universität für Bodenkultur in Wien, war langjähriger Leiter der agrarpolitischen Abteilung im Bundesministerium für Land- und Forstwirtschaft und ist nunmehr als Publizist und Politikberater tätig. Für seine beruflichen und publizistischen Leistungen erhielt er hohe Auszeichnungen des Bundes und der Länder, ist Ehrensenator der Universität für Bodenkultur und wurde mit dem Hartmann- und Kudlich-Preis gewürdigt.

Anhang

Das Agrarprogramm des „Allgemeinen Österreichischen Bauernverbandes"

Forderungen zum kommenden Landwirtschaftsgesetz

(Dorfbote-Sonderdruck, 19. Dezember 1952)

Der Bauernstand ist kein Berufsstand wie jeder andere, sondern die durch nichts zu ersetzende Lebensgrundlage eines Volkes. Diese naturgegebene Bedeutung der Landwirtschaft für die gesamte Volkswirtschaft ist in der Notwendigkeit der ausreichenden Versorgung unseres Lands mit selbsterzeugten Nahrungsmitteln begründet. Sie verlangt es, dafür zu sorgen, dass unser Bauernstand zumindest in seiner heutigen Stärke erhalten und im Rahmen unserer Volkswirtschaft so gestellt wird, dass seine Existenz gesichert und seine Leistungsfähigkeit bis an die Grenzen des Möglichen gesteigert werden kann.

Zwei Weltkriege und die ihnen folgenden schweren Wirtschaftskrisen haben eine Lage geschaffen, die unsere Landwirtschaft in ihrer Produktionskraft gefährlich bedroht. Die zur Sicherung und Weiterentwicklung unseres Bauernstandes bisher vom Staate in Anwendung gebrachten Maßnahmen haben sich als unzulänglich und wirkungsschwach erwiesen.

Daher ist eine gründliche Abkehr von den veralteten und unwirksam gewordenen Methoden und die Anwendung zeitgemäßer, erprobter und besseren Erfolg verheißenden Maßnahmen dringend nötig.

Solche Maßnahmen, deren eheste Durchführung im Interesse unseres Volkes und Staates notwendig sind, führen wir nachfolgend an.

I. Das Preis- und Absatzproblem

Die Sicherung der heimischen landwirtschaftlichen Erzeugung durch Garantie des Absatzes und eines gerechten Preises, sowie Regelung der Ein- und Ausfuhr.

Die Sicherung der eigenen landwirtschaftlichen Erzeugung ist eine Grundforderung jeder gesunden Volkswirtschaft.

Je weniger die eigene Landwirtschaft erzeugt, desto mehr Nahrungsmittel müssen eingeführt werden, desto größer werden die Auslandsschulden, desto weniger Geld steht uns zur Einfuhr für im Lande nicht vorhandene Rohstoffe zur Verfügung.

Darunter leidet dann die gesamte Wirtschaft unseres Staates und der Wert und die Sicherheit unseres Geldes. Die sinkende Kaufkraft führt aber unvermeidlich zu Lohnforderungen und diese verursachen immer weitere Geldentwertungen, die schließlich zur vollständigen Zerrüttung unserer gesamten Wirtschaft treiben.

Dieser Gefahr kann nur durch Produktionssteigerung und höchste Sparsamkeit begegnet werden. Die eigene landwirtschaftliche Produktion kann aber nur erhalten und gesteigert werden, wenn für die eigenen Erzeugnisse Absatz und gerechter Mindestpreis garantiert werden.

Wir sehen in der Sicherung des Absatzes der landwirtschaftlichen Produktion zu gerechten Preisen die Grundlage zu einer gesunden Volkswirtschaft und zur Aufwärtsentwicklung der österreichischen Landwirtschaft.

Mit dem Erlös aus dem Verkauf seiner Erzeugnisse muss der Bauer nicht nur alles bezahlen, was er zur ordnungsgemäßen Führung seiner Wirtschaft, für den Lebensunterhalt seiner Familie und seiner Mitarbeiter braucht, sondern er hat damit auch noch alle Kosten, die ihm aus den kulturellen und sozialen Anforderungen unserer Zeit erwachsen, zu bestreiten.

Die unverzügliche Durchführung aller zur Sicherung des Absatzes und eines gerechten Preises notwendigen Maßnahmen muss daher eine der vordringlichsten Aufgaben unserer Staatsführung sein. Eine brauchbare und dauernde Regelung und Gestaltung von Preis und Absatz ist nur dann möglich, wenn dabei auch die Bedürfnisse und die Leistungsfähigkeit der Gesamtwirtschaft und vor allem der Konsumenten gebührend berücksichtigt werden.

Die Lösung aller damit zusammenhängenden Fragen kann daher nicht im steten Kampf zwischen Produzenten- und Konsumentenorganisationen, sondern nur in verständnisvoller Zusammenarbeit beider erfolgen. Um eine für beide Teile günstige Lösung herbeizuführen, wird sich wohl zwangsläufig die Notwendigkeit einer Verkürzung der Wege vom Erzeuger bis zum Verbraucher im Interesse von Volk und Staat als notwendig erweisen. Ebenso wird auch eine Überprüfung und Herabsetzung der übermäßig hohen Handelsspannen unabweislich sein. Zur Regelung dieser brennenden Frage wird aber nicht zuletzt die rasche Steigerung unserer landwirtschaftlichen Erzeugung am meisten beitragen, weshalb die Erstellung eines großzügigen landwirtschaftlichen Förderungsprogrammes, besonders für die rückständischen Gebiete und Betriebe, äußerst dringend ist.

Zur Erreichung jenes Standes unserer landwirtschaftlichen Produktion, durch den der ständige Lebensmittelmangel – diese unser Volk in seiner Existenz immer wieder bedrohende Gefahr – endgültig behoben werden kann, muss unsere Landwirtschaft eine sichere Produktionsgrundlage erhalten, die ihr nur durch die Preis- und Absatzgarantie und die Regelung der Ein- und Ausfuhr gegeben werden kann. Um dies zu erreichen, ist notwendig:

1. Die Ermittlung der Preisparität und deren Gestaltung

Die Preisparität ist, gestützt auf ein ehestens zu beschließendes Bundes-Landwirtschaftsgesetz, durch eine ständige Preisparitätskommission zu errechnen und festzulegen wie folgt:

a) Die Paritätskommission hat zuerst die Erzeugungskosten und die Preise der wichtigsten landwirtschaftlichen Produkte sowie deren Verhältnis zu den Preisen der für die Landwirtschaft notwendigen industriellen und gewerblichen Erzeugnisse vor dem 1. Juli 1914 festzustellen.

b) Dieses Verhältnis hat, angefangen vom Jahre 1946 bis zum Inkrafttreten des Bundes-Landwirtschaftsgesetzes, für die Errechnung der Preise der landwirtschaftlichen Produkte als Grundlage zu gelten.

c) Hiebei ist auch festzustellen und zu verlautbaren, welche Leistungen die österreichische Bauernschaft in dieser Zeit durch die Unterpreise zur Aufrechterhaltung der Volksernährung im Dienste der Allgemeinheit erbracht hat.

d) Zur Berechnung der Parität sind die durchschnittlich mehrjährigen Aufwendungen von Betrieben zu verwenden, die rationell geführt werden und unter normalen Bedingungen produzieren. Die Auswahl der Betriebe hat durch die Paritätskommission über Vorschlag und im Einvernehmen mit den landwirtschaftlichen Körperschaften zu erfolgen.

e) Die Paritätskommission ist zur Hälfte aus Fachleuten der Industrie, des Handels und Gewerbes sowie Vertreter der Konsumenten und zur anderen Hälfte von Vertretern der Bauernschaft zu bilden.

f) Wenn sich die Preisparität verschoben hat, dass die errechneten Agrarpreise dem ermittelten Paritätsverhältnis nicht mehr entsprechen, hat die Paritätskommission hievon die Bundesregierung sofort zu verständigen und die im Sinne des Bundes-Landwirtschaftsgesetzes anzuwendenden Gegenmaßnahmen vorzuschlagen.

g) Der auf Grund der Preisparitätsfeststellung von der Paritätskommission im Einvernehmen mit der Bundesregierung festzusetzende Preis der landwirtschaftlichen Erzeugnisse ist so zu erstellen, dass er nicht nur die Erzeugungskosten voll deckt, sondern auch einen entsprechenden Lohn für die geleitstete Arbeit des bäuerlichen Betriebsführers mit einschließt, um diesem eine angemessene Lebenserhaltung und Schaffung einer Reserve für Investitionen, Missjahre, Seuchen und anderer Unglücksfälle zu ermöglichen.

2. Die Maßnahmen zur Erhaltung der Preisparität

und zur Sicherung des Absatzes der wichtigsten landwirtschaftlichen Erzeugnisse, und zwar Brotgetreide, Futtermittel und Kartoffel, sowie Saatgut aller Art, Schlachtvieh aller Art, Schweine, Milch und Molkereiprodukte, Zuckerrübe, Ölfrüchte, Obst und Wein, die die Bundesregierung im Sinne des zu beschließenden Bundes-Landwirtschaftsgesetzes über Vorschlag der Preisparitätskommission anzuwenden hat, sind:

a) Die Einfuhr gleichartiger Erzeugnisse mengenmäßig zu beschränken.

b) Für die Einfuhr gleichartiger Erzeugnisse, die eine bestimmte Menge überschreiten, Zollzuschüsse einzuheben.

c) Die Importeure zur Übernahme von gleichwertigen Erzeugnissen inländischer Herkunft und handelsüblicher Güte in einem zumutbaren Verhältnis zur Einfuhr zu verpflichten und die hiezu nötigen Maßnahmen zu treffen und Vorschriften zu erlassen.

d) Falls die Einfuhr bestimmter Nahrungs- oder Futtermittel an eine Bewilligung gebunden ist, so sind diese Einfuhrbewilligungen in bestimmten Zeitabständen zu überprüfen und neu zu ordnen, wobei zur Anpassung an wechselnde Verhältnisse eine entsprechende Kontingentreserve zu schaffen ist.

e) Die Handelsvertragsverhandlungen mit anderen Staaten sind daher so zu führen, dass nach dem Abschluss der Bundesregierung die Handelsfreiheit zur Sicherung des Absatzes und Preises nicht unterbunden wird.

f) Alle Maßnahmen, die sich aus den Zollzuschlägen und sonstigen Einnahmen aus den Einfuhrbeschränkungen ergeben, sowie ein angemessener Teil aus den normalen Zolleinnahmen für landwirtschaftliche Produkte sind einem zu errichtenden „Landwirtschaftlichen Förderungs-Kredit- und Siedlungsfonds“ zuzuführen.

3. Um die landwirtschaftliche Produktion

und das Preisgefüge im Gleichgewicht zu halten, kann die Bundesregierung, wenn nötig, auch:

a) Die Ausfuhr landwirtschaftlicher Produkte, insbesondere von Zucht- und Nutzvieh, Milch- und Molkereiprodukten, Saatgut, Obst und Wein durch Zuschüsse fördern, wozu die Mittel dem „Landwirtschaftlichen Förderungs-Kredit- und Siedlungsfonds“ zu entnehmen sind.

b) Durch entsprechende Lager- und Vorratshaltung und Unterstützung sonstiger Überschussbewertungen den Markt entlasten.

4. Absatz- und Mindestpreisgarantie

Für die oben im Punkt 2 aufgezählten landwirtschaftlichen Produkte hat der Staat die Absatzgarantie unter Einhaltung der von der Paritätskommission festgesetzten Mindestpreise zu übernehmen.

Das heißt: Kann der Erzeuger seine konsumfähige Ware um den Mindestpreis auf dem Markt nicht absetzen, so ist der Staat verpflichtet, wenn ihm die Ware angeboten wird, diese dem Erzeuger um den Mindestpreis abzunehmen.

5. Produktionslenkung und Statistik

Um die unerlässlichen Grundlagen zur Sicherung des Absatzes und Preises zu schaffen, hat die Bundesregierung einvernehmlich mit der Paritätskommission und den landwirtschaftlichen Hauptkörperschaften die landwirtschaftliche Produktion – wenn nötig auch durch besondere Anbauprämien und dergleichen – hinsichtlich des Erzeugungsumfanges entsprechend zu lenken, den Produktionskataster laufend zu führen und sich die hiezu notwendigen Unterlagen durch eine verlässliche landwirtschaftliche Statistik zu beschaffen.

Die gesamten Maßnahmen zur Sicherung des Preises und Absatzes der landwirtschaftlichen Erzeugnisse sind insbesondere dem Beispiel der Schweiz, Schwedens und den USA folgend, nach dem dot bewährten Grundsatz festzulegen und durchzuführen: Die Einkommensverhältnisse in der Landwirtschaft müssen denen der anderen Berufe gleichgestellt sein, weil es ohne eine leistungsfähige und in ihrer Lebenshaltung entsprechend gestellte Bauern- und Landarbeiterschaft auch keine Vollbeschäftigung in der Industrie und im Gewerbe geben kann, da die Landwirtschaft erwiesenermaßen der größte Abnehmer ist.

II. Landwirtschaftsförderung

Die weitgehende Versorgung unseres Volkes mit im eigenen Lande erzeugten landwirtschaftlichen Erzeugnissen ist durchaus möglich. Dass dies selbst bei einer ausreichenden Kopfquote nicht ausgeschlossen ist, geht daraus hervor, dass die österreichische Landwirtschaft schon heute mindestens 75 Prozent des Gesamtbedarfes, darunter in einigen Zweigen, wie z.B. Milch ganz, Fleisch und Zucker fast ganz aus eigenerer Erzeugung deckt und auch zum Fettbedarf durch mögliche Steigerung der Milcherzeugung und des Ölpflanzenbaues noch wesentlich mehr als heute beitragen kann.

Selbst wenn man berücksichtigt, dass die derzeitigen Einkommensverhältnisse den Vollverbrauch von Fleisch und Fett nicht zulassen, so kann man trotzdem mit Sicherheit annehmen, dass bei zielbewusster Förderung unsere Landwirtschaft zur Schließung der Ernährungslücke noch sehr viel beitragen kann, was eine starke Herabsetzung der heute hohen Lebensmitteleinfuhr ermöglichen und damit die Lebenshaltung unseres Volkes sehr verbessern wird.

Diese notwendige Mehrerzeugung ist aber in der Hauptsache nur durch die Intensivierung der großen Zahl der noch rückständigen landwirtschaftlichen Betriebe zu erreichen. Dass aber gleichzeitig dafür gesorgt werden muss, dass die in ihrer Erzeugungsleistung heute schon hochstehenden Betriebe auf der Höhe ihrer Leistung erhalten bleiben, ist selbstverständlich.

Hiezu bedürfen diese zwar keiner fremden Hilfe, dürfen aber auch nicht durch falsche Regierungsmaßnahmen gehindert werden. Die noch rückständigen Betriebe können jedoch ihre Leistung ohne Hilfsmaßnahmen nicht so rasch steigern, als dies unbedingt nötig ist. Diese Hilfsmaßnahmen durchzuführen ist Aufgabe der Landwirtschaftskammern, die sie aber heute leider noch nicht voll erfüllen können. Zur raschen Erreichung der vollen Erzeugungsfähigkeit der österreichischen Landwirtschaft ist deshalb notwendig:

a) Der weitgehendste Ausbau der bäuerlichen Wirtschaftsberatung in Verbindung mit einer ausreichenden landwirtschaftlichen Berufsausbildung und Berufserziehung.

b) Die gänzliche Abkehr von der unzweckmäßigen Subventionswirtschaft. Wie notwendig das ist, geht daraus hervor, dass aus der Marshallplan-Hilfe bisher schon 750 Millionen Schilling in eine große Anzahl von Positionen aufgeteilt und so verbröselt und verzettelt wurden, statt mit ihnen Bleibendes für die allgemeine Produktionssteigerung zu schaffen.

c) An Stelle von Subventionen an einzelne Betriebsführer sollen in Hinkunft nur mehr unverzinsliche oder niederverzinsliche kurz-, mittel- und langfristige Darlehen gegeben werden, damit das Geld wieder zurückfließt und mit der Zeit allen, die es brauchen, zugute kommen kann. Die Mittel hiezu sind aus dem zu schaffenden „Landwirtschaftlichen Förderungs-Kredit und Siedlungsfonds" beizustellen.

d) Die Gewährung von produktionsfördernden Darlehen darf aber nicht von der Beibringung von Eigenmitteln abhängig gemacht werden, weil sich dann gerade die Bedürftigsten nicht darum bewerben können.

e) Außerdem müssen die Darlehen in einer solchen Höhe gegeben werden, dass die notwendigen betriebswirtschaftlichen und sonstigen Maßnahmen damit restlos durchgeführt werden können.

f) Die Bewerbung um solche Darlehen an Termine zu binden, wird dann unnötig, weil die einmal dazu ausgeworfenen Mittel nicht verfallen können, sondern für denselben Zweck dauernd bereitstehen.

g) Die großen Bodenverbesserungsmaßnahmen sollten direkt durch den Staat durchgeführt werden. Jo größer das Unternehmen, desto rascher geht die Arbei vonstatten und desto billiger kommt sie. Die notwendigen Mittel hat der „Landwirtschaftliche Förderungs-Kredit und Siedlungsfonds" beizustellen und der Einsatz der produktiven Arbeitslosenhilfe wäre hier besonders am Platze.

h) Die zur Erzeugungssteigerung unerlässliche Technisierung unserer Landwirtschaft setzt eine vernünftige und rasch durchführbare Grundzusammenlegung voraus, die unter Heranziehung von Fondsmitteln ebenfalls von Staats wegen aus eingeleitet und durchgeführt werden muss.

i) Die Technisierung der Landwirtschaft – besonders der Kleinbetriebe und der im Bergland liegenden Bauernhöfe – durch genormte, für das Produktionsgebiet und die Betriebsgrößen passende, unter Prüfungszwang ausgewählte Maschinen sowie die rascheste Elektrifizierung und bauliche Modernisierung unserer Bauernhöfe ist eine Zeitnotwendigkeit, wozu ausreichende Mittel aus dem „Landwirtschaftlichen Förderungs-Kredit und Siedlungsfonds" zur Verfügung gestellt werden müssen.

j) Da die Kleinbetriebe aus sich heraus und wegen des nicht angängigen Einzelmaschineneinsatzes nicht selbstständig voll mechanisiert werden können, muss der gemeinsame Maschineneinsatz gefördert werden. Hiebei verdient das System der Maschinenhalter nach schwedischem Muster besondere Beachtung, nach dem der Maschinenhalter die Maschinen mit Hilfe öffentlicher Mittel unter der Verpflichtung erwirbt, dass er bei seinen Nachbarn zu einem festgesetzten Tarif Lohnarbeit leistet.

k) Auch genossenschaftlich geführte Maschinenhöfe können wertvolle Dienste leisten und sollen gefördert werden. Doch ist zu verlangen, dass dann, wenn sie auch von Gemeinden oder anderen Körperschaften finanziert werden, den Genossenschaften, solange die Genossenschaft besteht, das volle Verfügungsrecht allein zusteht. Im allgemeinen sind jedoch zur Schaffung von Maschinengemeinschaften die hiezu nötigen Geldmittel aus dem „Landwirtschaftlichen Förderungs-Kredit und Siedlungsfonds" anzusprechen und zu gewähren.

III. Landwirtschaftliches Kreditwesen

Zur Beschaffung und Bereitstellung der für die Landwirtschaftsförderung im allgemeinen und im besonderen zur Erhaltung, Ausgestaltung und Neuschaffung von landwirtschaftlichen Betrieben notwendigen Maßnahmen erforderlichen Geldmittel soll ein „Landwirtschaftlichen Förderungs-Kredit und Siedlungsfonds" errichtet werden. In diesen Fonds müssen alle für die Landwirtschaft bestimmten staatlichen Mittel, Hilfsgelder, wie z.B. ERP-Mittel, für diesen Zweck aufgenommene Auslandsdarlehen usw. einfließen. Zu seiner Erhaltung muss diesem Fonds alljährlich ein bestimmter Teil der landwirtschaftlichen Steuergelder und aus den Zolleinnahmen (und Zollzuschlägen) der Nahrungsmitteleinfuhr solcher Waren, die wir selbst erzeugen, zugeführt werden.

Außerdem könnte die Landwirtschaft selbst einen Teil der Kreditdeckung durch Grundhaftung übernehmen. Letztere Deckung wäre dann auch zur Ausgabe von verzinslichen, mündelsicheren und verlosbaren Pfandbriefen zu verwenden. Sie würden eine sichere Kapitalanlage darstellen, so dass man auch die Versicherungsanstalten dazu verhalten könnte, einen, dem Stock der bei ihnen versicherten landwirtschaftlichen Betriebe entsprechenden, Anteil davon übernehmen.

Durch Förderungskredite aller Art muss die persönliche Kreditfähigkeit des Darlehensnehmers durchaus nicht zwingend herabgesetzt werden, weil man die Grundbuchsicherung nur für den Fall des Verkaufes oder der Auflösung des Betriebes zu verlangen braucht. Kleineren Krediten kann ohne weiteres der Vorrang eingeräumt werden und größere Investitionskredite werden dann ohnehin vom „Landwirtschaftlichen Förderungs-Kredit und Siedlungsfonds" gewährt.

Der „Landwirtschaftliche Förderungs-Kredit und Siedlungsfonds" müsste von Bankfachleuten und Vertretern der Landwirtschaft verwaltet und vom Obersten Rechnungshof, der die Ergebnisse veröffentlich, kontrolliert werden. Dieser Fonds soll Kredite geben als:

1. Barkredite

a) Langfristige Kredite als Amortisationskredite mit geringer Verzinsung oder zinsenlos auf die Dauer von mindestens 25 Jahren für Urbarmachung und Verbesserung von Land, Grundzusammenlegungen, Elektrifizierungen und Neubauten.

b) Mittelfristige Kredite auf die Dauer von 12 bis 15 Jahren zinsenlos oder gegen geringe Verzinsung für Umbauten an Wohngebäuden, Landarbeiterhäusern und Ställen sowie anderen Wirtschaftsgebäuden und hauswirtschaftlichen Einrichtungen.

c) Kurzfristige Kredite auf die Dauer von sechs Jahren zur Errichtung, bzw. Verbesserung von Betriebsanlagen, wie Düngerstätten, Silobauten, Stalltechnisierungen und dergleichen, und auf die Dauer von drei Jahren als Maschinenkredite und zur Vervollkommnung technischer Einrichtungen im Hause und der Wirtschaft, soweit diese nicht unter Punkt a) oder b) fallen.

d) Lang- und mittelfristige Kredite sollen auch zu produktionsfördernden Maßnahmen an Genossenschaften und Gemeinschaften gegeben werden, z.B. zur Überschussverwertung, für Veredelungsbetriebe und zur Herstellung exportfähiger Edelprodukte (Obst, Wein).

2. Betriebsmittelkredite

zum Ankauf von Düngemitteln, Saatgut und Pflanzzucht jeglicher Art sowie Zuchtvieh in Form von unmittelbaren und mittelbaren Krediten auf die Dauer von drei bis zwölf Monaten gegen eine mäßige, jedenfalls stark unter dem jeweiligen Bankzinsfuß liegenden Verzinsung.

Die unmittelbaren Kredite werden dem Bauern direkt gegeben, die mittelbaren gehen über die Genossenschaften und den Handel z.B. als Vorfinanzierung der Ernte, zum Ankauf von Düngemittel, Saatgut usw.

Die Betriebsmittelkredite können auch auf Grund von Privatverträgen von Genossenschaften, Mühlen und dem Landhandel unter der Übernahme der staatlichen Ausfallshaftung (Kreditfonds) gegeben werden.

IV. Reform der landwirtschaftlichen Berufsausbildung

Heute werden von unserer Landwirtschaft allgemein höhere Leistungen verlangt. Höhere und auch bessere Leistungen kann man aber erst dann verlangen, wenn diejenigen, die sie ausführen sollen, vorher entsprechend geschult werden.

In keinem anderen Beruf ist jedoch die Ausbildung des Nachwuchses so gering, als in der Landwirtschaft, obwohl man sich sagen muss, dass der Allgemeinheit durch schlechte Ernten ein größerer Schaden erwächst als durch andere Minderleistungen.

Es ist daher bedauerlich, dass bei uns nur ein verschwindend kleiner Teil der Landjugend die Berufsausbildung erhält, die zur ordnungsgemäßen Führung eines zeitgemäß eingerichteten landwirtschaftlichen Betriebes, bzw. zur vollwertigen Mitarbeit in diesem unbedingt nötig ist.

Die praktische Ausbildung der Jungbauern als Lehrlinge auf geeigneten Lehrhöfen ist bei uns seit Juni 1952 bereits gesetzlich geregelt, was zu begrüßen ist. Voraussetzung ist aber, dass das Gesetz auch sinngemäß durchgeführt wird und nicht nur auf dem Papier bleibt. Damit es seinen Zweck aber auch wirklich voll erfüllen kann, muss die Lehrlingsausbildung der gesamten Landjugend zur Pflicht gemacht und muss der Schwerpunkt auf die Auswahl und Anerkennung der Lehrhöfe gelegt werden, weil von dem Grad der Tüchtigkeit des Lehrmeisters und dem befriedigenden Betriebszustand des Lehrhofes der Wert der Ausbildung abhängt.

Zur praktischen Ausbildung auf dem Lehrhof muss jedoch auch eine entsprechende allgemeine schulmäßige Berufsausbildung treten. Hier aber fehlt es noch weit.

In Oberösterreich kommt zum Beispiel erst auf 5.000 Bauernbetriebe eine Landwirtschaftsschule und auf 20.000 Bauernhöfe erst eine Hauswirtschaftsschule, und es sieht auch in den anderen Bundesländern nicht viel besser aus. Das genügt in der heutigen zeit auf keinen Fall mehr.

Der Staat hat daher dafür Sorge zu tragen, dass sich die Landjugend in allen Bundesländern allgemein jenes Mindestmaß an beruflicher Ausbildung aneignen kann, unter das im Interesse des Volkes und Staates nicht gegangen werden darf.

Eine gediegene berufliche Ausbildung der großen Masse der bäuerlichen Betriebsführer und ihrer Mitarbeiter kann, schon des Leutemangels wegen, in weit vom Heimatort entfernten Landwirtschaftsschulen, auch wenn deren Zahl stark vermehrt würde, niemals mit zufrieden stellendem Erfolg durchgeführt werden.

Eine allgemeine und umfassende Berufsausbildung der ländlichen Jugend kann daher nur in der Gemeinde selbst, in der landwirtschaftlichen Berufsschule, verpflichtend durch dazu besonders ausgebildete landwirtschaftliche Fachlehrer, in den Wintermonaten erfolgen. Die „Landwirtschaftliche Berufsschule" soll die Vorstufe zur heutigen Landwirtschaftsschule bilden, die dann einem höheren Zweck dienstbar gemacht werden kann.

Die landwirtschaftlichen Fachlehrer – die in zu diesem Zweck umgestalteten landwirtschaftlichen Mittelschulen ihre volle Ausbildung erhalten müssen, könnten dann auch gleichzeitig unter der Oberaufsicht der Landwirtschaftskammern den landwirtschaftlichen Förderungsdienst in ihrem Gebiet mit übernehmen und mit den landwirtschaftlichen Lehrlingen im Sommer die mit der Berufsausbildung zusammenhängenden praktischen Übungen durchführen.

Die Kosten für die landwirtschaftliche Berufsausbildung können durch zweckmäßige Verwendung der heute schon dafür zu Verfügung stehenden Mittel und durch Einsparungen in der Verwaltung aufgebracht werden.

Als besonders entscheidend muss aber in die Waagschale fallen, dass die Mehrkosten im Laufe der Zeit bestimmt hereingebracht werden können. Einmal durch die zufolge der besseren Berufsausbildung ermöglichte landwirtschaftliche Mehrproduktion und die damit verbundene Einsparung von Devisen, zum anderen durch die Ankurbelung der eigenen Industrie und des Gewerbes.

V. Maßnamen zur Sicherung und Vermehrung der Bauernwirtschaften

Die bestehenden Bauernwirtschaften müssen in Hinkunft nicht nur vor Zersplitterung und Abstiftung gesichert sein, sondern es muss auch die Möglichkeit zu deren Arrondierung und Vergrößerung geschaffen werden. Grund und Boden darf nicht zu Spekulationszwecken und zur Kapitalanlage aus Bauernhänden in den Besitz von Berufsfremden und Ausländern übergehen.

Die Grundverkehrskommissionen arbeiten heute vielfach zu nachlässig und nicht sinngemäß. Die Durchführung der sich auf den Grundverkehr beziehenden gesetzlichen Bestimmungen muss daher strenger überwacht werden und sie diese, soweit sie ihren Zweck nicht voll erfüllen können, entsprechend zu erweitern und zu verschärfen. Landwirtschaftliche Betriebe, die vom Besitzer oder einem seiner Familienangehörigen selbst bewirtschaftet werden, sind „Bäuerliche Betriebe", alle anderen „Nichtbäuerliche Betriebe".

a) Die „Bäuerlichen Betriebe" sind zu ihrer Erhaltung im Sinne des in einzelnen Bundesländern bereits geltenden Höferechtes durch ein allgemein geltendes Bundesgesetz besonders zu schützen. Dieses Bundesgesetz soll nachstehenden Grundsätzen Rechnung tragen.

1. Der Verkauf von „Bäuerlichen Betrieben" oder Teilstücken von solchen darf nur an Personen erfolgen, die den Betrieb, bzw. die Teilstücke sofort oder innerhalb einer angemessenen Frist selbst oder durch einen Leibeserben bewirtschaften können, bzw. wenn dieser noch zu jung ist, für diesen bewirtschaften lassen und den Nachweis der hiezu nötigen landwirtschaftlichen Befähigung zu erbringen.

Außerdem darf eine Person höchstens so viele Bauernwirtschaften erwerben, als sie bauernfähige Leibeserben besitzt oder von denen die Erwerbung der Bauernfähigkeit vorausgesetzt werden kann.

2. Von einem „Bäuerlichen Betrieb" dürfen Teilstücke nur soweit abverkauft werden, als dadurch die Lebensfähigkeit des Hofes nicht gefährdet wird.

3. Ist Waldbesitz vorhanden, so muss auch davon wenigstens soviel beim Hof verbleiben, als zu dessen normaler Bewirtschaftung unbedingt notwendig ist.

4. Der Erbgang ist ebenfalls in diesem Sinne zu regeln.

5. Ausnahmen von diesen Bestimmungen bedürfen der gemeinsamen Zustimmung der zuständigen Grundverkehrskommission und der Landwirtschaftskammer.

6. Die Zustimmung darf jedoch nur erteilt werden, wenn es sich dabei nicht um Spekulationskäufe oder Kapitalsanlagen, sondern um in sozialer Hinsicht notwendige Wohnbauten oder um Neuerrichtung, bzw. Vergrößerung von volkswirtschaftlichen, insbesondere für das in Frage kommende Gebiet wichtigen industriellen und gewerblichen Anlagen handelt.

b) Sind beim Ableben des Besitzers eines „Nichtbäuerlichen Betriebes" keine direkten Nachkommen vorhanden, so ist der gesamte Grundbesitz in erster Linie zu Siedlungszwecken für Bauernkinder, Landarbeiter und Landarbeiterkinder sowie zu Arrondierungen und Vergrößerungen von „Bäuerlichen Betrieben" durch den „Landwirtschaftlichen Förderungs-Kredit und Siedlungsfonds" zu erwerben und unverzüglich der weiteren landwirtschaftlichen Nutzung bestimmungsgemäß zuzuführen.

Bei der siedlungsmäßigen Aufteilung solcher Betriebe ist jedoch unbedingt der Grundsatz anzuwenden, dass vor allem eine der Größe des Grundausmaßes entsprechende Anzahl von neuen Siedlungsstellen zu schaffen sind und beim Stammgut soviel Grund zu belassen ist, dass es als lebensfähiger landwirtschaftlicher Betrieb weitergeführt werden kann.

Die unter a) 5. und 6. angeführten Ausnahmebestimmungen gelten sinngemäß auch für die „Nichtbäuerlichen Betriebe".

c) Der fleißige und tüchtige Pächter landwirtschaftlicher Betriebe und Grundstücke muss vor Ausbeutung und Willkür ebenso geschützt werden wie der Besitzer vor Missbrauch und Benachteiligung.

Das kommende Pächterschutzgesetz muss diesem Grundsatz für beide Teile gerecht werden, vorhandene Lücken schließen und Härten beseitigen. Wer Boden besitzt und ihn nicht selbst bearbeiten will oder kann, weil ihm die Befähigung dazu fehlt und diesen ständig verpachtet, beweist damit, dass er ihn nicht braucht.

Nichtbäuerliche Betriebe oder Teilstücke von diesen, die schon mehr als 30 Jahre verpachtet sind, sowie landwirtschaftliche Einzelgrundstücke, die sich in Händen von Nichtlandwirten befinden und ebenfalls mehr als 30 Jahre hindurch verpachtet waren, sind der Ablösung zuzuführen, wenn keine direkten Nachkommen vorhanden sind, die über die nötige landwirtschaftliche Befähigung verfügen und diese auch nicht mehr erwerben können oder die selbstständige Bewirtschaftung des frei gewordenen Grund und Bodens innerhalb einer angemessenen Frist nicht übernehmen.

Die Grundablösung ist vom Bundesministerium für Land- und Forstwirtschaft unter Mitwirkung der Landwirtschaftskammern zugunsten und über Antrag des letzten Pächters bzw. der letzten Pächter einzuleiten und durchzuführen. Bewirbt sich keiner der Pächter, so ist der gesamte Grundbesitz oder sind die Einzelgrundstücke zu Siedlungszwecken, Arrondierung und Vergrößerung „Bäuerlicher Betriebe“ abzulösen.

Die zur Ablösung notwendigen Mittel hat der „Landwirtschaftliche Förderungs-Kredit- und Siedlungsfonds“ nach den geltenden Bestimmungen beizustellen.

d) Die Erb-, Übergabe- und Grunderwerbsgebühren und Steuern, die von den bäuerlichen Unternehmern gezahlt werden müssen, gleichen dem mittelalterlichen Kopfgeld, gegen das sich die Bauern schon damals in blutigen Kämpfen zur Wehr setzten.

Diese Gebühren und Steuern sind nichts anderes als das modernisierte Kopfgeld. Die Wirkung ist die gleiche: Not in vielen Bauernhäusern – besonders im Bergland – gleich von Anfang an!

Die Übergabe des Bauernhofes muss daher an den Erben oder Übernehmer frei erfolgen, weil sonst die Hofübernahme, ob nach Todesfall mit Arzt- oder Begräbniskosten, oder Übergabe und Abfindung von Geschwistern und Auszugskosten sowie die meist notwendigen, kostenverursachenden Umstellungen in der Wirtschaft zur Hauptursache der Notlage unserer Landwirtschaft werden, ja bei raschem Besitzwechsel sogar zur Auflösung des Hofbesitzes führen können.

VI. Hilfsmaßnahmen zur Sicherung der Altbauernversorgung

Das Bestreben des Altbauern, seinen Hof möglichst lange selbst zu verwalten, ist vielfach darauf zurückzuführen, dass die Rechte des Auszüglers oft von den Nachfolgern missachtet werden und nur durch langwierige, teure Prozesse gewahrt werden können. Zur Sicherung der Altersversorgung muss daher die vereinbarte Auszugsleistung durch gesetzliche Bestimmungen geregelt werden und auf einfachem Wege rasch zu betreiben sein, wenn sie vertragsgemäß vorenthalten wird. Die Versorgung der Altbauersleute mit den zur Lebenserhaltung notwendigen Barmitteln stößt häufig auf Schwierigkeiten und führt zu Zerwürfnissen.

Die hiezu nötigen Geldmittel sollen daher wahlweise durch eine Altersrente im Wege der Sozialversicherung oder durch private Versicherungsgesellschaften unter Staatsaufsicht sichergestellt werden. Durch Förderung des Baues von Altenteilwohnungen muss auch die Möglichkeit geschaffen werden, dass die Familie und der Haushalt des Bauern von dem der Altbauersleute räumlich getrennt werden kann, was grundsätzlich geschehen sollte.

Weiters ist es unerlässlich, dass die künftigen Hoferben oder Übernehmer eine gründliche Berufsausbildung erhalten, damit der Altbauer seinen Hof unbesorgt rechtzeitig der jüngeren Führung anvertrauen kann.

VII. Besondere Schutzmaßnahmen für die durch Lage und Klima gefährdeten Bauernbetriebe

In exponierten Lagen unseres Berglandes wirtschaftet in ungünstigen klimatischen Verhältnissen eine große Anzahl von Bauern unter so schwierigen Bedingungen, dass sie in ihrer Existenz ständig bedroht sind. Viele Bauern solcher Gebiete mussten – weil die nötigen staatlichen Schutzmaßnahmen fehlten

– schon ihre väterliche Scholle aufgeben und abwandern. In den Alpenländern haben nach vorsichtiger Schätzung in der Zeit zwischen 1860 und 1914 bereits 35.000 Bauernbetriebe ihre Selbstständigkeit verloren.

Noch vor 80 Jahren waren in diesen Gebieten zweimal so viel und auch noch mehr Menschen und Nutztiere vorhanden. Heute aber sind diese einst reich besiedelten Hänge, Gräben und Hochtäler leer und verödet. Dieses Massensterben der Bauernhöfe unseres Berggebietes ist eine Folge der zeitbedingten großen wirtschaftlichen Umwälzung. In der Zeit nach 1860 konnte sich zwar das fruchtbare, verkehrserschlossene Flach- und Hügelland unter großen Anstrengungen zu Zonen des landwirtschaftlichen Fortschritts entwickeln. In den von der Natur benachteiligten und marktfernen Gebieten, den Hang- und Hochlagen unserer Berggebiete bewirkte sie jedoch Stillstand und Rückständigkeit und auch Zusammenbrüche, weil den meisten Bauern der hoch und exponiert gelegenen Gebiete schon aus Mangel an Betriebskapital der Aufstieg zu einer zeitgemäßen Wirtschaftsführung nicht möglich war.

Dieser Prozess des Niedergangs der Landwirtschaft im Bergland steht aber noch keineswegs still, weshalb ein rasches und wirksames Eingreifen durch den Staat notwendig ist. Staatliche Hilfsmaßnahmen sind in diesem Falle nicht nur gerechtfertigt, sondern auch eine Volksnotwendigkeit. Abgesehen davon, dass die Bauern unserer Berggebiete eine volkserhaltende Kraftquelle sind, können wir auch weiterhin nicht auf ihre noch steigerungsfähige Produktionskraft verzichten.

Österreich führt noch immer um mehr als drei Milliarden Schilling Lebensmittel ein, die wir bei entsprechender Mobilisierung der im Bergland noch vorhandenen Nahrungsreserven zu einem sehr großen Teil selbst erzeugen und damit den Nahrungsmittelmangel zum Großteil beheben könnten.

Ein weiterer Verfall der Berglandwirtschaften würde aber ohne Zweifel weiteres, unerträgliches Herabsinken unserer heute schon nicht ausreichenden Eigenproduktion zur Folge haben.

In den ungünstig gelegenen Bauernhöfen der Alpen und des Mittelgebirges klopft schon die Not an die Tür. Es muss daher alles darangesetzt werden, um nicht nur den drohenden Verfall aufzuhalten, sondern es müssen auch alle geeigneten Mittel angewendet werden, um die heute noch um ihre Existenz kämpfende Betriebe so zu festigen, dass auch sie durch erhöhte Produktion zur Schließung unserer Ernährungslücke beitragen können.

Hiezu notwendige Maßnahmen sind:

Weitgehendste Anwendung aller vorhin angeführten Maßnahmen der Landwirtschaftsförderung, der Kreditgewährung und der Sicherung des Bauerntums.

Im Besonderen aber: In erster Linie Versorgung auch der fern gelegenen Bauernhöfe mit elektrischem Strom.

Rascheste Durchführung des Anschlusses an das Verkehrsnetz durch Verbesserung der Karrenwege, Schaffung von Güterwegen sowie Lasten und Personen befördernden Seilbahnen.

Anschluss an das Telefonnetz durch Errichtung von Gruppengemeinschaftstelefonen.

Zielbewusstes Vortreiben einer den besonderen Verhältnissen des Berglandes angepassten Technisierung mit genormten und geprüften Maschinen und Anlagen.

Frachtrückvergütung für alle Betriebsmittel, damit die Bezugspreise frei Hof aller Betriebe die gleichen sind. Möglichste Verdichtung des Netzes der Milch- und Rahmsammelstellen. Sonderbehandlung bei der Festsetzung des Preisparitätspreises und der Sicherung des Absatzes.

Anpassung der Steuergesetzgebung an die erschwerten Produktionsbedingungen des Berglandes mit möglichster Herabsetzung beziehungsweise Nachsicht der Steuern für besonders gefährdete Höfe und Befreiung von den Übergabsgebühren.

Die endgültige Lösung der Frage der Besitzfestigung und Modernisierung der Berglandbetriebe ist keine Wohlfahrtsangelegenheit, sondern ein Akt der Selbsterhaltung. Diese Frage geht das ganze Volk an, für deren günstige Lösung wir zu allen Opfern bereit sein müssen.

VIII. Waldwirtschaft und Servitutsrecht

Waldwirtschaft

Der Holzwert unseres Waldes entspricht allein schon einem Wert von vielen Milliarden Schilling. Er ist eine ewig fließende Quelle des Wohlstandes, wenn wir ihn richtig pflegen und vor der Verwüstung schützen. Wird der Wahl sorgfältig gepflegt, geschont und sachgemäß genützt, so besitzen wir in ihm einen Reichtum, der auch bis in die fernste Zeit unseren Nachkommen Nutzen abwerfen wird. Die Holzwirtschaft muss daher in allen ihren Zweigen nachdrücklichst gefördert werden, wobei dem bäuerlichen Wald ein besonderes Augenmerk zuzuwenden ist. Die Aufschließung des bäuerlichen Waldes durch Wegeanlage, Gemeinschaftsförderbahnen, Maschinenbeistellung und dergleichen gehört zu den wichtigsten Maßnahmen, die mit aller Entschiedenheit vorangetrieben werden muss.

Im Zuge der Förderungsmaßnahmen wäre auch zu prüfen, wie weit es in Hinkunft möglich und zweckmäßig wäre, holzverarbeitende Betriebe näher an das Produktionsgebiet heranzubringen. Die sorgfältige Überwachung des Weltmarktes und rechtzeitige Anwendung wirksamer Sicherungsmaßnahmen, um die Holzwirtschaft vor den Auswirkungen krisenhafter Schwankungen auf dem Holzmarkt zu bewahren, muss eine der vordringlichsten Aufgaben der verantwortlichen Stellen sein.

Servitutsrecht

Den Servitutsberechtigten wurde seinerzeit ihr Eigentum am Wald und an der Weide mit Gewalt entzogen und dafür das Nutzungsrecht verbrieft zugesichert. Servitut heißt Dienstbarkeit. In diesem Falle ist es die Dienstbarkeit des jetzigen Besitzers dem Bauer gegenüber. Das Servitut kann daher niemals eine Belastung schlechtweg sein, sondern ist ein Recht, für das die Verpflichteten mehr als voll entschädigt wurden und das dem Bauer daher auf keinen Fall geschmälert oder strittig gemacht werden kann.

Das Servitutsholz ist, so wie das Weiderecht, eine Stütze zahlreicher Höfe im Bergland zur Sicherung ihrer Existenz, weil sie ohne Servitutsholz ihr Nutz- und Brennholz zukaufen müssten, was sich die Höfe nicht leisten könnten. Die bestehenden Servitutsrechte müssen deshalb unantastbar bleiben und können auch niemals Streit- oder Handelsobjekt sein.

Da durch Besitzwechsel Servitutsrechte häufig auch auf Berufsfremde übergegangen sind, die diese nicht mehr brauchen, wäre eine bundesgesetzliche Neuregelung zugunsten der bäuerlichen Servitusberechtigten durch Schaffung der Ablösungsmöglichkeit nötig.

Das Servitutsrecht gehört zum Bauernhof und darf, solange der Hof bewirtschaftet wird, weder vom Verpflichteten abgelöst, noch vom Berechtigten anderwärtig veräußert werden.

Freigewordene Servitutsrechte dürfen nicht erlöschen, sondern müssen auf andere Höfe übertragen oder unter den verbleibenden Berechtigten aufgeteilt werden.

IX. Förderung des Obst- und Weinbaues

Obstbau

Außer der Sicherung des Absatzes und des Preises verlangt unser Obstbau eine besondere Förderung, denn in Österreich gibt es klimatisch so günstig gelegene Gebiete, dass dort Obst von so hervorragender Qualität gedeiht, wie kaum noch irgendwo in Europa. Die nachhaltige Förderung des Edelobstbaues zur Erzeugung exportfähiger Ware muss daher den staatlichen Organen zur besonderen Pflicht gemacht werden. Die Sicherung und Erweiterung unseres Edelobstbaues verlangt intensive Schädlingsbekämpfung, gut überlegte Sortenwahl und sorgfältige Baumpflege durch geschulte Kräfte. Die Beistellung ausreichender Mittel ist daher notwendig und wird sich lohnen.

Ganz ungenügend sind die heute vorhandenen Vorkehrungen zur Erschaffung und Verwertung überdurchschnittlicher Obsternten. Abgesehen davon, dass in solchen Jahren für die Ausfuhr selbstverständlich zeitgerecht vorzusorgen ist, muss auch der weiteren Errichtung von genossenschaftlichen Obstverwertungsanlagen, Gemeinschaftsmolkereien usw. mehr Augenmerk zugewendet werden.

Die Genossenschaftsform ist der Aktiengesellschaft vorzuziehen, weshalb es Pflicht des Staates ist, den Genossenschaften die nötigen Mittel als Darlehen aus dem „Landwirtschaftlichen Förderungs-Kredit- und Siedlungsfonds“ zur Verfügung zu stellen.

Weinbau

Die schon vorausgehend angeführten Maßnahmen zur Sicherung des Absatzes und Preises sind naturgemäß auch für die Erzeugnisse des Weinbaues anzuwenden.

Die Steuerlast und die zu hohen Produktionskosten verteuern heute den Wein nicht nur für den Inlandskonsum zu sehr, sondern behindern auch die Ausfuhr.

Österreichische Weine, frachtfrei zur deutschen Grenze gestellt, kommen um ein Drittel teurer zu stehen, als Wein gleicher Qualität aus Frankreich, Italien und Ungarn.

Die Überprüfung der auf dem Wein lastenden Steuern mit dem Ziele der möglichen Herabsetzung und die eheste Durchführung aller zur Senkung der Produktionskosten brauchbaren Maßnahmen erscheint daher dringend.

Die den gesamten Weinbau berührenden Fragen müssen schon im Bundesgesetz einheitlich geregelt sein. Das Gesetz vom Juli 1952 entspricht aber in dieser Hinsicht noch nicht und gehört deshalb ergänzt.

Die Absatzpropaganda für österreichische Weine muss sowohl im Inland, als auch im Ausland großzügiger gestaltet werden. Besondere Landesinteressen dürfen dabei nicht einengend wirken.

Um die Erzeugung von Qualitätsweinen und deren Absatz zu fördern, sowie um die Vorratshaltung in guten Weinjahren zu erleichtern, muss die Errichtung von örtlichen Winzergenossenschaften stärker unterstützt und vorangetrieben werden.

X. Erfordernisse der bäuerlichen Hauswirtschaft zur Entlastung der Bäuerin

Die Führung der bäuerlichen Hauswirtschaft obliegt der Bäuerin. Von ihrer Tüchtigkeit und Leistungsfähigkeit hängt das Schicksal des Bauernhofes ebenso ab, wie von den Fähigkeiten und der Arbeitskraft des Bauern.

Die Bäuerin ist aber heute zum weitaus überwiegenden Teil, besonders im Bergland, noch immer das geplagte Wesen in unserem Staate.

Ihr obliegt nicht nur die Führung des Haushaltes, die Kinderpflege und Erziehung, sondern sie muss im Klein- und Mittelbetrieb dazu außerdem noch im Stall und auf dem Felde mitarbeiten.

Es liegt daher im hohen Interesse der landwirtschaftlichen Produktion, dass im Zuge der landwirtschaftlichen Förderungsmaßnahmen der Modernisierung der bäuerlichen Hauswirtschaft besonderes Augenmerk zugewendet wird und hiezu genügend Mittel zur Verfügung gestellt werden.

In sozialer Hinsicht muss es ermöglicht werden, dass der Bäuerin hinsichtlich Geburt, Krankheit und Alter mindestens dieselbe Fürsorge zuteil wird, auf die jede Landarbeiterin Anspruch hat.

Zur Entlastung der Bäuerin und zur Ermöglichung der Durchführung der sozialen Fürsorge sind Gruppen von Hauswirtschaftshelferinnen anzustellen, die besonders in schweren Notfällen, bei Katastrophen, Krankheit, Entbindung u. dgl. der Bäuerin helfend eingreifen können. Die Mittel wären durch die Sozialinstitute oder den „Landwirtschaftlichen Förderungs-Kredit- und Siedlungsfonds“ beizustellen.

XI. Die Landarbeiterfrage

Die übliche Unterbewertung der Landarbeit wirkt sich nicht nur für den Bauern, sondern auch für den Landarbeiter nachteilig aus.

Das ganze soziale Problem der Regelung des Verhältnisses zwischen landwirtschaftlichem Arbeitgeber und Arbeitnehmer gleicht heute einer Kette, deren verhängnisvolles Anfangsglied die Unterbewertung der Landarbeit ist und deren trauriges Ende die Landflucht bildet.

Der Landarbeiter braucht zur Sicherung einer angemessenen Lebenserhaltung die Gleichstellung mit dem Industriearbeiter hinsichtlich des Lohnes, der Arbeitszeit, der sozialen Einrichtungen, der Heiratsmöglichkeit und Erleichterung der schweren landwirtschaftlichen Arbeit durch weitgehenden Maschineneinsatz.

Ohne Erfüllung der gerechten Forderungen der Landarbeiter kann die Landflucht nicht eingedämmt werden. Sie können aber nur dann erfüllt werden, wenn durch eine vernünftige Regelung der Absatz- und Preisfrage die Landwirtschaft die hiezu nötigen Geldmittel erhält.

XII. Säuberung des Genossenschaftswesens von politischen Einflüssen und Abstellung genossenschaftswidriger Gebarung

Die Genossenschaften waren einmal das Rückgrat der bäuerlichen Wirtschaft und müssen es auch wieder werden, sonst sind sie überflüssig.

Das bäuerliche Genossenschaftswesen zeigt heute leider bedenkliche Verfallserscheinungen. Die bäuerlichen Kreditinstitute nehmen die Gewohnheiten und Gepflogenheiten der Banken an und die Lagerhäuser werden zu Stützen des Großhandels oder zu Krämerläden.

Kennzeichnend für den Niedergang ist aber die fortschreitende Verpolitisierung, die sich im Genossenschaftsleben besonders schlecht auswirkt.

Im Wirtschaftsleben entscheidet nicht die politische Einstellung des einzelnen. Hier ist lediglich die Fähigkeit, rasch und richtig zu handeln, notwendig. Deshalb muss auch der Genossenschaftsfunktionär freie Hand haben und darf unter keinem politischen Einfluss stehen.

Statt jedoch Bauern die Leitung von Genossenschaften anzuvertrauen, die dazu die Fähigkeit und die Erfahrung besitzen, werden mit Hilfe von Parteihörigen Parteipolitiker vorgeschoben, die in erster Linie das Interesse ihrer Partei, nicht aber das der Genossenschaft vertreten und darnach handeln.

Ein besonderer Unfug ist es, wenn solche Parteistützen, vom Minister bis zum Landesrat und Landtagsabgeordneten, zur Sicherung der Machtbestrebungen ihrer Partei gleich in eine Reihe von Genossenschaftsleitungen gewählt werden, als ob es im ganzen Lande keine anderen fähigen Männer gäbe.

Um mit diesen Missständen radikal aufzuräumen, wird es wohl keiner besonderen gesetzlichen Maßnahmen bedürfen. Die Bauernschaft ist intelligent und stark genug, um unter richtiger Führung damit selbst fertig zu werden.

XIII. Erfordernisse der Technisierung der Landwirtschaft

Die Zukunft unserer Landwirtschaft liegt in der Erreichung und Erhaltung der vollen Leistungsfähigkeit. Diese ist aber nur durch weitgehendste Technisierung möglich. Die Industrie bringt heute eine Unmenge neuer brauchbarer und weniger brauchbarer Maschinen auf den Markt. Viele dieser Maschinen und Geräte können aber in gewissen Gebieten nicht mit Vorteil eingesetzt werden.

Sie werden aber dennoch gekauft, weil keine für die Gebiete passenden zu haben sind. Daraus erwächst der Bauernschaft nicht nur oft ein großer Schaden, sondern es wird damit auch das rasche Fortschreiten der Technisierung verhindert.

Es müssen daher gesetzliche Bestimmungen erlassen werden, mit denen für die Erzeugung eine bestimmte Norm, für den Verkauf der Prüfungszwang festgelegt werden.

XIV. Reform der landwirtschaftlichen Berufsvertretung

a) Die fachliche Vertretung und Betreuung der Landwirtschaft obliegt den Landwirtschaftskammern. Ihre Organisation und Arbeitsweise entspricht jedoch der heutigen Zeit nicht mehr. Eine durchgreifende Neuorganisierung durch Referatsneueinteilung und Umbesetzung, besonders hinsichtlich der Berufsausbildung und Berufserziehung, sowie der praktischen Wirtschaftsberatung, ist daher dringend notwendig. Bis in die jüngste Zeit wurden Vollversammlungen der Landwirtschaftskammern hinter geschlossenen Türen durchgeführt. Das ist undemokratisch und ist daher die Öffentlichkeit aller Kammervollversammlungen allgemein und bindend anzuordnen.

Über die Geldgebarung der Landwirtschaftskammern, vor allem über die erfolgte Verwendung der Förderungsmittel, erfährt die Bauernschaft so gut wie nichts. Da die Bauernschaft aber ein Recht darauf hat, zu erfahren, wie die Landwirtschaftskammern mit den ihnen anvertrauten öffentlichen Geldmitteln wirtschaften und wem Mittel gegeben wurden, sind sie, da die heute übliche Art nicht genügt, zur öffentlichen Rechnungslegung unter Verlautbarung der Beihilfen- und Kreditempfängerlisten gesetzlich zu verpflichten.

b) Die Einrichtung der Präsidentenkonferenz der landwirtschaftlichen Hauptkörperschaften ist nicht mehr zeitgemäß. Sie hat in der Öffentlichkeit und den anderen Berufsgruppen gegenüber weder das Ansehen, noch die Bedeutung, die ihr mit Rücksicht auf die Wichtigkeit der Landwirtschaft für Volk und Staat zukommen müsste.

An Ihre Stelle soll daher die „Bundeslandwirtschaftskammer" treten, deren Mitglieder aus der Mitte der Vollversammlung der Landwirtschaftskammern zu wählen sind und in der die Kammerpräsidenten kraft ihres Amtes Sitz und Stimme haben sollen.

XV. Schlusswort

Von der Voraussetzung ausgehend, dass eine leistungsfähige Landwirtschaft und ein gesundes, starkes Bauerntum die Grundlagen jedes geordneten Staatswesen sind, wurde das vorliegende Agrarprogramm aufgestellt. Die darin enthaltenen Forderungen wurden vom rein sachlichen Standpunkt aus erhoben. Sie sind nicht vollständig und werden in manchen Punkten noch ergänzt und ausführlicher begründet werden müssen.

Das Agrarprogramm des Allg. Österr. Bauernverbandes ist kein politisches, sondern ein wirtschaftliches, das auf Jahre hinaus als Richtschnur für die Festigung unserer Landwirtschaft und damit der Gesamtwirtschaft Österreichs dienen soll.

Darum hoffen wir, dass diesen Forderungen das in Arbeit stehende Landwirtschaftsgesetz weitestgehend Rechnung getragen wird, denn einmal erhoben, werden sie nicht mehr verstummen, bis sie erfüllt sind. Wir werden daher das Zustandekommen dieses Gesetzes aufmerksam beobachten und nicht schweigen, wenn es trotz vielfacher Wahlversprechungen verantwortlicher Politiker nicht so ausfallen sollte, wie es ausfallen muss, wenn der Bauernschaft damit eine feste Produktionsgrundlage und unserem Volk die Ernährung gesichert werden soll.

Linz, am 19. Dezember 1952

Für den „Allgemeinen Österreichischen Bauernverband":
Der Obmann: Fritz Feitzelmayr.

Allgemeiner Österreichischer Bauernverband
Hauptverbandsleitung Linz a. d. D., Betlehemstr. Nr. 68

Unsere programmatische Zielsetzung

Dezember 1954

Bauern, Bäuerinnen, Landjugend, Mitarbeiter und Freunde des Bauernstandes!

Die nachstehenden Ausführungen sollen über Zweck und Ziel des „Allg. Österr. Bauernverbandes" aufklären, das Verständnis für die große Sache einer überparteilichen bäuerlichen Gesamtorganisation erwirken und Euch für diese Idee gewinnen.

Was ist der „Allgemeine Österreichische Bauernverband"?

Unsere Organisation führt den Namen „Allgemeiner Österr. Bauernverband – Überparteiliche bäuerliche Arbeitsgemeinschaft". Der Name allein sagt schon sehr viel: Der Bauernverband ist „Allgemein". Das heißt, er ist nicht nur für eine Gruppe allein, oder eine bestimmte Partei da, sondern für alle Bauern.

Anders ausgedrückt: Wir streben den Zusammenschluss der gesamten Bauernschaft Osterreichs in einer großen, überparteilichen Gesamtorganisation an.

Dieser Zusammenschluss ist notwendig, weil nur durch eine solche Gesamtorganisation die gemeinsamen Interessen der Bauern, Pächter und deren Familienangehörigen, sowie auch die aller sonstigen in der Landwirtschaft beruflich Tätigen, wirksam vertreten werden können.

Der Bauernverband ist überparteilich!

Das heißt der Bauernverband will den Interessen der gesamten Bauernschaft dienen und nicht einer Partei. Damit er das kann, darf er weder von einer Partei – gleichgültig von welcher – abhängig sein, noch sich irgendwie an eine Partei binden. Das soll aber nicht heißen dass wir die Notwendigkeit der politischen Parteien im demokratischen Staate nicht anerkennen. Wir wissen, dass sie zufolge unserer heutigen Verfassung und Wahlordnung bestehen und ihre Funktionen ausüben müssen. Wir sind aber der Meinung, – und mit uns viele Hunderttausende – dass die Parteien und ihre Abgeordneten nicht die Herren des Volkes sein dürfen, sondern dazu berufen sind, den Willen ihrer Wählerschaft in der Gesetzgebung zur Geltung zu bringen. Sie haben also nicht über das Volk zu herrschen, sondern ihm zu dienen. Leider wird gerade das nach der Wahl immer sehr schnell vergessen. Am unerträglichsten ist aber die weitgehende Verpolitisierung der Wirtschaft. Alle Verantwortlichen und einflussreichen Posten werden nur mehr nach politischen Gesichtspunkten vergeben. Es wird dabei nicht zuerst nach den Fähigkeiten und der fachlichen Eignung gefragt, sondern maßgebend ist in erster Linie die Parteizugehörigkeit und Parteiergebenheit. Das ist allbekannt.

Damit verbunden ist noch dazu eine unerhörte Ämterhamsterei, die so weit geht, dass ein Mann gleich zehn und mehr Stellen und Posten innehat. Dieses Übel aus der Welt zu schaffen, liegt im hohen Interesse des Volkes und Staates. Wir werden unser möglichstes dazu beitragen, dass diesem Unfug ein Ende bereitet wird.

Der Bauernverband ist eine Arbeitsgemeinschaft.

Damit wollen wir zum Ausdruck bringen, dass wir unsere Zeit und Kraft auf keinen Fall in parteipolitischen Kämpfen gegeneinander vergeuden, sondern sie zu gemeinsamer fruchtbarer Arbeit für die Sicherung und Besserstellung des gesamten Bauernstandes verwenden wollen.

Die politischen Parteien streben darnach, einen möglichst hohen Anteil an der Staatsmacht zu erringen. Dies bedingt den ständigen Kampf gegen die anderen Parteien.

Wir aber haben dieses Bestreben nicht, sondern wollen nur erreichen, dass man uns den uns gebührenden Platz im Staats- und Wirtschaftsleben einräumt. Die Parteipolitik hat daher in unserem Verband keinen Platz. Sie zu betreiben wäre auch gar nicht möglich, weil in unseren Reihen Bauern aller politischen Richtungen stehen, die eingesehen haben, dass es so wie bisher nicht weitergehen kann, sondern dass die Einigung auf überparteilicher Grundlage dringend nötig ist.

Es wird bestimmt möglich sein, in zweckmäßiger Zusammenarbeit mit allen, in und mit der Landwirtschaft Tätigen, auf außerparlamentarischer, über den Parteien stehender Grundlage, die Gesamtinteressen der österreichischen Bauernschaft auf allen Gebieten und gegenüber allen maßgebenden Faktoren wirkungsvoller, geschlossener und besser zu vertreten, als es bisher der Fall war.

Wie soll das erreicht werden?

Um dieses zu erreichen, ist es notwendig, zuerst die Meinung der breiten Öffentlichkeit für unsere Vorschläge und Forderungen durch ständige Aufklärung in Versammlungen und durch die Presse zu interessieren und schließlich zu gewinnen.

Haben wir dies erreicht, dann werden wir, entsprechend unserer Auffassung von den Pflichten der Parteien und Abgeordneten, unsere Forderungen an sie herantragen, aber wohlgemerkt, nicht nur an eine Partei oder eine Gruppe von Abgeordneten, sondern an alle.

Außerdem gibt es noch gar manche brauchbare Wege und Mittel, die geeignet sind, die Parteien und ihre Abgeordneten dahin zu bringen, dass sie sich mit unseren Forderungen ernstlich beschäftigen und diese bei der Gesetzgebung auch berücksichtigen. Schon unsere bisherigen Erfolge beweisen dies!

Das wird gewiss nicht leicht sein. Wir sind aber überzeugt davon, dass es geht, wenn wir Presse und Öffentlichkeit so beeinflussen, dass die Abgeordneten dem Druck nachgeben müssen.

Denken Sie dabei auch an das in der Verfassung verankerte Volksbegehren und die Volksabstimmung, die ja endlich auch in Österreich zur Tatsache werden müssen.

Schließlich brauchen ja auch die Parteien die Wählerstimmen, damit sie ihre Kandidaten durchbringen. Wir werden daher die Haltung und Tätigkeit der Abgeordneten in bäuerlichen Fragen sehr genau beobachten und dafür sorgen, dass sie sich zur gegebenen Zeit dafür verantworten müssen.

Damit wir aber diesen Einfluss erlangen können, muss allerdings eine Voraussetzung erfüllt werden, nämlich die, dass hinter der Führung des Bauernverbandes auch eine entsprechend große Zahl Bauern aller Richtungen steht.

Diese Voraussetzung kann aber erfüllt werden, wenn Ihr selbst dem Bauernverband beitretet und unter Euren Verwandten, Bekannten und Freunden für ihn werbet.

Warum wurde der Bauernverband gegründet?

Dem Wunsche zahlreicher Bauern aus dem ganzen Bundesgebiet Rechnung tragend, wurde der Bauernverband gegründet, nicht etwa deshalb, um das Geltungsbedürfnis einiger Leute befriedigen zu können, oder um gegen irgendeine Partei oder Organisation eine Kampforganisation aufzustellen.

Dies geschah einzig und allein deshalb, weil wir erkannt hatten, dass die Vertretung der bäuerlichen Interessen in Österreich daran krankt, dass die bestehenden Bauernorganisationen – auch der Bauernbund – Bestandteile politischer Parteien sind, die sich daher in ihren Entscheidungen und ihrer Arbeit dem Parteiinteresse, das heißt, den Machtbestrebungen ihrer Partei, unterordnen müssen.

Die wenig erfreulichen Erfahrungen aus der hinter uns liegenden Zeit haben deutlich erkennen lassen, dass die Interessenvertretung der Bauernschaft durch einander feindlich gegenüberstehende politische Bauerngruppen zu keinem befriedigenden Erfolg führen kann.

Allzu oft mussten wir wahrnehmen, dass in der Gesetzgebung parteipolitische Einflüsse die Entscheidung in kritischen Stunden lähmten und lebenswichtige Bauerninteressen den Parteibestrebungen geopfert wurden.

Eine reinliche Scheidung zwischen Parteipolitik und bäuerlicher Interessenvertretung ist darum unbedingt notwendig. Diese kann aber nur erreicht werden, wenn die Vertretung der bäuerlichen Interessen eine über den Parteien stehende Gesamtorganisation übernimmt und durchführt.

Der Einfluss einer solchen Organisation wird auf die Parteien und die Gesetzgebung entschieden stärker sein, als es heute jener der politisch orientierten Bauernorganisationen ist.

Welch starken Einfluss aber im Leben eines Volkes eine überparteiliche Bauernorganisation gewinnen kann, zeigt uns das Beispiel, das uns die überparteilichen Bauernorganisationen der Schweiz, Bayerns, Schwedens, der U.S.A. usw. geben.

Nicht zuletzt zeigt dies auch der Einfluss, den sich unsere Arbeiterschaft im öffentlichen Leben Österreichs durch ihre Gesamtorganisation, den Gewerkschaftsbund, sichern konnte, indem zum Beispiel auch die christliche Arbeitergewerkschaft mit den sozialistisch eingestellten Gewerkschaftern bei der Vertretung der Gesamtinteressen der Arbeiter und Angestellten Hand in Hand arbeitet.

Unsere Organisation kann auch keine Zersplitterung der Bauernschaft herbeiführen, weil diese heute ohnehin schon parteimäßig aufgespalten ist. Diesen Vorwurf erheben auch nur Leute, die den Sinn und Zweck des Bauernverbandes noch nicht begreifen, oder gegen ihr besseres Wissen handeln.

Im Gegenteil, die Gründung des "Allg. Österr. Bauernverbandes" bedeutet vielmehr einen Schritt zur Einigung, denn er soll nach unserem Willen über alle weltanschaulichen und parteipolitischen Schranken hinweg zu einer lebendigen Einheit der österr. Bauernschaft werden und die heutige, wirkliche Zersplitterung des Bauernlagers und den unleidlichen Bruderkampf beenden.

Dass dieses ungeheure Werk Zeit braucht und nicht innerhalb von Wochen oder Monaten vollendet werden kann ist selbstverständlich.

Wir haben, wie schon gesagt, keine politischen Machtbestrebungen und kennen nur ein Ziel: den Weg zu suchen und zu gehen, der die Bauernschaft zu einer besseren und sicheren Lebenshaltung führt.

Darum kennen wir auch keine politischen Feindschaften, sondern sehen in jedem Bauern, gleichgültig welcher politischen Richtung er auch angehört, einen uns schicksalsverbundenen Kameraden, mit dem wir gern zum Nutzern des gesamten Bauernstandes zusammenarbeiten wollen.

Wir sind deshalb auch jedermanns Freund und niemands Feind, solange, als er nicht gegen die Interessen der Bauernschaft auftritt oder handelt und einsieht, dass auch der Bauer, seine Angehörigen und Mitarbeiter, das Recht auf eine ebenso gesicherte und angemessene Lebenshaltung haben, wie alle anderen arbeitenden Menschen.

Wer aber das nicht einsieht und gegen die bäuerlichen Interessen handelt, den werden wir bekämpfen, gleichgültig welcher Partei oder sonstigen Organisation er angehört.

Aus diesem Gedankengang heraus, werden wir daher stets bestrebt sein, auch mit den politischen Bauernorganisationen in Fühlung zu kommen und immer wieder versuchen, sie für die Idee der überparteilichen Zusammenarbeit zu gewinnen.

Aus diesem Grunde sind wir auch gegen keine politische Organisation feindlich eingestellt und bedauern es daher, wenn immer wieder durch nichts begründete Angriffe auf uns erfolgen.

Diese Angriffe auf den Bauernverband sind übrigens nie fachlich und sachlich, sondern bewegen sich ausschließlich auf der politischen Ebene, auf die wir uns auf keinen Fall begeben werden.

Da der Bauernverband eine überparteiliche Organisation ist, ist es uns daher auch ganz gleichgültig, welcher politischen Partei jemand einmal angehörte oder angehört. Wir fragen auch nicht danach, weil in unseren Reihen alle Anständigen und Gutwilligen Platz haben. Wir wollen nichts anderes, als mit allen anderen in Frieden leben und frei von jeder Parteipolitik in Ruhe an der Lösung der dringenden Agrarfragen mitarbeiten. Das kann unserem Volk und Staat nur nützen, niemals aber schaden.

Dieses Verlangen nach Mitarbeit ist aber unser gutes Staatsbürgerrecht, das wir uns von niemandem schmälern oder nehmen lassen. Die ewig Gestrigen wollen nicht begreifen, dass sich die Zeiten gründlich geändert haben. Andere Zeiten bedingen aber auch eine andere Form der Interessenvertretung der Bauernschaft.

Mit der Gründung des Allg. Österr. Bauernverbandes haben wir aber den Weg beschritten, der gegangen werden muss, wenn die Bauernschaft im österr. Staatsleben zu jener Bedeutung kommen will, die sie in anderen Staaten schon längst hat.

Das wirtschaftliche Programm des Bauernverbandes

Der Bauernstand ist kein Berufsstand wie jeder andere, sondern die durch nichts zu ersetzende Lebensgrundlage eines Volkes. Diese naturgegebene Bedeutung der Landwirtschaft für die gesamte Volkswirtschaft ist in der Notwendigkeit der ausreichenden Versorgung unseres Landes mit selbsterzeugten Nahrungsmitteln begründet, sie verlangt es, dafür zu sorgen, dass unser Bauernstand zumindest in seiner heutigen Stärke erhalten und im Rahmen unserer Volkswirtschaft so gestellt wird, das seine Existenz gesichert und seine Leistungsfähigkeit bis an die Grenze des Möglichen gesteigert werden kann.

Die zur Sicherung und Weiterentwicklung unseres Bauernstandes bisher vom Staate in Anwendung gebrachten Maßnahmen haben sich als unzulänglich und wirkungsschwach erwiesen.

Daher ist eine gründliche Abkehr von den veralteten und unwirksam gewordenen Methoden und die Anwendung zeitgemäßer erprobter und besseren Erfolg verheißender Maßnahmen dringend nötig.

Solche Maßnahmen, deren eheste Durchführung im Interesse unseres Volkes und Staates notwendig ist, führen wir nachfolgend an.

Wenn der Bauernschaft und unserem Volke nicht ein unheilbarer Schaden erwachsen soll, ist zweifellos die vollständige Lösung der Frage der durchgreifenden und haltbaren Regelung von Preis und Absatz unserer Erzeugnisse am vordringlichsten.

Es gibt zwar heute noch manche Bauern, die meinen, dass alles in schönster Ordnung und ihre Existenz voll gesichert sei. Für einzelne Bauern mag das wohl zutreffen, die meisten aber, besonders die Gebirgsbauern und die kleinen und mittleren Bauern spüren aber schon, dass es rasch abwärts geht und bangen vor der Zukunft, denn sie leben bereits von der Substanz.

Am schlechtesten von allen sind unsere Gebirgsbauern dran. In ihre Höfe hat schon die Not ihren Einzug gehalten.

Die wirtschaftlich schwächeren Gebiete und Betriebe kommen eben zuerst dran. Es dauert aber gar nicht lange, so folgen dann auch die anderen.

Helfen kann da nur die Schaffung krisenfester Betriebe und ihre Sicherung durch den garantierten Absatz ihrer Produkte zu gerechten Preisen. Wir sehen darum in der Sicherung des Absatzes der landwirtschaftlichen Produkte zu gerechten Preisen die Grundlage einer gesunden Volkswirtschaft und der Existenzsicherung, sowie Aufwärtsentwicklung der österreichischen Landwirtschaft.

Aus dem Erlös der Erzeugnisse muss der Bauer nicht nur alles, was er zur ordnungsgemäßen Führung seiner Wirtschaft braucht bestreiten, sondern er muss damit auch für den Bedarf seiner Familie und der

Landarbeiter aufkommen und außerdem noch alle Kosten, die aus kulturellen und sozialen Anforderungen unserer Zeit erwachsen, tragen.

Wir sehen deshalb in der richtungweisenden, unermüdlichen Mitarbeit an der raschen und zufrieden stellenden Lösung dieser Frage eine unserer Hauptaufgaben, für deren restlose Erfüllung wir mit aller Kraft eintreten werden.

Dabei wollen wir jedoch nie außer acht lassen, dass die Gestaltung von Preis- und Absatz unserer Produkte, wenn die Regelung haltbar sein soll, stets im Einklang mit den Bedürfnissen und der Leistungsfähigkeit der Gesamtwirtschaft und der Konsumenten stehen muss.

Deshalb darf auch die Regelung nicht im Kampf gegen die Konsumenten, sondern in verständnisvoller Zusammenarbeit mit ihnen erfolgen.

Um eine, für beide Teile günstige Lösung herbeizuführen, wird sich wohl zwangsläufig die Notwendigkeit einer Verkürzung der Wege vom Erzeuger zum Verbraucher ergeben und sich deren baldige Herbeiführung im Interesse von Volk und Staat als notwendig erweisen. Aus demselben Grund wird eine Überprüfung und Herabsetzung der übermäßig hohen Großhandelsspannen unabweislich sein.

Die bisherigen Preisregelungen sind ein Schulbeispiel dafür, wie man die Sache nicht machen darf, wenn sie dauernden Erfolg haben soll. Auf diese Art und Weise kommen wir noch lange nicht zu einer haltbaren Regelung der Agrarpreisfrage.

Das heutige System der Agrarpreisbestimmung ist auf der Grundlage von Stützungen aufgebaut, die nichts anderes sind, als Subventionen, mit denen eine dauernde Bereinigung überhaupt unmöglich ist. Das Gebäude tragender Agrarpreise muss auf einem festeren Grund errichtet werden, Subventionen, gleichgültig, wem sie gegeben werden, gleichen dem Flugsand, auf dem man nicht bauen kann.

Sie verschleiern die tatsächlichen Verhältnisse und sind deshalb zur Herbeiführung einer brauchbaren Lösung ungeeignet. Wir müssen unseren Bauern aber endlich einmal eine sichere Produktionsgrundlage geben, weil sonst eine gleichmäßige landwirtschaftliche Produktionsleistung nicht möglich ist.

Diese kann aber nur dann erreicht werden, wenn der Bauer schon am Beginn des Erzeugungsprozesses weiß, dass er seine Erzeugnisse sicher und zu dem Preis absetzen kann, der ihm eine annehmbare Lebenshaltung und Sicherung der Betriebsführung garantiert.

Welchen Weg müssen wir gehen, um aus diesen Nöten herauszukommen?

Solche Wege gibt es mehrere und wir brauchen sie nicht einmal erst mühsam zu suchen, weil sie andere Staaten schon früher gefunden haben und gegangen sind. (Schweiz, Schweden, Vereinigte Staaten von Nordamerika (USA), England.).

Es ist daher nur mehr notwendig, die Agrarpreisregelungssysteme dieser Staaten hinsichtlich ihrer Anwendbarkeit auf unsere Verhältnisse zu prüfen und auszuwerten. Das kann nicht so schwer sein. Man braucht dazu nur den guten Willen und das hiefür nötige Verständnis aufzubringen. Aber gerade daran fehlt es.

Die Grundlage einer gesunden Agrarwirtschaft sind gerechte Preise. Gerechte Preise sind aber nicht nur kostendeckende Preise, von denen man so gerne spricht; denn der bloß die Unkosten deckende Preis bringt dem Bauern noch keinen Verdienst für die Arbeitsleistung, die doch jeder Beruf entschädigt wissen will.

Der Erlös des Bauern aus dem Verkauf seiner Produkte muss daher so sein, dass er damit nicht nur den Lebensunterhalt seiner Familie und die Betriebskosten decken, sowie seiner Abgabepflicht nachkommen kann, sondern es muss ihm auch die Möglichkeit gegeben werden, eine gewisse Reserve für Unglücksfälle, Missernten, Investitionen und die Weiterentwicklung seiner Wirtschaft zurücklegen zu können.

Es geben daher erst die Deckung der Unkosten und eine entsprechende Arbeitslohnung den gerechten Preis. Dies zu erreichen muss das unentwegte Ziel unserer Arbeit sein, denn die Einkommensverhältnisse in der Landwirtschaft müssen an die der anderen Berufsgruppen angeglichen werden. Wir werden nicht eher aufhören diese Forderung in aller Öffentlichkeit zu erheben, bis sie endlich erfüllt sein wird.

Um gerechte Preise zu erhalten, ist es notwendig, dass zuerst die Erzeugungskosten durch Kommissionen, in denen Vertreter der Verbraucher und der Bauernschaft sitzen, einwandfrei festgestellt werden.

Hierauf muss der Preis für die Agrarprodukte so festgesetzt werden, dass er mit den Preisen der industriellen Bedarfsartikel, die der Bauer kaufen muss, im richtigen Verhältnis steht (Die Preisrelation, die Preisparität).

Das heißt mit anderen Worten, der Bauer muss für den Erlös seiner Produkte, sagen wir z.B. für eine bestimmte Menge Weizen oder Vieh, auch immer dieselbe Menge an Düngemitteln, Schuhen, Kleidern. Maschinen usw. kaufen können. Das ist aber heute keineswegs der Fall, wie sich jeder davon überzeugen kann, wenn er den Bleistift in die Hand nimmt. Deshalb können wir uns auch mit den bisher erfolgten Regelungen nicht zufrieden geben.

Dass man die Frage der Preisgestaltung der landwirtschaftlichen Produkte zur Zufriedenheit der Erzeuger und Verbraucher lösen kann, zeigen uns Schweden und die U.S.A. besonders deutlich. Schweden gestaltet seine Agrarpolitik nach den Grundsätzen der Planung und Lenkung, greift nicht direkt in die landwirtschaftlichen Betriebe ein, garantiert aber den Bauern die Abnahme der mit ihnen vereinbarten Erzeugungsmenge und den ebenfalls vereinbarten Preis.

Besonders fällt dabei in die Waagschale, dass die schwedische Regierung die völlige Gleichstellung des landwirtschaftlichen Einkommens mit dem der übrigen Erwerbszweige anstrebt und auch erreicht.

Das sei besonders hervorgehoben, denn damit räumt sie endlich mit der schon zur Gewohnheit gewordenen Unterbewertung (die mit eine Ursache der Landflucht ist) der bäuerlichen Arbeit gründlich auf und koppelt das landwirtschaftliche Einkommen mit dem der anderen Berufe.

Sollte das bei uns wirklich nicht möglich sein? Gewiss ist es möglich! Man wird sich jedoch zur Anerkennung dieses Grundsatzes solange nicht durchringen, als sich die Bauern das Gegenteil ruhig gefallen lassen.

Nicht minder aufschlussreich ist das Beispiel, das uns die USA bietet. Der oberste Grundsatz der USA-Agrarpolitik lautet:

Die Landwirtschaft nimmt im Staate unter den Industrien die erste Stelle ein, weil die Vollbeschäftigung in der Industrie eine hohe Lebenshaltung der Farmer voraussetzt.

Dieser nur zu oft missachtete Grundsatz trifft den Nagel auf den Kopf, denn seine Missachtung legt nach und nach die gesamte Wirtschaft lahm. Obwohl man dies weiß, wird es bei uns trotzdem noch lange dauern, bis man sich auch bei uns darnach richten wird. Je länger dies aber dauert, desto größer wird auch der Schaden für das gesamte Volk sein.

Auch die U.S.A.-Regierung garantiert nicht nur den auf Grund der Preisparität im Einvernehmen mit den Farmern festgesetzten Preis, sondern verpflichtet sich auch gleichzeitig, ihnen ihre Produkte um diesen garantierten Preis abzunehmen, wenn sie diese um den festgesetzten Preis auf dem freien Markt nicht verkaufen können.

So schützen diese wohlhabenden Staaten ihre Bauern, obwohl diese auch dort nur einen Bruchteil der Gesamtbevölkerung ausmachen. Aus dem Gesagten ziehen wir daher den berechtigten Schluss: Es muss alles daran gesetzt werden zu erreichen, dass auch unsere Bauernschaft noch vor dem Anbau – bei Vieh in entsprechenden Zeiträumen voraus – der Absatz ihrer Produkte staatlich garantiert und hierfür ein gerechter Preis festgesetzt wird.

Nur dann, wenn dies geschieht, kann die Preis- und Absatzfrage gerecht und dauerhaft gelöst werden. Alles andere ist Stückwerk, das nur Schaden bringt.

Mit Rücksicht auf mögliche Störungen in der Zufuhr ist es dabei dringend notwendig, dass die heimische Landwirtschaft jederzeit soviel Nahrungsmittel erzeugt, dass die Bevölkerung auch in Notzeiten nicht Hunger leiden muss.

Die hiezu notwendige Menge der einzelnen Grundnahrungsmittel muss daher, gestützt auf einen sorgfältig geführten Bedarfs- und Produktionskataster, festgelegt und durch vernünftige Produktionsplanung und Lenkung gesichert werden.

Da die Landwirtschaft im Interesse unseres Volkes diese Pflicht auf sich nehmen muss, hat auch der Staat die Pflicht, diese Erzeugungsmenge hinsichtlich Absatz und Preis zu garantieren und kann erst darüber hinaus Einfuhren von Nahrungsmitteln aus dem Auslande tätigen.

Diese Ausnahmestellung, die übrigens auch schon von Natur aus gegeben ist, muss daher der Landwirtschaft im Interesse der Sicherung der Volksernährung unbedingt zugestanden werden.

Hierauf muss bei Behandlung aller Fragen der Festsetzung von Zöllen und den Ein- und Ausfuhrmengen Rücksicht genommen werden.

Insbesondere sind die Handelsvertragsverhandlungen mit anderen Staaten daher so zu führen, dass nach deren Abschluss der Bundesregierurig die Handelsfreiheit zur Sicherung des Absatzes und Preises nicht unterbunden wird.

Landwirtschaftsförderung- und Subventionswirtschaft

Die weitgehende Versorgung unseres Landes mit von der eigenen Landwirtschaft erzeugten Nahrungsmitteln ist bereits bis zu einem hohen Grad erreicht.

Trotzdem muss aber noch weiterhin die Intensivierung der rückständigen Betriebe, deren Zahl noch sehr groß ist, fortgesetzt werden, weil auch sie zur Erhaltung des Bauernstandes zu einer rationellen Betriebsweise und Qualitätserzeugung kommen müssen, da sie sonst zugrunde gehen würden.

Die heute schon in der Produktion hochstehenden Betriebe müssen auf der Hohe ihrer Leistung erhalten werden. Sollte bei ihnen noch eine Leistungssteigerung möglich sein, dann sind sie imstande, diese ohne fremde Hilfe aus eigener Kraft herbeizuführen.

Die rückständigen Betriebe jedoch – es sind dies nach einer Feststellung des Sektionschefs im Landwirtschaftsministerium Dr. Leopold 70 % unserer Betriebe –werden dazu aber kaum imstande sein und müssen deshalb raschest durch entsprechende Maßnahmen in ihrer Leistung gehoben werden. Die hierzu nötigen Maßnahmen durchzuführen, wäre aber Aufgabe der Landwirtschaftskammern. Leider muss aber festgestellt werden, dass die Landwirtschaftskammern in dieser Hinsicht ihre Aufgabe noch lange nicht erfüllen.

Noch immer fehlt die lebendige Bindung zwischen Bauernhof und Landwirtschaftskammer, die zu einer stark verbürokratisierten Einrichtung geworden ist.

Die Tätigkeit der Landwirtschaftskammern und leider auch der Bezirksbauernkammern, verliert sich in einem Wust von Verwaltungsarbeit und eine weitgehende Verpolitisierung macht ihr gedeihliches Arbeiten fast unmöglich. Wir sind nicht die einzigen, die dies erkannten und eine Änderung dieser unleidlichen Verhältnisse für unbedingt notwendig halten.

So konnte man z.B. seinerzeit in dem streng katholischen „Tiroler Volksbote", einer in ganz Österreich verbreiteten Zeitung, folgendes lesen: „Es scheint fast so, als ob die Kammer zum Tummelplatz verschiedener Partei- und Klasseninteressen geworden wäre. Die Gruppen, die den Ton der Kammer angeben, sind nicht mehr unabhängige Bauernorganisationen wie einst, sondern haben sich, zu mehr oder weniger, zu bauernpolitischen Parteien umgebildet.

Ihre Spitzenfunktionäre fühlen sich in erster Linie als Parteileute. Die Politik darf keineswegs in die Standesorganisationen der Bauern hineingetragen und dürfen pol. Gegensätze dort nicht ausgetragen werden. Zweck und Ziel dieser Einrichtungen dürfen nicht Parteizielen untergeordnet werden. Jeder Missbrauch führt dazu, dass selbst rein wirtschaftliche Fragen politisch aufgefasst und so gelöst werden, wie sie den einzelnen Parteien in ihr Ziel passen."

Da ist nichts hinzuzufügen. Es ist deutlich genug und beweist, dass da Wandel geschaffen werden muss.

Die Verpolitisierung der Geschäftsführung der Landwirtschaftskammern führt auch dazu, dass die Förderungsarbeit nicht vom Standpunkt der Notwendigkeit, sondern oft vom politischen Gesichtspunkt aus betrieben wird. Denken wir dabei nur an die Gewährung von Subventionen, die nicht selten zur Belohnung an brave Parteifreunde und nicht an viel bedürftigere Andersgesinnte gegeben wurden.

Auf die Art und Weise, wie diese Subventionen bisher an einzelne Personen gegeben wurden, wird nur Unzufriedenheit und Neid erzeugt, denn es gibt bei diesem System immer Bevorzugte und Benachteiligte, insbesonders dann, wenn die Parteipolitik mit im Spiele ist.

Wie oft erhielten solche zuerst die Zuschüsse, die vielleicht mit einiger Anstrengung in der Lage gewesen wären, die Investitionen aus eigenen Mitteln zur Gänze durchzuführen.

Jene aber, die dazu nicht imstande waren, und auf Beihilfen wirklich angewiesen sind, besonders die vielen Klein- und Bergbauern, konnten die restlichen Investitionskosten nur zu einem Teil oder gar nicht aufbringen und mussten deshalb auch auf die Beihilfen verzichten.

Staatliche Hilfe muss dort hinkommen, wo sie wirklich gebraucht wird und produktions- und qualitätssteigernd wirkt. Nur in ganz besonders gelagerten Fällen (z.B. um gefährdete Bergbauern auf ihrer Scholle zu erhalten und den Betrieb vor der Absiedlung zu bewahren) soll diese Hilfe ein Geschenk sein.

Jede staatliche Hilfe darf daher in der Regel nur als ein nach kürzerer oder längerer Frist zurückzahlbares, unverzinsliches oder nieder verzinsliches Darlehen gegeben werden. Dann kommt das geliehene Geld wieder zurück und kann nach und nach allen Bedürftigen zugute kommen.

Die Gewährung von produktionsfördernden Darlehen darf aber nicht von der Beibringung von Eigenmitteln abhängig gemacht werden, weil dann gerade die Bedürftigsten sich nicht darum bewerben können.

Außerdem müssen die Darlehen in einer solchen Höhe gegeben werden, dass die notwendigen Maßnahmen damit restlos durchgeführt werden können. Wo Barmittel vorhanden sind, müssen sie herangezogen werden, ihr Fehlen darf aber kein Ablehnungsgrund sein.

Landwirtschaftlicher Förderungs-, Kredit- und Siedlungsfonds

Zur Bereitstellung der für die Landwirtschaftsförderung und ähnliche Maßnahmen notwendigen Geldmittel soll ein Landwirtschaftlicher Förderungs-, Kredit- und Siedlungsfonds geschaffen werden.

In diesen Fonds sollen alle für die Landwirtschaft bestimmten Hilfsgelder, wie Anleihen usw. einfließen. Zur Erhaltung des Fonds soll außerdem diesem auch alljährlich ein bestimmter Teil der landwirtschaftlichen Steuergelder und der Zolleinnahmen aus der Nahrungsmitteleinfuhr solcher Waren, die wir selbst erzeugen, zugewendet werden.

Außerdem könnte, wenn nötig, die Landwirtschaft selbst einen Teil der Kreditdeckung durch Haftung übernehmen. Letztere Deckung könnte zur Ausgabe von verzinslichen, mündelsicheren und verlosbaren Pfandbriefen verwendet werden. Diese Papiere würden auch eine sichere Kapitalsanlage darstellen.

Der Landwirtschaftliche Förderungs-, Kredit- und Siedlungsfonds müsste unter der Verwaltung von Vertretern der Landwirtschaft und Bankfachleuten stehen und durch den Obersten Rechnungshof kontrolliert werden. Das Ergebnis dieser Prüfung wäre zu veröffentlichen.

Aus diesem Fonds sollen alle vorübergehend notwendigen Stützungen zur Erhaltung des Preisgefüges, sowie auch Bar- und Betriebsmittelkredite an die Bauernschaft gegeben werden, und zwar Langfristige Kredite als Amortisationskredite mit geringer Verzinsung oder zinsenlos auf die Dauer von mindestens 25 Jahren für Urbarmachung und Verbesserung von Land, Grundzusammenlegungen, Elektrifizierungen und Neubauten.

Mittelfristige Kredite auf die Dauer von 10-15 Jahren unter den gleichen Bedingungen für Umbauten an Wohngebäuden, Landarbeiterhäusern und Wirtschaftsgebäuden, Technisierung von Klein- und Mittelbetrieben, sowie hauswirtschaftlichen Einrichtungen.

Kurzfristige Kredite auf die Dauer von 6 Jahren zur Errichtung, bzw. Verbesserung von Betriebsanlagen, wie Düngerstätten, Silobauten, Stalltechnisierungen u. dgl. und auf die Dauer von 3 Jahren als Kredite für kleinere landw. Maschinen und Geräte und zur Vervollkommnung technischer Einrichtungen im Hause und in der Wirtschaft, soweit sie nicht unter die bereits aufgezählten Maßnahmen fallen.

Außerdem sollen noch Betriebsmittelkredite in der Dauer von 3-12 Monaten zum Ankauf von Düngemittel usw. gegen einen sehr mäßigen Zinsfuß gegeben werden.

Hierzu wäre noch zu sagen, dass die großen Bodenverbesserungen, wie Entsteinung und Großdrainagen durch den Staat vorgenommen werden sollen. Je größer das Unternehmen, desto billiger kommt die Arbeit zu stehen. Die Kostendeckung kann aus dem oben genannten Fonds erfolgen und soll in jedem Fall untersucht werden, welchen tragbaren Kostenanteil die einzelnen Betriebe übernehmen können.

Die Technisierung besonders der Klein- und Bergbauernbetriebe durch genormte und unter Prüfungszwang ausgewählte Maschinen, sowie die Elektrifizierung und bauliche Modernisierung unserer Bauernhöfe ist eine Zeitnotwendigkeit. Die hierzu nötigen Mittel hat oben genannter Fonds beizustellen.

Die Technisierung setzt aber auch eine vernünftige und rasch durchführbare Grundzusammenlegung voraus, die ebenfalls von Staats wegen aus einzuleiten wäre. Die notwendigen Mittel sind dem Förderungsfonds zu entnehmen.

Da die Kleinbetriebe aus sich heraus und wegen des unrentablen Einsatzes nicht einzeln mechanisiert werden können, muss der gemeinsame Maschineneinsatz gefördert werden.

Maschinengemeinschaften können da wertvolle Dienste leisten und sind auch nicht grundsätzlich abzulehnen, wenn sie von Gemeinden oder sonstigen Körperschaften finanziert werden.

Ansonsten hat die Gelder hierzu der landwirtschaftliche Förderungs-, Kredit- und Siedlungsfonds beizustellen, jedoch nur für nicht auf Gewinn arbeitende Unternehmen.

Landwirtschaftliches Schulwesen

Jeder landwirtschaftliche Fortschritt hängt aber von dem Stand der Berufsausbildung der Bauern und Landarbeiter ab.

Wir stehen daher auf dem Standpunkt, dass die fachliche Ausbildung der Landjugend in den Wintermonaten, durch einige Jahre hindurch, verpflichtend von dazu eigens ausgebildeten landwirtschaftlichen Fachlehrern nicht außerhalb, sondern in den Gemeinden selbst zu erfolgen hat.

Diese Fachlehrer könnten dann auch gleichzeitig den landwirtschaftlichen Förderungsdienst in ihrem Gebiet durchführen und mit den Landwirtschaftslehrlingen auch im Sommer die mit dem Fortbildungsunterricht zusammenhängenden praktischen Arbeiten, wie Versuchsanlegung, Flurbegehung usw. ebenfalls leiten. (Dorfkonsulent).

Wir glauben, dass wir endlich einmal auch für die Landjugend eine gleichwertige Berufsausbildung brauchen, umso mehr, als der Erfolg ja auch dem ganzen Volke Nutzen bringt. Die Geldfrage allein darf dabei keine Rolle spielen, denn Geldmittel sind bei uns auch für weniger wichtige Zwecke immer da.

Maßnahmen zur Sicherung und Vermehrung der Bauernwirtschaften

Dem bäuerlichen Familienbetrieb gehört die Zukunft. Sicherung der bestehenden und Förderung der Neubildung solcher, ist höchstes Gebot der Zeit. Die bestehenden Bauernwirtschaften müssen daher in Hinkunft nicht nur vor Zersplitterung und Abstiftung gesichert sein, sondern es muss auch die Möglichkeit zu deren Arrondierung und Vergrößerung geschaffen werden. Grund und Boden darf nicht zu Spekulationszwecken und zur Kapitalsanlage aus Bauernhänden in den Besitz von Berufsfremden und Ausländern übergehen.

Die Erb-, Übergabs- und Grunderwerbsgebühren und Steuern, die von den bäuerlichen Übernehmern gezahlt werden müssen, gleichen dem mittelalterlichen Kopfgeld, gegen das sich die Bauern schon damals in blutigen Kämpfen zur Wehr setzten.

Diese Gebühren und Steuern sind nichts anderes als das modernisierte Kopfgeld. Die Wirkung ist die gleiche: „Not in vielen Bauernhäusern – besonders im Bergland – gleich von Anfang an!"

Die Übergabe des Bauernhofes muss daher an den Erben oder Übernehmer frei erfolgen, weil sonst die Hofübernahmen, ob nach Todesfall mit Arzt- und Begräbniskosten oder Übergabe mit Abfindung von Geschwistern und Auszugskosten, sowie die meist notwendigen, kostenverursachenden Umstellungen in der Wirtschaft, zur Hauptursache der Notlage unserer Landwirtschaft werden, ja bei raschem Besitzwechsel sogar zur Auflösung des Hofbesitzes führen können.

Hilfsmaßnahmen zur Sicherung der Altbauernversorgung

Das Bestreben des Altbauern, seinen Hof möglichst lange selbst zu verwalten, ist vielfach darauf zurückzuführen, dass die Rechte des Auszüglers oft von den Nachfolgern missachtet werden und nur durch langwierige, teure Prozesse gewahrt werden können.

Zur Sicherung der Altersversorgung muss daher die vereinbarte Auszugsleistung durch gesetzliche Bestimmungen geregelt und garantiert werden und auf einfachem Wege rasch zu betreiben sein, wenn sie vertragswidrig vorenthalten wird. Die Versorgung der Altbauersleute mit den zur Lebenshaltung notwendigen Barmitteln stößt häufig auf Schwierigkeiten und führt zu Zerwürfnissen.

Die hierzu nötigen Geldmittel sollen daher wahlweise durch eine Altersrente im Wege der allgemeinen Sozialversicherung durch standeseigene bäuerliche oder private Versicherungsgesellschaften unter Staatsaufsicht sichergestellt werden.

Durch Förderung des Baues von Altenteilwohnungen muss auch die Möglichkeit geschaffen werden, dass die Familie und der Haushalt des Bauern von dem der Artbauersleute räumlich getrennt werden kann, was grundsätzlich geschehen sollte.

Weiters ist es unerlässlich, dass die künftigen Hoferben oder Übernehmer eine gründliche Berufsausbildung erhalten, damit der Altbauer seinen Hof unbesorgt rechtzeitig der jüngeren Führung anvertrauen kann.

Besondere Schutzmaßnahmen für die durch Lage und Klima gefährdeten Bauernbetriebe

In exponierten Lagen unseres Berglandes wirtschaftet in ungünstigen Verhältnissen eine große Anzahl von Bauern unter so schwierigen Bedingungen, dass sie in ihrer Existenz ständig bedroht sind.

Viele Bauern solcher Gebiete mussten – weil die nötigen staatlichen Schutzmaßnahmen fehlten – schon ihre väterliche Scholle aufgeben und abwandern.
In den Alpenländern haben nach vorsichtiger Schätzung in der Zeit zwischen 1860 und 1940 bereits 35.000 Bauernbetriebe ihre Selbstständigkeit verloren.

Dieses Massensterben der Bauernhöfe unserer Berggebiete ist eine Folge der zeitbedingten großen wirtschaftlichen Umwälzung, die nach 1860 begann. (Industrialisierung und erste Liberalisierung).

Dieser Prozess des Niederganges unserer Landwirtschaft im Bergland steht aber noch keineswegs still, weshalb ein rasches und wirksames Eingreifen durch den Staat notwendig ist.

Staatliche Hilfsmaßnahmen sind in diesem Falle nicht nur gerechtfertigt, sondern auch eine Volksnotwendigkeit.

Abgesehen davon, dass die Bauern unserer Berggebiete eine volkserhaltende Kraftquelle sind, können wir auch weiterhin nicht auf ihre noch steigerungsfähige Produktionskraft verzichten.

Es muss daher alles daran gesetzt werden, um nicht nur den drohenden Verfall aufzuhalten, sondern es müssen auch alle geeigneten Mittel angewendet werden, um die heute um ihre Existenz kämpfenden Betriebe so zu festigen, dass auch sie den Konkurrenzkampf bestehen können, schon deshalb, weil die Städte und Industrieorte die Masse der Abwanderungen nicht aufnehmen und in den Arbeitsprozess eingliedern könnten.

Es müssen daher alle zur Sicherung der Existenz und Hebung der Erzeugungsfähigkeit notwendigen Maßnahmen weitgehendst und raschestens durchgeführt werden.

Die endgültige Lösung der Frage der Besitzfestigung und Modernisierung der Berglandsbetriebe ist keine Wohlfahrtsangelegenheit, sondern ein Akt der Selbsterhaltung.

Diese Frage geht das ganze Volk an, für deren günstige Lösung wir zu allen Opfern bereits sein müssen. In derselben gefährdeten Lage befinden sich auch die Kleinbetriebe. Die laufende Liberalisierung verschärft den Gefahrenzustand.

Waldwirtschaft und Servitutsrecht

Der bäuerliche Wald ist eine der größten Stützen der Bergbauernbetriebe. Die Holzwirtschaft muss daher in allen ihren Zweigen nachdrücklichst gefördert werden, wobei der Erhaltung und Verbesserung der bäuerlichen Waldwirtschaft ein besonderes Augenmerk zuzuwenden ist.

Die Aufschließung des bäuerlichen Waldes durch Weganlagen, Gemeinschaftsförderbahnen, Maschinenbeistellung u. dgl. gehört zu den wichtigsten Maßnahmen, die mit aller Entschiedenheit vorangetrieben werden müssen. Die hierzu nötigen Geldmittel sind dem Landwirtschaftlichen Förderungs-, Kredit- und Siedlungsfonds zu entnehmen.

Förderung des Obst- und Weinbaues

Außer der Sicherung des Absatzes und des Preises verlangt unser Obstbau eine besondere Förderung; denn in Österreich gibt es klimatisch so günstig gelegene Gebiete, dass dort Obst von so hervorragender Qualität gedeiht, wie kaum noch irgendwo in Europa.

Die nachhaltigste Förderung des Edelobstbaus zur Erzeugung exportfähiger Ware muss daher den staatlichen Organen zur besonderen Pflicht gemacht werden.

Die Sicherung und Erweiterung unseres Edelobstbaues verlangt intensive Schädlingsbekämpfung, gut überlegte Sortenwahl und sorgfältige Baumpflege durch geschulte Kräfte. Die Beistellung ausreichender Mittel ist daher notwendig und wird sich lohnen.

Ganz ungenügend sind die heute vorhandenen Vorkehrungen zur Erfassung und Verwertung überdurchschnittlicher Obsternten. Abgesehen davon, dass in solchen Jahren für die Ausfuhr selbstverständlich zeitgerecht vorzusorgen ist, muss auch der weiteren Errichtung und Ausgestaltung von genossenschaftlichen Obstverwertungsanlagen mehr Augenmerk zugewendet werden, wozu die nötigen „Mittel als Darlehen aus dem Landwirtschaftlichen Förderungs-, Kredit- und Siedlungsfonds" zur Verfügung zu stellen sind.

Weinbau. Die schon vorausgehend angeführten Maßnahmen zur Sicherung des Absatzes und Preises sind naturgemäß auch für die Erzeugnisse des Weinbaues anzuwenden. Die Steuerlast und die zu hohen Produktionskosten verteuern heute den Wein nicht nur für den Inlandskonsum zu sehr, sondern behindern auch die Ausfuhr.

Österreichische Weine, frachtfrei zur deutschen Grenze gestellt, kommen teurer zu stehen, als Wein gleicher Qualität aus Frankreich, Italien und Ungarn.

Die Überprüfung der auf dem Wein lastenden Steuern mit dem Ziele der möglichsten Herabsetzung und die eheste Durchführung aller zur Senkung der Produktionskosten brauchbaren Maßnahmen erscheint daher dringend.

Die den gesamten Weinbau betreffenden Fragen müssen bundesgesetzlich einheitlich geregelt sein. Das Gesetz vom Juli 1952 entspricht aber in dieser Hinsicht noch nicht und gehört deshalb ergänzt.

Die Absatzpropaganda für österr. Weine muss sowohl im Inland, als auch im Ausland großzügiger gestaltet werden. Besondere Landesinteressen dürfen dabei nicht einengend wirken.

Um die Erzeugung von Qualitätsweinen und deren Absatz zu fördern, sowie um die Vorratshaltung in guten Weinjahren zu erleichtern, muss die Errichtung von örtlichen Winzergenossenschaften stärker unterstützt und vorangetrieben werden.

Erfordernisse der bäuerlichen Hauswirtschaft zur Entlastung der Bäuerin

Die Bäuerin ist heute in der großen Mehrheit der Betriebe eines der geplagtesten Wesen in unserem Staate.

Es liegt daher im hohen Interesse der landwirtschaftlichen Produktion, dass im Zuge der landwirtschaftlichen Förderungsmaßnahmen der Modernisierung der bäuerlichen Hauswirtschaft besonderes Augenmerk zugewendet wird und hierzu die nötigen Mittel beigestellt werden.

In sozialer Hinsicht muss die Bäuerin hinsichtlich Geburt, Krankheit usw. mindestens der Landarbeiterin gleichgestellt werden.

Zur Entlastung der Bäuerin und zur Ermöglichung der Durchführung der sozialen Fürsorge sind Gruppen von Hauswirtschaftshelferinnen aufzustellen, die besonders in schweren Notfällen, Krankheit, Entbindung usw. den Bäuerinnen helfend eingreifen können.

Die Landarbeiterfrage

Der Landarbeiter strebt die Gleichstellung mit dem Industriearbeiter an. Wir Bauern sind die letzten, die unseren Mitarbeitern nicht das gönnen wollen, was ihnen gebührt.

Was über unsere Kraft geht, das können wir aber einfach nicht leisten. Um die gerechten Forderungen der Landarbeiter erfüllen zu können, müssen wir zuerst das dazu nötige Geld für das von uns Erzeugte in dem notwendigen Maße einnehmen.

Darum hängt auch die glückliche Lösung aller Fragen der Landarbeiterschaft mit der endgültigen und gerechten Regelung des Absatzes und Preises der landwirtschaftlichen Produkte untrennbar zusammen. Erfolgt diese nicht rechtzeitig, dann zieht dies den unaufhaltsamen Niedergang der Landarbeiterschaft nach sich, denn die Hauptursache der immer weiter zunehmenden Abwanderung vom Lande liegt eindeutig in der geistigen und arbeitsmäßigen Unterbewertung der Landarbeit, die sich in den unzulänglichen Preisen der Agrarprodukte am deutlichsten offenbart.

Nur bei gerechten Agrarpreisen und bei voller Anerkennung der Notwendigkeit der Gleichbewertung der Landarbeit mit der Arbeit der anderen Berufe können wir auch dem Landarbeiter nicht nur eine bessere Lebenshaltung, sondern auch eine angemessene Stellung in der menschlichen Gesellschaft bieten.

Das landwirtschaftliche Genossenschaftswesen

Die Genossenschaften waren einmal das Rückgrat der bäuerlichen Wirtschaft und müssen es auch wieder werden, sonst sind sie überflüssig.

Sie sind von dem Ideal, dass sich Raiffeisen einmal vorgestellt hat, weit entfernt. Darum zurück zu Raiffeisen.

Eine eheste und gründliche Neufassung der bestehenden Genossenschaftsgesetze ist dazu dringend nötig.

Was aber den Niedergang besonders kennzeichnet, ist die fortschreitende Verpolitisierung, die sich auf diesem Gebiet ganz besonders schlecht auswirkt.

Im Wirtschaftsleben darf nicht die politische Einstellung des einzelnen entscheiden. Hier ist lediglich die Fähigkeit rasch und richtig zu handeln notwendig. Deshalb dürfen die Genossenschaftsfunktionäre auch nicht unter parteipolitischem Einfluss stehen.

Genossenschaftsfunktionäre, die als Parteipolitiker unter dem Druck der Partei stehen, werden in erster Linie das Interesse ihrer Partei, nicht aber das der Genossenschaft vertreten.

Ein besonderer Unfug ist es, wenn solche Parteistützen, vorn Minister bis zum Landesrat und Landtagsabgeordneten, zur Sicherung der Machtbestrebungen ihrer Partei, gleich in eine Reihe von Genossenschaftsleitungen gewählt werden, als ob es im ganzen Land keine anderen fähigen Männer gäbe. Mit diesen Missständen muss radikal aufgeräumt werden.

Erfordernisse der Technisierung der Landwirtschaft

Die Zukunft unserer Landwirtschaft liegt in der Erreichung und Erhaltung der vollen Leistungsfähigkeit.

Diese ist aber nur durch weitgehendste Technisierung möglich. Die Industrie bringt heute eine Unmenge neuer brauchbarer und weniger brauchbarer Maschinen auf den Markt. Viele dieser Maschinen und Geräte können aber in gewissen Gebieten nicht mit Vorteil eingesetzt werden. Sie werden aber dennoch gekauft, weil keine für diese Gebiete passenderen zu haben sind. Daraus erwächst der Bauernschaft nicht nur oft großer Schaden, sondern es wird damit auch das rasche Fortschreiten der Technisierung behindert.

Es müssen daher gesetzliche Bestimmungen erlassen werden, mit denen für die Erzeugung eine bestimmte Norm und für den Verkauf der Prüfungszwang festgelegt werden.

Reform der landwirtschaftlichen Berufsvertretung

Vergleicht man heute den Einfluss der Arbeiterkammern, vor allem auch der Handelskammern und der Bundeswirtschaftskammer, mit dem Einfluss, den die Landwirtschaftskammern und die sogenannte Präsidentenkonferenz im öffentlichen Leben besitzen, so muss man sagen, dass dieser ganz unzureichend ist.

Wir sind daher der Meinung, dass die Landwirtschaftskammern reformiert werden müssen, und dass an Stelle der Präsidentenkonferenz die Bundeslandwirtschaftskammer treten soll, deren Mitglieder aus der Mitte der Vollversammlung der Landeslandwirtschaftskammern zu wählen sind und in der die Kammerpräsidenten kraft ihres Amtes Sitz und Stimme haben sollen.

* * *

Dieses Arbeitsprogramm mit seinen wohldurchdachten Vorschlägen haben wir von der Voraussetzung ausgehend erstellt, das eine leistungsfähige Landwirtschaft und ein gesundes, in seiner Lebenshaltung gesichertes, starkes Bauerntum die Grundlage jedes geordneten Staatswesens sind. Diese vom rein sachlichen Standpunkt aus gemachten Vorschläge, stellen ein wirtschaftliches Arbeitsprogramm dar, das auf Jahre hinaus richtunggebend für die Festigung unserer Landwirtschaft und damit der Gesamtwirtschaft Österreichs dienen kann und wird.

Wir hoffen, dass Euch unsere Ausführungen davon überzeugt haben, das wir das Rechte wollen und nur zum Nutzen unserer Bauernschaft arbeiten möchten.

Ebenso glauben wir, Euch davon überzeugt zu haben, dass wir auf dem bisherigen Weg nicht weiterkommen.

Die große Masse unserer Bauernschaft ist gegenüber den parteipolitischen Organisationen mit größtem Misstrauen erfüllt. Die Gründe dafür sind mannigfaltig. Einige davon haben wir aufgezeigt.

Ohne Vertrauen gibt es aber auch keine gedeihliche Zusammenarbeit. Das Vertrauen kann aber erst dann wieder hergestellt werden, wenn es gelingt, die Bauernschaft in einer überparteilichen, großen Gesamtorganisation zusammenzufassen, die frei von jeder Parteipolitik in der Gesamtwirtschaft erst wirklich erfolgreich mitarbeiten können wird.

Darum wollen wir uns auch im „Allgemeinen Österreichischen Bauernverband" von jeder Parteipolitik freihalten. In unseren Reihen haben alle Platz. Helft mit, unsere Organisation auszubauen und sie zu einem achtunggebietenden Faktor im österr. Wirtschaftsleben zu machen.

Ihr nützt dadurch Euch selbst, Euren Kindern und schließlich auch unserem ganzen Volk.

Wir verlangen nicht Ungebührliches, nur unser gutes Recht, das wir auch keinem anderen schaffenden Menschen verkürzen wollen.

Deshalb dürfen wir auch für uns das verlangen, was uns auf Grund unserer Bedeutung zusteht.

In engster Gemeinschaft und Zusammenarbeit wollen wir uns im Staate jene Bedeutung erringen, die dem Bauernstand zukommen muss, wenn Volk und Staat bestehen sollen.

Tretet daher dem Bauernverband bei und helft uns beim Ausbau! Dann werden wir in absehbarer Zeit das Ziel erreichen, das wir uns gesteckt haben:

Die Sicherung der Zukunft und einer angemessenen Lebenshaltung für uns und unsere Nachkommen.

Die Hauptverbandsleitung des Allg. Österr. Bauernverbandes
Dezember 1954

Literaturverzeichnis

Ackerl, Isabella / Neck, Rudolf (Hg.): Die Protokolle des Ministerrates der Ersten Republik, Abt. VI/ Bd.1: Die Ministerien Streeruwitz und Schober, bearb. v. Eszter Brader-Dorner (Wien 1988)

Agrarbilanzen 1970 bis 1988 (Minister Weihs, Haiden, Riegler), verschiedene Jahrgänge, Sonderausgaben der Zeitschrift „Förderungsdienst"

Allgemeiner Österreichischer Bauernverband (Hg.): Agrarwirtschaftliches Aktionsprogramm (Linz 1960)

Allgemeiner Österreichischer Bauernverband (Hg.): Das Agrarprogramm des Allgemeinen Österreichischen Bauernverbandes (Linz 1952)

Allgemeiner Österreichischer Bauernverband (Hg.): Mitteilungen der Hauptverbandsleitung (Linz 1953–1960)

Allgemeiner Österreichischer Bauernverband (Hg.): Unsere programmatische Zielsetzung (Linz 1954)

Bockhorn, Olaf / Grau, Ingeborg / Schicho, Walter (Hg.): Wie aus Bauern Arbeiter wurden. Wiederkehrende Prozesse des gesellschaftlichen Wandels im Norden und im Süden einer Welt (Frankfurt 1998)

Bové, José / Dufour, Francois: Die Welt ist keine Ware. Bauern gegen Agrarmultis (Zürich 2001)

Brandstätter, Ernst: Die Bauern im Spannungsfeld der Industriegesellschaft. Perspektiven, Leitlinien, Konzepte (Wien 1980)

Brunner, Karl / Winiwarter, Verena (Hg.): Bauern. Aufbruch und Zukunft der Landwirtschaft (Wien 1992)

Brüders, Walter: Der Weinskandal: Das Ende einer unseligen Wirtschaftsentwicklung (Linz 1999)

Bundesministerium für Land- und Forstwirtschaft: Festschrift 100 Jahre (Wien 1968)

Bundesministerium für Land- und Forstwirtschaft: Der Grüne Bericht 2007 gem. § 9 des Landwirtschaftsgesetzes BGBl. Nr. 375/1992 (Wien 2007)

Burkert-Dottolo, Günther F.: Das Land geprägt. Die Geschichte der steirischen Bauern und ihrer politischen Vertretung (Graz 1999)

Daghofer, Günther: Das Salzburger Bauerndrama; in: Salzburger Geschichte und Politik, Heft 3/4, 2006

Demuth, Christine / Kraus, Therese: Bauern im Aufbruch. Gegenwart und Geschichte des Niederösterreichischen Bauernbundes (St. Pölten 1996)

Dietsch, Werner: Machen uns die Bauern krank? Die grüne Zeitbombe (Rastatt 1986)

Dr.-Hans-Lechner-Forschungsgesellschaft (Hg.): Salzburg. Geschichte & Politik, in: Mitteilungen der Dr.-Hans-Lechner-Forschungsgesellschaft, 16. Jg. (2006), Nr. 3/4

Erker, Konrad: Von Maria Theresia zur EU. Geschichte und Wirken der landwirtschaftlichen Berufskörperschaft Kärntens im Spiegel der eigenen Presse (Klagenfurt 2003)

Ertl, Lilly (Hg.): Kärntner Denkmal für Bauernbefreier. Der Bauernbefreier Hans Kudlich (o.O. 2000)

Ertl, Lilly: Streifzug durch 30 Jahre Schwarzbunt-Holstein-Friesian-Zucht in Kärnten. Dokumentation einer Bewährung (Weißenstein 1996)

Ertl, Lilly: Streifzug durch 40 Jahre Schwarzbunt-Holstein-Friesian-Zucht in Kärnten. Dokumentation einer Bewährung Band II (Weißenstein 2005)

Fellinger, Karin: Der Landbund in Oberösterreich (Diss. Salzburg 1989)

Fischer, Kerstin: „Da depate Baua!?" Das Bildungsbewußtsein von Bauern und Bäuerinnen im Zusammenhang mit dem Klischee der dummen Bauern (Diplomarbeit Wien 2002)

Födermayr, Florian: Vom Pflug ins Parlament. Lebenserinnerungen eines oberösterreichischen Bauern (Braunau 1954)

Freiheitliches Bildungswerk (Hg.): Festschrift zum 160. Geburtstag von Hans Kudlich. Von der Bauernbefreiung zu einem neuen Agrargenossenschaftswesen (Beiträge zur Geschichte des Freiheitlichen Lagers IV, Wien 1983)

Geschichte der österreichischen Land- und Forstwirtschaft, 2 Bände, hg. v. Verein für Agrargeschichte (Wien 2002/2003)

Girtler, Roland: Echte Bauern. Der Zauber einer alten Kultur (Wien 2002)

Kasimir Greiler: Acht Bauern und eine Bäuerin ... Kärntner Bauernkampf, Juli 1976. Bericht eines Teilnehmers (Friesach 1976)

Haas, Alexander: Die vergessene Bauernpartei. Der Steirische Landbund und sein Einfluss auf die österreichische Politik 1918-1934 (Graz 2000)

Hänisch, Dirk: Die österreichischen NSDAP-Wähler. Eine empirische Analyse ihrer politischen Herkunft und ihres Sozialprofils (Wien 1998).

Heidrich, Charlotte: Burgenländische Politik vom Zerfall der Habsburgermonarchie bis zum Beginn des autoritären Regimes,1918–1933 (Wien 1982)

Heilingsetzer, Georg: Der oberösterreichische Bauernkrieg 1626. Militärhistorische Schriftenreihe (Wien 1976)

Hirschmann, Johannes SJ (Hg.): Mater et Magistra (Paderborn 1963)

Holzer, Sepp: Der Agrarrebell (Graz 2002)

Höbelt, Lothar: Kornblume und Kaiseradler. Die deutschfreiheitlichen Parteien Altösterreichs 1882–1918 (Wien 1993)

Höbelt, Lothar: Von der vierten Partei zur dritten Kraft. Die Geschichte des VdU (Graz 1999)

Kärntner Holstein-Verband (Hg.): Kärntner Denkmal für Bauernbefreier (Uggowitz 2000)

Klaus, Josef: Macht und Ohnmacht in Österreich. Konfrontationen und Versuche (Wien 1971)

Kluge, Ulrich: Studien zu Agrarkrise und -gesellschaft der Republik Österreich (Wiesbaden 1988)

Koller, Werner: Bauern auf dem Schachbrett der Weltpolitik. Wege politischer Selbstbehauptung von Kleinstaaten (Zürich 1998)

Kracik, Jörg: Die Politik des deutschen Aktivismus in der Tschechoslowakei 1920-1938 (Frankfurt/M. 1999)

Krammer, Josef: Analyse einer Ausbeutung I. Geschichte der Bauern in Oberösterreich (Wien 1976)

Krammer, Josef: Zur Entwicklung der Landwirtschaft und zum politischen Bewußtsein der Bauern in Österreich (Dissertation Wien 1976)

Krammer, Josef / Scheer, Günter: Das österreichische Agrarsystem (Wien 1978)

Kraus, Therese: Bauern. Niederösterreichs Bauern in der Standes-, Landes- und Staatsgeschichte der letzten hundert Jahre (Wien 1981)

Kraus, Therese: Bauern zwischen gestern und morgen. Österreichs Land- und Forstwirtschaft in ökonomischer und soziologischer Sicht (Wien 1958)

Kriechbaumer, Robert (Hg.): Die Ära Josef Klaus. Österreich in den „kurzen" sechziger Jahren (Wien 1999)

Kröger, Melanie: Die Modernisierung der Landwirtschaft. Eine vergleichende Untersuchung der Agrarpolitik in Deutschland und Österreich seit 1945 (Berlin 2006)

Krohn, Heinz: Jagt ihn – Ein Bauer! Wetterzone Agrarpolitik (Hannover 1965)

Lampert, Werner: Schmeckt's noch? Was wir wirklich essen (Salzburg 2005)

Linz, Norbert: Der Bund der Landwirte in der Ersten Tschechoslowakischen Republik (München 1982)

Land Oberösterreich (Hg.): Bauernkalender. Bauern. Unser Leben – unsere Zukunft. Oberösterreichische Landesausstellung 1992, Stift Schlägl (Wien 1992)

Landwirtschaftskammer Österreich (Hg.): Agrarpolitik 2004/05. Leistungen und Forderung der Bauernvertretung (Wien 2005)

Mattl, Siegfried: Agrarstruktur, Bauernbewegung und Agrarpolitik in Österreich 1919-1929 (Wien 1981)

Peter, Christoph: Ländlicher Raum und Bauernleben im Wandel. Eine Analyse der Situation der österreichischen Bauern am Ende des 20. Jahrhunderts mit der Untersuchung von landwirtschaftlichen Betrieben in der Marktgemeinde Absdorf in Niederösterreich (Diplomarbeit Wien 1998)

Pisa, Karl: Besser leben ohne Bauern? (Wien 1964)

Poschacher, Gerhard: Österreichische Agrarpolitik im Wandel – von der Sichel zum Mähdrescher, Eckartschrift 168 (Wien 2003)

Poschacher, Gerhard: Was blieb von der SPÖ-Agrarpolitik?, in: Agrarische Rundschau Heft 7/1992

Präsidentenkonferenz der Landwirtschaftskammern Österreichs: Zahlen aus Österreichs Land- und Forstwirtschaft 1971 (Wien 1972)

Reif, Johann: Zwischen Standespartei und Volkspartei. Die Geschichte des Kärntner Landbundes und Bauernbundes von 1886 bis 1934 (Diss. Klagenfurt 1989)

Riegler, Josef / Popp, Hans W. / Hermann Kroll-Schlüter (Hg.): Aufstand oder Aufbruch? Wohin gehen Europas Bauern? (Graz 1996)

Riegler, Josef / Popp, Hans W. / Hermann Kroll-Schlüter (Hg.): Die Bauern nicht dem Weltmarkt opfern (Graz 1999)

Riepl, Hermann F.: Die propagandistische Tätigkeit des Bauernorganisators Josef Steininger (Diss. Wien 1962)

Rosner, Willibald / Motz-Linhart, Reinelde (Hg.): Niederösterreich 1918 bis 1922. Studien und Forschungen aus dem niederösterreichischen Institut für Landeskunde 39 (St. Pölten 2007)

Rösener, Werner: Die Bauern in der europäischen Geschichte (München 1993)

Schiff, Herbert / Bochsbichler, Karl: Die Bergbauern (Wien 1978)

Schumy, Vinzenz: Drei Jahrzehnte österreichischer Agrarpolitik (Wien 1951)

Sedlacek, Nadja: Eine Geschichte des Landbundes mit besonderer Berücksichtigung der Landesorganisation Niederösterreich (Diplomarbeit Wien 1996)

Sobieraj, Silke: Die nationale Politik des Bundes der Landwirte in der ersten tschechoslowakischen Republik (Frankfurt/M. 2002)

Standl, Josef A.: … gib uns heute unser täglich Brot. Bauern in Salzburg (Salzburg 1998)

Steger, Gerhard (Hg.): Bauernopfer? Die Auswirkungen eines EG-Beitrittes auf die österreichische Landwirtschaft (Wien 1989)

Steger, Gerhard: Grünbuch. Krise und Perspektiven der österreichischen Landwirtschaft (Wien 1988)

Vetter, Heinz: Umwelt und Nahrungsqualität. Belasten die Bauern unsere Umwelt? Vergiften sie unsere Nahrung? (München 1980)

Weinmann-Steinweis, Beatrice: Josef Klaus. ÖVP-Reformer und Bundeskanzler (zum 85. Geburtstag des letzten ÖVP-Kanzlers) (Dissertation Wien 1995)

Zwink, Eberhard (Hg.): Die Ära Lechner. Das Land Salzburg in den sechziger und siebziger Jahren (Salzburg 1988)

Abkürzungen

AIK	Agrarinvestitionskredit
AMA	Agrar Markt Austria
AÖBV	Allgemeiner österreichischer Bauernverband
ATS	Internationales Kürzel für Österreichische Schillinge
AZ	Arbeiterzeitung
BB	Bauernbund
BIV	Bäuerliche Informationsgemeinschaft
BZÖ	Bündnis Zukunft Österreich
CSR	Tschechoslowakische Republik
DAP	Deutsche Arbeiterpartei
DNP	Deutsche Nationalpartei (Partei der Deutschen in der CSR)
DnV	Deutschnationaler Verein
FPÖ	Freiheitliche Partei Österreichs
GAP	Gemeinsame Agrarpolitik der Europäischen Union
IG-Fleisch	Interessensgemeinschaft Fleisch
IG-Milch	Interessensgemeinschaft Milch
Jg.	Jahrgang
Jh.	Jahrhundert
LK	Landwirtschaftskammer
LK-Rat	Landwirtschaftskammerrat
Mag.	Mater et magistra
NR	Abgeordneter zum Nationalrat
NSDAP	Nationalsozialistische Deutsche Arbeiterpartei
ÖBK	Österreichische Bauern-Korrespondenz
ÖBZ	Österreichische Bauernzeitung
ÖR	Ökonomierat
OSB	Orden St. Benedict
ÖUBV	Österreichischer Unabhängiger Bauernverband
ÖVP	Österreichische Volkspartei
PREKO	Präsidentenkonferenz der Österreichischen Landwirtschaftskammern
SPÖ	Sozialistische (später: Sozialdemokratische) Partei Österreichs
VdMP	Verein der Milchproduzenten
VdU	Verband der Unabhängigen
WTO	World Trade Organization (Welthandelsorganisation)

Personenregister

H

J

K

L

M

N

O

P

R

S